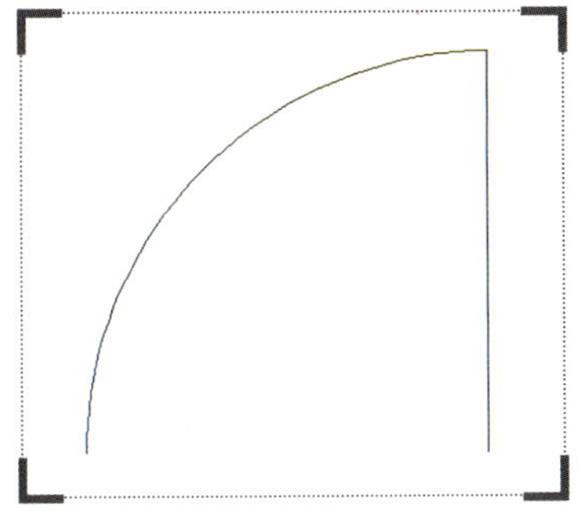
001例　绘制建筑平开门

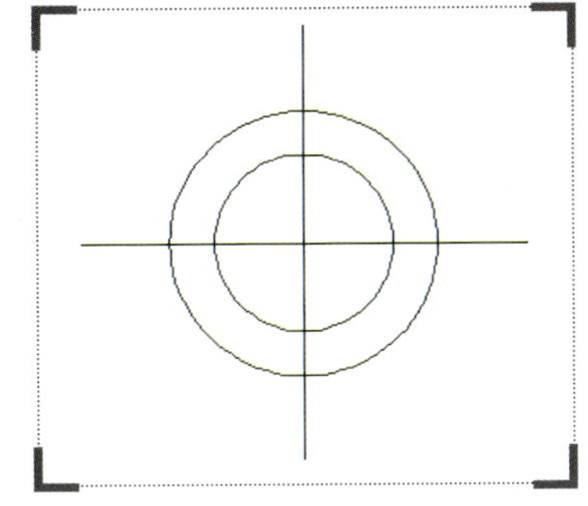
003例　绘制筒灯

004例　绘制牛眼射灯

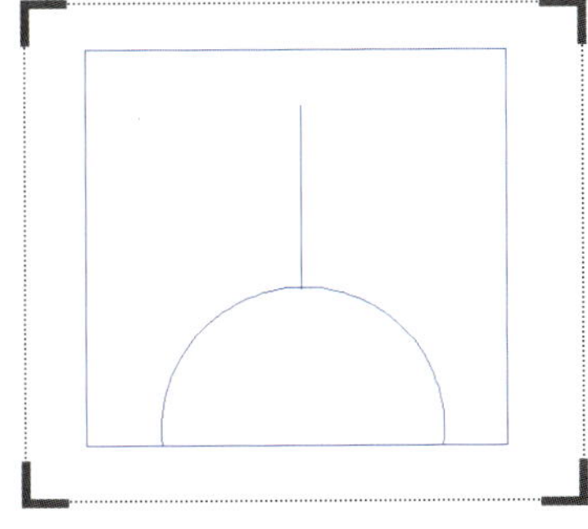
006例　绘制暗装插座

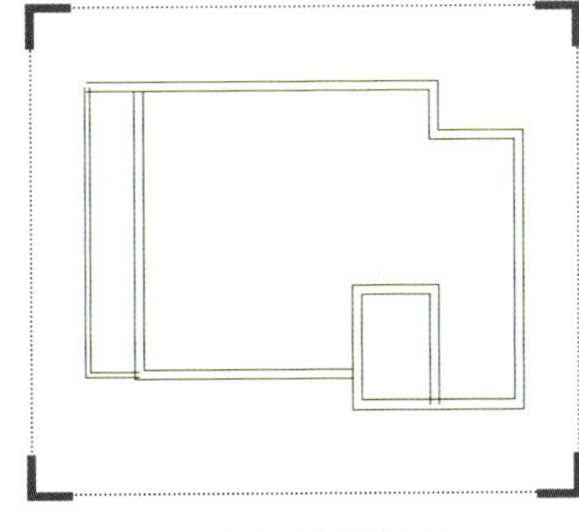
007例　绘制墙线

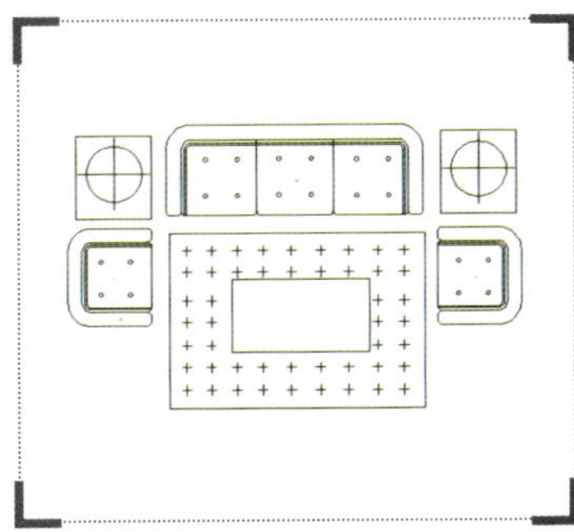
009例　绘制地毯花纹

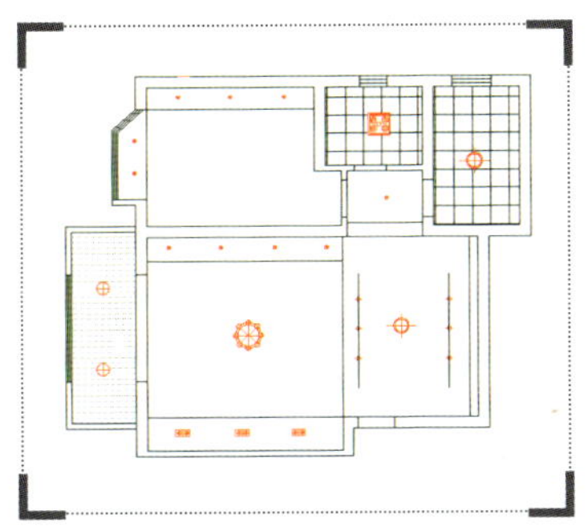
010例　绘制等距筒灯

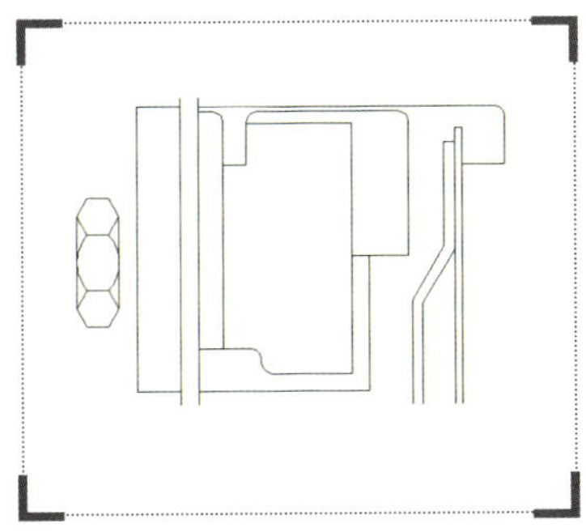
011例　绘制螺母

013例　绘制花盆

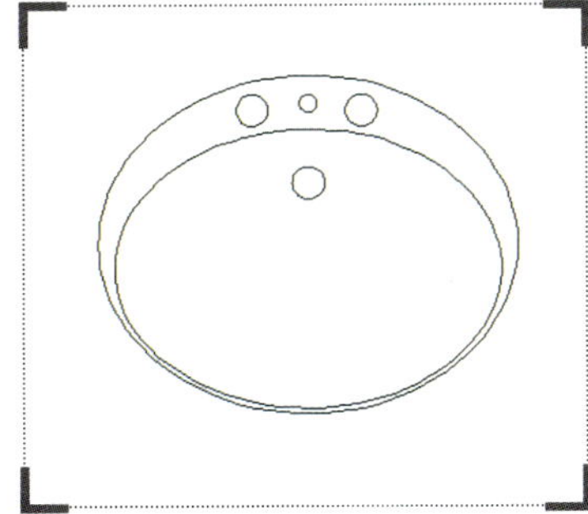
014例　绘制面盆

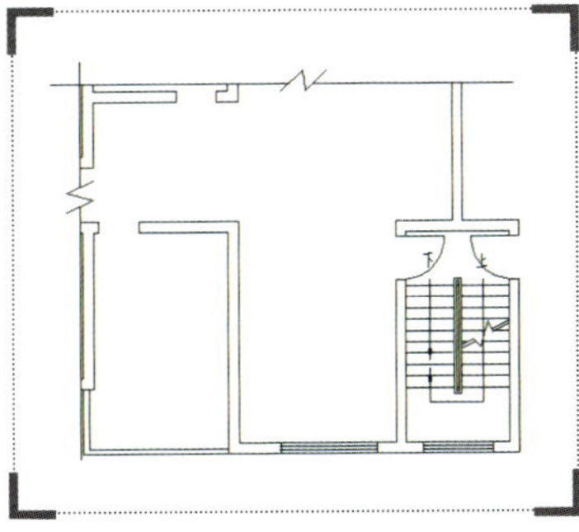
015例　绘制楼梯走向箭头

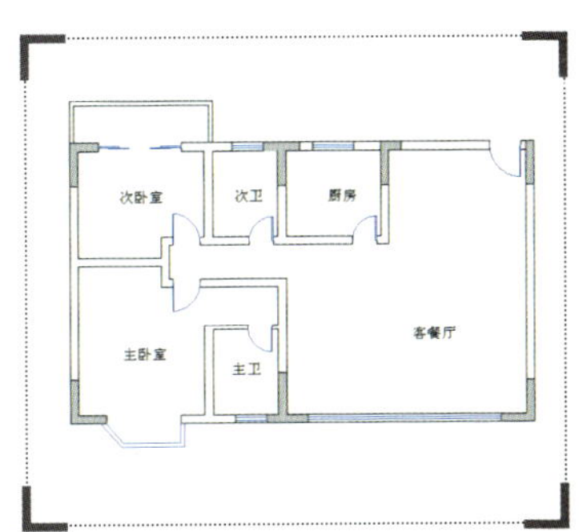

019例　绘制门图形

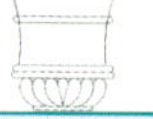

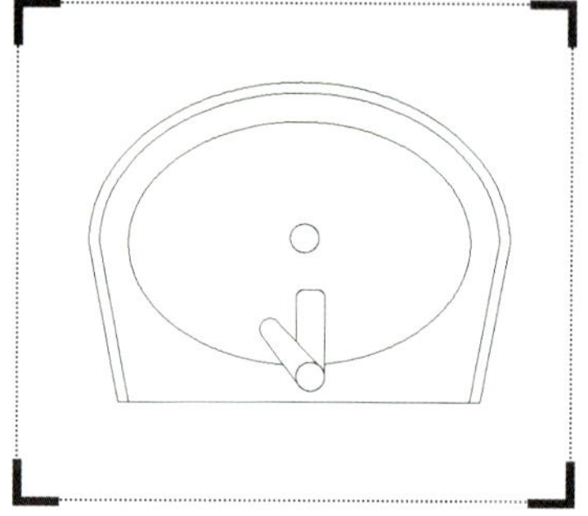

020例　绘制洗面台

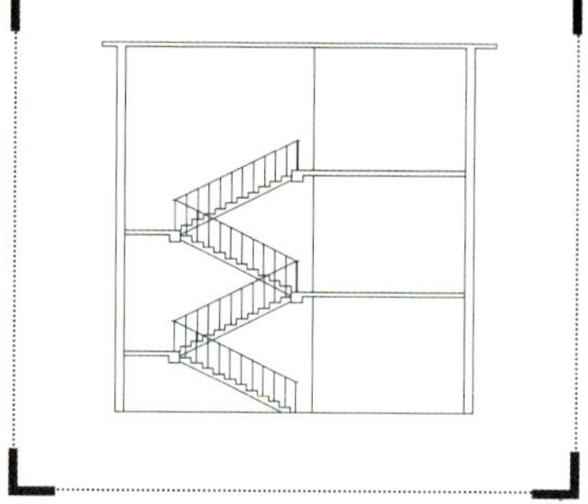

021例　绘制建筑立面楼梯

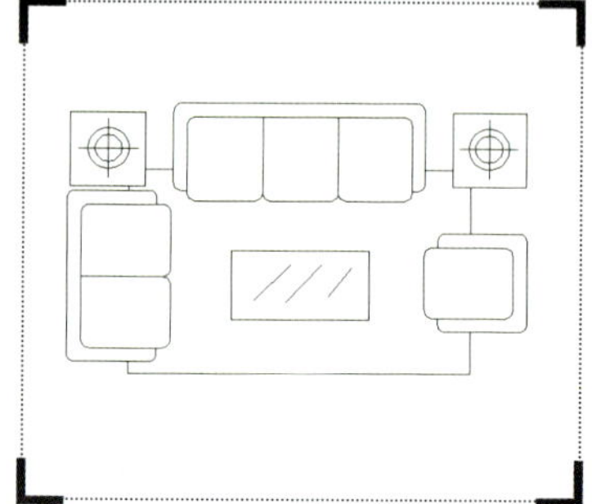

022例　绘制组合沙发

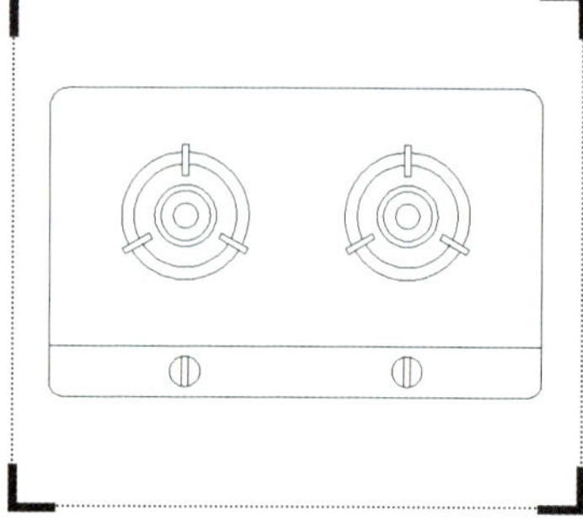

023例　绘制燃气灶图形

024例　绘制建筑绿化带

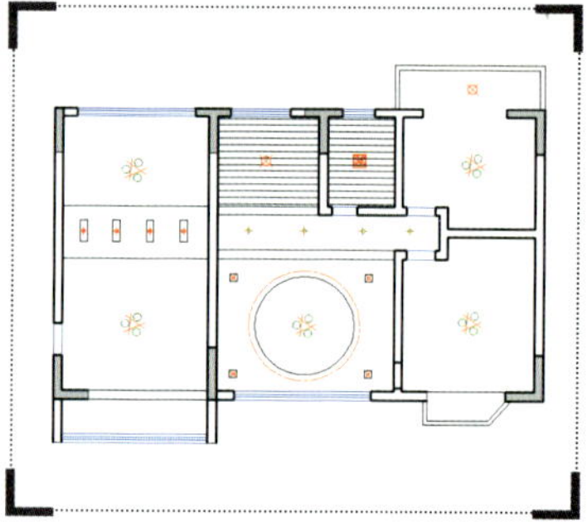

026例　修改建筑天花图效果

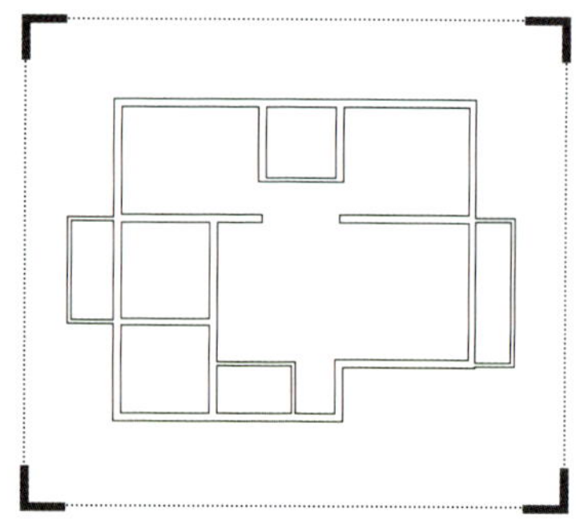

029例　绘制建筑墙体结构

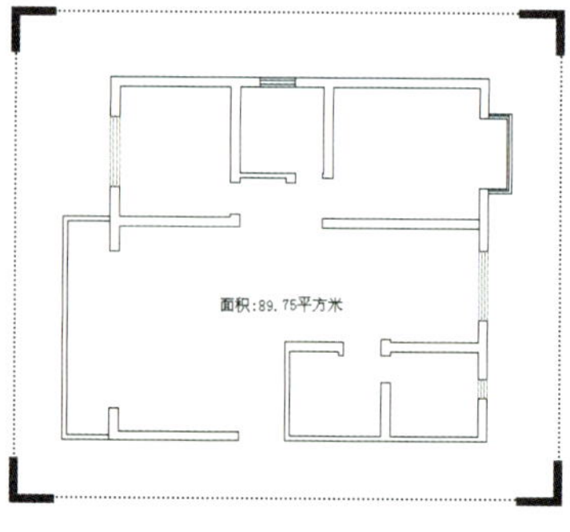

030例　查询建筑室内面积

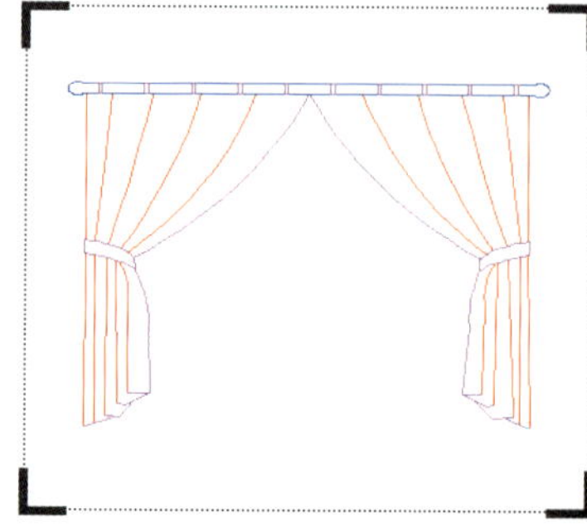

031例　创建块图形

033例　插入装饰花图块

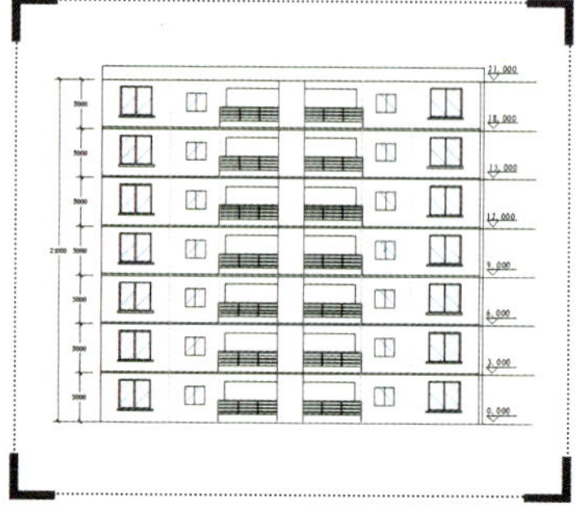

034例　创建标高属性块

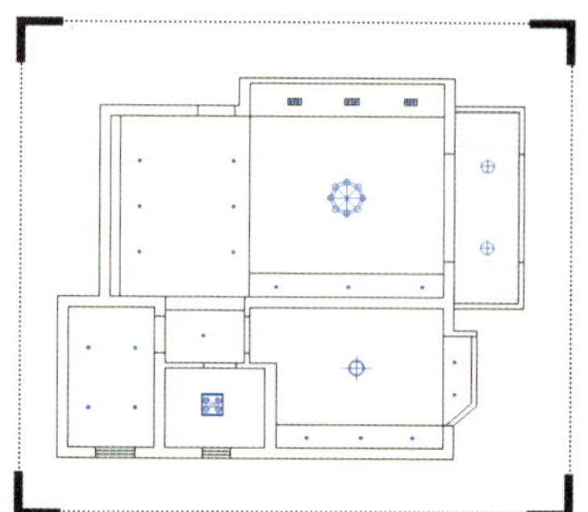

035例　使用设计中心插入图块

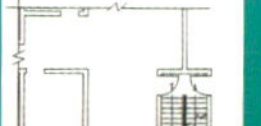

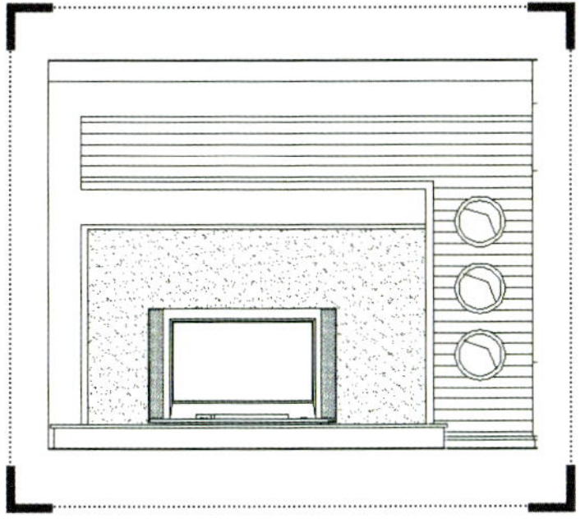

036例　填充客厅立面图

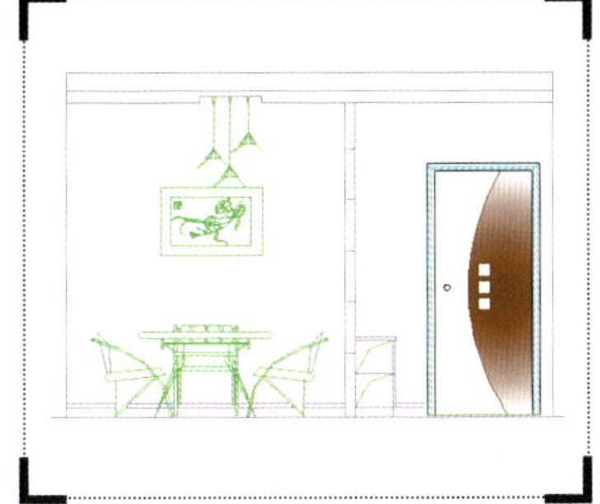

037例　渐变填充门图形

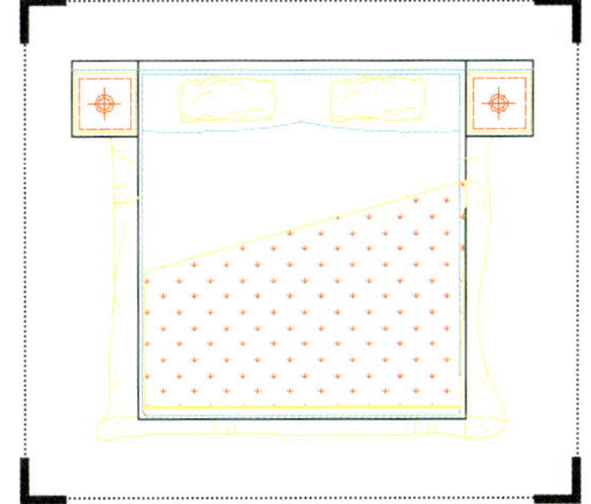

038例　使用夹点编辑被子图案

039例　建筑平面图说明文字

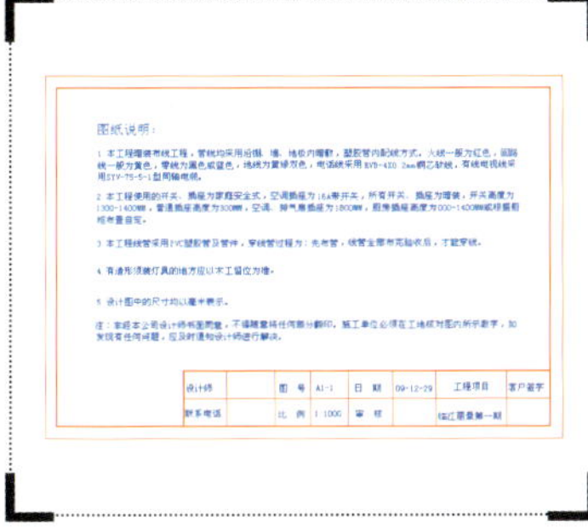

040例　创建施工说明

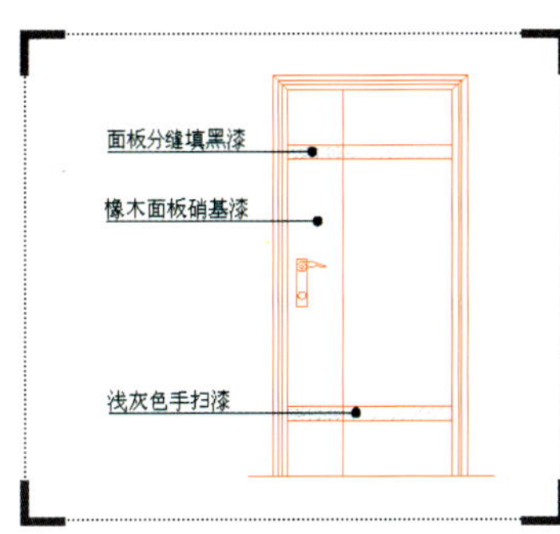

041例　标注门材质

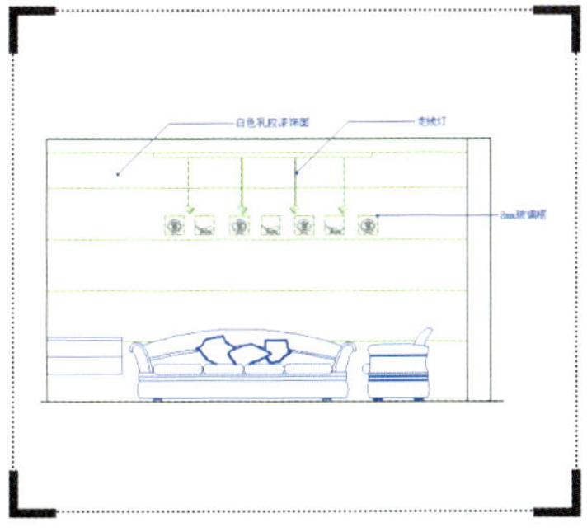

042例　标注沙发背景材质

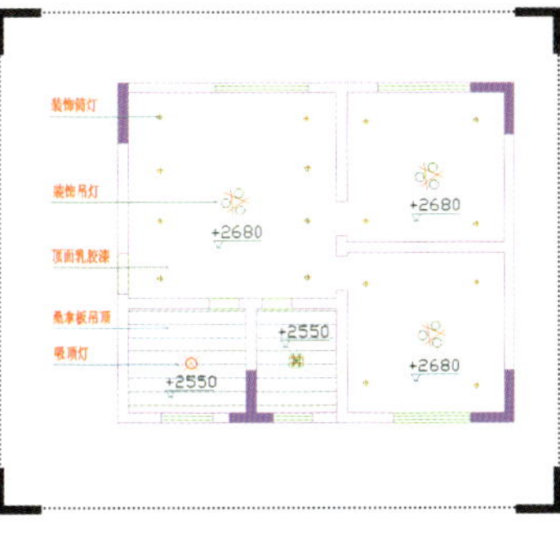

043例　修改建筑文字大小

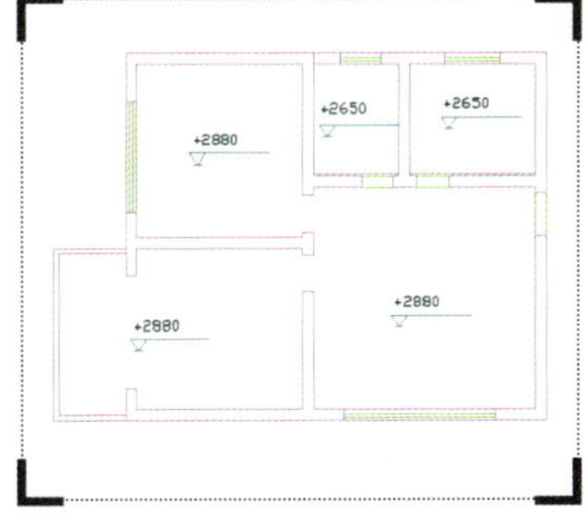

044例　替换标高文字

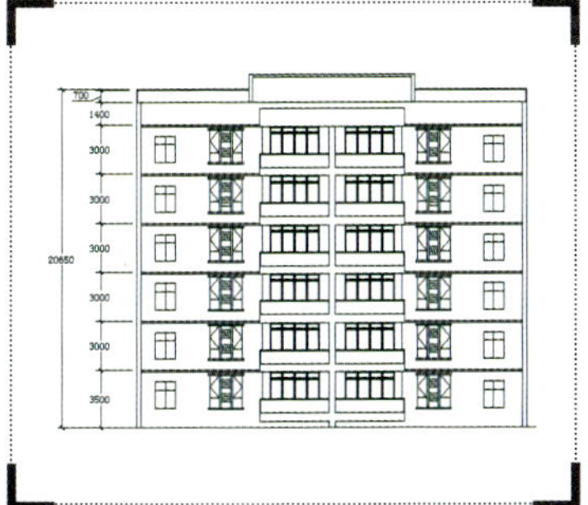

046例　标注建筑立面图的尺寸

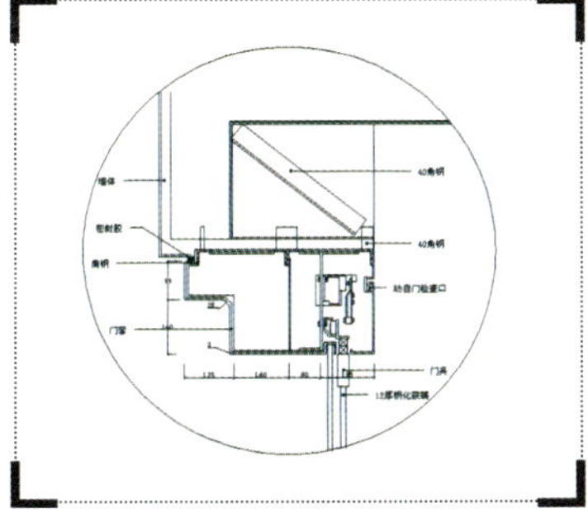

047例　标注自动门大样图

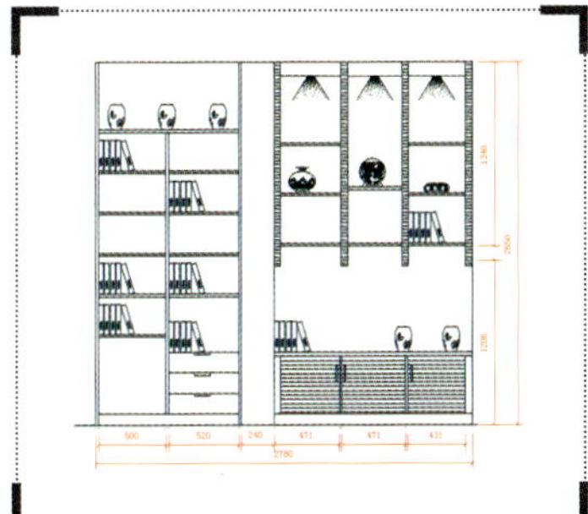

049例　编辑书柜标注样式

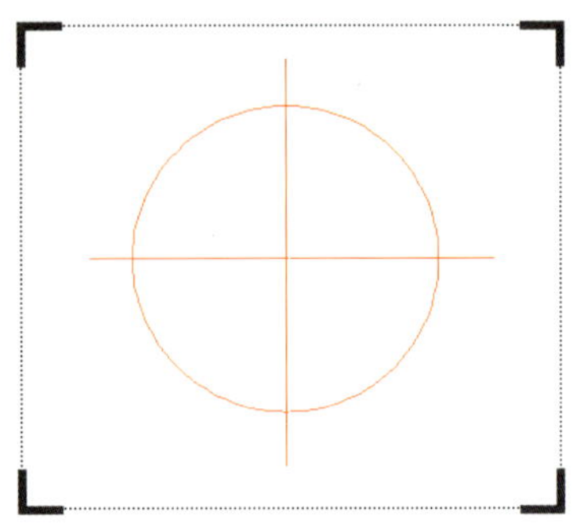
050例　创建射灯平面图块

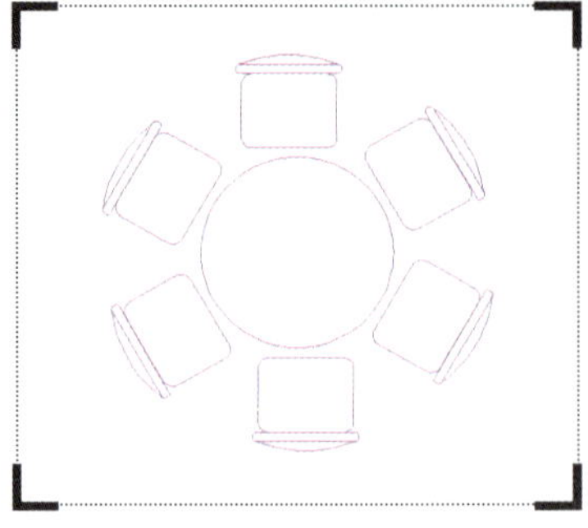
051例　创建餐桌椅平面图块

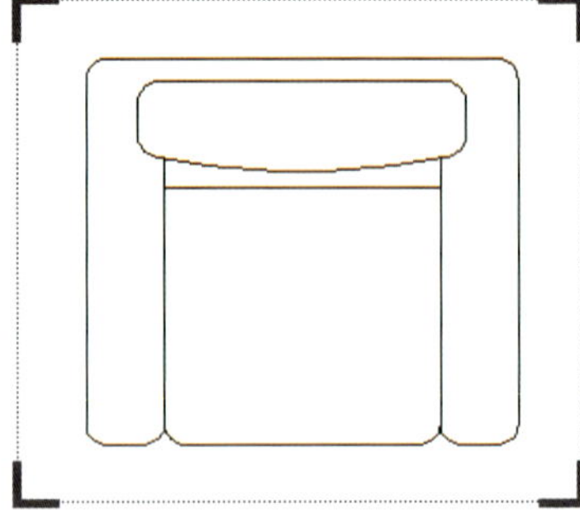
052例　创建单人沙发平面图块

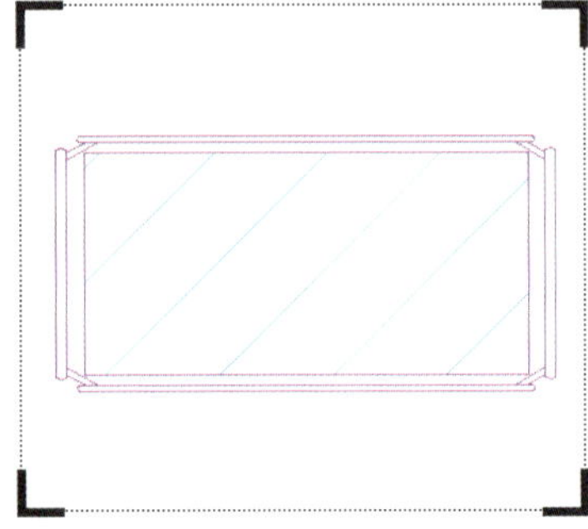
054例　创建茶几平面图块

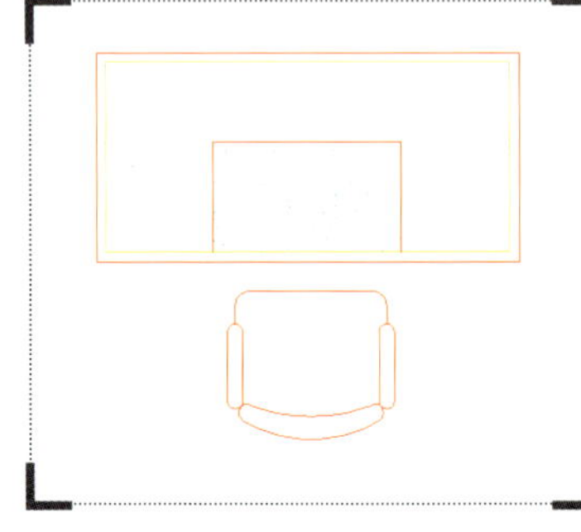
055例　创建办公桌椅平面图块

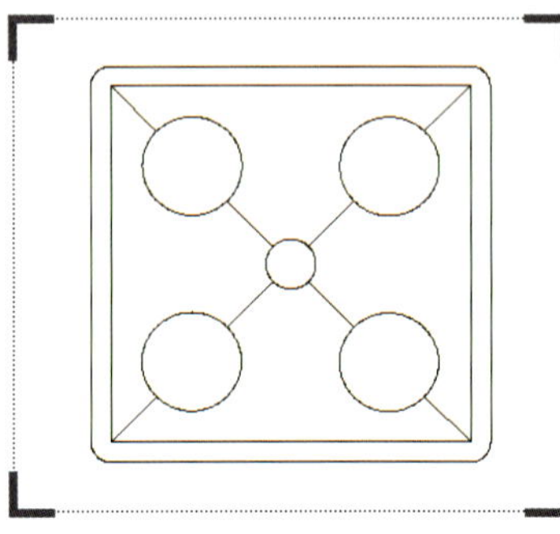
057例　创建浴霸平面图块

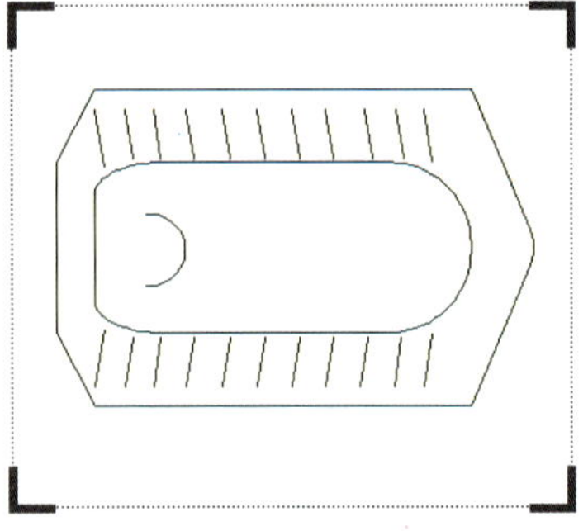
058例　创建蹲便器平面图块

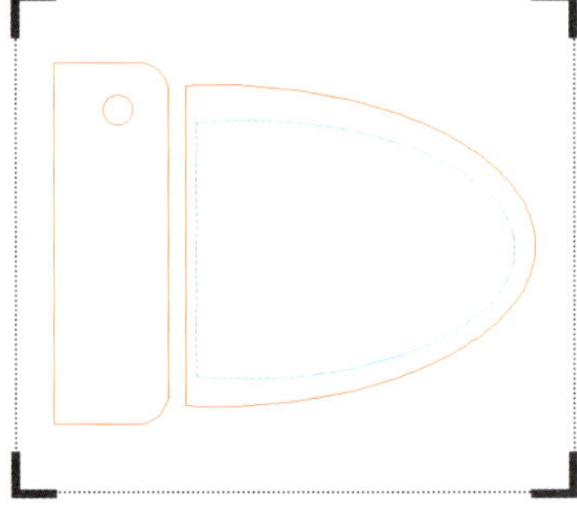
059例　创建座便器平面图块

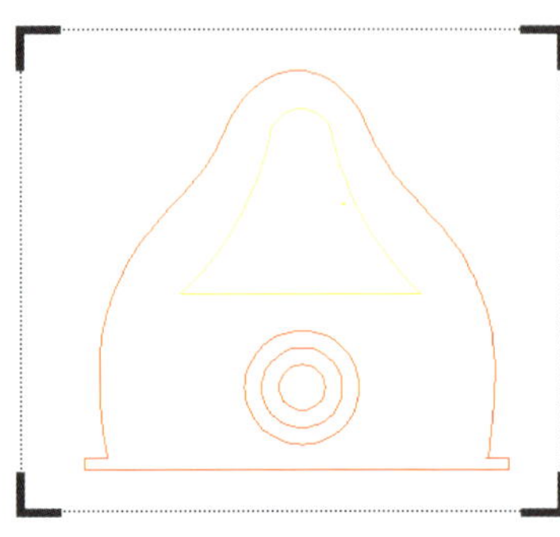
060例　创建小便器平面图块

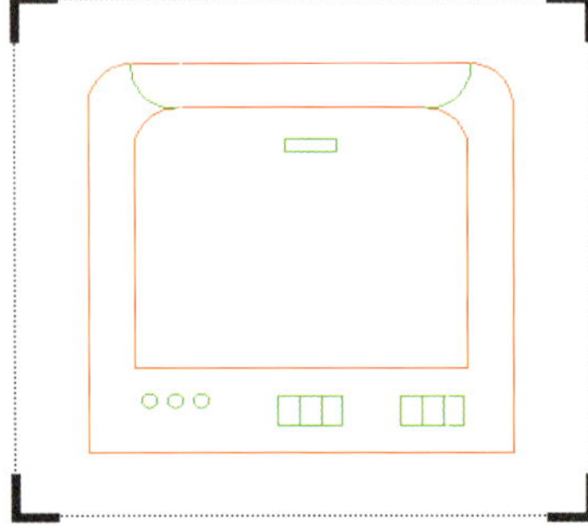
062例　创建洗衣机平面图块

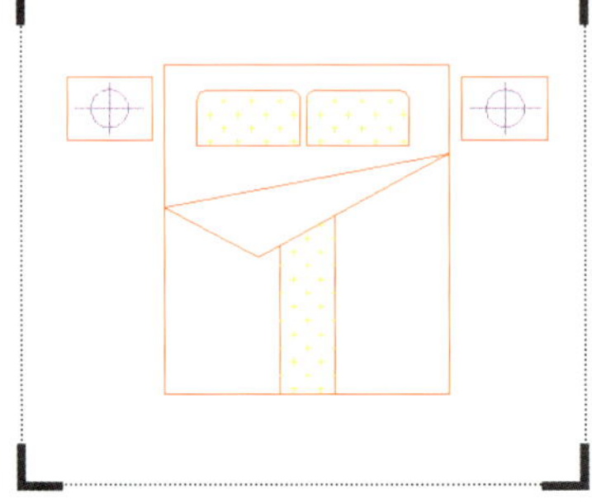
064例　创建双人床平面图块

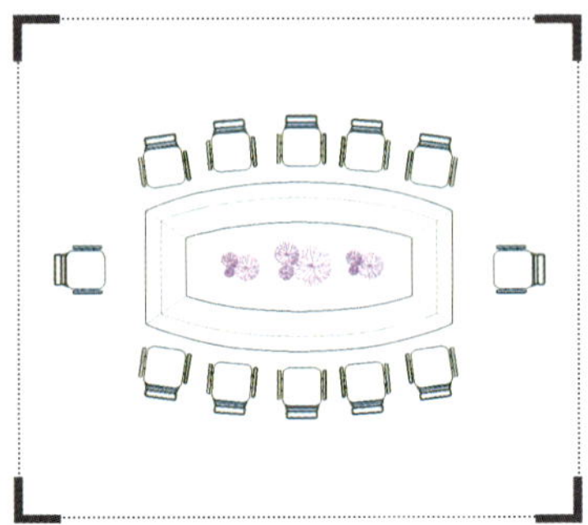
065例　创建会议桌椅平面图块

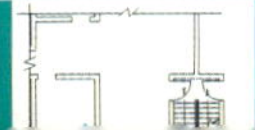

经典技法118例

中文版AutoCAD建筑设计经典技法118例

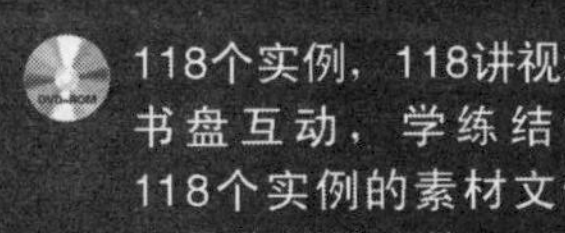

118个实例，118讲视频
书盘互动，学练结合
118个实例的素材文件
及最终效果文件

案例精美专业、学以致用
全程图解教学、一学就会
全新教学体例、轻松自学

一线科技 曾 全 邱雅莉 编著
飞思数字创意出版中心 监制

電子工業出版社
PUBLISHING HOUSE OF ELECTRONICS INDUSTRY
http://www.phei.com.cn

内容简介

本书由经验丰富的设计师执笔编写，详细地介绍了AutoCAD 2011中文版在建筑方面的应用技巧。全书精心设计了118个常用的建筑制图实例，每个实例都有详细的制作步骤，并且包括了一些对制作方法和思路的阐述，使读者可以举一反三。

本书由浅入深地讲解了AutoCAD在建筑设计中的应用，包括基本绘图技巧、图形的编辑、对象特性与图层管理、图块与图案填充、文字与尺寸标注、室内装饰平面图块、室内装饰立面图块、绘制建筑平面图、绘制建筑立面图及剖面图等相关实例。全书通过118个经典案例的制作，全面地介绍了AutoCAD的知识与功能，让读者在学习训练中既可积累实用的工作经验，又能掌握AutoCAD软件的应用。

本书适合初、中级水平的读者学习使用，同时也可作为大中专院校相关专业的教材及各类社会培训学校的教学参考书。

图书在版编目（CIP）数据

中文版AutoCAD建筑设计经典技法118例 / 曾全, 邱雅莉编著. -- 北京 : 电子工业出版社, 2012.6

（经典技法118例）

ISBN 978-7-121-15797-4

Ⅰ. ①中… Ⅱ. ①曾… ②邱… Ⅲ. ①建筑制图－计算机辅助设计－AutoCAD软件 Ⅳ. ①TU204

中国版本图书馆CIP数据核字(2012)第012611号

责任编辑：侯琦婧

特约编辑：陈晓婕 李新承

印　　刷：
装　　订：北京市蓝迪彩色印务有限公司

出版发行：电子工业出版社

北京市海淀区万寿路173信箱　　邮编：100036

开　　本：787×1092　1/16　印张：20.5　字数：524.8千字　彩插：2

印　　次：2012年6月第2次印刷

定　　价：39.00元（含光盘1张）

凡所购买电子工业出版社图书有缺损问题，请向购买书店调换。若书店售缺，请与本社发行部联系，联系及邮购电话：（010）88254888。

质量投诉请发邮件至zlts@phei.com.cn，盗版侵权举报请发邮件至dbqq@phei.com.cn。

服务热线：（010）88258888。

Preface

前言

市面上的计算机书籍可谓琳琅满目、种类繁多，读者面对这些书籍往往不知道该如何选择，那么选择一本好书的根本方法是什么呢?

首先要看这本书所讲内容的实用性，所讲内容是否为最新的知识，是否紧跟时代的发展；其次要看其讲解方法是否合理，是否易被人接受；最后要看该书的内容是否丰富、物超所值。

■ 从书主要特色

作为一套面向初、中级读者的计算机图书，本系列丛书语言流畅、版式精美，完全从实战的角度出发。该丛书采用目前市场上最新版本的软件，以全程图解的方式带领读者轻松愉悦地学习，让大家能够快速、全面地掌握案例设计的精髓。

◎ 案例精美专业、学以致用

在案例选择上更加精美、实用，学以致用是本丛书最根本的宗旨。

丛书案例在结构安排上逻辑清晰、由浅入深，符合读者循序渐进、逐步提高的学习习惯。丛书精选适合初学者快速入门、轻松掌握的案例与技能，再配以对应操作技巧的详细讲解，相信可以起到事半功倍、学以致用的效果。

◎ 全程图解教学、一学就会

本丛书使用“全程图解”的讲解方式，以图为主、文字为辅。

首先以简洁、流畅的语言对操作内容进行说明，然后以图形的表现方式将各种操作直观地表现出来。形象地说，初学者只需“按图索骥”地对照图书进行操作练习，即可快速掌握书中所讲的丰富技能。

◎ 全新教学体例、轻松自学

作者在编写本书时，非常注重初学者的认知规律和学习心态，每个案例都安排了“技法解析”内容，使读者可以在自学过程中提高学习效率。

◎ 知识全面：内容超值

该丛书在讲解过程中全面介绍了软件的知识与应用，虽然属于纯案例图书，但是内容丰富、超值实用。

■ 本书内容结构

AutoCAD 2011是目前最流行的辅助设计软件之一，其功能非常强大，使用方便。AutoCAD 2011凭借其智能化、直观生动的交互界面以及高速强大的图形处理功能，在建筑设计领域中应用极为广泛。

本书定位于AutoCAD的初、中级读者，从建筑绘图初、中级读者的角度出发，合理安排知识点，运用简练流畅的语言，结合丰富实用的实例，由浅入深地对AutoCAD 2011在建筑设计领域中的应用进行讲解，让读者可以在最短的时间内学习到最有用的知识，轻松掌握AutoCAD 2011在建筑设计领域中的应用方法和技巧。

本书共分10个部分，各部分的主要内容如下：

PART 01：以建筑设计中的简单案例为例，介绍AutoCAD的基本绘图技巧，为读者后期学习打下良好的基础。

PART 02：在第1章的基础上，介绍建筑设计中的常见案例，主要练习使用AutoCAD进行图形编辑的方法。

PART 03：通过列举建筑设计中的常见案例，介绍AutoCAD对象特性与图层管理的应用。

PART 04：通过列举建筑设计中的常见案例，介绍AutoCAD图块与图案填充的应用。

PART 05：通过列举建筑设计中的常见案例，介绍AutoCAD文字与尺寸标注的应用。

PART 06：详细讲解用AutoCAD绘制室内装饰平面图块的方法，同时加强读者使用AutoCAD进行绘图的技能。

PART 07：详细讲解用AutoCAD绘制室内装饰立面图块的方法，同时加强读者使用AutoCAD进行绘图的技能。

PART 08：详细讲解用AutoCAD绘制常用建筑图块的方法，同时加强读者使用AutoCAD进行绘图的技能。

PART 09：详细讲解用AutoCAD绘制建筑平面图的方法，同时加强读者使用AutoCAD进行绘图的技能。

PART 10：详细讲解用AutoCAD绘制建筑立面图和剖面图的方法，同时加强读者使用AutoCAD进行绘图的技能。

■ 本书创作团队

本书内容丰富、结构清晰、图文并茂、通俗易懂，适合以下读者学习使用：

（1）从事初、中级AutoCAD制图的工作人员。

（2）从事建筑及室内外装饰设计的工作人员。

（3）对AutoCAD制图有浓厚兴趣的爱好者与自学者。

（4）在计算机培训班中学习AutoCAD制图、建筑及室内外装饰设计的学员。

（5）大中专院校相关专业的学生。

■ 本书创作团队

本书由一线科技、曾全、邱雅莉编写，设计实例由在相应设计公司任职的专业绘图人员创作，在此对他们的辛勤劳动深表感谢。由于编写时间仓促，书中难免有疏漏与不妥之处，欢迎广大读者来信咨询指正，我们将认真听取您的宝贵意见，推出更多的精品计算机图书，联系网址：http://www.china-ebooks.com。

作 者

2011 年 5 月

目录

Contents

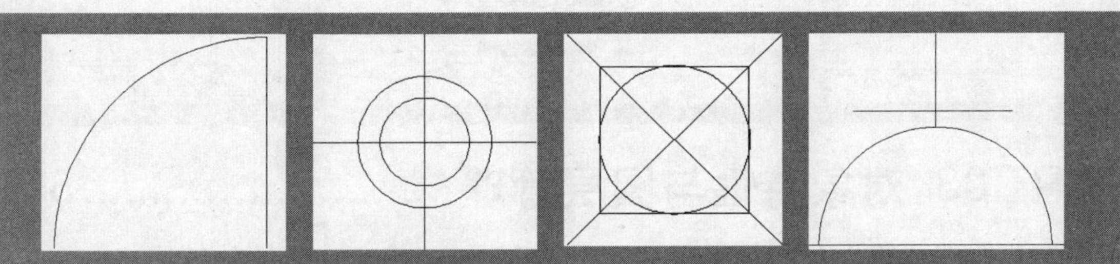

PART 01 基本绘图技巧 1

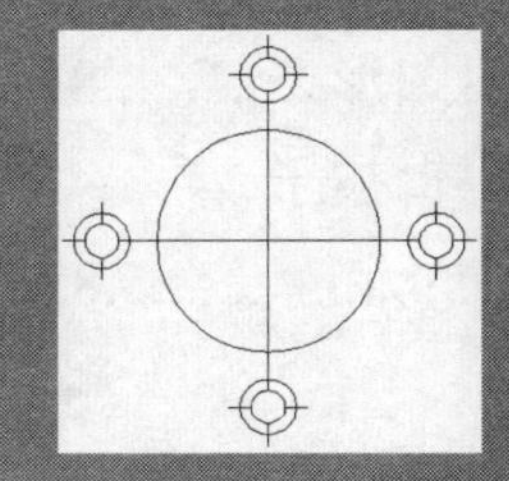
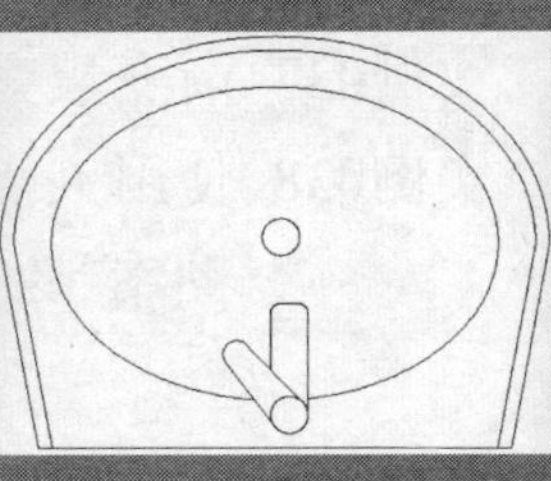
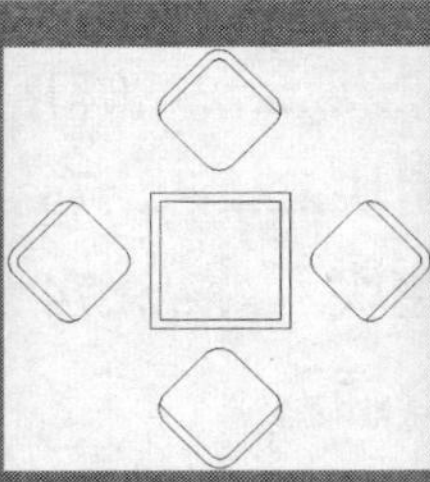
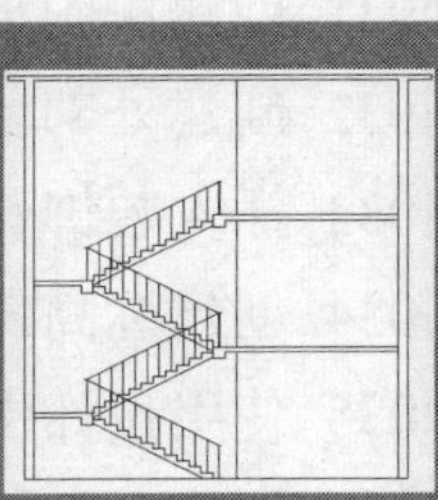

Contents

PART 02 图形的编辑 25

PART 03 对象特性与图层管理 55

PART 04 应用图块与图案填充 69

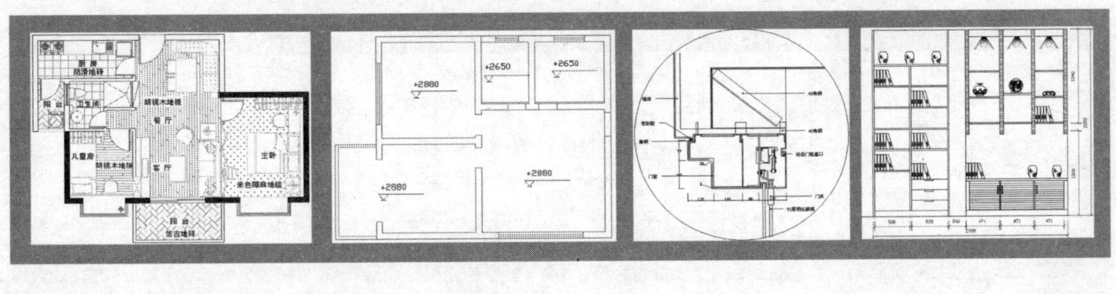

PART 05 文字与尺寸标注 85

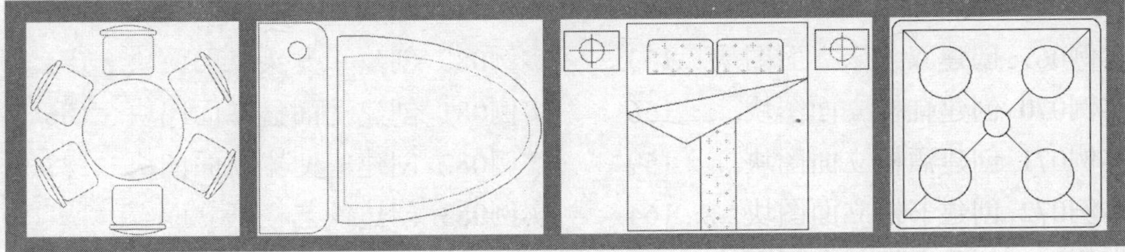

PART 06 室内装饰平面图块.................................111

Contents

PART 07 室内装饰立面图块……145

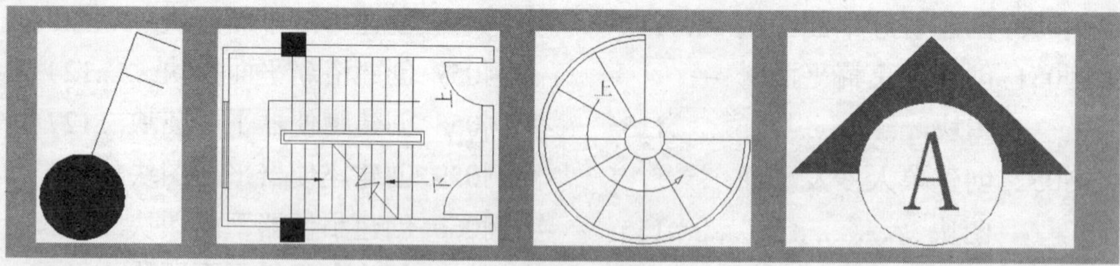

PART 08 创建常用建筑图块……193

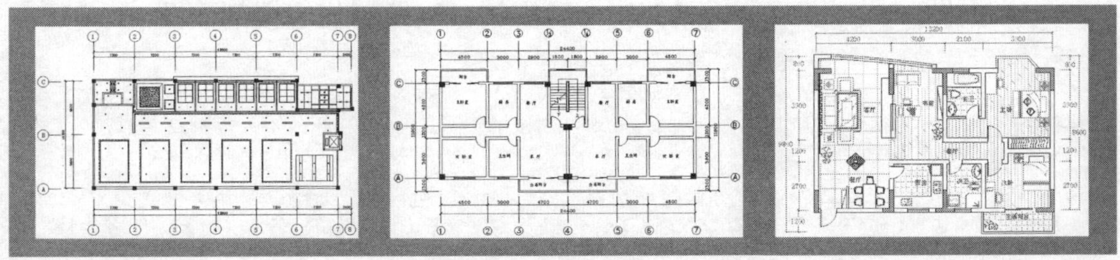

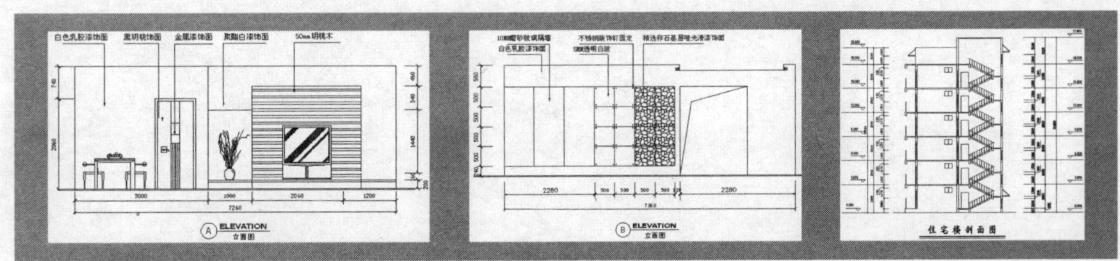

Contents

PART 01

基本绘图技巧

AutoCAD是目前最流行的辅助设计软件之一，其功能非常强大，而且使用方便。

作为本书的第1章，本章主要学习基本绘图命令的应用，在内容上力求简单、实用；在讲解中主要使用菜单调用操作命令，以便读者更容易理解并掌握。在后面章节中将以命令语句和简化命令为主讲解命令的调用操作。

效果展示 XIAOGUO ZHANSHI

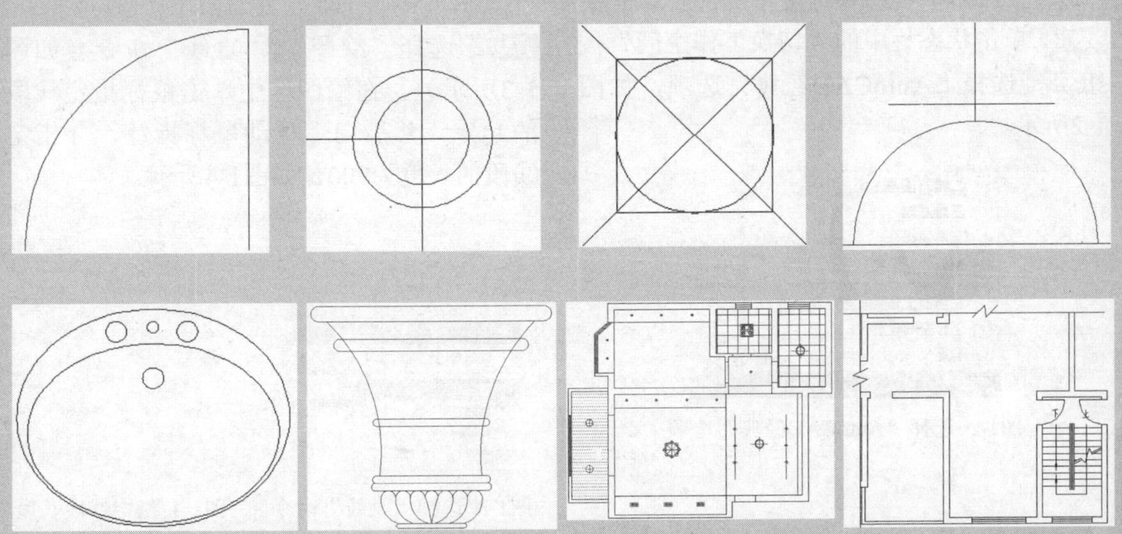

实例001 绘制建筑平开门

本实例将通过绘制建筑平开门的操作，学习“直线”和“圆弧”绘图命令的使用方法，实例效果如图1-1所示。

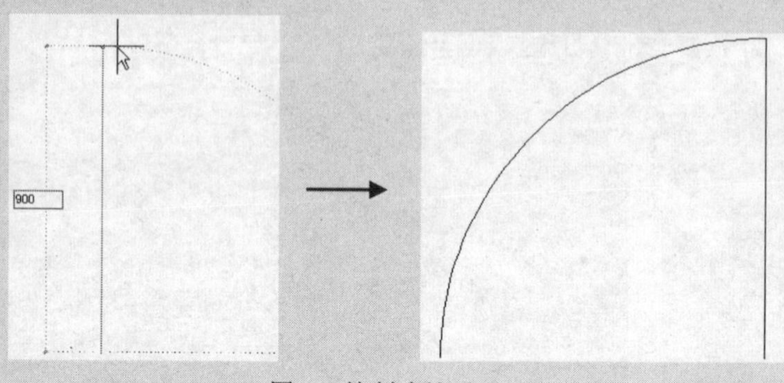

图1-1 绘制建筑平开门

技法解析

本实例所绘制的建筑平开门，主要由线段和圆弧对象组成。首先使用“直线”命令绘制一条线段，然后使用“圆弧”命令通过捕捉线段的端点指定圆弧的起点和圆心，再指定圆弧包含的角度，创建一条弧线作为平开门的路径。

	实例路径	实例\第1章\建筑平开门.dwg
	素材路径	素材\第1章\无

步骤01 单击状态栏中的“切换工作空间”按钮，选择“AutoCAD经典”选项，如图1-2所示。

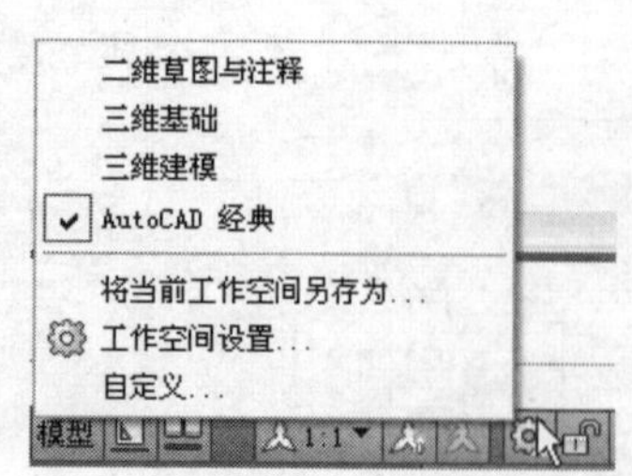

图1-2 选择“AutoCAD经典”选项

步骤02 选择“绘图”|“直线”命令（如图1-3所示），在绘图区中单击鼠标指定线段的起点，然后向上移动鼠标指针，并指定线段的长度为900，如图1-4所示。

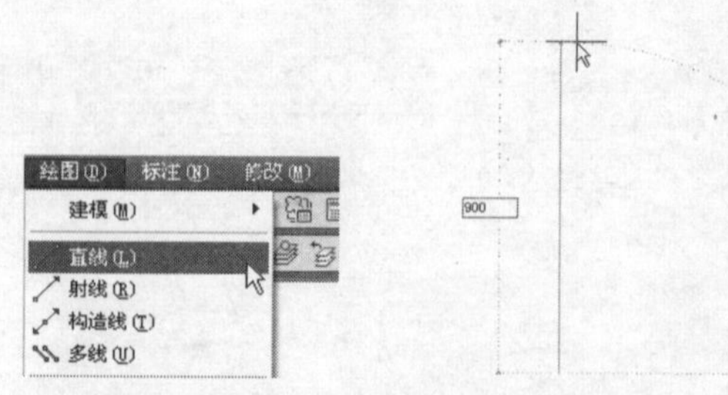

图1-3 选择“直线”命令　图1-4 指定线段长度

步骤03 指定线段的长度后进行确定，创建出线段对象，然后选择“绘图”|“圆弧”|“起点、圆心、角度”命令，如图1-5所示。

步骤04 在线段的上方端点处指定圆弧的起点（如图1-6所示），然后向下指定圆弧的圆心，如图1-7所示。

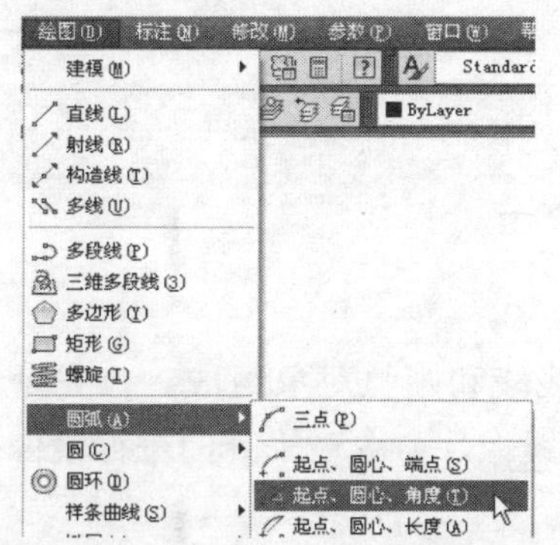

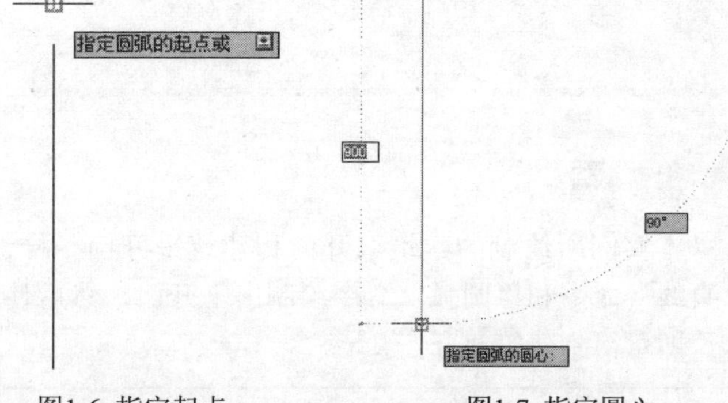

图1-5 选择“起点、圆心、角度”命令　　图1-6 指定起点　　图1-7 指定圆心

步骤05 指定圆弧包含的角度为90（如图1-8所示），进行确定即可绘制出一条圆弧，完成平开门的绘制，效果如图1-9所示。

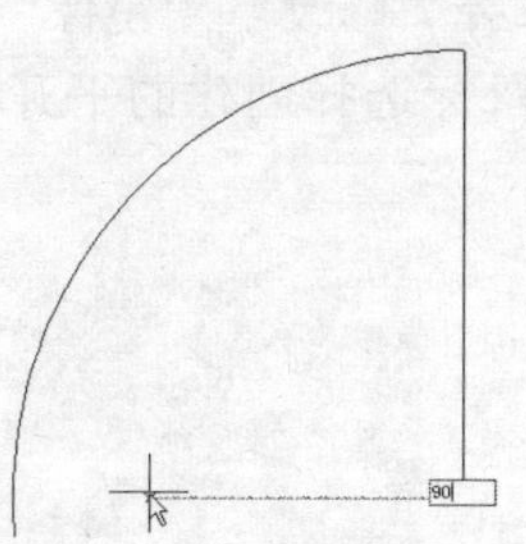

图1-8 指定包含的角度

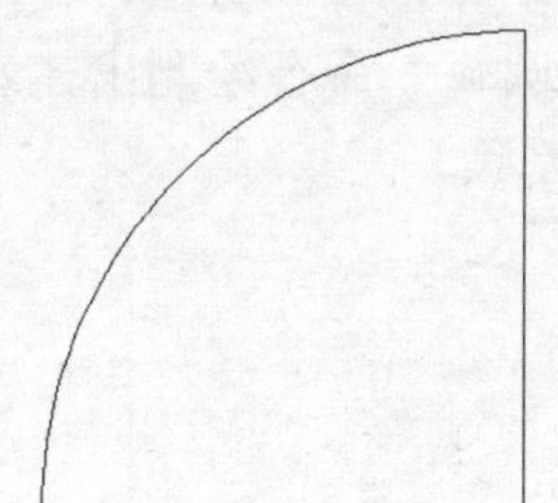

图1-9 平开门效果

技巧提示

选择不同的圆弧绘图命令，可以使用不同的绘图方式绘制圆弧，请读者选择其他的圆弧绘图命令，练习绘制圆弧。

实例002 绘制建筑双开门

本实例将通过绘制建筑双开门的操作，学习“直线”、“圆弧”和“镜像”命令的使用方法，实例效果如图1-10所示。

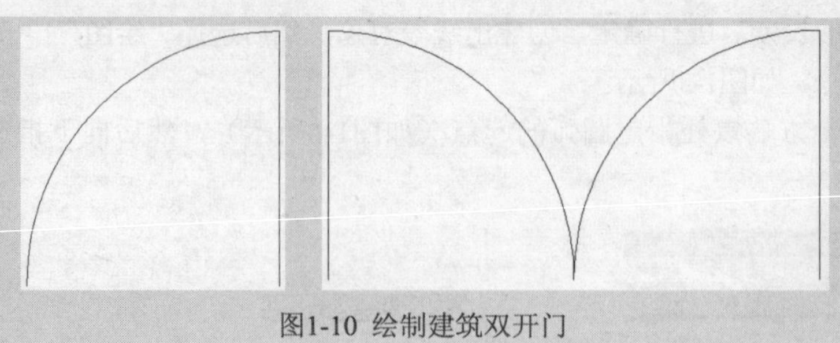

图1-10 绘制建筑双开门

技法解析

本实例所绘制的建筑双开门和建筑平开门一样，由线段和圆弧对象组成。首先使用"直线"命令和"圆弧"命令绘制出平开门，然后使用"镜像"命令对平开门进行镜像操作，即可得到建筑双开门。

	实例路径	实例\第1章\建筑双开门.dwg
	素材路径	素材\第1章\无

步骤01 参照实例1中的操作方法，使用"直线"命令和"圆弧"命令绘制出建筑平开门，如图1-11所示。

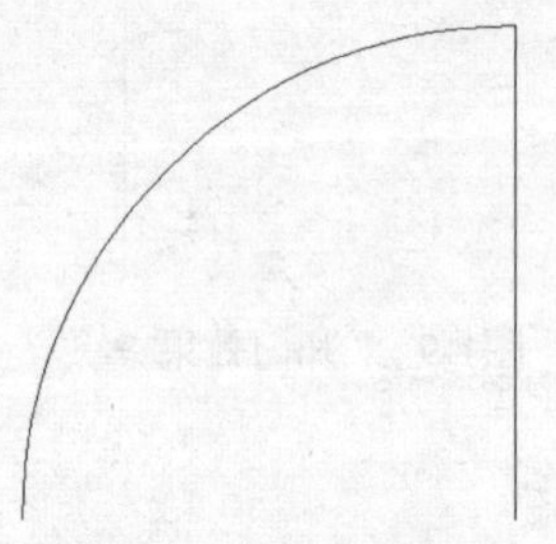

图1-11 绘制平开门

步骤02 选择"修改"|"镜像"命令，从左至右拖动鼠标选择创建的平开门图形，如图1-12所示。

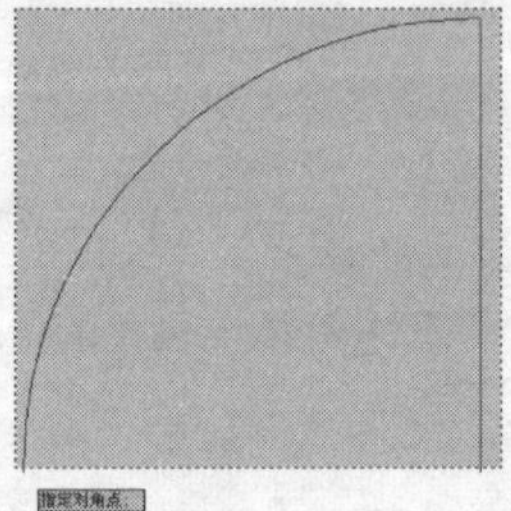

图1-12 选择图形

步骤03 指定镜像线的第一个点（如图1-13所示），然后按下【F8】键开启正交模式，指定镜像线的第二个点（如图1-14所示），完成建筑双开门的绘制，效果如图1-15所示。

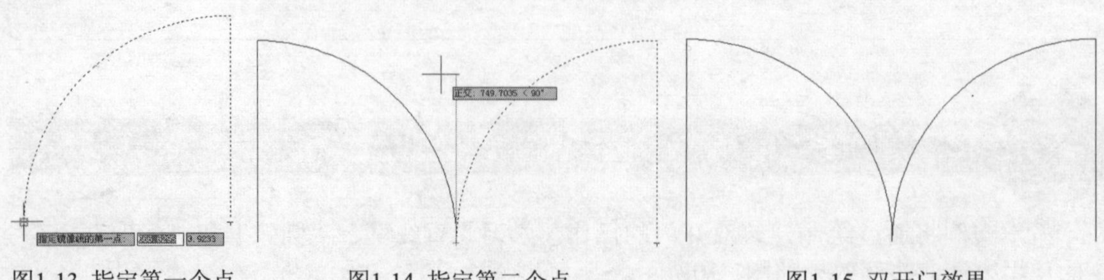

图1-13 指定第一个点　图1-14 指定第二个点　图1-15 双开门效果

技巧提示

按【F8】键可以在开启和关闭正交模式之间进行切换，开启正交模式后，操作将只能在垂直或水平方向上进行。

实例003 绘制筒灯

本实例将通过绘制筒灯平面图的操作，学习“直线”、“圆”和“偏移”命令的使用方法，以及对象捕捉的设置，实例效果如图1-16所示。

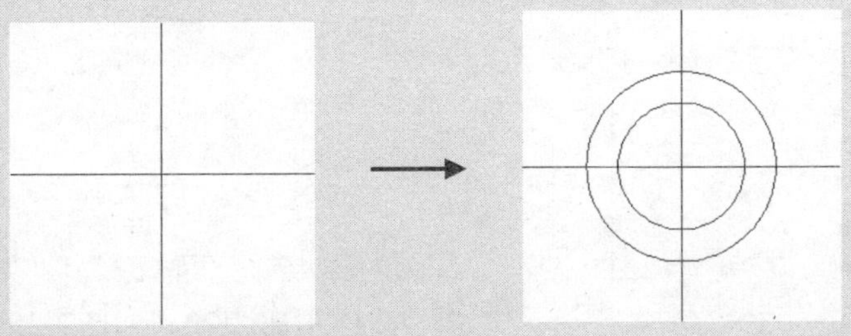

图1-16 绘制筒灯

技法解析

本实例所绘制的筒灯平面图，首先使用“直线”命令绘制出两条相互垂直的线段（将使用到“捕捉自”功能），然后使用“圆”命令和“偏移”命令绘制灯具轮廓。

	实例路径	实例\第1章\筒灯平面图.dwg
	素材路径	素材\第1章\无

步骤01 选择“工具”|“草图设置”命令，打开“草图设置”对话框，在“对象捕捉”选项卡中选中“启用对象捕捉”、“端点”和“交点”复选框，如图1-17所示。

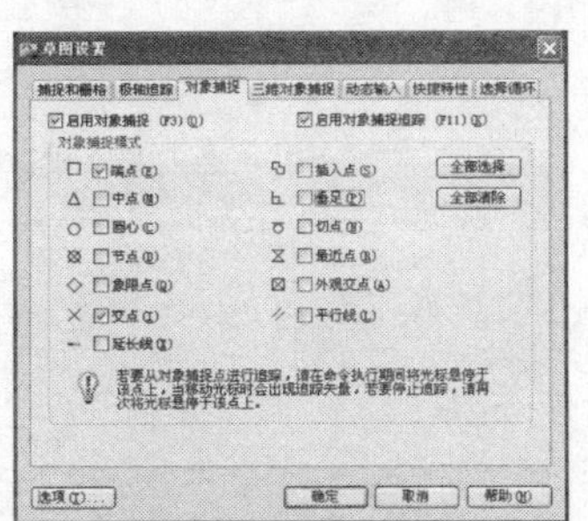

图1-17 设置参数

步骤02 使用“直线”命令绘制一条长度为200的水平线段，如图1-18所示。

图1-18 绘制线段

步骤03 执行LINE（直线）命令，然后输入From并确定，启用“捕捉自”功能，在线段的左端点处指定基点（如图1-19所示），然后设置偏移基点的坐标为“@100,100”，如图1-20所示。

图1-19 指定基点

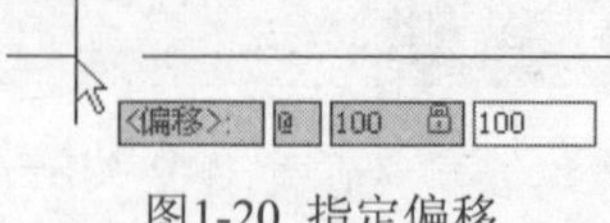

图1-20 指定偏移

技巧提示

From（捕捉自）功能用于改变绘制图形的基点位置，包括图形的起点、圆心、端点等，适合大部分图形的绘图操作，如矩形、圆、多段线的绘制等。

步骤04 向下指定线段的方向，并设置线段的长度为200（如图1-21所示），效果如图1-22所示。

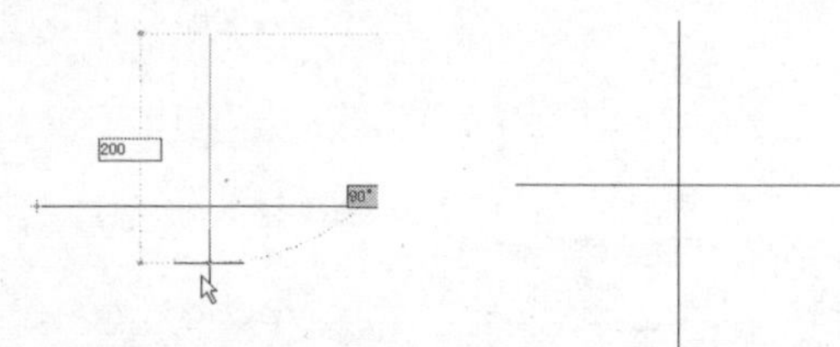

图1-21 设置线段长度　　图1-22 创建垂直线段

步骤05 选择“绘图”|“圆”|“圆心、半径”命令，在线段的交点处指定圆的圆心（如图1-23所示），然后设置圆的半径为40，效果如图1-24所示。

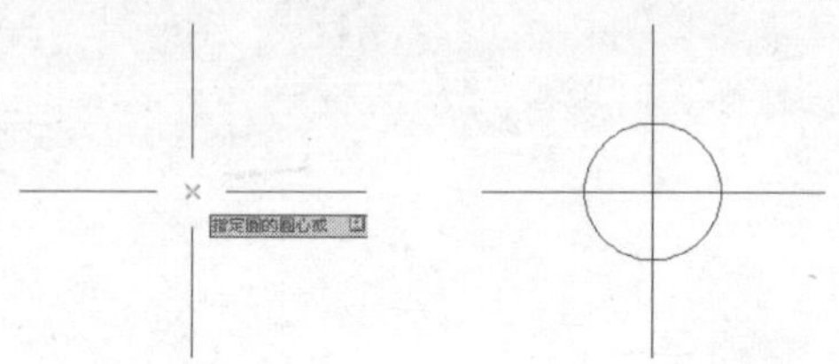

图1-23 指定圆心　　图1-24 绘制圆

步骤06 选择“修改”|“偏移”命令，指定偏移距离为20（如图1-25所示），然后选择圆形，再在圆形外单击鼠标，将圆形向外偏移，完成效果如图1-26所示。

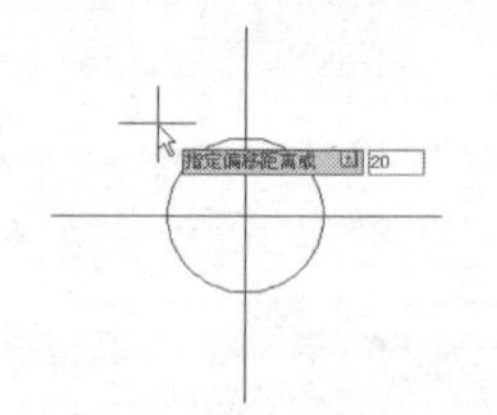

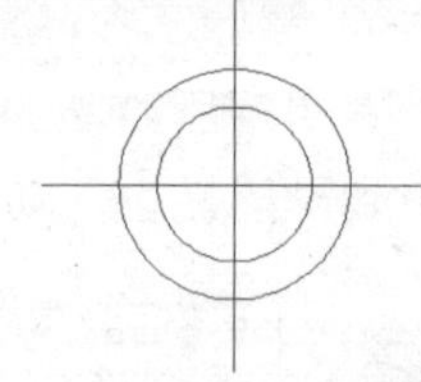

图1-25 指定偏移距离　　图1-26 筒灯效果

实例004 绘制牛眼射灯

本实例将通过绘制牛眼射灯平面图的操作，学习“直线”、“圆”、“矩形”和“旋转”命令的使用方法，实例效果如图1-27所示。

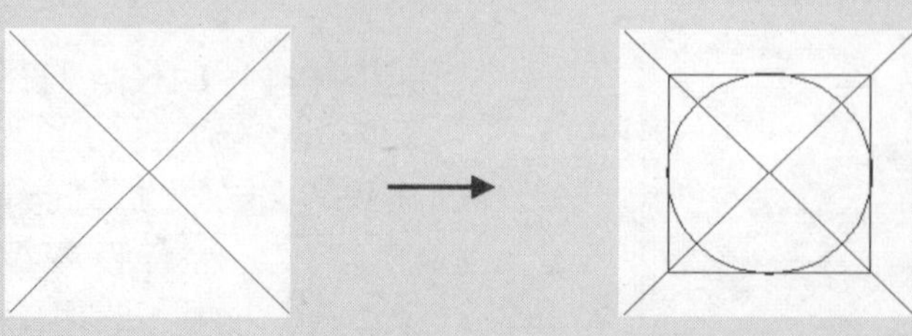

图1-27 绘制牛眼射灯

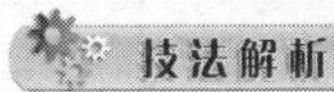

本实例所绘制的牛眼射灯平面图，首先使用“直线”命令绘制出两条相互垂直的线段，然后使用“旋转”命令将线段旋转45度，再使用“圆”命令和“矩形”命令绘制灯具轮廓。

	实例路径	实例\第1章\牛眼射灯.dwg
	素材路径	素材\第1章\无

步骤01 使用“直线”命令绘制两条长度为100且相互垂直的线段，如图1-28所示。

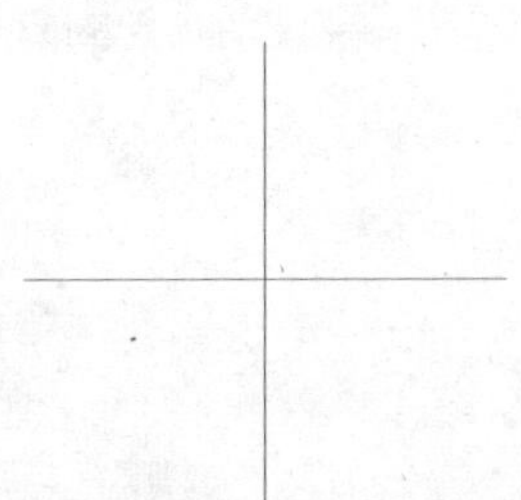

图1-28 绘制垂直线段

步骤02 选择“修改”|“旋转”命令，选择绘制的线段，以线段的交点为旋转的基点（如图1-29所示），然后设置旋转角度为45，效果如图1-30所示。

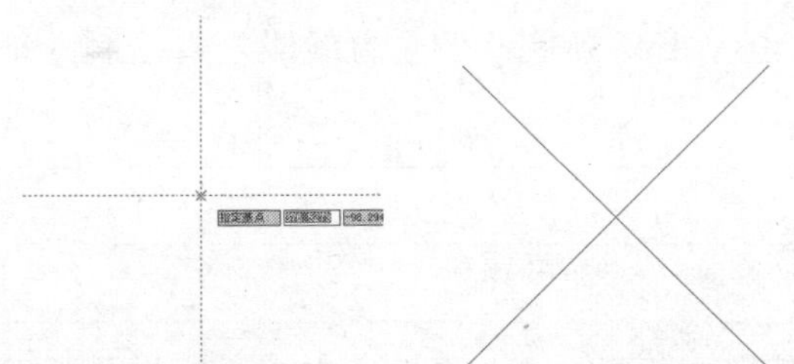

图1-29 指定旋转基点　　图1-30 旋转效果

步骤03 选择“绘图”|“圆”|“圆心、半径”命令，在线段的交点处指定圆的圆心，然后设置圆的半径为35，效果如图1-31所示。

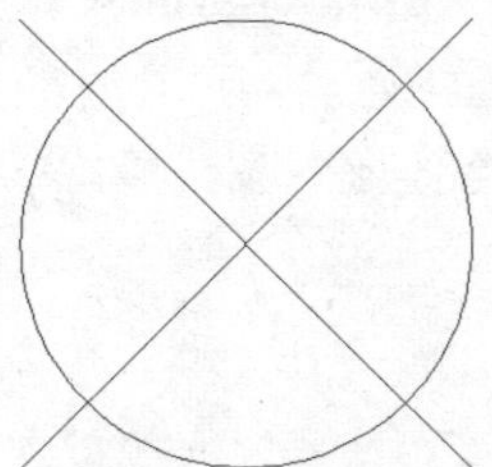

图1-31 绘制圆形

步骤04 选择“绘图”|“矩形”命令，在线段与圆的交点处指定矩形的角点，效果如图1-32所示。

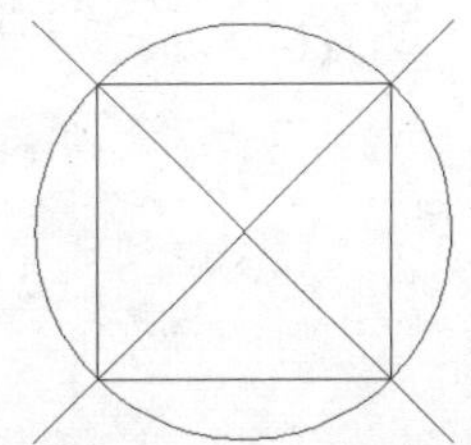

图1-32 绘制矩形

步骤05 选择“绘图”|“圆”|“圆心、半径”命令，在线段的交点处指定圆的圆心，并设置圆的半径为25，效果如图1-33所示。

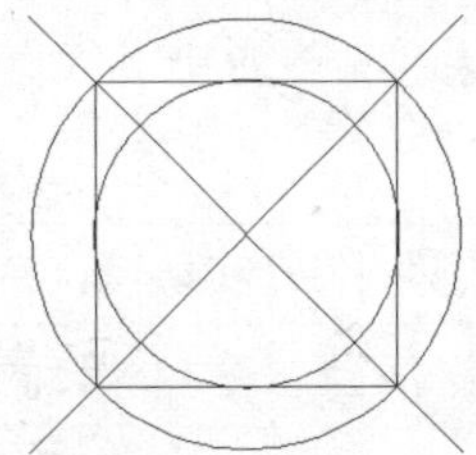

图1-33 绘制圆形

步骤06 选择“修改”|“删除”命令，然后选择图形中的大圆并确定，将大圆删除即可完成牛眼射灯的绘制，效果如图1-34所示。

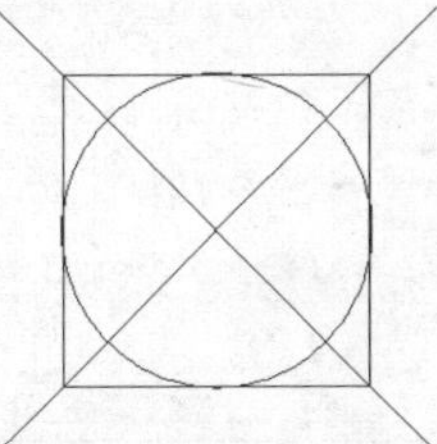

图1-34 牛眼射灯效果

技巧提示

在删除对象的操作中，还可以先选择要删除的对象，然后按键盘上的【Delete】键将其删除。

实例005 绘制普通插座

本实例将通过绘制普通插座的操作，学习“直线”和“圆弧”命令的使用方法，以及对象捕捉追踪功能的应用，实例效果如图1-35所示。

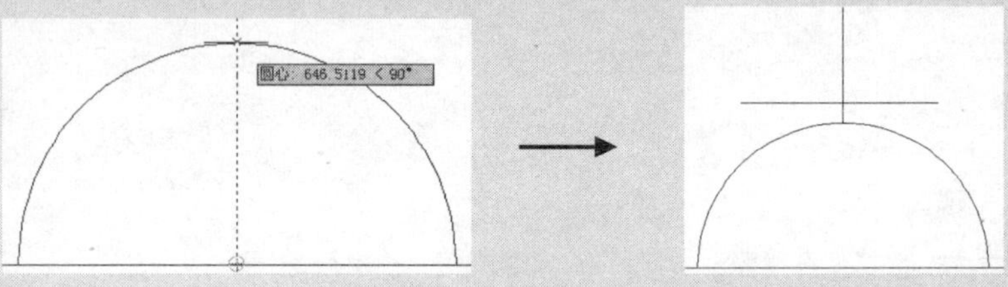

图1-35 绘制普通插座

技法解析

本实例绘制普通插座，首先使用“直线”命令和“圆弧”命令绘制线段和弧线，然后通过对象捕捉追踪功能使用“直线”命令绘制一条对齐圆弧圆心的垂直线段，再绘制一条水平线段。

	实例路径	实例\第1章\普通插座.dwg
	素材路径	素材\第1章\无

步骤01 选择“工具”|“草图设置”命令，选中“启用对象捕捉”等复选框，如图1-36所示。

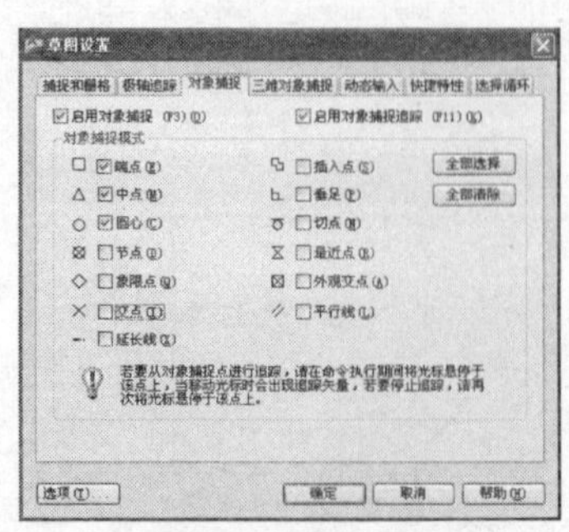

图1-36 设置参数

步骤02 使用ARC（圆弧）命令绘制一条弧度为180度的弧线，如图1-37所示。

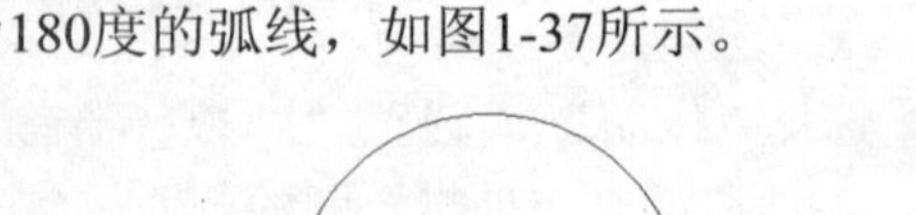

图1-37 绘制圆弧

步骤03 参照如图1-38所示的效果，使用L（直线）命令绘制一条线段。

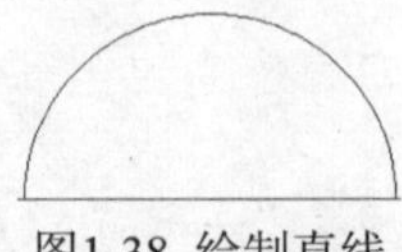

图1-38 绘制直线

步骤04 执行LINE（直线）命令，将鼠标指针指向圆弧的圆心，然后根据对象捕捉追踪线向上移动鼠标（如图1-39所示），再通过指定线段的起点和终点绘制一条垂直线段，如图1-40所示。

步骤05 执行LINE（直线）命令，绘制一条水平线段，完成普通插座的绘制，如图1-41所示。

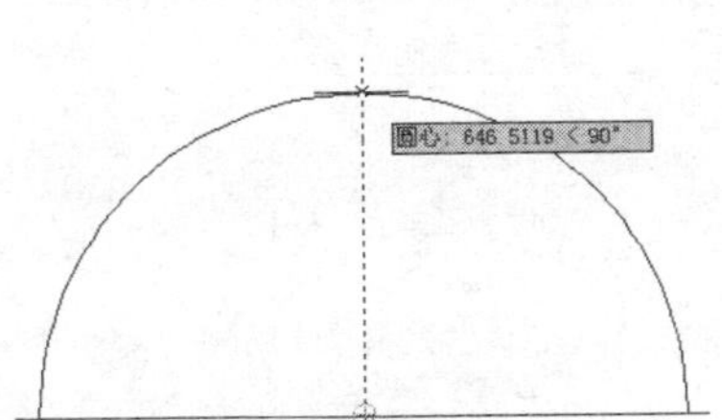

图1-39 指定线段起点

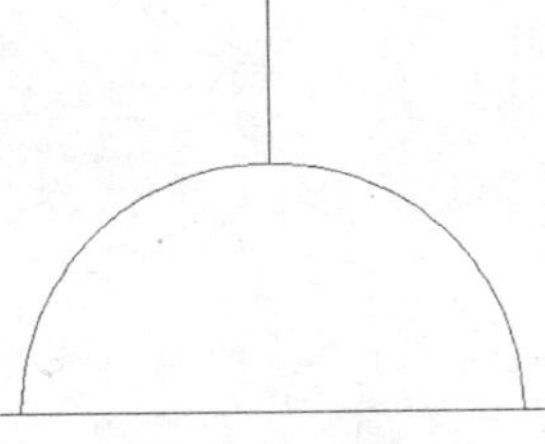
图1-40 绘制线段

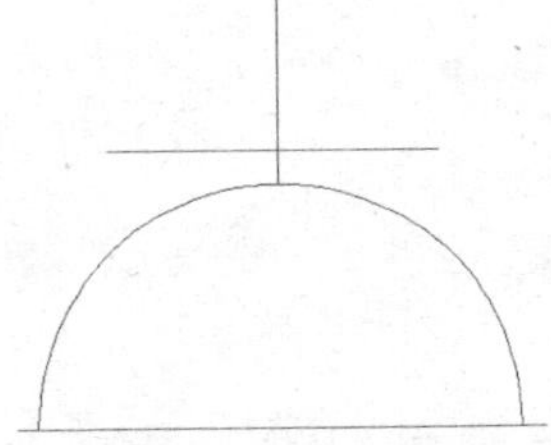
图1-41 普通插座效果

技巧提示

对象捕捉追踪功能是基于对象捕捉进行操作的，要使用对象捕捉追踪，必须打开一个或多个对象捕捉功能。

实例006 绘制暗装插座

本实例将通过绘制暗装插座的操作，学习“直线”、“矩形”和“圆弧”命令的使用方法，以及对象捕捉追踪功能的应用，实例效果如图1-42所示。

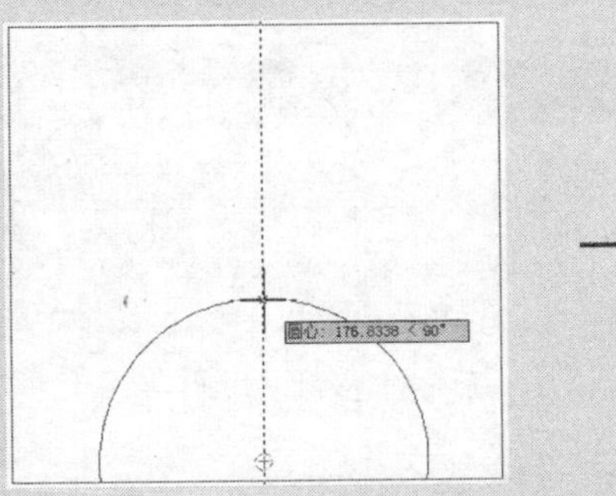

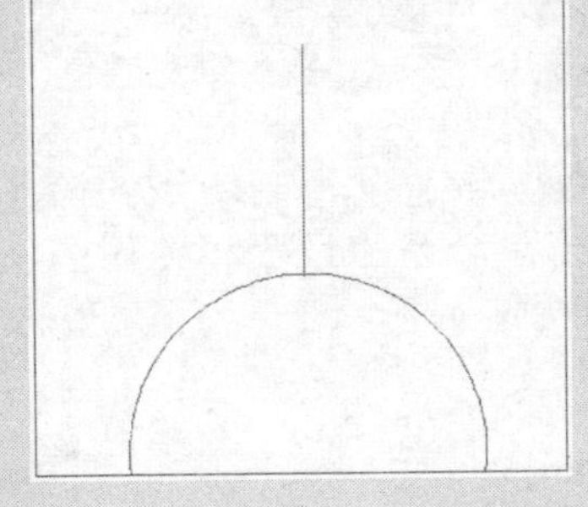
图1-42 绘制暗装插座

技法解析

本实例绘制暗装插座，其绘制操作类似于普通插座。首先使用“矩形”命令绘制插座的方框，然后绘制表示插座的弧线，再通过对象捕捉追踪功能绘制一条对齐圆弧圆心的垂直线段。

	实例路径	实例\第1章\暗装插座.dwg
	素材路径	素材\第1章\无

步骤01 使用RECTANG（矩形）命令绘制一个矩形，如图1-43所示。

图1-43 绘制矩形

步骤02 使用ARC（圆弧）命令绘制一段圆弧，如图1-44所示。

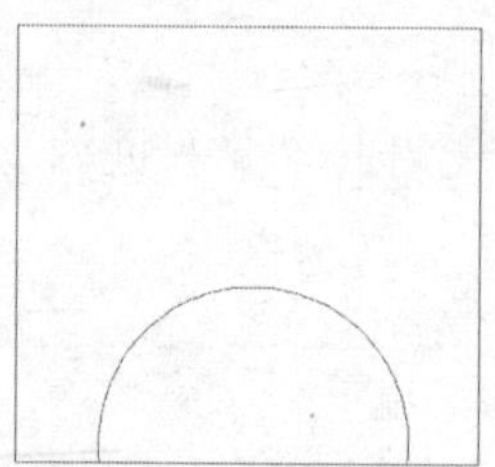

图1-44 绘制圆弧

步骤03 执行LINE（直线）命令，将鼠标指针指向圆弧的圆心，然后根据对象捕捉追踪线向上移动鼠标（如图1-45所示），再通过指定线段的起点和终点绘制一条垂直线段，完成暗装插座的绘制，如图1-46所示。

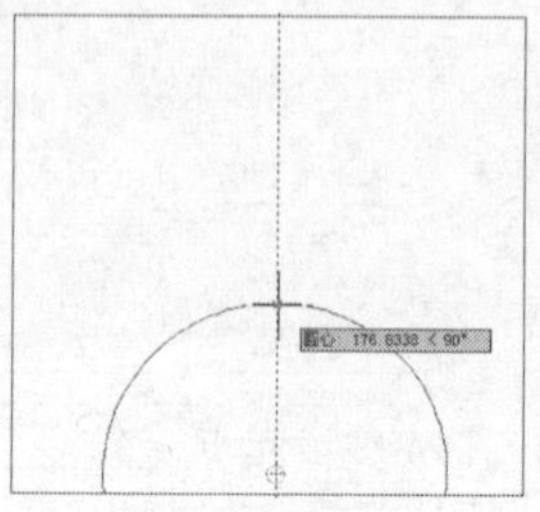

图1-45 对象捕捉追踪线

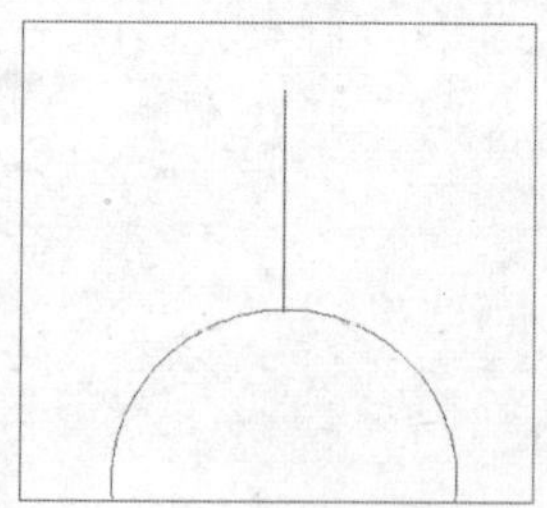

图1-46 暗装插座效果

实例007 绘制墙线

本实例将通过绘制墙线的操作，学习“多线”命令的设置和使用方法，实例效果如图1-47所示。

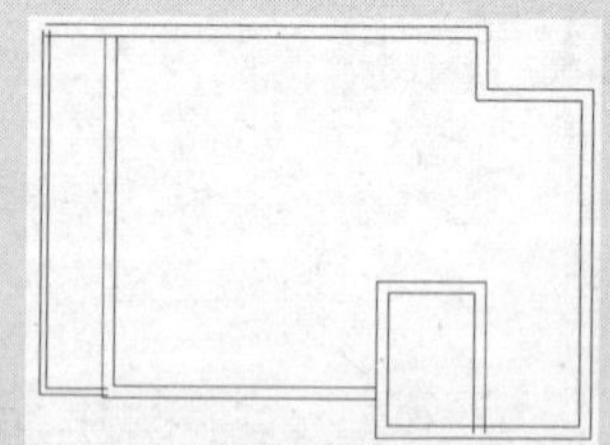

图1-47 墙线效果

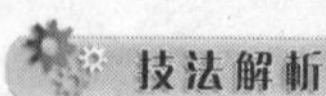

技法解析

本实例绘制墙线，主要使用了“多线”命令，通过设置多线的比例和对正方式，快速绘制墙线对象。

实例路径	实例\第1章\墙线.dwg
素材路径	素材\第1章\轴线.dwg

步骤01 根据素材路径打开“轴线.dwg”图形，如图1-48所示。

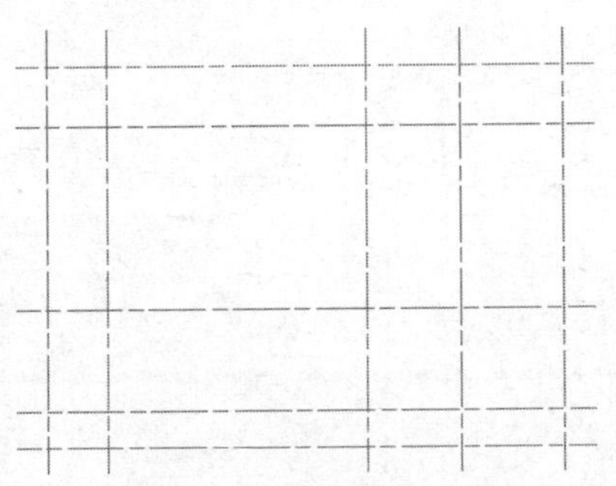

图1-48 打开轴线图形

步骤02 执行MLINE（多线）命令，然后设置多线的比例为240、对正方式为“无”，命令提示如图1-49所示。

```
模型 / 布局1 / 布局2 /
命令: MLINE
当前设置: 对正 = 上, 比例 = 1.00, 样式 = STANDARD
指定起点或 [对正(J)/比例(S)/样式(ST)]:  s
输入多线比例 <1.00>:  240
当前设置: 对正 = 上, 比例 = 240.00, 样式 = STANDARD
指定起点或 [对正(J)/比例(S)/样式(ST)]:  j
输入对正类型 [上(T)/无(Z)/下(B)] <上>:  z
当前设置: 对正 = 无, 比例 = 240.00, 样式 = STANDARD
指定起点或 [对正(J)/比例(S)/样式(ST)]:
```

图1-49 命令提示

步骤03 当系统提示“指定起点或 [对正(J)/比例(S)/样式(ST)]:”时，在如图1-50所示的位置指定多线的起点。

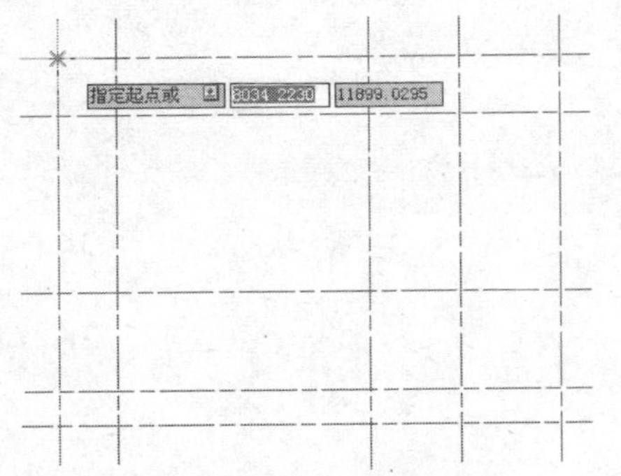

图1-50 指定多线的起点

步骤04 参照如图1-51所示的效果，指定多线的其他点，绘制出多线对象。

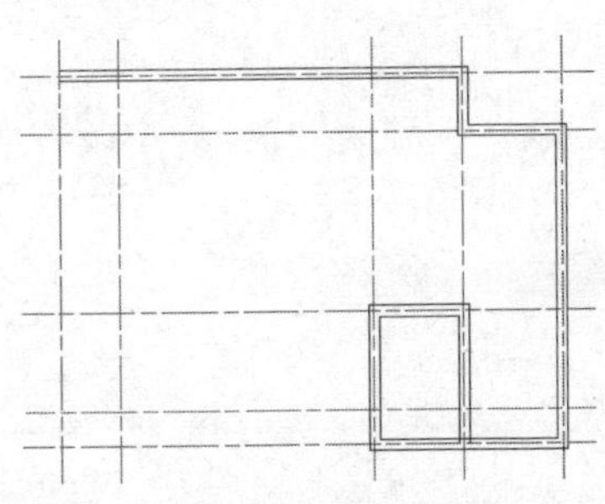

图1-51 绘制多线

步骤05 执行MLINE（多线）命令，设置多线的比例为240、对正方式为“无”，继续绘制如图1-52所示的多线。

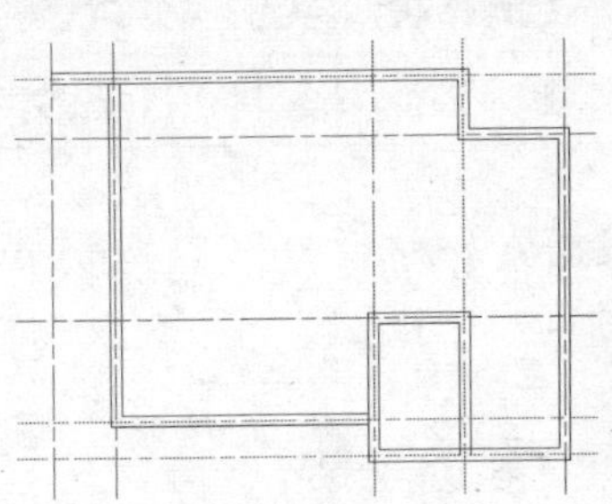

图1-52 绘制多线

步骤06 执行MLINE（多线）命令，设置多线的比例为120、对正方式为“无”，然后绘制一段多线对象作为阳台处的墙线。完成墙线的绘制后将“轴线”图层关闭，效果如图1-53所示。

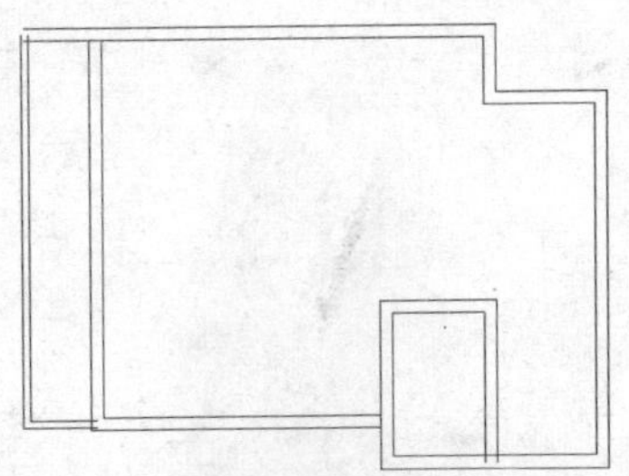

图1-53 最终效果

实例008 绘制交流电符号

本实例将通过绘制交流电符号的操作，学习“样条曲线”命令的使用方法，实例效果如图1-54所示。

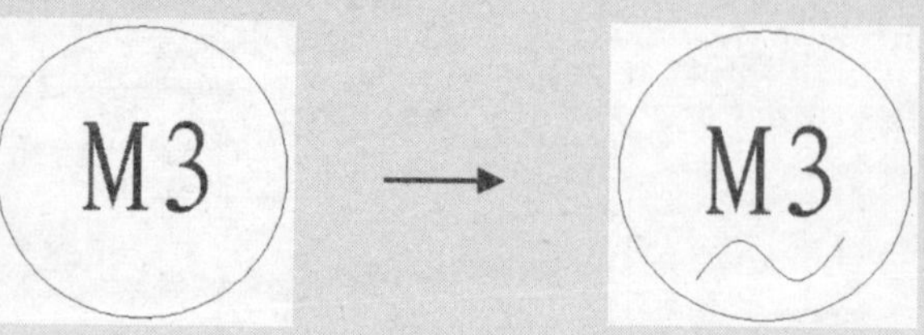

图1-54 绘制交流电符号

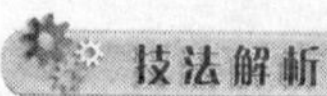

本实例绘制交流电符号，主要使用了“圆”命令和“样条曲线”命令，首先使用“圆”命令绘制一个圆形，然后使用“样条曲线”命令绘制交流电符号。

	实例路径	实例\第1章\交流电符号.dwg
	素材路径	素材\第1章\文字.dwg

步骤01 根据素材路径打开“文字.dwg”图形，如图1-55所示。

M3

图1-55 打开文字图形

步骤02 执行CIRCLE（圆）命令，然后以文字的中心点为圆心，绘制一个半径为15的圆，如图1-56所示。

图1-56 绘制圆形

步骤03 执行SPLINE（样条曲线）命令，在文字左下方指定样条曲线的起点（如图1-57所示），然后继续指定其他点，完成样条曲线的绘制，之后进行确定，效果如图1-58所示。

图1-57 指定样条曲线的起点

图1-58 最终效果

实例009 绘制地毯花纹

本实例将通过绘制地毯花纹的操作，学习“多点”和“点样式”命令的使用方法，实例效果如图1-59所示。

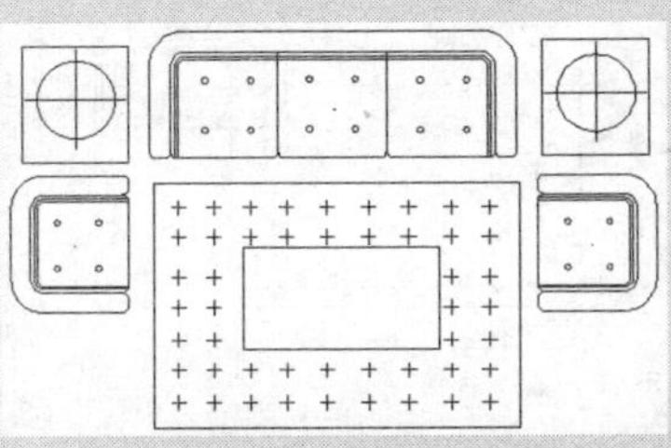

图1-59 绘制地毯花纹

技法解析

本实例绘制地毯花纹，主要使用了“多点”和“点样式”命令，首先使用“点样式”命令设置点的样式，然后使用“多点”命令绘制地毯花纹。

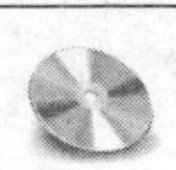	实例路径	实例\第1章\沙发.dwg
	素材路径	素材\第1章\沙发.dwg

步骤01 根据素材路径打开“沙发.dwg”图形，如图1-60所示。

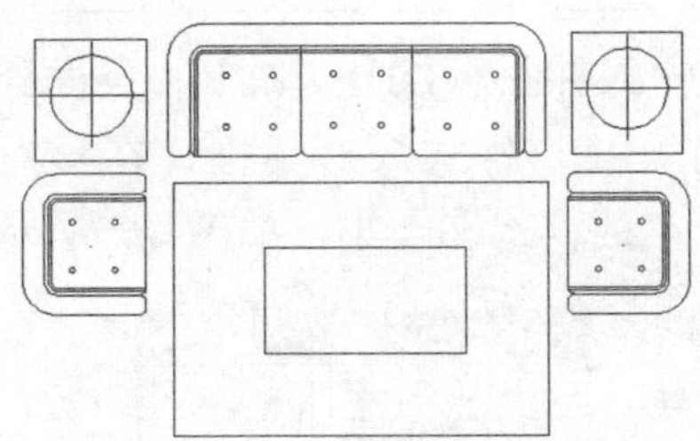

图1-60 打开沙发图形

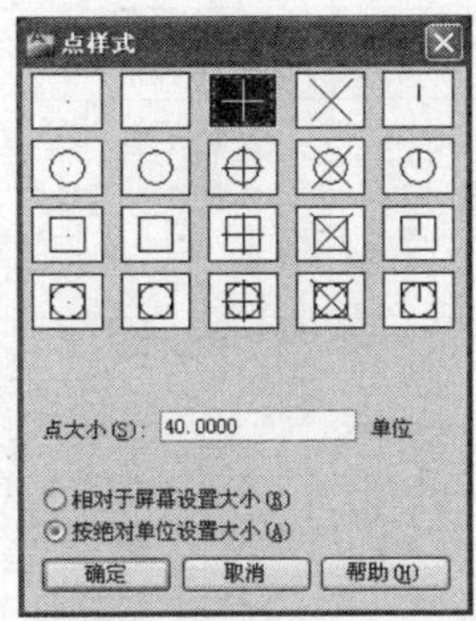

图1-61 设置点样式

步骤02 输入并执行DDPTYPE（点样式）命令，打开“点样式”对话框，在该对话框中设置点的样式和大小，如图1-61所示。

步骤03 选择“绘图”|“点”|“多点”命令，然后在地毯中绘制多个点对象，完成后按【Esc】键结束操作，效果如图1-62所示。

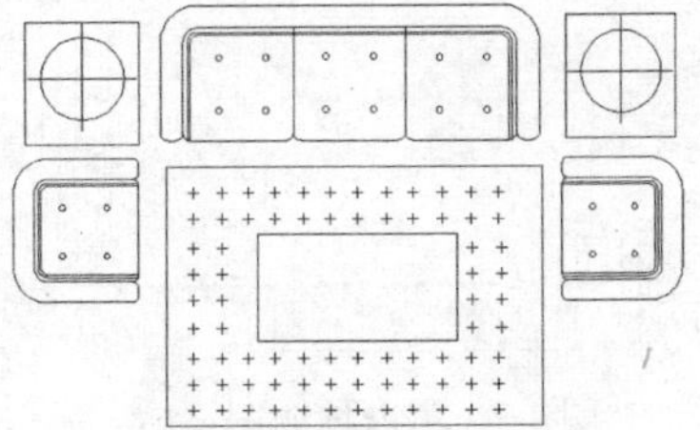

图1-62 地毯花纹效果

实例010 绘制等距筒灯

本实例将通过绘制等距筒灯的操作，学习“定距等分”和“点样式”命令的使用方法，实例效果如图1-63所示。

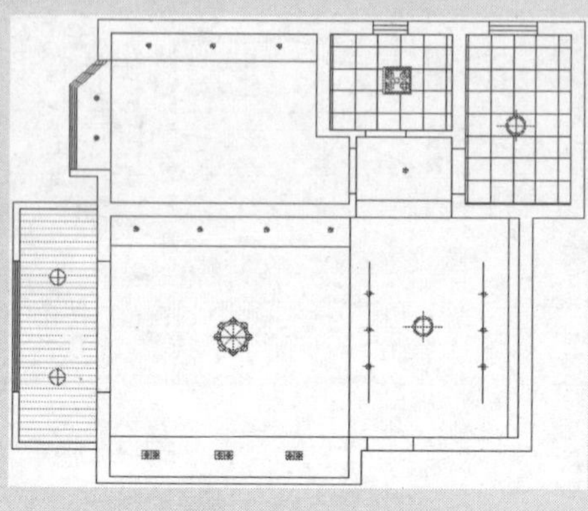

图1-63 等距筒灯效果

技法解析

本实例绘制等距筒灯，主要使用了“定距等分”和“点样式”命令，首先使用“点样式”命令设置点的样式为筒灯效果，然后使用“定距等分”命令绘制等距的筒灯。

	实例路径	实例\第1章\室内顶面图.dwg
	素材路径	素材\第1章\室内顶面图.dwg

步骤01 根据素材路径打开“室内顶面图.dwg”图形，如图1-64所示。

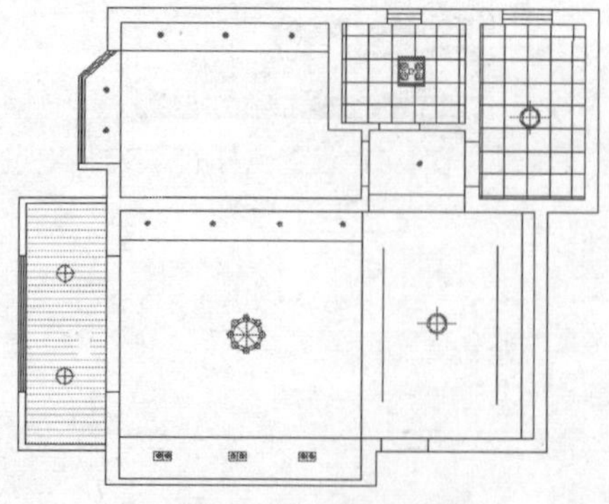

图1-64 室内顶面图素材

步骤02 输入并执行DDPTYPE（点样式）命令，打开“点样式”对话框，在该对话框中设置点的样式和大小，如图1-65所示。

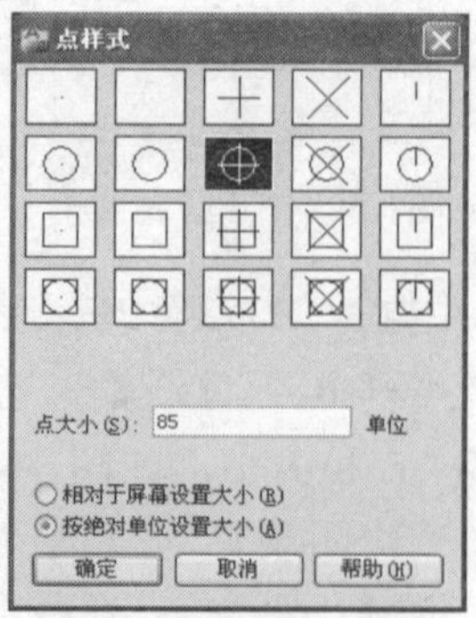

图1-65 设置点样式

步骤03 选择“绘图”|“点”|“定距等分”命令，然后选择餐厅中如图1-66所示的线段作为定距等分的对象，并指定线段的长度为650，绘制定距等分点，效果如图1-67所示。

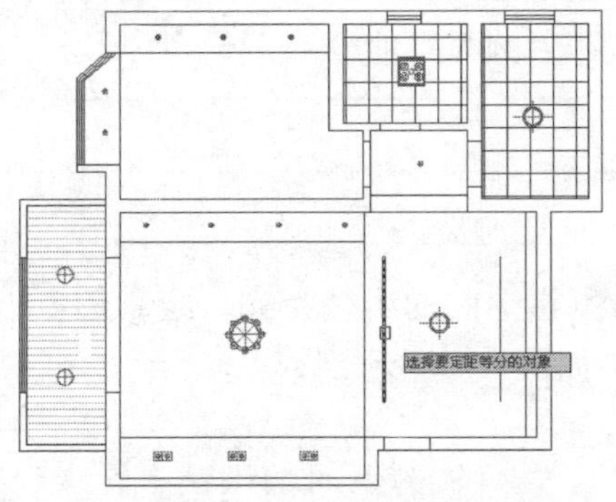

图1-66 选择定距等分对象

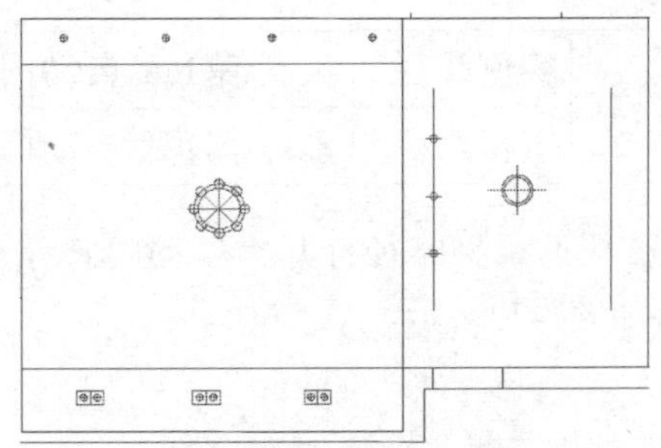
图1-67 定距等分效果

步骤04 选择“绘图”|“点”|“定距等分”命令，然后选择餐厅中的另外一条线段作为定距等分的对象，并指定线段的长度为650，完成等距筒灯的绘制，效果如图1-68所示。

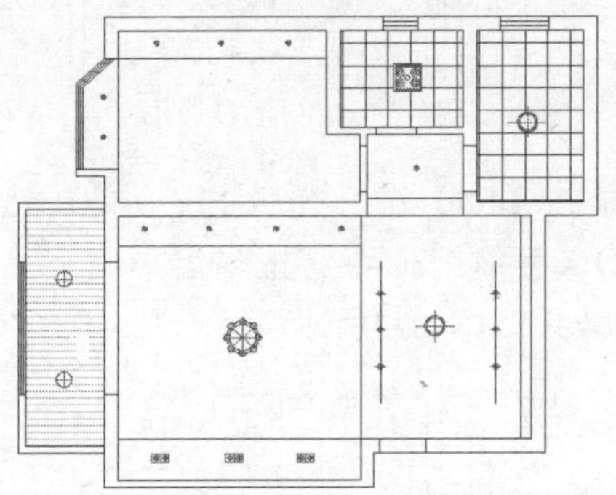
图1-68 等距筒灯效果

技巧提示

“定距等分”命令是将目标对象按指定的距离分段，而“定数等分”命令是将目标对象按指定的数目平均分段。

实例011 绘制螺母

本实例将通过绘制自动门中螺母对象的操作，学习“多边形”、“直线”和“圆弧”命令的使用方法，实例效果如图1-69所示。

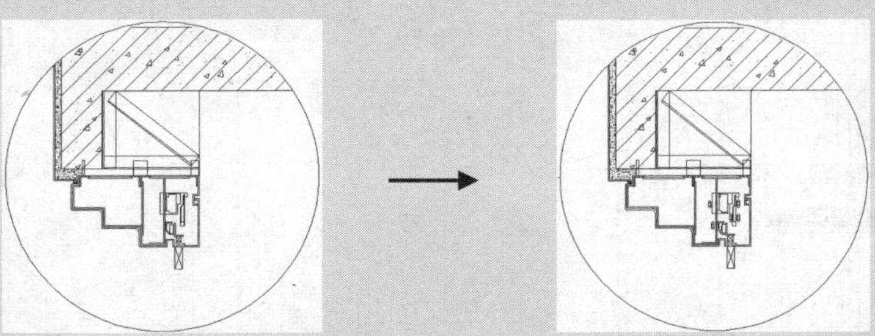
图1-69 绘制螺母

 技法解析

本实例绘制螺母，主要使用了“多边形”、“直线”和“圆弧”命令，首先使用“多边形”命令绘制两个正多边形，然后使用“直线”和“圆弧”命令连接正多边形。

	实例路径	实例\第1章\自动门.dwg
	素材路径	素材\第1章\自动门.dwg

步骤01 根据素材路径打开“自动门.dwg”图形，如图1-70所示。

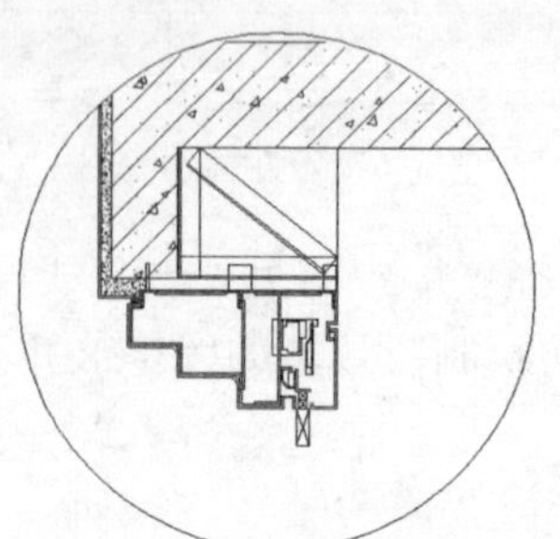
图1-70 自动门图形

步骤02 选择“绘图”|“多边形”命令，设置多边形的边数为6，然后在如图1-71所示的位置指定正多边形的中心点。

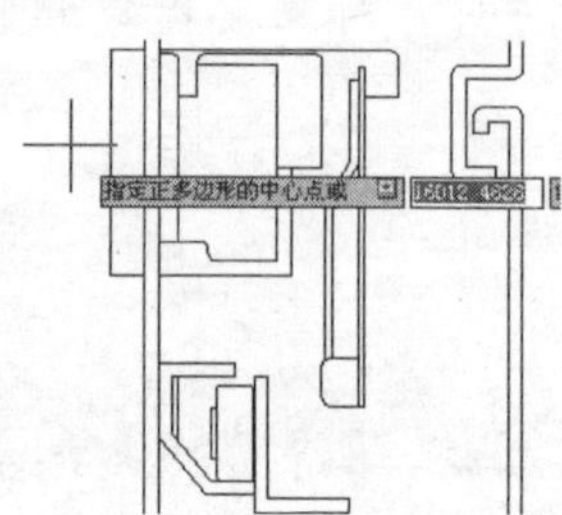

图1-71 指定中心点

步骤03 在弹出的快捷菜单中选择“外切于圆”选项，如图1-72所示。

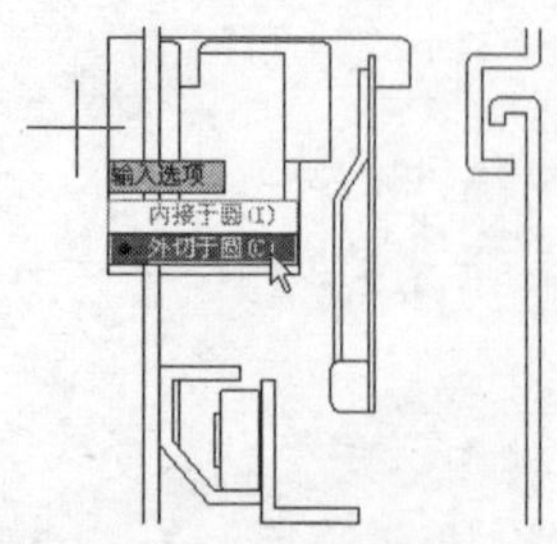

图1-72 选择选项

步骤04 指定圆的半径为50，绘制正多边形，效果如图1-73所示。

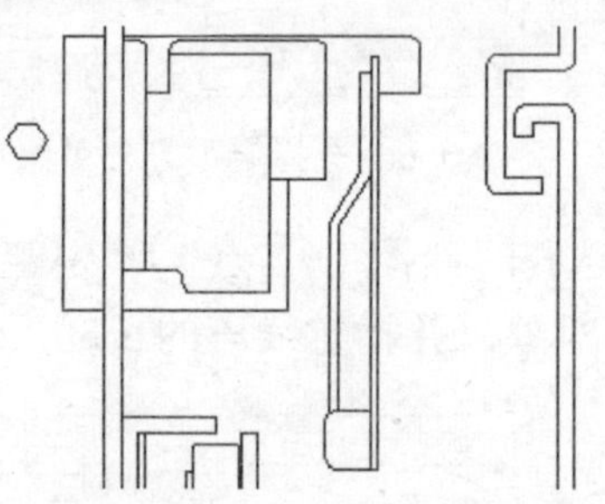
图1-73 绘制正多边形

步骤05 按【F8】键，开启正交功能，然后使用CO（复制）命令将正多边形向下复制一次，效果如图1-74所示。

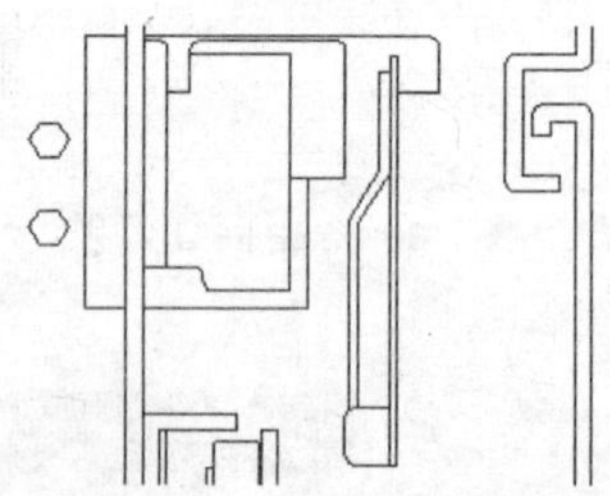
图1-74 复制正多边形

步骤06 使用“直线”命令绘制两条线段连接正多边形，如图1-75所示。

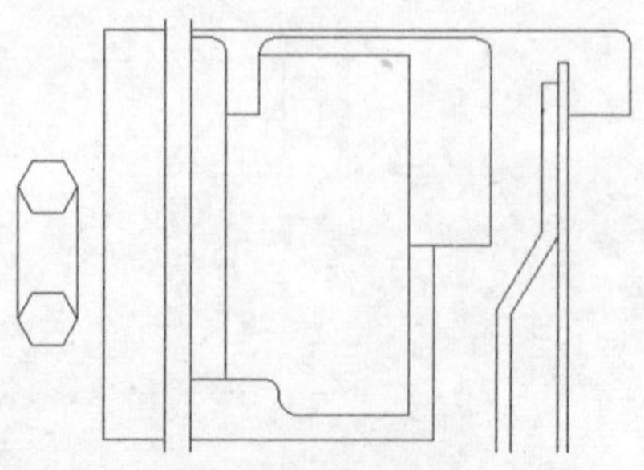
图1-75 连接正多边形

步骤07 选择“绘图”|“圆弧”|“三点”命令，参照如图1-76～图1-78所示的效果依次指定圆弧的起点、第二个点和端点。

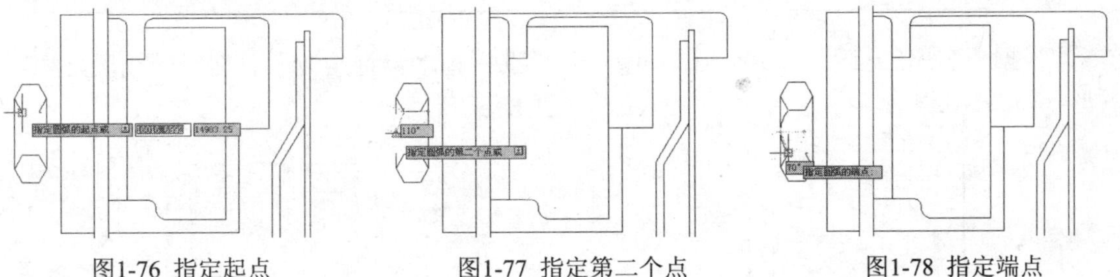

图1-76 指定起点　　图1-77 指定第二个点　　图1-78 指定端点

步骤08 选择“绘图”|“圆弧”|“三点”命令，绘制另外一段圆弧，效果如图1-79所示。

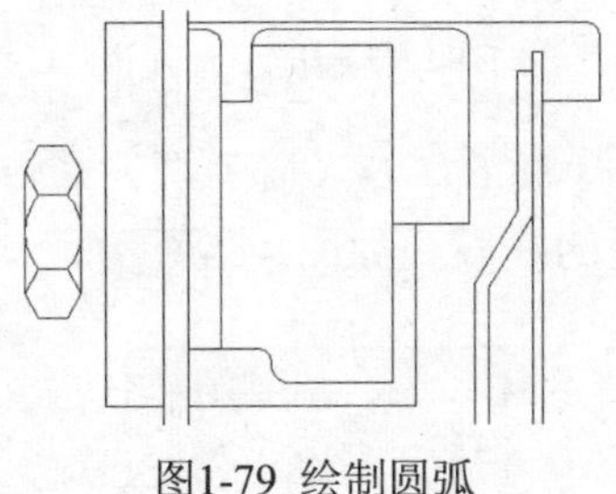

图1-79 绘制圆弧

步骤09 使用相同的方法，绘制其他螺母图形，效果如图1-80所示。

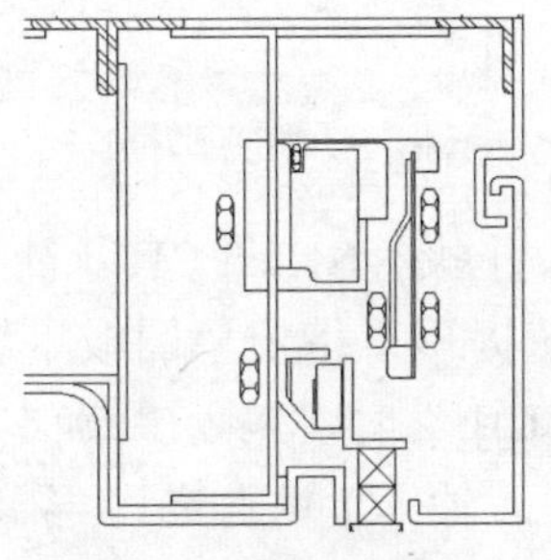

图1-80 绘制其他螺母

实例012 绘制装饰画框

本实例将通过绘制装饰画框的操作，学习“徒手画”命令的使用方法，实例效果如图1-81所示。

图1-81 绘制装饰画框

技法解析

本实例绘制装饰画框，主要使用“徒手画”命令绘制不同效果的线段，在绘图过程中，需要设置徒手画的记录增量和绘图方式。

	实例路径	实例\第1章\装饰画框.dwg
	素材路径	素材\第1章\装饰画框.dwg

步骤01 根据素材路径打开"装饰画框.dwg"图形，如图1-82所示。

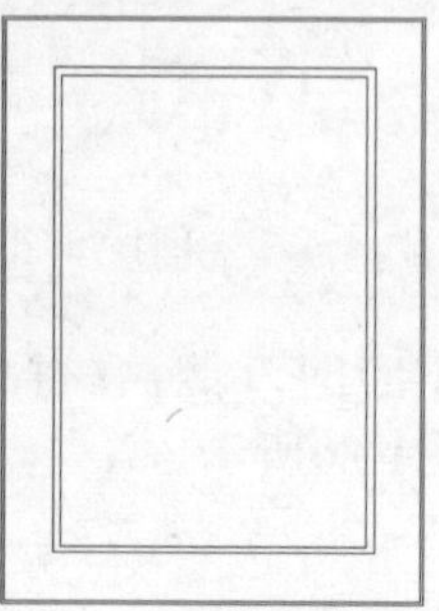

图1-82 打开画框

步骤02 输入并执行SKETCH（徒手画）命令，当系统提示"指定草图或 [类型(T)/增量(I)/公差(L)]:"时，输入I并确定，设置增量为5，然后输入T并确定，再输入P并确定，选择"多段线(P)"选项，将鼠标移动到徒手画的起点位置，如图1-83所示。

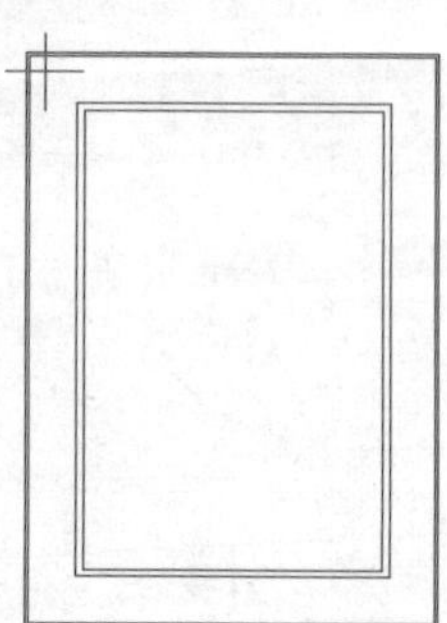

图1-83 指定起点位置

步骤03 拖动鼠标绘制一条徒手画线段，如图1-84所示。

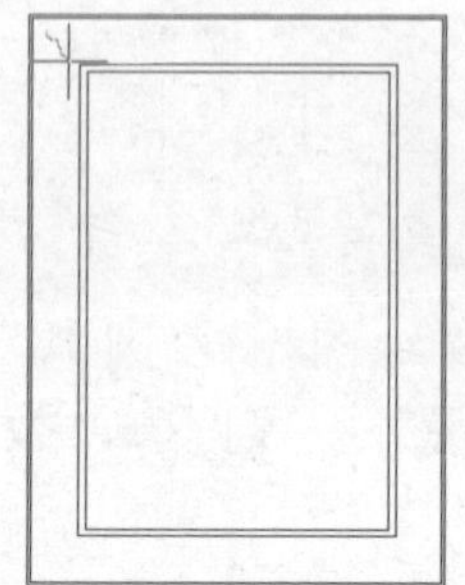

图1-84 绘制徒手画线段

步骤04 执行SKETCH（徒手画）命令，绘制一条较短的线段，如图1-85所示。

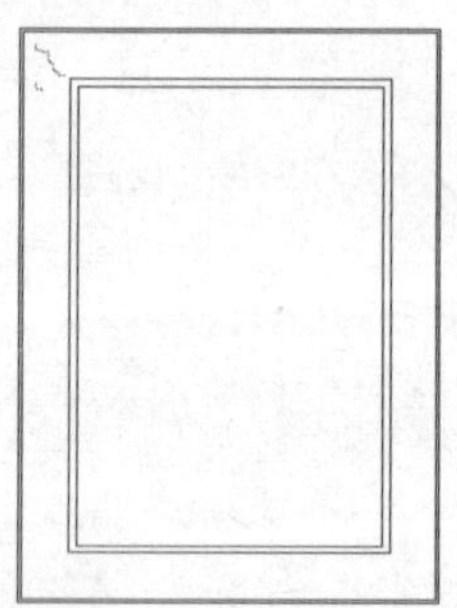

图1-85 绘制另一条线段

步骤05 使用相同的方法绘制其他线段，效果如图1-86所示。

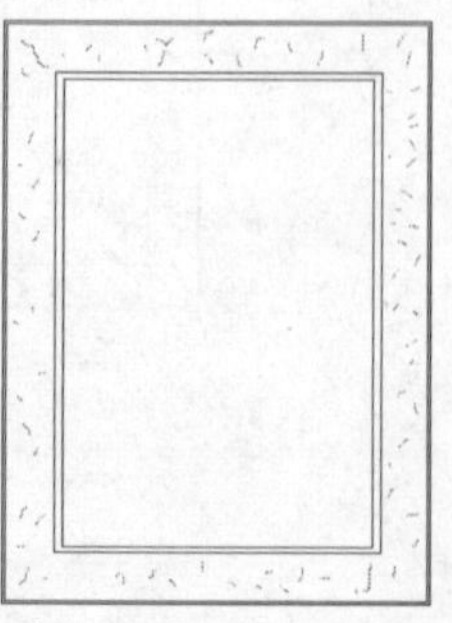

图1-86 绘制其他线段

实例013 绘制花盆

本实例将通过绘制花盆的操作，学习“多段线”命令的使用方法，实例效果如图1-87所示。

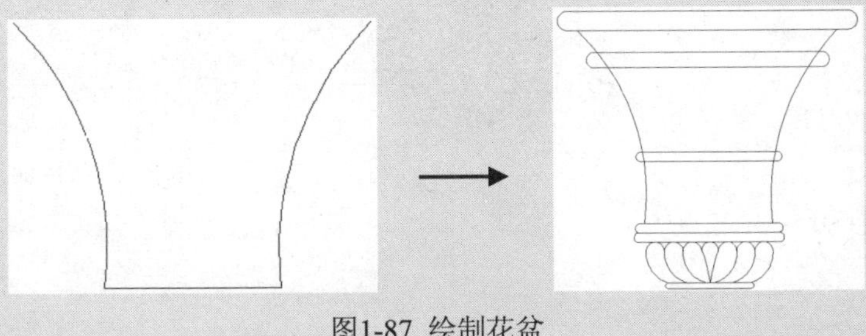

图1-87 绘制花盆

技法解析

本实例绘制花盆图形，主要使用“多线段”命令绘制不同的线段，在绘图过程中，需要在不同的地方设置“直线”和“圆弧”两种绘图方式。

	实例路径	实例\第1章\花盆.dwg
	素材路径	素材\第1章\无

步骤01 选择“绘图”|“多段线”命令，在绘图区的任意位置指定多段线的起点，然后输入A并确定，选择“圆弧(A)”选项，再输入S并确定，选择“第二个点(S)”选项，指定圆弧的第二个点，如图1-88所示。

步骤02 当系统提示“指定圆弧的端点:”时，向下指定圆弧的端点，如图1-89所示。

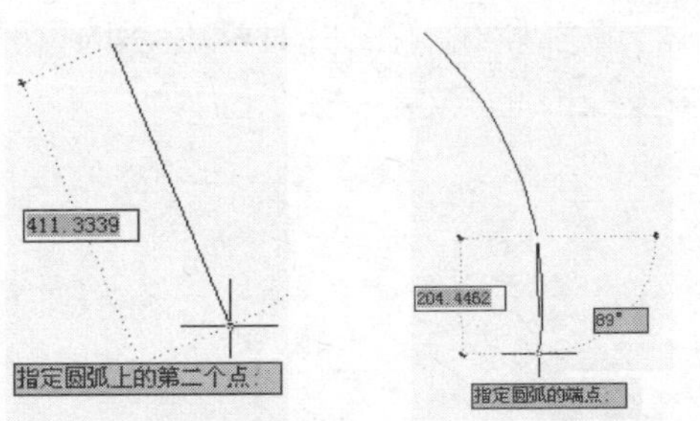

图1-88 指定第二个点　　图1-89 指定端点

步骤03 输入L并确定，选择“直线(L)”选项，然后指定直线的方向，并设置线段的长度为400，如图1-90所示。

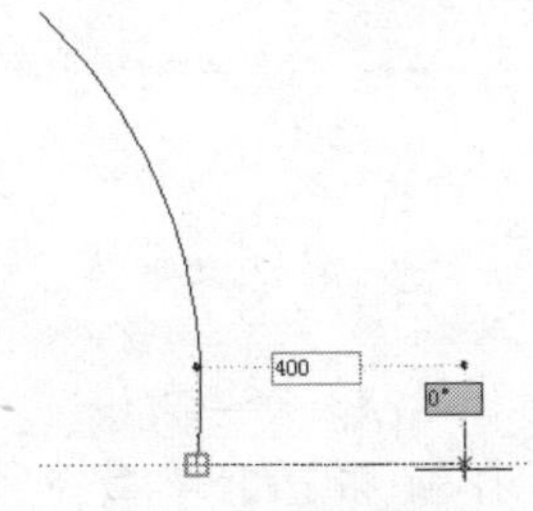

图1-90 绘制线段

步骤04 使用同样的操作，在此基础上继续创建多段线的另一条弧线，并保持两条弧线相对称，效果如图1-91所示。

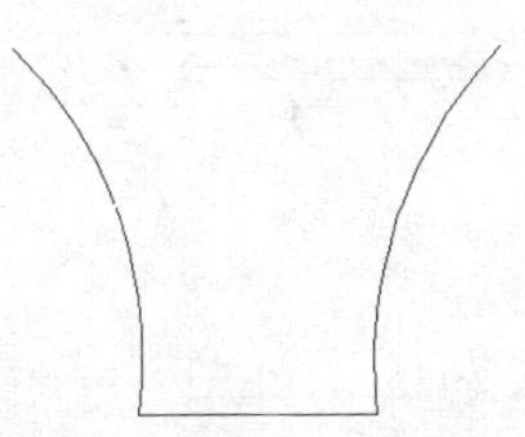

图1-91 绘制另一条弧线

步骤05 选择“绘图”|“多段线”命令，绘制另一条多段线，在如图1-92所示的位置指定多段线的起点，然后在如图1-93所示的位置指定多段线的下一个点。

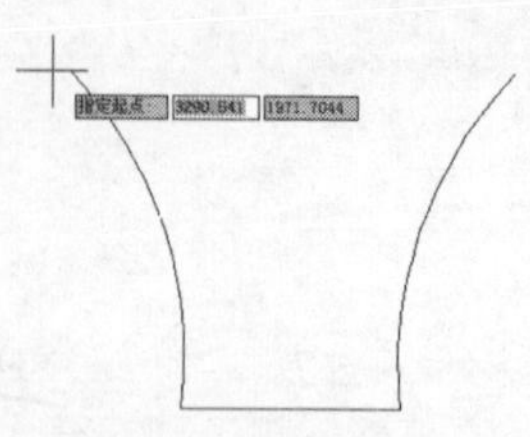

图1-92 指定起点

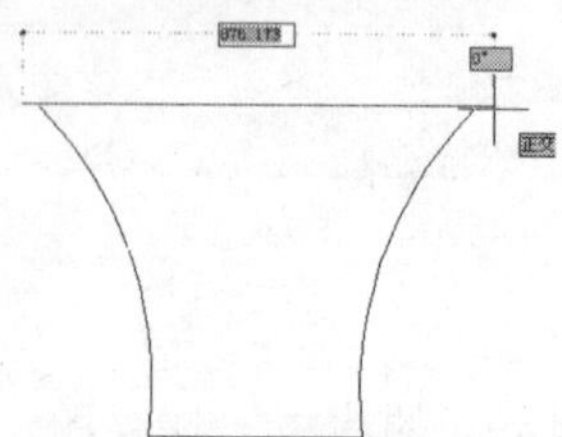

图1-93 指定下一个点

步骤06 输入A并确定，选择“圆弧(A)”选项，并指定圆弧的直径大小为60，效果如图1-94所示。

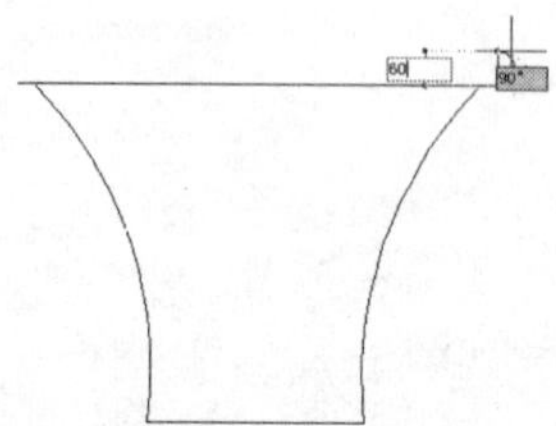

图1-94 指定圆弧的直径

步骤07 输入L并确定，选择“直线(L)”选项，然后指定直线的下一个点，如图1-95所示。

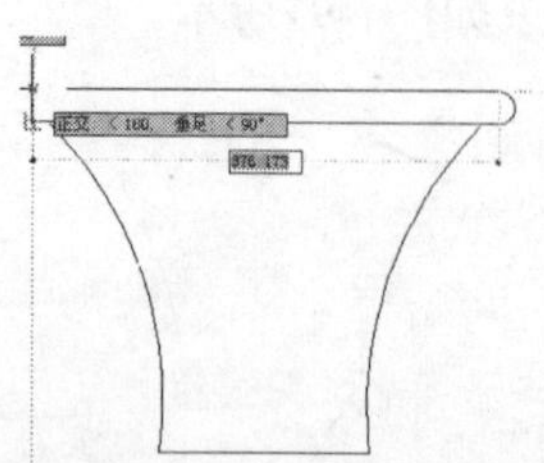

图1-95 指定下一个点

步骤08 输入A并确定，选择“圆弧(A)”选项，然后指定圆弧的端点（如图1-96所示），确定后的效果如图1-97所示。

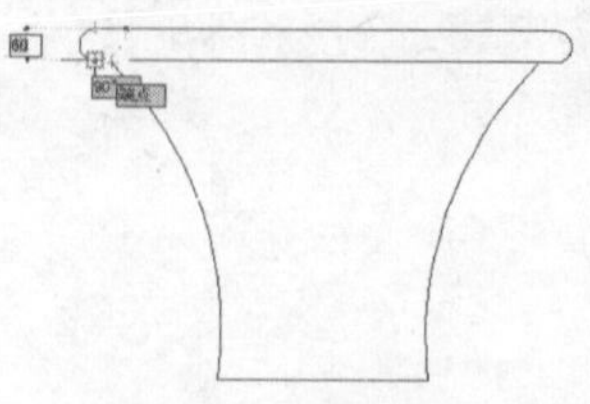

图1-96 指定端点

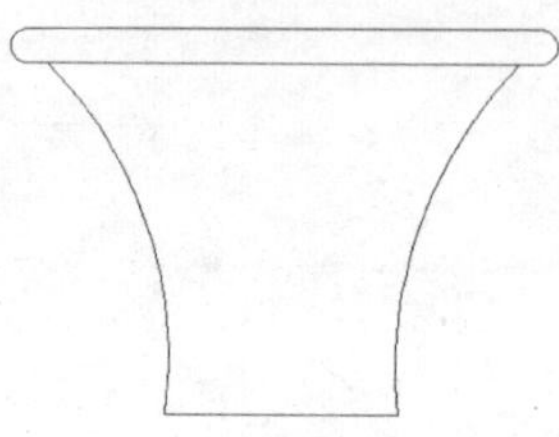

图1-97 绘制多段线

步骤09 使用相同的方法，绘制其他类似的多段线图形，如图1-98所示。

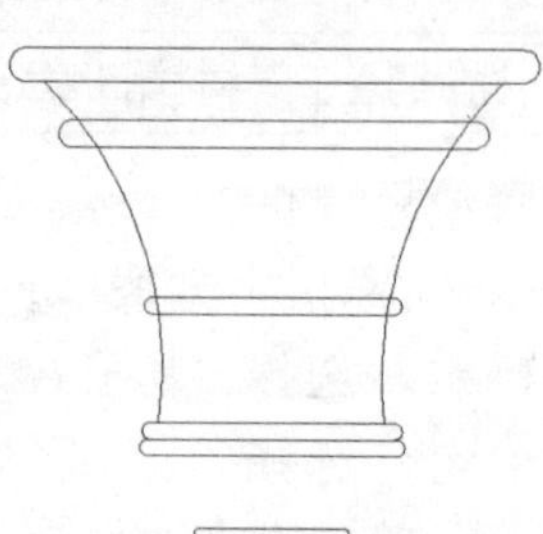

图1-98 绘制其他多段线

步骤10 选择“绘图”|“多段线”命令，绘制下一条多段线，在如图1-99所示的位置指定多段线的起点。

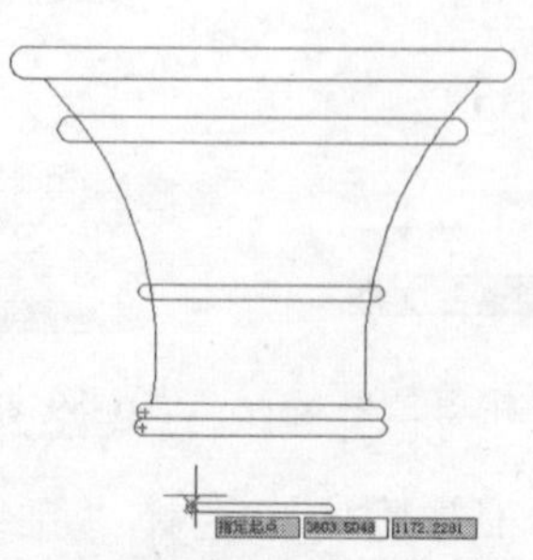

图1-99 指定多段线的起点

步骤11 输入8并确定，选择“第2个点（8）”选项，指定圆弧的第二个点，如图1-100所示。

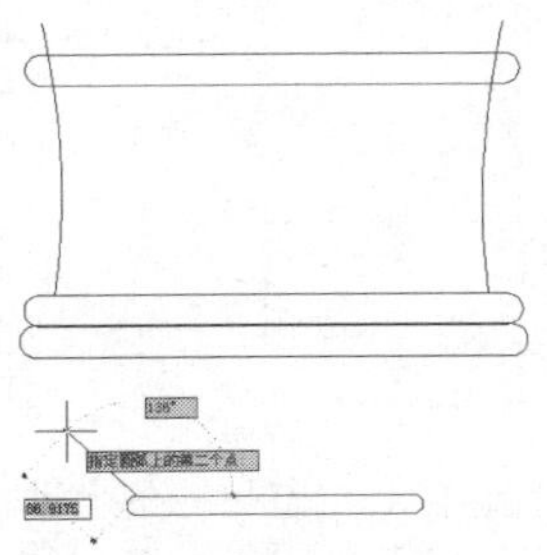

图1-100 指定第二个点

步骤12 在如图1-101所示的位置指定圆弧的端点，绘制的多段线效果如图1-102所示。

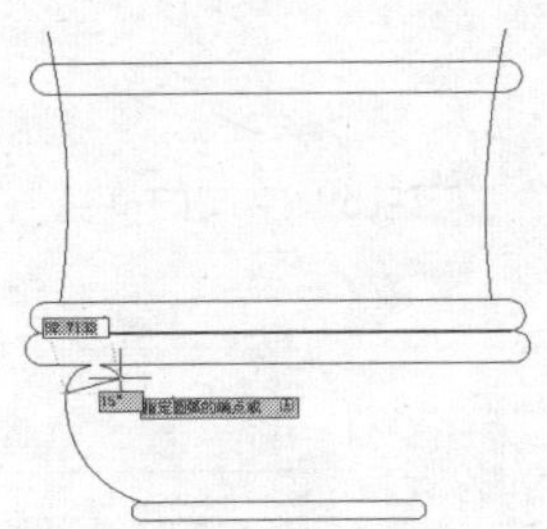

图1-101 指定端点

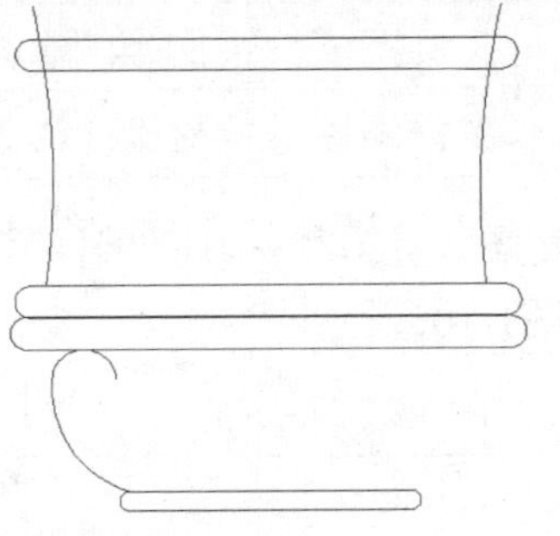

图1-102 多段线效果

步骤13 使用同样的方法，在图形下方绘制其他类似的多段线，完成花盆图形的绘制，效果如图1-103所示。

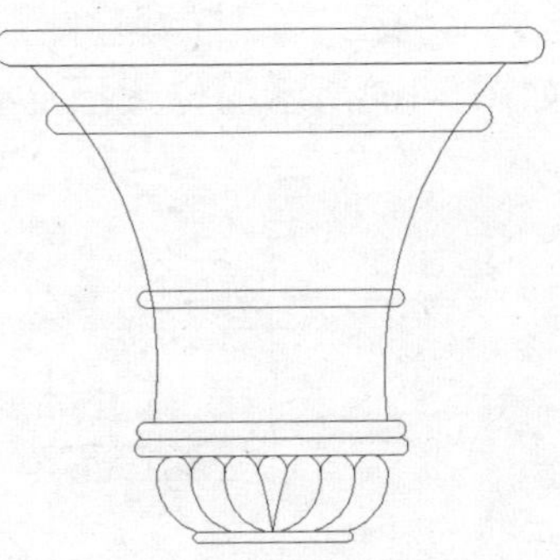

图1-103 花盆效果

实例014 绘制面盆

本实例将通过绘制面盆的操作，学习“椭圆”命令的使用方法，实例效果如图1-104所示。

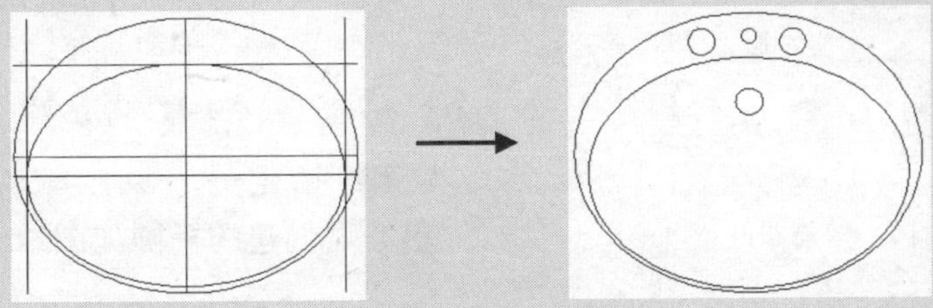

图1-104 绘制面盆

技法解析

本实例绘制面盆图形，主要使用“椭圆”命令绘制不同形状的椭圆作为面盆的轮廓。在绘图过程中，还会使用“圆”命令绘制圆形作为漏水孔。

	实例路径	实例\第1章\面盆.dwg
	素材路径	素材\第1章\辅助线.dwg

步骤01 根据素材路径打开“辅助线.dwg”图形，如图1-105所示。

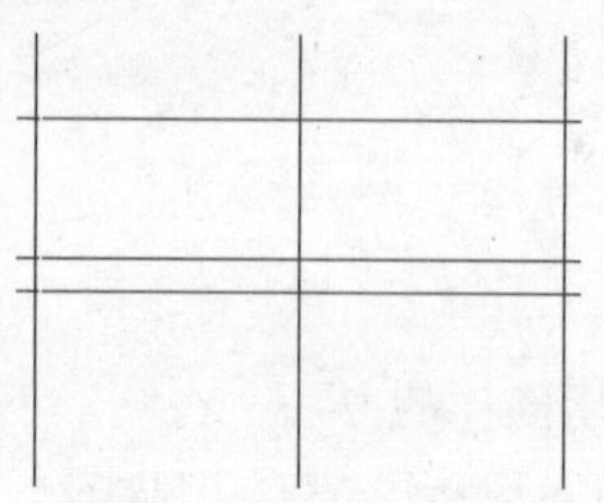

图1-105 打开素材图形

步骤02 选择“绘图”|“椭圆”|“圆心”命令，在如图1-106所示的位置指定椭圆的中心点。

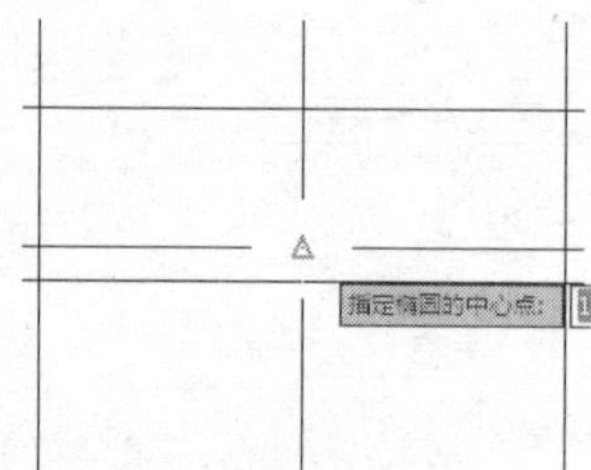

图1-106 指定中心点

步骤03 在如图1-107所示的线段端点处指定椭圆轴的端点。

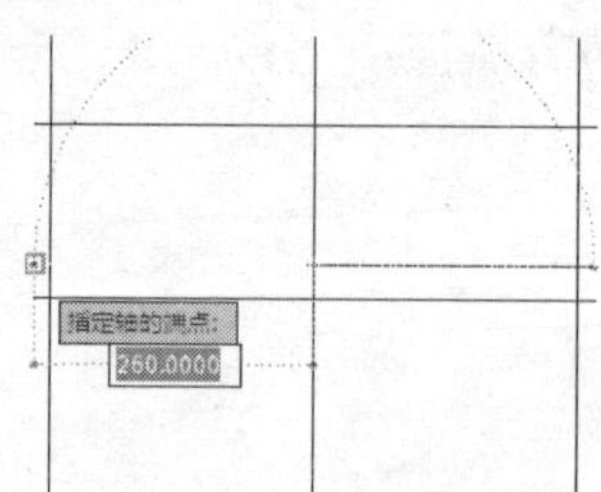

图1-107 指定端点

步骤04 参照如图1-108所示的效果指定另一条半轴长，创建的椭圆如图1-109所示。

步骤05 选择“绘图”|“椭圆”|“轴、端点”命令，在如图1-110所示的位置指定椭圆轴的第一个端点，在如图1-111所示的位置指定轴的另一个端点。

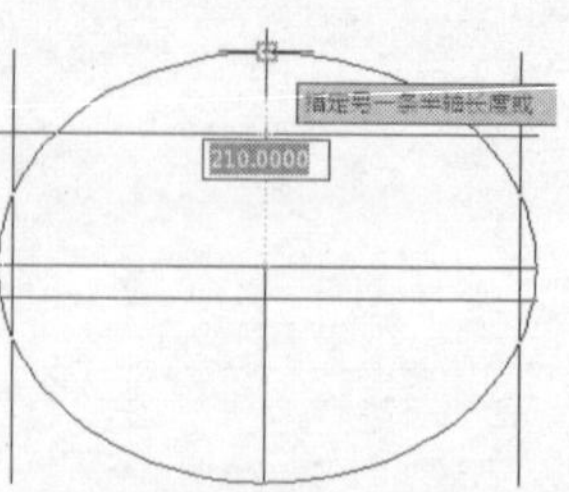

图1-108 指定另一条半轴长

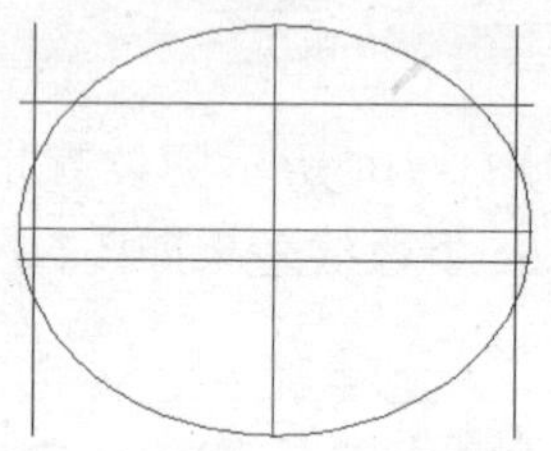

图1-109 绘制的椭圆

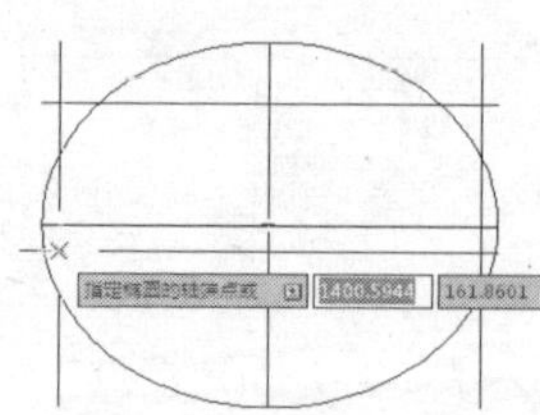

图1-110 指定第一个端点

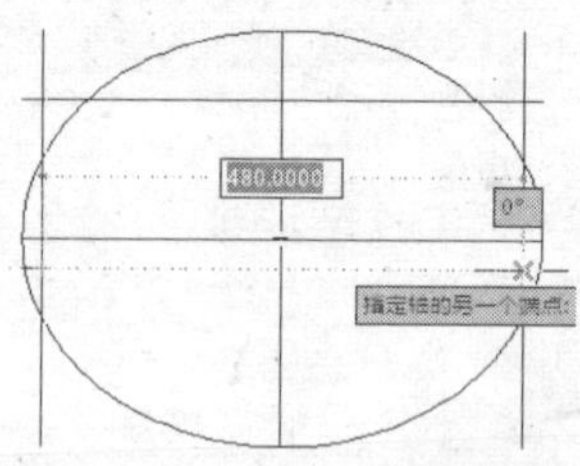

图1-111 指定另一个端点

步骤06 指定另一条半轴长（如图1-112所示），创建的椭圆如图1-113所示。

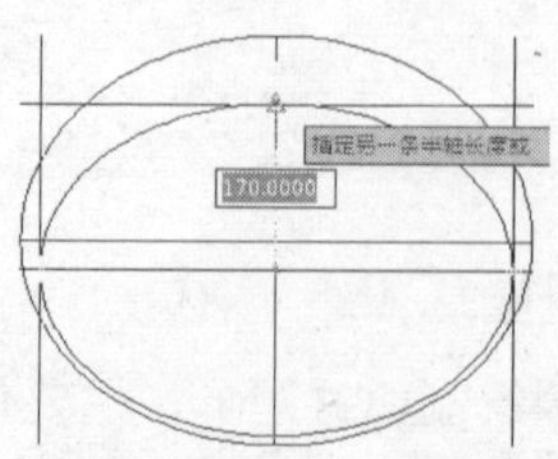

图1-112 指定另一条半轴长

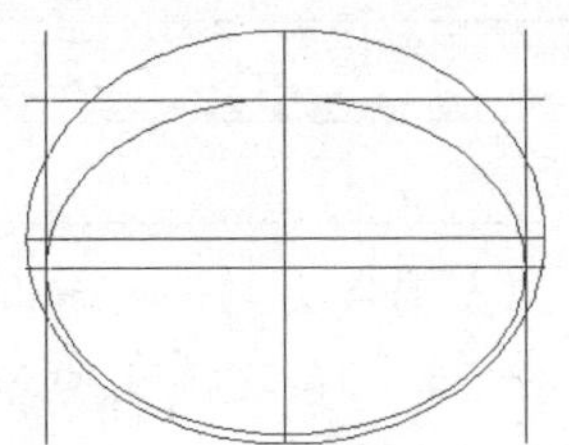

图1-113 创建的椭圆

步骤07 选择"绘图"|"圆"|"圆心、半径"命令，绘制一个半径为11的圆，效果如图1-114所示。

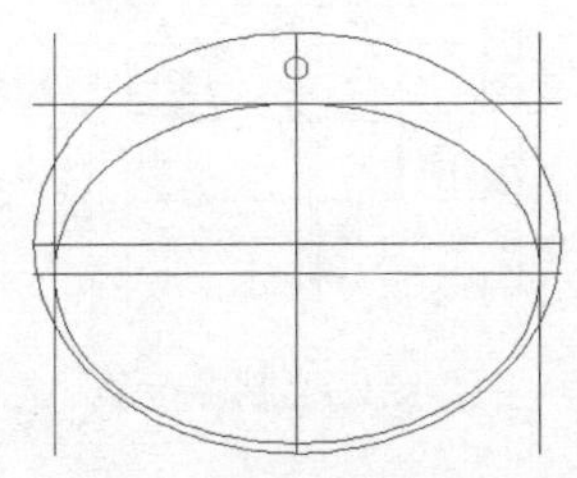

图1-114 绘制圆

步骤08 使用CIRCLE（圆）命令绘制3个半径为25的圆，效果如图1-115所示。

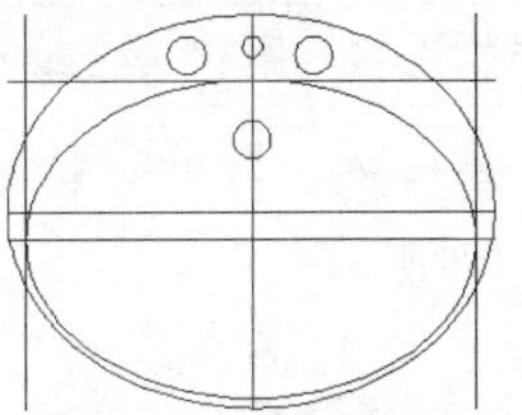

图1-115 绘制圆

步骤06 选择辅助线，然后选择"修改"|"删除"命令将其删除，完成实例的制作，效果如图1-116所示。

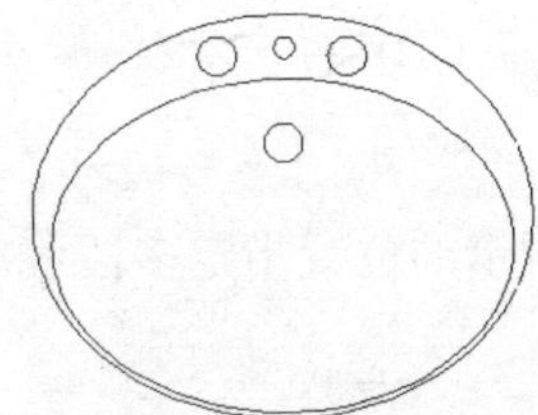

图1-116 面盆效果

实例015 绘制楼梯走向箭头

本实例将通过绘制楼梯走向箭头的操作，学习使用"多线段"命令绘制不同宽度线段的方法，实例效果如图1-117所示。

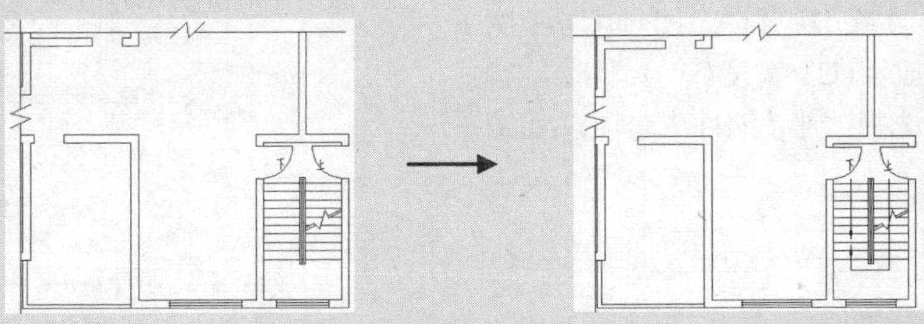

图1-117 绘制楼梯走向箭头

技法解析

本实例绘制楼梯走向箭头，主要使用"多段线"命令，通过设置多段线不同宽度的起点与端点，从而绘制出箭头图形。

	实例路径	实例\第1章\楼梯.dwg
	素材路径	素材\第1章\楼梯.dwg

步骤01 根据素材路径打开“楼梯.dwg”图形，如图1-118所示。

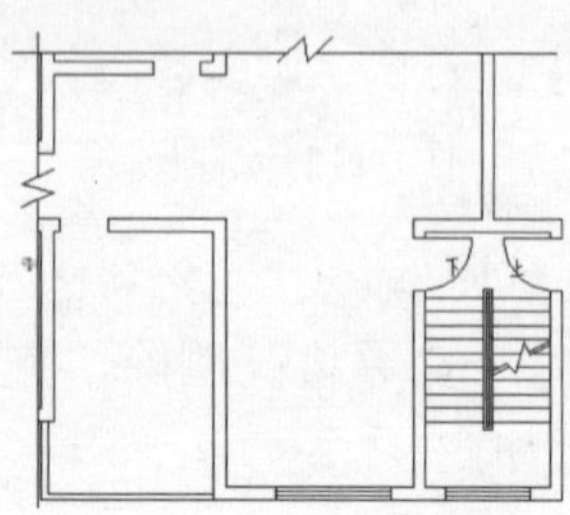

图1-118 打开素材图形

步骤02 选择“绘图”|“多段线”命令，在如图1-119所示的位置指定多段线的起点。

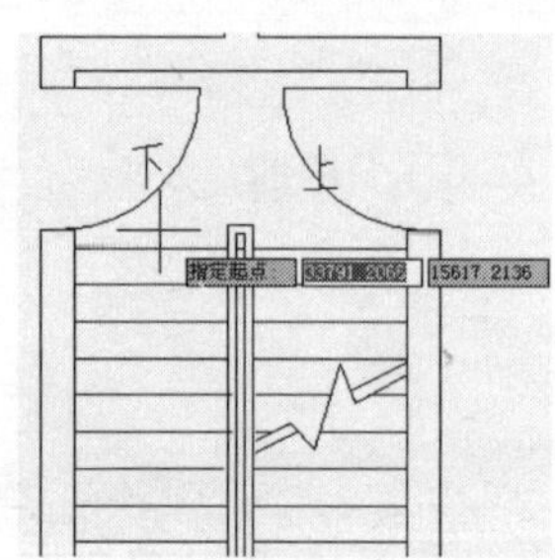

图1-119 指定起点

步骤03 指定多段线的下一个点，当系统提示“指定下一点或 [圆弧(A)/闭合(C)/半宽(H)/长度(L)/放弃(U)/宽度(W)]:”时，输入H并确定，选择“半宽(H)”选项，如图1-120所示。

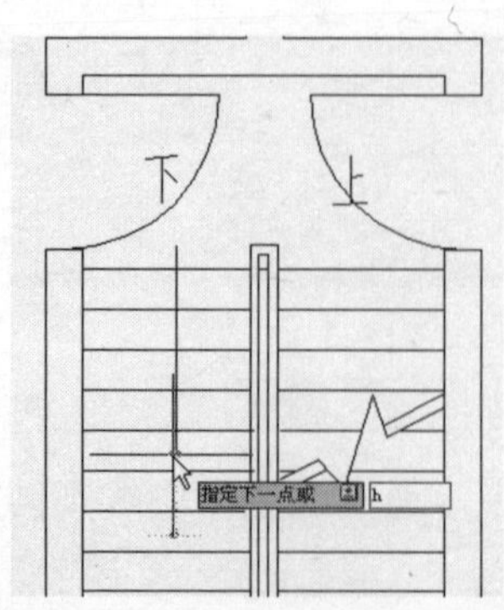

图1-120 选择“半宽(H)”选项

步骤04 设置起点半宽为35，设置端点半宽为0，然后向下绘制一条带箭头的多段线，效果如图1-121所示。

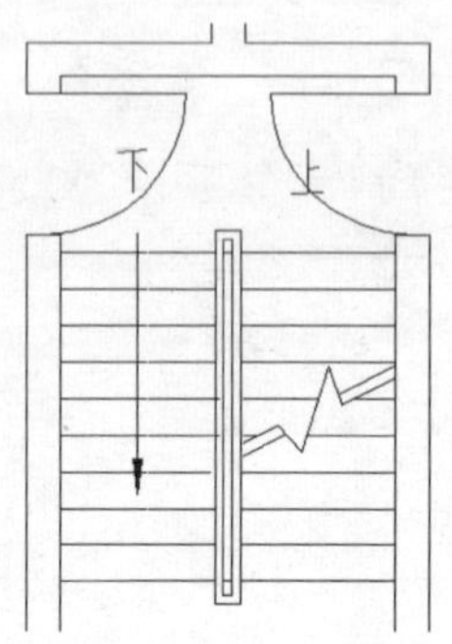

图1-121 绘制多段线

步骤05 选择“绘图”|“多段线”命令，使用类似的方法绘制另一条带箭头的多段线（如图1-122所示），完成楼梯走向的绘制，效果如图1-123所示。

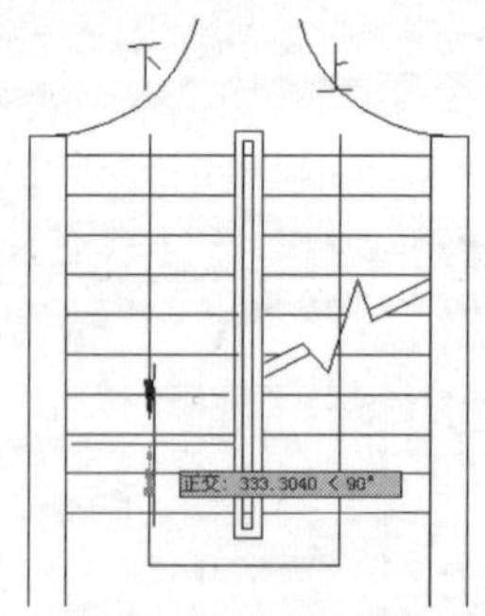

图1-122 绘制多段线

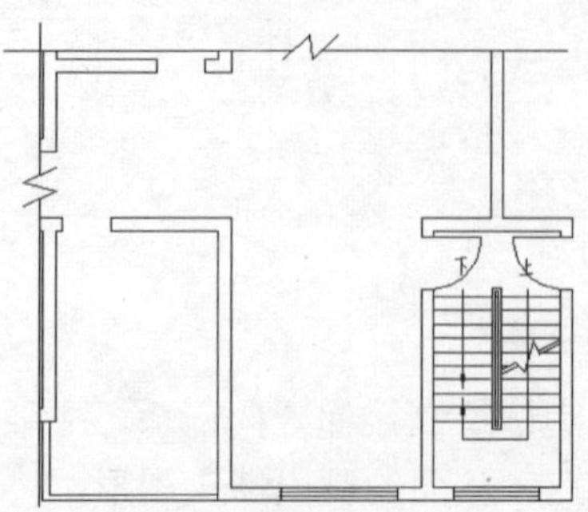

图1-123 楼梯走向效果

PART 02

图形的编辑

运用AutoCAD进行绘图，仅掌握一些基本的绘图命令是远远不够的。因为在绘图操作中，通常还需要对绘制的图形进行修改，使图形达到最终需要的形状。

例如，在绘图操作中，常常需要对图形的位置和角度进行调整，以便将其放到正确的位置，或是需要绘制大量相同或相似的对象，或是需要对图形进行修剪、延伸、圆角等处理，在进行这些操作时，都离不开相应的图形编辑功能。

效果展示 XIAOGUO ZHANSHI

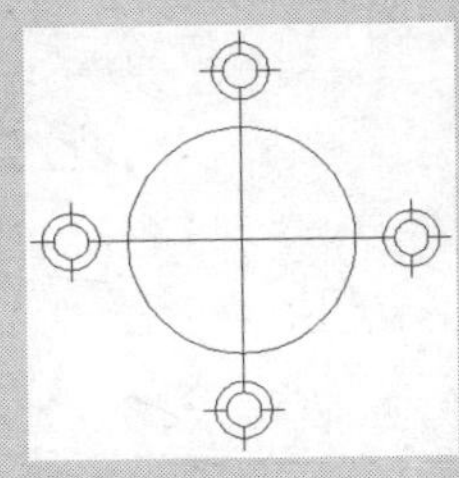
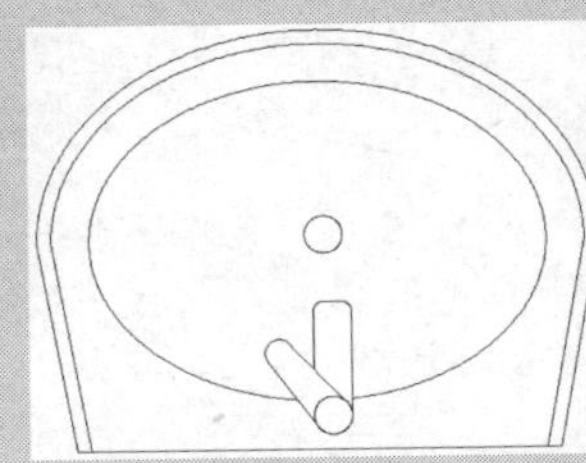
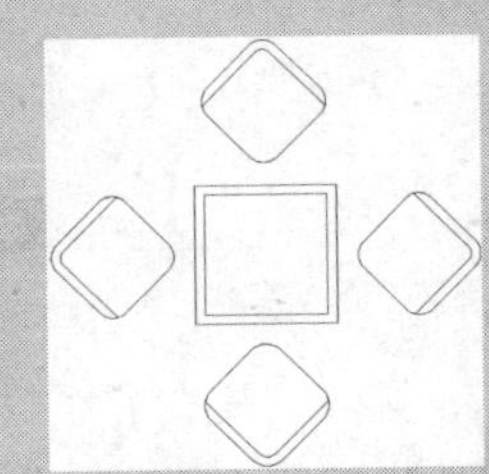
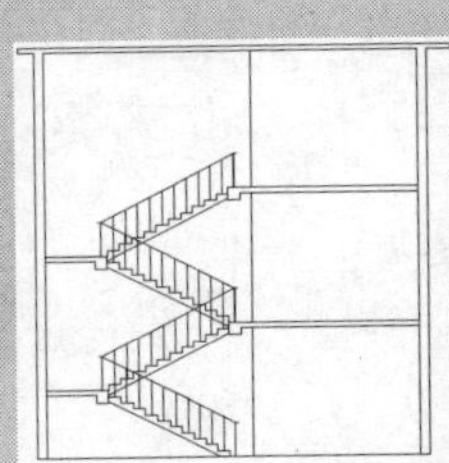
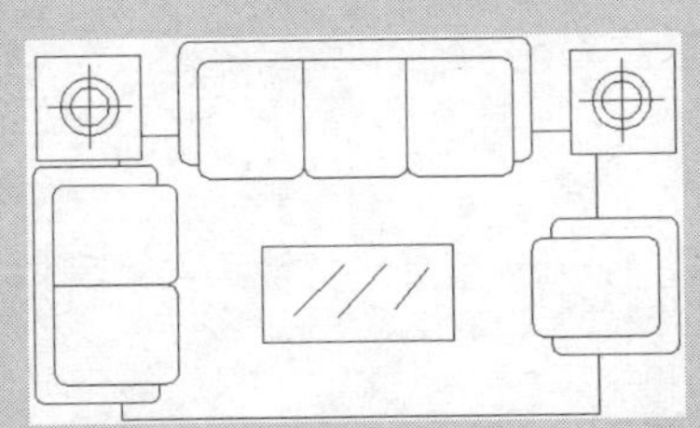
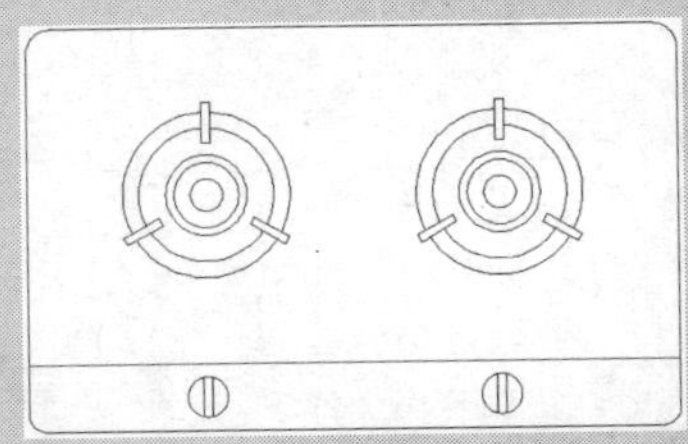
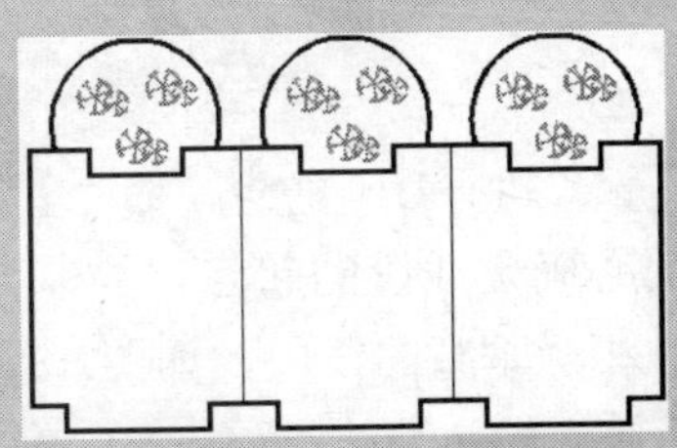

实例016 创建吊灯图形

本实例将通过绘制吊灯图形的操作，学习“拉长”、“修剪”和“阵列”修改命令的使用方法，实例效果如图2-1所示。

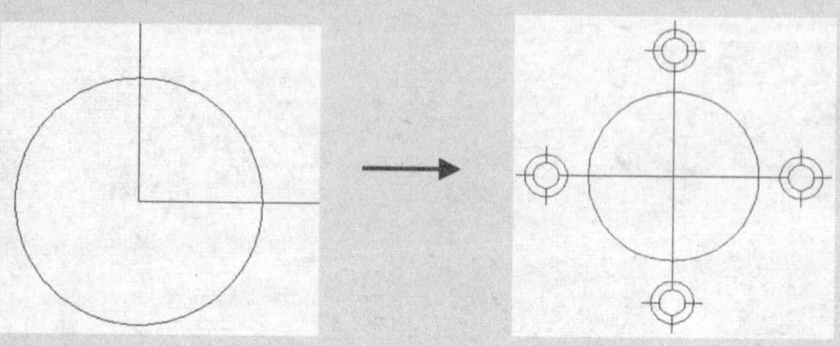

图2-1 绘制吊灯图形

技法解析

本实例所绘制的吊灯图形，主要由线段和圆形对象组成。在绘图过程中，将使用“拉长”命令对线段拉长指定的长度；使用“修剪”命令将多余的线段修剪掉；使用“阵列”命令中的“环形阵列”方式对吊灯周边的小灯具图形进行阵列。

	实例路径	实例\第2章\吊灯.dwg
	素材路径	素材\第2章\无

步骤01 执行C（圆）命令绘制一个半径为200的圆，如图2-2所示。

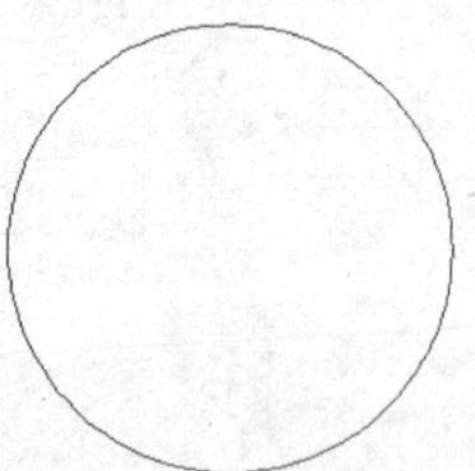

图2-2 绘制圆

步骤02 执行L（直线）命令，然后通过捕捉圆心确定线段的起点，绘制两条长度为300且相互垂直的线段，如图2-3所示。

步骤03 输入并执行LENGTHEN（拉长）命令，然后输入DE并确定，选择“增量(DE)”选项，设置拉长的增量值为300，命令提示行中的参数设置如图2-4所示。

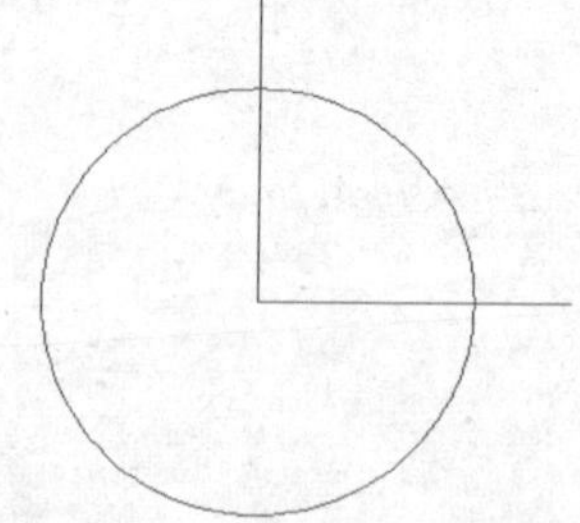

图2-3 绘制垂直线段

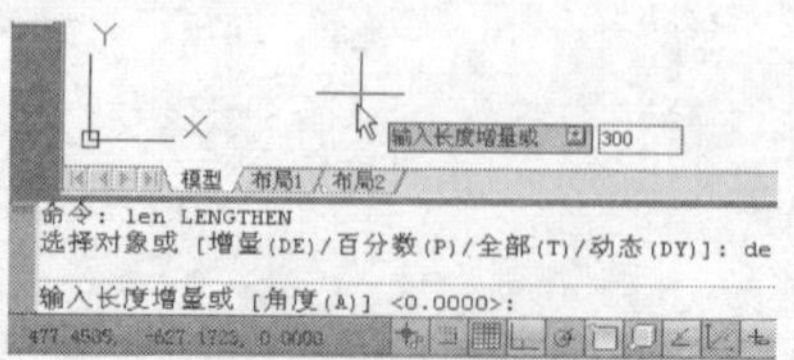

图2-4 设置拉长的增量

技巧提示

使用LENGTHEN（拉长）命令可以延伸、缩短直线，或改变圆弧的圆心角。该命令的简化命令为LEN。

步骤04 在垂直线段靠近圆心的位置单击鼠标，将线段向下方拉长（如图2-5所示），拉长后的效果如图2-6所示。

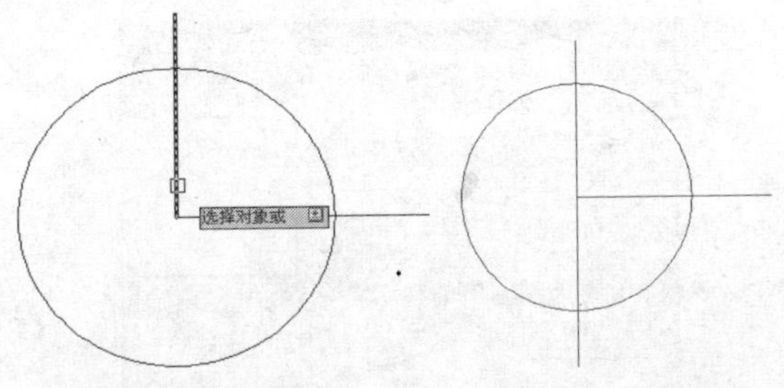

图2-5 选择对象　　图2-6 拉长效果

步骤05 继续使用LEN（拉长）命令将水平线段向左拉长300个单位，如图2-7所示。

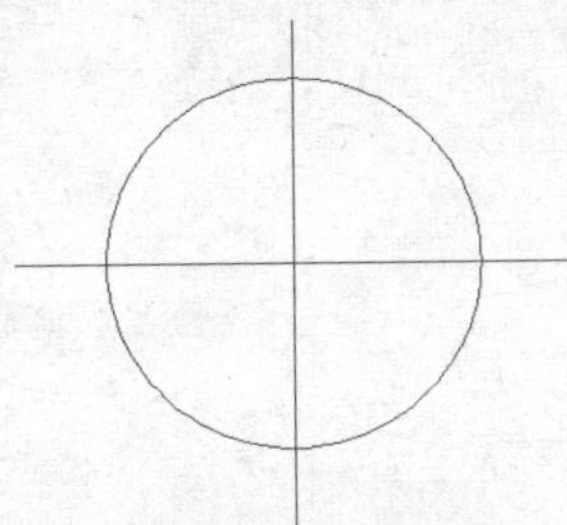

图2-7 拉长效果

步骤06 执行C（圆）命令，以垂直线段的上端点为圆心绘制一个半径为50的圆，如图2-8所示。

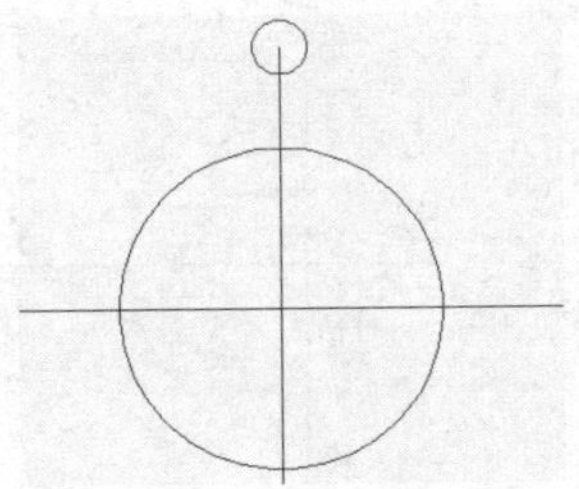

图2-8 绘制圆

步骤07 使用L（直线）命令，通过捕捉圆心绘制两条长为70且相互垂直的线段，如图2-9所示。

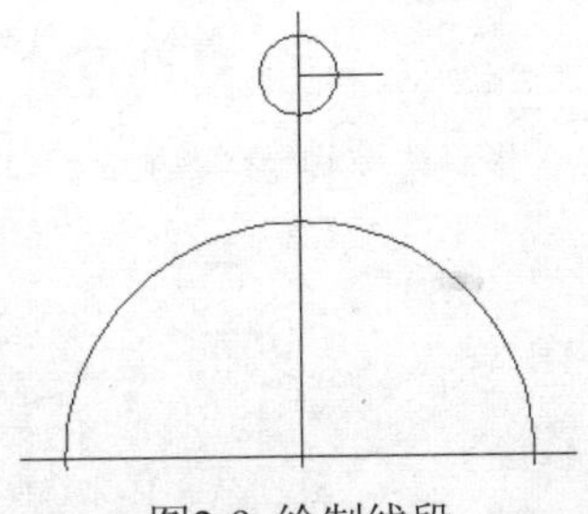

图2-9 绘制线段

步骤08 使用LEN（拉长）命令将刚绘制的水平线段反向拉长70个单位，如图2-10所示。

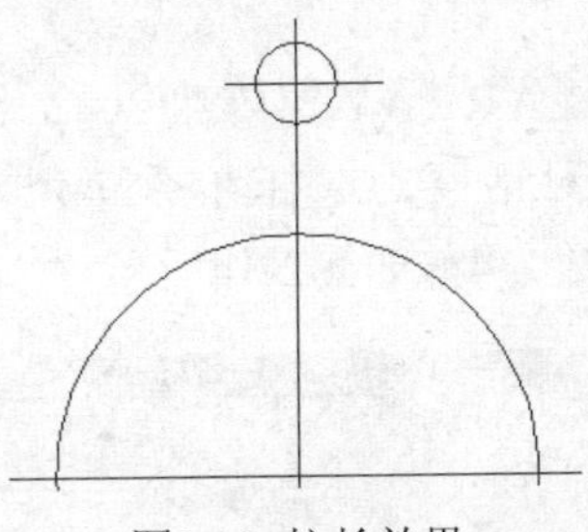

图2-10 拉长效果

步骤09 执行C（圆）命令，以上方线段的交点为圆心绘制一个半径为30的圆，如图2-11所示。

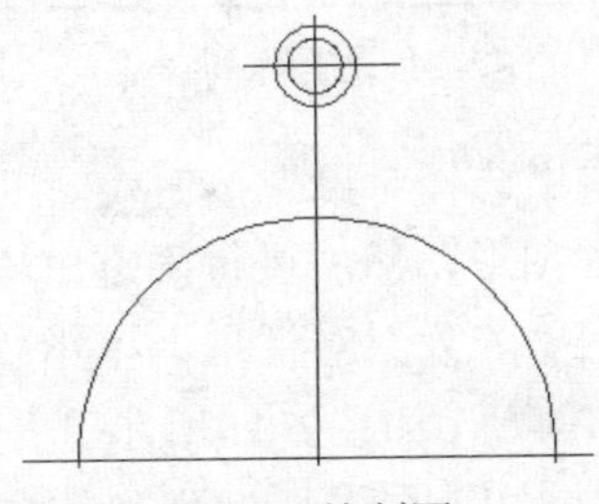

图2-11 绘制圆

步骤10 执行TRIM（修剪）命令，然后选择小圆为修剪边界（如图2-12所示），对小圆内的线段进行修剪，效果如图2-13所示。

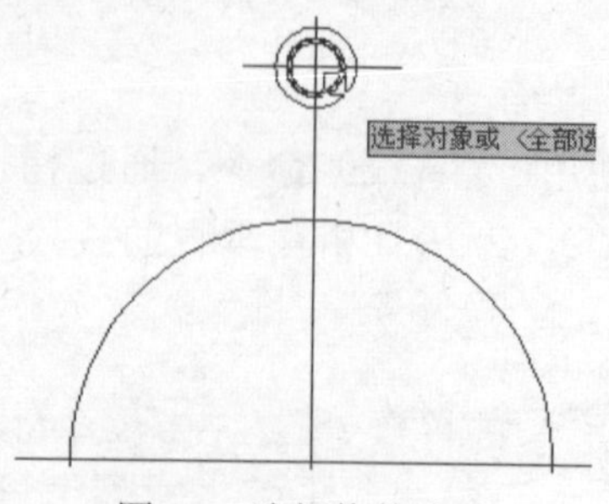

图2-12 选择修剪边界

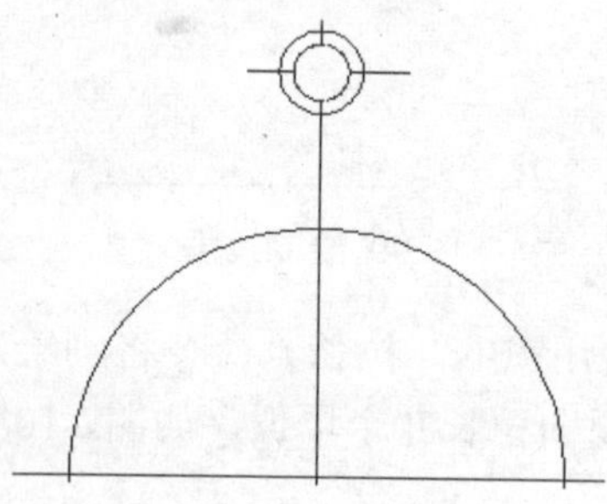

图2-13 修剪效果

步骤11 执行ARRAY（阵列）命令，打开“阵列”对话框，选择环形阵列方式，设置项目总数为4，如图2-14所示。

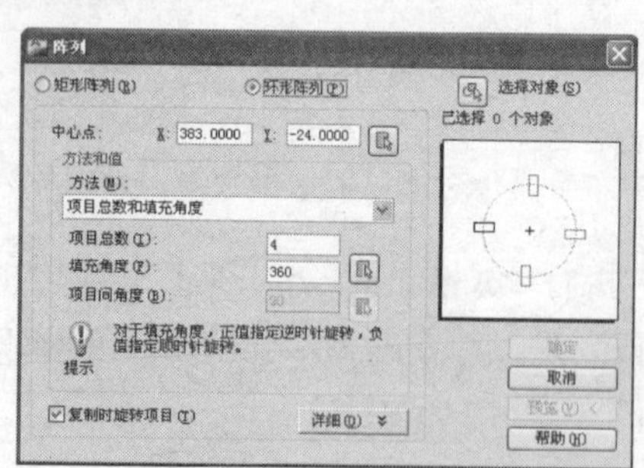

图2-14 设置阵列参数

步骤02 单击“选择对象”按钮，选择如图2-15所示的图形，然后进行确定。

步骤13 返回“阵列”对话框，单击“拾取中心点”按钮（如图2-16所示），然后在图形中指定大圆的圆心为阵列的中心点，如图2-17所示

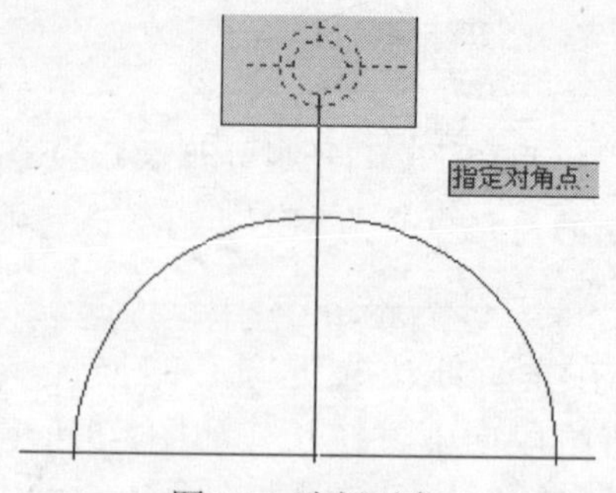

图2-15 选择对象

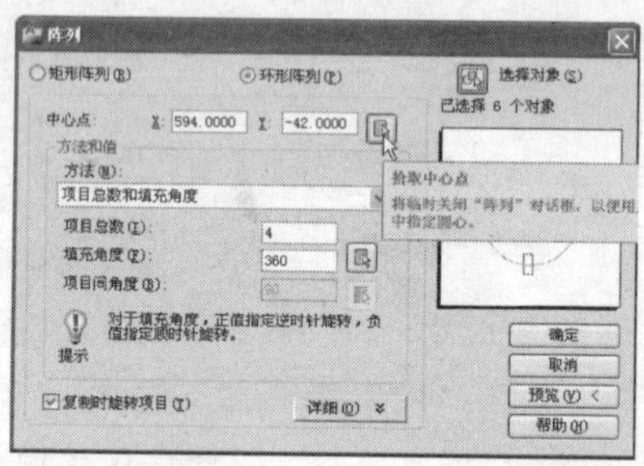

图2-16 单击“拾取中心点”按钮

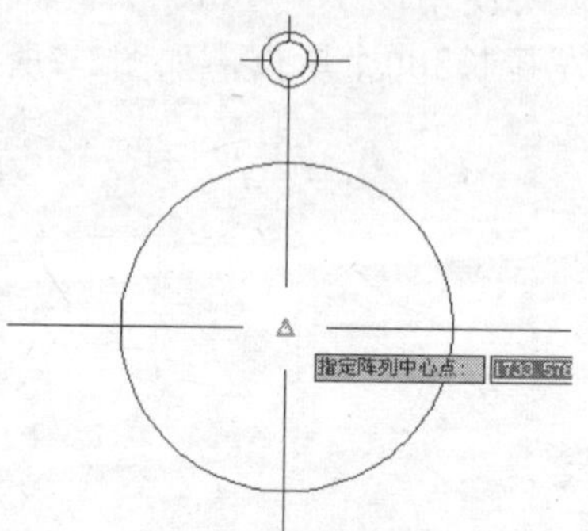

图2-17 指定中心点

步骤14 返回到“阵列”对话框中，单击“确定”按钮完成阵列操作，效果如图2-18所示。

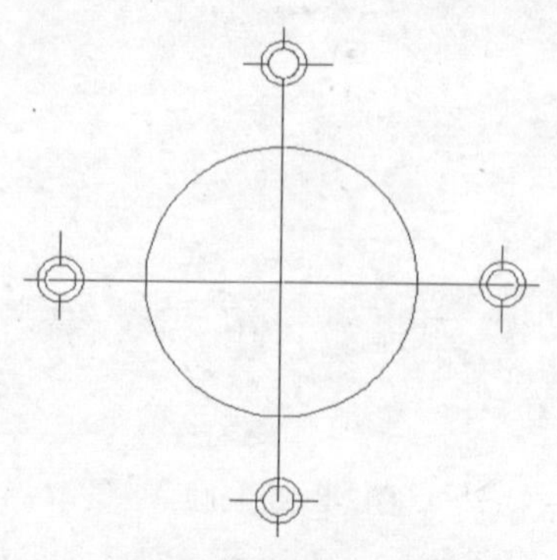

图2-18 阵列效果

步骤15 使用TRIM（修剪）命令对各小圆内多余的线段进行修剪，完成吊灯的绘制，效果如图2-19所示。

技巧提示

TRIM（修剪）命令的简化命令为TR；ARRAY（阵列）命令的简化命令为AR。

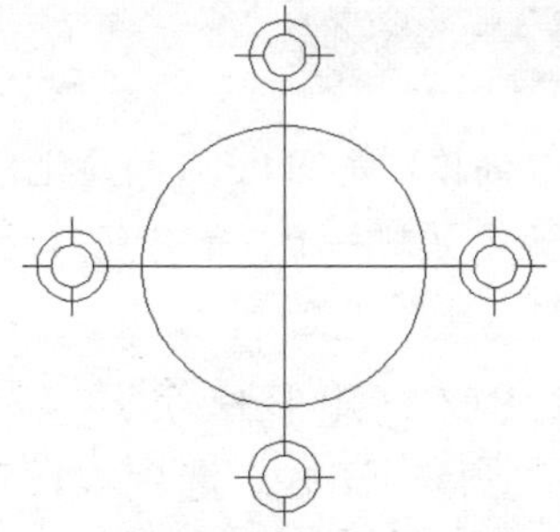

图2-19 吊灯效果

实例017 绘制麻将桌图形

本实例将通过绘制麻将桌图形的操作，学习“偏移”、“延伸”、“旋转”和“镜像”修改命令的使用方法，实例效果如图2-20所示。

图2-20 绘制麻将桌图形

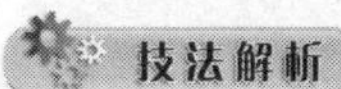

技法解析

本实例所绘制的麻将桌图形，主要由矩形和圆角矩形组成。在绘图过程中，将使用“偏移”、“延伸”、“旋转”和“镜像”修改命令对图形进行编辑。

	实例路径	实例\第2章\麻将桌.dwg
	素材路径	素材\第2章\无

步骤01 执行REC（矩形）命令，绘制一个边长为750的正方形，如图2-21所示。

图2-21 绘制矩形

步骤02 执行O（偏移）命令，设置偏移距离为50，将矩形向内偏移，如图2-22所示。

图2-22 偏移矩形

技巧提示

O（偏移）是OFFEST的简化命令，使用该命令可以将选定的图形对象以一定的距离增量值单方向复制一次，偏移图形的方式包括通过指定距离、通过指定点、通过指定图层。

步骤03 执行REC（矩形）命令，输入F并确定，选择"圆角（F）"选项，设置圆角半径为50，然后在如图2-23所示的位置指定矩形的起点。

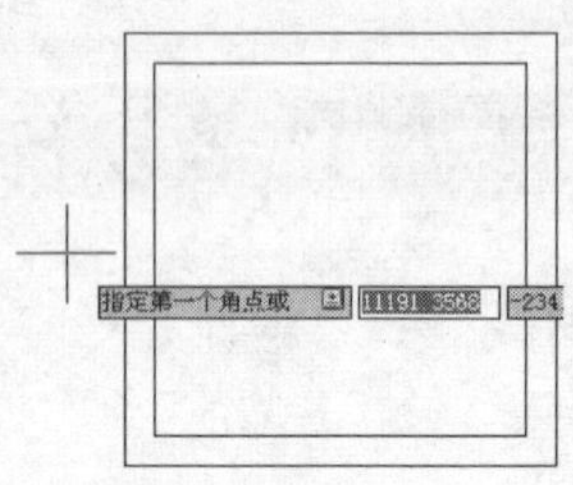

图2-23 指定起点

步骤04 输入R并确定，选择"旋转(R)"选项，设置旋转角度为45，然后指定另一个角点的坐标为"@-600,0"，绘制一个旋转的圆角正方形，效果如图2-24所示。

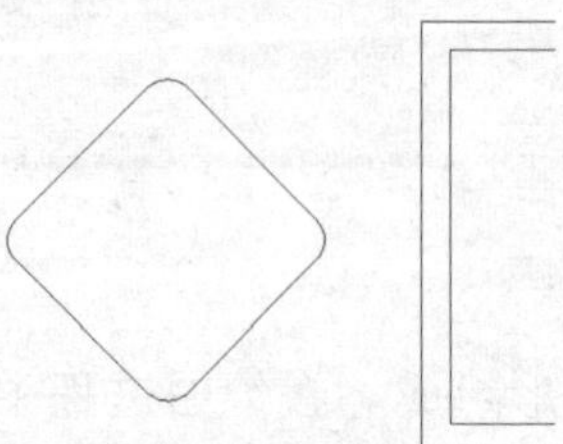

图2-24 绘制圆角矩形

步骤05 执行O（偏移）命令，将圆角矩形向外偏移50，效果如图2-25所示。

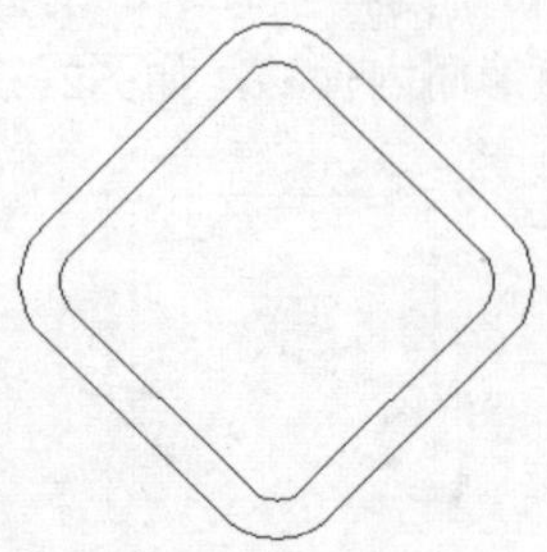

图2-25 偏移矩形

步骤06 执行X（分解）命令，将小圆角矩形分解开，然后选择如图2-26所示的线段。

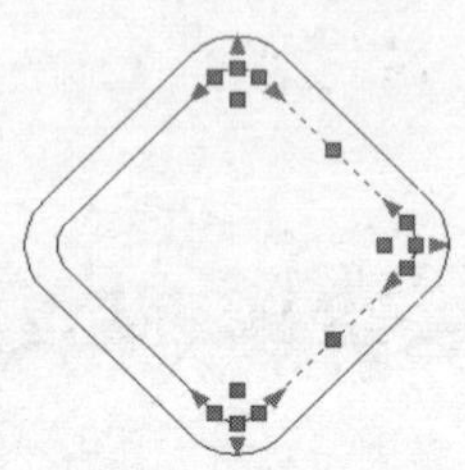

图2-26 选择线段

步骤07 执行E（删除）命令，将选择的线段删除，效果如图2-27所示。

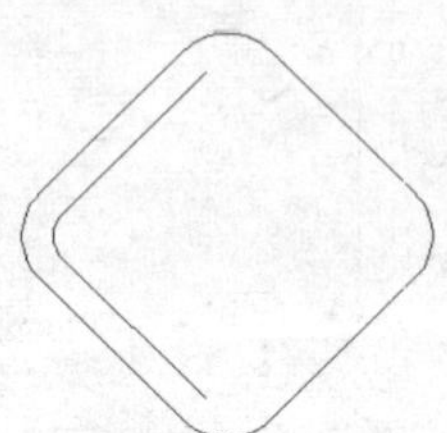

图2-27 删除线段

技巧提示

X（分解）是EXPLODE的简化命令；E（删除）是ERASE的简化命令。

步骤08 执行EX（延伸）命令，以圆角矩形的边为延伸边界，对圆角矩形内的两条线段进行延伸，效果如图2-28所示。

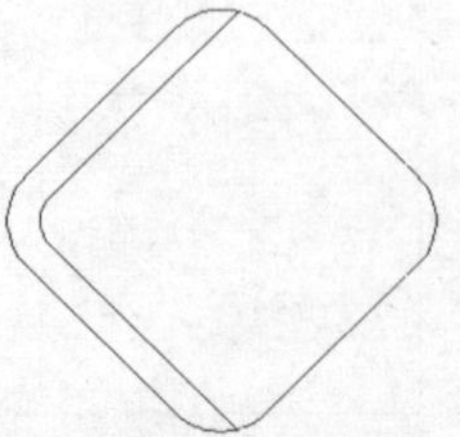

图2-28 延伸线段

步骤09 执行MI（镜像）命令，使用窗口选择方式选择椅子图形并确定（如图2-29所示），然后在桌子的水平线中点处捕捉镜像线的第一点，如图2-30所示。

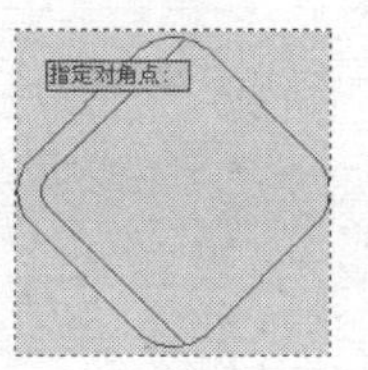

图2-29 选择对象

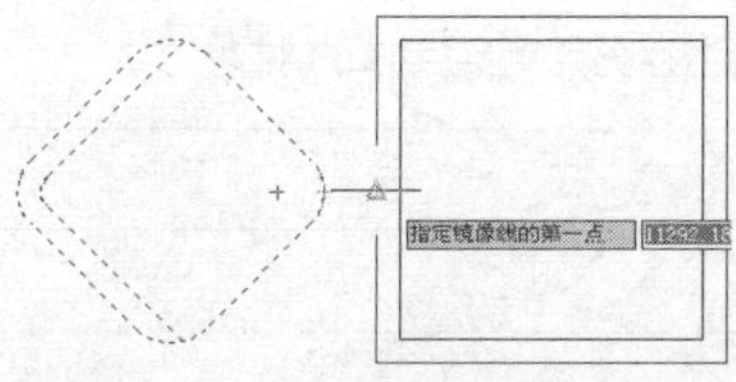

图2-30 指定第一点

步骤10 按【F8】键，开启正交模式，向下移动鼠标捕捉镜像线的第二点（如图2-31所示），然后按空格键进行确定，完成图形的镜像操作，效果如图2-32所示。

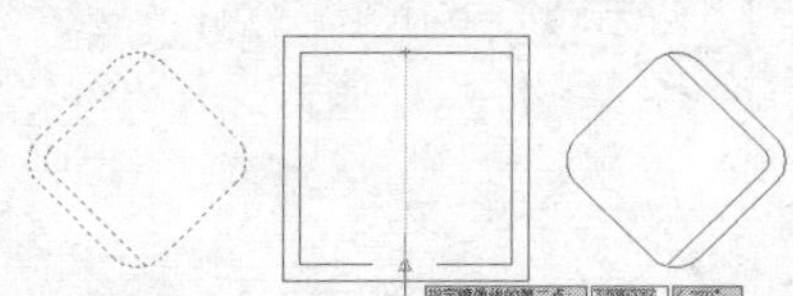

图2-31 指定第二点

图2-32 镜像复制椅子

步骤11 执行RO（旋转）命令，然后选择两个椅子，在桌子中心处指定旋转的基点位置，如图2-33所示。

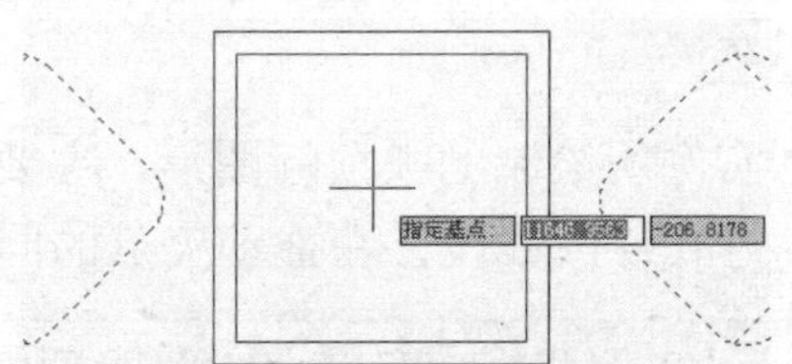

图2-33 指定旋转基点

步骤12 输入C并确定，选择“复制(C)”选项，然后设置旋转角度为90，完成实例的制作，效果如图2-34所示。

图2-34 麻将桌效果

技巧提示

EX（延伸）是EXPLODE的简化命令，可以把直线、弧和多段线等图形对象的端点延长到指定的边界；MI（镜像）是MIRROR的简化命令，可以将选定的图形对象以某一对称轴镜像到该对称轴的另一边，还可以使用镜像功能将图形以某一对称轴进行镜像复制；RO（旋转）是ROTATE的简化命令，用于转换图形对象的方位。

实例018 绘制吸顶灯图形

本实例将通过绘制吸顶灯图形的操作，学习使用拖动夹点的方式修改图形的方法，实例效果如图2-35所示。

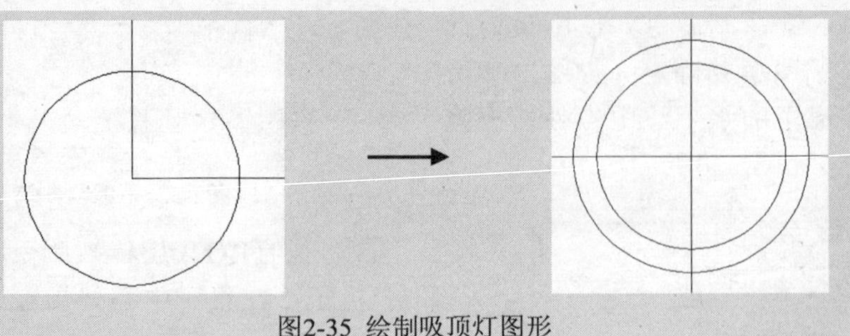

图2-35 绘制吸顶灯图形

技法解析

本实例所绘制的吸顶灯图形，主要由线段和圆形对象组成。在绘图过程中，将以拖动夹点的方式修改线段，在拖动夹点的同时，也可以复制出另一个类似的对象。

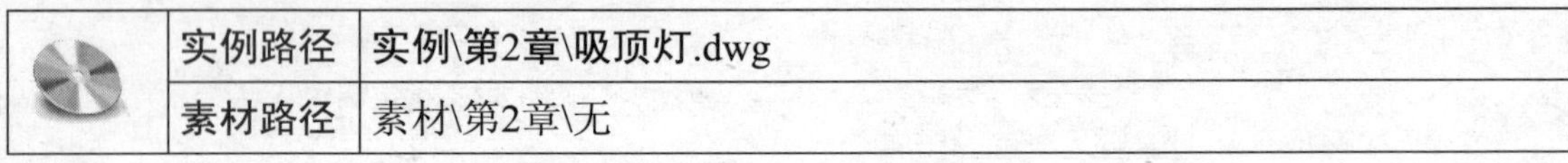

	实例路径	实例\第2章\吸顶灯.dwg
	素材路径	素材\第2章\无

步骤01 使用C（圆）命令绘制一个半径为80的圆，如图2-36所示。

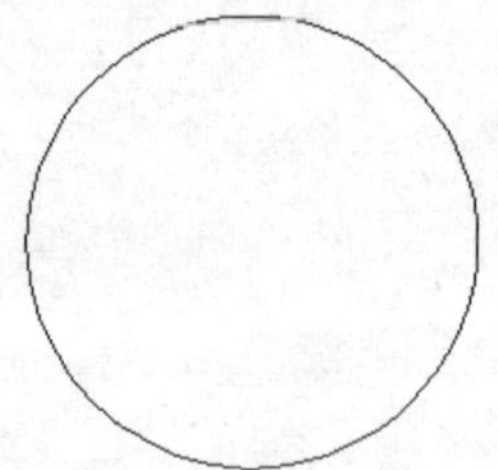

图2-36 绘制圆形

步骤02 使用L（直线）命令，通过捕捉圆心为直线的起点，绘制两条长度为120且相互垂直的线段，如图2-37所示。

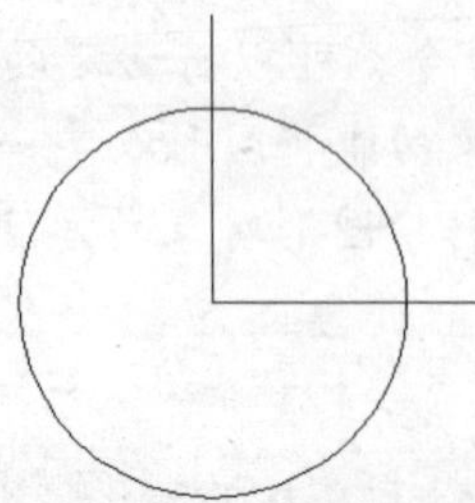

图2-37 绘制线段

步骤03 选择水平线段并向左水平拖动线段的左方夹点，然后输入移动夹点的距离为120（如图2-38所示），按空格键进行确定，拖动夹点后的效果如图2-39所示。

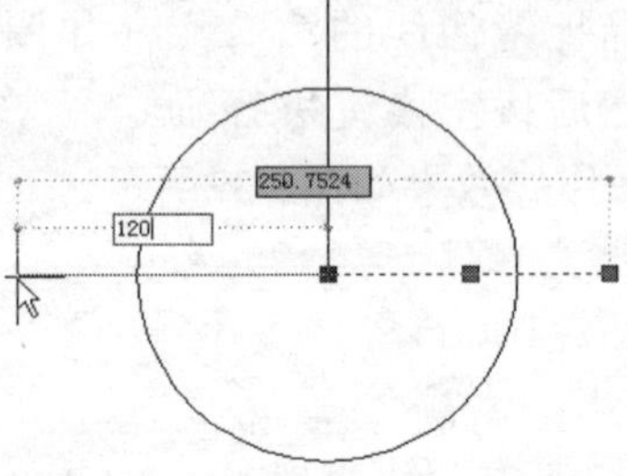

图2-38 指定移动夹点的距离

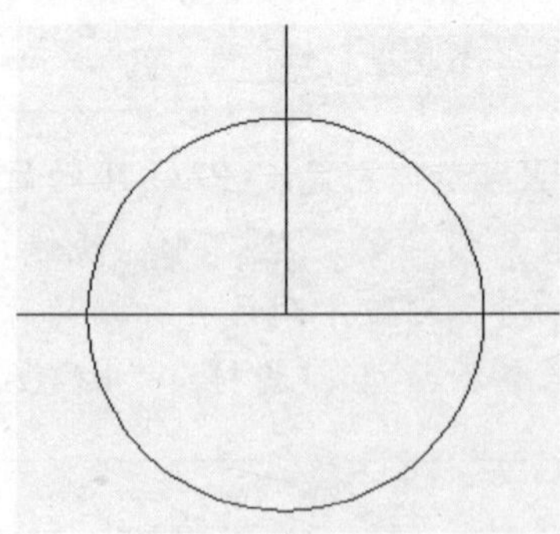

图2-39 移动夹点的效果

步骤04 选择垂直线段，并向下拖动下方的夹点，输入移动夹点的距离为120并确定，效果如图2-40所示。

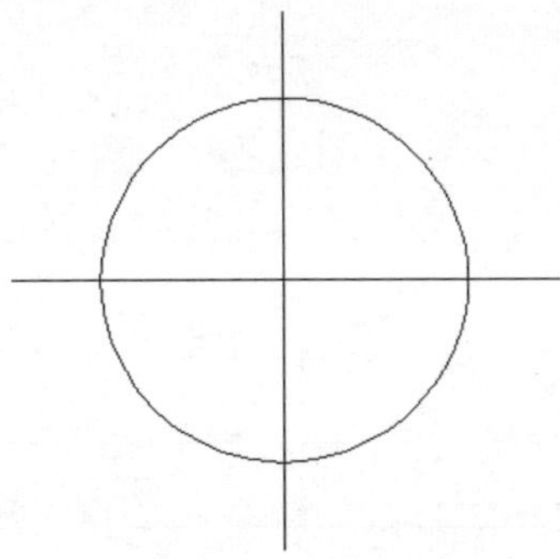

图2-40 移动夹点的效果

步骤05 选择圆形并向外拖动其中的一个夹点，当提示“指定拉伸点或 [基点(B)/复制(C)/放弃(U)/退出(X)]:”时，输入C并确定，选择“复制(C)”选项，如图2-41所示。

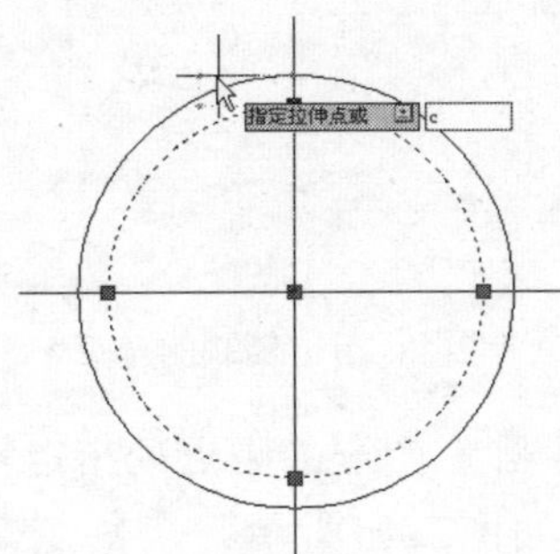

图2-41 选择“复制(C)”选项

步骤06 输入复制圆形的半径值为100并确定（如图2-42所示），完成实例的制作，效果如图2-43所示。

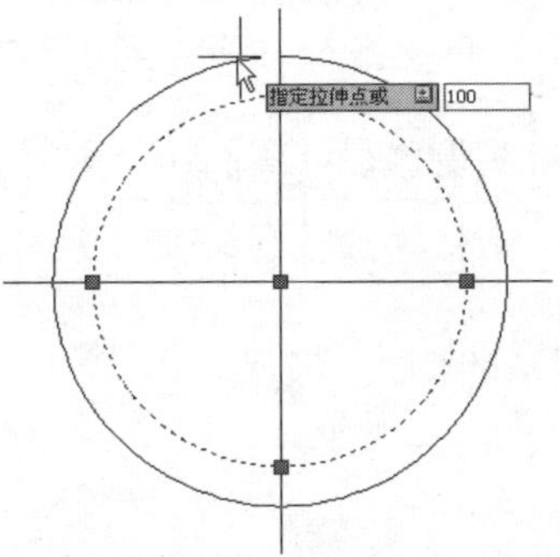

图2-42 指定圆的半径

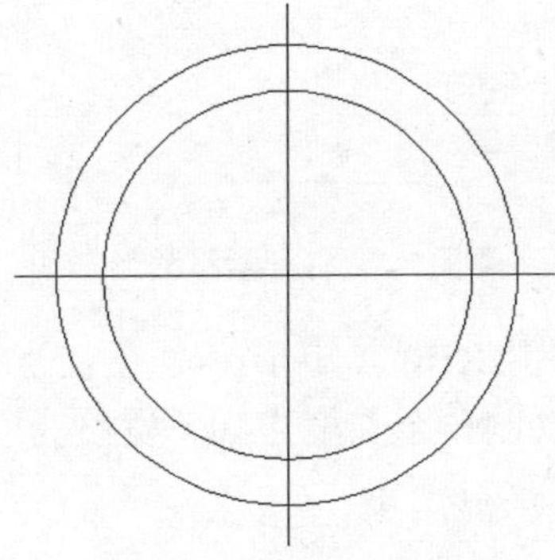

图2-43 吸顶灯效果

实例019 绘制门图形

本实例将通过在平面结构图中绘制门图形的操作，学习“复制”、“镜像”和“移动”命令的使用方法，实例效果如图2-44所示。

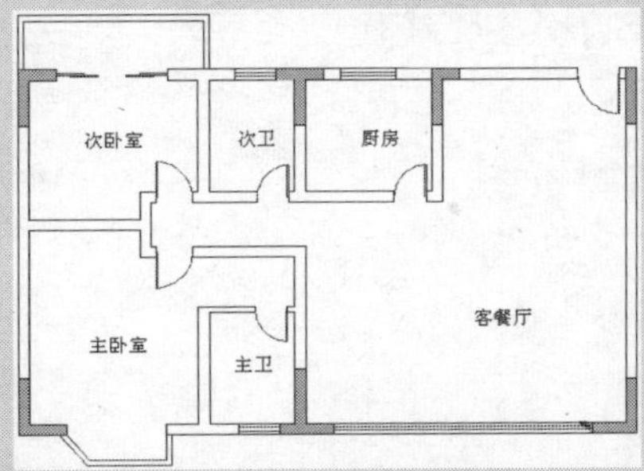

图2-44 平面结构图

技法解析

本实例所创建的门图形，主要由矩形和圆弧对象组成。在绘图过程中，使用“复制”命令对创建好的门图形进行复制；使用“镜像”命令对需要翻转的对象进行镜像处理；使用“移动”命令将对象移动到正确的位置。

	实例路径	实例\第2章\平面结构图.dwg
	素材路径	素材\第2章\平面结构图.dwg

步骤01 根据素材路径打开“平面结构图.dwg”图形，如图2-45所示。

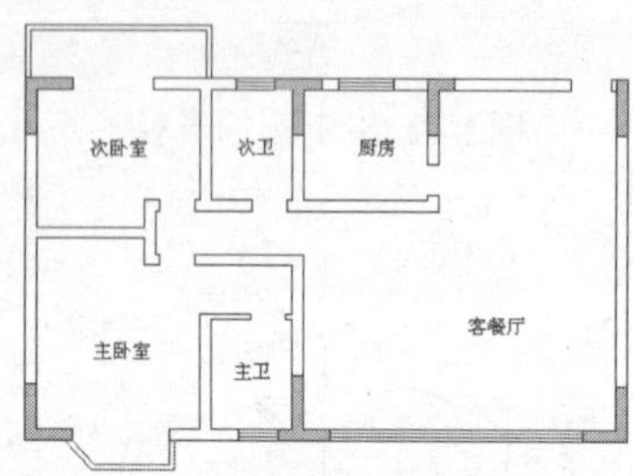

图2-45 打开素材图形

步骤02 使用REC（矩形）命令在次卧室的门洞处绘制一个长度为40、宽度为800的矩形，如图2-46所示。

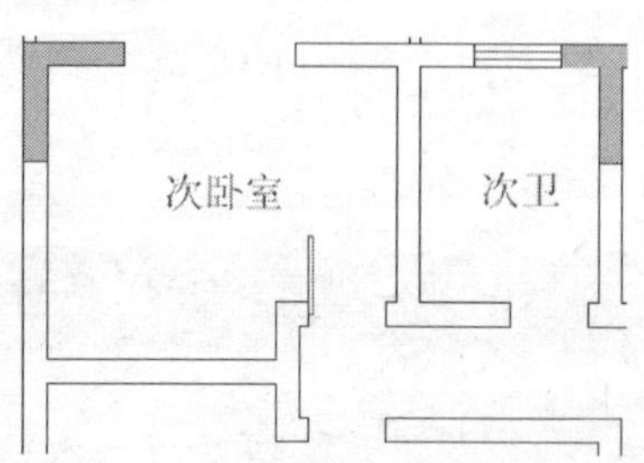

图2-46 绘制矩形

步骤03 使用A（圆弧）命令绘制一条弧线作为开门的路径，如图2-47所示。

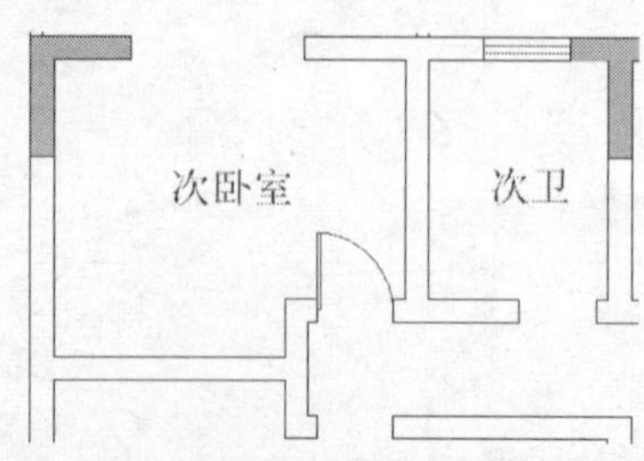

图2-47 绘制弧线

步骤04 执行CO（复制）命令，选择创建的门图形，然后在如图2-48所示的位置指定复制的基点。

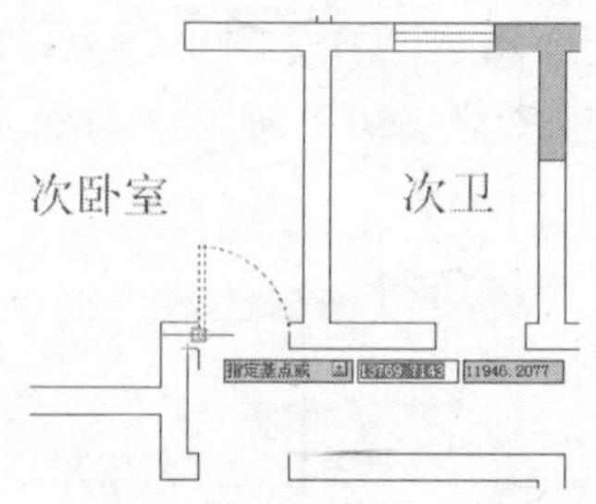

图2-48 指定复制的基点

步骤05 在主卧室门洞的中点处指定复制的第二个点（如图2-49所示），复制效果如图2-50所示。

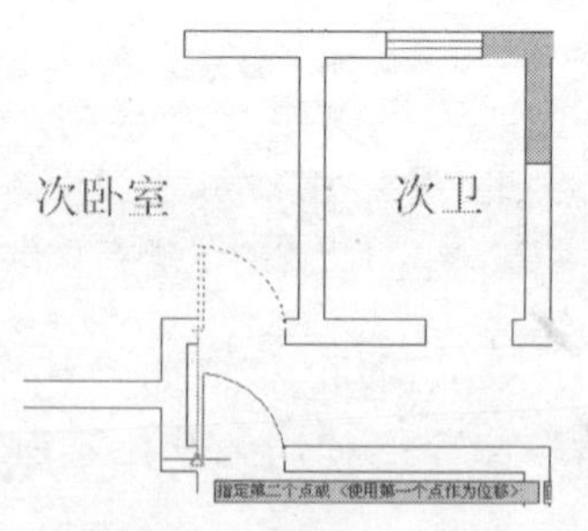

图2-49 指定第二个点

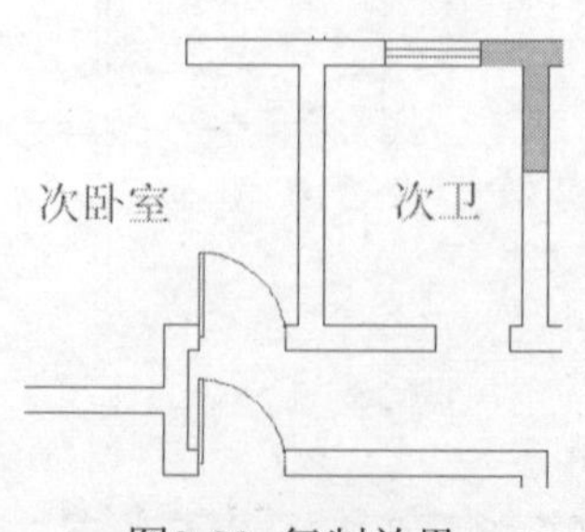

图2-50 复制效果

步骤06 执行MI（镜像）命令，选择复制的门对象，然后在门洞的端点处指定镜像线的第一点，如图2-51所示。

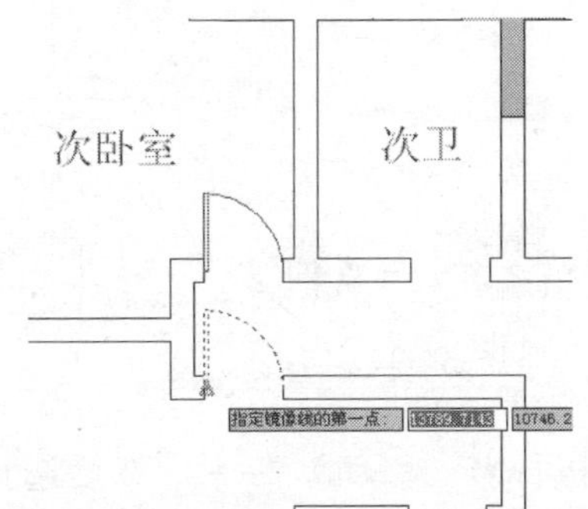

图2-51 指定第一点

步骤07 开启正交模式，向右移动鼠标指定镜像线的第二点，如图2-52所示。

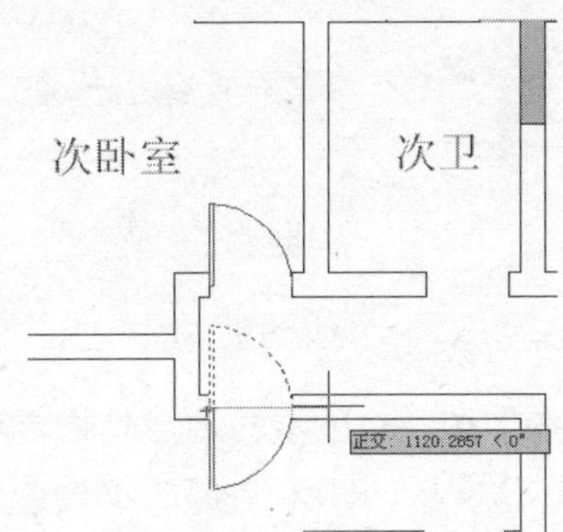

图2-52 指定第二点

步骤08 输入Y并确定，将源对象删除，完成对图形的镜像操作，效果如图2-53所示。

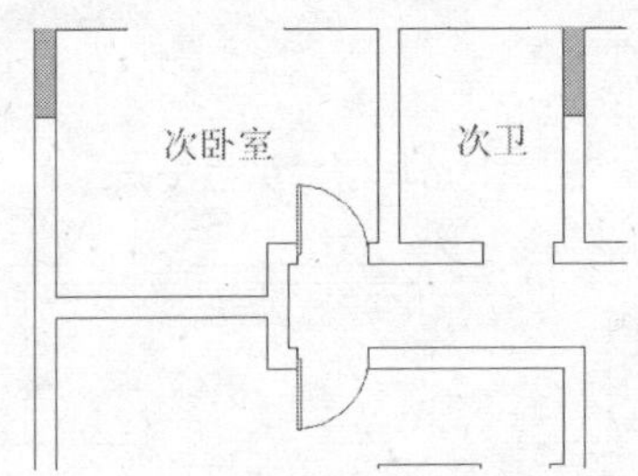

图2-53 镜像门图形

步骤09 参照门洞的大小，使用REC（矩形）命令和A（圆弧）命令在次卫门洞处绘制一个门图形，效果如图2-54所示。

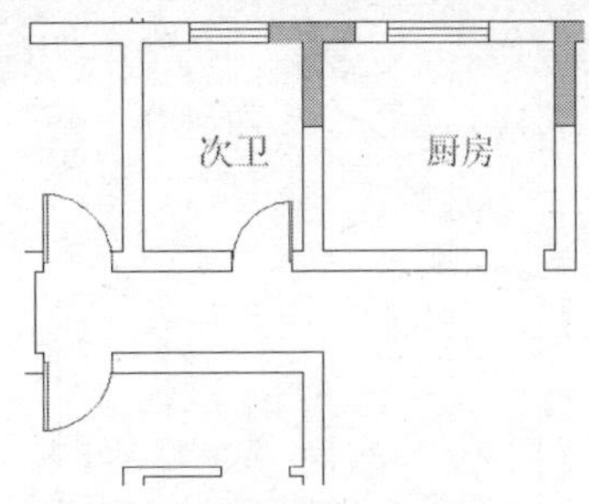

图2-54 绘制次卫门图形

步骤10 使用CO（复制）命令将次卫门复制到厨房的门洞中，效果如图2-55所示。

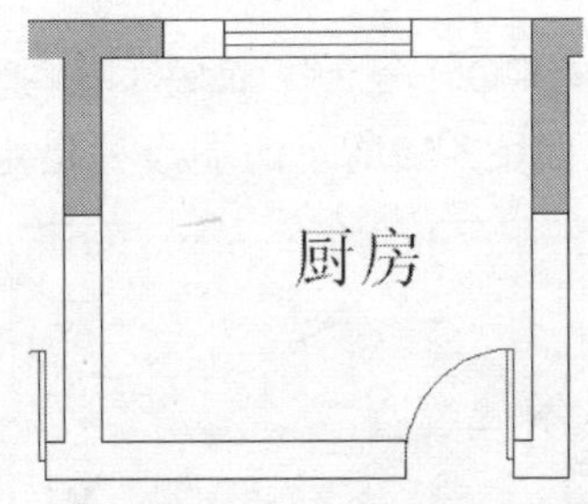

图2-55 复制门图形

步骤11 使用CO（复制）命令将次卫门复制到主卫的门洞中，如图2-56所示。

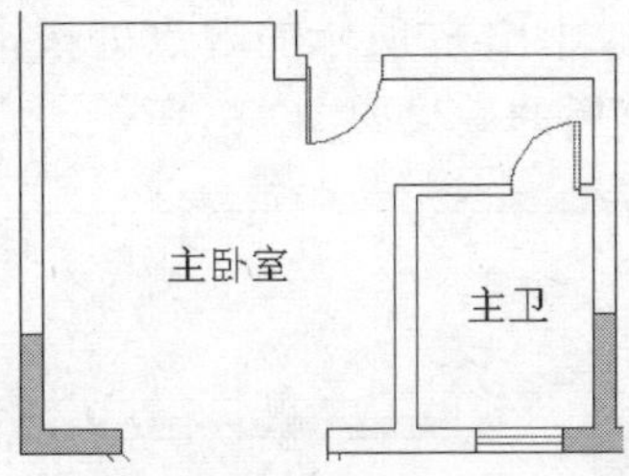

图2-56 复制门图形

步骤12 使用MI（镜像）命令对主卫门进行镜像操作，效果如图2-57所示。

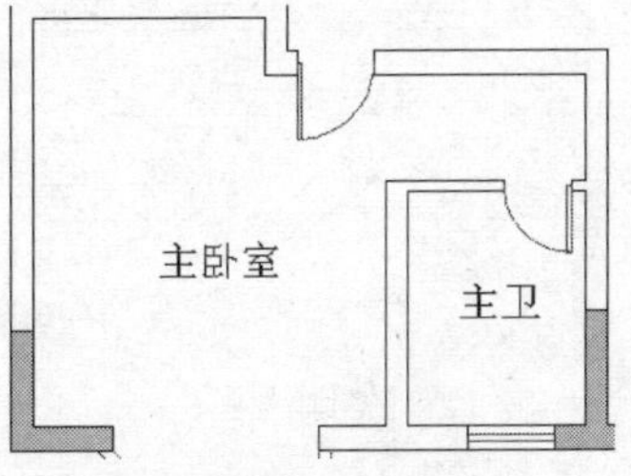

图2-57 镜像门图形

步骤13 使用REC（矩形）命令在如图2-58所示的位置绘制一个长度为600、宽度为40的矩形。

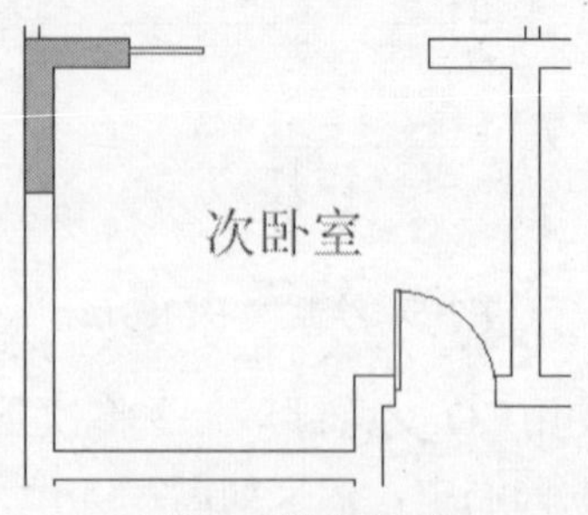

图2-58 绘制矩形

步骤14 执行CO（复制）命令，选择创建的矩形，在如图2-59所示的端点处指定基点。

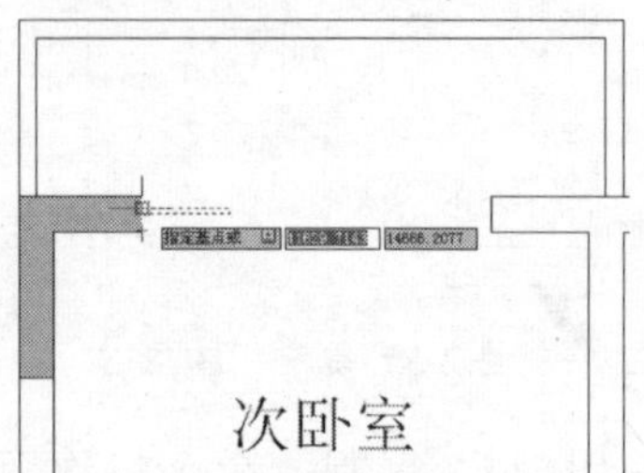

图2-59 指定基点

步骤15 在如图2-60所示的端点处指定第二个点，复制后的效果如图2-61所示。

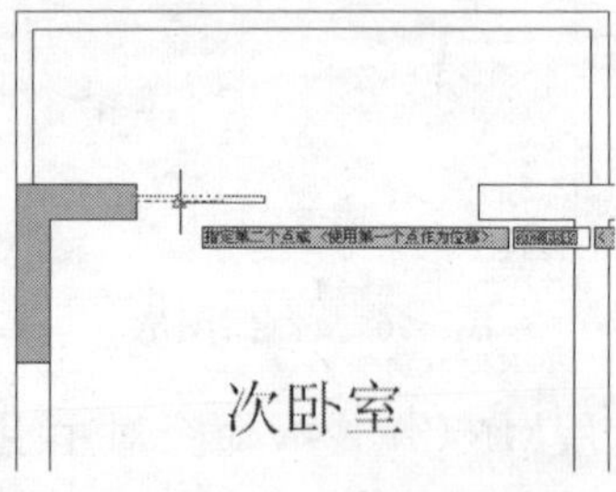

图2-60 指定第二个点

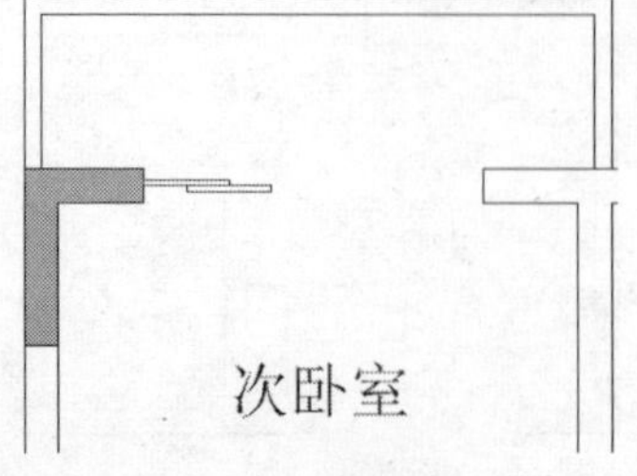

图2-61 复制效果

步骤16 使用MI（镜像）命令对创建的两个矩形进行镜像操作，效果如图2-62所示。

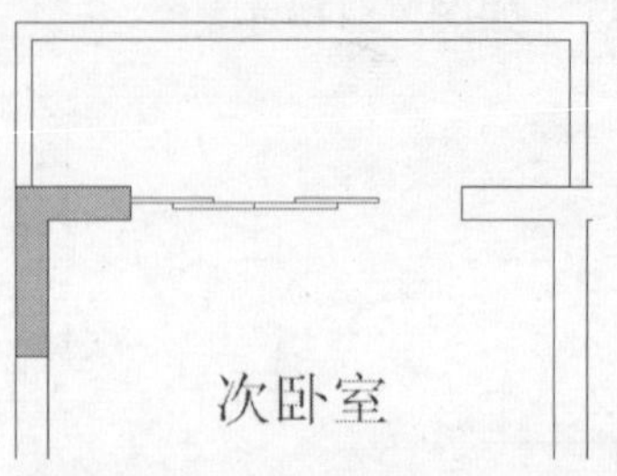

图2-62 镜像矩形图形

步骤17 执行M（移动）命令，然后选择镜像得到的两个矩形，在如图2-63所示的端点处指定移动的基点。

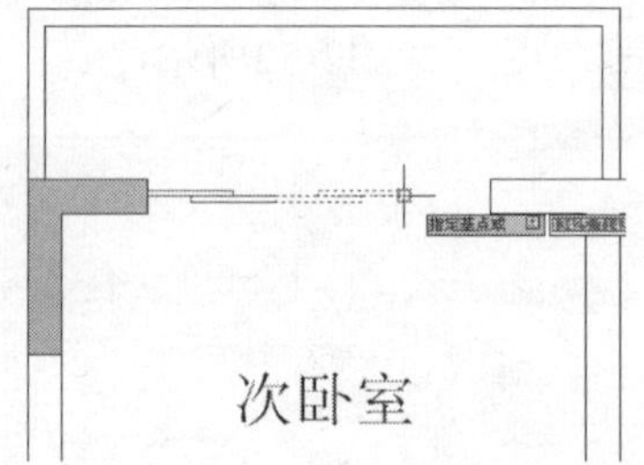

图2-63 指定基点

步骤18 在如图2-64所示的端点处指定第二个点，移动后的效果如图2-65所示。

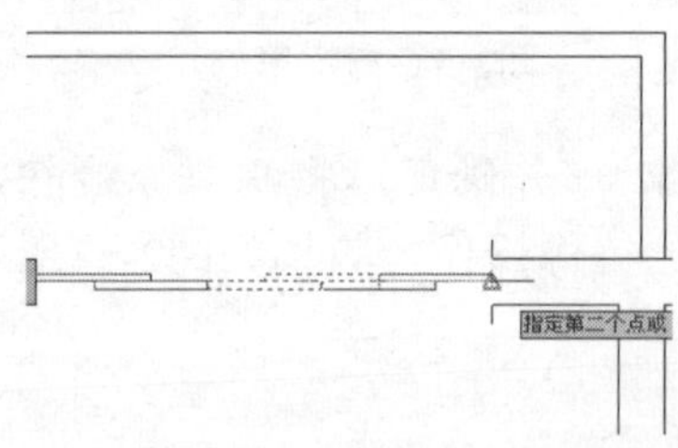

图2-64 指定第二个点

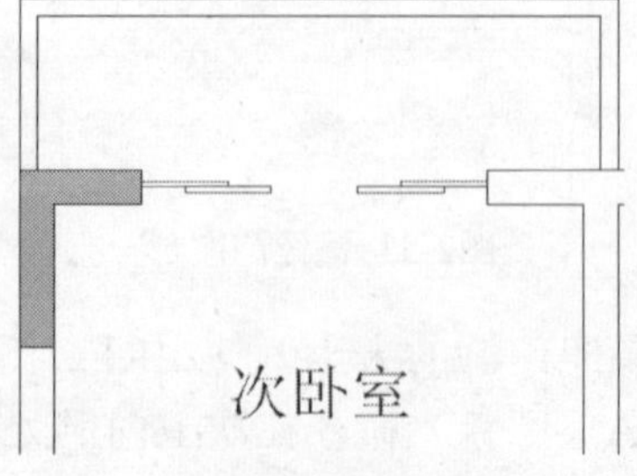

图2-65 移动效果

步骤19 参照门洞的大小，使用REC（矩形）命令和A（圆弧）命令在进户门洞处创建一个进户门，完成实例的制作，如图2-66所示。

技巧提示

CO（复制）是COPY的简化命令，可以为对象在指定的位置创建一个或多个副本，该操作以选定对象的某一基点的方式将其复制到绘图区内的其他地方；M（移动）是MOVE的简化命令，可以在指定方向上按指定距离移动对象，在移动对象时不会改变其方向和大小。

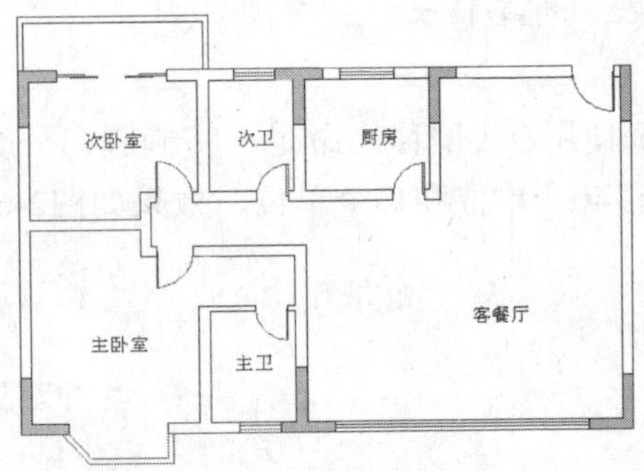

图2-66 平面结构图

实例020 绘制洗面台

本实例将通过绘制洗面台图形的操作，学习“偏移”、“修剪”、“镜像”和“圆角”命令的使用方法，实例效果如图2-67所示。

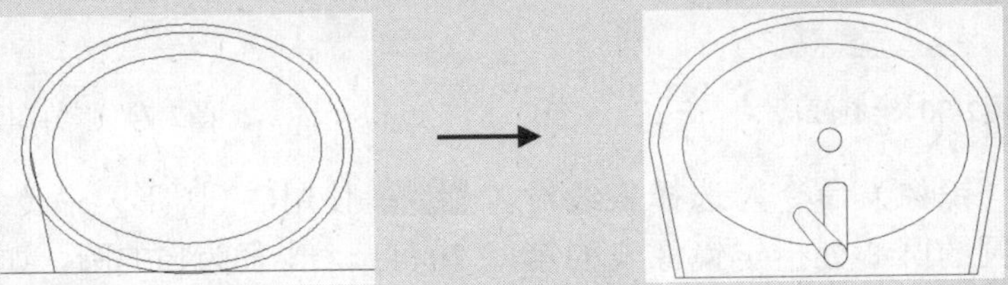
图2-67 绘制洗面台

技法解析

本实例所绘制的洗面台图形，主要由椭圆、圆和直线段对象组成。在绘图过程中，使用“偏移”命令对椭圆进行偏移绘制出图形轮廓；使用“镜像”命令对需要翻转的线段进行镜像；使用“圆角”命令将直角对象进行圆角；使用“修剪”命令对多余线段进行修剪。

	实例路径	实例\第2章\洗面台.dwg
	素材路径	素材\第2章\无

步骤01 使用EL命令绘制一个半径1为240、半径2为170的椭圆，如图2-68所示。

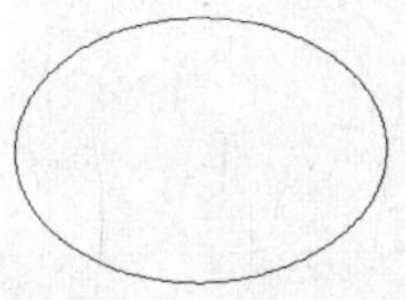
图2-68 绘制椭圆

技巧提示

在绘制椭圆时，先以两个固定点确定椭圆的一个半径，然后再指定椭圆的另一个半径（即半轴长）。

步骤02 使用O（偏移）命令，将椭圆向外分别偏移40个单位和15个单位，效果如图2-69所示。

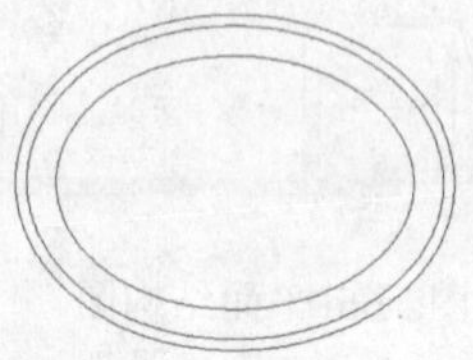

图2-69 偏移椭圆

步骤03 使用L（直线）命令绘制一条直线和一条斜线，如图2-70所示。

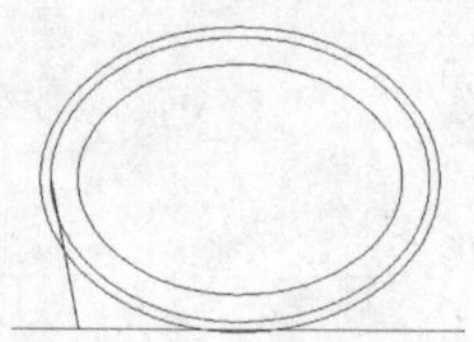

图2-70 绘制线段

步骤04 执行MI（镜像）命令，选择斜线对象，然后在椭圆的圆心处指定镜像线的第一个点，如图2-71所示。

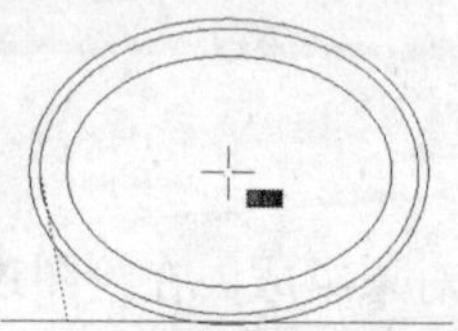

图2-71 指定第一个点

步骤05 垂直向下指定镜像线的第二个点，然后进行确定，镜像后的效果如图2-72所示。

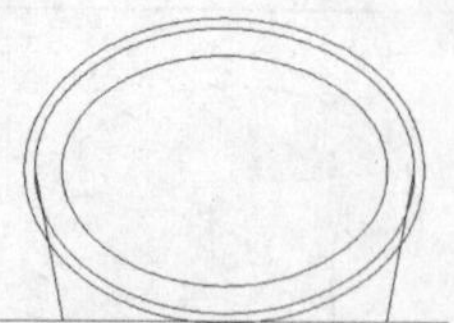

图2-72 镜像效果

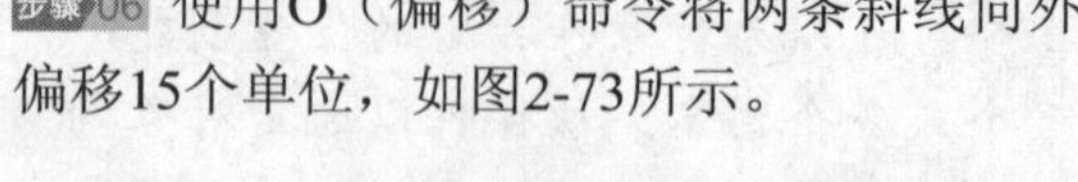

步骤06 使用O（偏移）命令将两条斜线向外偏移15个单位，如图2-73所示。

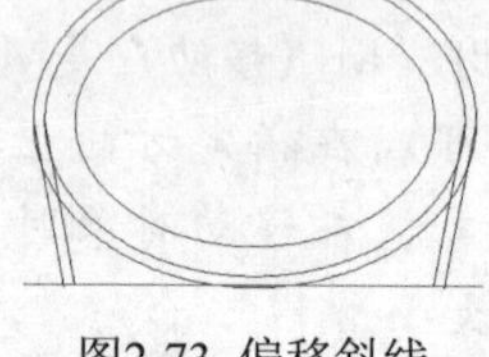

图2-73 偏移斜线

步骤07 使用TR（修剪）命令对图形进行修剪，效果如图2-74所示。

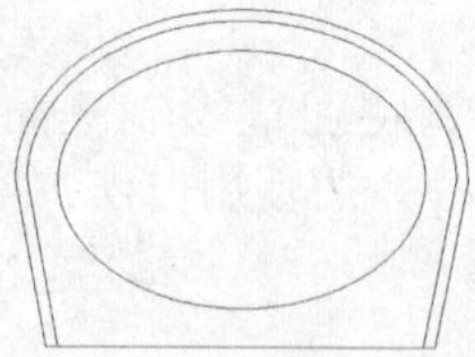

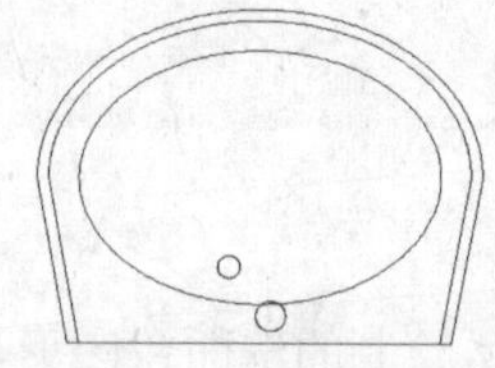

图2-74 修剪图形

步骤08 使用C（圆形）命令绘制一个半径为20和一个半径为15的圆，如图2-75所示。

图2-75 绘制圆形

步骤09 使用L（直线）命令绘制两条线段，连接两个圆形，如图2-76所示。

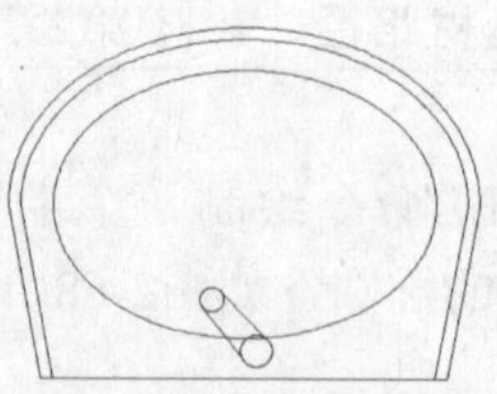

图2-76 连接圆形

步骤10 使用TR（修剪）命令对小圆进行修剪，效果如图2-77所示。

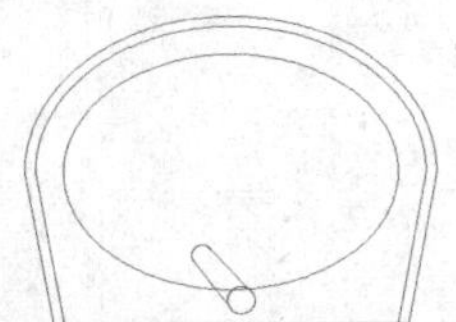
图2-77 修剪图形

步骤11 使用REC（矩形）命令绘制一个长度为40、宽度为140的矩形，如图2-78所示。

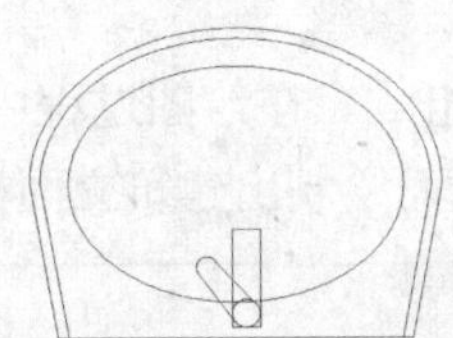
图2-78 绘制矩形

步骤12 执行F（圆角）命令，输入R并确定，设置圆角半径为10，然后选择矩形左上角进行圆角操作，效果如图2-79所示。

步骤13 使用F（圆角）命令对矩形右上角进行圆角，效果如图2-80所示。

图2-79 圆角左上角

图2-80 圆角右上角

步骤14 使用X（分解）命令将矩形分解，然后使用TR（修剪）命令以斜线和圆形为边界对矩形进行修剪，效果如图2-81所示。

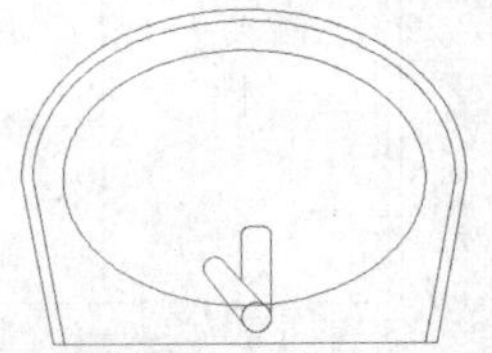
图2-81 修剪矩形

步骤15 使用TR（修剪）命令以斜线和矩形为边界对椭圆进行修剪，如图2-82所示。

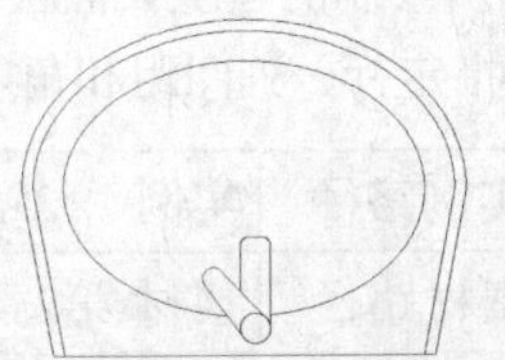
图2-82 修剪椭圆

步骤16 使用C（圆形）命令绘制一个半径为20的圆，完成实例的制作，如图2-83所示。

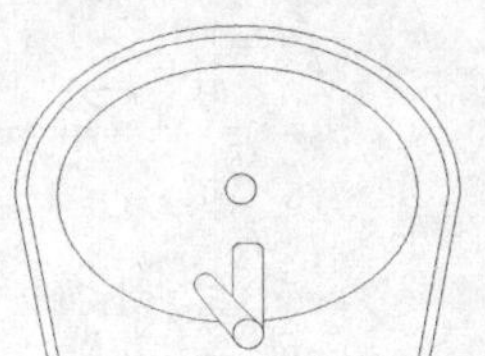
图2-83 洗面台效果

技巧提示

F（圆角）是FILLET的简化命令，可以用一段指定半径的圆弧将两个对象连接在一起，还能将多段线的多个顶点一次性倒圆。使用此命令应先设定圆弧半径，再进行倒圆。

实例021 绘制建筑立面楼梯

本实例将通过绘制建筑立面楼梯图形的操作，学习“阵列”命令的特殊用法，实例效果如图2-84所示。

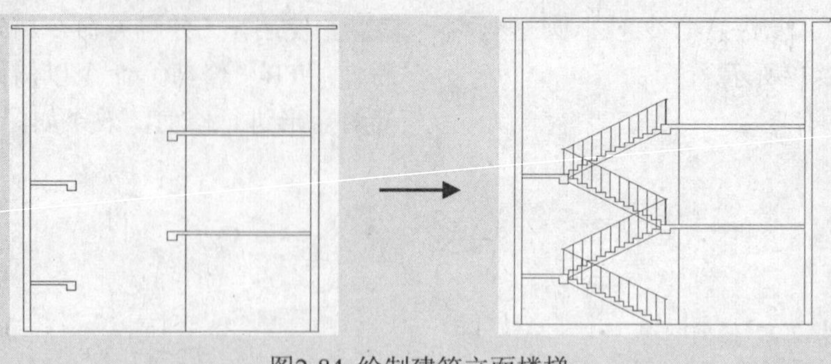
图2-84 绘制建筑立面楼梯

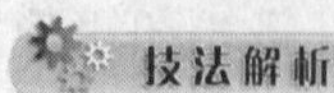
技法解析

本实例所绘制的建筑立面楼梯图形，主要由直线段对象组成。在绘图过程中，使用“阵列”命令中指定行、列间距和角度的方法对线段进行阵列，从而绘制出建筑立面楼梯图形。

	实例路径	实例\第2章\建筑立面.dwg
	素材路径	素材\第2章\建筑立面.dwg

步骤01 根据素材路径打开“建筑立面.dwg”文件，如图2-85所示。

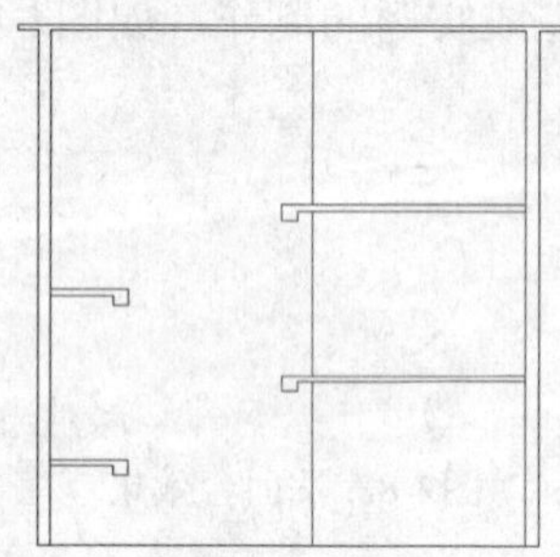
图2-85 打开素材图形

步骤02 执行L（直线）命令，然后输入From并确定，启用“捕捉自”功能，在如图2-86所示的位置指定线段的基点。

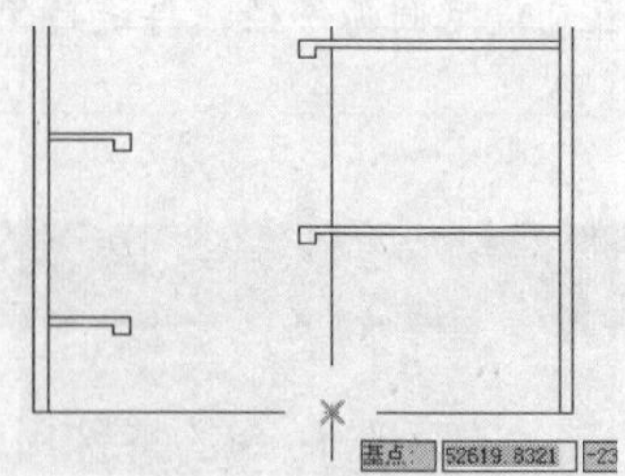

图2-86 指定基点

步骤03 设置偏移基点的坐标为“@-600,0”，然后向上指定线段下一点的距离为150，如图2-87所示。

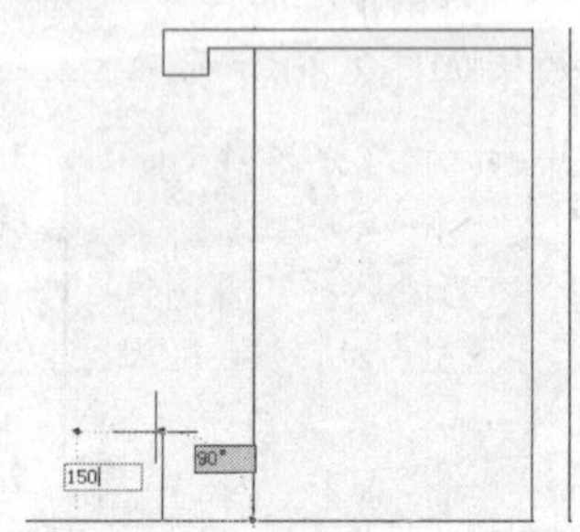

图2-87 指定线段长度

步骤04 向左指定线段下一点的距离为300（如图2-88所示），然后按空格键进行确定，效果如图2-89所示。

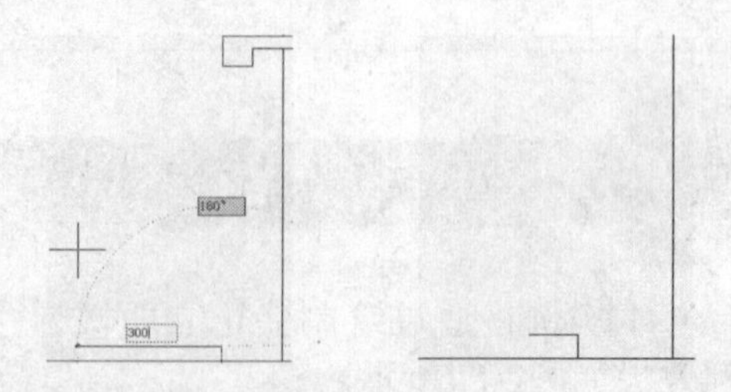

图2-88 指定线段长度　图2-89 线段效果

步骤05 输入并执行AR（阵列）命令，打开“阵列”对话框，选中“矩形阵列”单选按钮，设置列数为10，如图2-90所示。

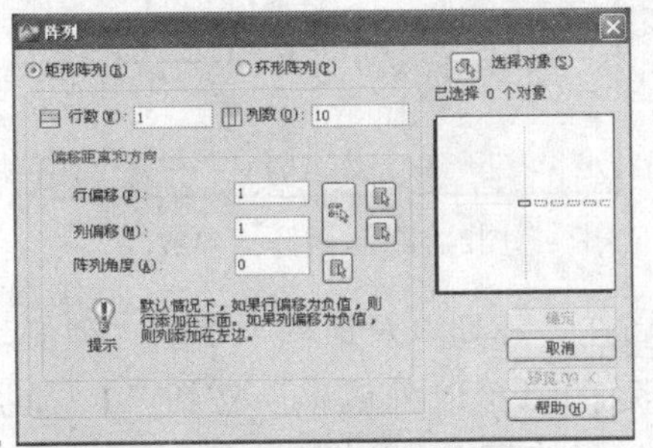

图2-90 设置阵列参数

步骤06 单击“阵列”对话框中的“选择对象”按钮，进入绘图区，然后选择绘制的线段，如图2-91所示。

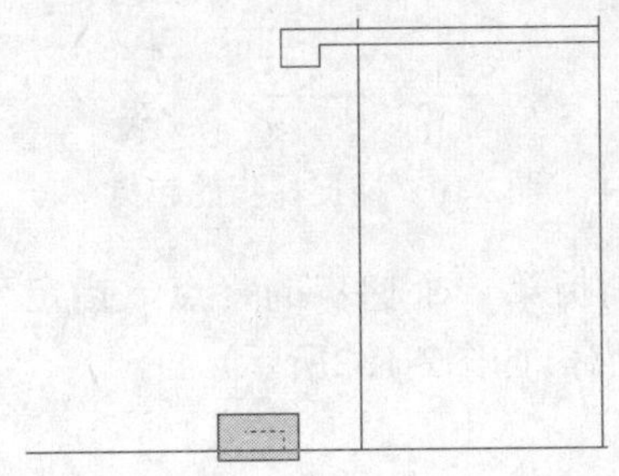

图2-91 选择阵列对象

步骤07 返回“阵列”对话框，单击“列偏移”后的“拾取列偏移”按钮，指定列间距的第一点，如图2-92所示。

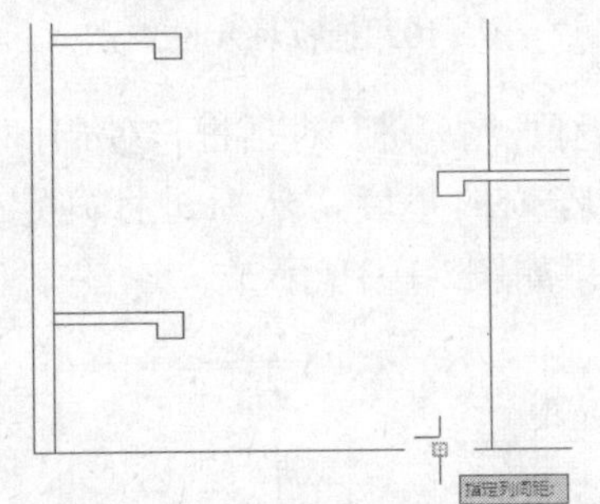

图2-92 指定列间距的第一点

步骤08 捕捉水平线段左方的端点，指定列间距的第二点，如图2-93所示。

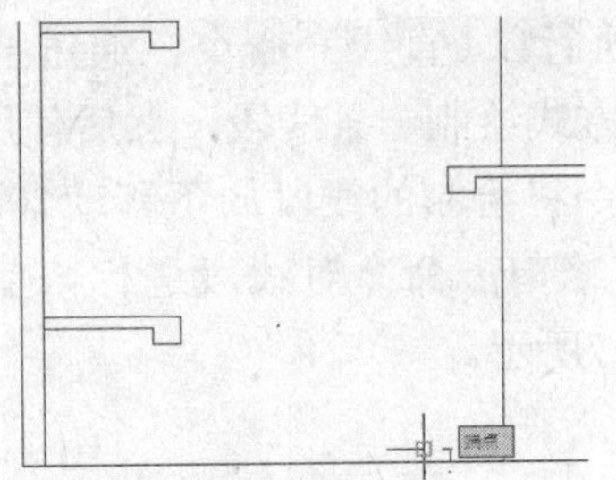

图2-93 指定列间距的第二点

步骤09 返回“阵列”对话框，单击“阵列角度”后的“拾取阵列的角度”按钮，捕捉水平线段左方的端点，如图2-94所示。

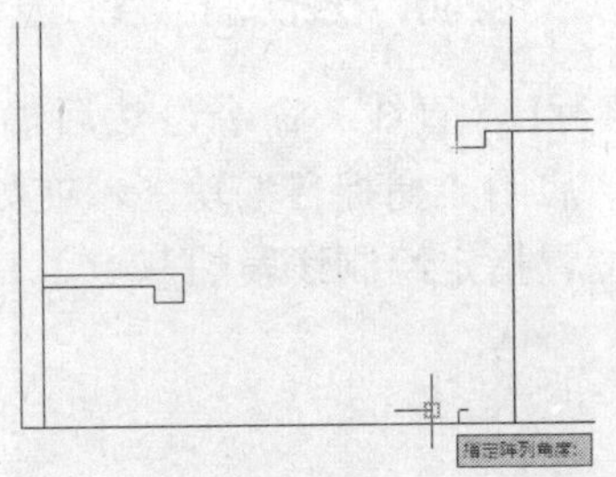

图2-94 捕捉线段左方的端点

步骤10 捕捉垂直线段下方的端点，如图2-95所示。

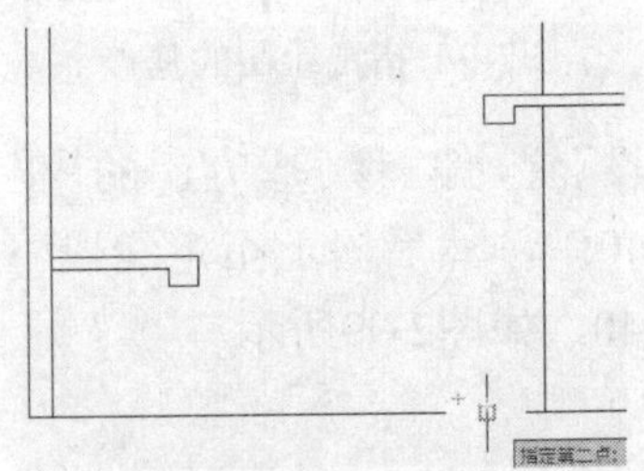

图2-95 捕捉线段下方的端点

步骤11 返回“阵列”对话框，单击“确定”按钮，完成梯步的绘制，如图2-96所示。

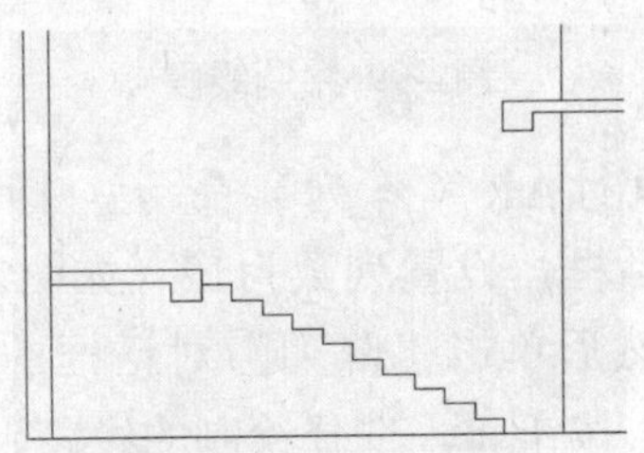

图2-96 阵列效果

步骤12 执行L（直线）命令，通过捕捉梯步端点的方式绘制一条线段，然后使用M（移动）命令将绘制的线段向下移动100，再使用TR（修剪）命令对线段进行修剪，效果如图2-97所示。

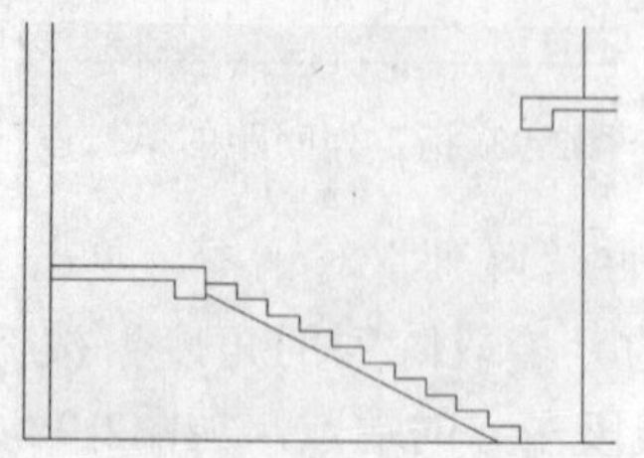

图2-97 对线段进行处理

步骤13 执行L（直线）命令，然后输入From并确定，启用“捕捉自”功能，在如图2-98所示的位置指定绘制线段的基点。

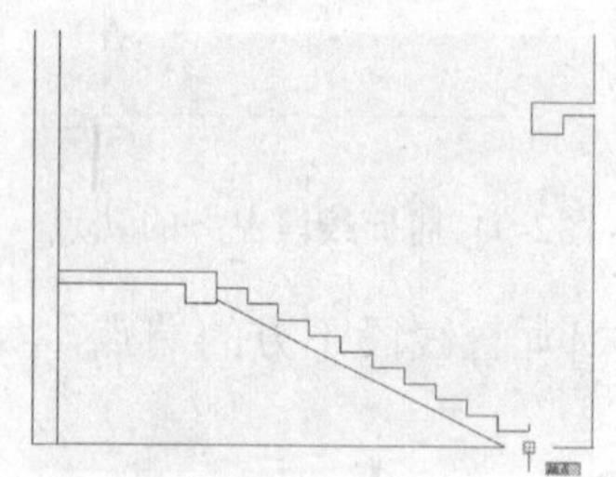

图2-98 指定绘图的基点

步骤14 设置偏移基点的坐标为“@150,0”，然后向上指定线段下一点的距离为840，如图2-99所示。

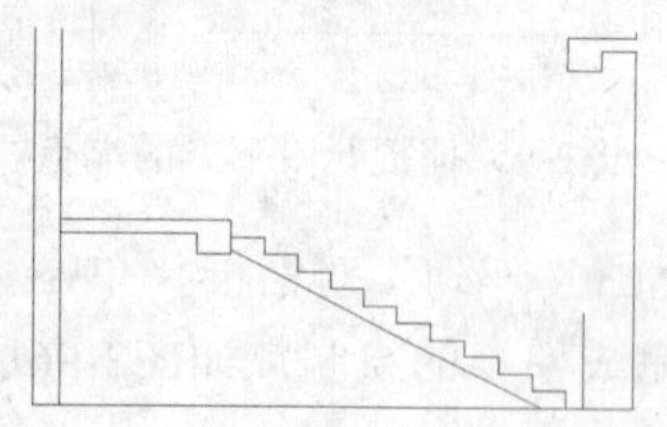

图2-99 绘制线段

步骤15 执行AR（阵列）命令，打开“阵列”对话框，设置列数为12（如图2-100所示），然后单击“阵列”对话框中的“选择对象”按钮，选择绘制的线段。

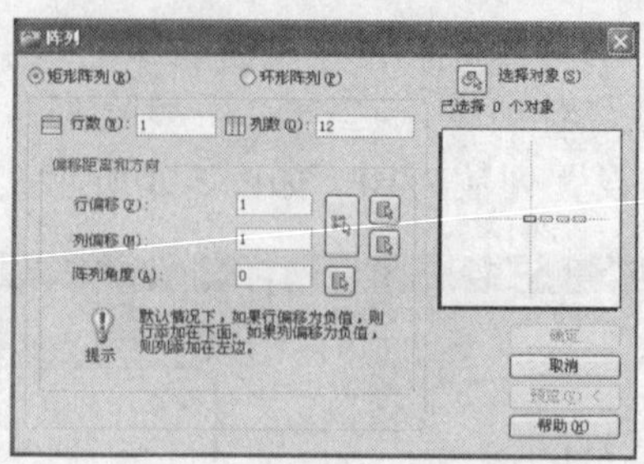

图2-100 设置阵列参数

步骤16 在“阵列”对话框中单击“列偏移”选项后的“拾取列偏移”按钮，捕捉第一个梯步的起点，如图2-101所示。

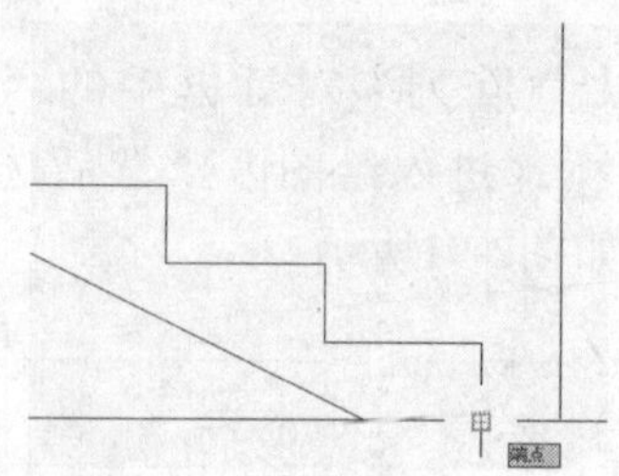

图2-101 捕捉梯步的起点

步骤17 捕捉第一个梯步的终点，指定列偏移的第二点，如图2-102所示。

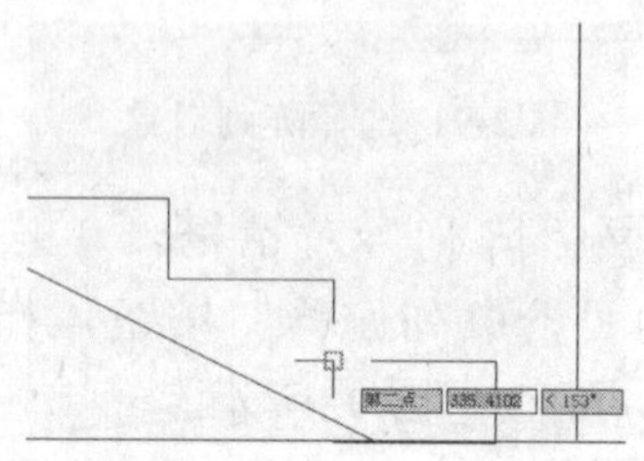

图2-102 捕捉梯步的终点

步骤18 返回“阵列”对话框，使用同样的方法指定阵列的角度，然后进行确定完成阵列，效果如图2-103所示。

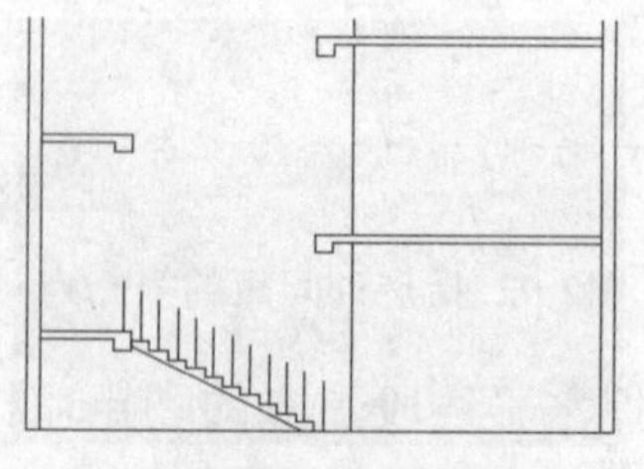

图2-103 阵列效果

步骤19 执行PL（多段线）命令，然后输入From并确定，启用“捕捉自”功能，捕捉如图2-104所示的点作为绘制多段线的基点。

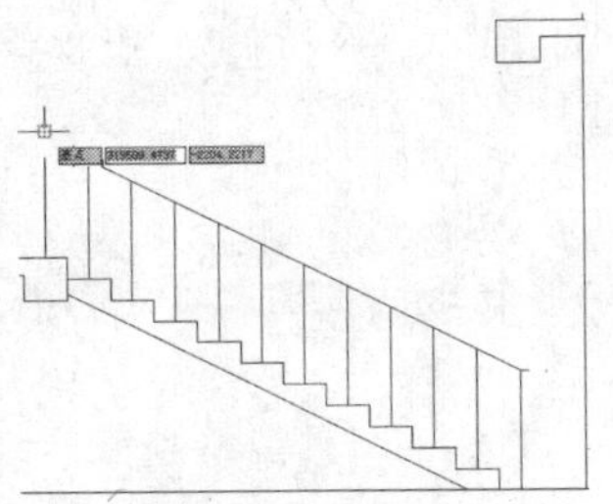
图2-104 指定基点

步骤20 设置偏移基点的距离为“@-60,0”，然后向右指定多段线的下一个点，如图2-105所示。

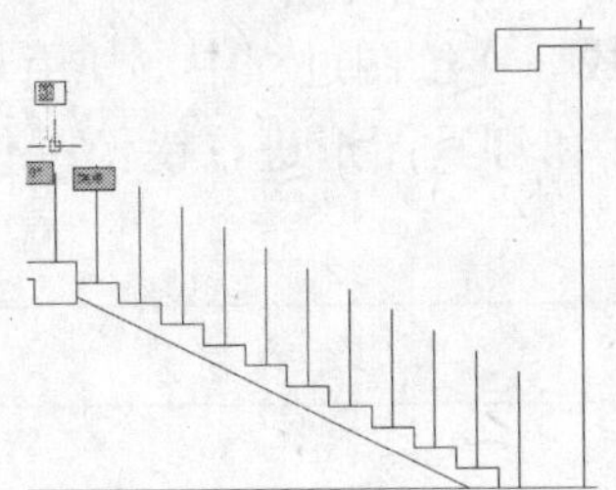
图2-105 指定下一个点

步骤21 向下指定多段线的下一个点（如图2-106所示），然后向右指定多段线的下一个点，并设置长度为60，效果如图2-107所示。

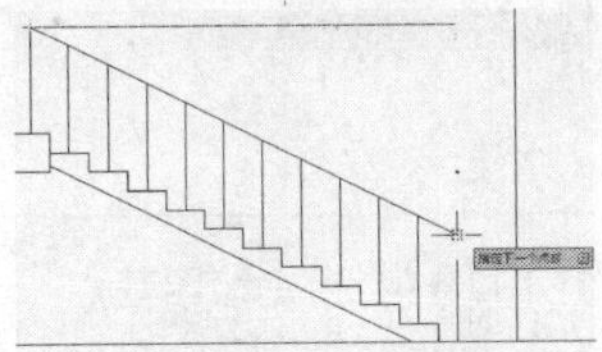
图2-106 指定下一个点

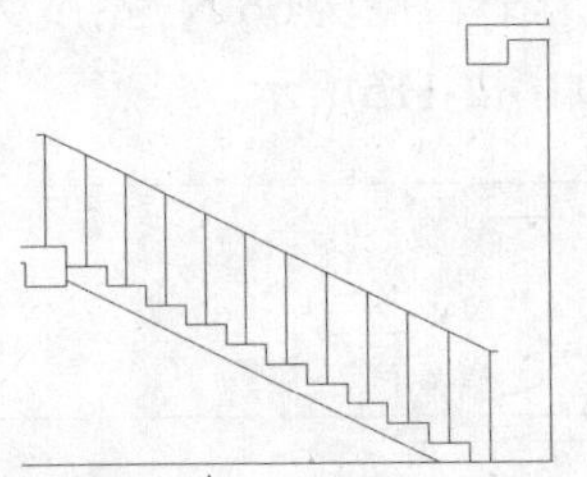
图2-107 绘制多段线

步骤22 使用MI（镜像）命令对楼梯进行水平镜像操作，然后使用M（移动）命令将镜像复制的楼梯移到楼梯位置处，效果如图2-108所示。

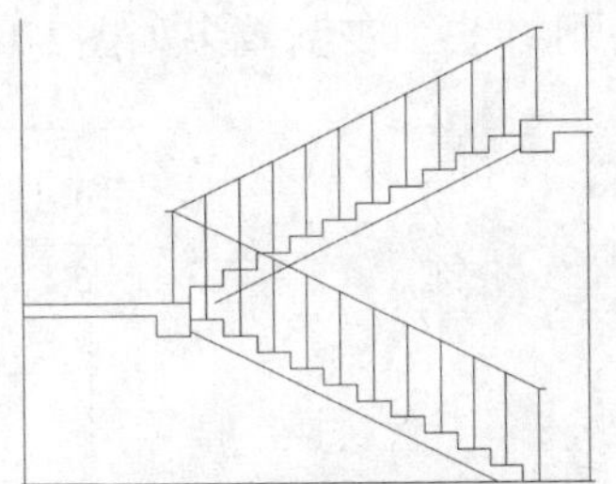
图2-108 镜像并移动楼梯

步骤23 使用EX（延伸）命令对楼梯上方的楼板线段进行延伸，效果如图2-109所示。

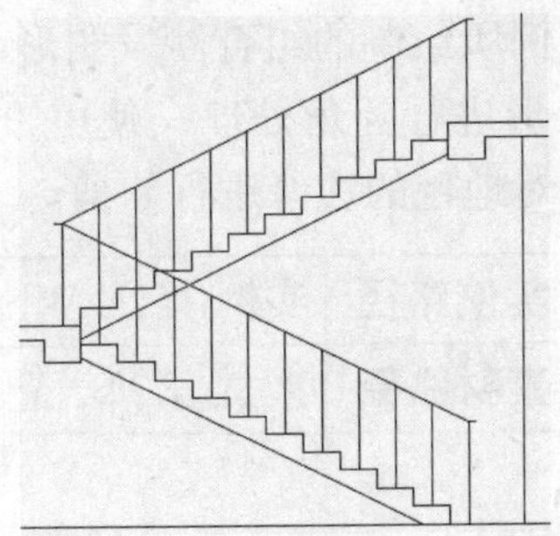
图2-109 延伸楼板

步骤24 使用CO（复制）命令对创建好的楼梯图形进行一次复制操作，完成建筑立面楼梯的绘制，效果如图2-110所示。

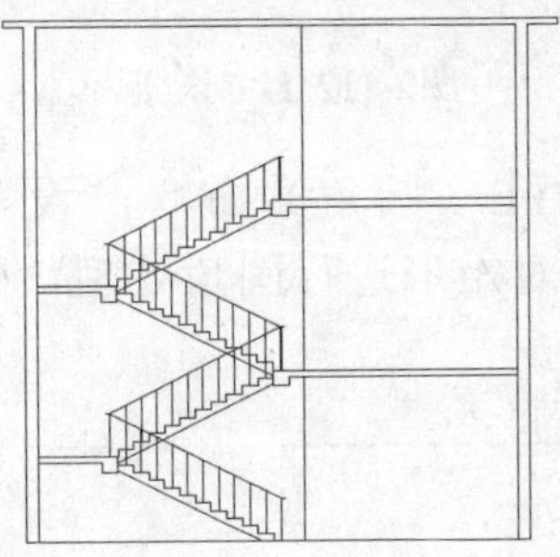
图2-110 楼梯效果

实例022 绘制组合沙发

本实例将通过绘制组合沙发图形的操作，学习“圆角”、“拉伸”和“修剪”命令的使用方法，实例效果如图2-111所示。

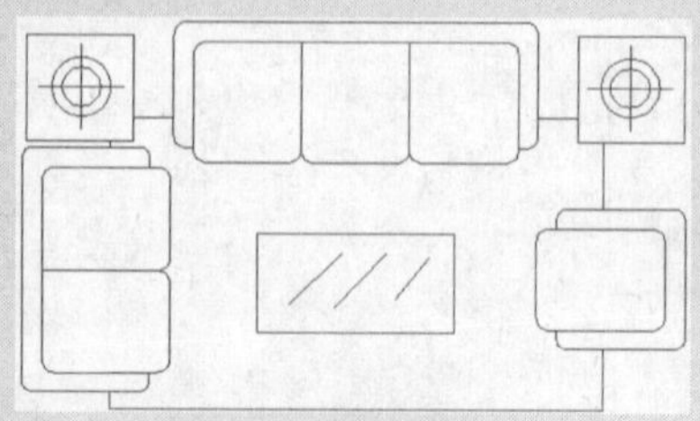

图2-111 组合沙发图形

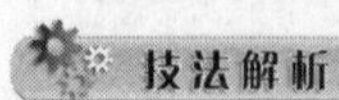

本实例所绘制的组合沙发图形，主要由矩形对象组成。在绘图过程中，使用“圆角”命令对矩形进行圆角处理；使用“镜像”命令对小茶几和灯具图形进行镜像；使用“修剪”命令对地毯的边缘进行修剪。

	实例路径	实例\第2章\组合沙发.dwg
	素材路径	素材\第2章\无

步骤01 使用REC（矩形）命令绘制一个长度为2220、宽度为780的矩形，如图2-112所示。

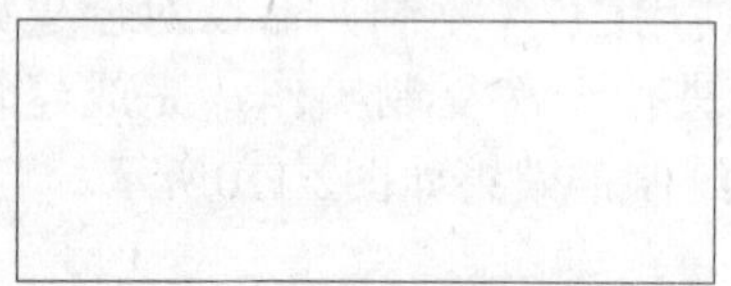

图2-112 绘制矩形

步骤02 执行F（圆角）命令，设置圆角半径为80，对矩形进行圆角处理，效果如图2-113所示。

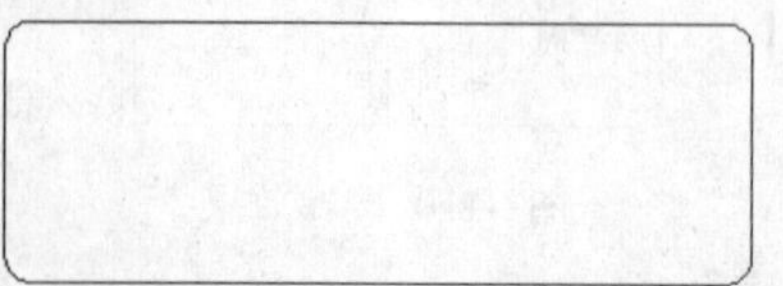

图2-113 圆角矩形

步骤03 执行REC（矩形）命令，然后输入From并确定，启用“捕捉自”功能，在如图2-114所示的位置指定矩形的基点。

图2-114 指定绘图基点

步骤04 设置偏移基点的坐标为“@40,-120”，然后绘制一个长度为660、宽度为750的矩形，效果如图2-115所示。

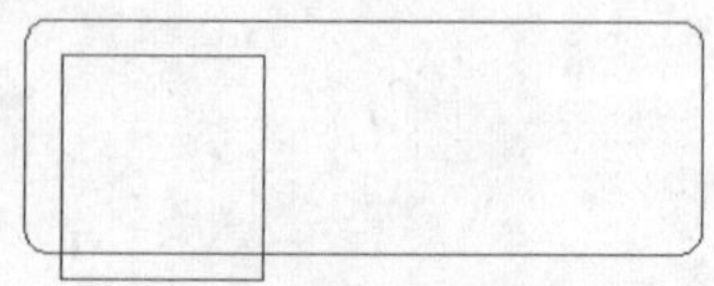

图2-115 绘制矩形

步骤05 执行F（圆角）命令，设置圆角半径为80，对矩形的3个直角进行圆角处理，效果如图2-116所示。

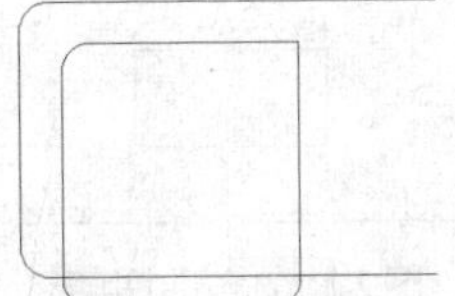

图2-116 圆角矩形

步骤06 结合使用REC（矩形）和F（圆角）命令绘制另外两个长度为660、宽度为750的圆角矩形，效果如图2-117所示。

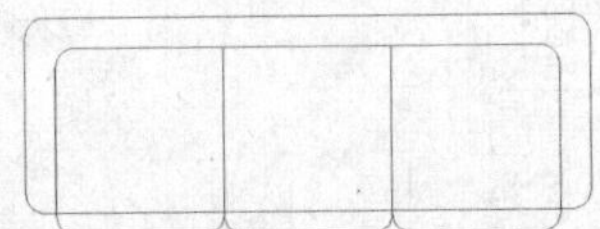

图2-117 绘制矩形

步骤07 使用TR（修剪）命令对矩形中的线条进行修剪，如图2-118所示。

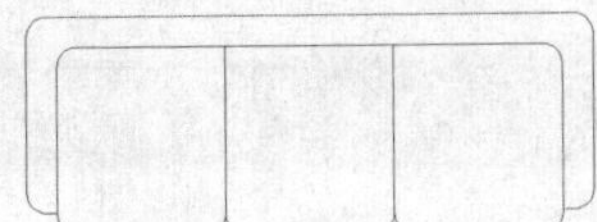

图2-118 修剪图形

步骤08 使用REC（矩形）命令在沙发左侧绘制一个边长为650的正方形，如图2-119所示。

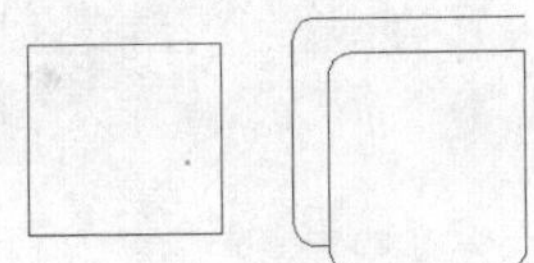

图2-119 绘制矩形

步骤09 使用C（圆）命令在正方形中绘制两个半径分别为120和180的同心圆，如图2-120所示。

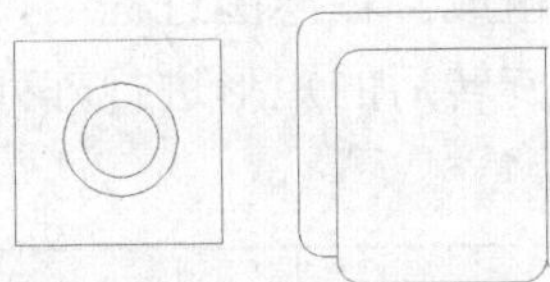

图2-120 绘制同心圆

步骤10 使用L（直线）命令从圆心向外绘制两条长度为240且相互垂直的线段，如图2-121所示。

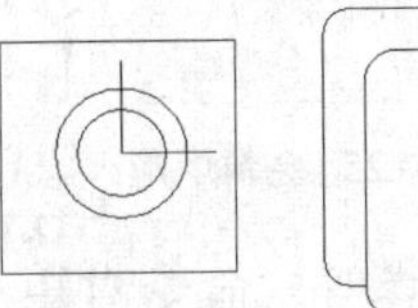
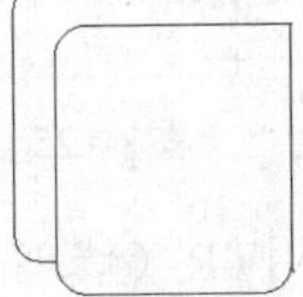

图2-121 绘制线段

步骤11 使用LEN（拉长）命令将线段反向拉长240，绘制出灯具图形，如图2-122所示。

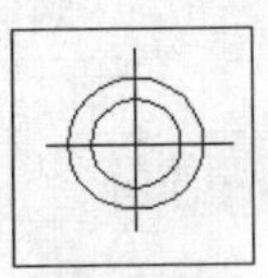
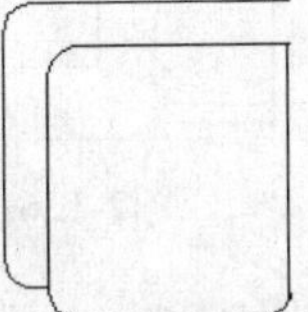

图2-122 反向拉长线段

步骤12 执行MI（镜像）命令，然后以沙发的中点为镜像线点将小茶几和灯具图形镜像到沙发右方，如图2-123所示。

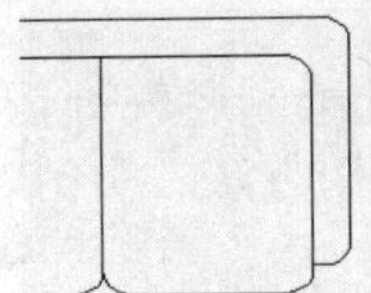
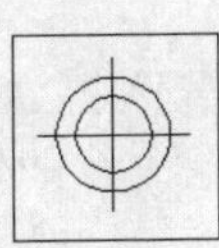

图2-123 镜像图形

步骤13 使用前面绘制沙发的方法，绘制两组沙发，尺寸和效果如图2-124所示。

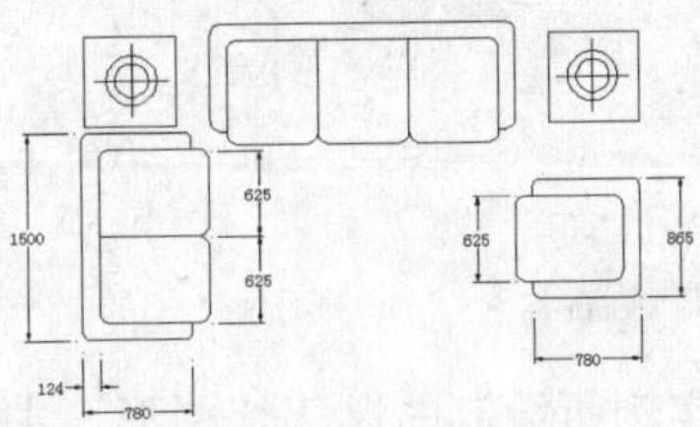

图2-124 绘制其他沙发

步骤14 使用REC（矩形）命令绘制一个长度为3000、宽度为1800的矩形作为地毯图形，如图2-125所示。

PART 02

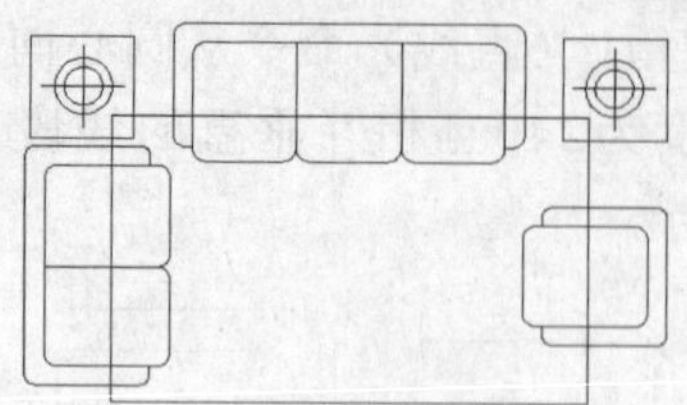

图2-125 绘制矩形

步骤15 使用TR（修剪）命令对矩形进行修剪，如图2-126所示。

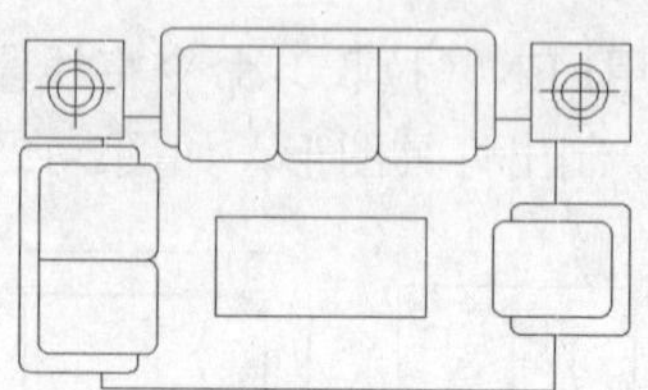

图2-126 修剪矩形

步骤16 使用REC（矩形）命令绘制一个长度为1200、宽度为600的矩形作为茶几图形，效果如图2-127所示。

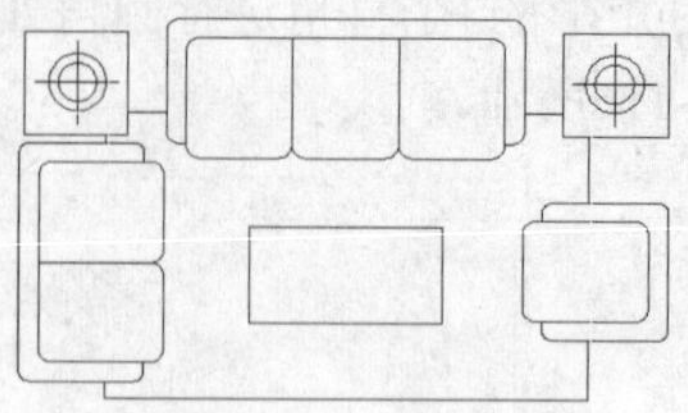

图2-127 绘制矩形

步骤17 使用L（直线）命令绘制3条斜线表示茶几上的纹理，完成组合沙发的绘制，效果如图2-128所示。

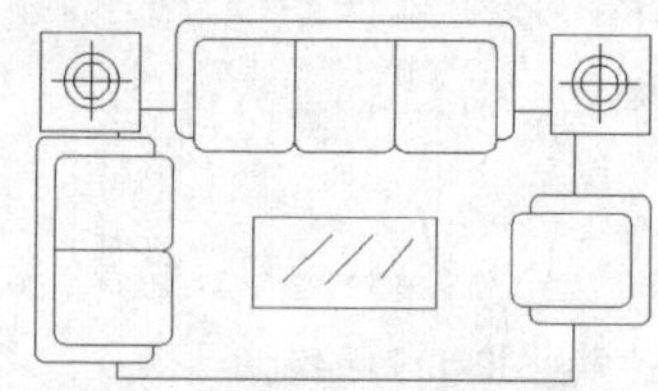

图2-128 组合沙发效果

实例023 绘制燃气灶图形

本实例将通过绘制燃气灶图形的操作，学习“旋转”、“阵列”、“镜像”和“修剪”命令的使用方法，实例效果如图2-129所示。

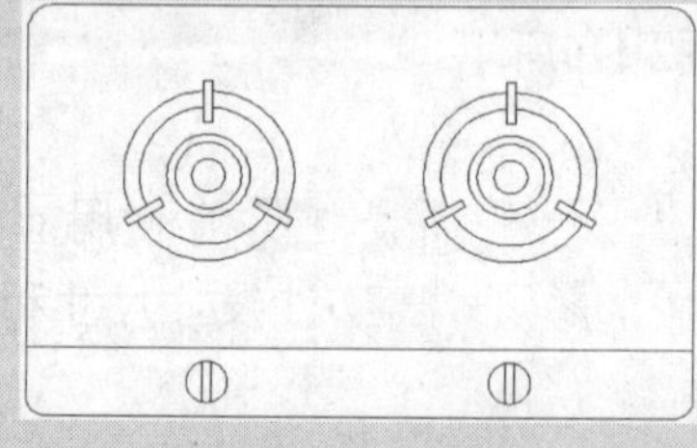

图2-129 燃气灶图形

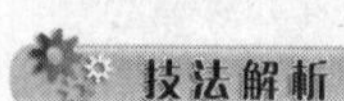

技法解析

本实例所绘制的燃气灶图形，主要由矩形和圆形对象组成。在绘图过程中，首先使用“旋转”命令对矩形进行旋转，然后使用“阵列”命令对旋转后的矩形进行阵列，绘制出炉盘图形，最后使用“镜像”命令对创建的炉盘进行镜像。

	实例路径	实例\第2章\燃气灶.dwg
	素材路径	素材\第2章\无

步骤01 使用REC（矩形）命令绘制一个长度为800、宽度为500的矩形，并设置圆角半径为30，效果如图2-130所示。

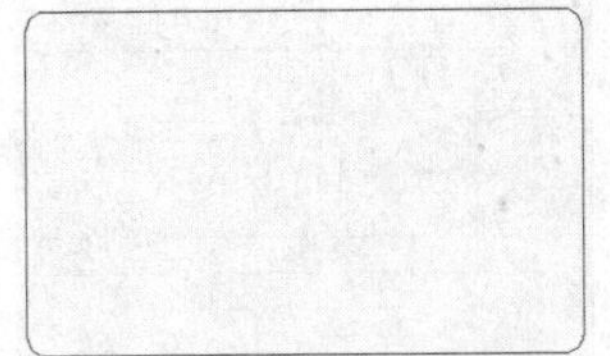

图2-130 绘制圆角矩形

步骤02 使用X（分解）命令将矩形分解，然后使用O（偏移）命令将矩形下方的线段向上偏移，偏移距离依次为40、40、210，如图2-131所示。

图2-131 偏移线段

步骤03 使用O（偏移）命令将左方的线段向右偏移，设置偏移距离为220，偏移效果如图2-132所示。

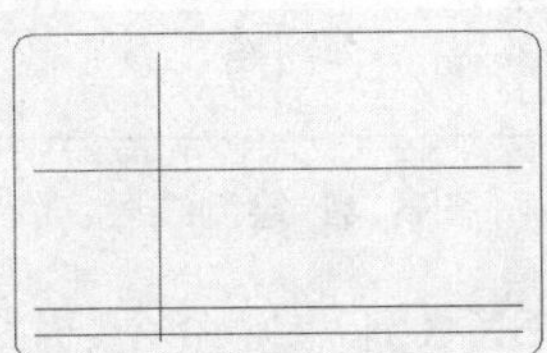

图2-132 偏移线段

步骤04 执行C（圆）命令，以如图2-133所示的交点为圆心，分别绘制半径为20、40、50、80、100的圆，效果如图2-134所示。

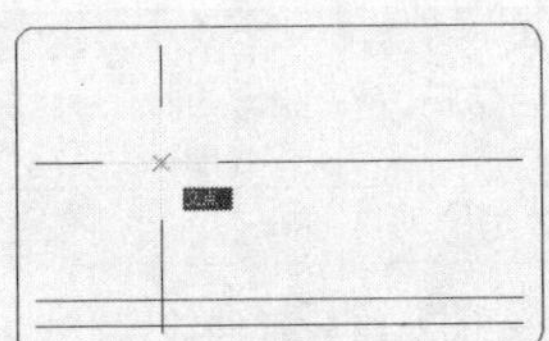

图2-133 指定圆心

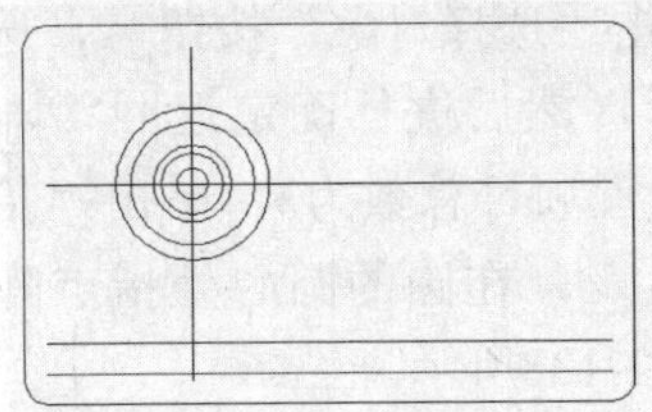

图2-134 绘制圆形

步骤05 使用REC（矩形）命令绘制长度为50、宽度为10的矩形，如图2-135所示。

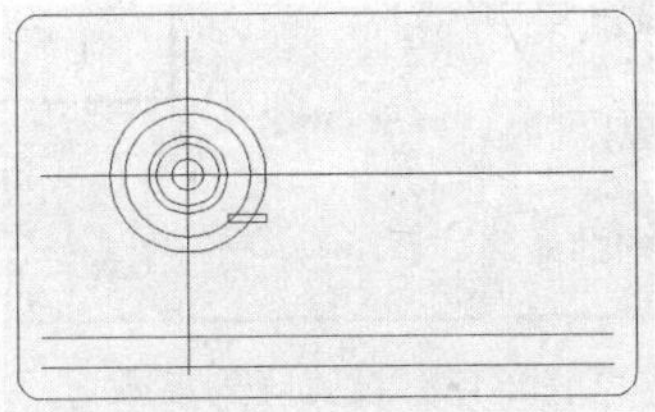

图2-135 绘制矩形

步骤06 使用RO（旋转）命令旋转矩形，并设置旋转角度为-30，效果如图2-136所示。

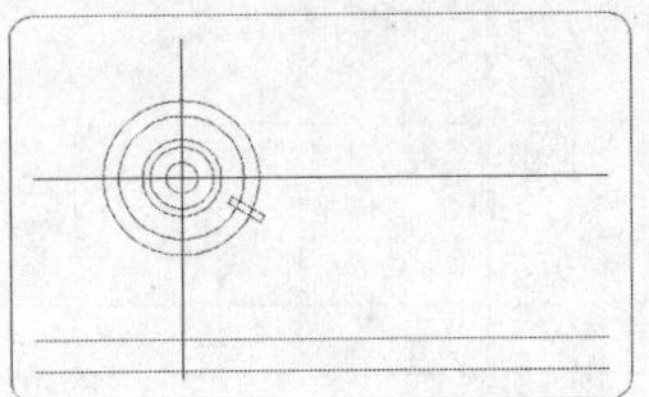

图2-136 旋转矩形

步骤07 执行AR（阵列）命令，打开“阵列”对话框，选中“环形阵列”单选按钮，如图2-137所示。

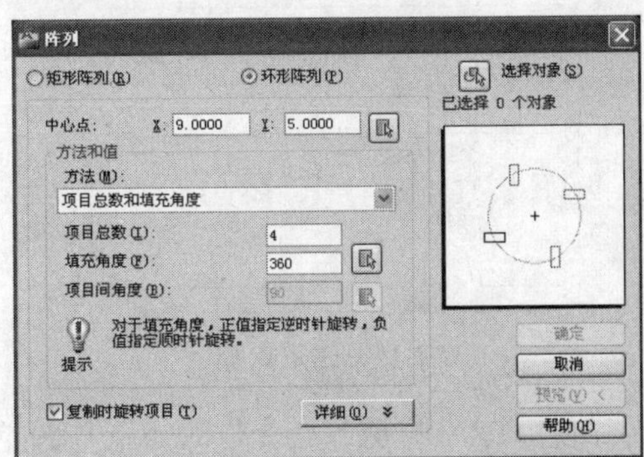

图2-137 选择阵列方式

步骤08 单击“选择对象”按钮，选择旋转后的矩形，然后进行确定返回“阵列”对话框，设置项目总数为3，单击“拾取中心点”按钮，在圆的圆心处指点阵列中心点，如图2-138所示。

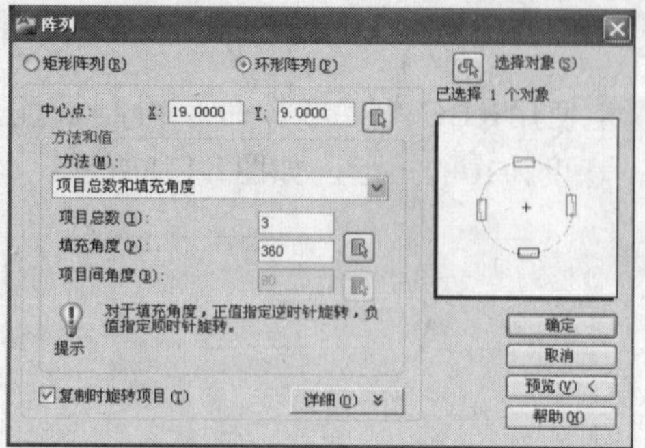

图2-138 设置阵列参数

步骤09 返回“阵列”对话框后进行确定，阵列效果如图2-139所示。

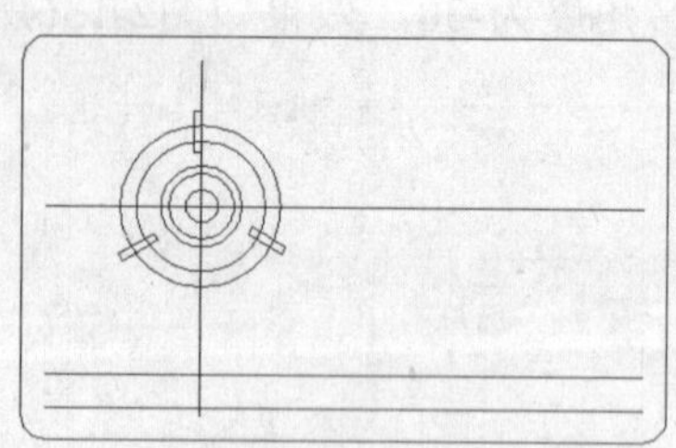

图2-139 阵列效果

步骤10 执行C（圆）命令，以如图2-140所示的交点为圆心绘制半径为25的圆，效果如图2-141所示。

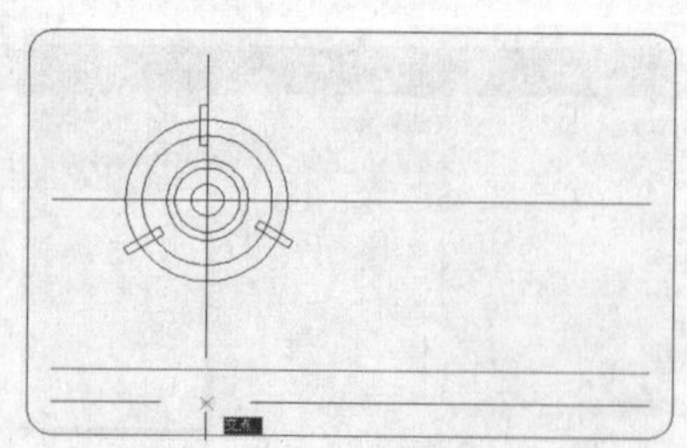

图2-140 指定圆心

步骤11 使用TR（修剪）命令，对矩形与圆重合的部分进行修剪，然后使用E（删除）命令将多余的线段删除，如图2-142所示。

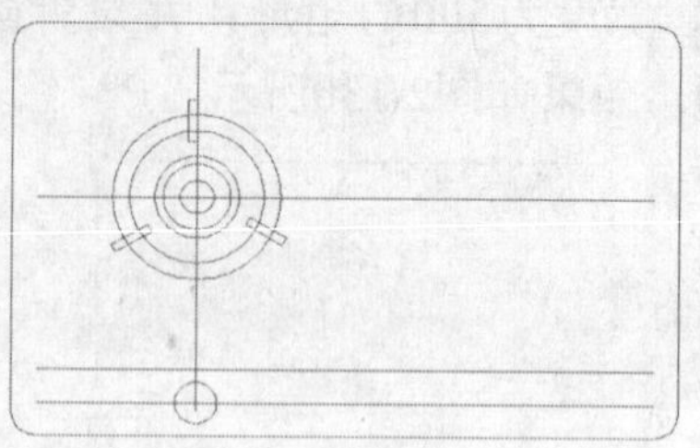

图2-141 绘制圆形

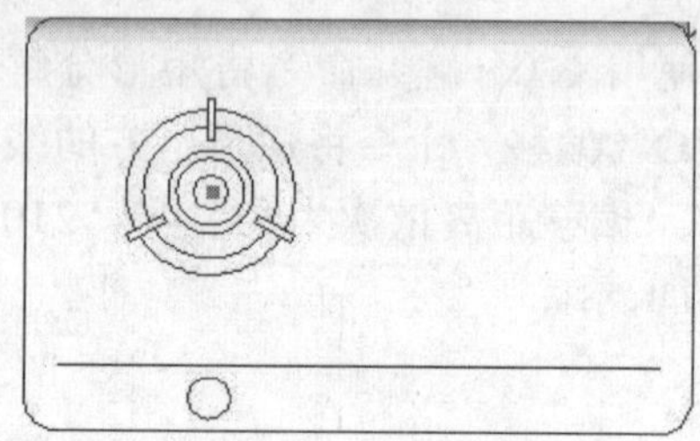

图2-142 修剪图形

步骤12 使用L（直线）命令在圆形内绘制两条直线段，效果如图2-143所示。

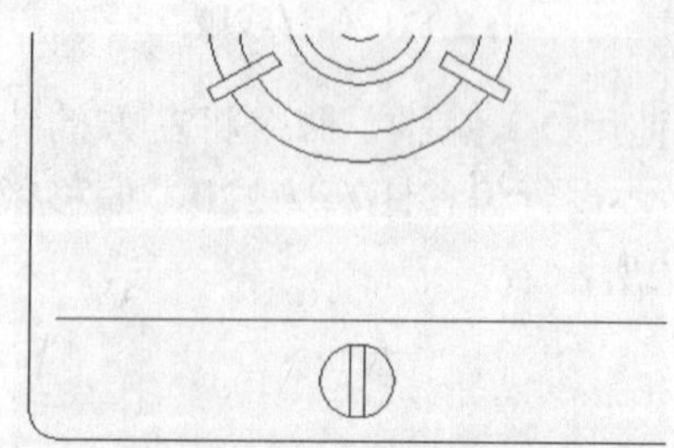

图2-143 绘制线段

步骤13 执行EX（延伸）命令，以燃气灶两方的线段为延伸边界，将下方的水平线段向两方延伸，效果如图2-144所示。

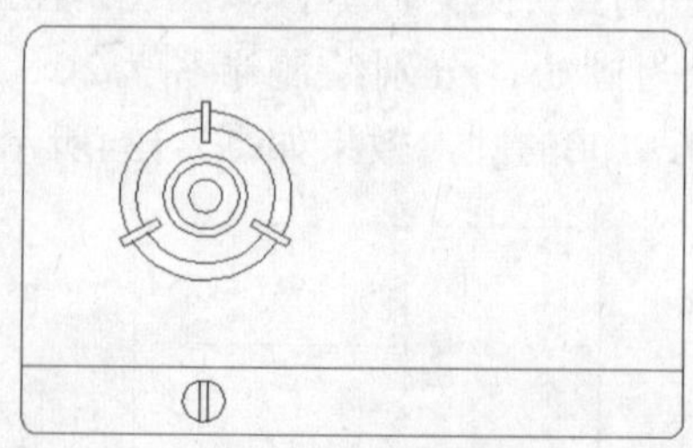

图2-144 延伸线段

步骤14 使用MI（镜像）命令将炉盘和开关图形镜像复制到右方，完成燃气灶的绘制，效果如图2-145所示。

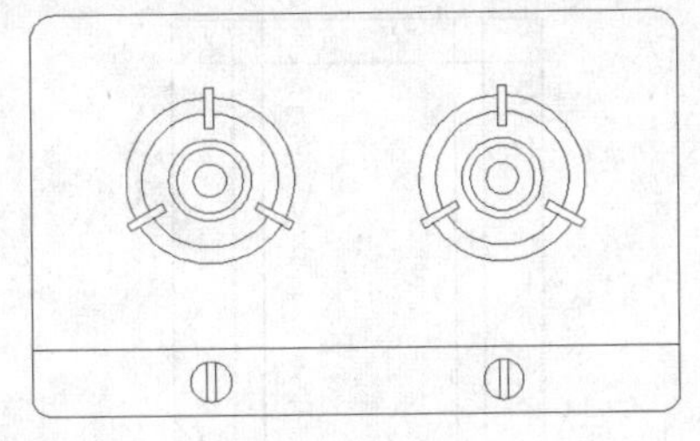

图2-145 燃气灶效果

实例024 绘制建筑绿化带

本实例将通过绘制建筑绿化带图形的操作，学习“编辑多段线”命令的使用方法，实例效果如图2-146所示。

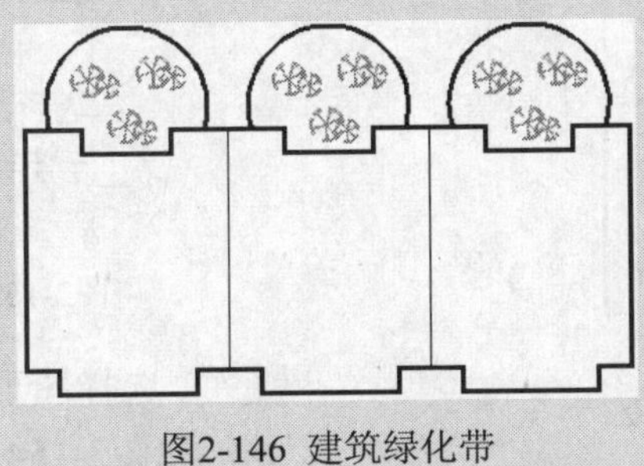

图2-146 建筑绿化带

技法解析

本实例所绘制的建筑绿化带图形，主要由多段线对象组成。在绘图过程中，首先使用“编辑多段线”命令将线段图形转换为多段线对象，然后重新设置多段线的线宽。在绘制绿化带时，使用“编辑多段线”命令对多段线进行拟合修改，即可得到需要的图形形状。

	实例路径	实例\第2章\建筑绿化带.dwg
	素材路径	素材\第2章\植物.dwg

步骤01 执行L（直线）命令，绘制一条长为15000的线段，然后使用O（偏移）命令将其向上依次偏移1800、16400、1800，效果如图2-147所示。

步骤02 执行L（直线）命令，通过捕捉水平线段的左方端点绘制一条垂直线段，然后使用O（偏移）命令将其向右依次偏移2400、1200、7800、1200、2400，如图2-148所示。

图2-147 编移水平线段

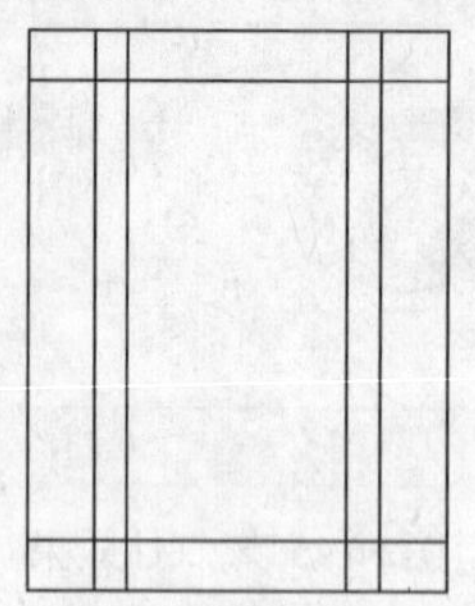
图2-148 偏移垂直线段

步骤03 执行TR（修剪）命令，参照如图2-149所示的效果对图形进行修剪。

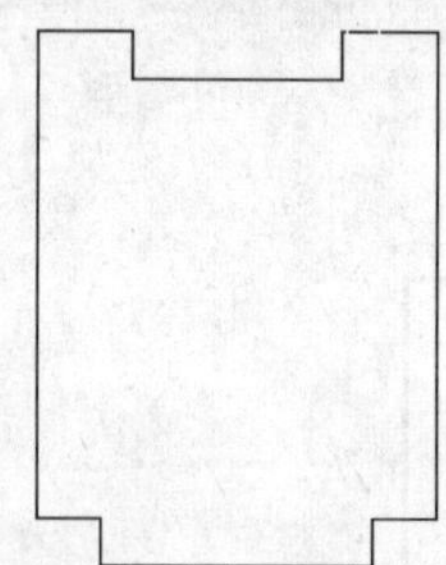
图2-149 修剪线段

步骤04 使用CO（复制）命令对修剪后的图形进行两次复制，效果如图2-150所示。

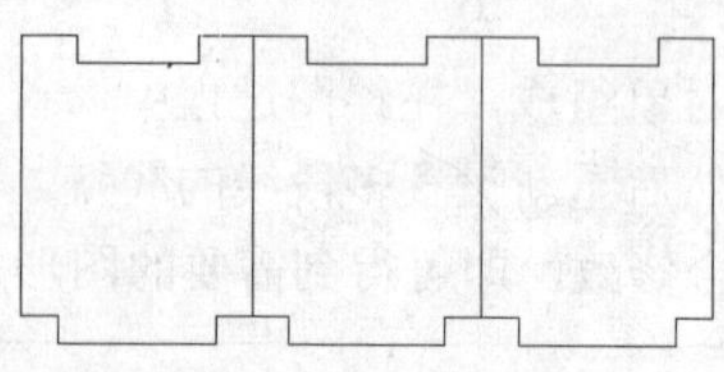
图2-150 复制图形

步骤05 执行PEDIT（编辑多段线）命令，在图形中选择一条线段，如图2-151所示。

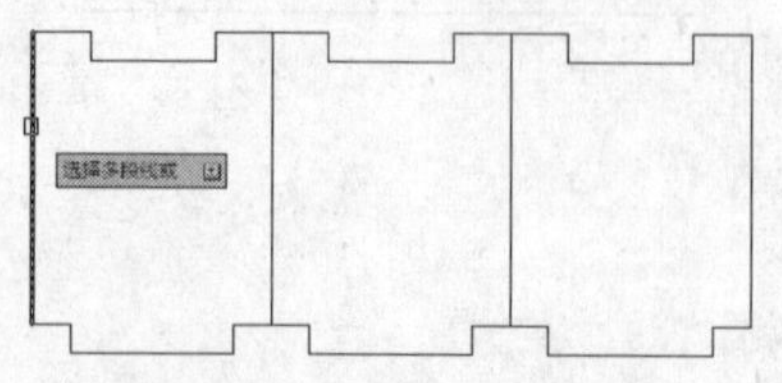
图2-151 选择线段

步骤06 当系统提示“是否将其转换为多段线？”时，输入y并确定，将选择的线段转换为多线段，如图2-152所示。

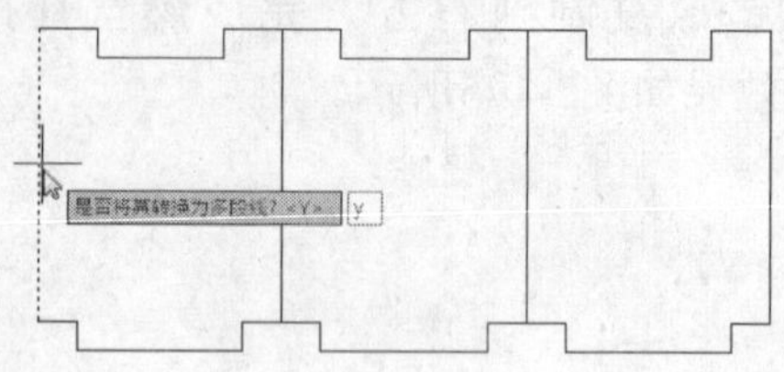
图2-152 输入y并确定

步骤07 在弹出的快捷菜单中选择“合并(J)”选项，如图2-153所示。

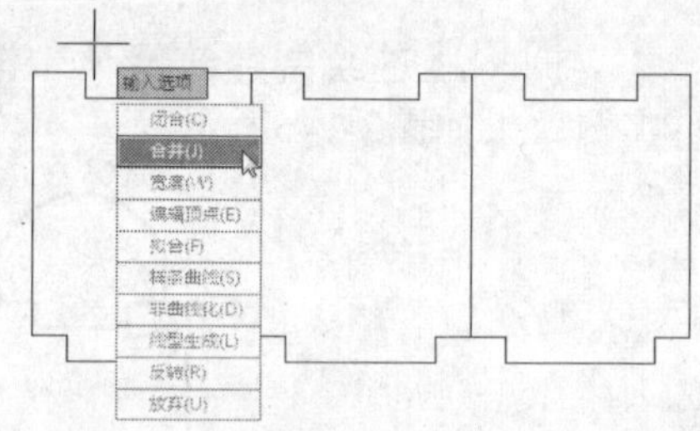
图2-153 选择“合并(J)”选项

步骤08 选择图形外边框线条将其转换为多段线，如图2-154所示。

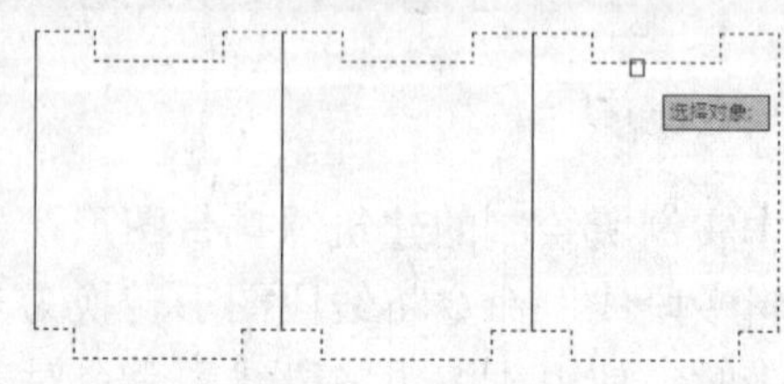

图2-154 选择合并的对象

步骤09 进行确定后，在弹出的快捷菜单中选择“宽度(W)”选项（如图2-155所示），然后输入段线的宽度为240并确定，修改后的效果如图2-156所示。

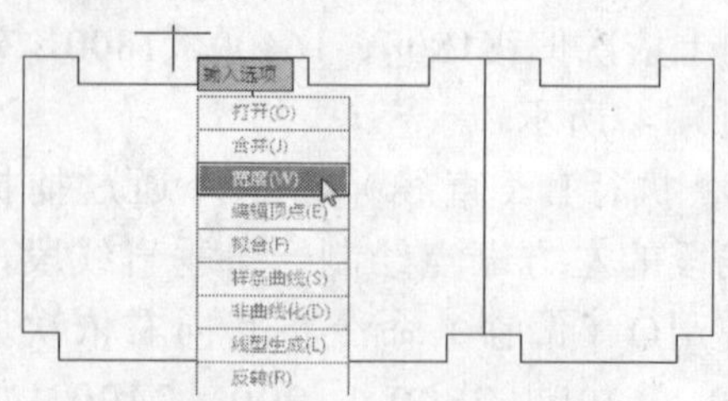
图2-155 选择“宽度(W)”选项

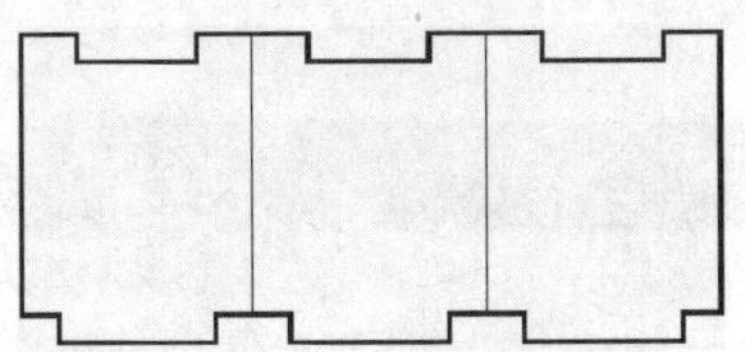
图2-156 绘制多段线效果

步骤10 执行PL（多段线）命令，绘制一条如图2-157所示的多段线。

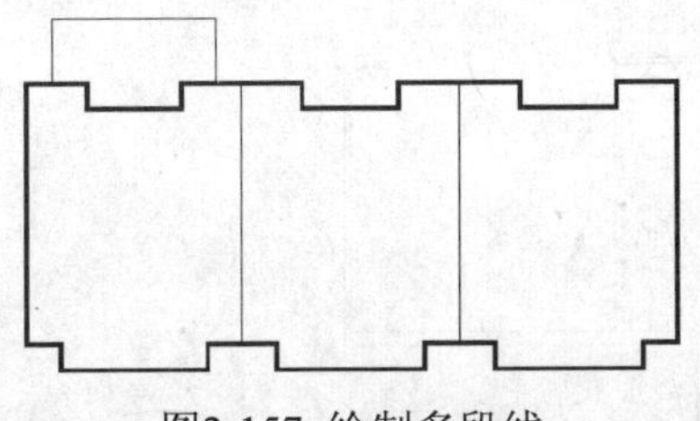
图2-157 绘制多段线

步骤11 执行PEDIT（编辑多段线）命令，选择多段线对象，在弹出的快捷菜单中选择“拟合(F)”选项，如图2-158所示。

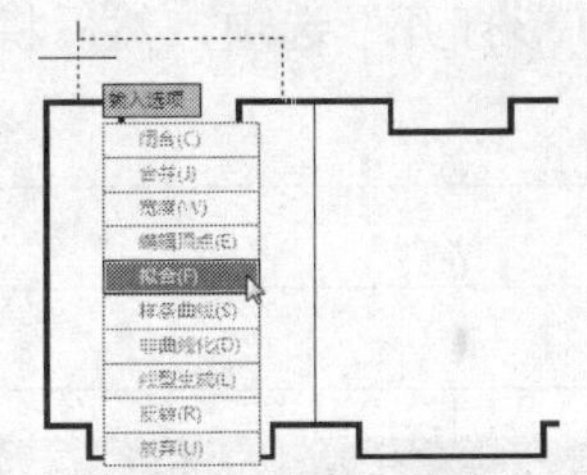
图2-158 选择“拟合(F)”选项

步骤12 在弹出的快捷菜单中选择“宽度(W)”选项，然后输入多段线的宽度为240并确定，图形效果如图2-159所示。

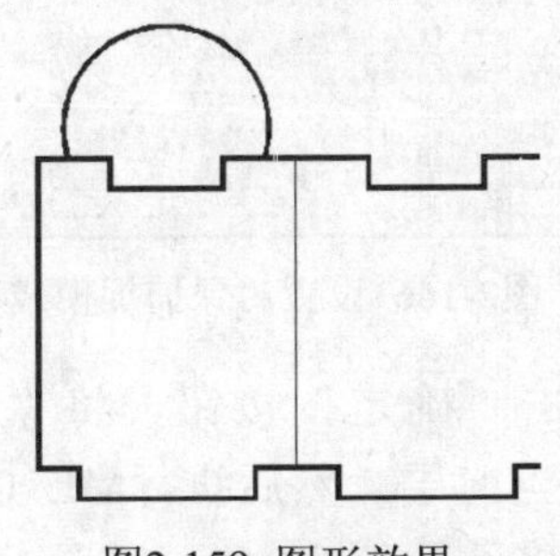
图2-159 图形效果

步骤13 使用CO（复制）命令对上方的多段线进行复制，效果如图2-160所示。

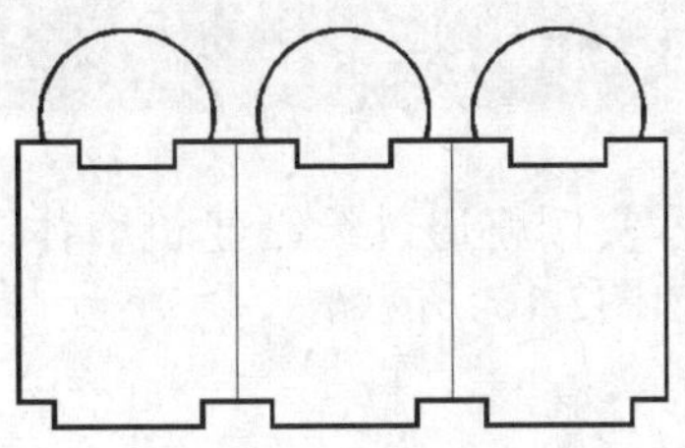
图2-160 复制多段线

步骤14 根据素材路径打开“植物.dwg”图形，效果如图2-161所示。

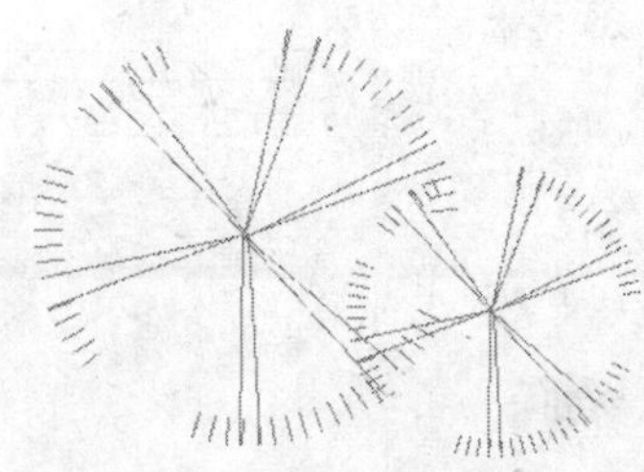
图2-161 打开植物素材

步骤15 选择植物图形，按【Ctrl+C】组合键将植物图形复制下来，然后切换到前面的图形文件中，按【Ctrl+V】组合键将复制的植物图形粘贴到当前文件中，如图2-162所示。

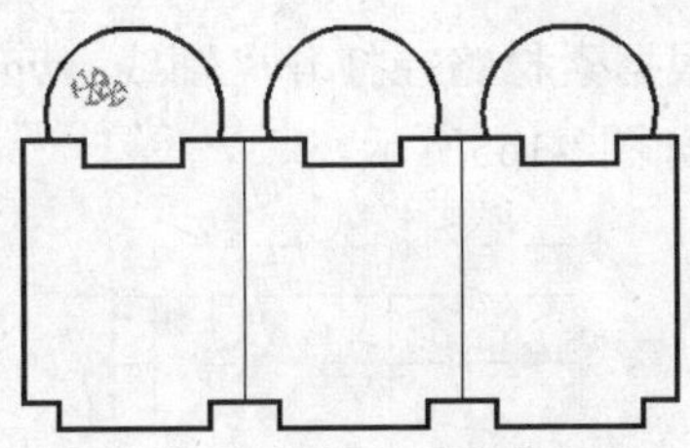
图2-162 复制并粘贴植物图形

步骤16 使用CO（复制）命令对植物进行复制，完成实例的制作，效果如图2-163所示。

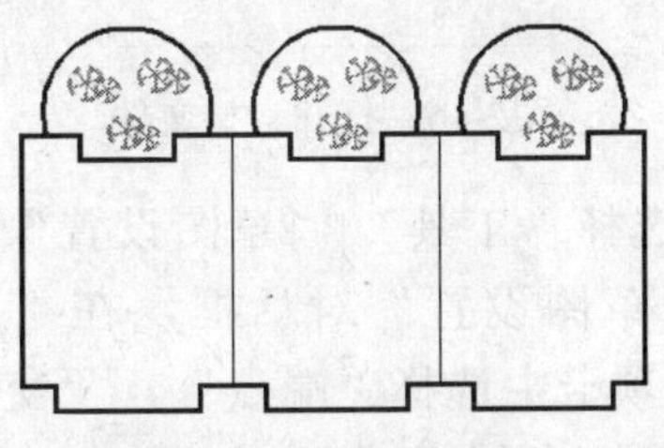
图2-163 绿化带效果

实例025 绘制建筑墙体线

本实例将通过绘制建筑墙体线的操作，学习“编辑多线”命令的使用方法，实例效果如图2-164所示。

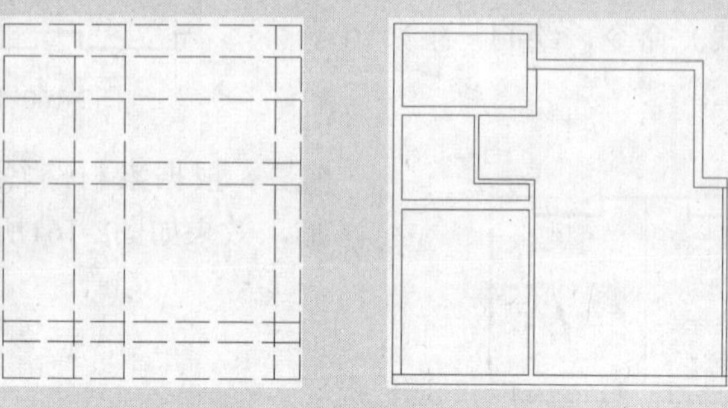

图2-164 绘制建筑墙体线

技法解析

本实例所绘制的建筑墙体线，主要由多线对象组成。在绘图过程中，将使用“编辑多线”命令，在打开的“多线编辑工具”对话框中选择“T形打开”选项，然后将多线交接处的接头打开，从而修改墙体线的效果。

	实例路径	实例\第2章\建筑墙体线.dwg
	素材路径	素材\第2章\轴线.dwg

步骤01 根据素材路径打开“轴线.dwg”素材文件，如图2-165所示。

图2-165 打开素材文件

步骤02 选择“工具”|“草图设置”命令，打开“草图设置”对话框，在“对象捕捉”选项卡中选择“端点”、“交点”和“垂足”对象捕捉模式，如图2-166所示。

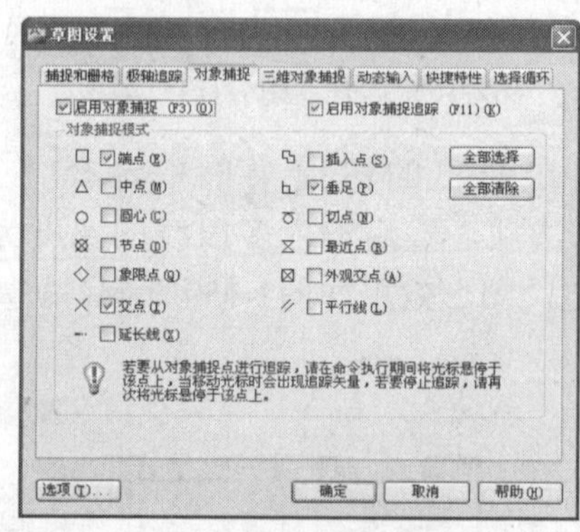

图2-166 设置对象捕捉模式

步骤03 单击“确定”按钮，将“墙体”图层设置为当前层，然后执行ML（多线）命令，设置多线比例为240，设置对正方式为无，使用鼠标捕捉如图2-167所示的端点作为墙线的起点。

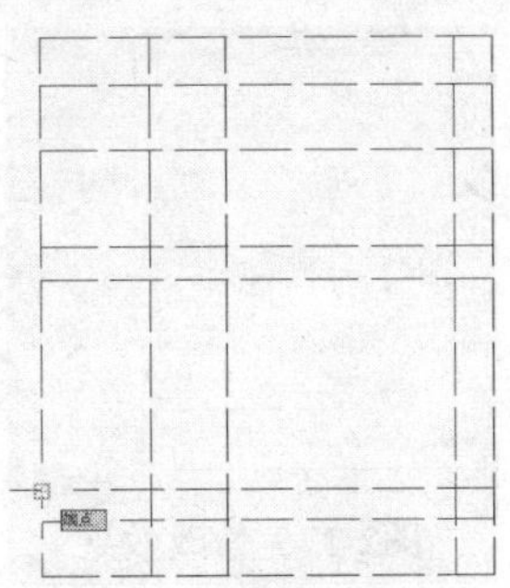

图2-167 捕捉起点

步骤04 将光标向上移到垂直轴线端点处，自动捕捉垂直轴线的端点，如图2-168所示。

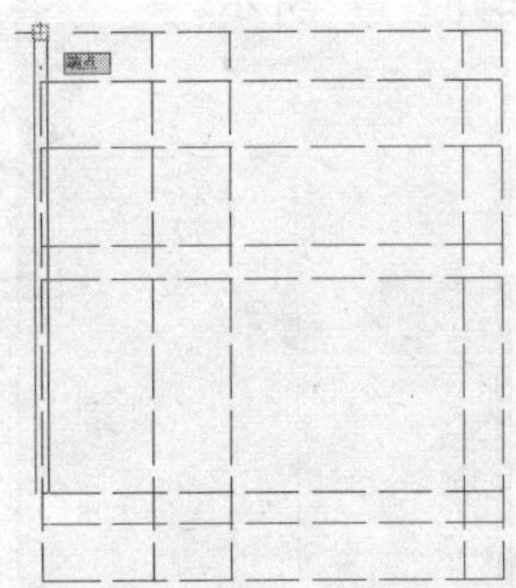

图2-168 捕捉端点

步骤05 使用同样的方法继续绘制宽度为240的墙线，效果如图2-169所示。

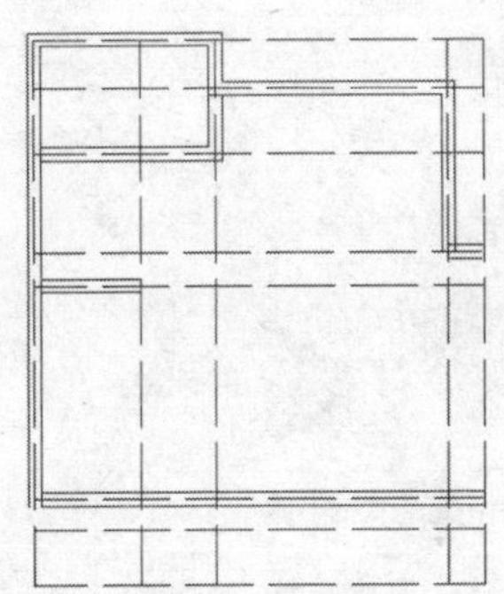

图2-169 绘制墙线

步骤06 执行ML（多线）命令，设置多线比例为120，绘制其余墙线，效果如图2-170所示。

步骤07 执行LA（图层）命令，打开“图层特性管理器”选项板，关闭“轴线”图层（如图2-171所示），将轴线隐藏，效果如图2-172所示。

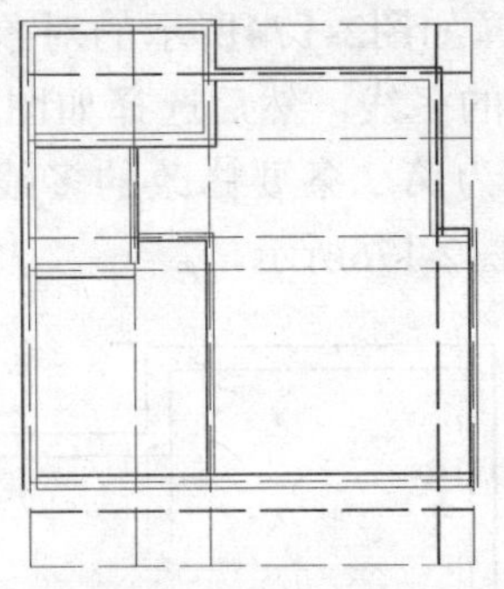

图2-170 绘制多线

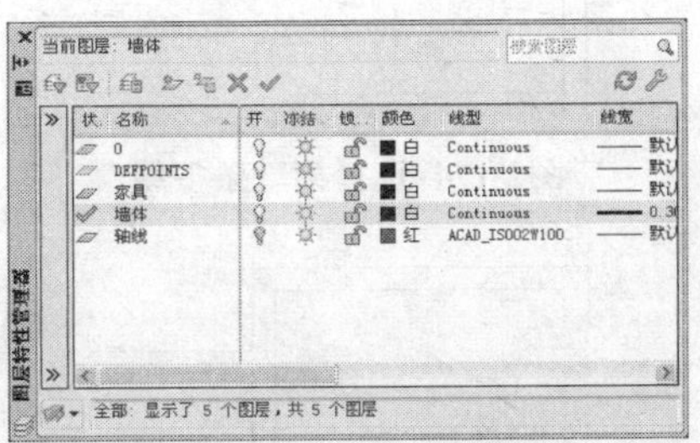

图2-171 关闭“轴线”图层

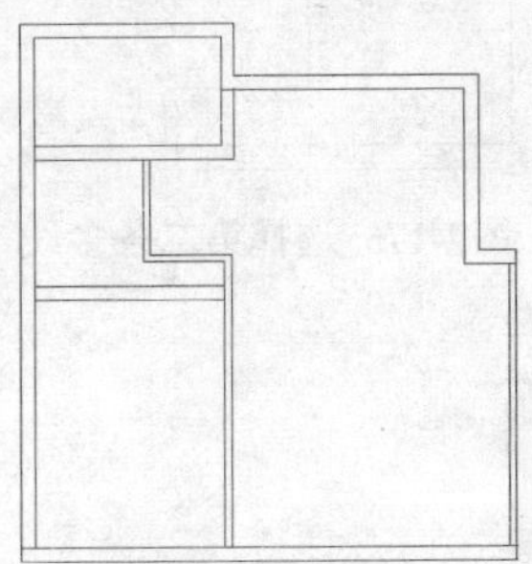

图2-172 图形效果

步骤08 输入并执行MLEDIT（编辑多线）命令，在打开的“多线编辑工具”对话框中选择“T形打开”选项，如图2-173所示。

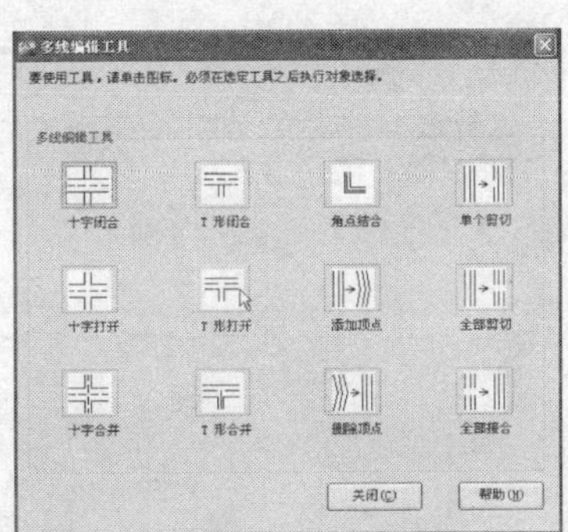

图2-173 选择“T形打开”选项

步骤09 选择如图2-174所示的对象作为第一条要修改的多线，然后选择如图2-175所示的多线作为第二条要修改的多线，修改后的效果如图2-176所示。

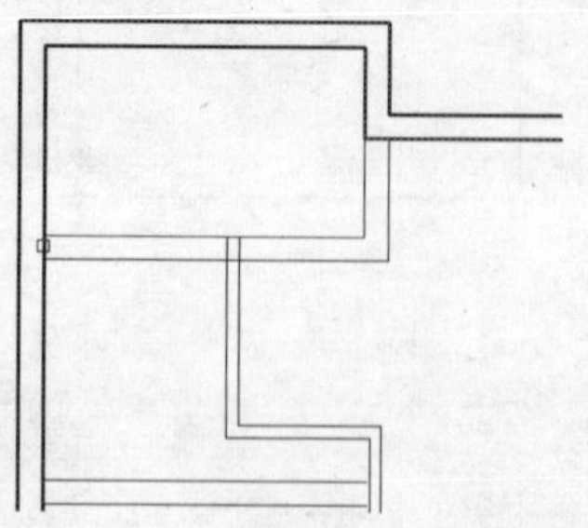

图2-174 选择第一条多线

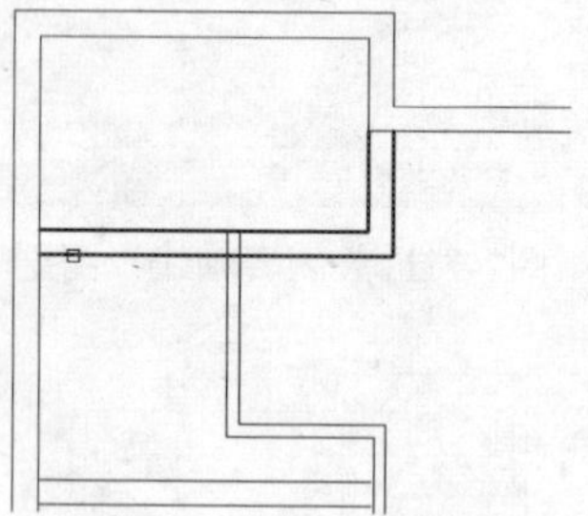

图2-175 选择第二条多线

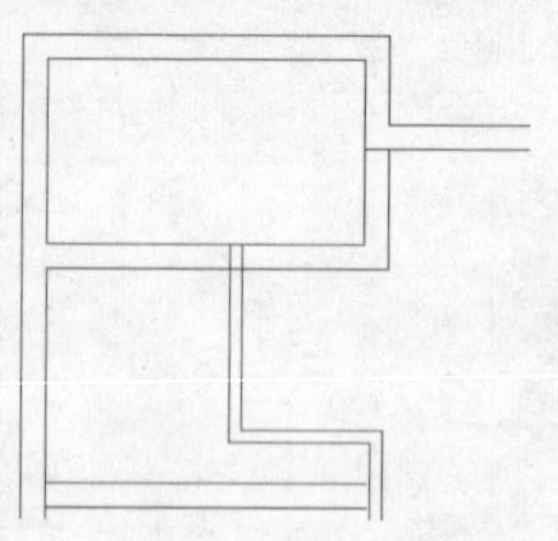

图2-176 修改效果

步骤10 执行MLEDIT命令，在“多线编辑工具”对话框中选择“T形打开”选项，对其他多线进行修改，完成对建筑墙体线的编辑，效果如图2-177所示。

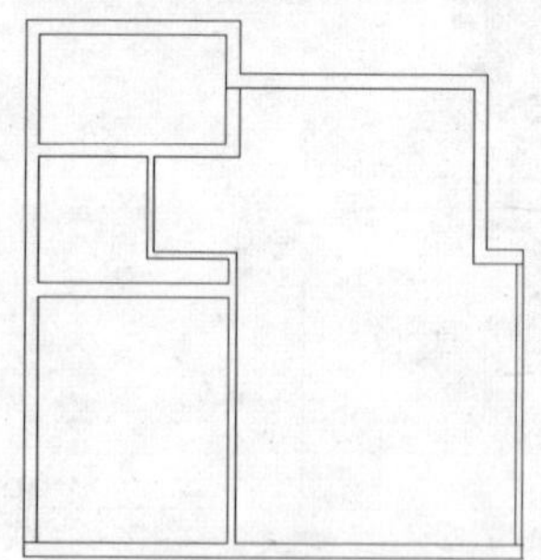

图2-177 建筑墙体线效果

PART 03

对象特性与图层管理

在绘图过程中，除了可以在图层中赋予图层的各种属性外，也可以直接为实体对象赋予需要的特性。图形特性包括对象的线型、线宽和颜色等属性。

本章将通过实例的应用，介绍AutoCAD图形特性和图层设置的相关操作，从而使读者掌握图形特性的设置，以及图层的功能和应用。

效果展示

XIAOGUO ZHANSHI

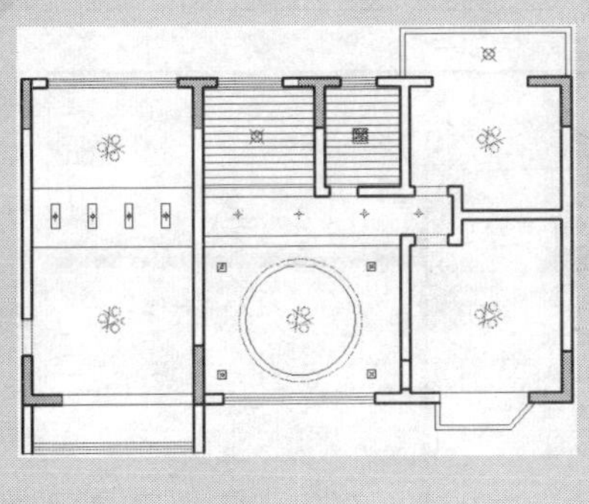

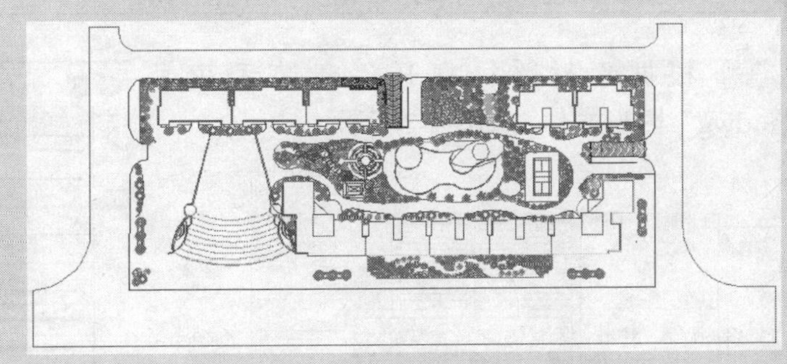

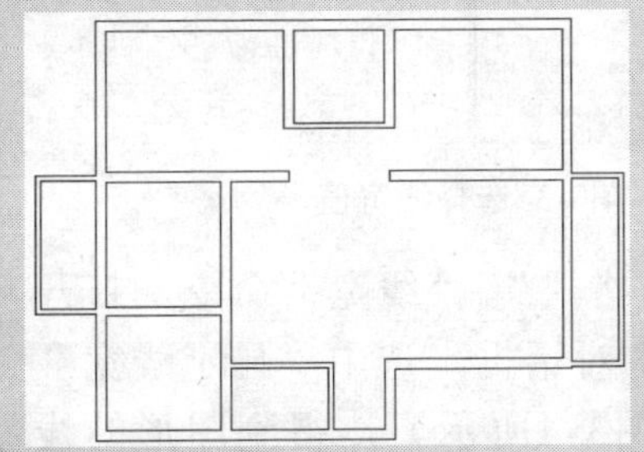

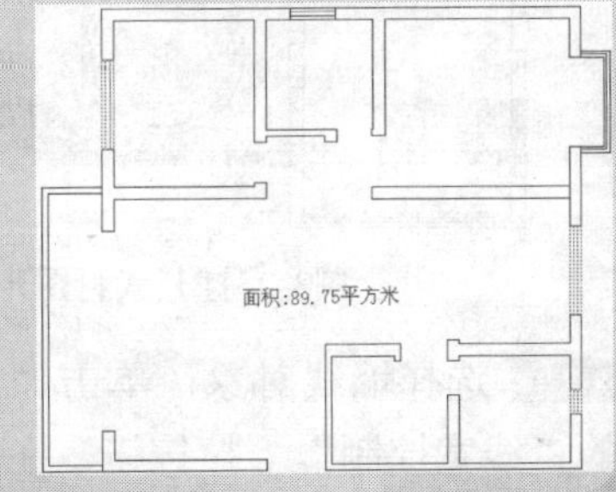

实例026 修改建筑天花图效果

本实例将通过修改建筑天花图效果的操作，学习“线宽”、“线型”和“颜色”的设置方法，实例效果如图3-1所示。

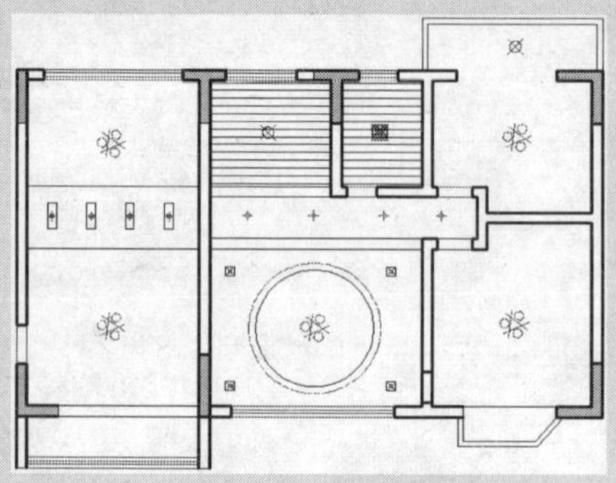

图3-1 修改建筑天花图效果

技法解析

本实例修改建筑天花图效果，首先选择对象，然后在“特性”面板的“线宽控制”列表中选择线宽值更其线宽；在“线型控制”下拉列表中选择线型值更其线型；在“颜色控制”下拉列表中选择颜色值更其颜色。

	实例路径	实例\第3章\建筑天花图.dwg
	素材路径	素材\第3章\建筑天花图.dwg

步骤01 根据素材路径打开“建筑天花图.dwg”图形文件，如图3-2所示。

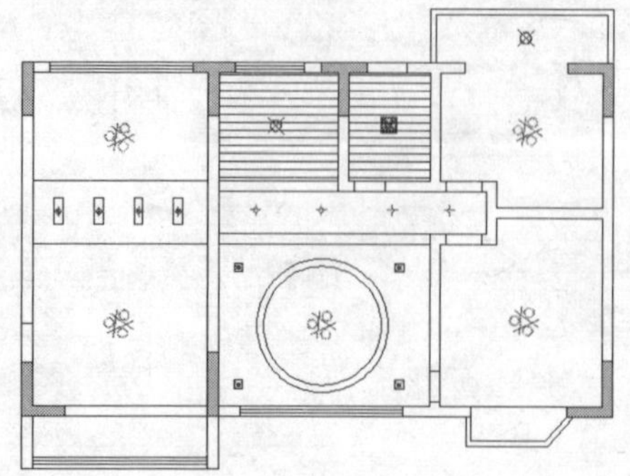

图3-2 打开素材图形

步骤02 选择墙线对象，单击“特性”面板中的“线宽控制”下拉按钮，在弹出的下拉列表中选择“0.30mm”选项，如图3-3所示。

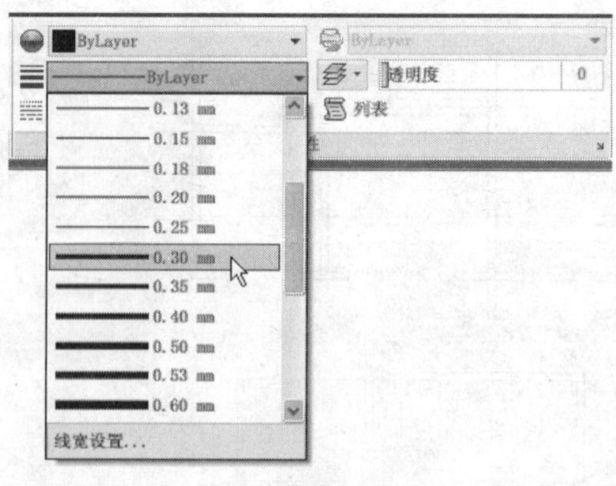

图3-3 选择线宽值

步骤03 选择“格式”|“线宽”命令，打开“线宽设置”对话框，选中“显示线宽”复选框（如图3-4所示），得到图形的线宽，效果如图3-5所示。

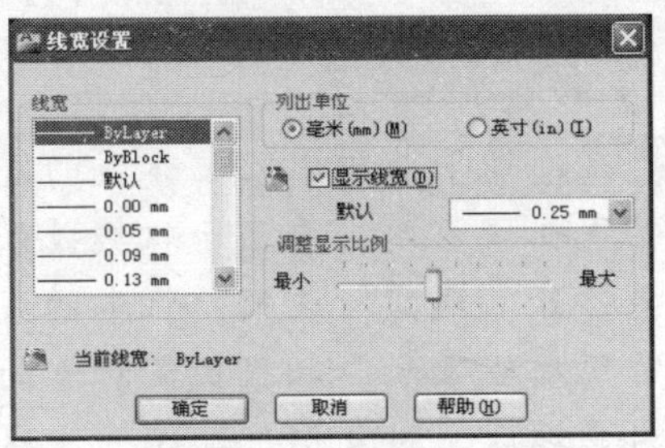

图3-4 显示线宽

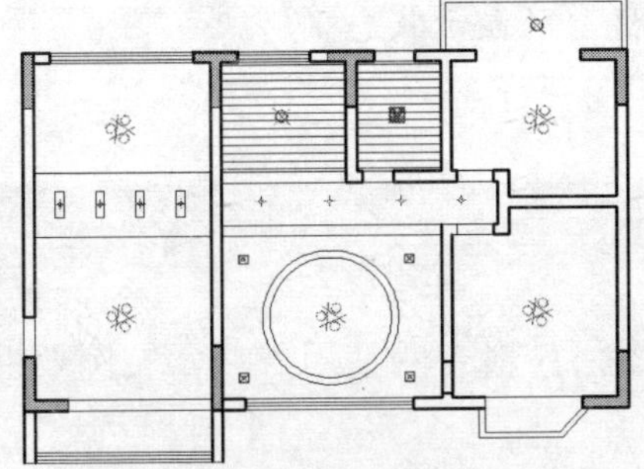

图3-5 显示线宽的效果

步骤04 选择图形中的大圆对象（如图3-6所示），单击“特性”面板中的“颜色控制”下拉按钮，在弹出的下拉列表中选择“红”选项，将对象颜色改为红色，如图3-7所示。

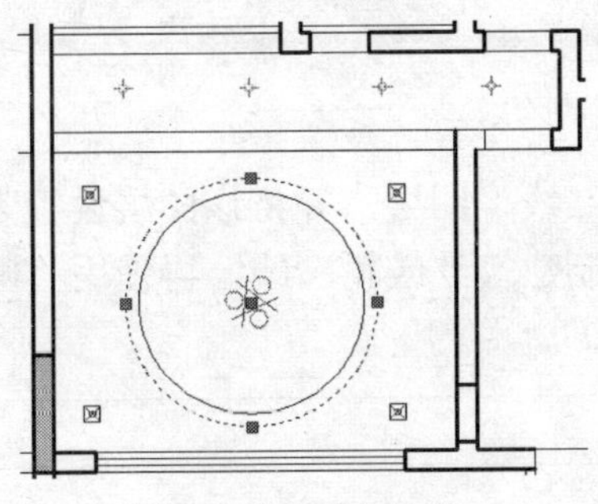

图3-6 选择大圆对象

图3-7 修改对象颜色

步骤05 单击“特性”面板中的“线型控制”下拉按钮，在弹出的下拉列表中选择“ACAD_ISO08W100”选项，修改对象的线型，如图3-8所示。

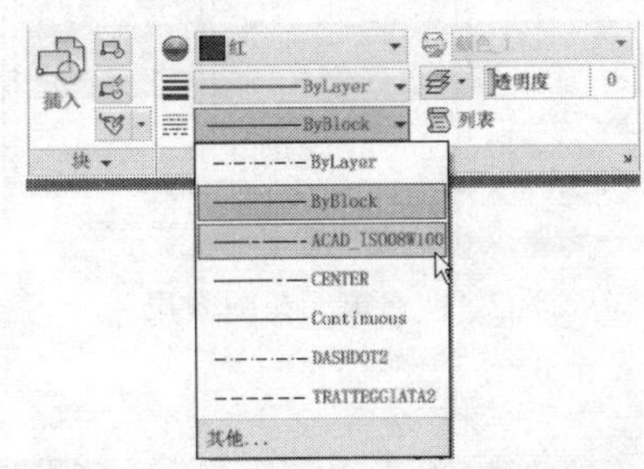

图3-8 修改对象线型

步骤06 选择“格式”|“线型”命令，打开“线型管理器”对话框，设置全局比例因子为20（如图3-9所示），得到图形的线型效果，如图3-10所示。

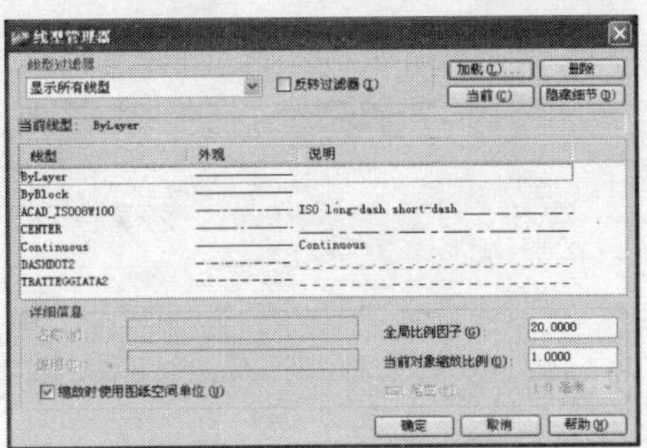

图3-9 设置全局比例因子

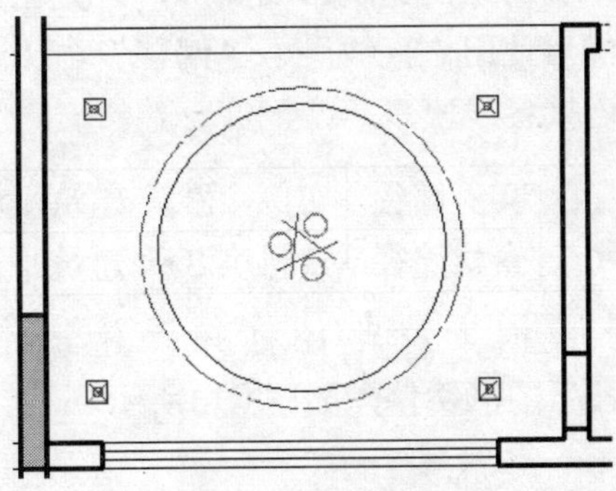

图3-10 图形的线型效果

步骤07 使用同样的方法，将建筑平面图中的窗户改为蓝色，完成实例的制作，效果如图3-11所示。

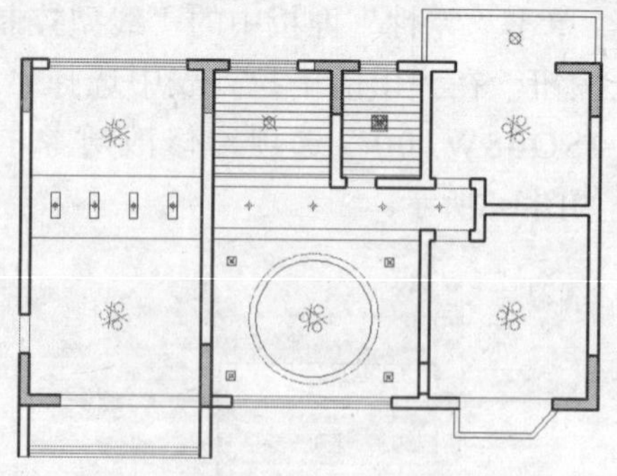
图3-11 建筑天花图效果

技巧提示

在建筑平面图中，墙体线的宽度通常用粗线表示，要显示粗线效果，需要打开“线宽”选项；灯带的线型通常用虚线表示，如果设置对象的线型为虚线后，对象仍然显示为实线，可以通过更改全局的比例因子改变对象线型的显示状态。

实例027 绘制建筑红线

本实例将通过绘制建筑红线的操作，学习“图层”命令的使用方法，实例效果如图3-12所示。

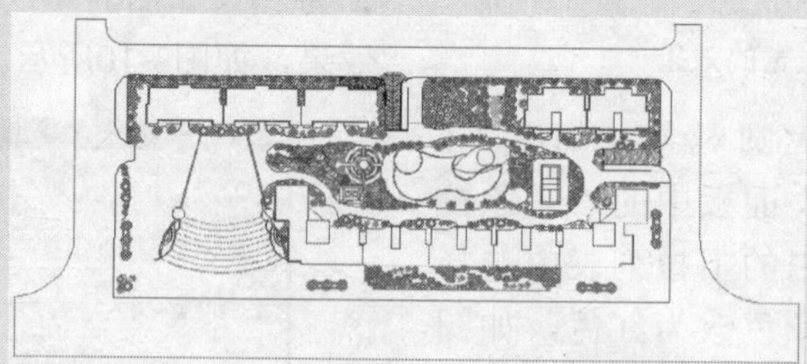
图3-12 建筑平面图

技法解析

本实例绘制建筑红线图形，首先创建一个“建筑红线”图层，并将该图层设置为当前层，然后使用“直线”、“偏移”、“延伸”命令绘制建筑红线轮廓线，再使用“圆弧”命令连接各线段。

实例路径	实例\第3章\建筑平面图.dwg
素材路径	素材\第3章\建筑平面图.dwg

步骤01 根据素材路径打开“建筑平面图.dwg”图形文件，如图3-13所示。

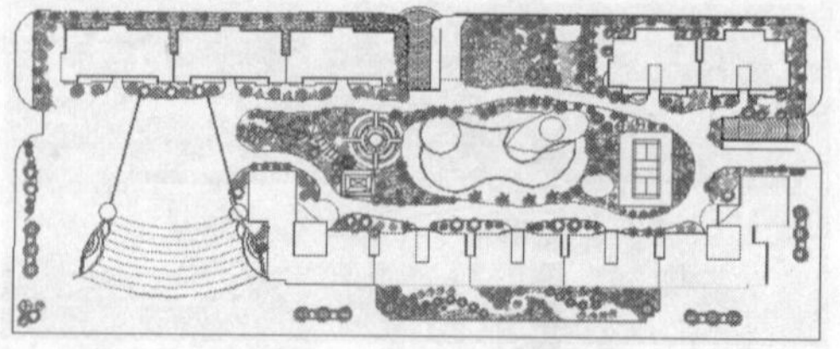
图3-13 打开素材图形

技巧提示

建筑红线是由围起某个地块的一些坐标点连成的线，红线内的土地面积就是取得使用权的用地范围。

步骤02 在“图层”面板中单击“图层特性”按钮，如图3-14所示。

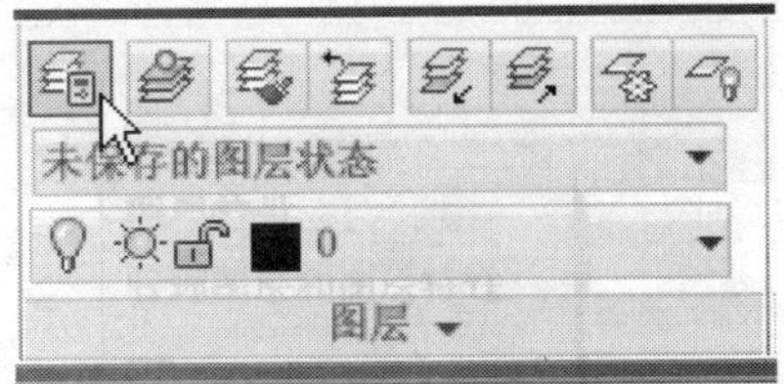
图3-14 单击“图层特性”按钮

步骤03 在打开的“图层特性管理器”选项板中单击“新建图层”按钮，创建一个名为“建筑红线”的图层，如图3-15所示。

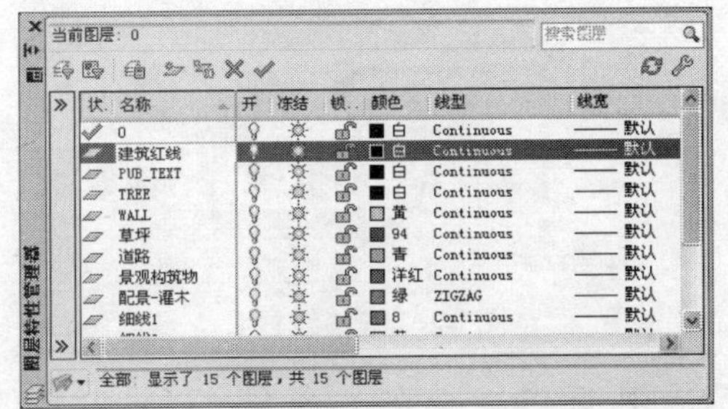
图3-15 新建图层

步骤04 单击“建筑红线”图层的颜色图标，在打开的“选择颜色”对话框中设置图层的颜色为红色，如图3-16所示。

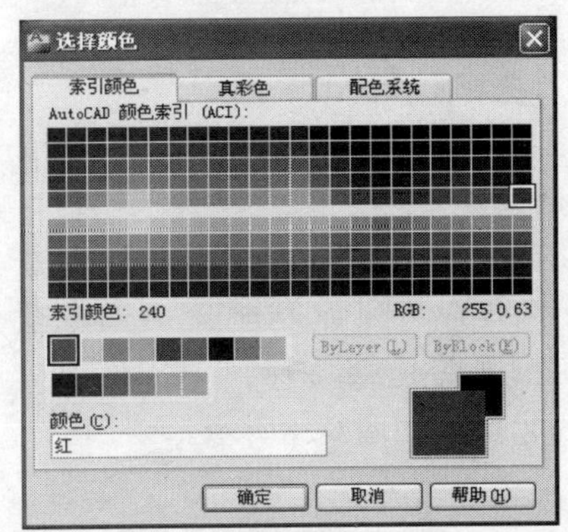
图3-16 设置图层颜色

步骤05 关闭“图层特性管理器”选项板，然后在“图层”面板中单击“图层”下拉按钮，在弹出的列表框中选择“建筑红线”图层作为当前层，如图3-17所示。

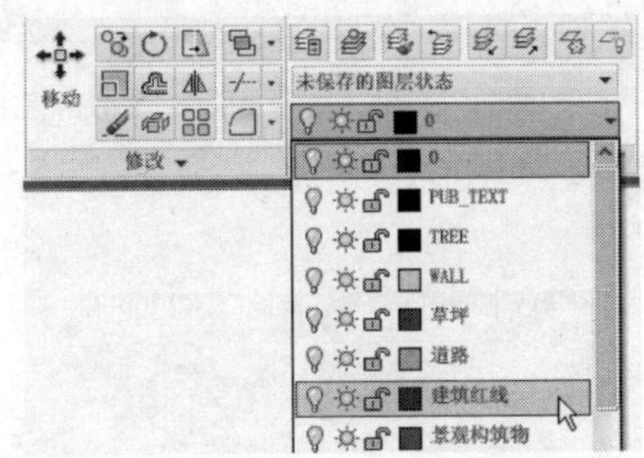
图3-17 选择当前图层

步骤06 执行L（直线）命令，然后输入From并确定，在如图3-18所示的位置指定绘图的基点。

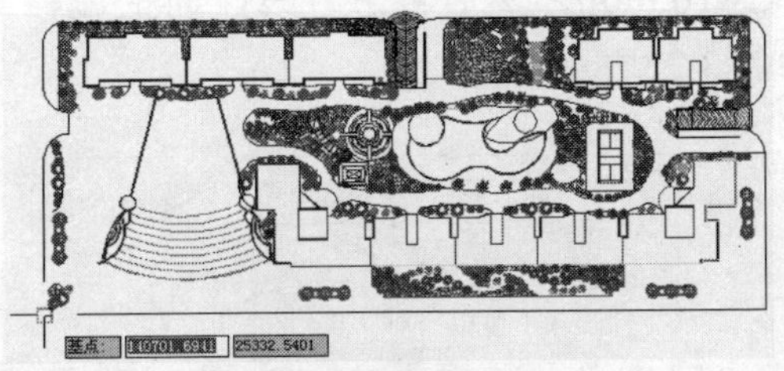
图3-18 指定绘图基点

步骤07 输入偏移坐标为“@-36000,-20000”并确定，然后绘制一条长264000的水平线段，如图3-19所示。

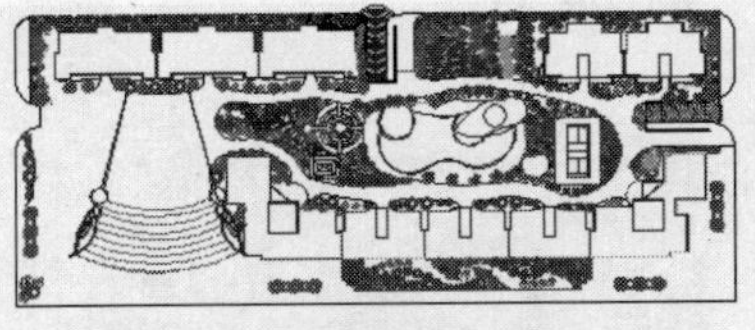
图3-19 绘制线段

步骤08 执行L（直线）命令，输入From并确定，在建筑图形的左下方指定基点的位置，如图3-20所示。

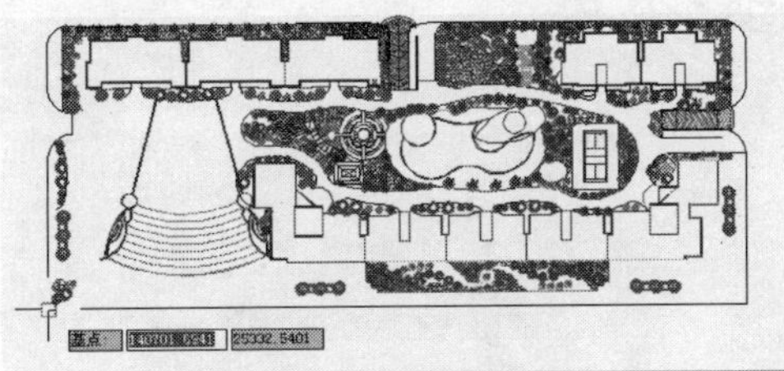
图3-20 指定绘图基点

步骤09 输入偏移的距离为“@-14000, 18000”并确定，然后绘制一条长75000的垂直线段，如图3-21所示。

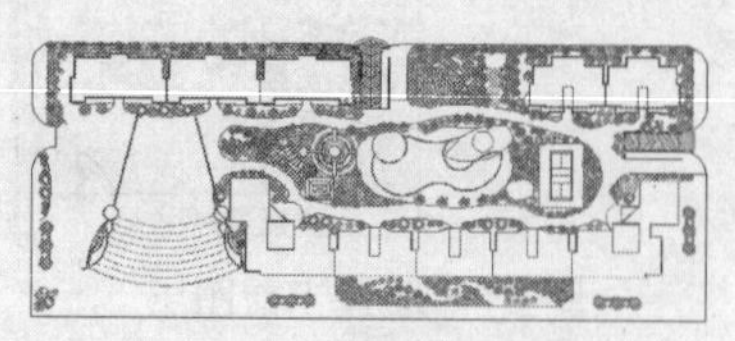

图3-21 绘制线段

步骤10 执行O（偏移）命令，设置偏移的距离为105000，然后将下方线段向上偏移，如图3-22所示。

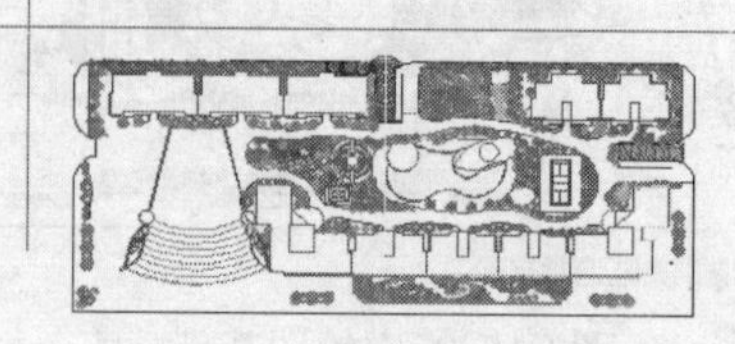

图3-22 偏移线段1

步骤11 执行O（偏移）命令，设置偏移的距离为208000，然后将左方线段向右偏移208000，如图3-23所示。

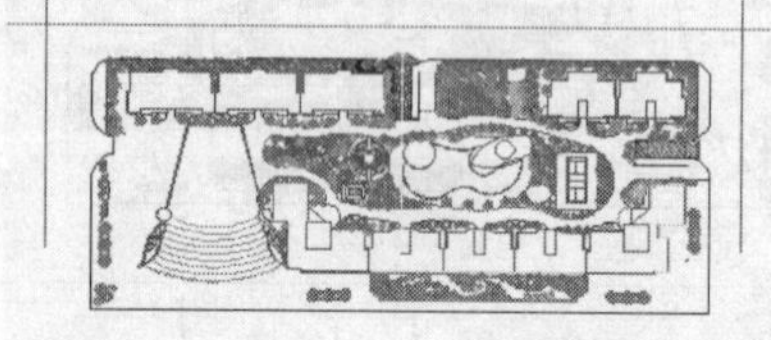

图3-23 偏移线段2

步骤12 执行O（偏移）命令，设置偏移的距离为22000，将左方线段向左偏移22000，如图3-24所示。

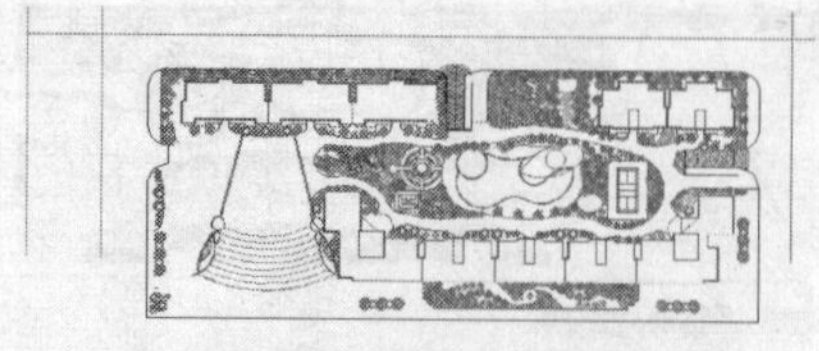

图3-24 偏移线段3

步骤13 执行EX（延伸）命令，选择下方线段为延伸边界，将左方的垂直线段向下延伸，如图3-25所示。

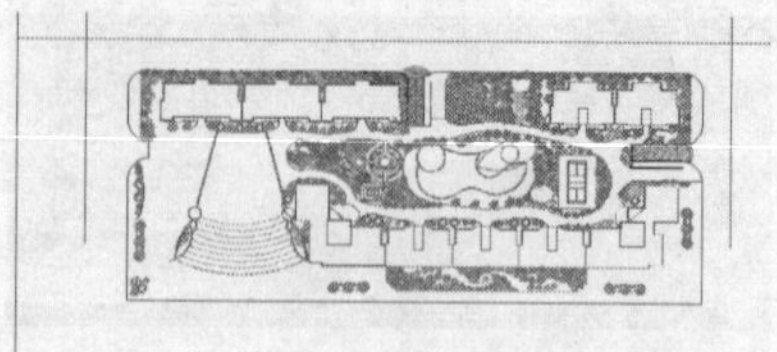

图3-25 延伸线段

步骤14 执行O（偏移）命令，设置偏移的距离为19000，然后将下方线段向上偏移19000，如图3-26所示。

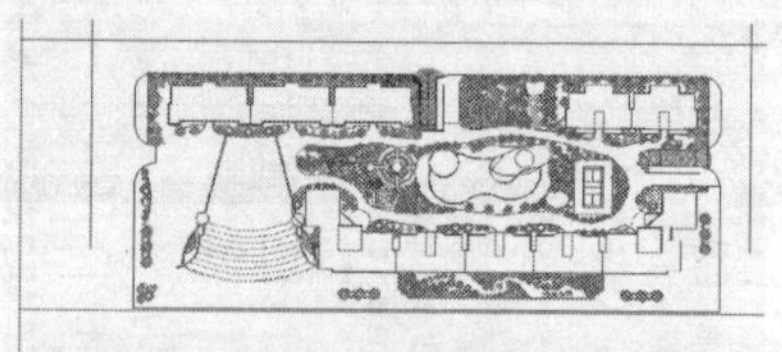

图3-26 偏移线段4

步骤15 执行TR（修剪）命令，以偏移后的线段为边界对垂直线段进行修剪，然后删除偏移后的线段，效果如图3-27所示。

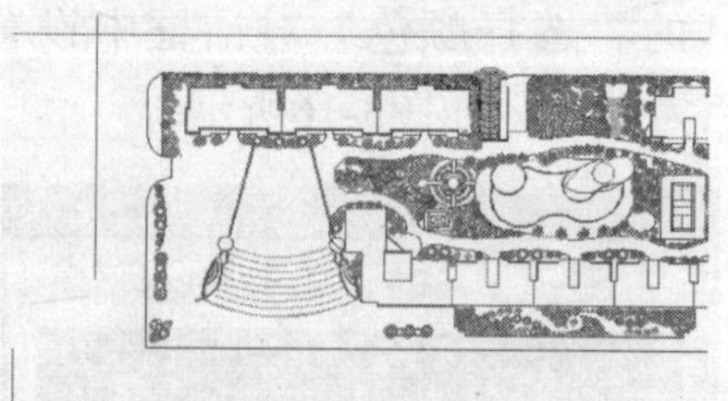

图3-27 修剪并删除线段

步骤16 执行A（圆弧）命令，当系统提示“指定圆弧的起点或 [圆心(C)]:”时，指定圆弧的起点，如图3-28所示。

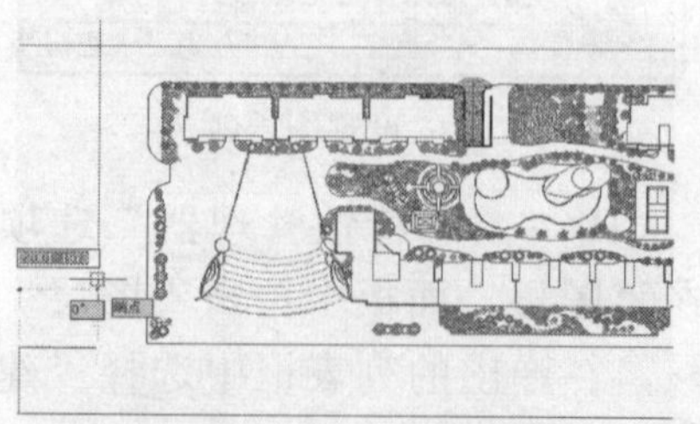

图3-28 指定圆弧的起点

步骤17 当系统提示“指定圆弧的圆心或 [角度(A)/方向(D)/半径(R)]:”时，输入D，按空格键执行“方向(D)”命令，然后指定圆弧的相切方向，如图3-29所示。

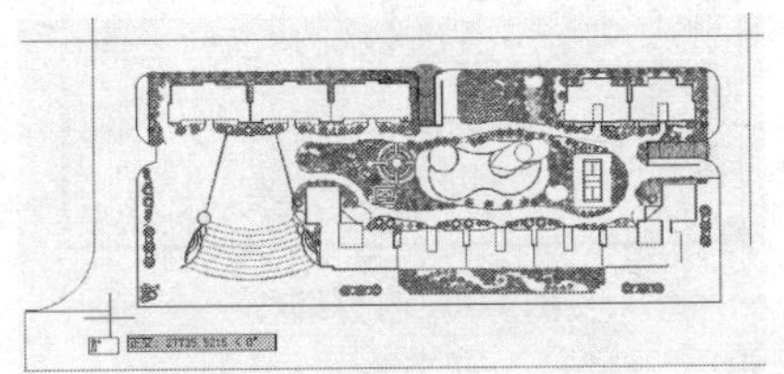

图3-29 指定圆弧相切方向

步骤18 单击鼠标完成圆弧的绘制，效果如图3-30所示。

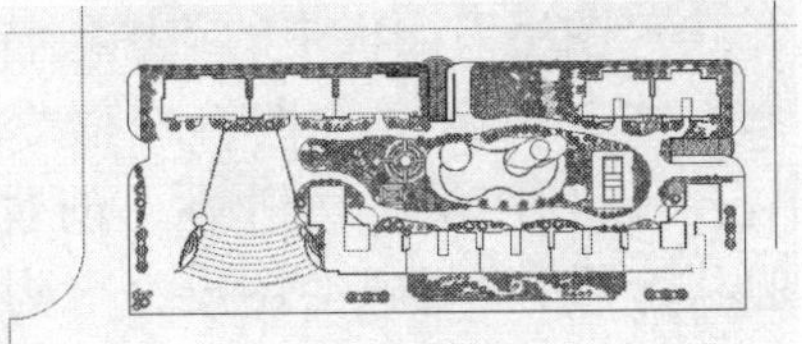

图3-30 绘制圆弧

步骤19 参照如图3-31所示的效果绘制其他线条，完成本实例的制作。

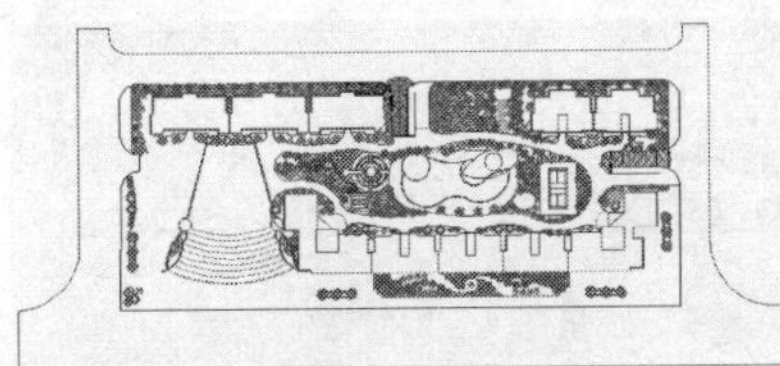

图3-31 完成效果

实例028 绘制建筑中轴线

本实例将通过绘制建筑中轴线的操作，学习创建和设置图层的方法，实例效果如图3-32所示。

图3-32 绘制建筑中轴线

技法解析

本实例所绘制的建筑中轴线由虚线对象组成。在绘图过程中，首先创建一个“中轴线”图层，然后设置图层的颜色为红色，设置线型为虚线，再将该图层设置为当前层，在绘制线段时即可绘制出虚线样式的图形。

	实例路径	实例\第3章\建筑中轴线.dwg
	素材路径	素材\第3章\无

步骤01 单击“图层”面板中的“图层特性”按钮，打开“图层特性管理器”选项板。单击“新建图层”按钮，创建一个新的图层，然后将新建的图层命名为“中轴线”，如图3-33所示。

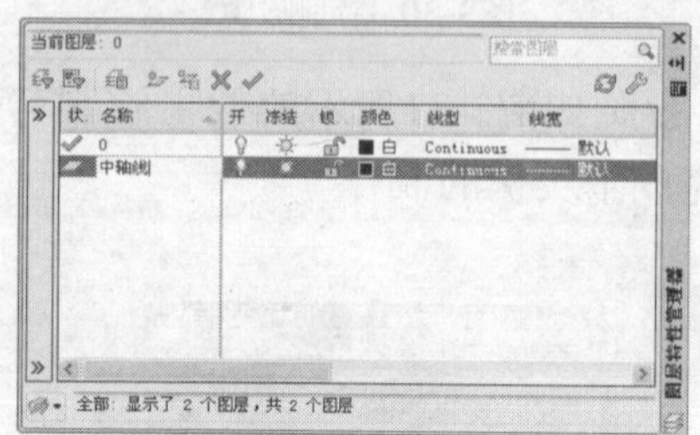

图3-33 新建图层

步骤02 单击“中轴线”图层的颜色图标，在打开的“选择颜色”对话框中设置图层的颜色为红色，如图3-34所示。

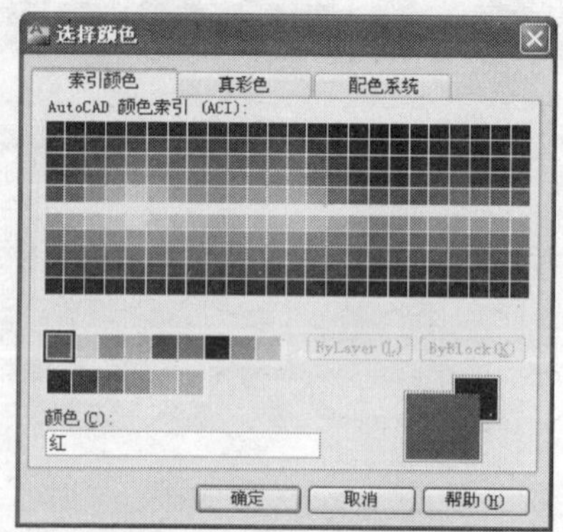

图3-34 设置图层颜色

步骤03 单击“中轴线”图层的线型图标，打开“选择线型”对话框，如图3-35所示。

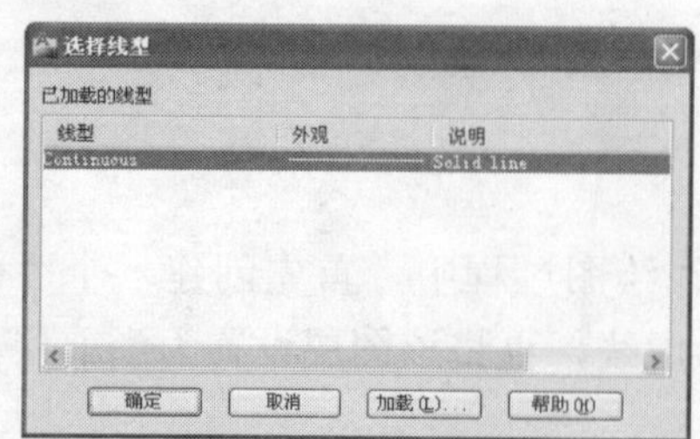

图3-35 “选择线型”对话框

步骤04 单击“加载”按钮，打开“加载或重载线型”对话框，选择ACAD_ISO08W100选项并确定，如图3-36所示。

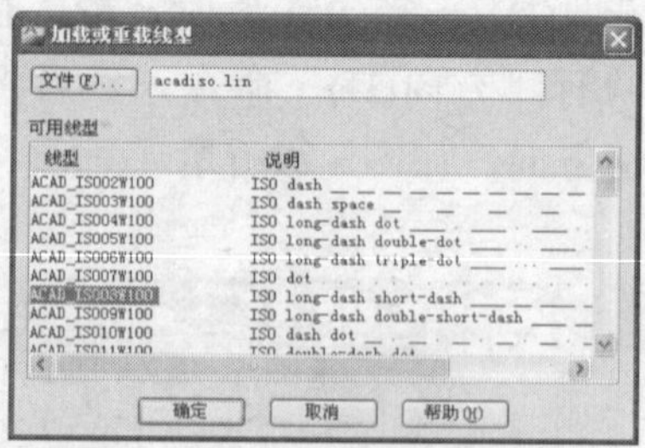

图3-36 选择线型

步骤05 返回“选择线型”对话框，选择加载的线型，如图3-37所示。

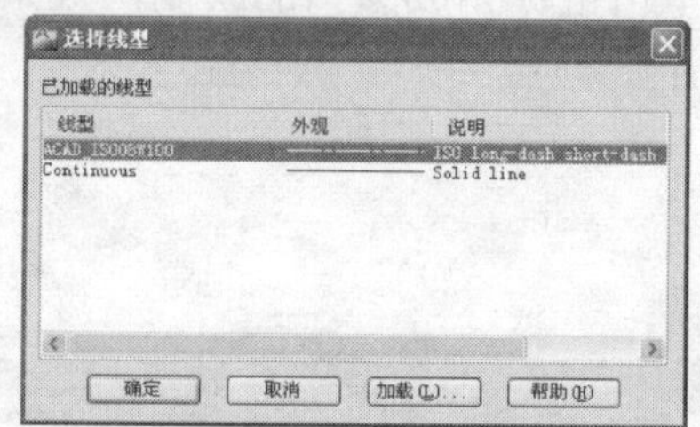

图3-37 选择线型

步骤06 单击“确定”按钮，返回“图层特性管理器”选项板，完成“中轴线”图层的创建，如图3-38所示。

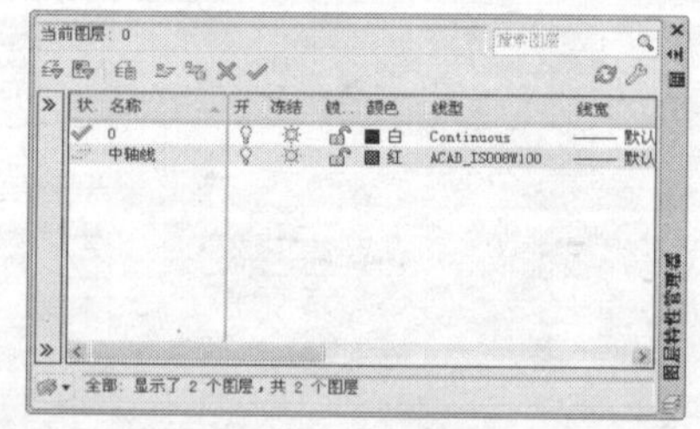

图3-38 设置轴线图层

步骤07 选择“中轴线”图层，单击“置为当前”按钮，将“轴线”图层设置为当前图层（如图3-39所示），然后关闭“图层特性管理器”选项板。

步骤08 选择“工具”|“草图设置”命令，打开“草图设置”对话框，切换至“对象捕捉”选项卡，选中“启用对象捕捉”复选框，在对象捕捉模式选项区中选中“端点”、“中点”、“交点”、“垂足”复

选框（如图3-40所示），然后进行确定。

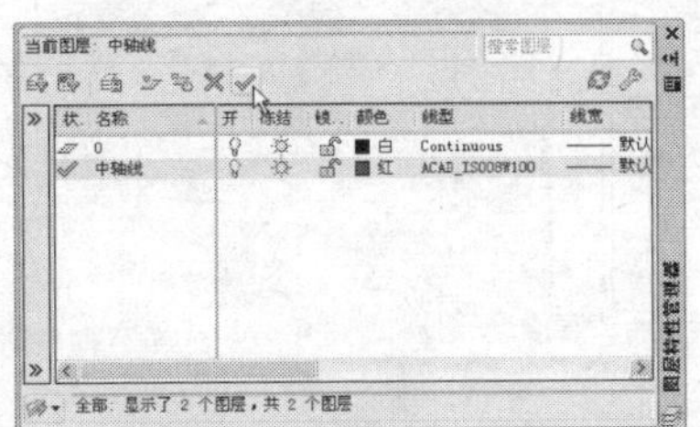

图3-39 设置当前图层

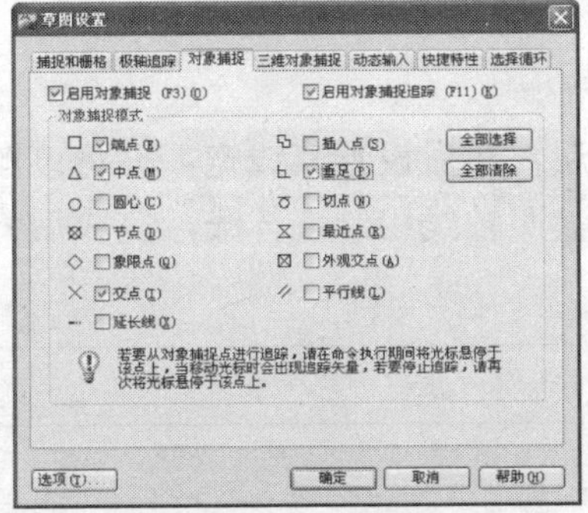

图3-40 设置对象捕捉模式

步骤09 选择“格式”|“线型”命令，打开“线型管理器”对话框，设置“全局比例因子”为30，如图3-41所示。

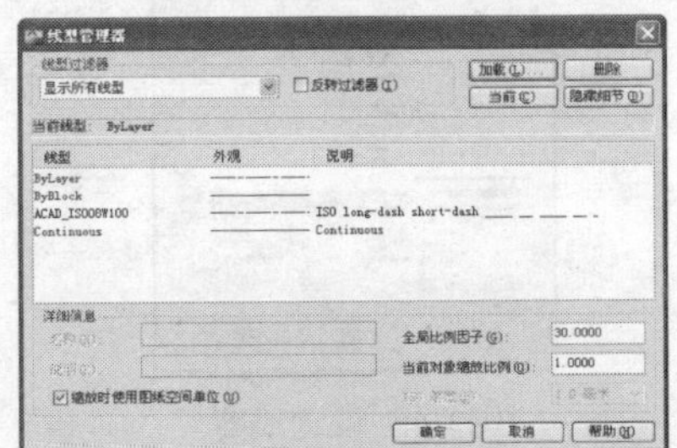

图3-41 设置比例因子

步骤10 使用L（直线）命令绘制一条长10000的水平线段和一条长8600的垂直线段，如图3-42所示。

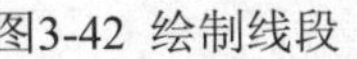

图3-42 绘制线段

步骤11 使用O（偏移）命令将垂直线段向右偏移6次，偏移距离依次为900、1200、1800、600、3900、1600，如图3-43所示。

图3-43 偏移线段

步骤12 使用O（偏移）命令将水平线段向上偏移4次，偏移距离依次为2000、1500、4200和900，完成中轴线的绘制，效果如图3-44所示。

图3-44 中轴线效果

实例029 绘制建筑墙体结构

本实例将通过绘制建筑墙体结构的操作，学习、“多线”、“分解”、“圆角”等命令的使用方法，实例效果如图3-45所示。

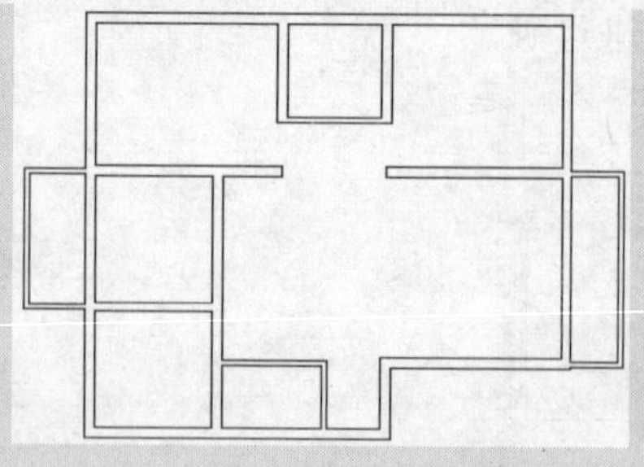

图3-45 建筑墙体结构图

技法解析

本实例绘制建筑墙体结构，首先创建“墙体”图层，然后设置其线宽，并将该图层设置为当前层。在绘图过程中，主要使用“多线”命令参照轴线绘制墙体线，完成后将“轴线”图层进行隐藏。

	实例路径	实例\第3章\建筑结构图.dwg
	素材路径	素材\第3章\建筑轴线.dwg

步骤01 根据素材路径打开“建筑轴线.dwg”图形，如图3-46所示。

图3-46 打开图形

步骤02 单击“图层”面板中的“图层特性”按钮，在打开的“图层特性管理器”选项板中单击“新建图层”按钮，创建一个新的图层，并将其命名为“墙体”，如图3-47所示。

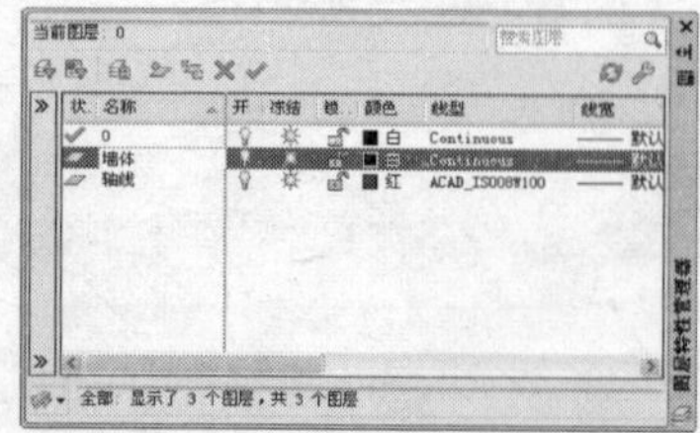

图3-47 创建“墙体”图层

步骤03 单击线宽图标，打开“线宽”对话框，设置图层的线宽为0.35mm，如图3-48所示。

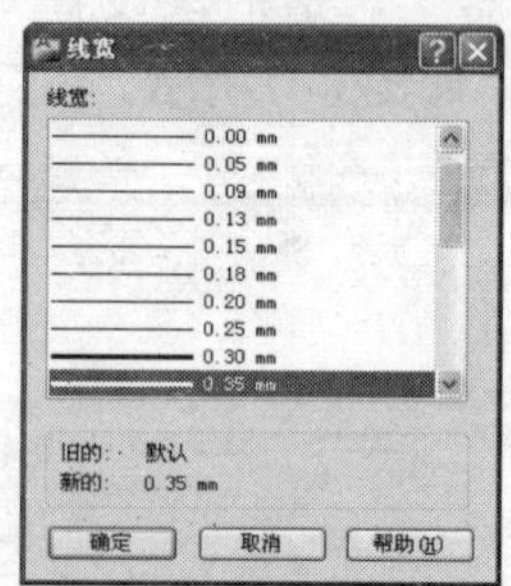

图3-48 设置线宽

步骤04 选择“墙体”图层，单击“置为当前”按钮，将其设置为当前图层（如图3-49所示），然后关闭选项板。

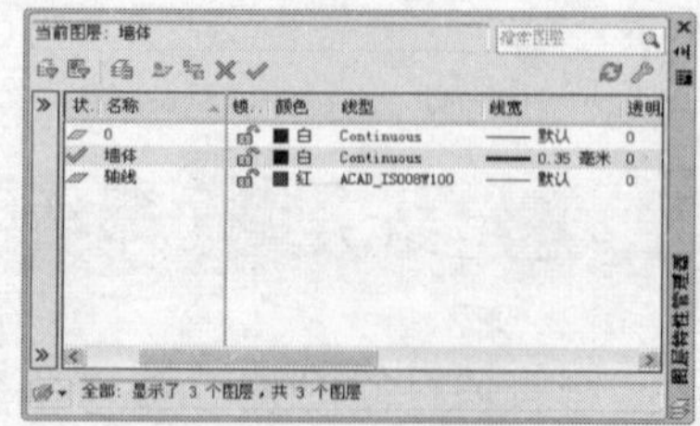

图3-49 置为当前层

步骤05 执行ML（多线）命令，设置多线比例为240、对正类型为“无”，然后在如图3-50所示的位置指定多线的起点。

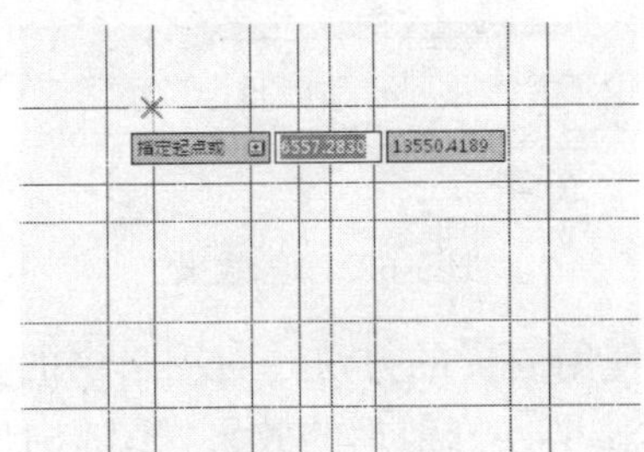

图3-50 指定起点

步骤06 根据如图3-51所示的效果指定多线的其他点。

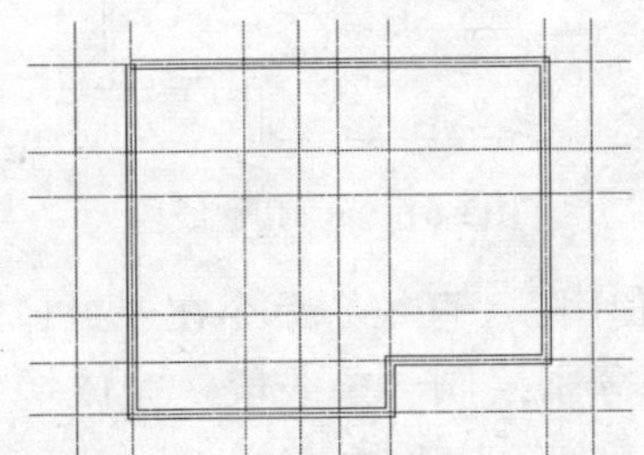

图3-51 绘制多线

步骤07 执行ML（多线）命令，根据如图3-52所示的效果绘制比例为240的多线。

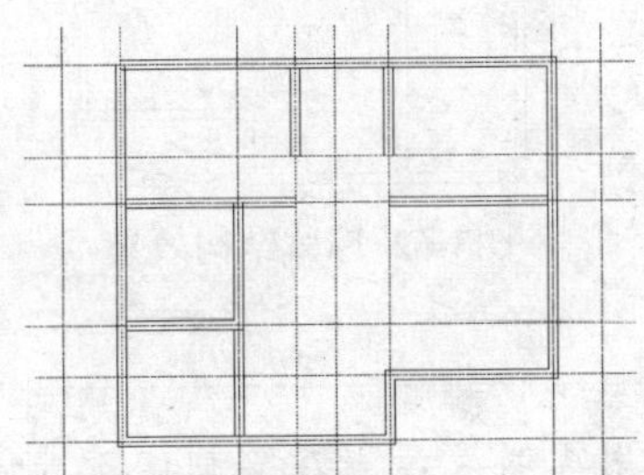

图3-52 绘制多线

步骤08 执行ML（多线）命令，设置多线的比例为120，然后根据如图3-53所示的效果绘制其他多线。

步骤09 隐藏“轴线”图层，使用X（分解）命令将多线分解，然后执行F（圆角）命令，设置圆角半径为0，选择图形左上方的线段，如图3-54所示。

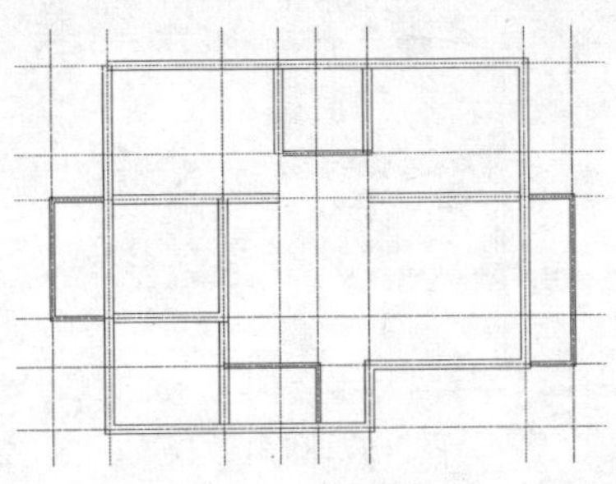

图3-53 绘制多线

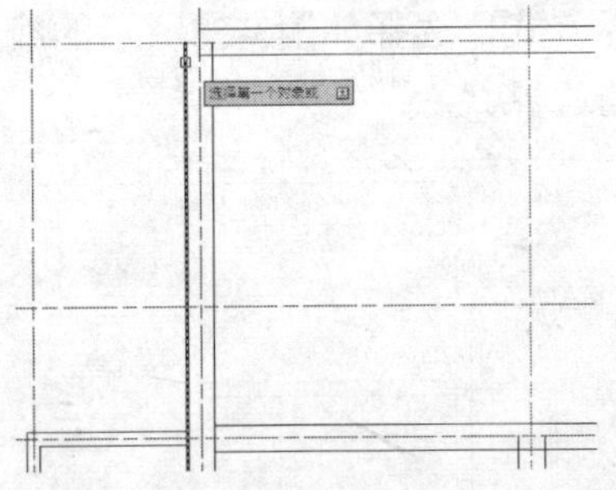

图3-54 选择线段

步骤10 选择上方的线段作为圆角的第二条线段（如图3-55所示），圆角效果如图3-56所示。

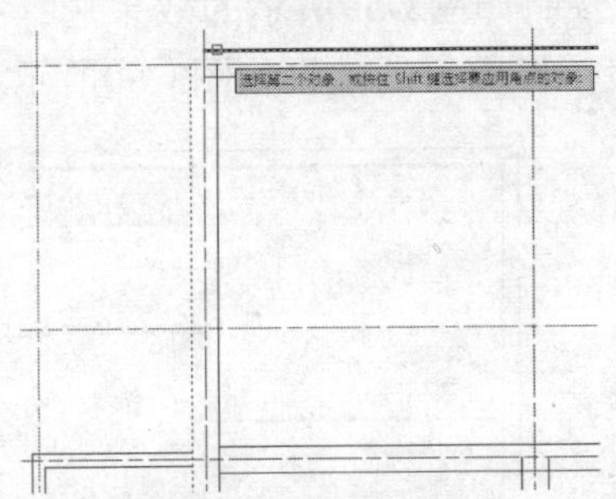

图3-55 选择第二条线段

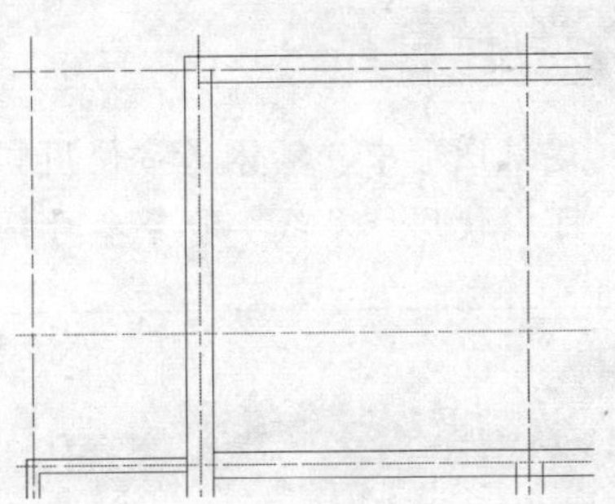

图3-56 圆角效果

步骤11 使用同样的方法对其他线段进行圆角操作，如图3-57所示。

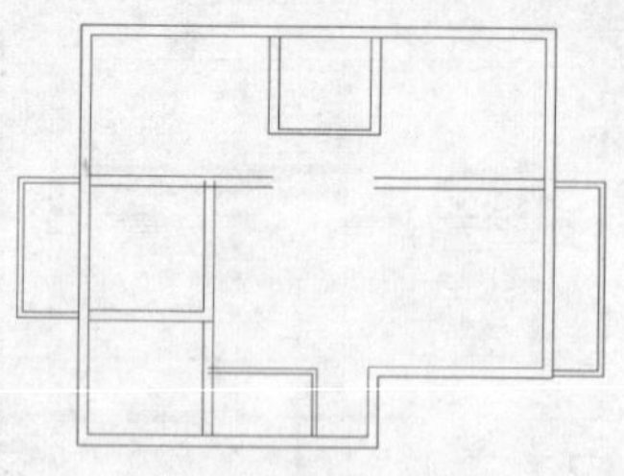

图3-57 圆角效果

步骤12 执行TR（修剪）命令，然后使用交叉选择方式，选择如图3-58所示的线段作为修剪的边界。

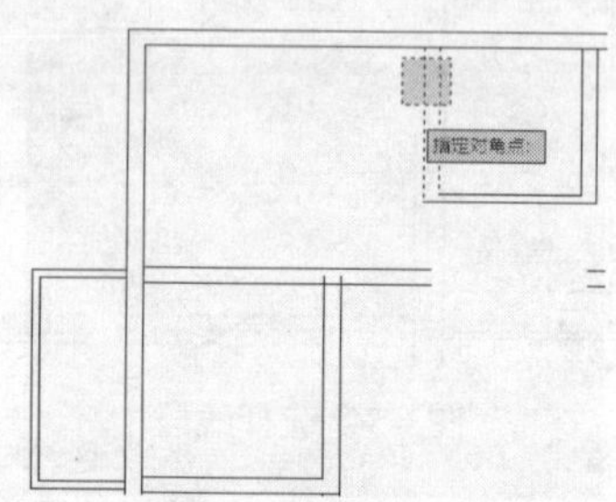

图3-58 选择修剪边界

步骤13 参照如图3-59所示的效果选择要修剪的线段，修剪后的效果如图3-60所示。

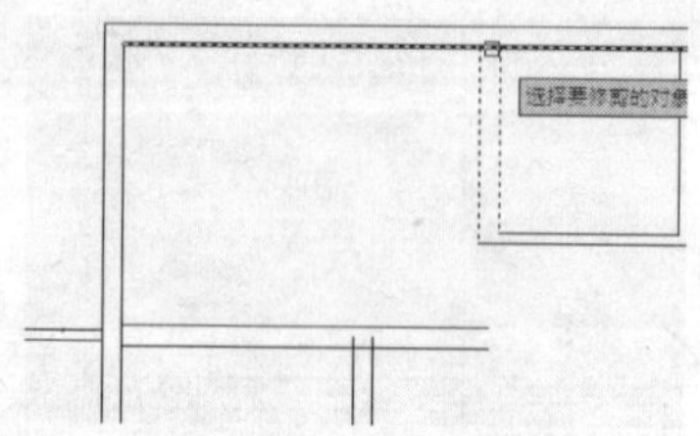

图3-59 选择要修剪的线段

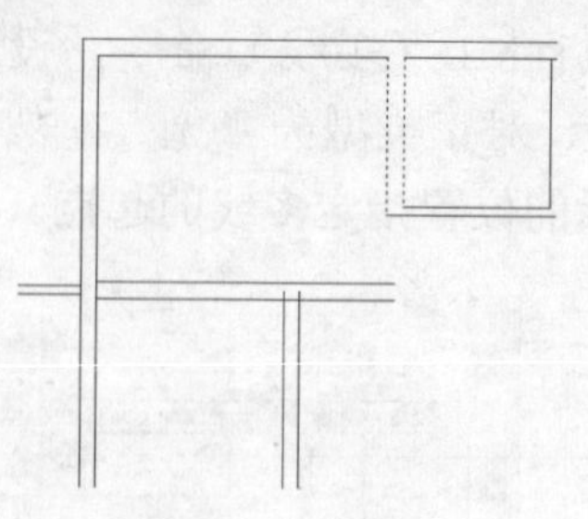

图3-60 修剪效果

步骤14 使用同样的方法，对图形中的其他线段进行修剪，修剪后的效果如图3-61所示。

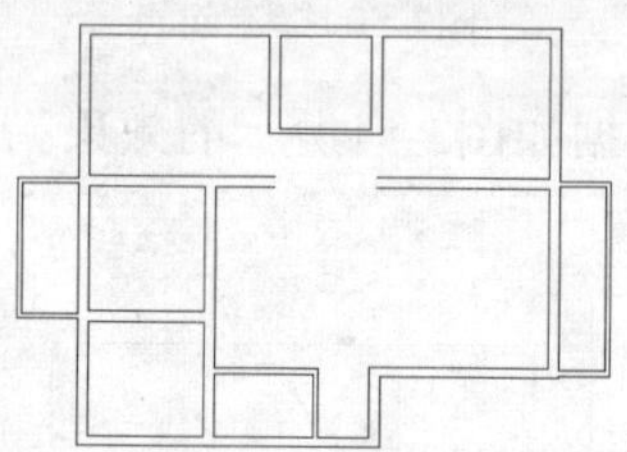

图3-61 修剪其他线段

步骤15 使用L（直线）命令在未封口的多线端口处分别绘制一条线段，完成墙体结构的绘制，如图3-62所示。

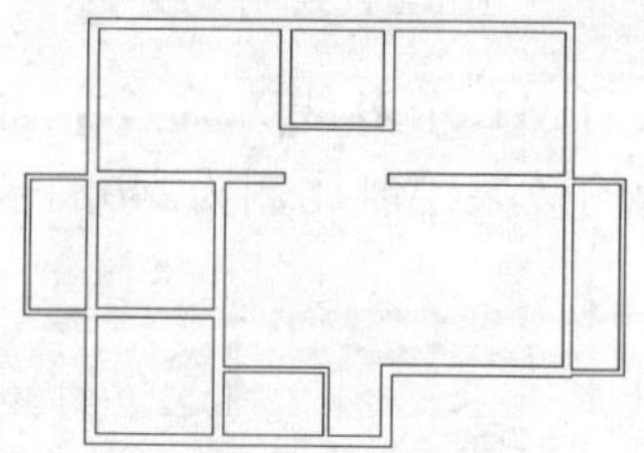

图3-62 墙体结构效果

技巧提示

建筑图形中，墙体通常使用宽线表示、轴线使用虚线表示。在绘制建筑墙体结构时，可以使用“多线”命令参考轴线进行墙体绘制，然后再将轴线隐藏。

实例030 查询建筑室内面积

本实例将通过查询建筑室内面积的操作，学习“实用工具”面板中测量工具的使用方法，实例效果如图3-63所示。

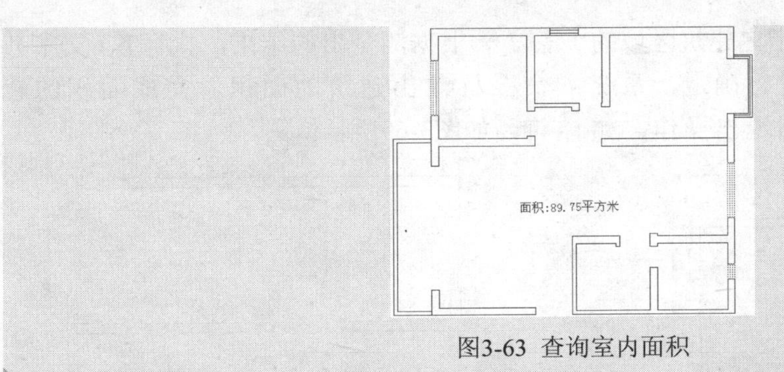

图3-63 查询室内面积

技法解析

本实例介绍如何测量建筑室内面积，主要使用了“实用工具”面板中的“面积”测量工具。选择该工具，然后指定要查询面积的区域，或是在选择“对象”选项后，直接选择要查询的对象，即可测量出指定的面积。

	实例路径	实例\第3章\查询建筑室内面积.dwg
	素材路径	素材\第3章\建筑结构.dwg

步骤01 根据素材路径打开“建筑轴线.dwg”图形，如图3-64所示。

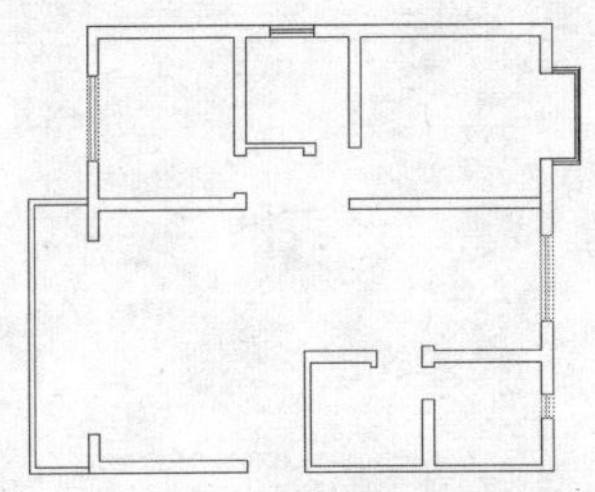
图3-64 打开素材图形

步骤02 单击“实用工具”面板中的“测量”下拉按钮，在弹出的下拉列表中选择“面积”选项，如图3-65所示。

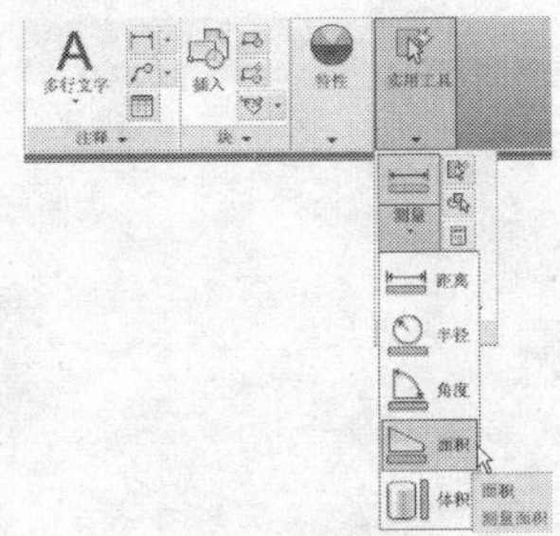

图3-65 选择“面积”选项

步骤03 指定建筑区域的第一个角点（如图3-66所示），然后指定建筑区域的下一个角点，如图3-67所示。

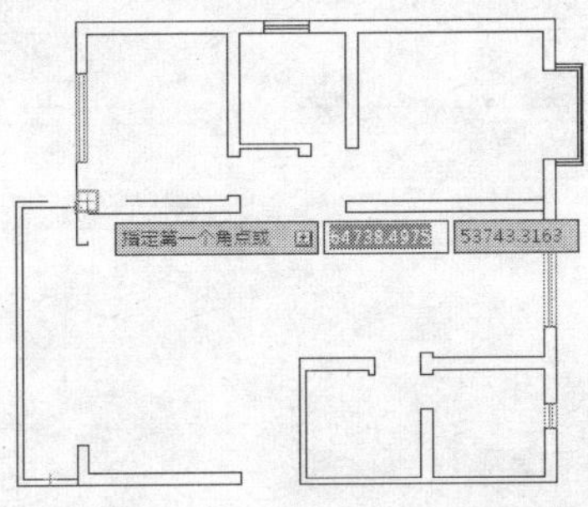

图3-66 指定第一个角点

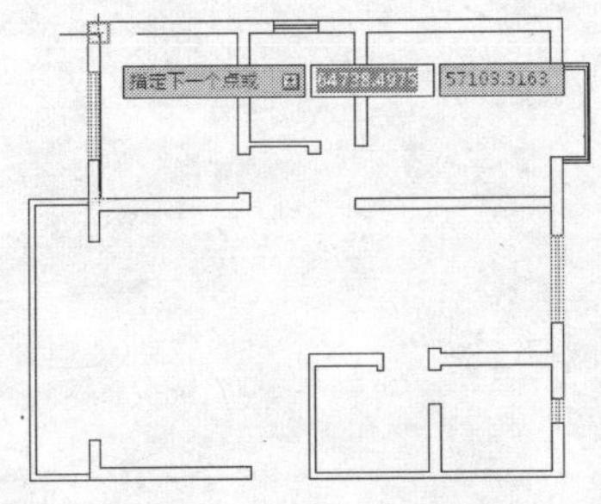

图3-67 指定下一个角点

步骤04 根据系统提示，继续指定建筑区域的其他角点，然后按空格键进行确定，系统将显示测量出的结果，然后退出操作，如图3-68所示。

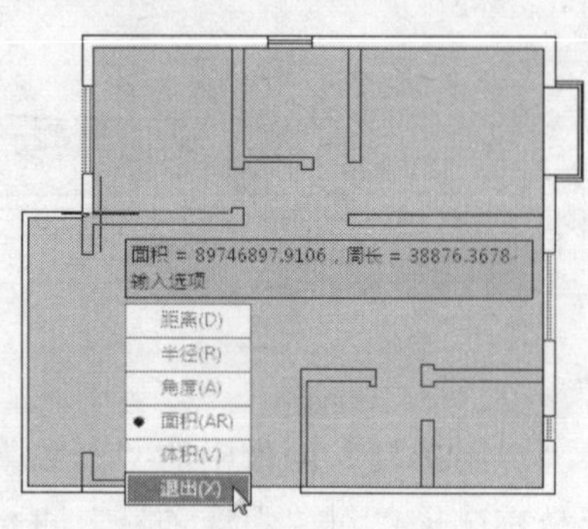

图3-68 显示测量结果

步骤05 根据测量出的结果，执行T（文字）命令标注出建筑的面积，完成面积的查询，如图3-69所示。

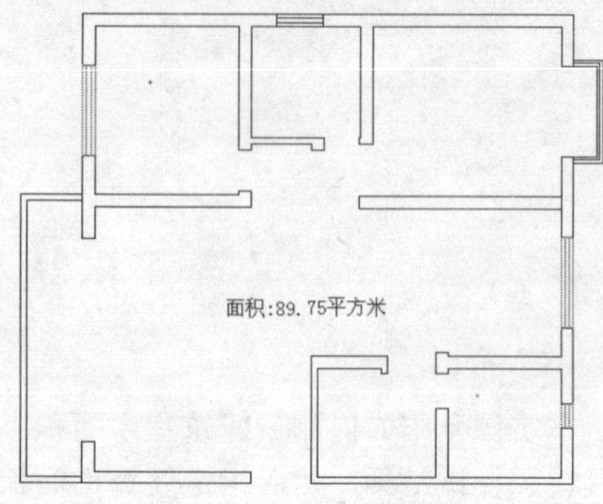

图3-69 标注面积

技巧提示

使用“实用工具”面板中的测量工具，可以测量对象相应的属性。其中包括测量两点间的距离、两条线段间的夹角、圆的半径、图形的面积和体积等。

PART

04 应用图块与图案填充

在绘图过程中，相同的对象经常会被多次使用，如果每次都进行重新绘制，则将花费大量的时间和精力，因此可以使用定义块和插入块的方法来提高绘图效率。另外，在AutoCAD的绘图设计中，为了区别不同形体的各个组成部分，经常需要用到图案或渐变色填充，使用AutoCAD的图案填充功能，可以方便地进行图案填充及填充边界的设置操作。

效果展示 XIAOGUO ZHANSHI

实例031 创建块图形

本实例将通过创建块图形的操作，学习“块定义”命令的使用方法，实例效果如图4-1所示。

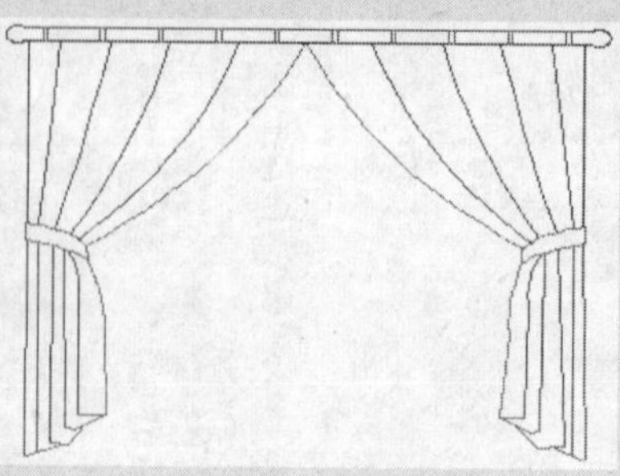

图4-1 创建窗帘图块

技法解析

本实例所创建的窗帘图块，由“块定义”命令来完成。执行“块定义”命令后，选择要组成块的对象，然后返回“块定义”对话框中设置相应的参数即可。为了以后更方便插入块对象，用户可以指定插入块的基点。

	实例路径	实例\第4章\窗帘图块.dwg
	素材路径	素材\第4章\窗帘.dwg

步骤01 根据素材路径打开“窗帘.dwg”素材文件，如图4-2所示。

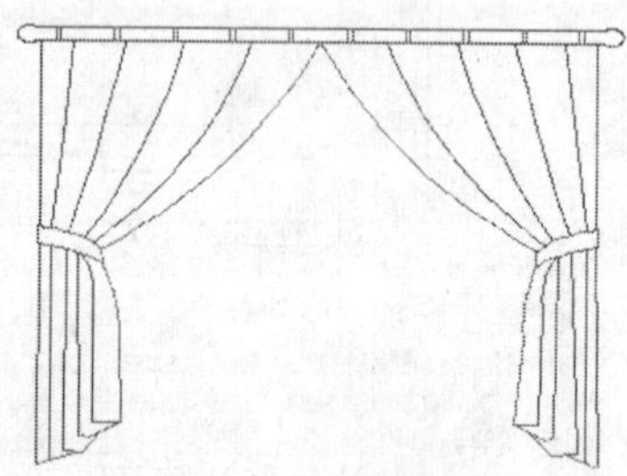

图4-2 打开素材图形

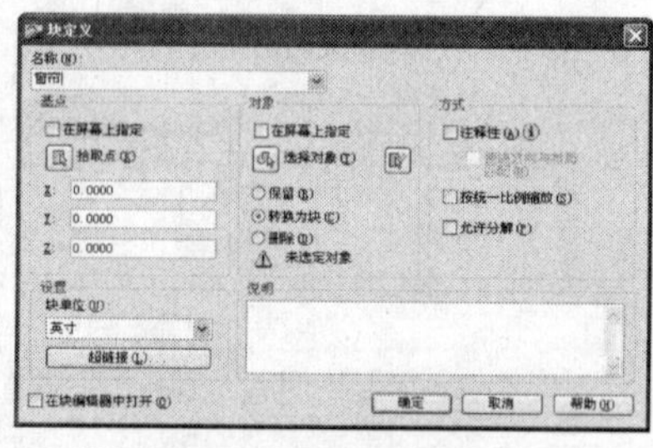

图4-3 输入块名称

步骤02 执行B（块定义）命令，打开“块定义”对话框，在“名称”文本框中输入“窗帘”，如图4-3所示。

步骤03 单击“选择对象”按钮进入绘图区，选择要组成块的对象，如图4-4所示。

图4-4 选择对象

步骤04 确定后返回“块定义”对话框，可以预览块的效果，然后单击“拾取点”按钮，如图4-5所示。

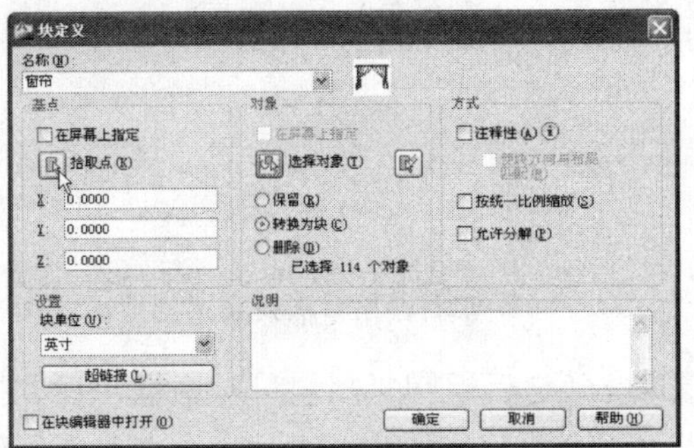

图4-5 单击“拾取点”按钮

步骤05 进入绘图区指定创建块的基点位置（如图4-6所示），返回“块定义”对话框中进行确定，完成块定义操作。

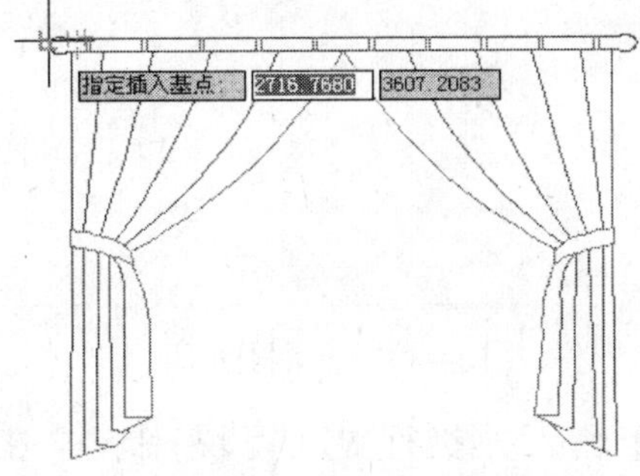

图4-6 指定插入基点

技巧提示

将图形创建为块对象后，图形将成为一个实体，方便用户进行选择和整体控制。在“块定义”对话框中如果取消选中“允许分解”复选框，创建后的块将无法被分解。

实例032 创建外部块

本实例将通过创建外部块的操作，学习“写块”命令的使用方法，实例效果如图4-7所示。

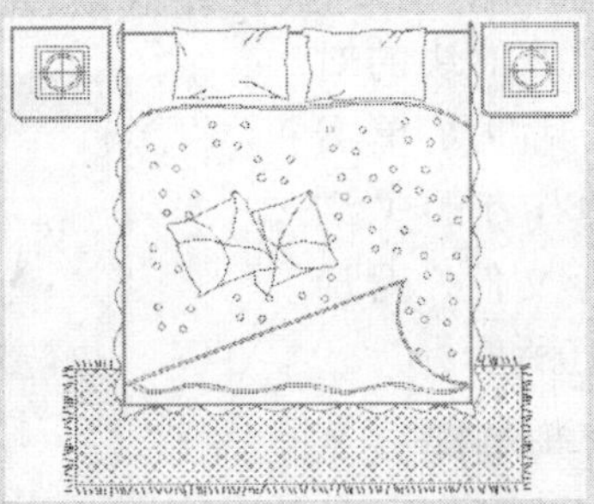

图4-7 双人床外部图块

技法解析

本实例所创建的外部图块，由“写块”命令来完成。执行“写块”命令后，选择要组成块的对象，然后返回“写块”对话框中设置相应的参数即可。

	实例路径	实例\第4章\双人床.dwg
	素材路径	素材\第4章\双人床.dwg

步骤01 根据素材路径打开“双人床.dwg”素材文件，如图4-8所示。

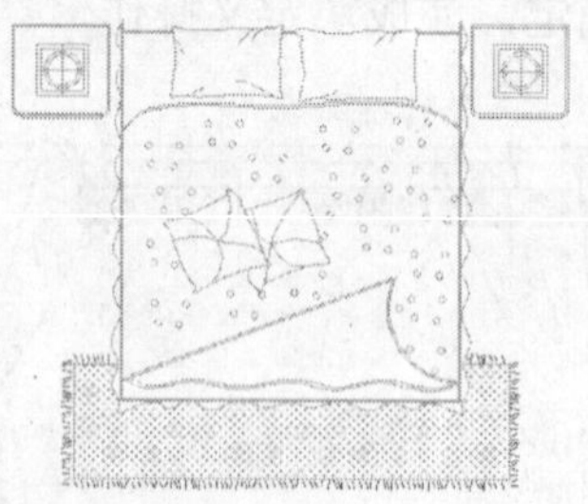

图4-8 打开素材图形

步骤02 输入并执行W（写块)命令，打开“写块”对话框，单击“选择对象”按钮，如图4-9所示。

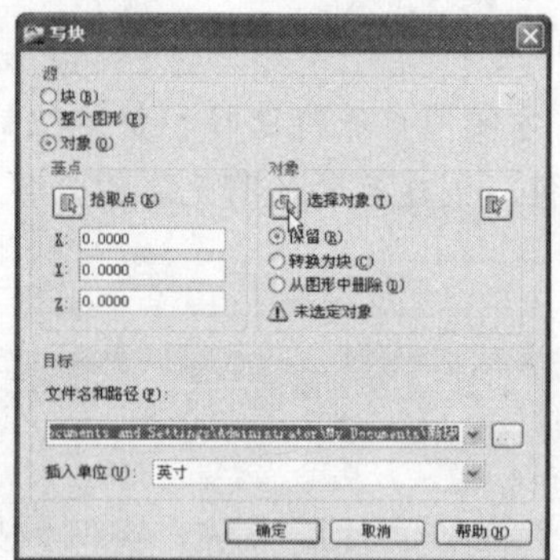

图4-9 单击“选择对象”按钮

步骤03 在绘图区中选择要组成外部块的对象，确定后返回“写块”对话框。单击“文件名和路径”下拉列表右方的“浏览”按钮，打开“浏览图形文件”对话框，设置块名和路径，如图4-10所示。

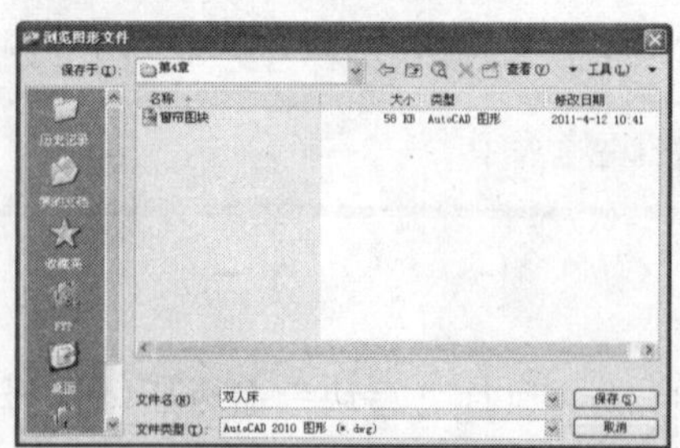

图4-10 设置块名和路径

步骤04 单击“保存”按钮返回“写块”对话框，然后单击“拾取点”按钮，进入绘图区指定块的基点位置，如图4-11所示。

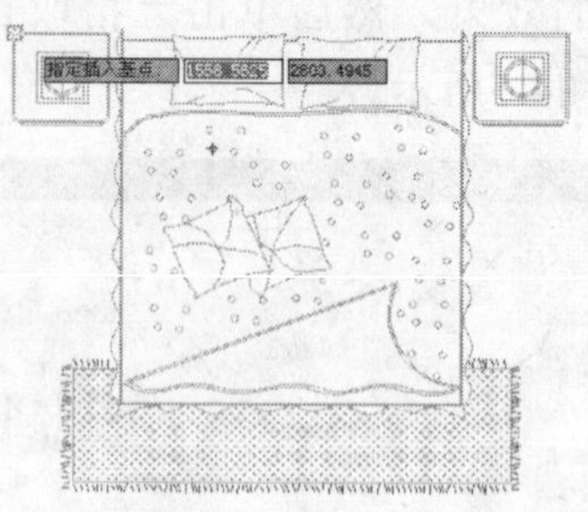

图4-11 指定插入基点

步骤05 确定后返回“写块”对话框，设置插入单位为毫米（如图4-12所示），然后进行确定，即可完成创建外部块的操作，在相应位置可以找到创建的外部块，如图4-13所示。

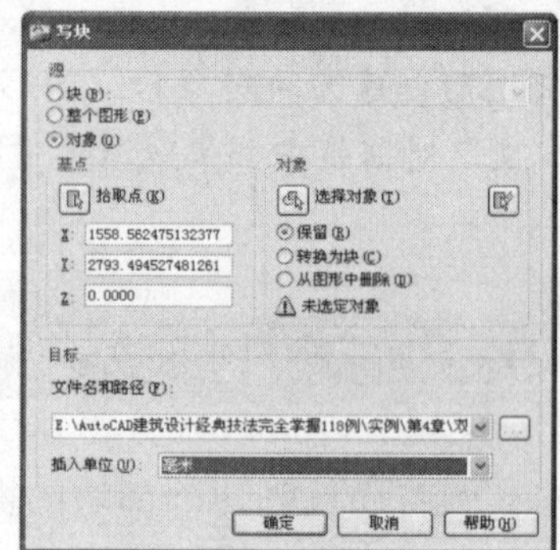

图4-12 设置插入单位

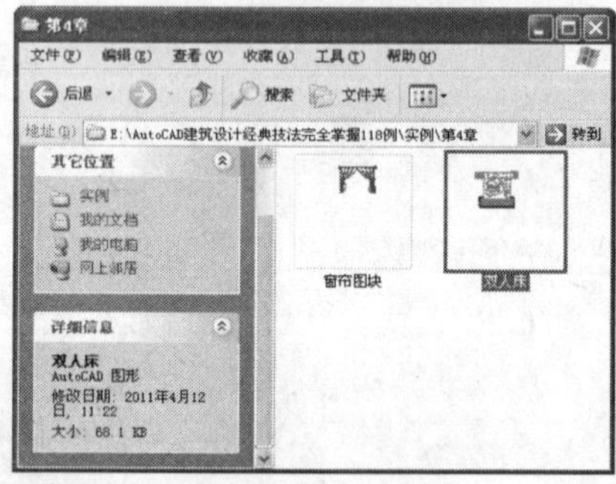

图4-13 创建的外部块

技巧提示

在AutoCAD中，所有的DWG图形文件都可以被视为外部块插入到其他的图形文件中。

实例033 插入装饰花图块

本实例将通过插入图块的操作，学习“插入”命令的使用方法，实例效果如图4-14所示。

图4-14 插入装饰花

技法解析

本实例在插入装饰花的过程中，首先执行I（插入）命令，打开“插入”对话框，然后选择要插入的图块，再将选择的图块插入到指定的位置。

	实例路径	实例\第4章\桌椅.dwg
	素材路径	素材\第4章\桌椅.dwg、鲜花.dwg

步骤01 根据素材路径打开“桌椅.dwg”素材文件，如图4-15所示。

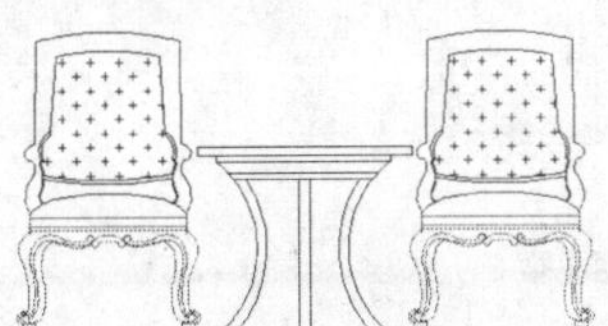

图4-15 打开素材文件

步骤02 执行I（插入）命令，打开“插入”对话框，然后单击“浏览”按钮，如图4-16所示。

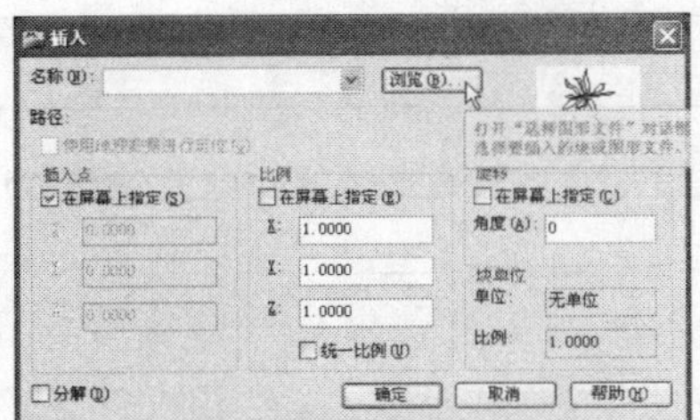

图4-16 单击“浏览”按钮

步骤03 在打开的“选择图形文件”对话框中选择并打开“鲜花.dwg”图块，如图4-17所示。

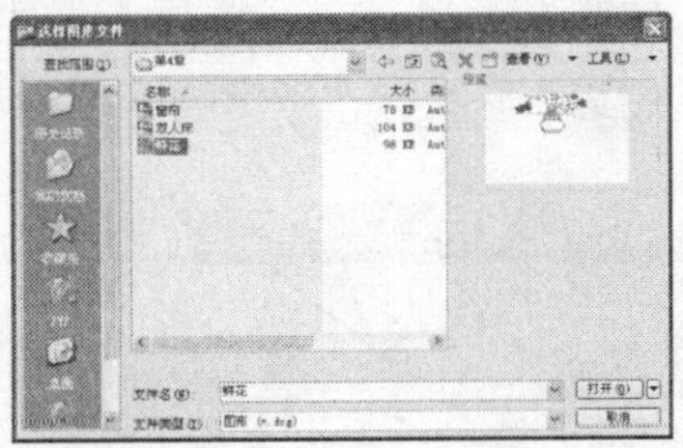

图4-17 选择图块

步骤04 返回“插入”对话框，选中“统一比例”复选框，如图4-18所示。

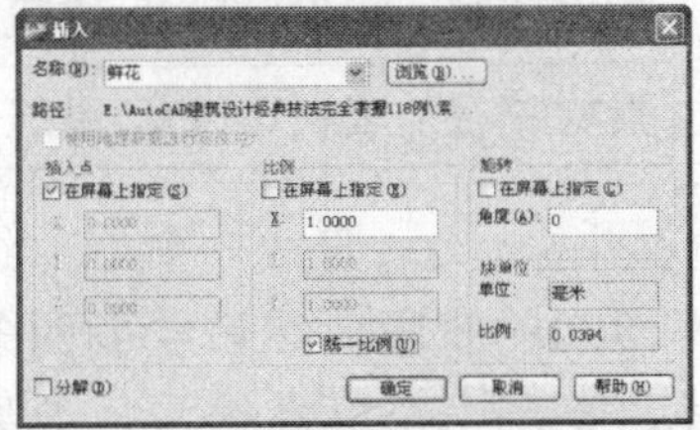

图4-18 设置插入参数

步骤05 单击“确定”按钮进行确定，然后在绘图区中指定插入点（如图4-19所示），即可将选择的图块插入到指定的位置，效果如图4-20所示。

图4-19 指定插入点

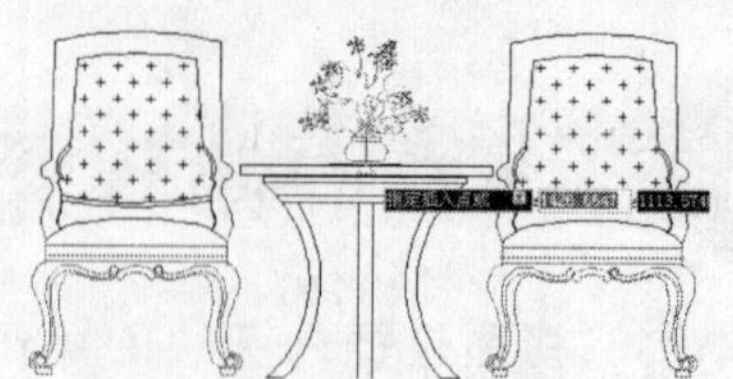

图4-20 插入装饰花

技巧提示

当插入的是内部块时，可以直接输入块名；当插入的是外部块时，则需要指定块文件的路径。

实例034 创建标高属性块

本实例将通过创建标高属性块的操作，学习创建属性块和插入属性块的方法，实例效果如图4-21所示。

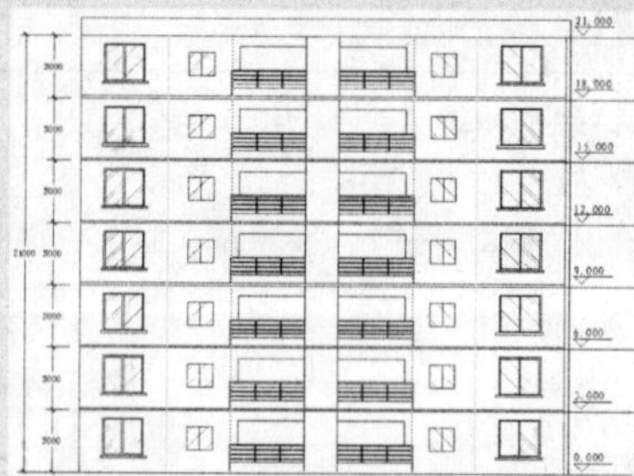

图4-21 建筑立面墙

技法解析

本实例创建标高属性块，首先创建一个带标高属性的块对象，然后将其保存为外部图块，通过插入块操作将创建的标高属性块插入到建筑立面图中，最后根据实际的标高高度修改建筑标高值。

	实例路径	实例\第4章\建筑立面墙.dwg
	素材路径	素材\第4章\建筑立面墙.dwg

步骤01 输入并执行L（直线）命令，绘制一条长度为1800的线段，然后绘制两条相对称的斜线，绘制一个标高符号，效果如图4-22所示。

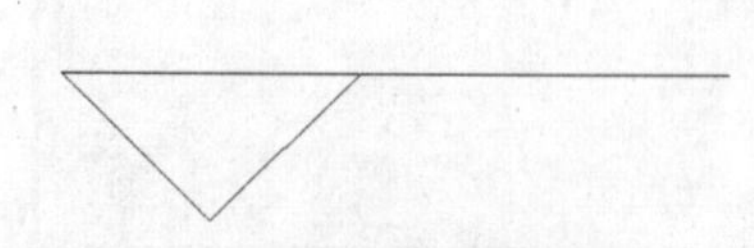

图4-22 绘制标高符号

技巧提示

属性必须依赖于块存在，当用户对块进行编辑时，包含在块中的属性也将被编辑。

步骤02 单击“块”面板中的“编辑”按钮（如图4-23所示），在打开的“编辑块定义”对话框中选择“当前图形”选项（如图4-24所示），然后单击“确定”按钮。

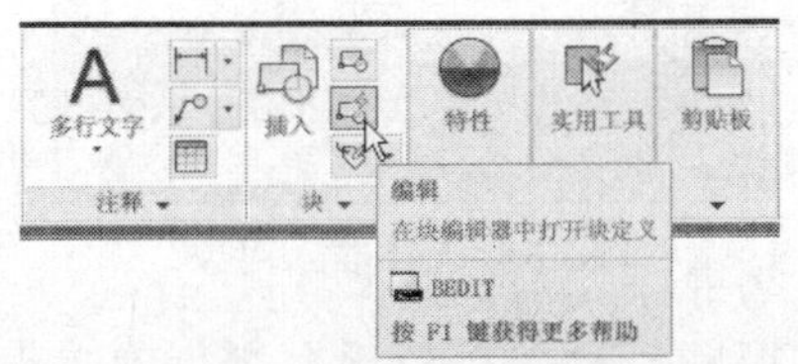

图4-23 单击按钮

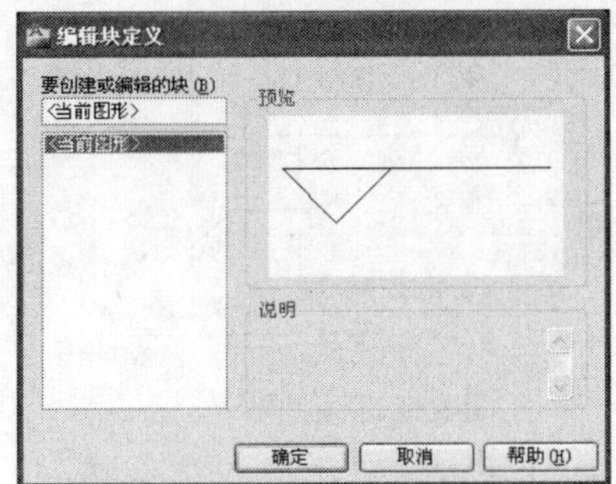

图4-24 选择当前图形

步骤03 打开“块编辑器”，单击“操作参数”面板中的“属性定义”按钮，如图4-25所示。

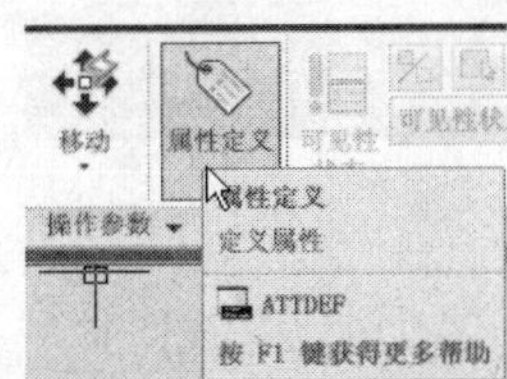

图4-25 单击“属性定义”按钮

步骤04 在打开的“属性定义”对话框中设置标记为“0.000”、提示为“标高”、文字高度为200（如图4-26所示），然后单击“确定”按钮。

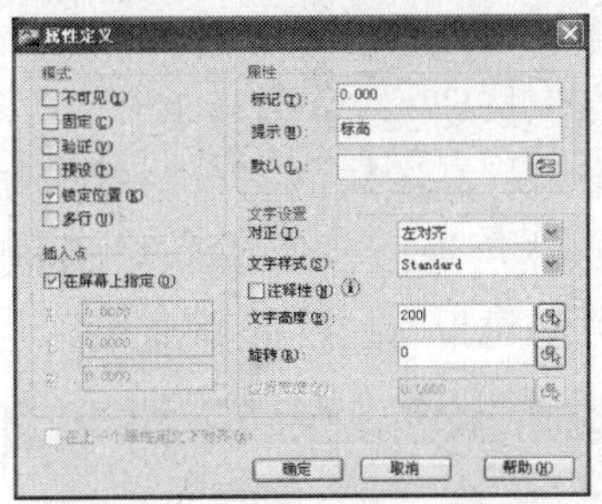

图4-26 设置属性参数

步骤05 进入绘图区指定创建图形的位置（如图4-27所示），然后关闭“块编辑器”，并保存当前更改。

图4-27 指定属性的位置

步骤06 执行W（写块）命令，在打开的“写块”对话框中设置保存块的路径、名称及单位参数，然后单击“选择对象”按钮，如图4-28所示。

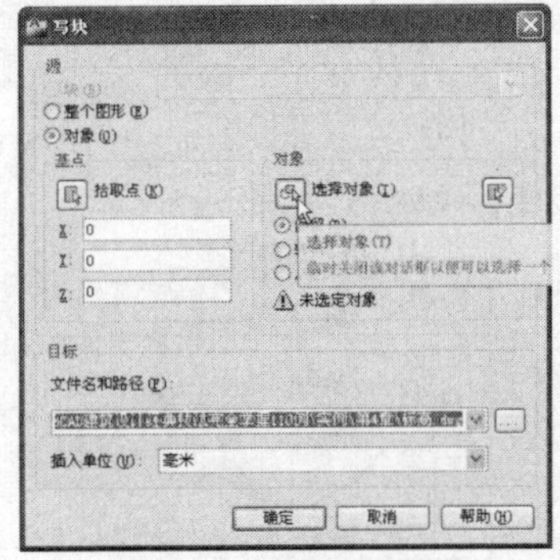

图4-28 设置参数

步骤07 进入绘图区选择绘制的标高对象，如图4-29所示。

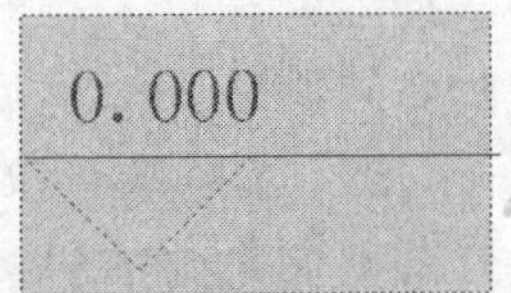

图4-29 选择对象

步骤08 确定后返回“写块”对话框，单击“拾取点”按钮（如图4-30所示），进入绘图区指定标高图块的基点位置（如图4-31所示）。然后返回“写块”对话框进行确定，即可创建带有属性的标高块。

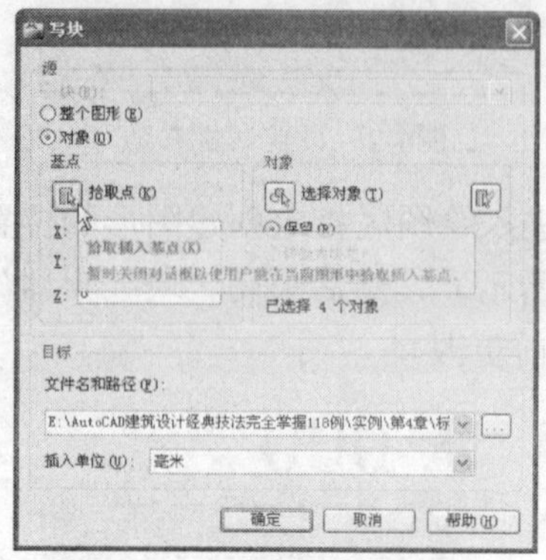

图4-30 单击“拾取点”按钮

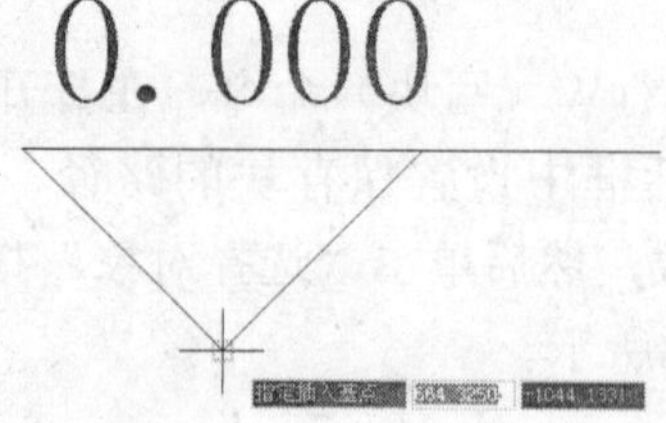

图4-31 指定插入基点

步骤09 打开“建筑立面墙.dwg”图形文件，如图4-32所示。

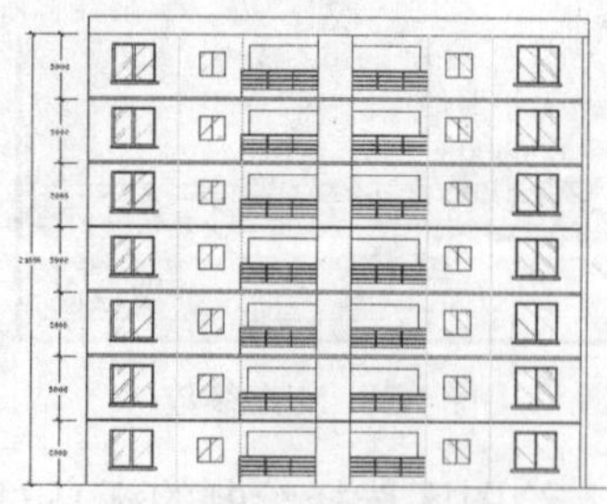

图4-32 打开素材图形

步骤10 执行I（插入）命令，打开“插入”对话框（如图4-33所示）。然后单击“浏览”按钮，打开“选择图形文件”对话框，选择并打开前面创建的标高属性块文件，如图4-34所示。

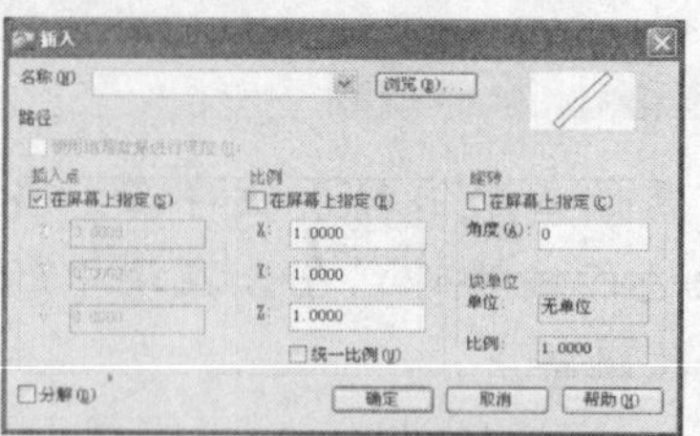

图4-33 “插入”对话框

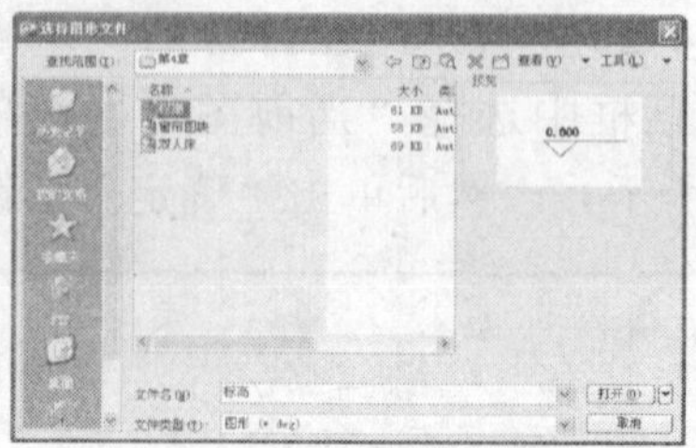

图4-34 选择插入对象

步骤11 返回“插入”对话框进行确定，然后在绘图区中指定插入位置，如图4-35所示。

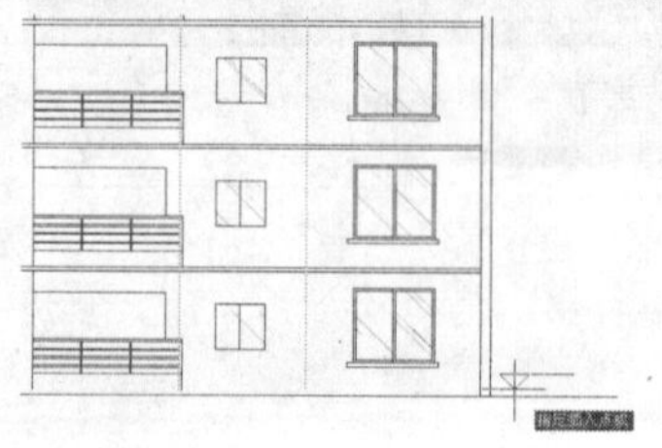

图4-35 指定插入位置

步骤12 当系统提示输入标高时，输入此处的标高为“0.000”（如图4-36所示），然后按【Enter】键进行确定，效果如图4-37所示。

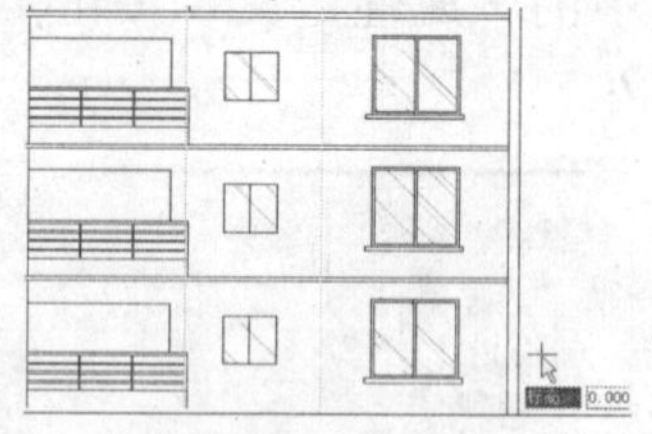

图4-36 设置属性值

技巧提示

在创建属性块之前，需要设置描述属性特征的参数，包括标记、插入块时提示值的信息、文字格式等。

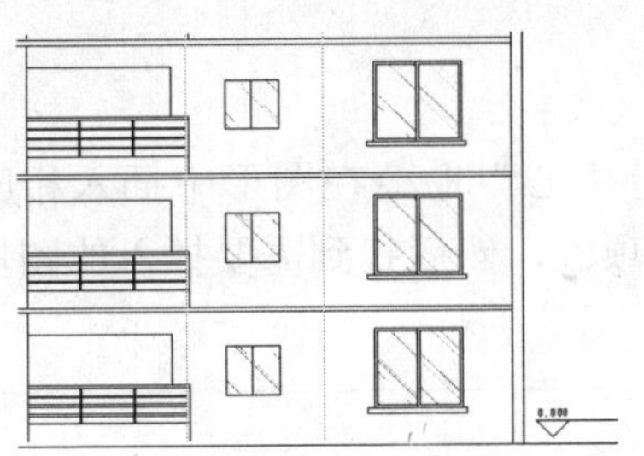

图4-37 插入属性块

步骤13 执行I（插入）命令，在如图4-38所示的位置插入标高属性块，然后输入此处的标高值并按【Enter】键进行确定，效果如图4-39所示。

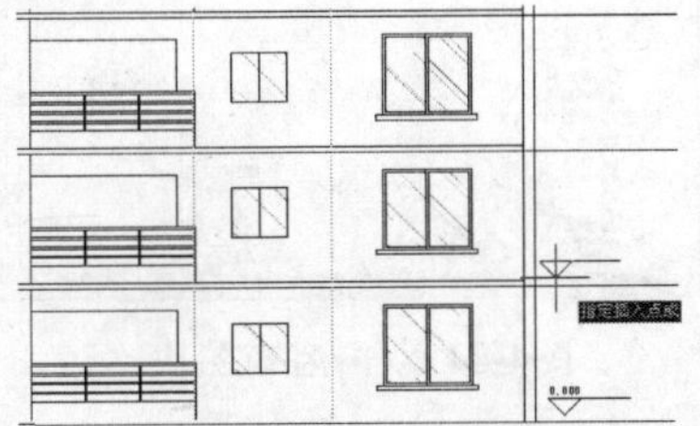

图4-38 指定插入位置

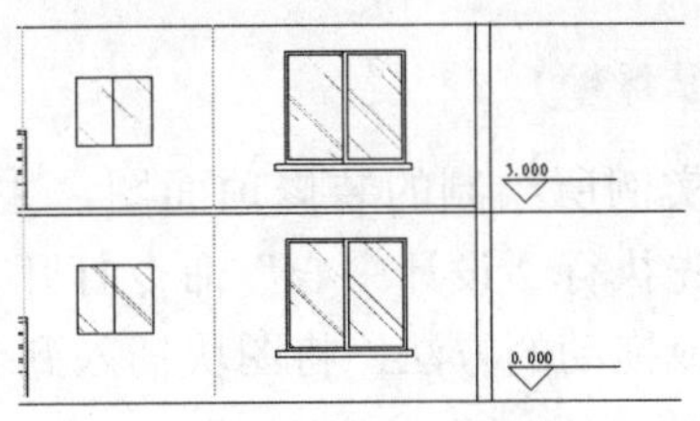

图4-39 插入属性块

步骤14 使用同样的方法，参照如图4-40所示的效果，在其他位置插入标高属性块，并输入标高值，完成实例的制作。

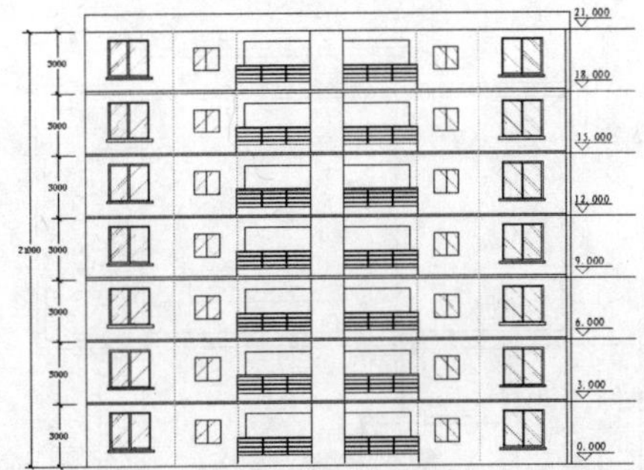

图4-40 完成效果

实例035 使用设计中心插入图块

本实例将通过使用设计中心插入图块的操作，学习“设计中心”命令的使用方法，实例效果如图4-41所示。

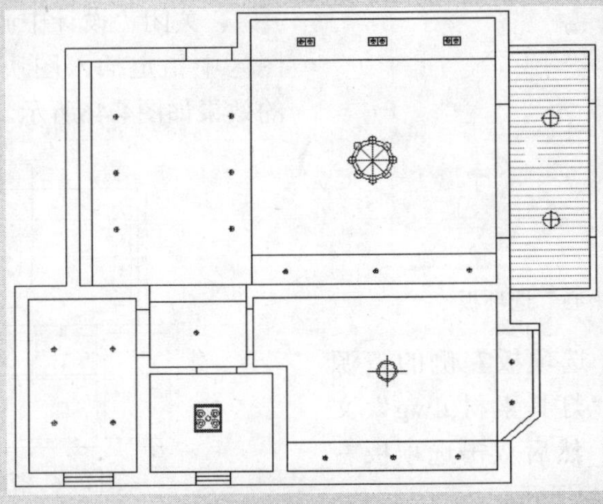

图4-41 装修顶面图

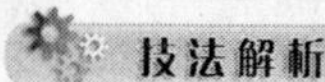

技法解析

本实例所绘制的装修顶面图，主要运用了“设计中心”命令在图形中插入相应的图块。首先执行“设计中心”命令打开“设计中心”选项板，然后找到需要插入的图块，通过双击或拖动的方法，将图块插入到当前图形中。

	实例路径	实例\第4章\装修顶面图.dwg
	素材路径	素材\第4章\装修顶面图.dwg、灯具素材.dwg

步骤01 根据素材路径打开“装修顶面图.dwg”素材文件，如图4-42所示。

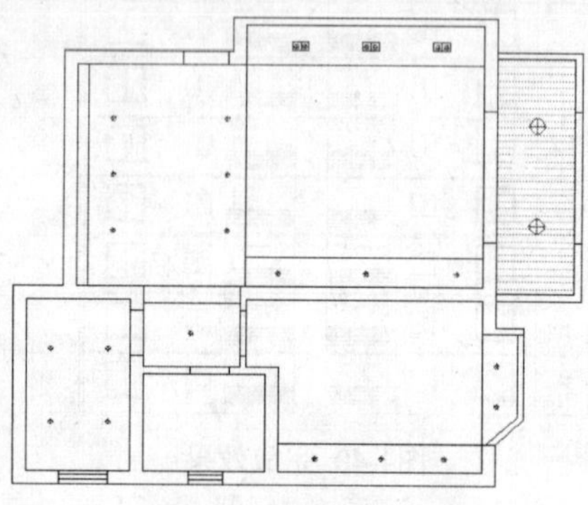

图4-42 打开素材文件

步骤02 输入并执行ADC（设计中心）命令，打开“设计中心”选项板，如图4-43所示。

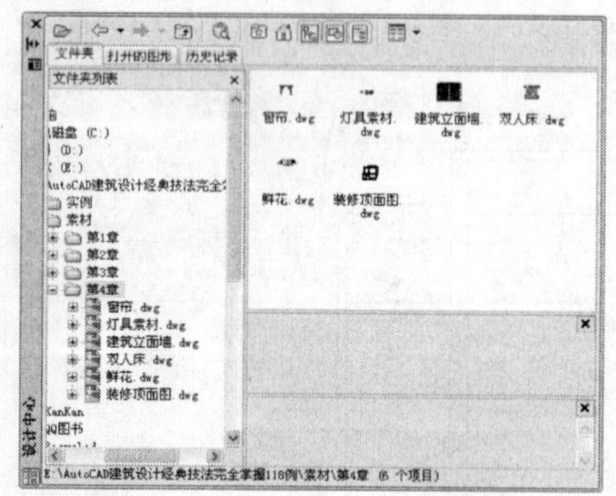

图4-43 “设计中心”选项板

步骤03 在“设计中心”选项板左侧的资源管理器中展开本章的“灯具素材.dwg”文件，选择“块”选项，然后双击选项板右方的浴霸图块，如图4-44所示。

步骤04 在打开的“插入”对话框中单击“确定”按钮，如图4-45所示。

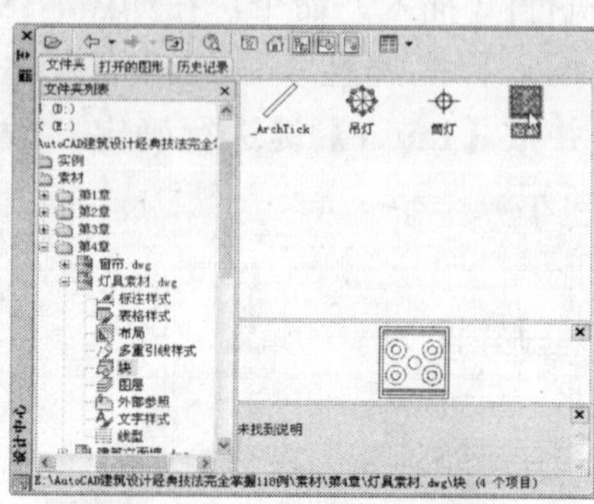

图4-44 双击浴霸图块

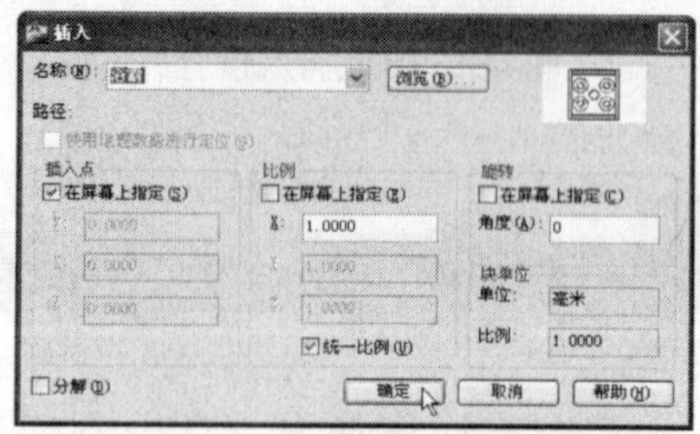

图4-45 单击“确定”按钮

步骤05 关闭“设计中心”选项板，然后在绘图区中指定插入图块的位置，插入图块后的效果如图4-46所示。

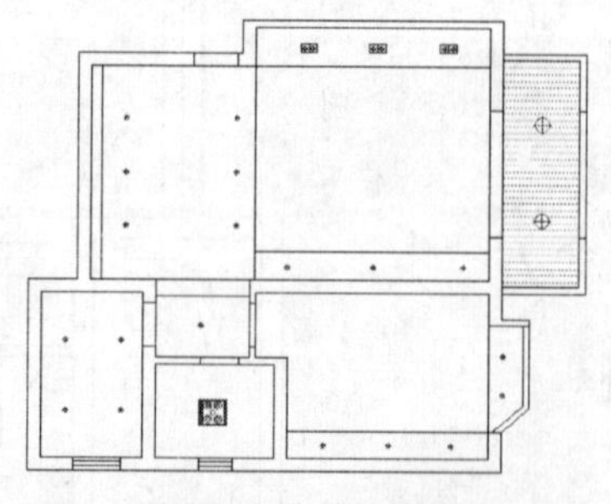

图4-46 指定插入位置

步骤06 输入并执行ADC（设计中心）命令，打开“设计中心”选项板，展开本章的“灯具素材.dwg”文件，选择“块”选项，然后将右方的吊灯图块拖放到当前图形中，如图4-47所示。

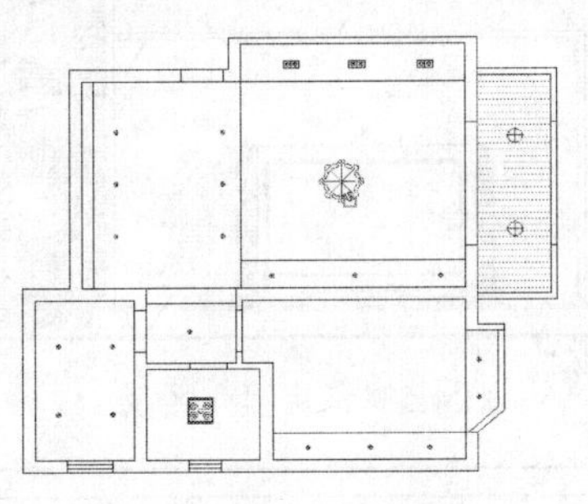
图4-47 插入吊灯图块

步骤07 将筒灯图块拖放到当前图形中，完成图块的插入，效果如图4-48所示。

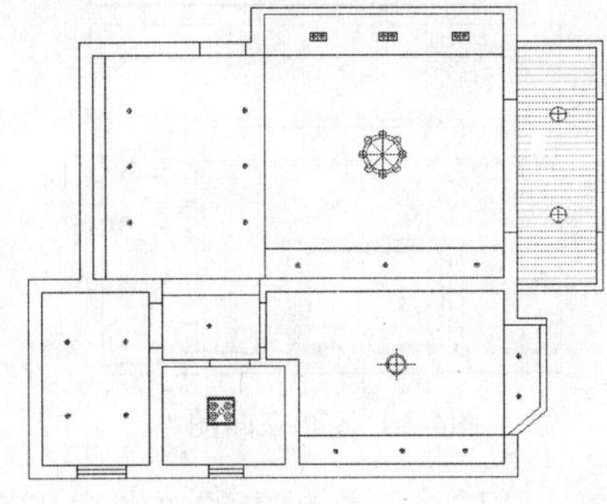
图4-48 完成效果

技巧提示

通过设计中心可以方便地浏览计算机或网络上任何图形文件中的内容，其中包括图块、标注样式、图层、布局、线型、文字样式、外部参照。

实例036 填充客厅立面图

本实例将通过填充客厅立面图的操作，学习“图案填充和渐变色”命令的使用方法，实例效果如图4-49所示。

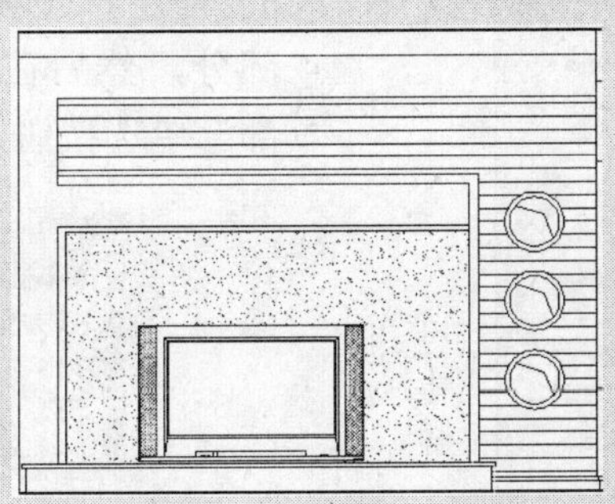
图4-49 填充客厅立面图

技法解析

本实例所填充的客厅立面图，使用了“图案填充和渐变色”命令。在填充图案的过程中，需要设置填充的参数并指定填充的区域。

	实例路径	实例\第4章\客厅立面图.dwg
	素材路径	素材\第4章\客厅立面图.dwg

步骤01 根据素材路径打开“客厅立面图.dwg”文件，如图4-50所示。

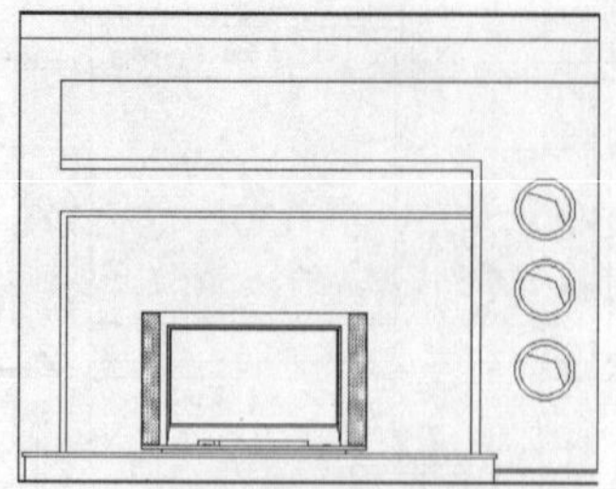

图4-50 客厅立面图

步骤02 单击“绘图”面板中的“图案填充”按钮，如图4-51所示。

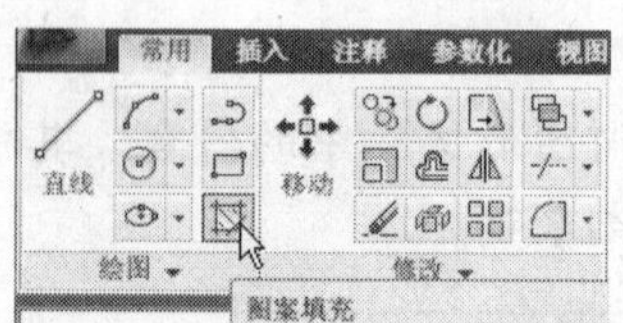

图4-51 单击“图案填充”按钮

步骤03 输入T打开“图案填充和渐变色”对话框，设置类型为“用户定义”，设置间距为80，如图4-52所示。

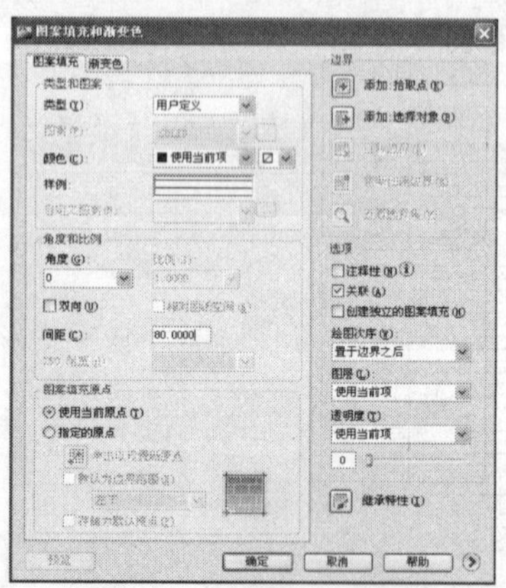

图4-52 设置填充参数

步骤04 单击对话框中的“添加：拾取点”按钮进入绘图区，然后选择如图4-53所示的填充区域。

步骤05 按空格键返回“图案填充和渐变色”对话框，然后单击“预览”按钮，图案填充效果如图4-54所示。

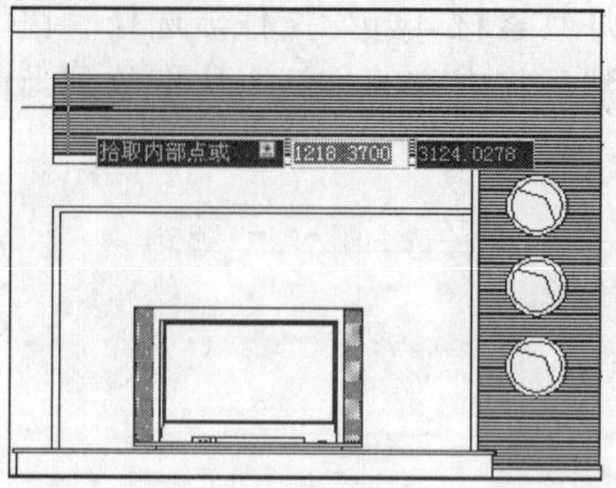

图4-53 指定填充区域

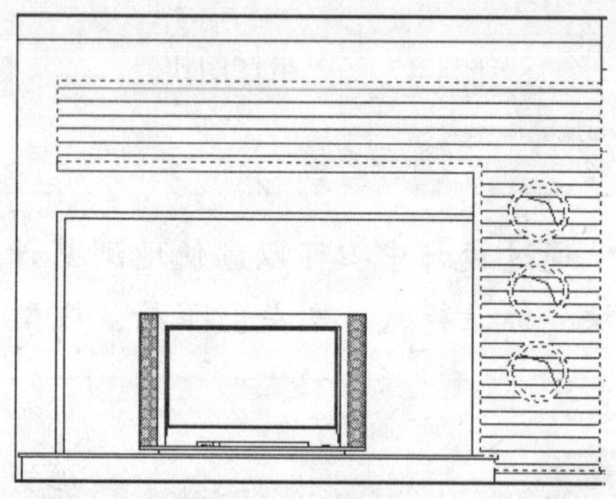

图4-54 预览效果

步骤06 按空格键进行确定，返回“图案填充和渐变色”对话框，单击对话框右下角的“更多选项”按钮，展开被隐藏的部分，然后在“孤岛”选项区中选中“外部”单选按钮，如图4-55所示。

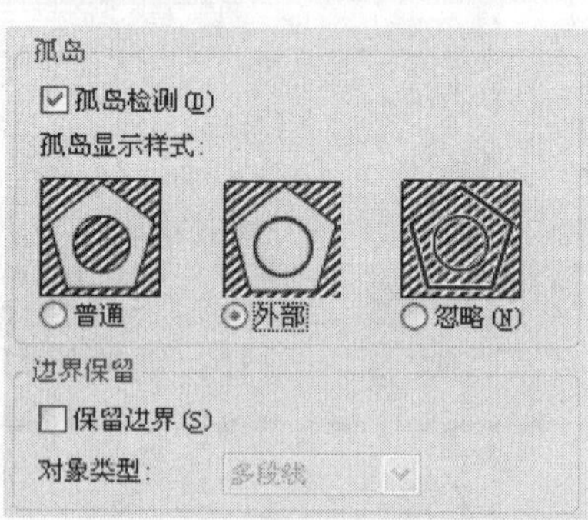

图4-55 选择孤岛显示样式

步骤07 设置好参数后，单击“确定”按钮，完成图形的填充，效果如图4-56所示。

步骤08 输入并执行PL（多段线）命令，然后绘制一条如图4-57所示的多段线。

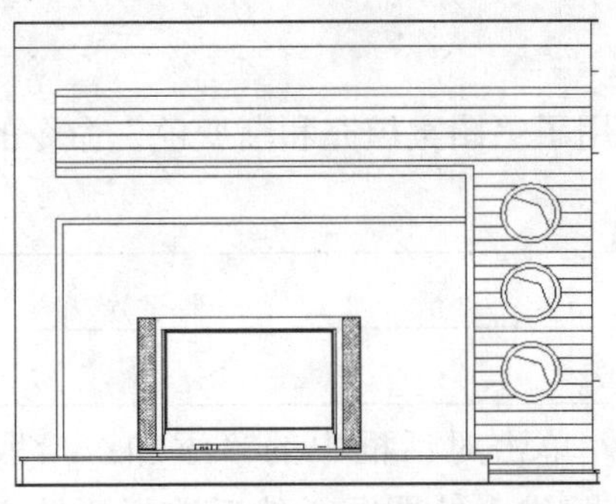

图4-56 填充效果

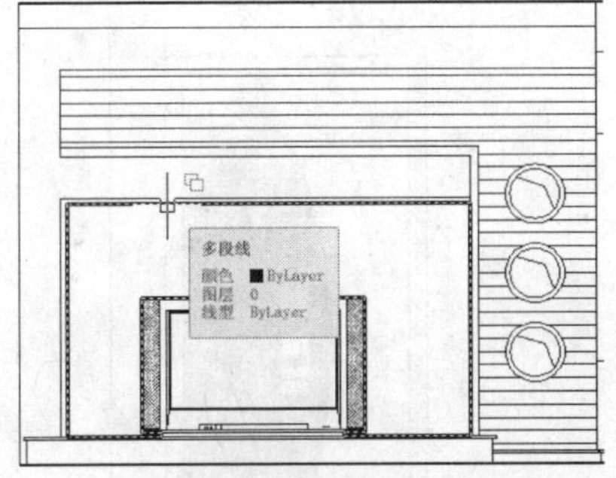

图4-57 绘制多段线

步骤09 执行H（填充）命令，打开“图案填充和渐变色”对话框，选择AR-SAND图案，设置比例为50，如图4-58所示。

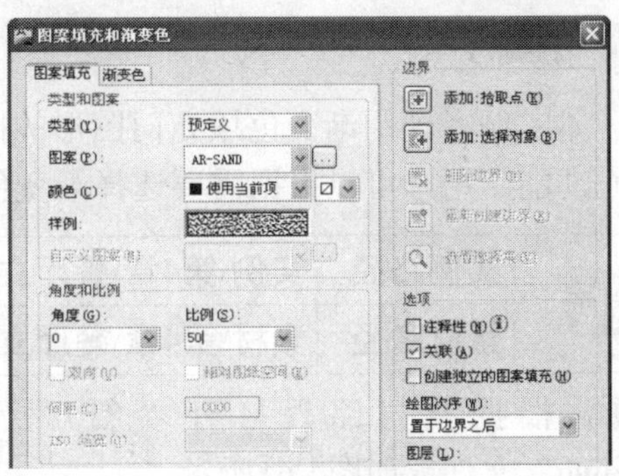

图4-58 选择样例

步骤10 单击“添加：选择对象”按钮，拾取多段线对象，然后进行确定，完成图案的填充，效果如图4-59所示。

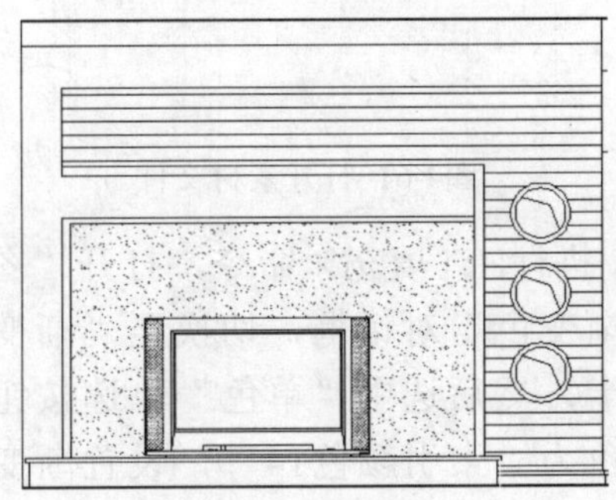

图4-59 填充效果

实例037 渐变填充门图形

本实例将通过渐变填充门图形的操作，学习使用渐变色填充图形的方法，实例效果如图4-60所示。

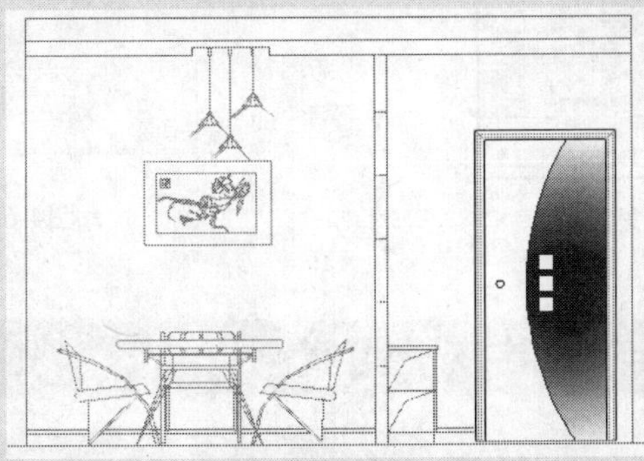

图4-60 餐厅立面图

技法解析

本实例在使用渐变色填充门图形的操作中，使用了“图案填充和渐变色”命令的渐变填充功能。用户可以根据需要选择渐变色的样式。

	实例路径	实例\第4章\餐厅立面图.dwg
	素材路径	素材\第4章\餐厅立面图.dwg

步骤01 根据素材路径打开“餐厅立面图.dwg”文件，如图4-61所示。

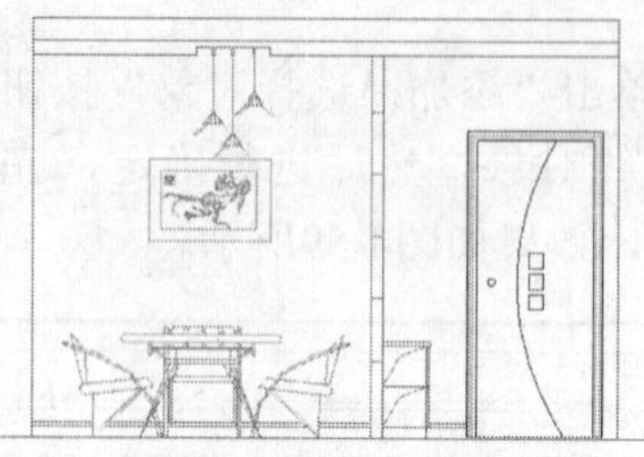

图4-61 打开素材文件

步骤02 执行H（填充）命令，打开“图案填充和渐变色”对话框，切换至“渐变色”选项卡，然后选中“单色”单选按钮并设置颜色为“索引颜色14”，设置渐变方式为“中心到四周”，如图4-62所示。

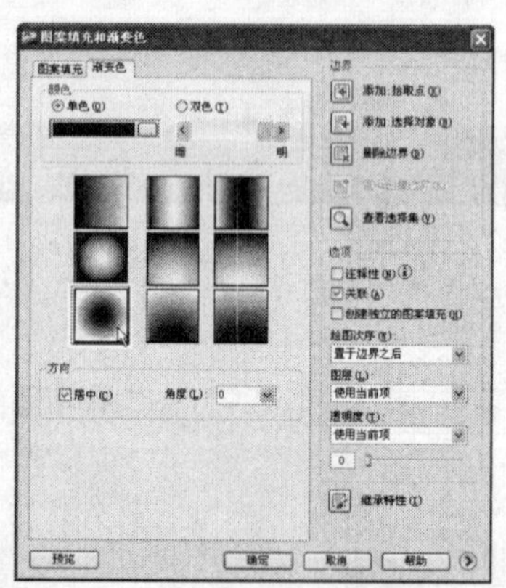

图4-62 设置渐变参数

步骤03 单击对话框中的“添加：拾取点”按钮进入绘图区，然后选择要填充的区域，如图4-63所示。

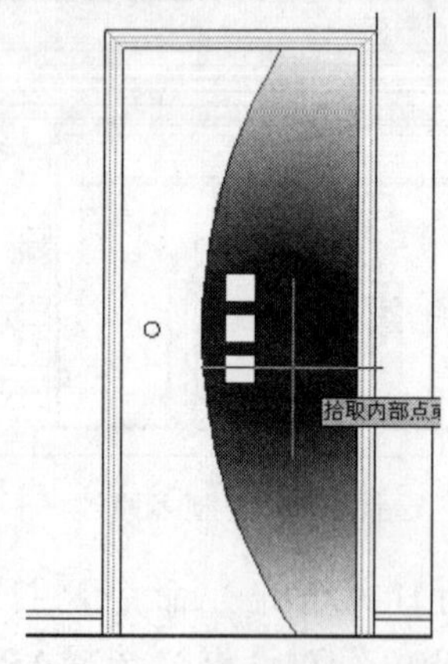

图4-63 选择填充区域

步骤04 按空格键进行确定，完成餐厅立面图的图案填充，效果如图4-64所示。

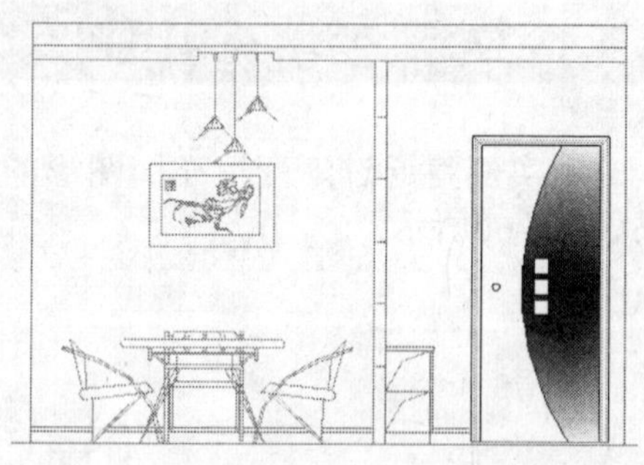

图4-64 渐变填充效果

实例038 使用夹点编辑被子图案

本实例将通过使用夹点编辑被子图案的操作，学习夹点的使用方法，实例效果如图4-65所示。

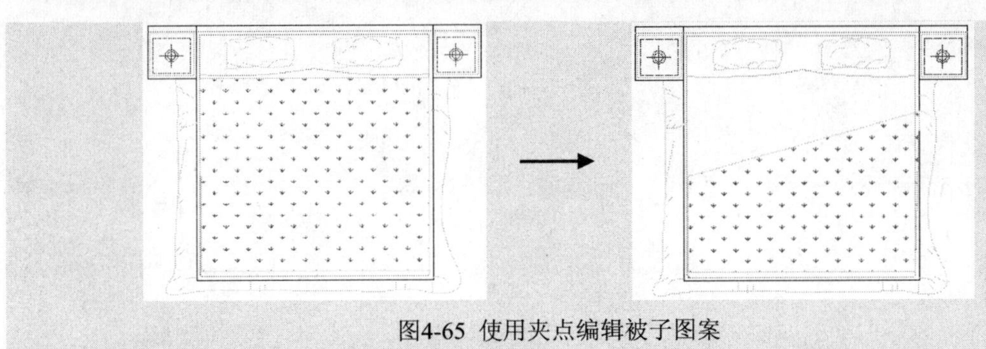

图4-65 使用夹点编辑被子图案

技法解析

本实例所编辑的被子图案，主要运用了夹点操作的方式。在编辑过程中，通过移动图形的夹点来改变图案的填充区域。

实例路径	实例\第4章\床.dwg
素材路径	素材\第4章\床.dwg

步骤01 根据素材路径打开“床.dwg”素材文件，如图4-66所示。

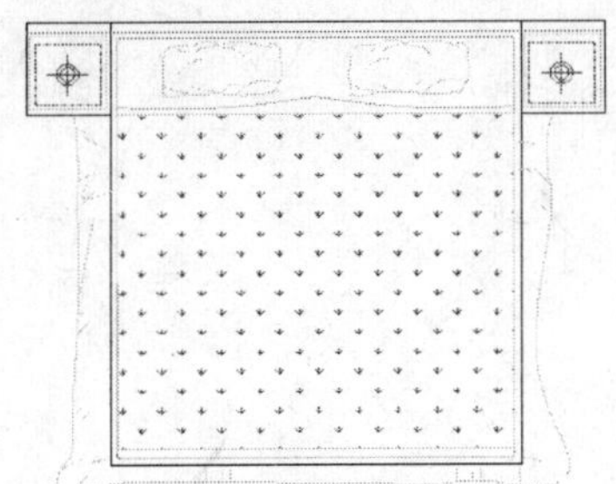

图4-66 打开素材文件

步骤02 单击被子左上角的顶点，向下移动到中点位置（如图4-67所示），然后单击鼠标进行确定，效果如图4-68所示。

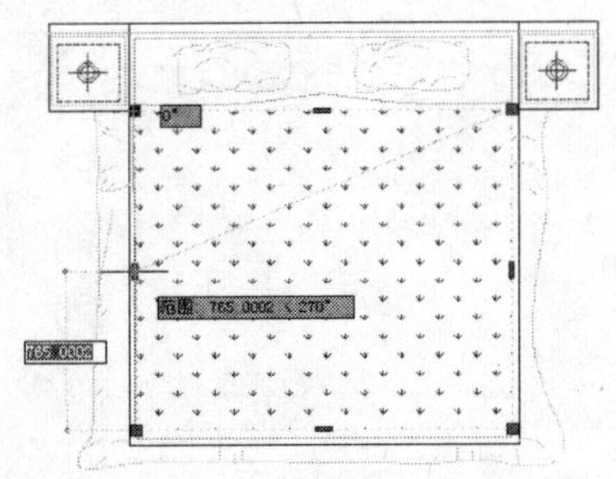

图4-67 移动顶点

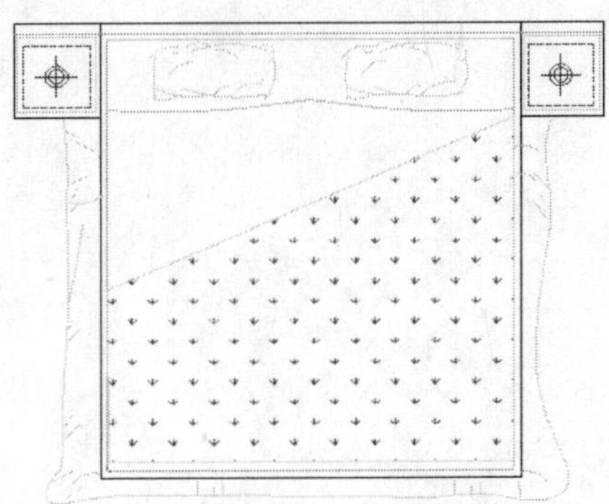

图4-68 移动后的效果

步骤03 将右上角的顶点向下移动，完成对图案的编辑，效果如图4-69所示。

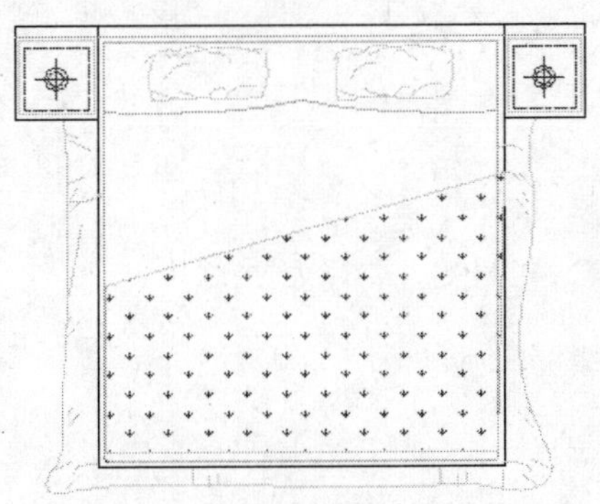

图4-69 完成效果

PART 05

文字与尺寸标注

图纸中的结构、技术要求通常需要用文字进行标注说明，如建筑结构的说明、建筑体的空间标注，以及产品的加工要求、零部件名称等。

另外，标注尺寸也是绘图中非常重要的一个环节。尺寸能准确地反映物体的形状、大小和相互关系，是识别图形和现场施工的主要依据。熟练地使用尺寸标注工具，可以有效地提高绘图质量。

效果展示

XIAOGUO ZHANSHI

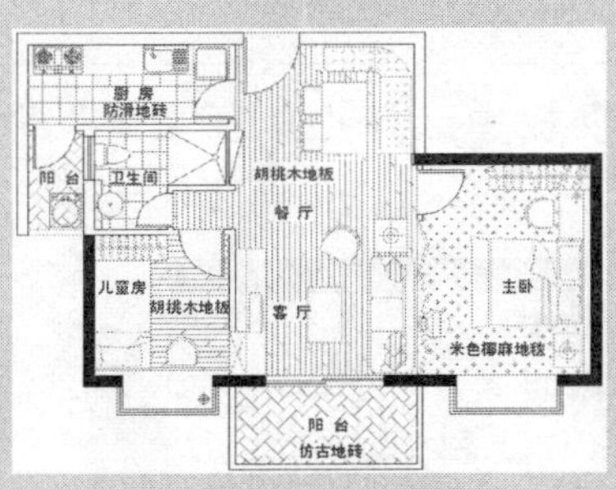

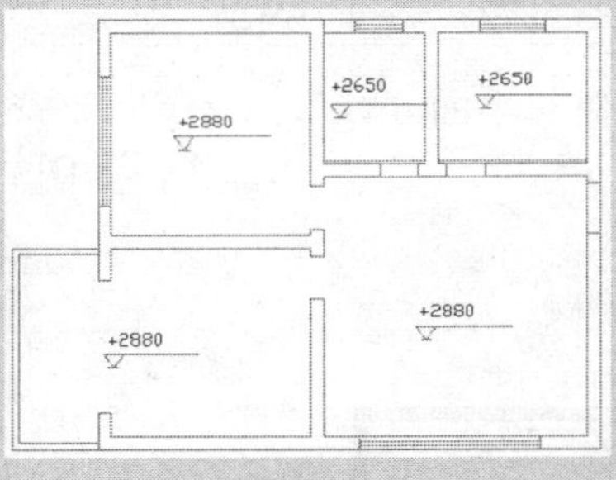

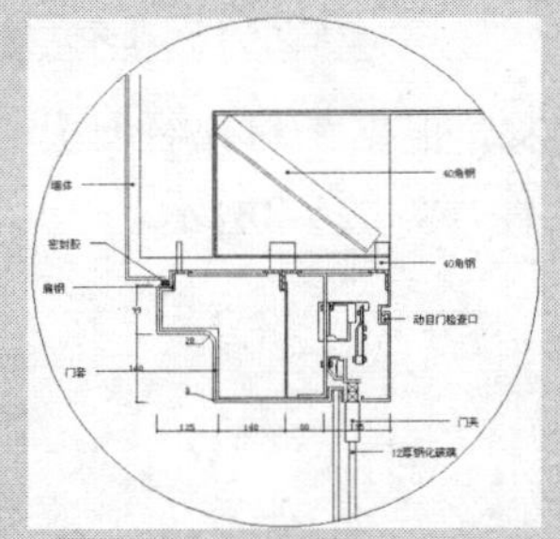

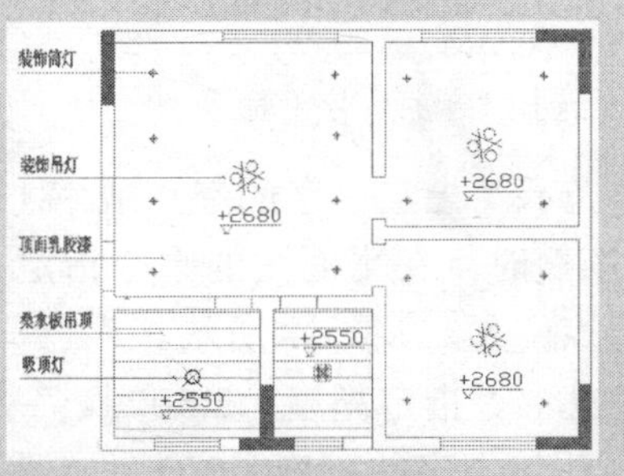

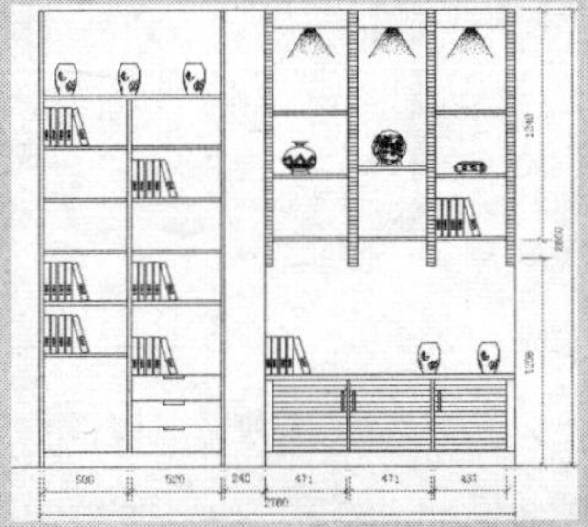

实例039 创建平面图说明文字

本实例将通过创建平面图说明文字的操作，学习“单行文字”命令的使用方法，实例效果如图5-1所示。

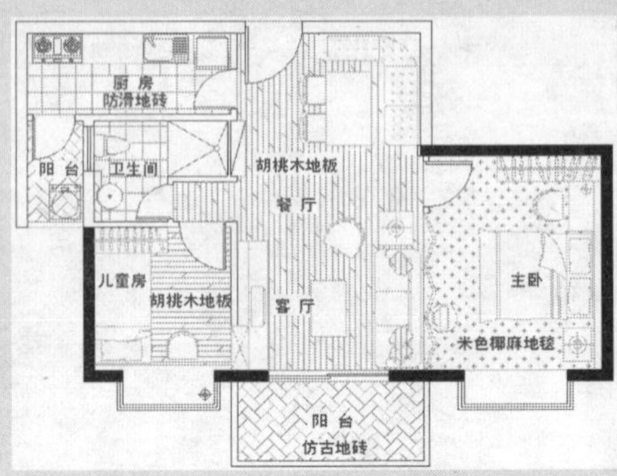

图5-1 建筑平面图

技法解析

本实例所创建的平面图说明文字，主要使用“单行文字”命令对图形进行文字标注。在创建文字的过程中，首先指定文字的起点位置，然后指定文字的高度，最后输入文字内容并进行确定。

	实例路径	实例\第5章\建筑平面.dwg
	素材路径	素材\第5章\建筑平面.dwg

步骤01 根据素材路径打开“建筑平面.dwg”文件，如图5-2所示。

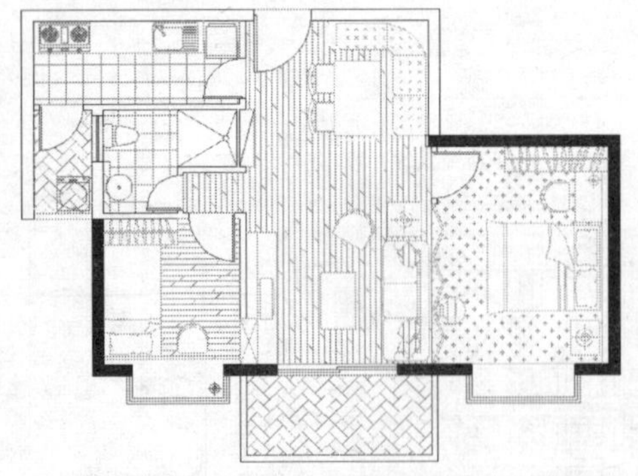

图5-2 打开素材文件

步骤02 选择“文字标注”图层作为当前图层，然后在功能区中单击“注释”标签，在“文字”面板中选择“单行文字”命令，如图5-3所示。

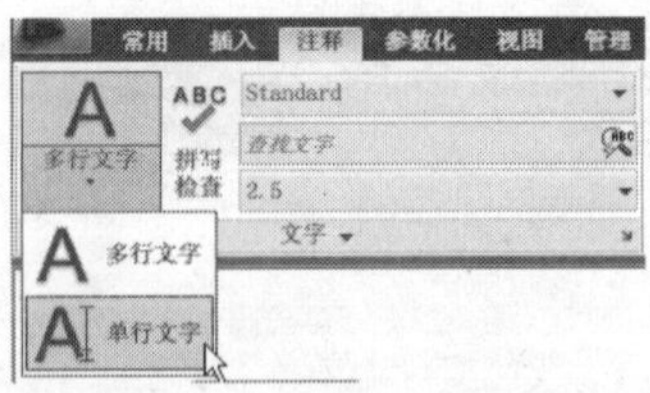

图5-3 选择“单行文字”命令

步骤03 当系统提示“指定文字的起点或 [对正(J)/样式(S)]:”时，在平面图的中心指定创建文字的起点位置，如图5-4所示。

步骤04 当系统提示“指定高度 <2.5000>:”时，指定将要创建文字的高度为200，如图5-5所示。

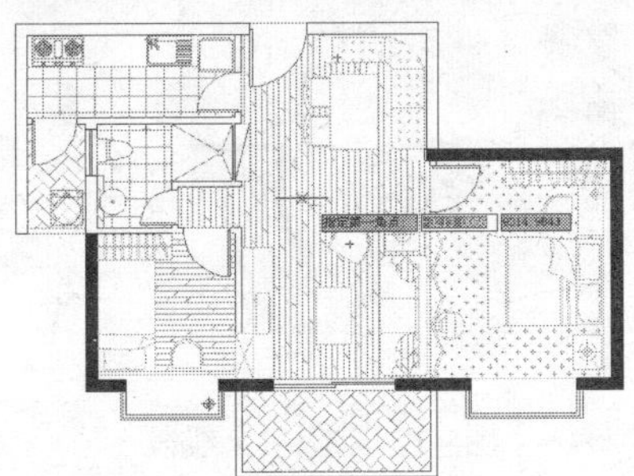

图5-4 指定文字起点

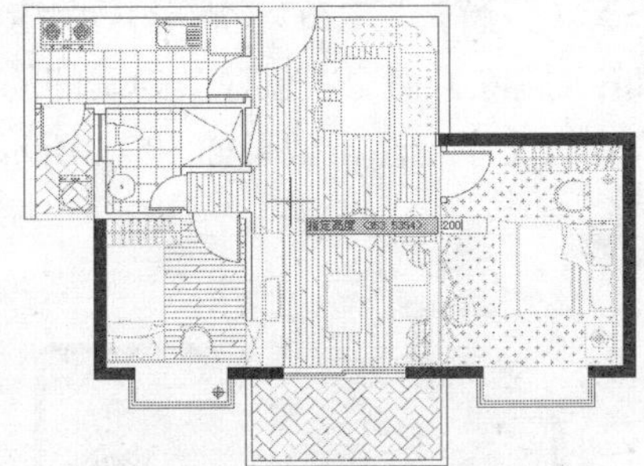

图5-5 指定文字高度

步骤05 设置文字的旋转角度为0，然后输入文字内容“餐厅”（如图5-6所示），再连续按两次【Enter】键进行确定。

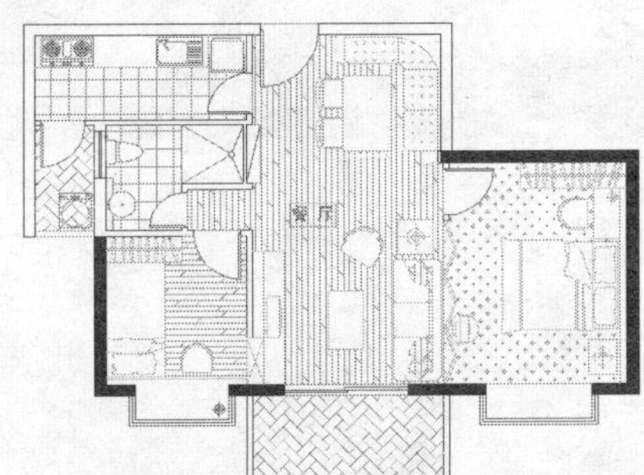

图5-6 输入文字

步骤06 执行DT（单行文字）命令，在平面图中创建餐厅的材质说明文字“胡桃木地板”，如图5-7所示。

技巧提示

DTEXT（单行文字）命令用于对图形进行简单的标注，可以对文本进行字体、大小、倾斜、镜像、对齐等设置。

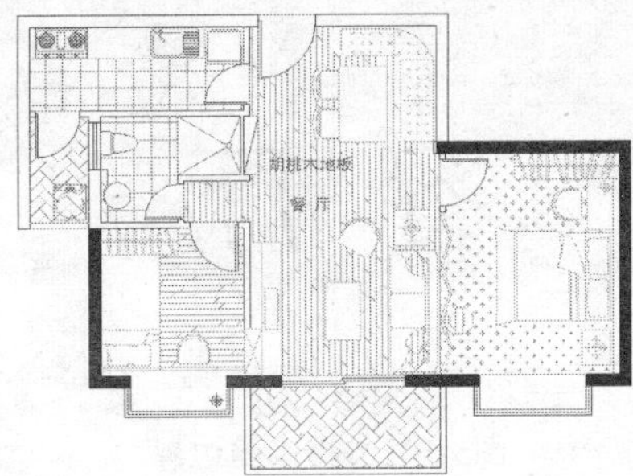

图5-7 创建文字

步骤07 使用CO（复制）命令将“胡桃木地板”文字复制到次卧中，如图5-8所示。

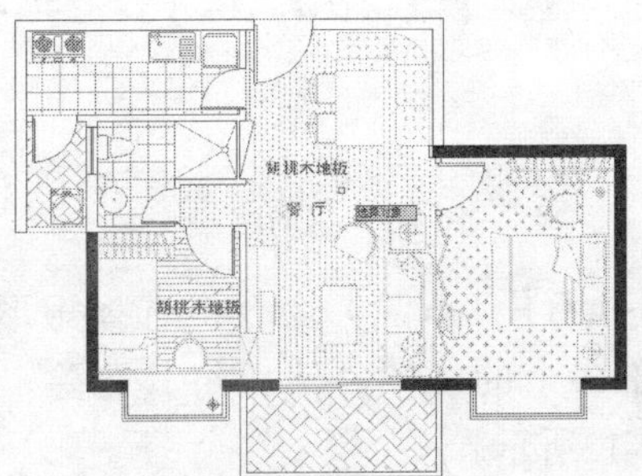

图5-8 复制文字

步骤08 执行X（分解）命令，将餐厅中的胡桃木地板图案分解，然后使用REC（矩形）命令在“餐厅”文字周围绘制一个矩形，如图5-9所示。

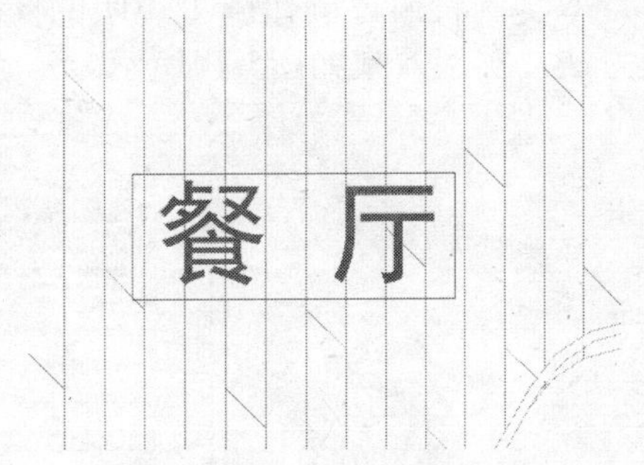

图5-9 绘制矩形

步骤09 执行TR（修剪）命令，选择矩形对象作为修剪边界（如图5-10所示），然后进行确定。

步骤11 依次选择矩形内部的线段，对内部的线段进行修剪，如图5-11所示。

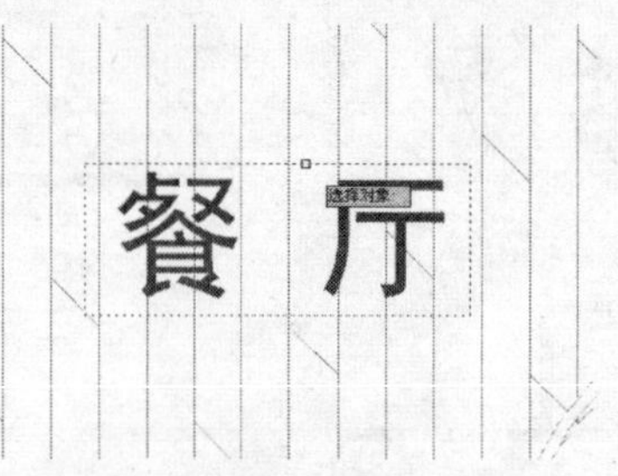

图5-10 选择修剪边界

图5-11 修剪线段

步骤 11 执行E（删除）命令，选择矩形和矩形内部多余的线条，然后将其删除，效果如图5-12所示。

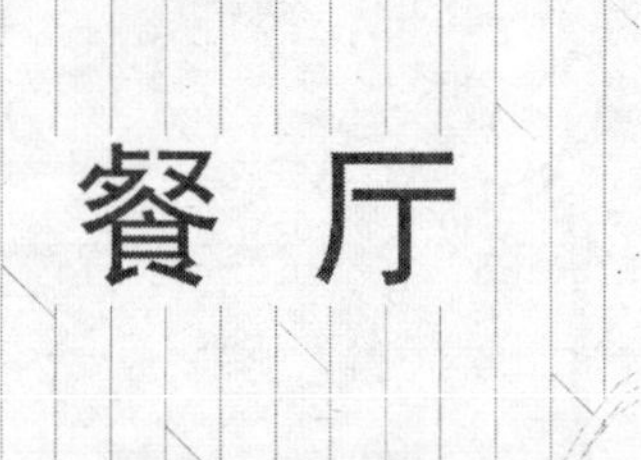

图5-12 删除多余线段

步骤 12 使用同样的方法，结合DT（单行文字）、X（分解）、REC（矩形）、TR（修剪）和E（删除）命令，创建其他房间的说明文字，完成文字标注，效果如图5-13所示。

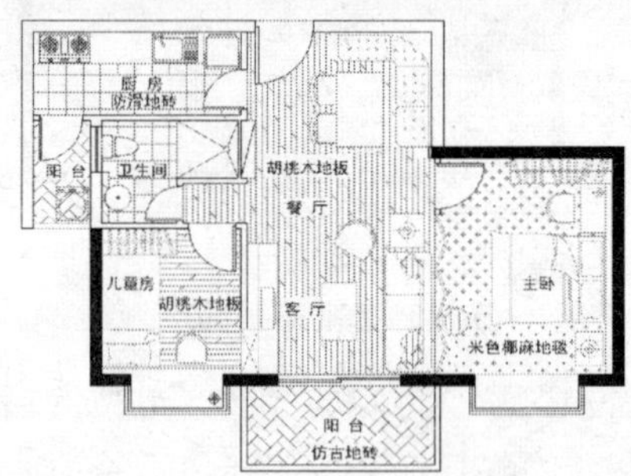

图5-13 文字标注效果

实例040 创建施工说明

本实例将通过创建施工说明的操作，学习“单行文字”和“多行文字”命令的使用方法，实例效果如图5-14所示。

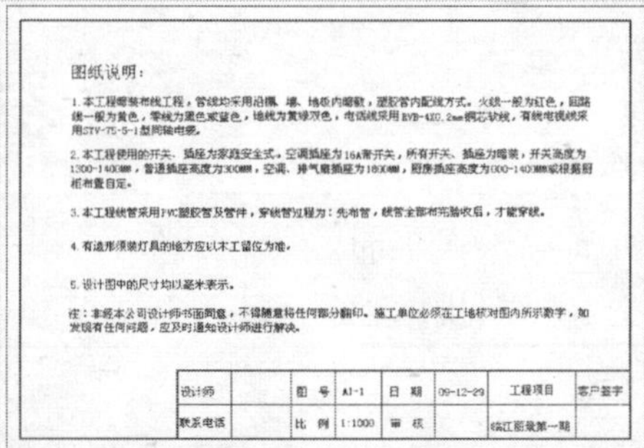

图纸说明：

1. 本工程暗装布线工程，管线均采用沿棚、墙、地板内暗敷，塑胶管内配线方式。火线一般为红色，回路线一般为黄色，零线为黑色或蓝色，地线为黄绿双色，电话线采用RVB-4X0.2mm铜芯软线，有线电视线采用STV-75-5-1型同轴电缆。

2. 本工程使用的开关、插座为家庭安全式。空调插座为16A带开关，所有开关、插座为暗装，开关高度为1300-1400MM，普通插座高度为300MM，空调、排气扇插座为1800MM，厨房插座高度为1000-1400MM或根据厨柜布置自定。

3. 本工程线管采用PVC塑胶管及管件，穿线管过程为：先布管，线管全部布完验收后，才能穿线。

4. 有造形须装灯具的地方应以木工留位为准。

5. 设计图中的尺寸均以毫米表示。

注：未经本公司设计师书面同意，不得随意将任何部分翻印。施工单位必须在工地核对图内所示数字，如发现有任何问题，应及时通知设计师进行解决。

设计师		图 号	A1-1	日 期	09-12-29	工程项目	客户签字
联系电话		比 例	1:1000	审 核		临江丽景第一期	

图5-14 施工说明

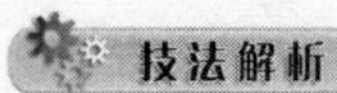
技法解析

本实例在创建施工说明内容的过程中，主要使用“单行文字”命令创建简短的文字内容，使用“多行文字”命令创建长段的说明内容。

	实例路径	实例\第5章\施工说明.dwg
	素材路径	素材\第5章\施工说明.dwg

步骤01 根据素材路径打开“施工说明.dwg”文件，如图5-15所示。

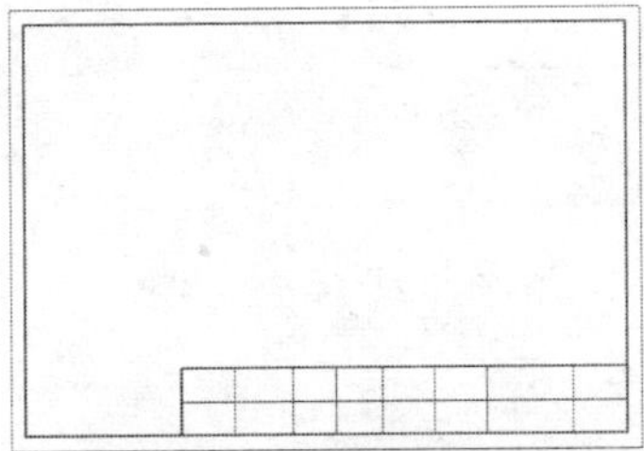
图5-15 打开素材文件

步骤02 选择“文字”图层作为当前图层，单击“文字”面板中的“单行文字”按钮A，然后指定文字的起点位置，如图5-16所示。

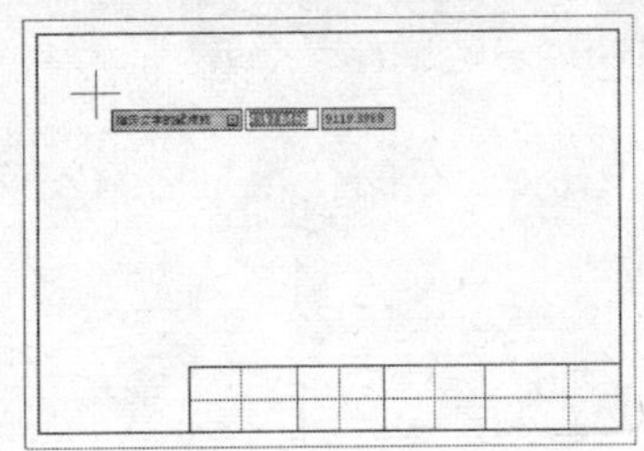
图5-16 指定起点

步骤03 指定文字的高度为240、文字的旋转角度为0，然后输入文字内容“图纸说明：”（如图5-17所示），并进行确定。

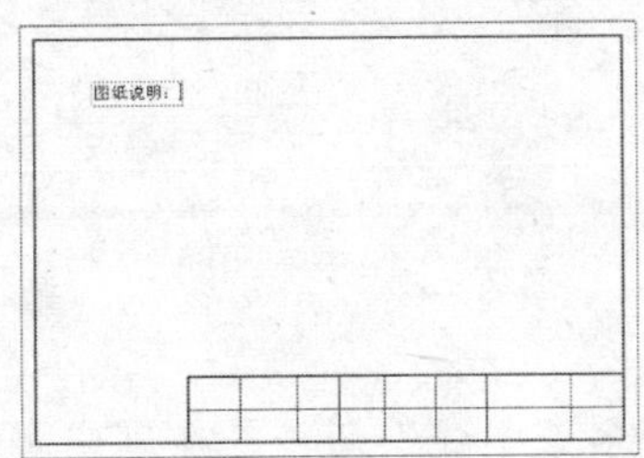

图5-17 输入文字

步骤04 执行MT（多行文字）命令，指定创建多行文字区域的第一个角点（如图5-18所示），然后指定创建多行文字区域的对角点，如图5-19所示。

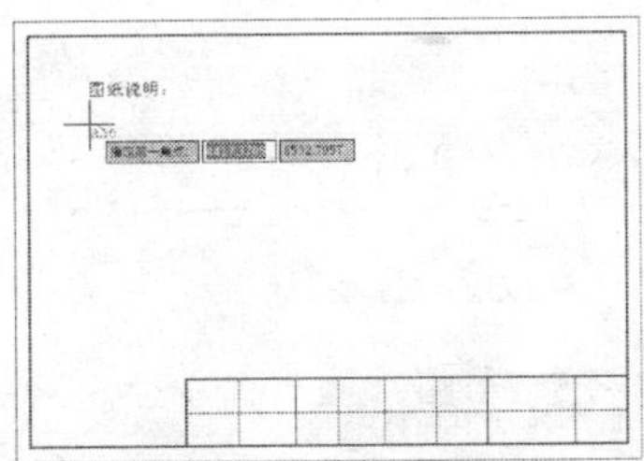

图5-18 指定起点

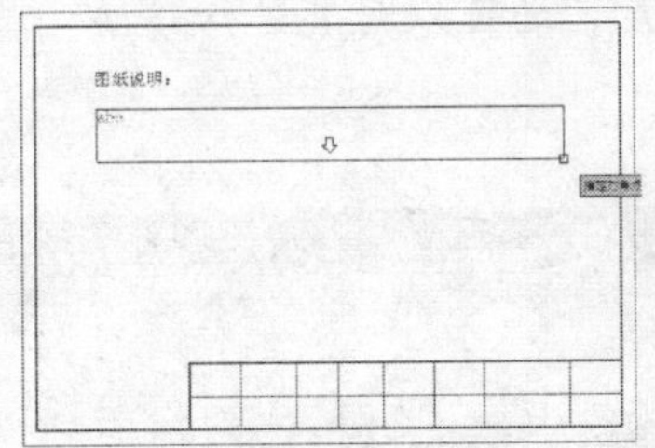

图5-19 指定文字区域

步骤05 在打开的文字编辑器中，设置多行文字的高度为150、字体为宋体，设置文字左对齐，如图5-20所示。

图5-20 设置文字参数

步骤06 在创建多行文字的文本框内输入施工说明的文字内容（如图5-21所示），然后单击文字编辑器中的“关闭”按钮，结束多行文字的创建。

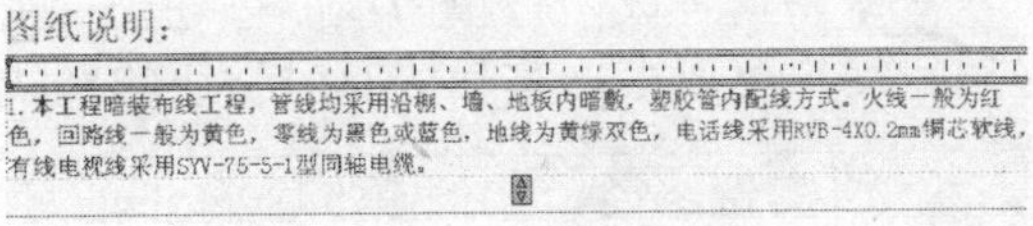

图纸说明：

1.本工程暗装布线工程，管线均采用沿棚、墙、地板内暗敷，塑胶管内配线方式。火线一般为红色，回路线一般为黄色，零线为黑色或蓝色，地线为黄绿双色，电话线采用RVB-4X0.2mm铜芯软线，有线电视线采用SYV-75-5-1型同轴电缆。

图5-21 输入文字内容

步骤07 执行MT（多行文字）命令，参照实例效果创建其他多行文字，效果如图5-22所示。

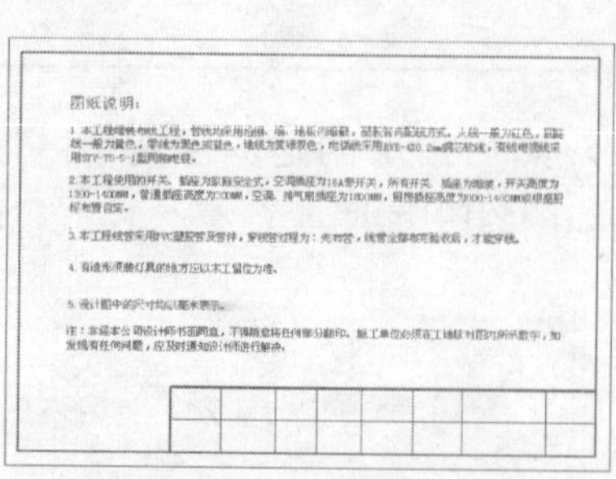

图5-22 创建其他多行文字

步骤08 执行DT（单行文字）命令，参照实例效果创建其他单行文字，完成本实例的制作，效果如图5-23所示。

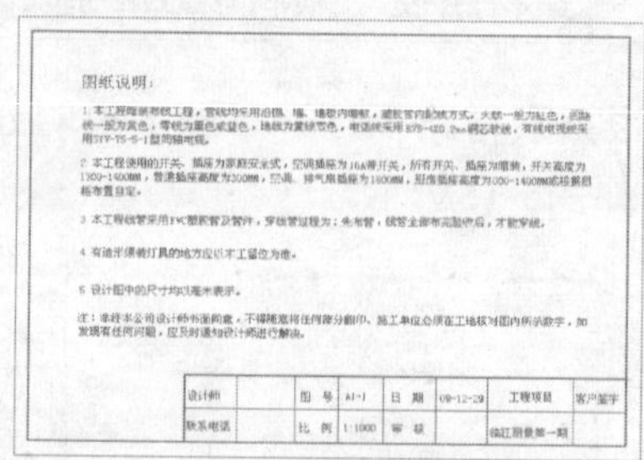

图5-23 完成效果

技巧提示

多行文字由沿垂直方向任意数目的文字行或段落构成，可以指定文字行段落的水平宽度，还可以对其进行移动、旋转、删除、复制、镜像和缩放操作。

实例041 标注门材质

本实例将通过标注门材质的操作，学习“多重引线”命令的使用方法，实例效果如图5-24所示。

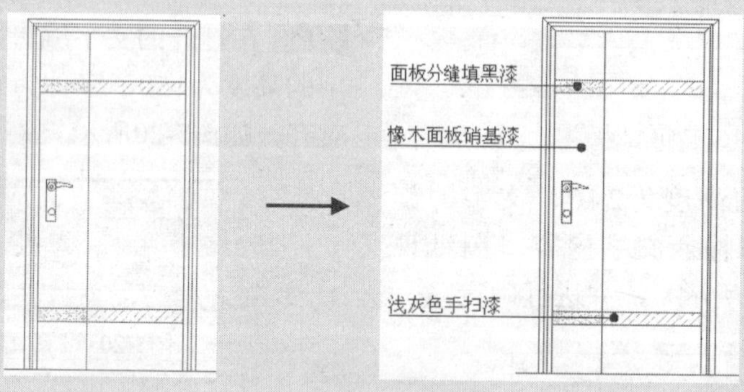

图5-24 标注门材质

技法解析

本实例在标注门材质图形的过程中，主要使用了“多重引线”命令。在创建多重引线之前，用户可以根据实际情况对引线的样式进行设置。

	实例路径	实例\第5章\门.dwg
	素材路径	素材\第5章\门.dwg

步骤01 根据素材路径打开“门.dwg”文件，如图5-25所示。

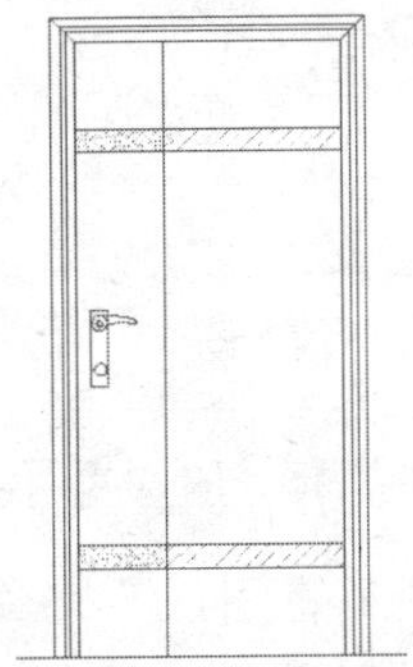
图5-25 打开素材文件

步骤02 单击“引线”面板中的“多重引线样式管理器”按钮，如图5-26所示。

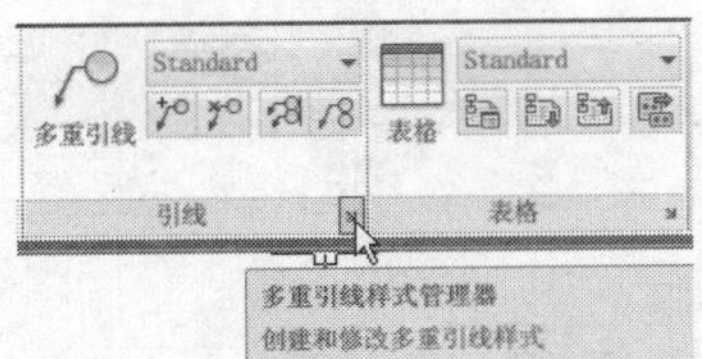

图5-26 单击“多重引线样式管理器”按钮

步骤03 在打开的“多重引线样式管理器”对话框中单击“修改”按钮，如图5-27所示。

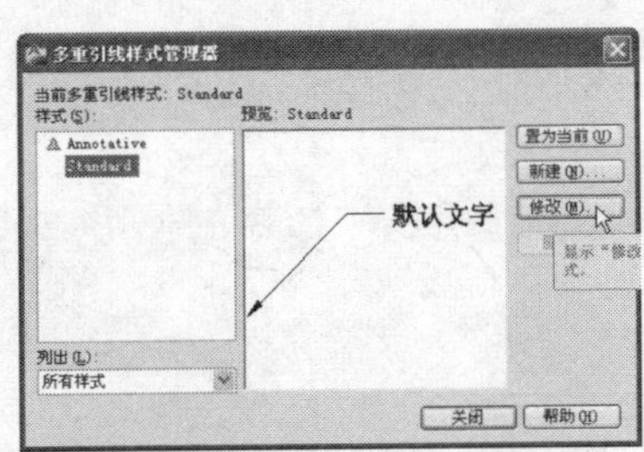

图5-27 单击“修改”按钮

步骤04 在打开的“修改多重引线样式”对话框中设置箭头符号为“点”、大小为45，如图5-28所示。

步骤05 切称至“引线结构”选项卡，设置最大引线点数为2（如图5-29所示），切换至“内容”选项卡，设置文字高度为70，并设置引线连接方式（如图5-30所示），然后进行确定。

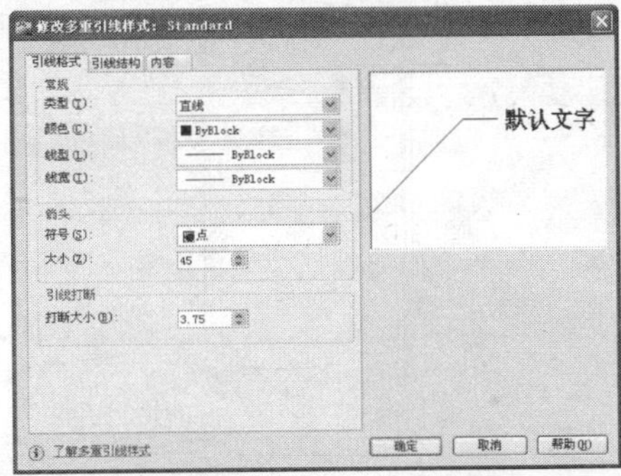

图5-28 修改多重引线样式

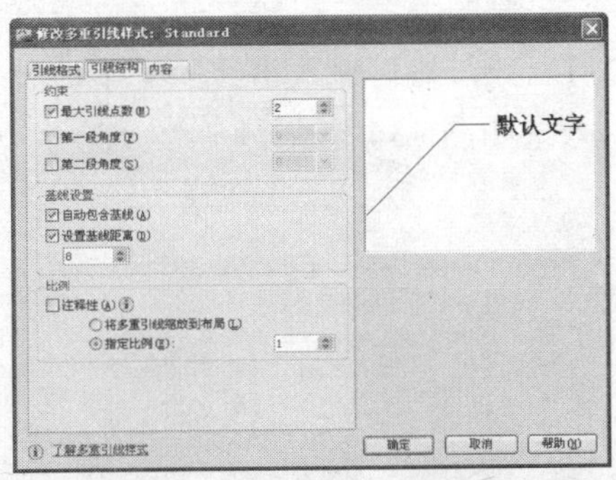

图5-29 设置最大引线点数

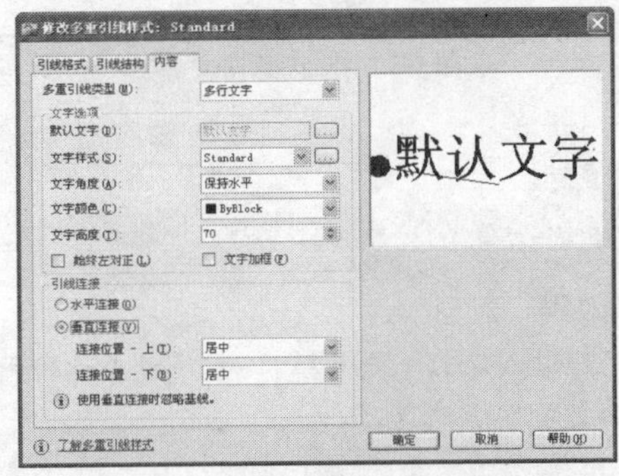

图5-30 设置内容参数

步骤06 单击“注释”标签，然后单击“引线”面板中的“多重引线”按钮，如图5-31所示。

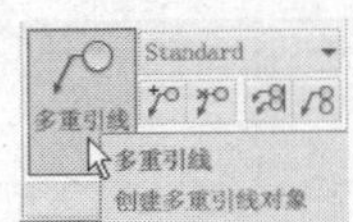

图5-31 单击“多重引线”按钮

步骤07 在图形中指定引线箭头的位置，如图5-32所示。

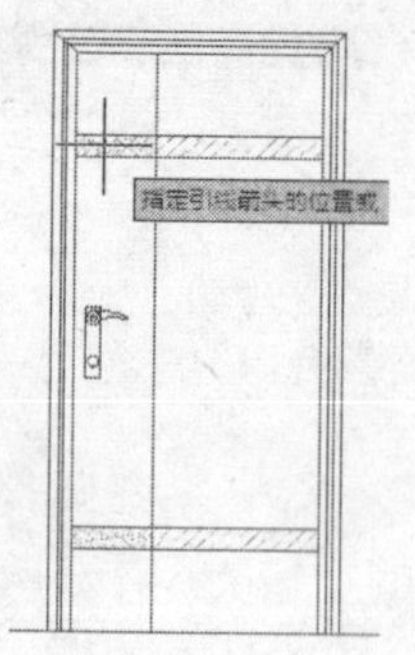

图5-32 指定引线箭头位置

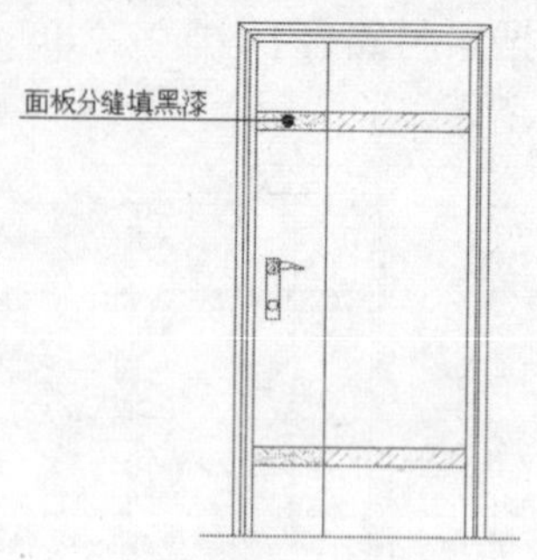

图5-34 创建多重引线

步骤08 在图形中指定引线基线的位置（如图5-33所示），然后输入引线的文字内容并确定，效果如图5-34所示。

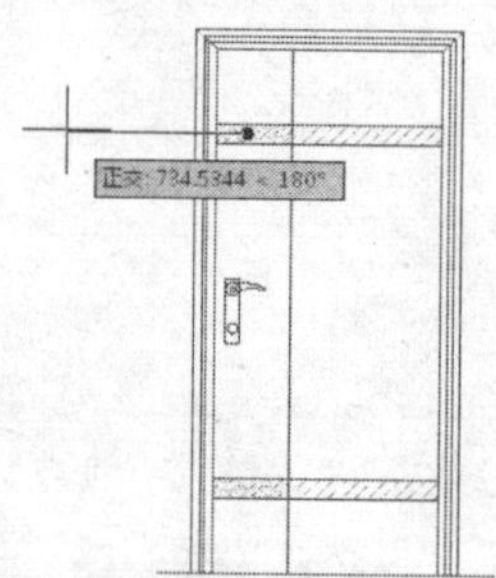
图5-33 指定基线位置

步骤09 使用“多重引线”命令对图形的其他位置进行标注说明，完成对门材质的标注，效果如图5-35所示。

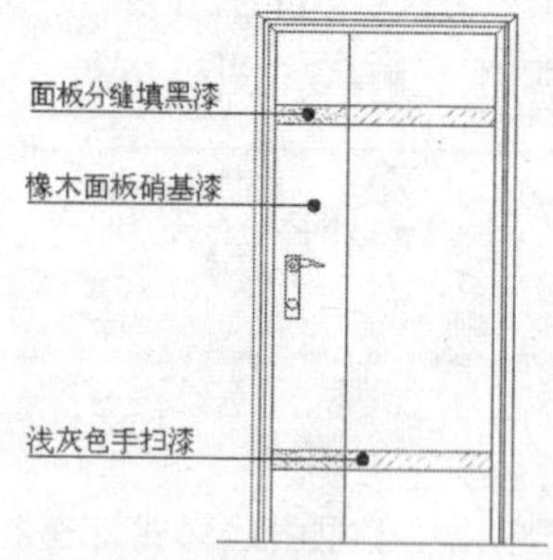

图5-35 标注门材质

实例042 标注沙发背景材质

本实例将通过标注沙发背景材质的操作，学习“快速引线”命令的使用方法，实例效果如图5-36所示。

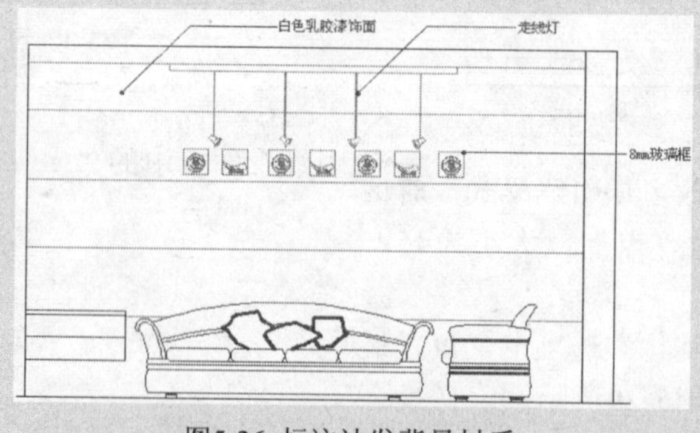

图5-36 标注沙发背景材质

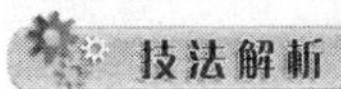

技法解析

本实例标注的沙发背景材质，主要使用了“快速引线”命令。在创建快速引线的过程中，可以对快速引线的点样式、点数和引线角度进行设置。

	实例路径	实例\第5章\沙发背景.dwg
	素材路径	素材\第5章\沙发背景.dwg

步骤01 根据素材路径打开“沙发背景.dwg”图形，如图5-37所示。

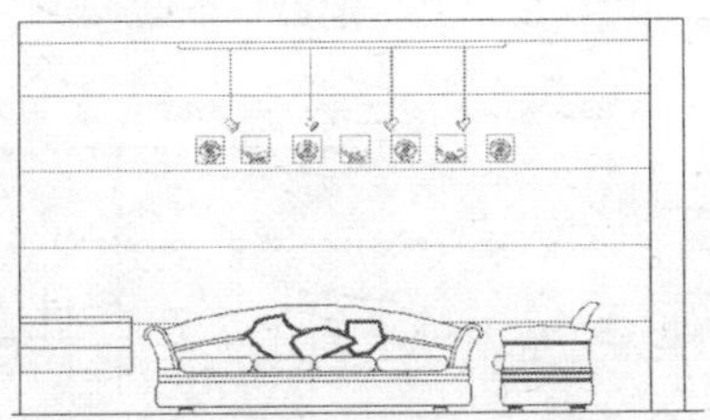

图5-37 打开图形

步骤02 输入并执行QLEADER（快速引线）命令，然后输入S打开“引线设置”对话框，如图5-38所示。

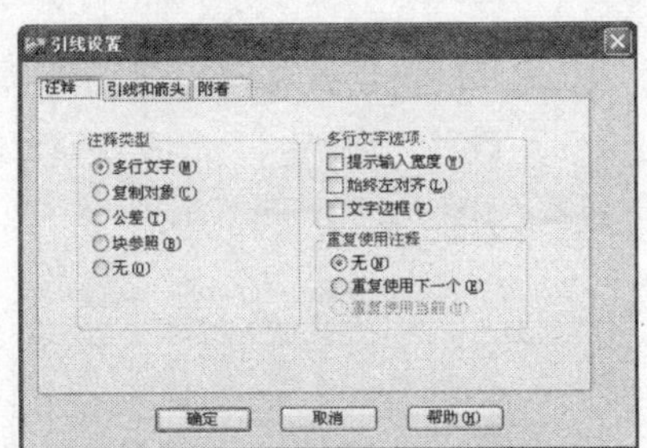

图5-38 “引线设置”对话框

步骤03 切换至“引线和箭头”选项卡，设置点数为3、箭头样式为点、第一段的角度为45°、第二段的角度为水平，如图5-39所示。

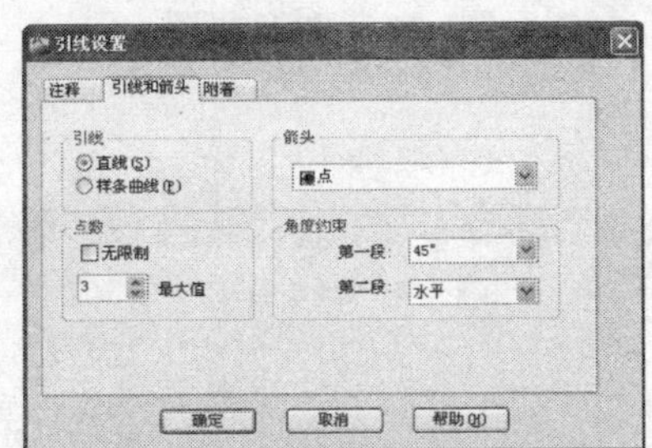

图5-39 设置引线样式

步骤04 确定后，在立面图中指定引线的第一个点，如图5-40所示。

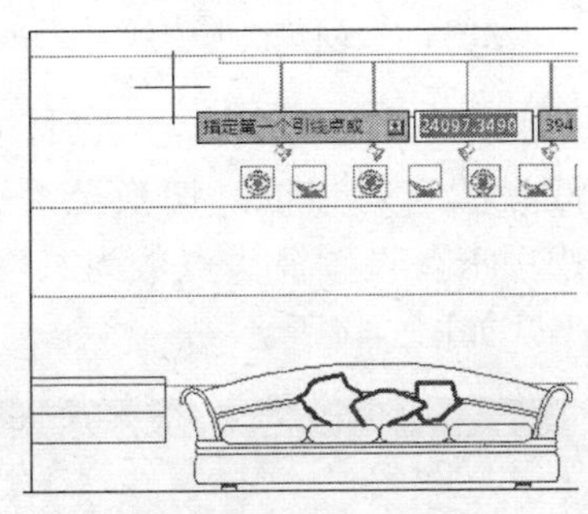

图5-40 指定第一个点

步骤05 根据系统提示指定引线的其他两个点，如图5-41所示。

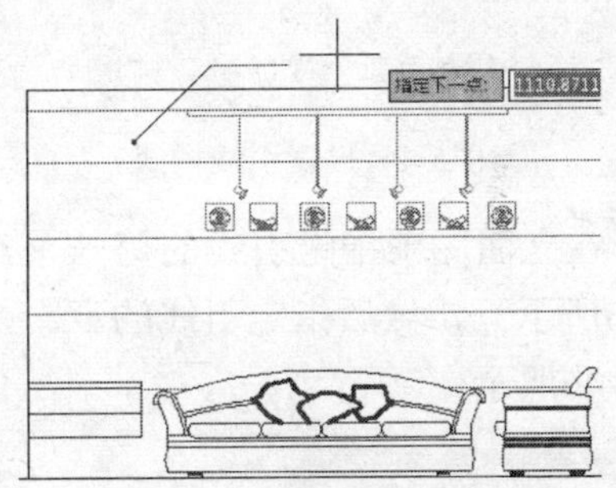

图5-41 指定引线的其他点

步骤06 输入引线的文字内容，然后连续按两次【Enter】键进行确定，如图5-42所示。

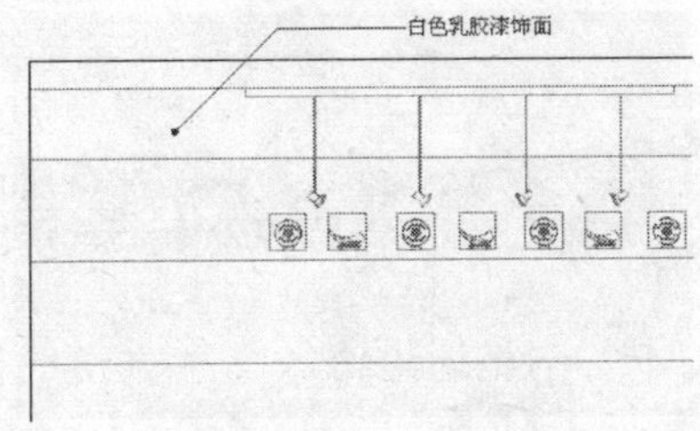

图5-42 输入文字内容

步骤07 执行QLEADER命令，创建“走线灯”快速引线，如图5-43所示。

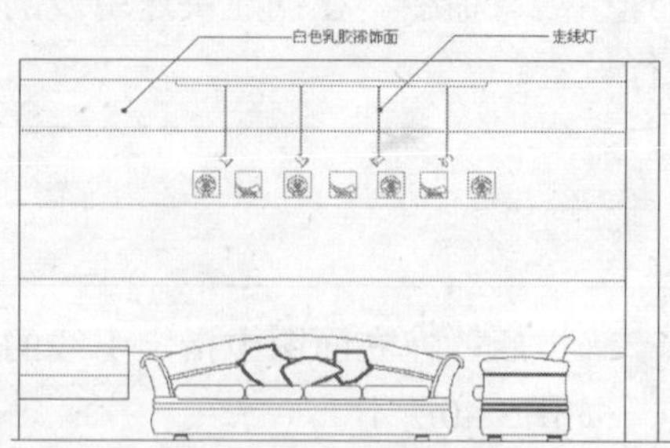

图5-43 创建快速引线

步骤08 执行QLEADER命令，然后输入S打开“引线设置”对话框，切换至“引线和箭头”选项卡，设置箭头点数为2、引线角度为水平，如图5-44所示。

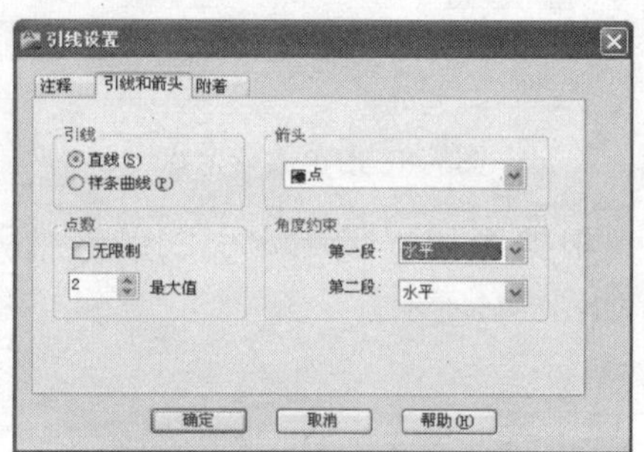

图5-44 设置引线样式

步骤09 在立面图中指定引线的第一个点（如图5-45所示），然后指定引线的下一个点，如图5-46所示。

技巧提示

引线标注是由样条曲线或直线段连着箭头组成的对象，通常由一条水平线将文字和特征控制框连接到引线上。

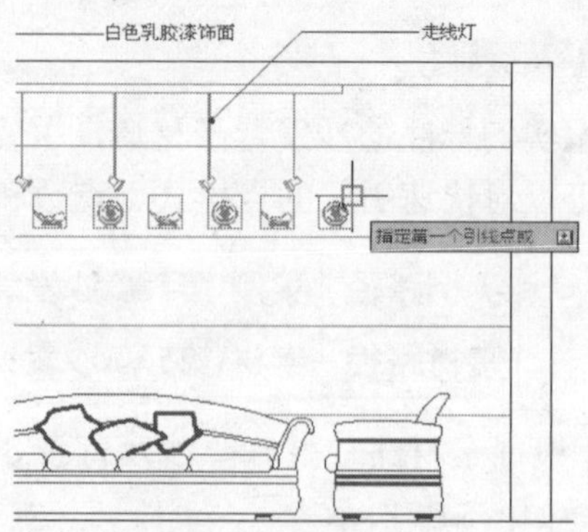

图5-45 指定第一个点

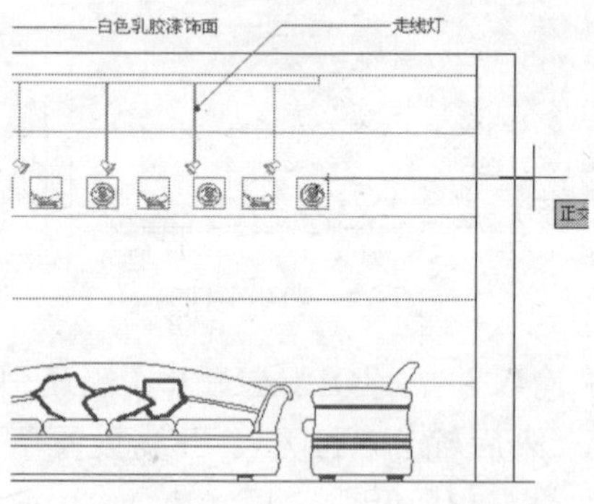

图5-46 指定下一个点

步骤10 输入引线的文字内容，然后连续按两次【Enter】键进行确定，完成快速引线的创建，效果如图5-47所示。

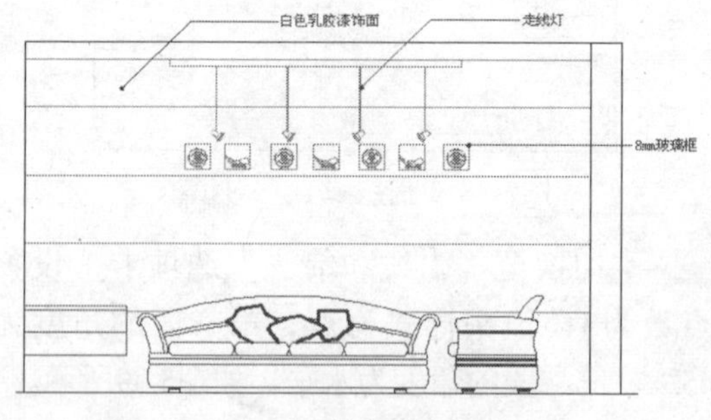

图5-47 最终效果图

实例043 修改建筑文字大小

本实例将通过修改文字大小的操作，学习“缩放文本”命令的使用方法，实例效果如图5-48所示。

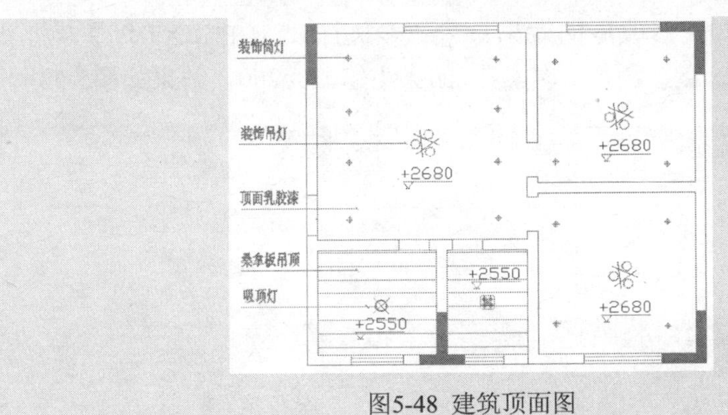

图5-48 建筑顶面图

技法解析

本实例在修改文字大小的过程中，主要使用了“缩放文本”命令。在缩放文本的操作中，可以指定缩放文本的基点和对齐方式。

	实例路径	实例\第5章\建筑顶面图.dwg
	素材路径	素材\第5章\建筑顶面图.dwg

步骤01 根据素材路径打开“建筑顶面图.dwg”素材文件，如图5-49所示。

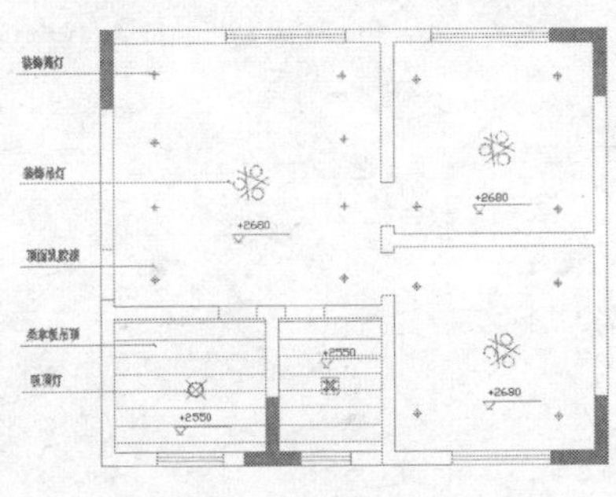

图5-49 打开素材文件

步骤02 输入并执行SCALETEXT（缩放文本）命令，然后选择图形中的“装饰筒灯”文字，如图5-50所示。

技巧提示

使用SCALETEXT（缩放文本）命令，可以更改一个或多个文字对象的比例，而且不会改变其位置，这一点在建筑制图中十分有用。

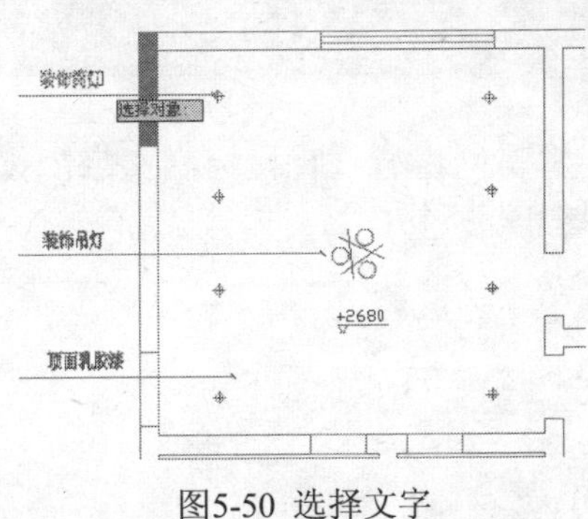

图5-50 选择文字

步骤03 在弹出的快捷菜单中选择“左对齐(L)”选项，如图5-51所示。

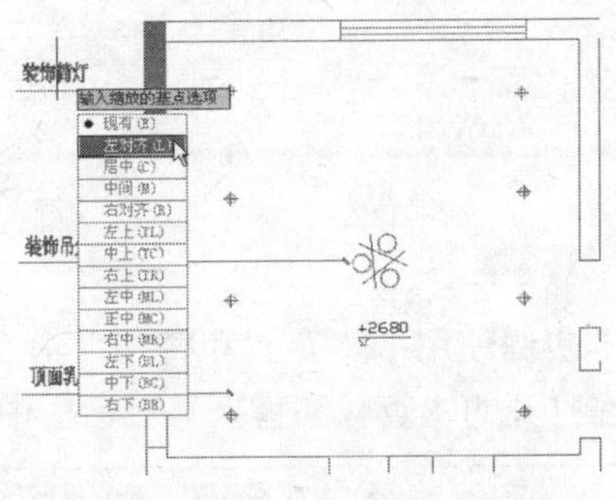

图5-51 选择“左对齐(L)”选项

步骤04 修改文字大小为260，修改后的效果如图5-52所示。

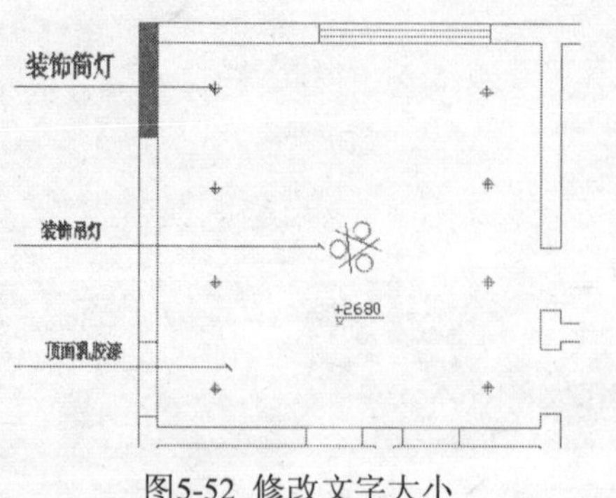

图5-52 修改文字大小

步骤04 执行SCALETEXT命令，将其他文字的大小修改为260，效果如图5-53所示。

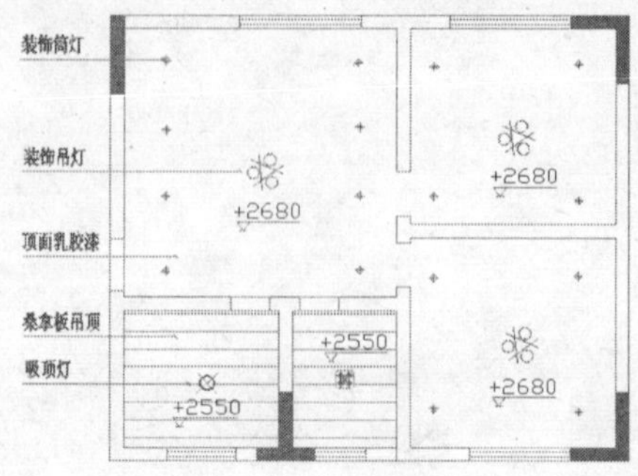

图5-53 最终效果图

技巧提示

如果需要修改文本的文字特性，如样式、位置、方向、大小、对正和其他特性，也可以在“特性”选项板中进行编辑。

实例044 替换标高文字

本实例将通过替换标高文字的操作，学习“查找和替换”命令的使用方法，实例效果如图5-54所示。

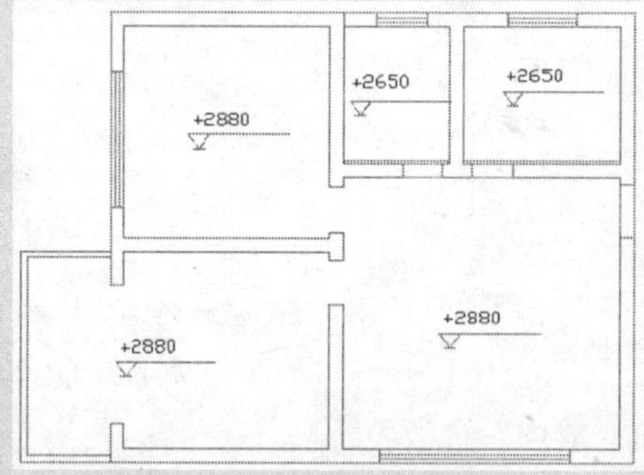

图5-54 替换顶面标高值

技法解析

本实例使用了“查找和替换”命令对图形中的文字进行替换操作。执行FIND命令，可以在打开的“查找和替换”对话框中输入查找和替换的内容，然后进行替换。

	实例路径	实例\第5章\顶面标高.dwg
	素材路径	素材\第5章\顶面标高.dwg

步骤01 根据素材路径打开“顶面标高.dwg”文件，如图5-55所示。

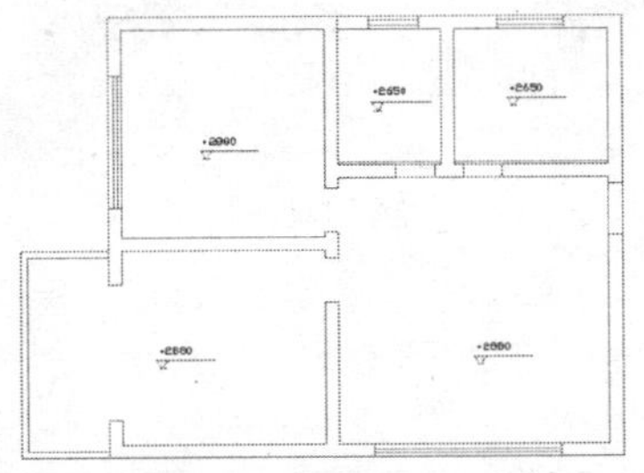

图5-55 打开素材文件

步骤02 输入并执行FIND命令，打开“查找和替换”对话框，在“查找内容”文本框中输入“2880”，在“替换为”文本框中输入“2.880”，如图5-56所示。

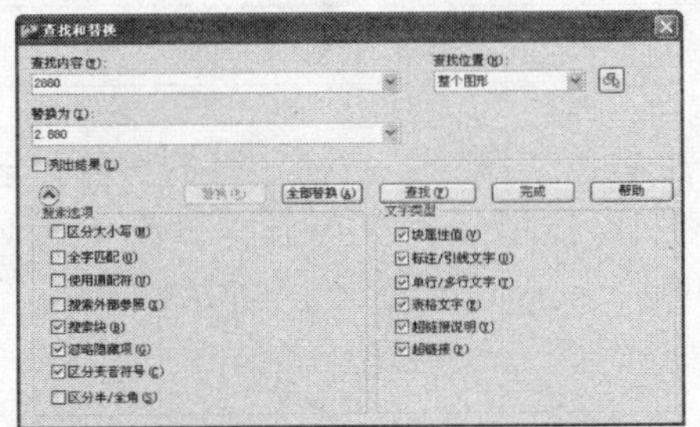

图5-56 输入查找和替换内容

步骤03 单击“全部替换”按钮，将整个图形中的文字“2880”替换为“2.880”，系统将给出替换提示信息，如图5-57所示。

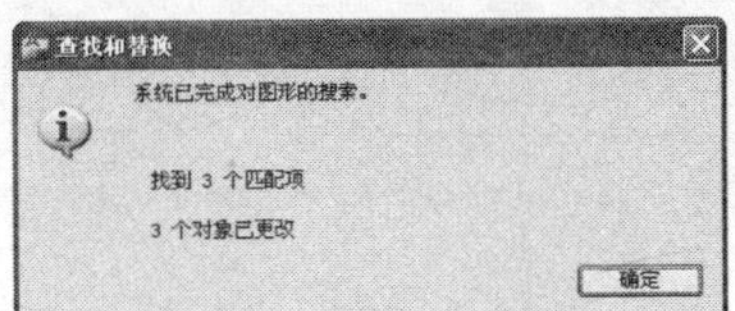

图5-57 替换提示信息

步骤04 单击“确定”按钮，完成文字的替换操作，效果如图5-58所示。

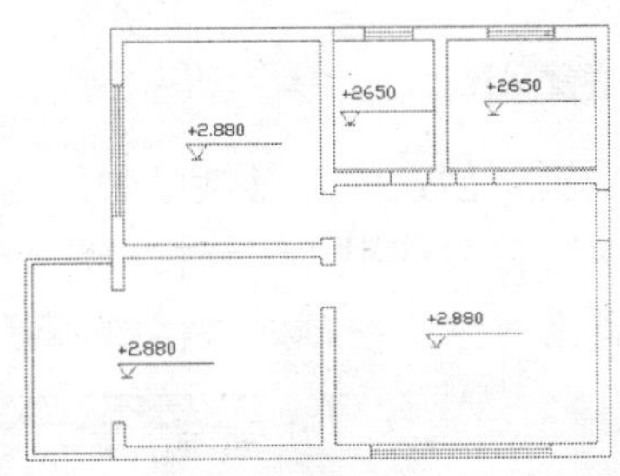

图5-58 替换效果

步骤05 使用同样的方法，将整个图形中的文字“2650”替换为“2.650”，完成文字的替换操作，效果如图5-59所示。

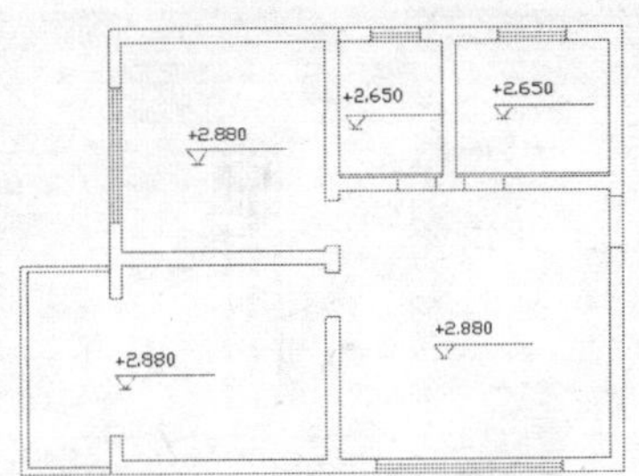

图5-59 替换效果

技巧提示

在“查找和替换”对话框中，“查找内容”选项用于输入要查找的内容，也可以在下拉列表中选取已有的内容；“替换为”选项用于输入一个字符串，也可以在列出的字符串中选择需要的内容，用以替换找到的内容；“查找位置”选项用于确定是在整个图形中还是在当前空间或选定的对象中查找内容。如果已经选中了内容，则“选定的对象”为预设选项；如果没有选中内容对象，则默认查找位置为“整个图形”。

实例045 创建灯具规格表

本实例将通过创建灯具规格表的操作，学习“表格样式”和“插入表格”命令的使用方法，实例效果如图5-60所示。

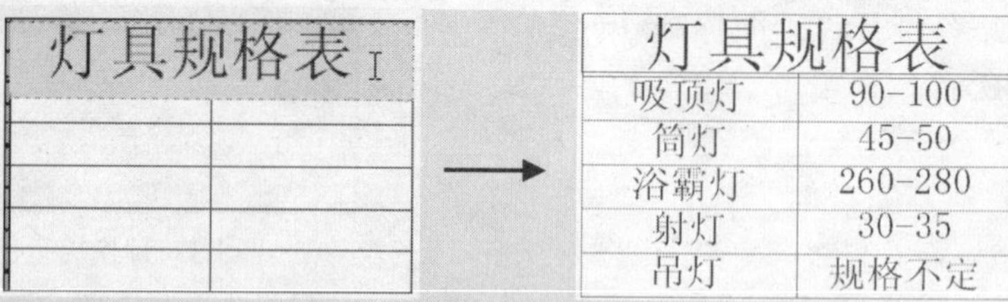

灯具规格表	
吸顶灯	90-100
筒灯	45-50
浴霸灯	260-280
射灯	30-35
吊灯	规格不定

图5-60 灯具规格表

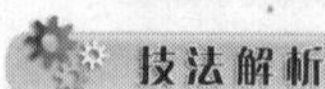

本实例所创建的灯具规格表，运用了“表格样式”和“插入表格”命令。在创建表格的过程中，首先使用“表格样式”命令对表格的样式进行设置，然后使用“插入表格”命令插入表格对象。在插入表格时，可以设置表格的列数和行数，以及表格的列宽和行高。

	实例路径	实例\第5章\灯具规格表.dwg
	素材路径	素材\第5章\无

步骤01 输入并执行TABLESTYLE命令，打开“表格样式”对话框，如图5-61所示。

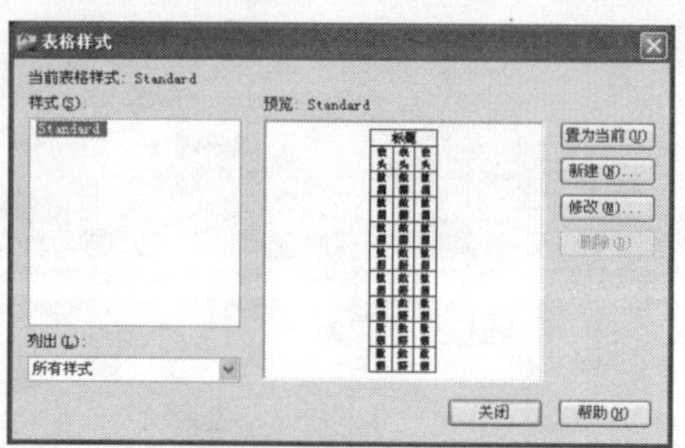

图5-61 “表格样式”对话框

步骤02 单击“新建”按钮，打开“创建新的表格样式”对话框，在“新样式名”文本框中输入新的表格样式名称“灯具规格”，如图5-62所示。

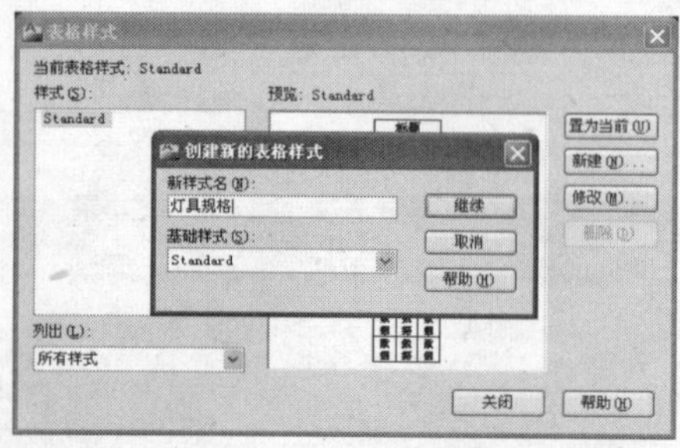

图5-62 创建新的表格样式

步骤03 单击“继续”按钮，打开“新建表格样式”对话框，在“单元样式”下拉列表中选择“标题”选项，如图5-63所示。

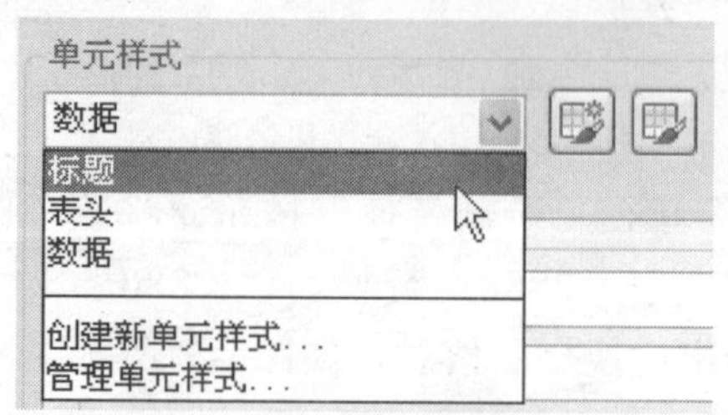

图5-63 选择“标题”选项

步骤04 切换至“文字”选项卡，设置文字的颜色为黑色，设置文字的高度为80，如图5-64所示。

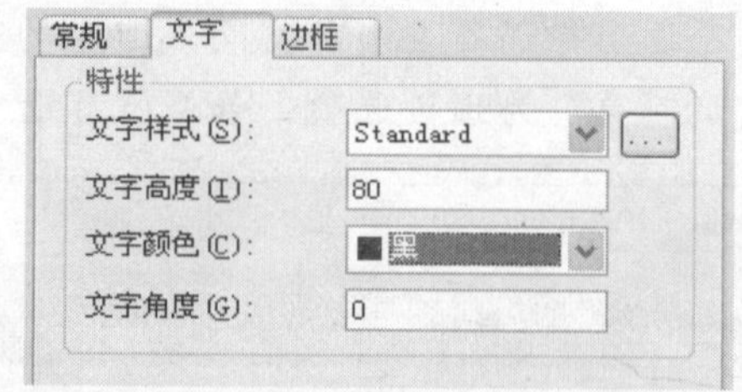

图5-64 设置文字的高度和颜色

步骤05 切换至“边框”选项卡，选择颜色为红色，然后单击“所有边框”按钮田，设置所有边框的颜色为红色，如图5-65所示。

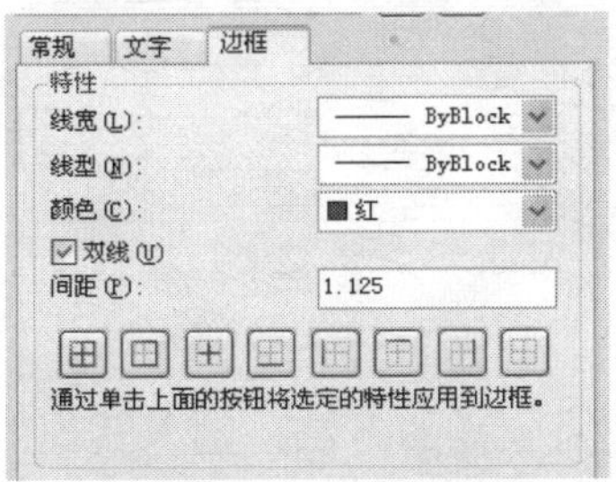
图5-65 设置边框颜色

步骤06 在“单元样式”下拉列表中选择“数据”选项，然后切换至“文字”选项卡，设置文字的颜色为黑色、文字的高度为60，如图5-66所示。

图5-66 设置文字的高度和颜色

步骤07 切换至“边框”选项卡，选择颜色为红色，然后单击“所有边框”按钮田，设置所有边框的颜色为红色，如图5-67所示。

图5-67 设置边框颜色

步骤08 单击“确定”按钮，返回“表格样式”对话框，将新建样式置为当前样式，然后单击“关闭”按钮，如图5-68所示。

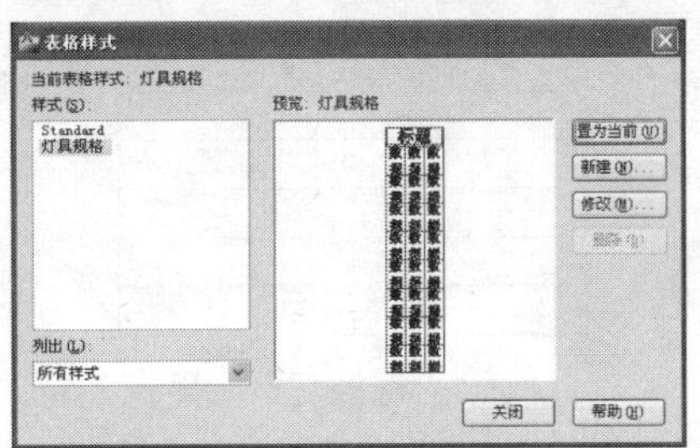
图5-68 新建样式

步骤09 输入并执行TABLE命令，打开“插入表格”对话框，设置表格的列数为2、列宽为400、表格的数据行数为5、行高为2，如图5-69所示。

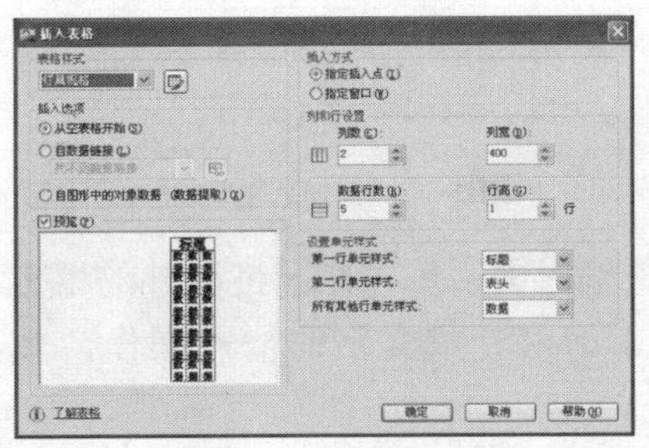
图5-69 设置表格参数

步骤10 单击“确定”按钮进入绘图区，指定插入表格的位置，然后输入标题内容文字“灯具规格表”，如图5-70所示。

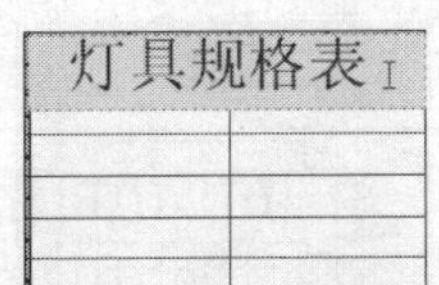

图5-70 输入标题内容

步骤11 在表格外单击鼠标完成标题文字的创建，效果如图5-71所示。

技巧提示

表格是在行和列中包含数据的复合对象，可以通过空的表格或表格样式创建空的表格对象，还可以将表格链接至Microsoft Excel 电子表格中的数据。

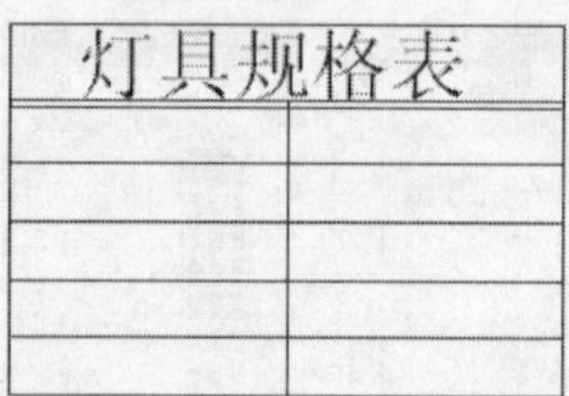
灯具规格表

图5-71 标题文字效果

步骤12 双击第一个数据单元格，在单元格中输入相应的文字内容“吸顶灯”，如图5-72所示。

灯具规格表	
吸顶灯	

图5-72 输入文字内容

步骤13 输入文字后，在表格以外的地方单击鼠标，即可完成文字的输入操作，效果如图5-73所示。

灯具规格表	
吸顶灯	

图5-73 完成文字的输入

步骤14 使用同样的方法，输入其他的灯具名称和相应的规格参数，完成表格的创建，效果如图5-74所示。

灯具规格表	
吸顶灯	90-100
筒灯	45-50
浴霸灯	260-280
射灯	30-35
吊灯	规格不定

图5-74 表格效果

实例046 标注建筑立面图的尺寸

本实例将通过标注建筑立面图尺寸的操作，学习“标注样式”、“线性标注”和“连续标注”命令的使用方法，实例效果如图5-75所示。

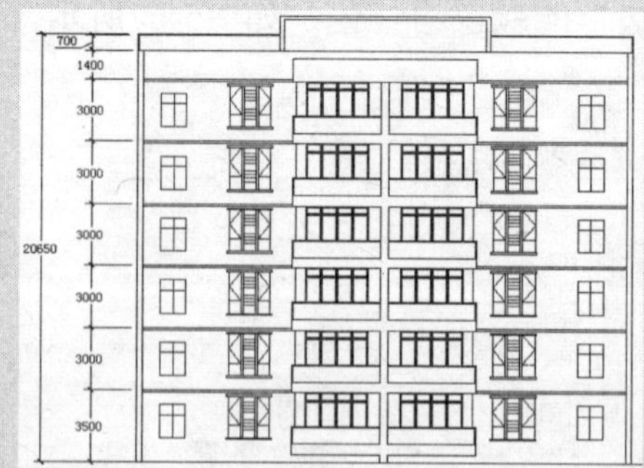

图5-75 标注建筑立面图

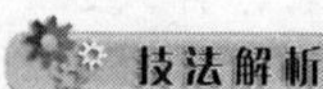
技法解析

本实例在标注建筑立面图尺寸的过程中，首先设置好标注的样式，然后使用“线性标注”命令和“连续标注”命令对图形进行尺寸标注。

实例路径	实例\第5章\建筑立面.dwg
素材路径	素材\第5章\建筑立面.dwg

步骤01 根据素材路径打开“建筑立面.dwg”素材文件，如图5-76所示。

图5-76 打开素材文件

步骤02 输入并执行D（标注样式）命令，打开“标注样式管理器”对话框，如图5-77所示。

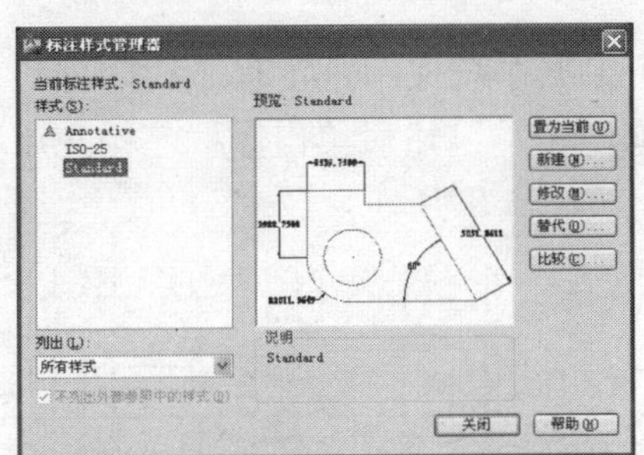

图5-77 “标注样式管理器”对话框

步骤03 单击“新建”按钮，打开“创建新标注样式”对话框，在“新样式名”文本框中输入样式名“建筑立面”，如图5-78所示。

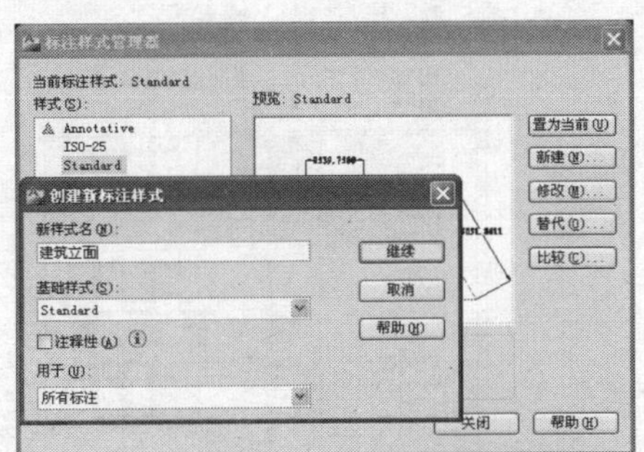

图5-78 创建新标注样式

步骤04 单击“继续”按钮，打开“新建标注样式：建筑立面”对话框，在“线”选项卡中设置超出尺寸线的值为300、起点偏移量的值为500，如图5-79所示。

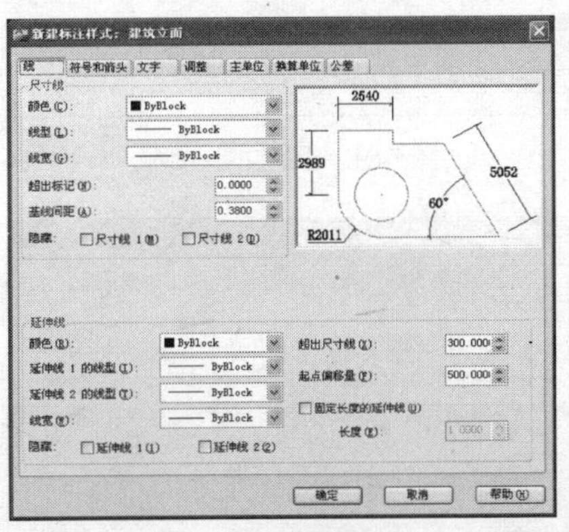

图5-79 设置线参数

步骤05 切换至“符号和箭头”选项卡，设置箭头为“建筑标记”，设置箭头大小为200，如图5-80所示。

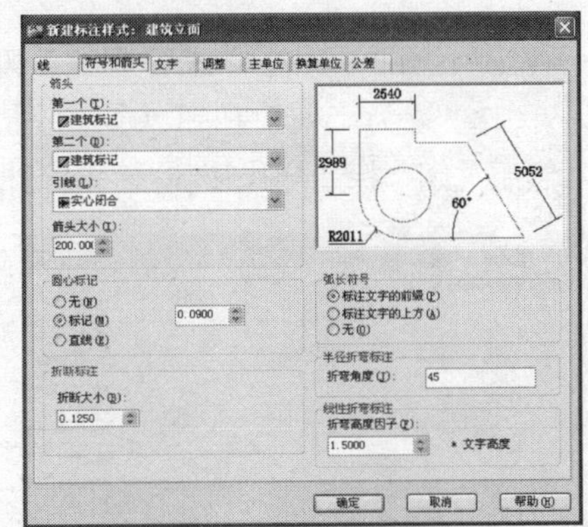

图5-80 设置箭头和引线

步骤06 切换至“文字”选项卡，设置文字样式为“宋体”、文字高度为450、文字的垂直位置为“上”、从尺寸线偏移的值为150，如图5-81所示。

步骤07 切换至“主单位”选项卡，设置线性标注的精度为0，如图5-82所示。

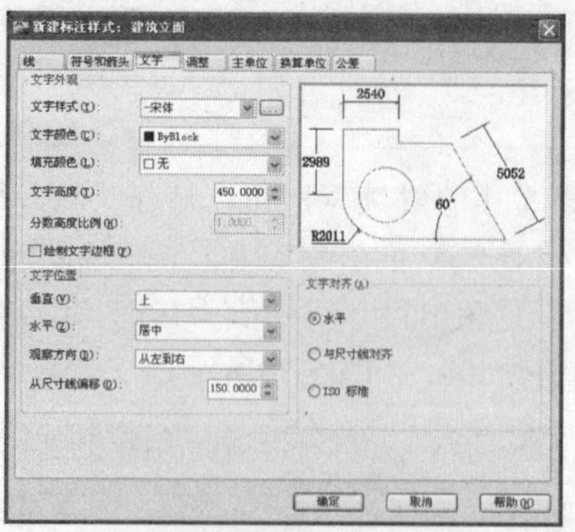

图5-81 设置文字参数

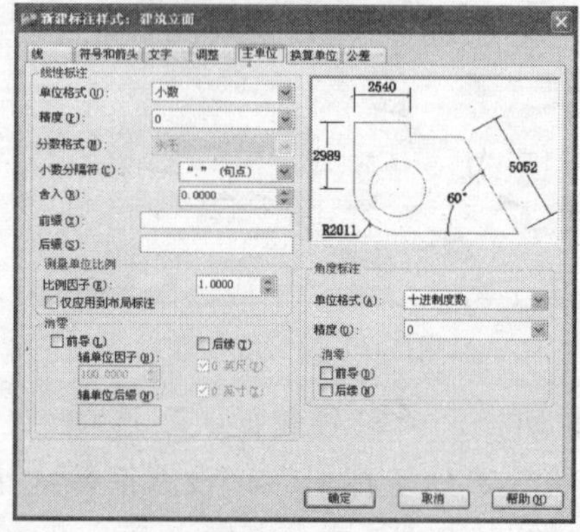

图5-82 设置精度

步骤08 确定后返回“标注样式管理器”对话框中，单击“置为当前”按钮（如图5-83所示），然后关闭“标注样式管理器”对话框。

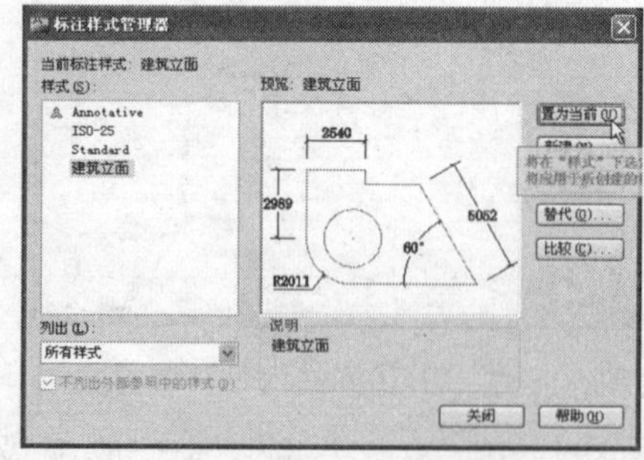

图5-83 设置为当前样式

步骤09 单击“标注”面板中的“线性”按钮，然后选择尺寸标注的第一个原点（如图5-84所示），继续指定标注的第二个原点，如图5-85所示。

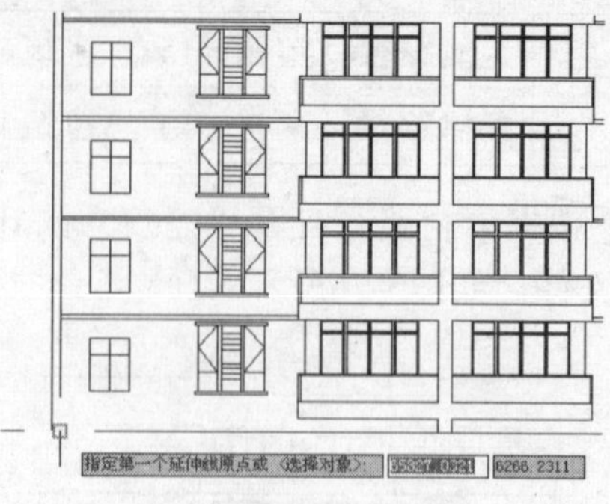

图5-84 捕捉第一个点

图5-85 捕捉第二个点

步骤10 根据系统提示指定尺寸线的位置（如图5-86所示），然后单击鼠标左键完成线性标注，如图5-87所示。

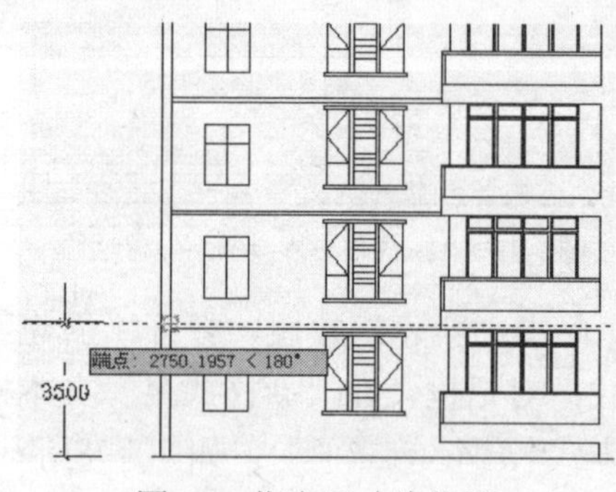

图5-86 指定尺寸线位置

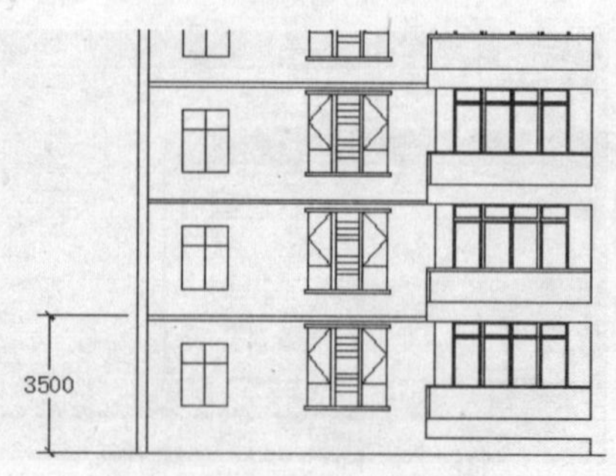

图5-87 线性标注效果

步骤11 执行DCO（连续标注）命令，对图形进行连续标注，效果如图5-88所示。

图5-88 连续标注尺寸

步骤12 使用“线性”工具对图形总尺寸进行标注，完成建筑立面的尺寸标注，效果如图5-89所示。

图5-89 尺寸标注效果

技巧提示

“线性标注”命令可以用来标注长度类型的尺寸，常用于垂直、水平和旋转的线性尺寸标注。线性标注可以以水平、垂直或对齐方式放置，创建线性标注时还可以修改文字的内容、角度及尺寸线的角度。

实例047 标注自动门大样图

本实例将通过标注自动门大样图的操作，学习“标注样式”、“半径标注”和“线性标注”命令的使用方法，实例效果如图5-90所示。

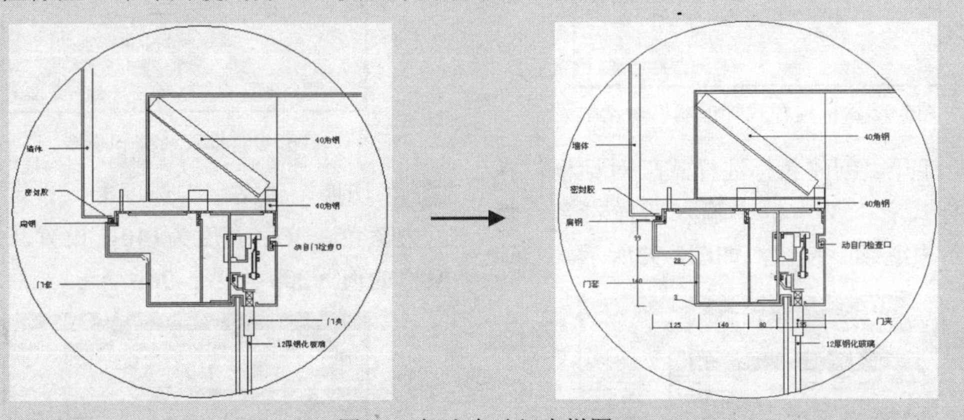

图5-90 标注自动门大样图

技法解析

本实例在标注图形时，首先对标注的样式进行设置，然后使用“半径标注”工具对圆弧对象进行半径标注，再结合“线性标注”和“连续标注”命令对图形进行尺寸标注，最后将尺寸缩小为原来的1/10，从而得到原始图的尺寸。

	实例路径	实例\第5章\自动门大样图.dwg
	素材路径	素材\第5章\自动门大样图.dwg

步骤01 根据素材路径打开“自动门大样图.dwg”素材文件，如图5-91所示。

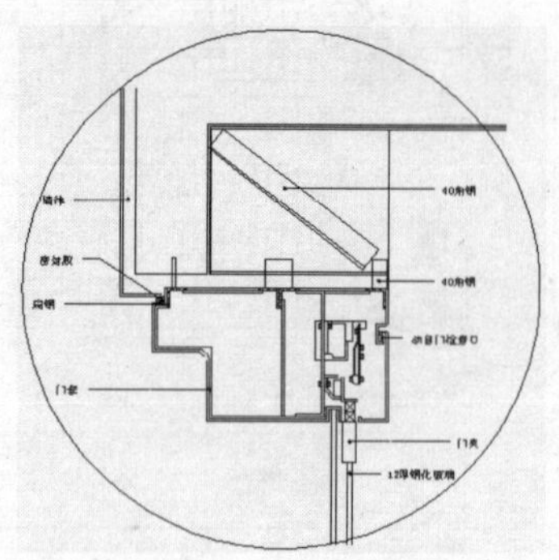

图5-91 打开素材文件

步骤02 在“标注”面板中单击“标注扩展”按钮，在打开的“标注样式管理器”对话框中单击“新建”按钮，如图5-92所示。

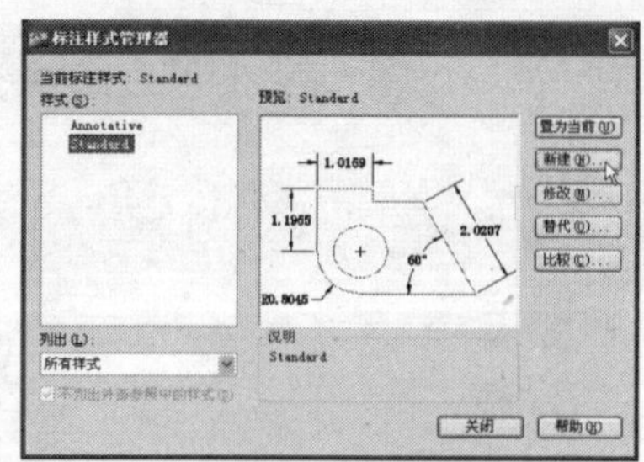

图5-92 “标注样式管理器”对话框

步骤03 打开“创建新标注样式”对话框，在“新样式名”文本框中输入新样式名，然后单击“继续”按钮，如图5-93所示。

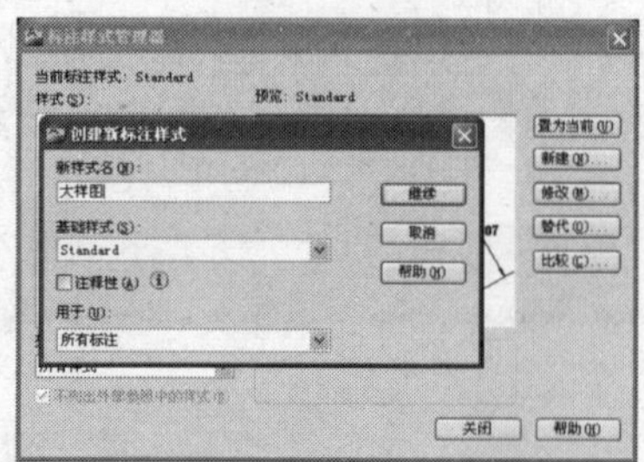

图5-93 创建新标注样式

步骤04 打开“新建标注样式：大样图”对话框，设置尺寸线和延伸线为蓝色、超出尺寸线为30、起点偏移量为30，如图5-94所示。

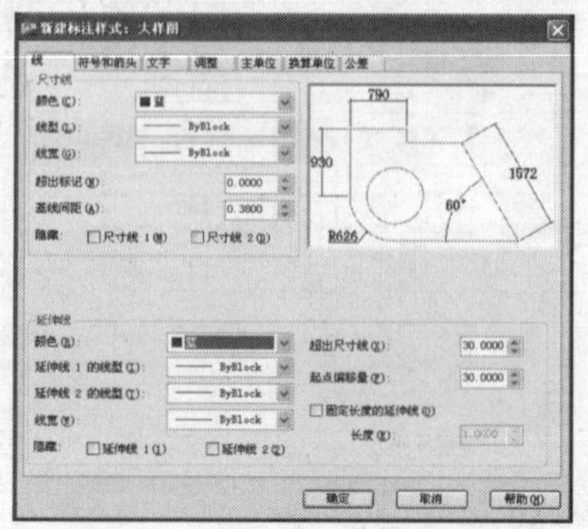

图5-94 设置线参数

步骤05 切换至“符号和箭头”选项卡，设置箭头和引线为“建筑标记”，然后设置箭头的大小为30，如图5-95所示。

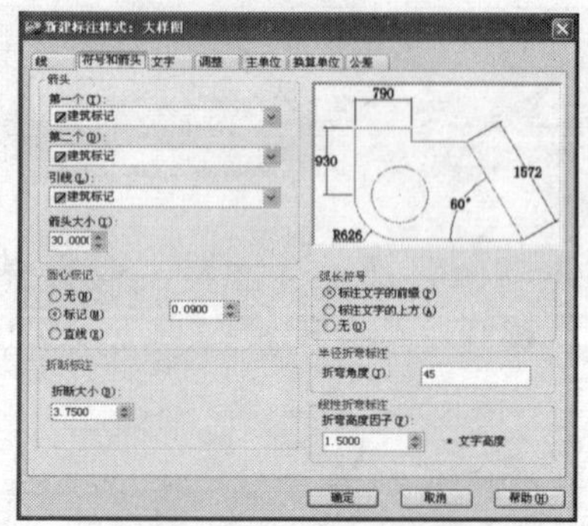

图5-95 设置箭头和引线

步骤06 切换至“文字”选项卡，设置文字颜色为蓝色、文字高度为140，设置从尺寸线偏移的值为20，如图5-96所示。

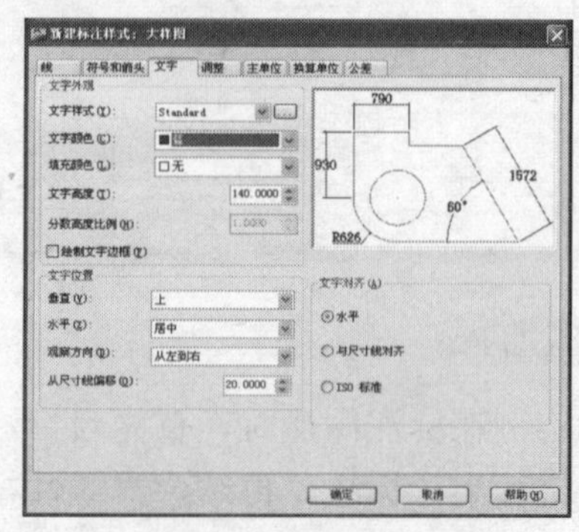

图5-96 设置文字参数

步骤07 切换至“主单位”选项卡，设置线性标注的精度为0，如图5-97所示。

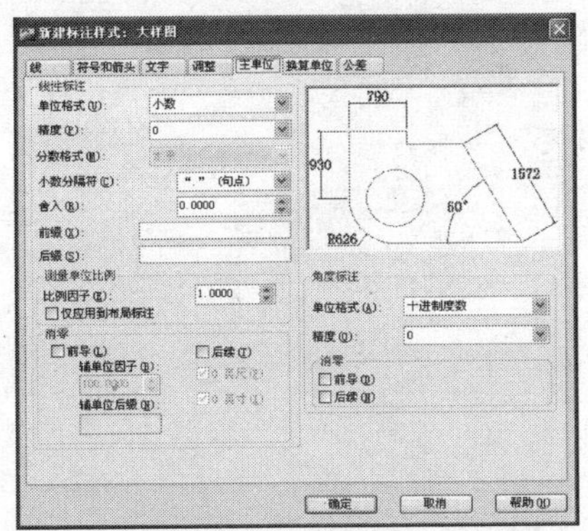

图5-97 设置精度

步骤08 单击“确定”按钮，返回“标注样式管理器”对话框。选择创建的“大样图”样式，单击“置为当前”按钮（如图5-98所示），然后关闭该对话框。

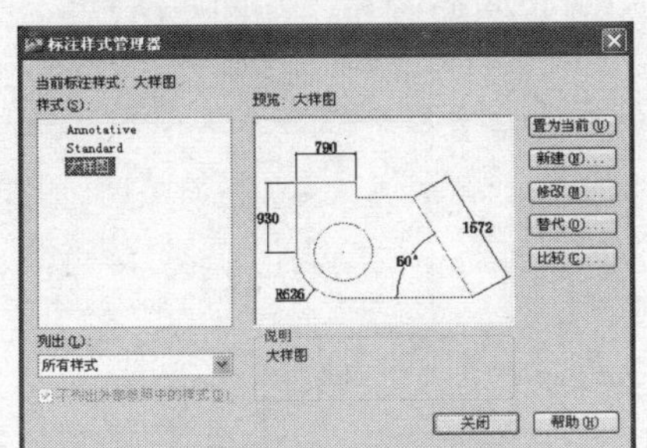

图5-98 设置当前样式

步骤09 单击“注释”标签，然后在“标注”面板中单击“标注”下拉按钮，在弹出的下拉列表中选择“半径”选项，如图5-99所示。

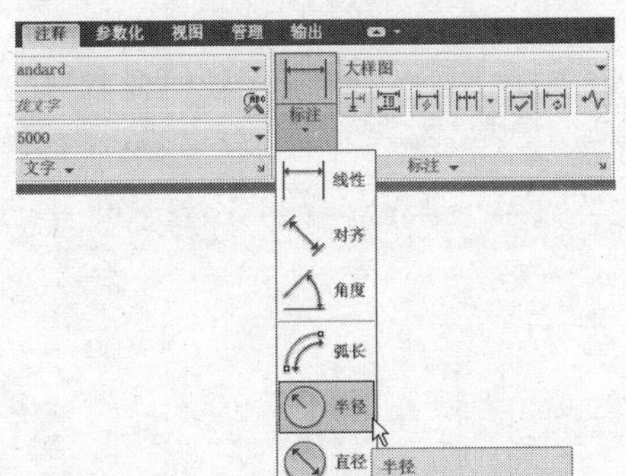

图5-99 选择“半径”选项

步骤10 在大样图中选择要标注半径的圆弧，如图5-100所示。

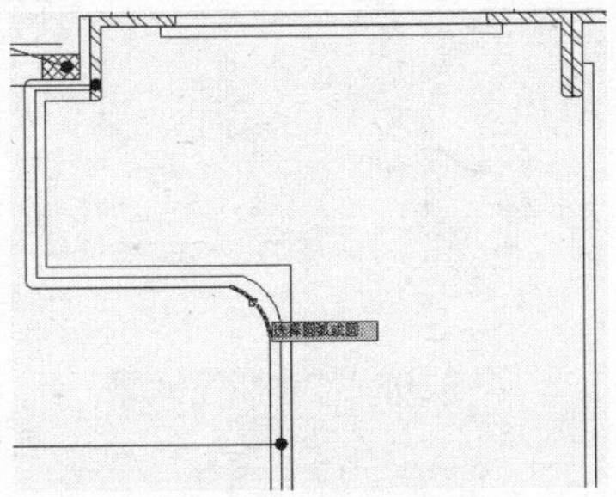

图5-100 选择圆弧

步骤11 在大样图中指定尺寸线的位置，创建半径标注，效果如图5-101所示。

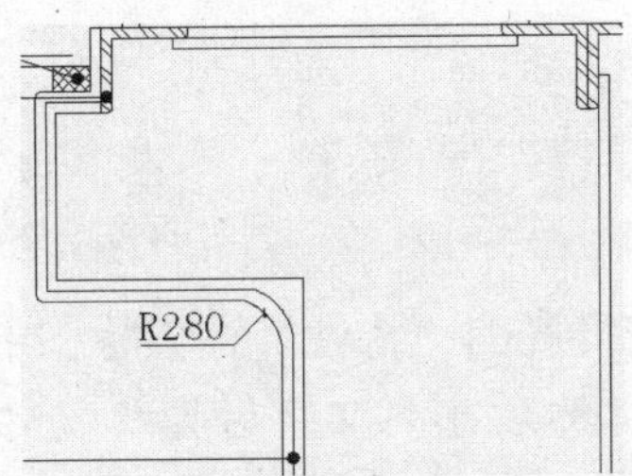

图5-101 半径标注效果

步骤12 执行DIMRADIUS（半径标注）命令，创建另一个半径标注，如图5-102所示。

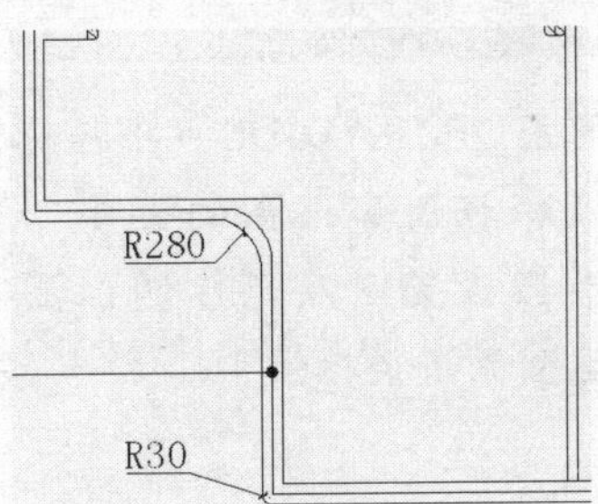

图5-102 半径标注对象

步骤13 结合DLI（线性标注）和DCO（连续标注）命令对大样图进行尺寸标注，效果如图5-103所示。

步骤14 由于本例的大样图是在原图基础上放大了10倍，接下来需要将标注尺寸缩小为原来的1/10，双击其中的尺寸标注，如图5-104所示。

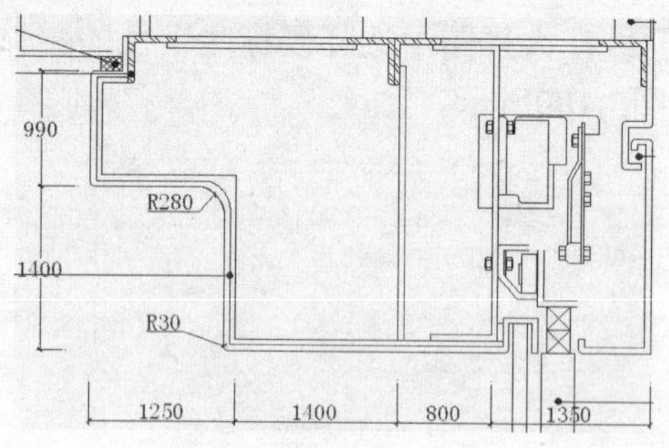

图5-103 尺寸标注效果

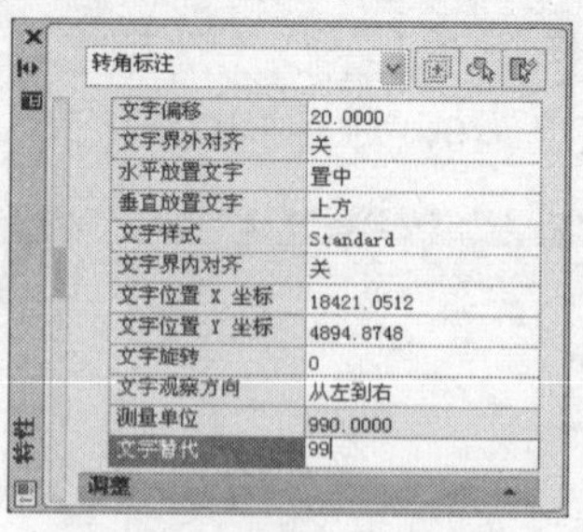

图5-105 输入新的数值

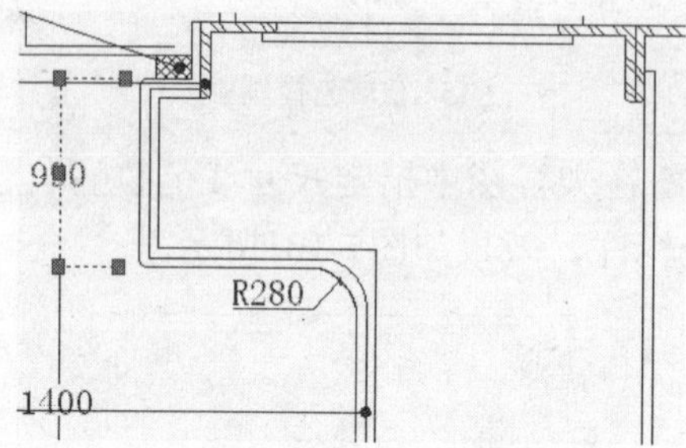

图5-104 双击尺寸标注

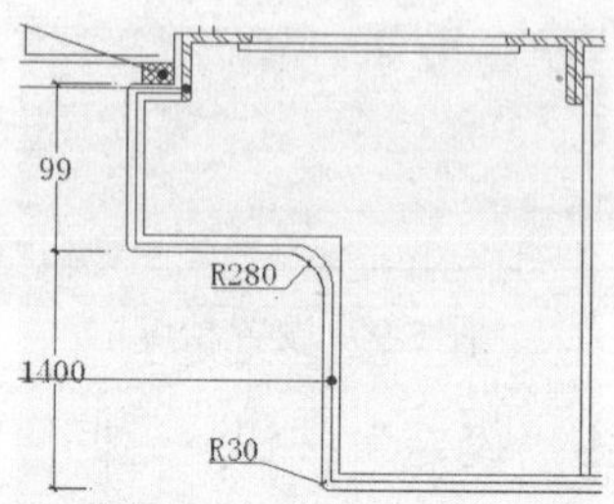

图5-106 修改后的尺寸标注

步骤15 在打开的“特性”选项板中展开“文字”栏，然后在“文字替换”文本框中输入新的数值“99”，再按【Enter】键进行确定（如图5-105所示），修改后的尺寸标注如图5-106所示。

步骤16 使用同样的方法修改其他的尺寸标注，完成实例的制作，如图5-107所示。

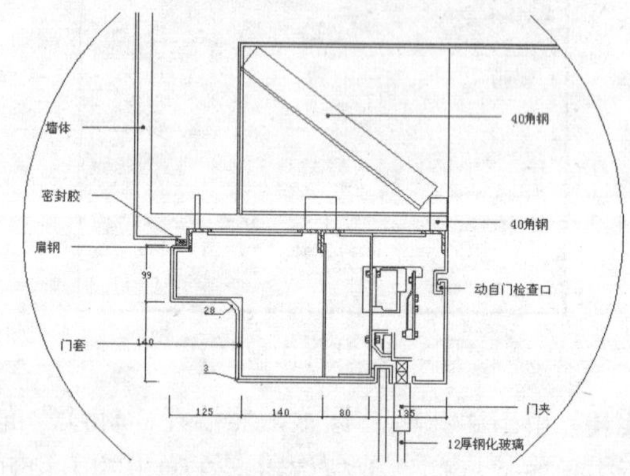

图5-107 图形标注效果

技巧提示

使用DIMRADIUS（半径标注）命令可以根据圆和圆弧的大小、标注样式的参数设置以及光标的位置来绘制不同类型的半径标注。

实例048 创建形位公差

本实例将通过创建形位公差的操作，学习使用“快速引线”命令创建形位公差的方法，实例效果如图5-108所示。

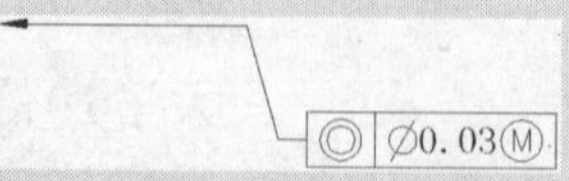

图5-108 创建形位公差

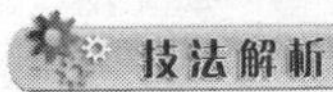

本实例所创建的形位公差，使用了“快速引线”命令。执行该命令后，可根据提示指定形位公差的符号、公差值和包容条件。

	实例路径	实例\第5章\形位公差.dwg
	素材路径	素材\第5章\无

步骤01 输入并执行QLEADER命令，然后输入S打开“引线设置”对话框，选中“公差”单选按钮，如图5-109所示。

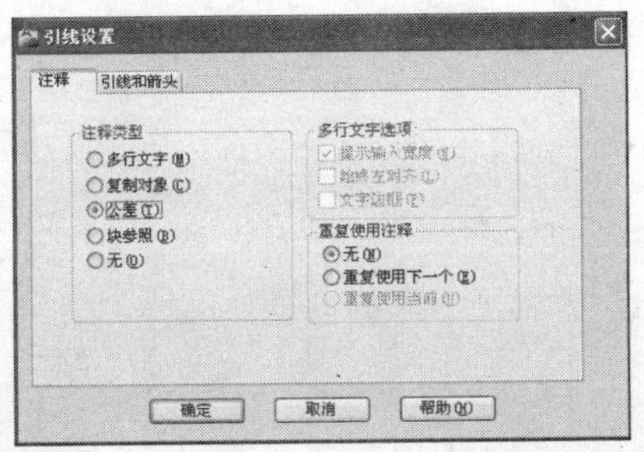

图5-109 选中“公差”单选按钮

步骤02 单击“确定”按钮，然后根据命令提示绘制如图5-110所示的引线。

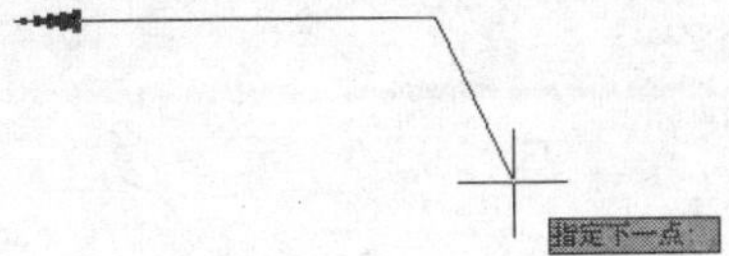

图5-110 绘制引线

步骤03 在打开的“形位公差”对话框中单击“符号”选项区中的符号框，如图5-111所示。

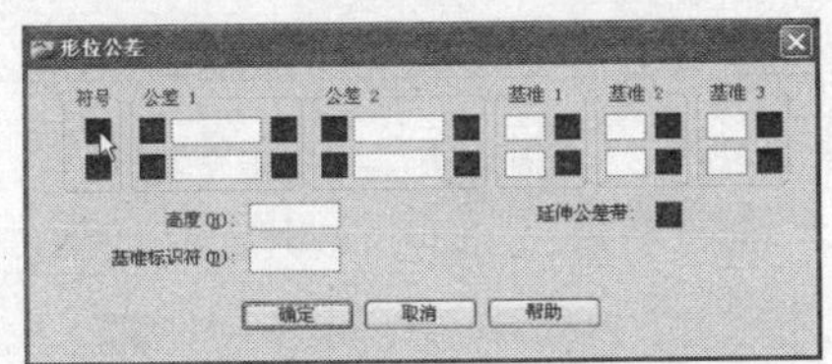

图5-111 单击符号框

步骤04 在打开的“特征符号”对话框中选择几何特征符号◎，如图5-112所示。

步骤05 单击“公差1”选项区中的第一个小黑框，该框将自动插入直径符号，如图5-113所示。

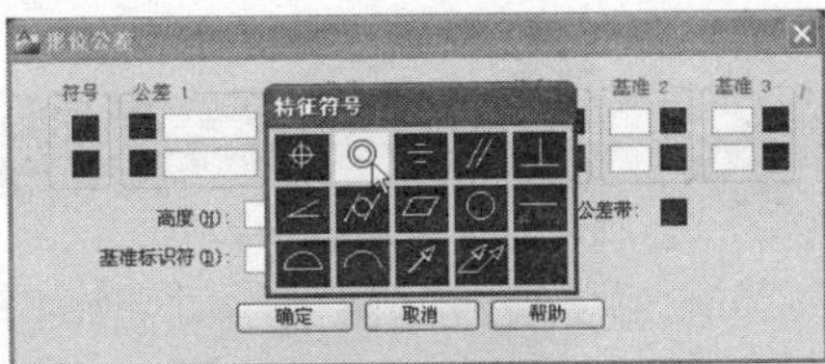

图5-112 选择符号

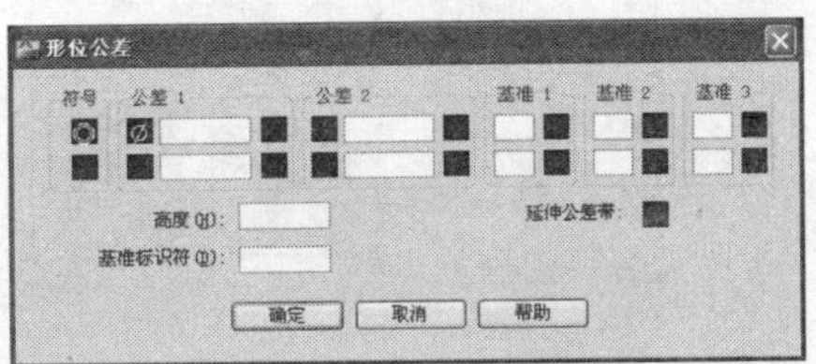

图5-113 插入直径符号

步骤06 在“公差1”选项区的文本框中输入公差值0.03，如图5-114所示。

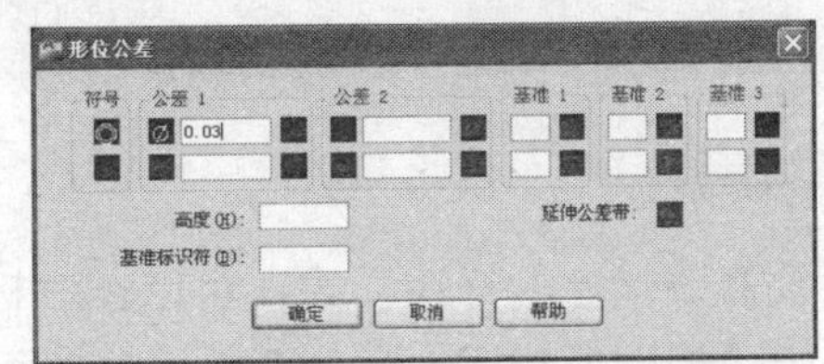

图5-114 输入公差值

步骤07 单击“公差1”选项区中的第二个小黑框，打开“附加符号”对话框，从中选择修饰符号，如图5-115所示。

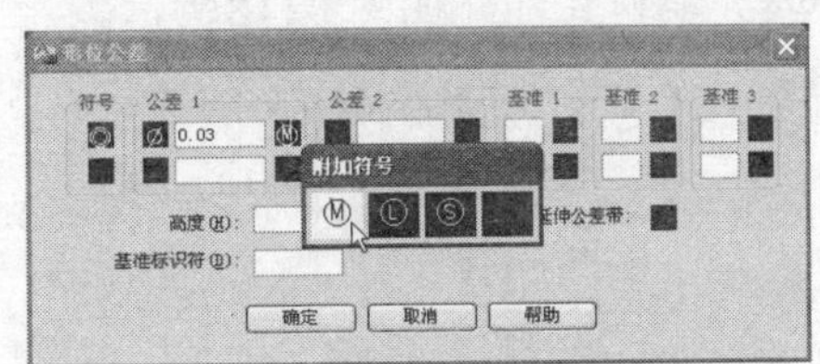

图5-115 选择符号

步骤08 单击“确定”按钮，完成形位公差标注，效果如图5-116所示。

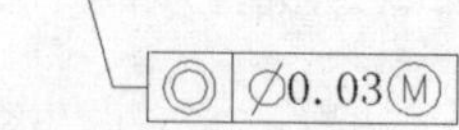

图5-116 形位公差标注效果

技巧提示

在产品生产过程中，必须根据实际情况，在图纸上标注出相应表面的形状误差和相应表面之间位置误差的允许范围，即形位公差。

实例049 编辑书柜标注样式

本实例将通过编辑书柜立面图标注样式的操作，学习修改标注样式的方法，实例效果如图5-117所示。

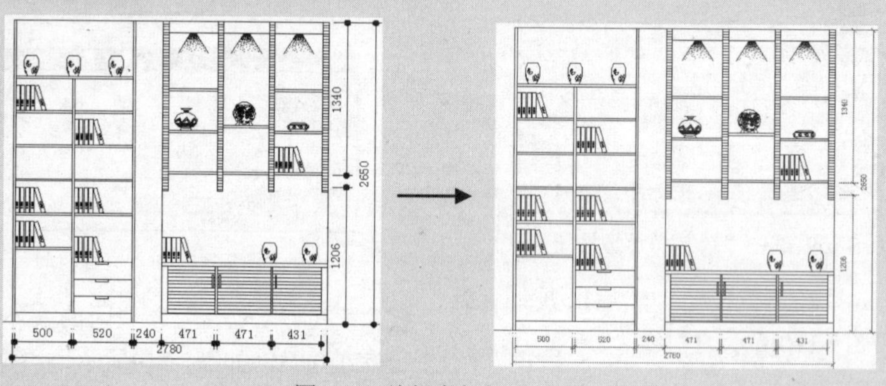

图5-117 编辑书柜标注样式

技法解析

要修改尺寸的标注样式，可以在“标注样式管理器”对话框选择要修改的标注样式然后单击“修改”按钮，在打开的“修改标注样式”对话框中进行修改。

	实例路径	实例\第5章\书柜立面图.dwg
	素材路径	素材\第5章\书柜立面图.dwg

步骤01 根据素材路径打开“书柜立面图.dwg”素材文件，如图5-118所示。

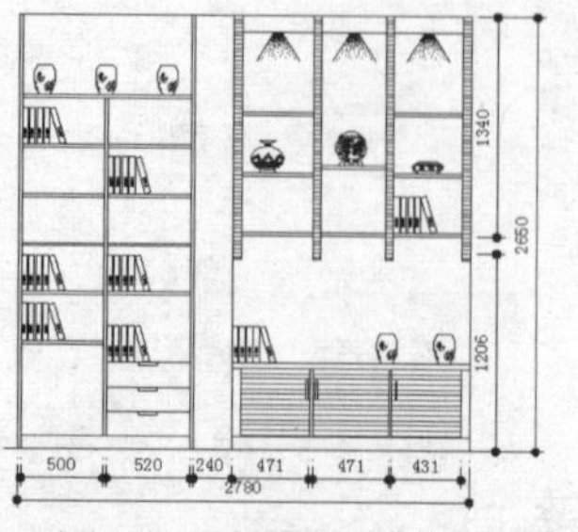

图5-118 打开素材文件

步骤02 执行D（样式标注）命令，打开“标注样式管理器”对话框，如图5-119所示。

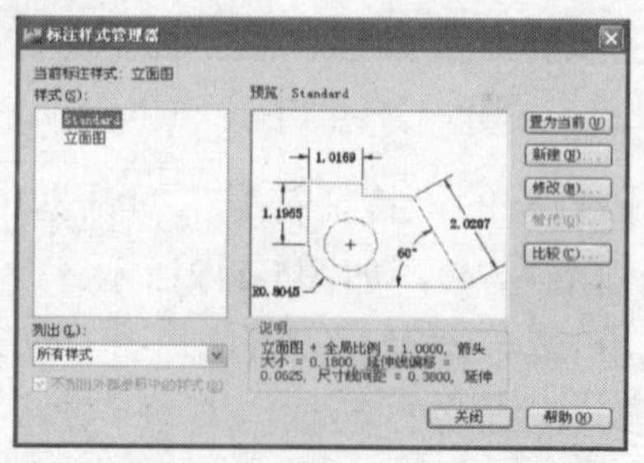

图5-119 “标注样式管理器”对话框

步骤03 选择“立面图”标注样式，然后单击“修改”按钮，打开“修改标注样式”对话框，设置尺寸线和延伸线的颜色为红色，如图5-120所示。

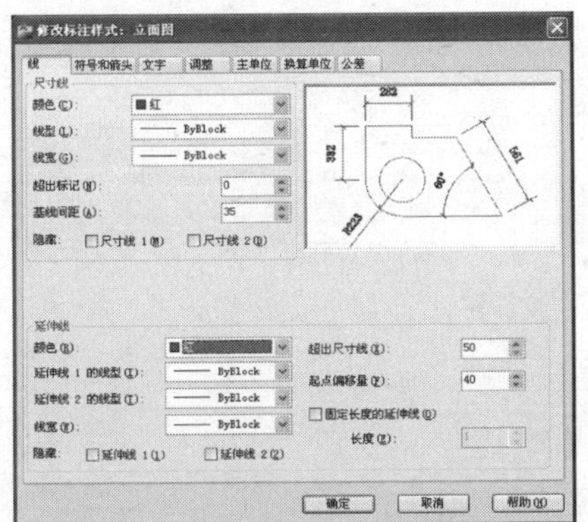

图5-120 设置尺寸线和延伸线的颜色

步骤04 切换至“符号和箭头”选项卡，设置箭头为倾斜，大小为30，如图5-121所示。

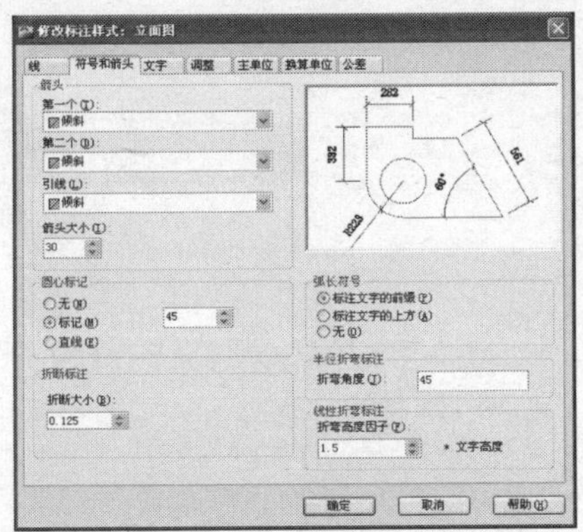

图5-121 设置箭头样式

步骤05 切换至“文字”选项卡，设置文字颜色为红色、文字高度为50，如图5-122所示。

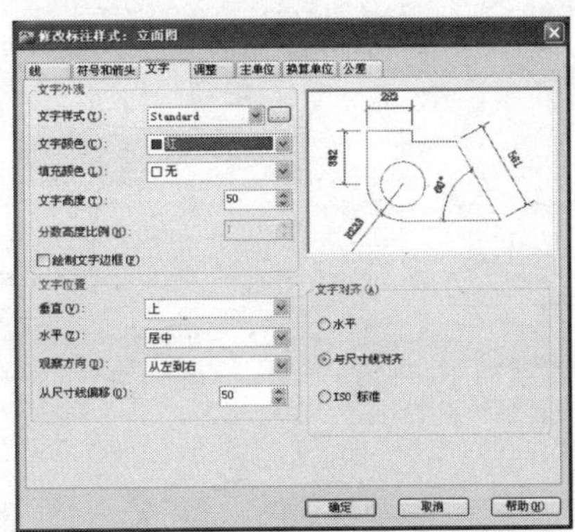

图5-122 设置文字参数

步骤06 完成修改设置后进行确定，然后关闭“标注样式管理器”对话框，完成对标注样式的修改，效果如图5-123所示。

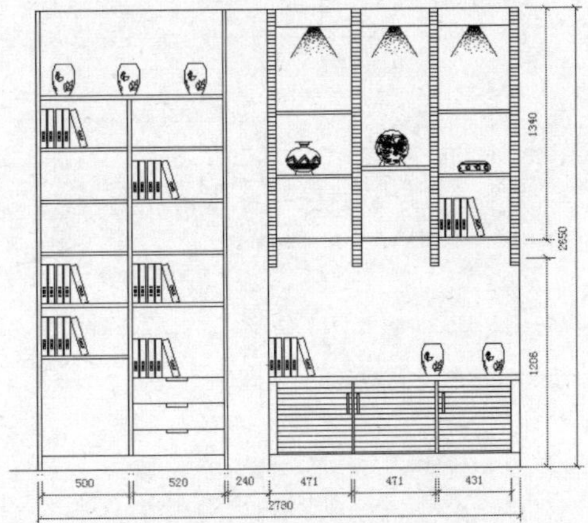

图5-123 修改标注样式后的效果

PART 06

室内装饰平面图块

在AutoCAD建筑设计中，通常会用到多种装饰图块，而且很多图块将被反复使用。

为了提高绘图效率，用户需要收集大量的图块以便后期调用，有些图块需要用户自己绘制。在本章中，将对常用室内装饰平面图块的绘制方法进行介绍，以帮助读者迅速掌握各种室内装饰平面图块的绘制方法与技巧。

效果展示 XIAOGUO ZHANSHI

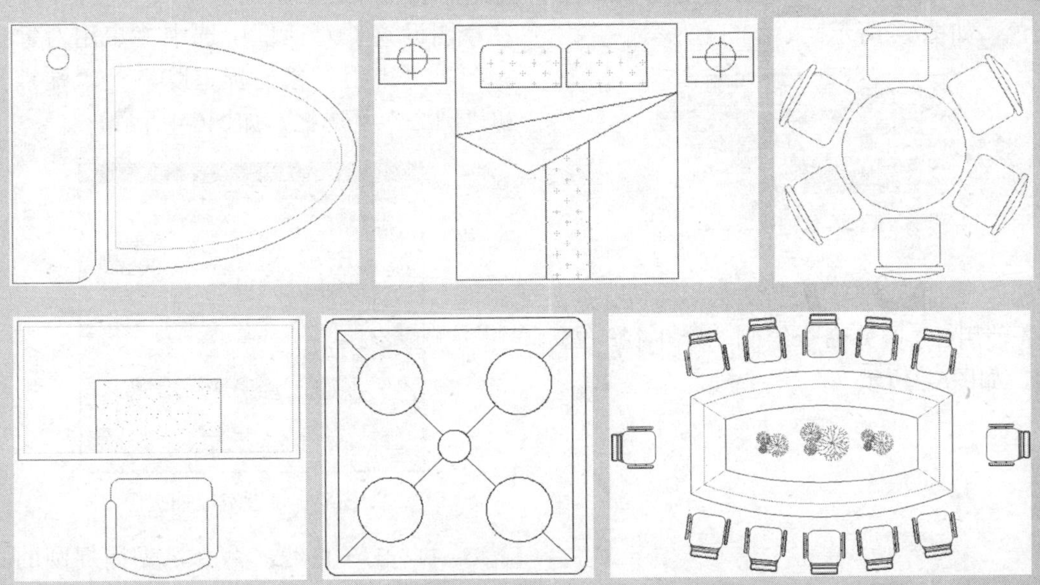

实例050 创建射灯平面图块

本实例将通过创建射灯平面图块的操作，学习常用绘图命令的使用和创建块的方法，实例效果如图6-1所示。

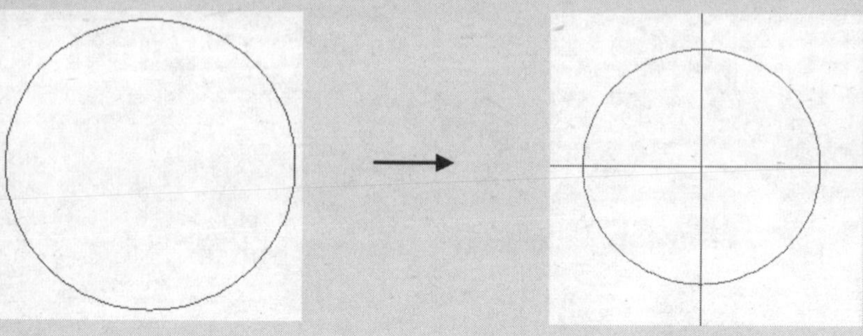

图6-1 创建射灯平面图块

技法解析

本实例在创建射灯平面图块的过程中，首先使用绘图命令绘制出射灯的图形，然后使用“块定义”命令将图形定义为块对象。

	实例路径	实例\第6章\射灯平面图块.dwg
	素材路径	素材\第6章\无

步骤01 在“特性”面板中设置当前绘图颜色为红色，如图6-2所示。

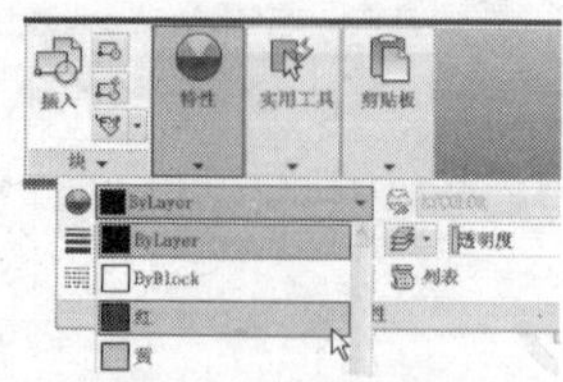

图6-2 设置当前颜色

步骤02 使用C（圆）命令绘制一个半径为25的圆，如图6-3所示。

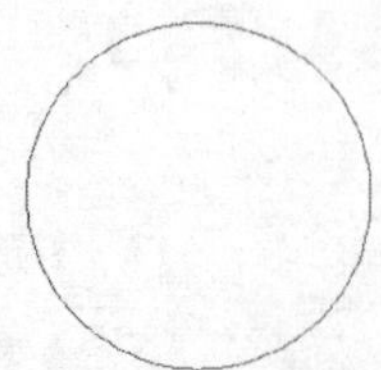

图6-3 绘制圆形

步骤03 执行SE（设置）命令，在打开的“草图设置”对话框中选中“启用对象捕捉”、“启用对象捕捉追踪”、“端点”和“圆心”复选框，如图6-4所示。

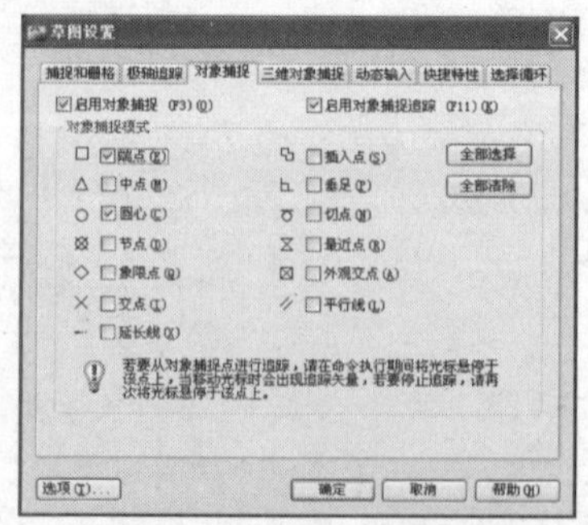

图6-4 设置对象捕捉

步骤04 执行L（直线）命令，先捕捉圆的圆心，然后向左移动鼠标，指定线段的起点（如图6-5所示），再向右绘制一条线段，效果如图6-6所示。

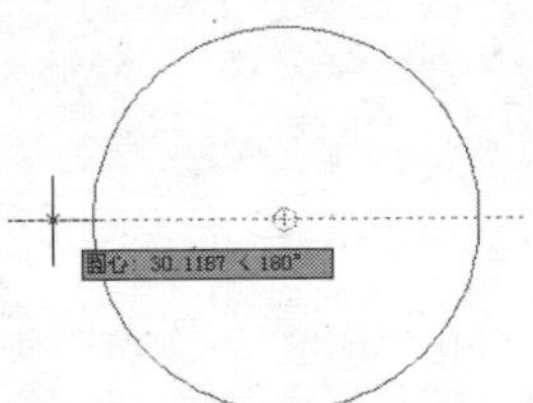

图6-5 指定线段起点

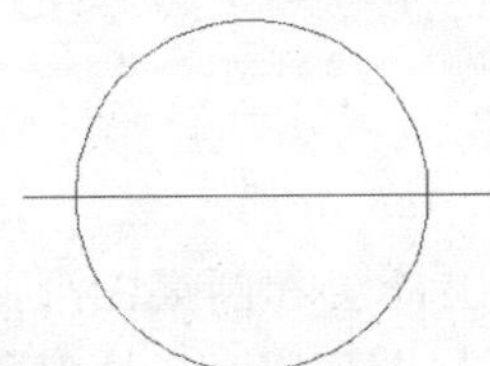

图6-6 绘制线段

步骤05 使用L（直线）命令绘制一条穿过圆心的垂直线段，完成效果如图6-7所示。

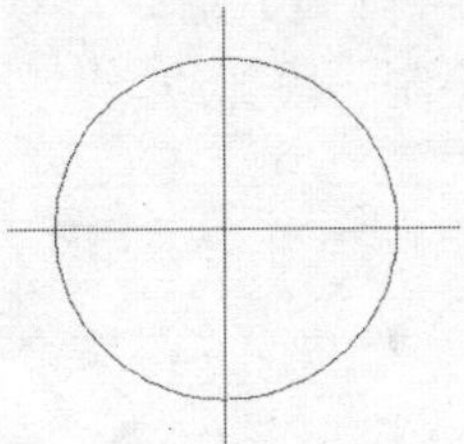

图6-7 射灯平面效果

步骤06 执行B（块定义）命令，打开“块定义”对话框，在“名称”文本框中输入“射灯”，然后单击“选择对象”按钮，如图6-8所示。

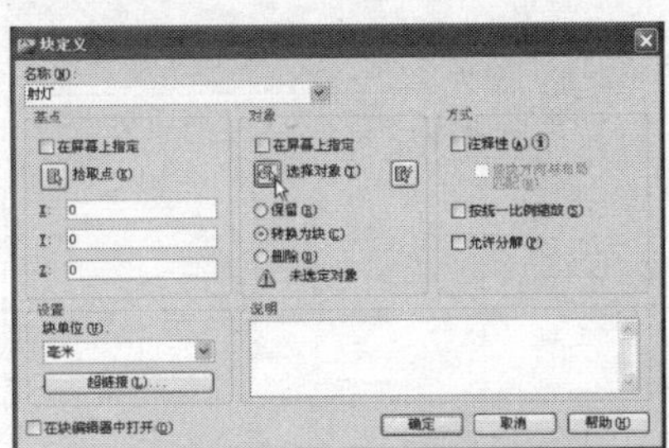

图6-8 单击“选择对象”按钮

步骤07 在绘图区中选择射灯平面图并确定，返回“块定义”对话框，单击“拾取点”按钮，如图6-9所示。

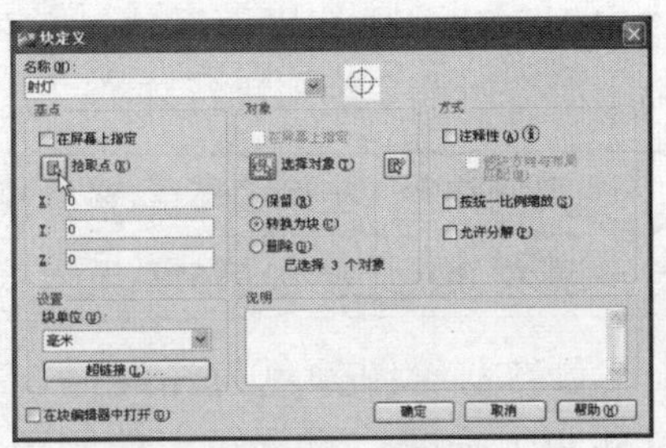

图6-9 单击“拾取点”按钮

步骤08 指定块的插入基点并确定（如图6-10所示），即可完成射灯平面图块的创建。

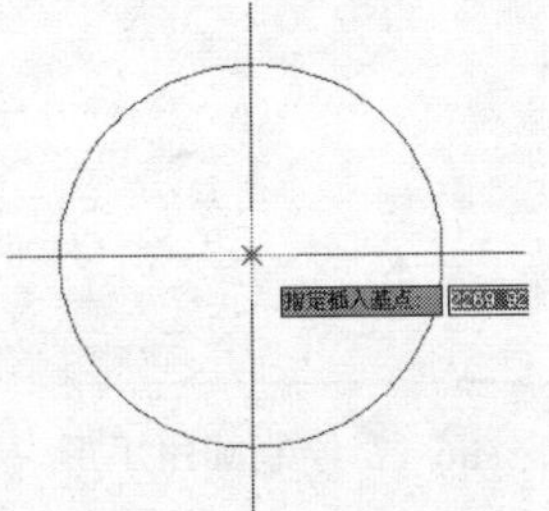

图6-10 指定插入基点

技巧提示

射灯颜色包括单色、双色、七彩、跳变在内的多种色彩组合，主要用于室内装饰、商业空间照明及建筑装饰照明等领域。

实例051 创建餐桌椅平面图块

本实例将通过创建椅子平面图块的操作，学习常见平面图块的创建方法，实例效果如图6-11所示。

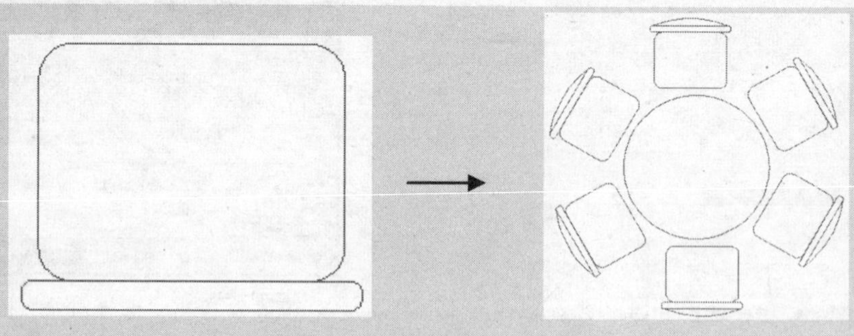

图6-11 创建餐桌椅平面图块

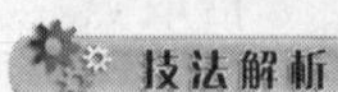

技法解析

本实例创建餐桌椅平面图块，首先使用绘图命令绘制出椅子和圆桌图形，然后使用“阵列”命令对椅子图形进行阵列，完成图形的绘制后，再将图形定义为块对象。

	实例路径	实例\第6章\餐桌椅平面图块.dwg
	素材路径	素材\第6章\无

步骤01 设置当前绘图颜色为洋红色，执行REC（矩形）命令，设置矩形的圆角半径为50，然后绘制一个长度为450、宽度为350的圆角矩形，如图6-12所示。

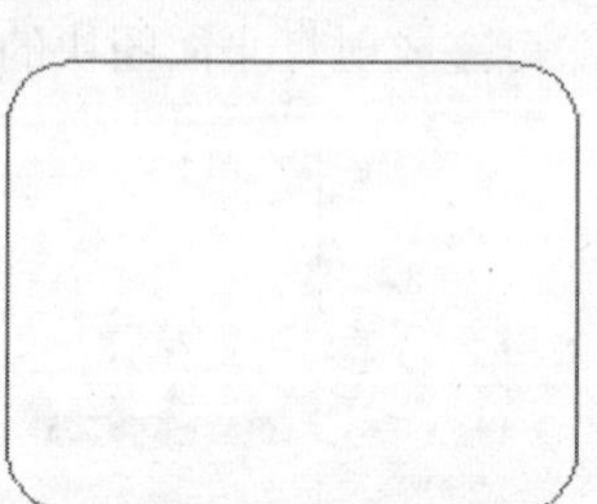

图6-12 绘制圆角矩形

步骤02 参照如图6-13所示的效果，绘制一个圆角半径为15、长度为500、宽度为40的圆角矩形。

图6-13 绘制圆角矩形

步骤03 执行A（圆弧）命令，参照如图6-14所示的效果绘制一段弧线。

图6-14 绘制圆弧

步骤04 执行C（圆）命令，绘制一个半径为450的圆形，如图6-15所示。

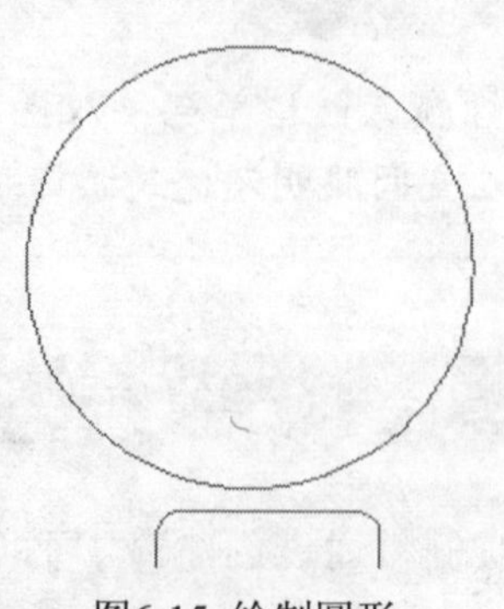

图6-15 绘制圆形

步骤05 执行AR（阵列）命令，打开“阵列”对话框，选中“环形阵列”单选按钮，设置项目总数为6，如图6-16所示。

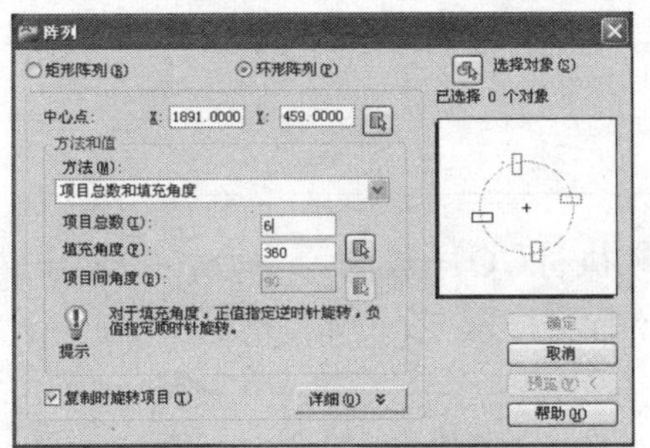

图6-16 设置阵列参数

步骤06 单击“选择对象”按钮，选择椅子图形并确定，然后返回“阵列”对话框单击“拾取中心点”按钮，如图6-17所示。

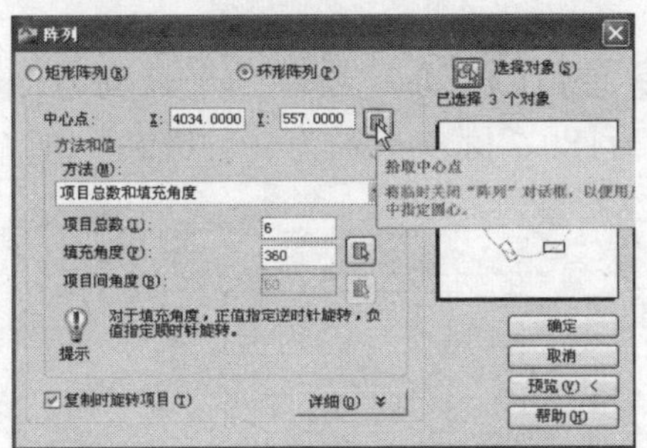

图6-17 单击“拾取中心点”按钮

步骤07 在圆的圆心处指定阵列的中心点，如图6-18所示。

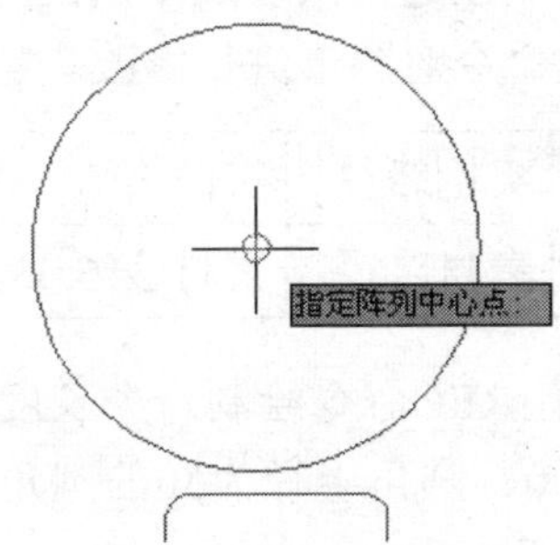

图6-18 指定阵列中心点

步骤08 返回“阵列”对话框进行确定，完成餐桌椅的绘制，然后将其定义为块对象，效果如图6-19所示。

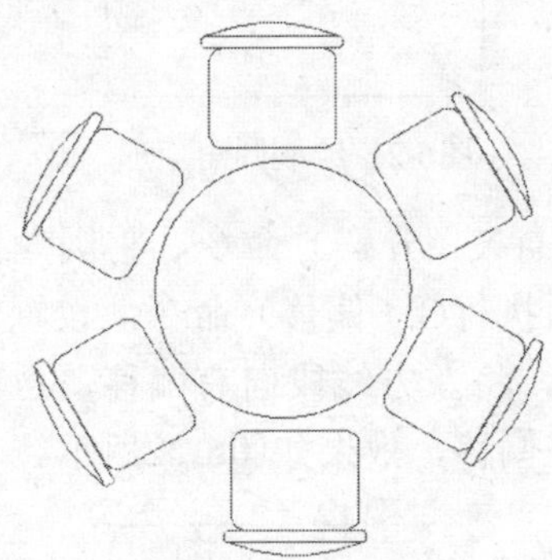
图6-19 餐桌椅效果

实例052 创建单人沙发平面图块

本实例将通过创建单人沙发平面图块的操作，使读者掌握常用室内图块的绘制方法，实例效果如图6-20所示。

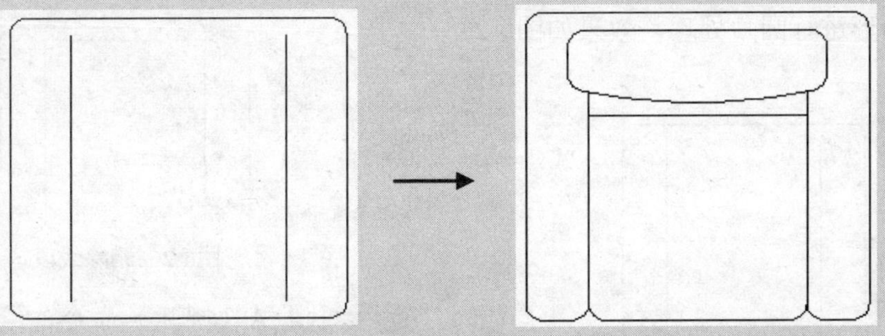
图6-20 创建单人沙发平面图块

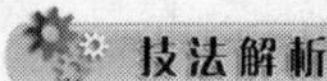

技法解析

本实例创建单人沙发平面图块，首先使用“矩形”命令绘制出沙发的主体轮廓，然后使用修改命令对图形进行修改。

	实例路径	实例\第6章\单人沙发平面图块.dwg
	素材路径	素材\第6章\无

步骤01 使用REC命令绘制一个长度为1000、宽度为900、圆角半径为50的圆角矩形，如图6-21所示。

图6-21 绘制圆角矩形

步骤02 执行X（分解）命令，将圆角矩形分解，然后执行O（偏移）命令，设置偏移距离为180，将左方线段向右偏移，再将右方线段向左偏移，效果如图6-22所示。

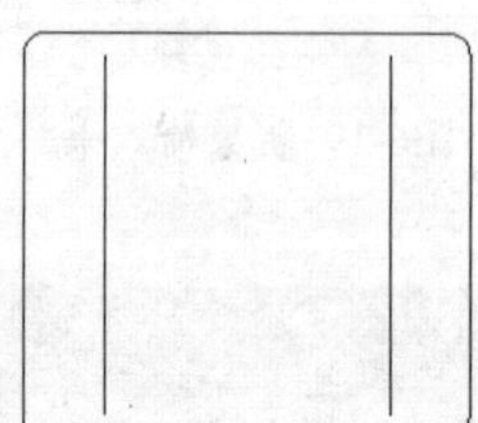

图6-22 偏移线段

步骤03 执行F（圆角）命令，设置圆角半径为50，对图形进行圆角处理，效果如图6-23所示。

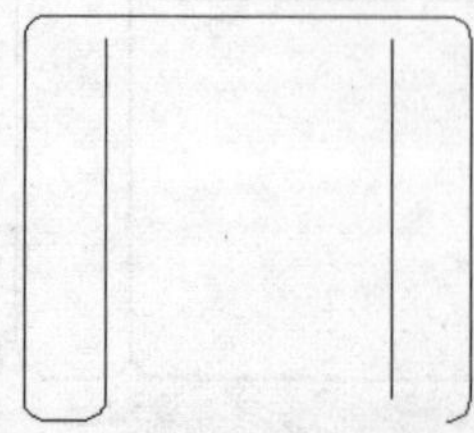

图6-23 圆角处理图形

步骤04 执行CO（复制）命令，将左下角线段复制到右方，效果如图6-24所示。

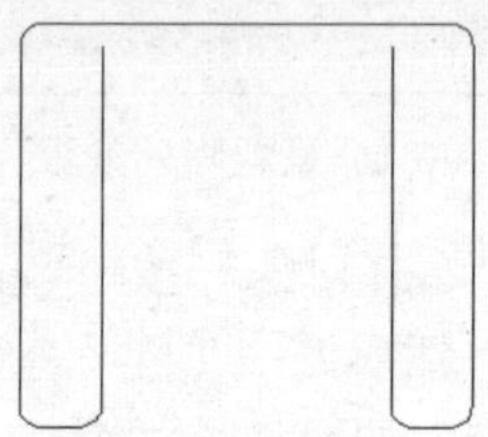

图6-24 复制线段

步骤05 使用REC命令绘制一个长度为760、宽度为180、圆角半径为50的圆角矩形，如图6-25所示。

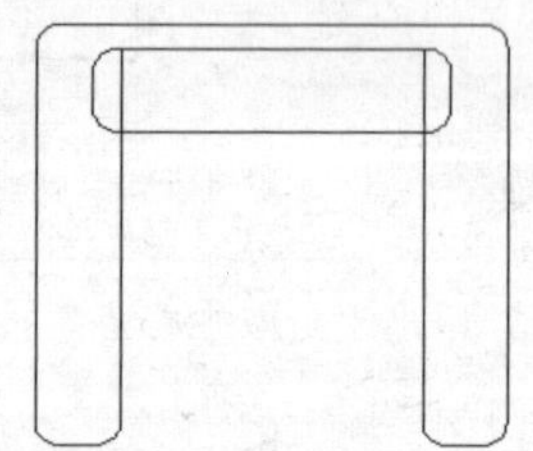

图6-25 绘制圆角矩形

步骤06 执行X（分解）命令，将圆角矩形分解，然后使用E（删除）命令将圆角矩形下方的线段删除，如图6-26所示。

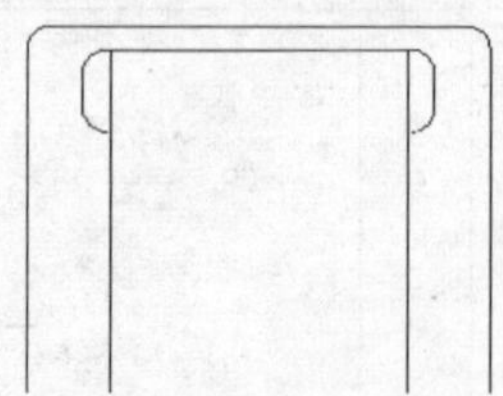

图6-26 删除线段

步骤07 执行A（圆弧）命令，绘制一条如图6-27所示的弧线。

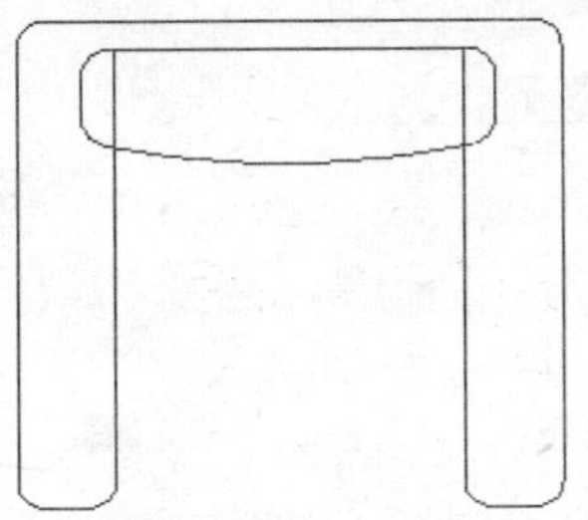
图6-27 绘制弧线

步骤08 执行TR（修剪）命令，以弧线为修剪边界，对线段进行修剪，如图6-28所示。

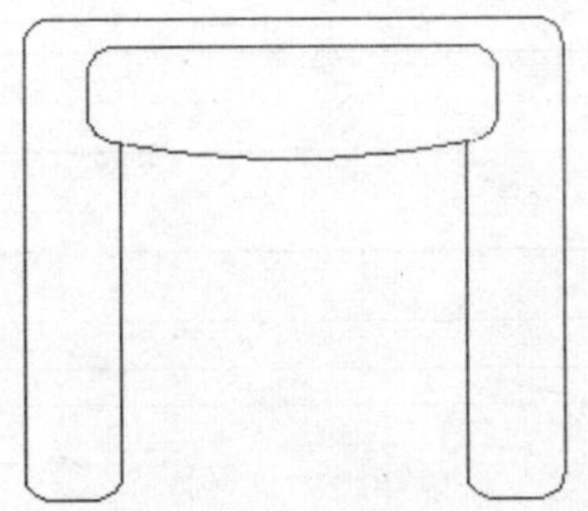
图6-28 修剪线段

步骤09 使用L（直线）命令绘制一条线段，如图6-29所示。

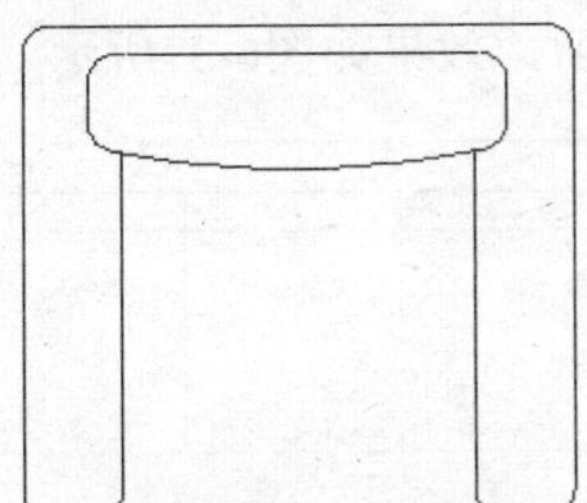
图6-29 绘制线段

步骤10 执行F（圆角）命令，设置圆角半径为50，对图形下方的线段进行圆角处理，如图6-30所示。

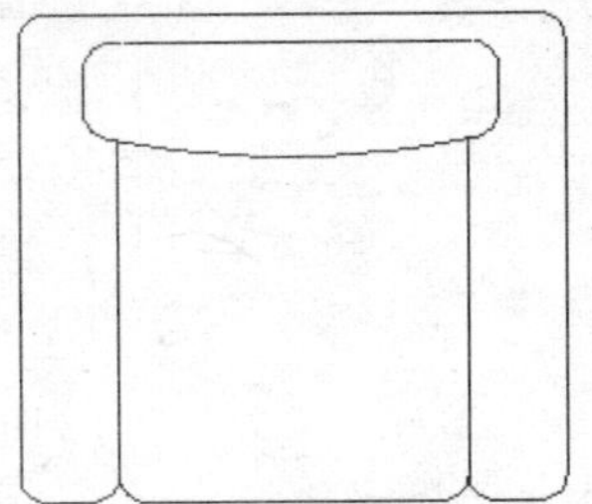
图6-30 圆角线段

步骤11 执行O（偏移）命令，设置偏移距离为300，然后将图形上方的线段向下偏移，如图6-31所示。

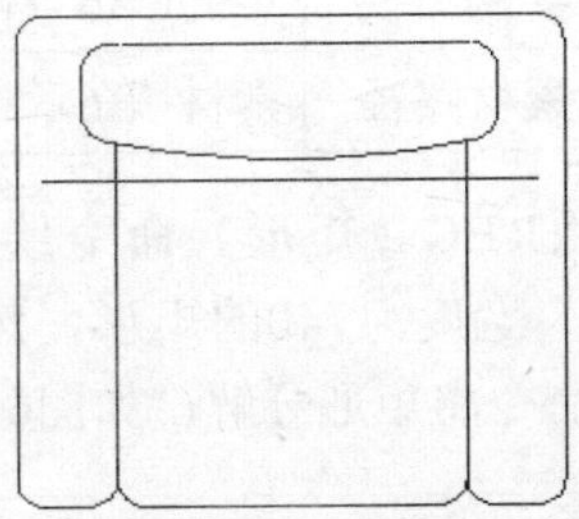
图6-31 偏移线段

步骤12 使用TR（修剪）命令对图形进行修剪（效果如图6-32所示），然后将图形定义为块对象，完成单人沙发图块的创建。

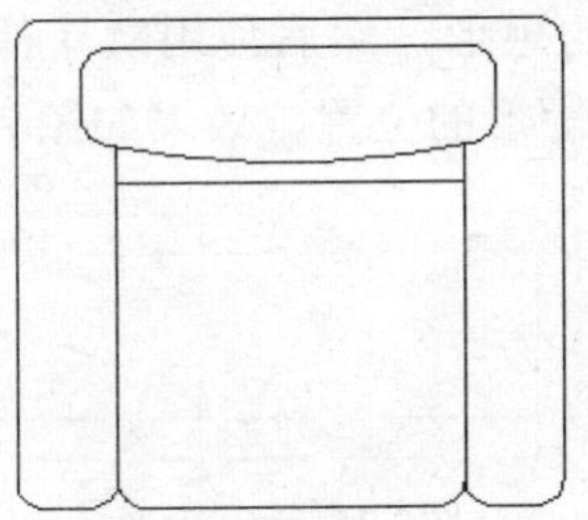
图6-32 单人沙发图

实例053 创建多人沙发平面图块

本实例将通过创建多人沙发平面图块的操作，使读者掌握常用室内图块的绘制方法，实例效果如图6-33所示。

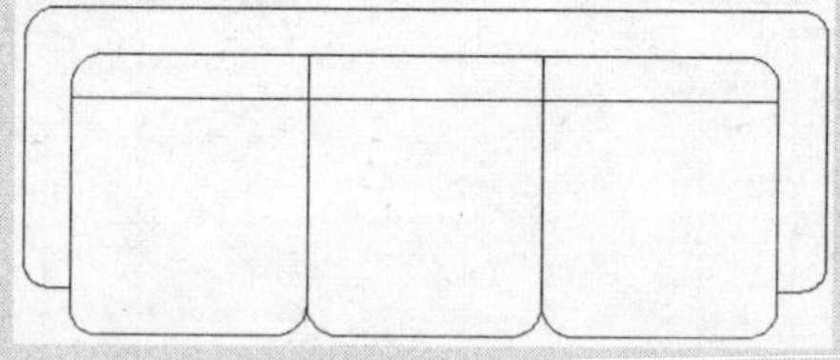

图6-33 创建多人沙发平面图块

 技法解析

本实例创建多人沙发平面图块，首先使用“矩形”命令绘制出沙发的轮廓，然后使用“偏移”、“修剪”和“圆角”命令对图形进行修改。

	实例路径	实例\第6章\多人沙发平面图块.dwg
	素材路径	素材\第6章\无

步骤01 使用REC（矩形）命令绘制一个长度为2100、宽度为740的矩形，然后使用X（分解）命令将矩形分解，如图6-34所示。

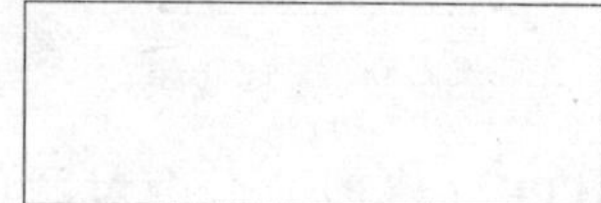

图6-34 绘制矩形并分解

步骤02 使用REC命令绘制3个长度为610、宽度为740的矩形，然后使用M（移动）命令适当调整矩形的位置，效果如图6-35所示。

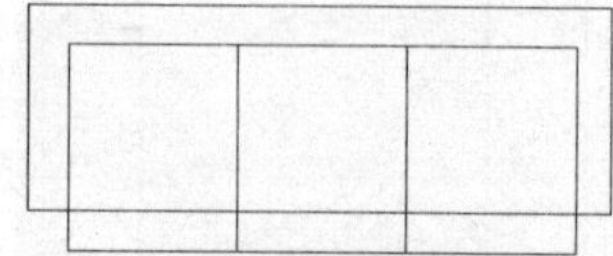

图6-35 绘制矩形

步骤03 执行O（偏移）命令，设置偏移距离为240，然后将上方线段向下偏移，效果如图6-36所示。

技巧提示

使用O（偏移）命令可以将选定的图形对象以一定的距离增量单方向复制一次。

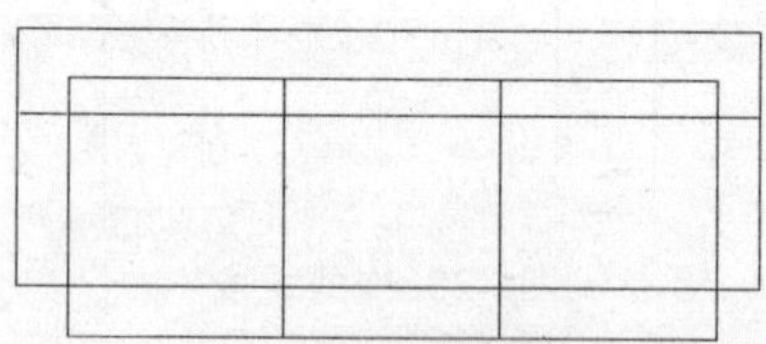

图6-36 偏移线段

步骤04 使用TR（修剪）命令对矩形中的线段进行修剪，效果如图6-37所示。

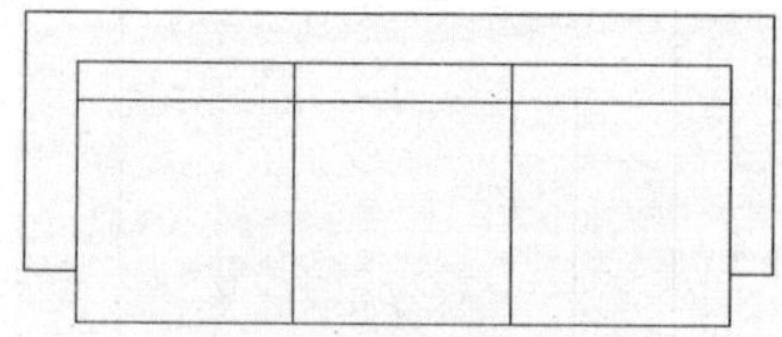

图6-37 修剪线段

步骤05 执行F（圆角）命令，设置圆角半径为50，对矩形中的线段进行圆角处理（效果如图6-38所示），然后将图形定义为块对象，完成多人沙发平面图块的创建。

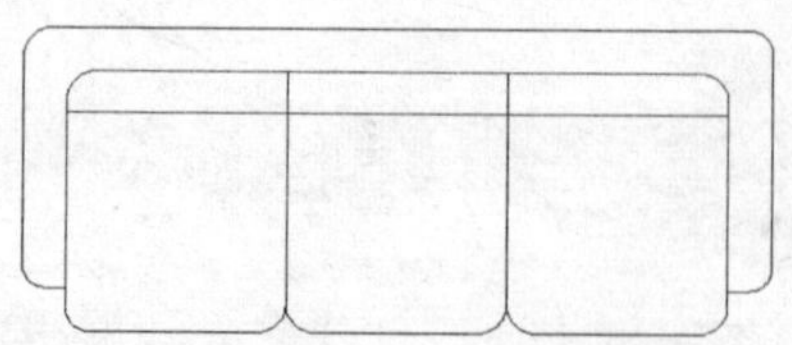

图6-38 多人沙发平面图

实例054 创建茶几平面图块

本实例将通过创建茶几平面图块的操作，使读者掌握常用室内图块的绘制方法，实例效果如图6-39所示。

图6-39 创建茶几平面图块

技法解析

本实例创建茶几平面图块，首先使用“矩形”命令绘制出茶几的轮廓，然后使用“图案填充”命令对图形进行填充。

实例路径	实例\第6章\茶几平面图块.dwg
素材路径	素材\第6章\无

步骤01 设置当前绘图颜色为洋红色，然后使用REC（矩形）命令绘制一个长度为1380、宽度为690的矩形，如图6-40所示。

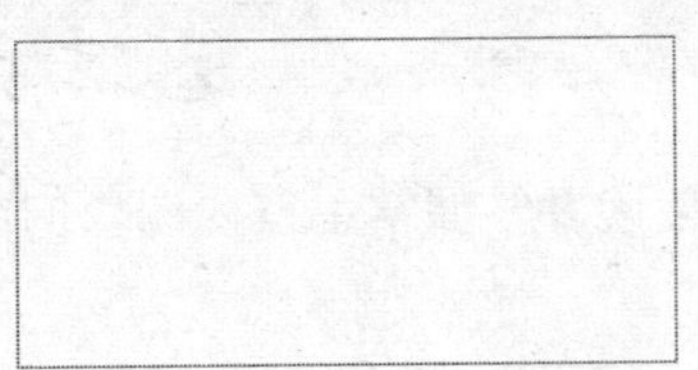

图6-40 绘制矩形

步骤02 使用REC命令绘制一个长度为1380、宽度为20、圆角半径为8的圆角矩形，如图6-41所示。

图6-41 绘制圆角矩形

步骤03 使用MI（镜像）命令将圆角矩形镜像到直角矩形的下方，如图6-42所示。

图6-42 镜像图形

步骤04 使用REC命令在图形左方绘制一个长度为30、宽度为690、圆角半径为8的圆 角矩形，如图6-43所示。

图6-43 绘制圆角矩形

步骤05 使用MI（镜像）命令将圆角矩形镜像到直角矩形的右方，如图6-44所示。

图6-44 镜像图形

步骤06 使用L（直线）命令绘制多条线段连接各个图形，效果如图6-45所示。

图6-45 绘制线段

步骤07 执行H（图案填充）命令，打开“图案填充和渐变色”对话框，选择“ANSI31”图案，设置图案颜色为青色，比例为2000，如图6-46所示。

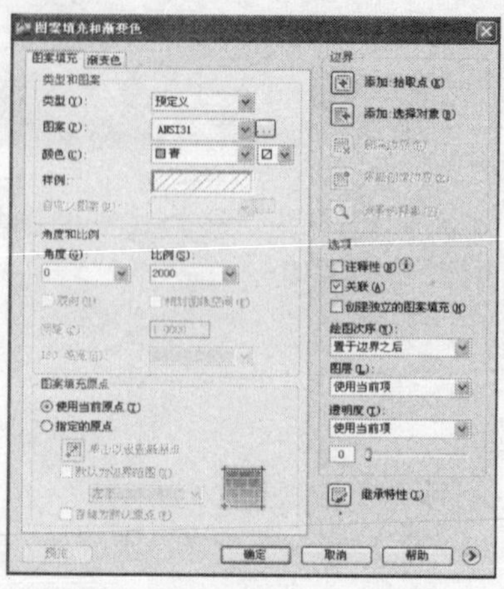

图6-46 设置填充图案参数

步骤08 单击“添加：拾取点”按钮，在图形中指定填充的区域（填充图案后的效果如图6-47所示），然后将图形定义为块对象，完成茶几平面图块的创建。

图6-47 茶几平面图

实例055 创建办公桌椅平面图块

本实例将通过创建办公桌椅平面图块的操作，使读者掌握常用室内图块的绘制方法，实例效果如图6-48所示。

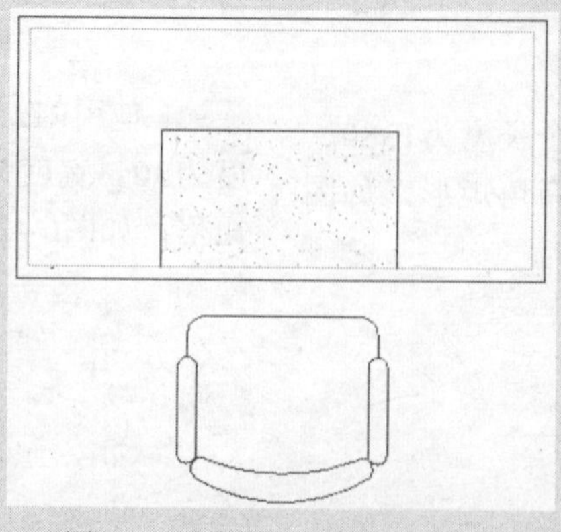

图6-48 创建办公桌椅平面图块

本实例创建办公桌椅平面图块，首先使用“矩形”和“图案填充”命令绘制出办公桌图形，然后使用“矩形”和“圆弧”命令绘制出椅子图形。

	实例路径	实例\第6章\办公桌椅平面图块.dwg
	素材路径	素材\第6章\无

步骤01 设置当前绘图颜色为红色，然后使用REC（矩形）命令绘制一个长度为1800、宽度为900的矩形，如图6-49所示。

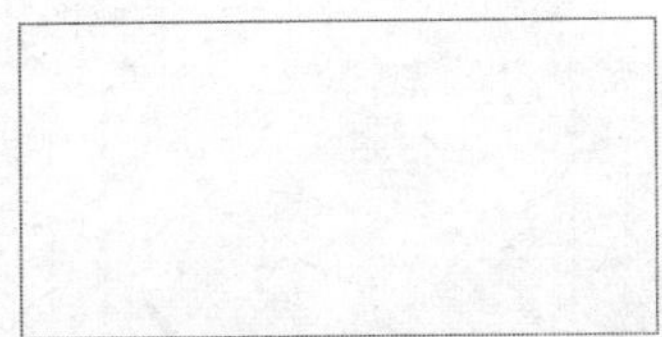

图6-49 绘制矩形

步骤02 使用O（偏移）命令将矩形向内偏移50，然后将所得到矩形的颜色改为黄色，如图6-50所示。

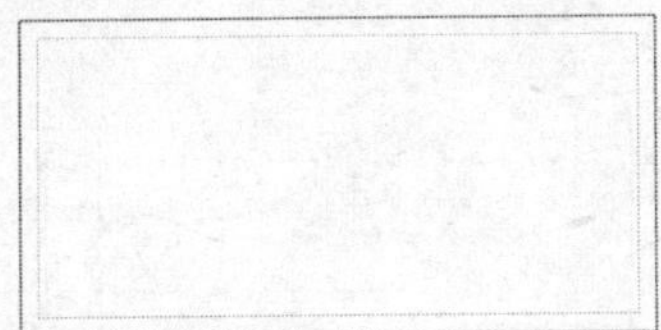

图6-50 偏移矩形并更改颜色

步骤03 使用REC（矩形）命令绘制一个如图6-51所示的矩形。

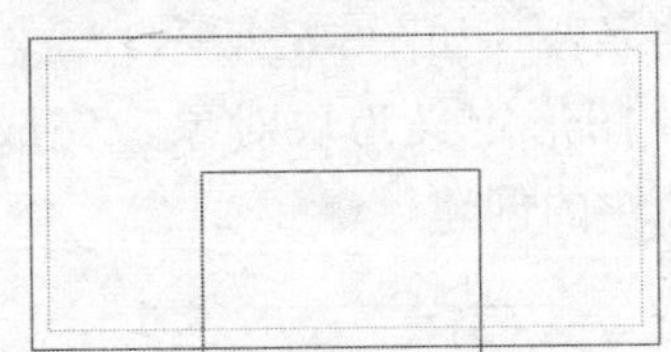

图6-51 绘制矩形

步骤04 使用TR（修剪）命令对矩形的线段进行修剪，效果如图6-52所示。

步骤05 执行H（图案填充）命令，打开“图案填充和渐变色”对话框，选择“AR-SAND”图案，设置图案颜色为青色、比例为50，如图6-53所示。

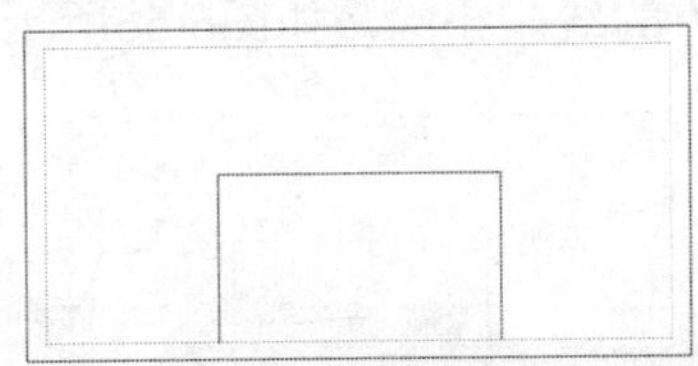

图6-52 修剪矩形

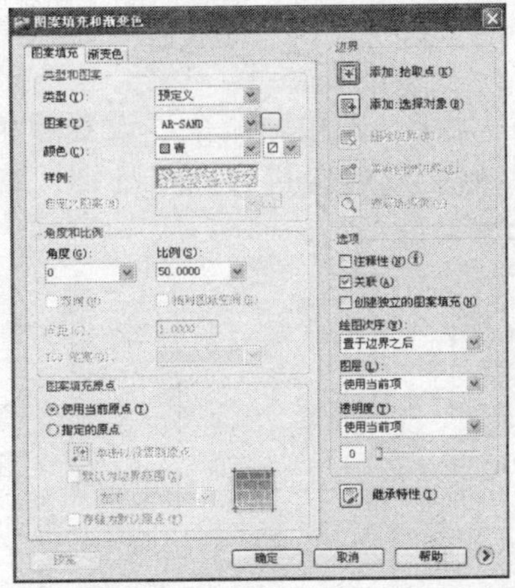

图6-53 设置图案参数

步骤06 单击“添加：拾取点”按钮，在图形中指定填充的区域，填充图案后的效果如图6-54所示。

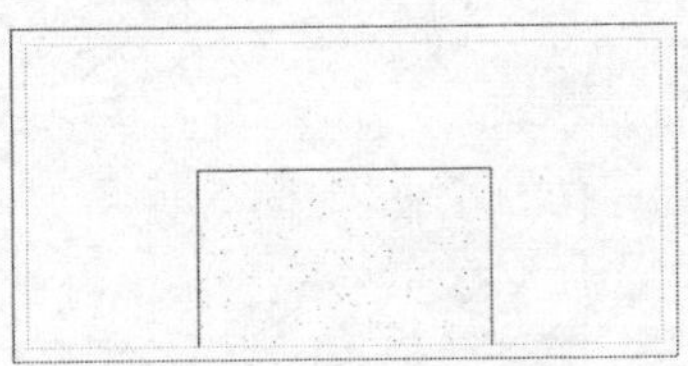

图6-54 填充图案

步骤07 绘制椅子图形。使用REC命令在办公桌下方绘制一个长度为650、宽度为140的矩形，如图6-55所示。

图6-55 绘制矩形

步骤08 使用X（分解）命令将矩形分解，然后将下方的线段删除，如图6-56所示。

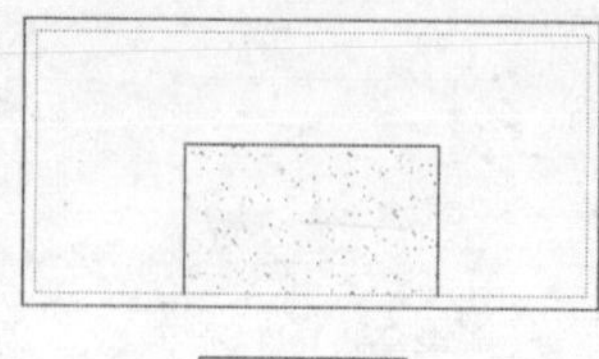

图6-56 删除线段

步骤09 执行F（圆角）命令，设置圆角半径为65，然后对线段进行圆角处理，效果如图6-57所示。

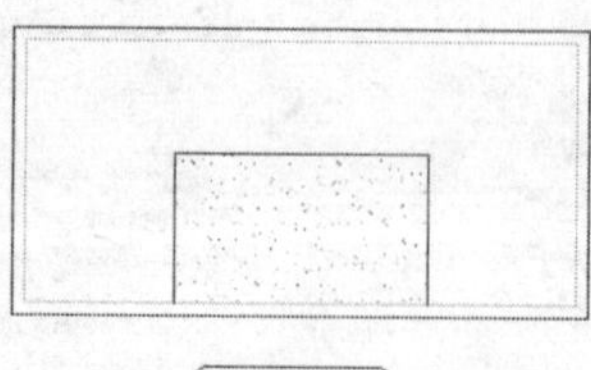

图6-57 圆角处理线段

步骤10 使用REC命令绘制一个长度为65、宽度为365、圆角半径为32的圆角矩形，如图6-58所示。

图6-58 绘制圆角矩形

步骤11 使用CO（复制）命令将圆角矩形复制到图形右方，如图6-59所示。

图6-59 复制圆角矩形

步骤12 使用A（圆弧）命令绘制一条如图6-60所示的弧线。

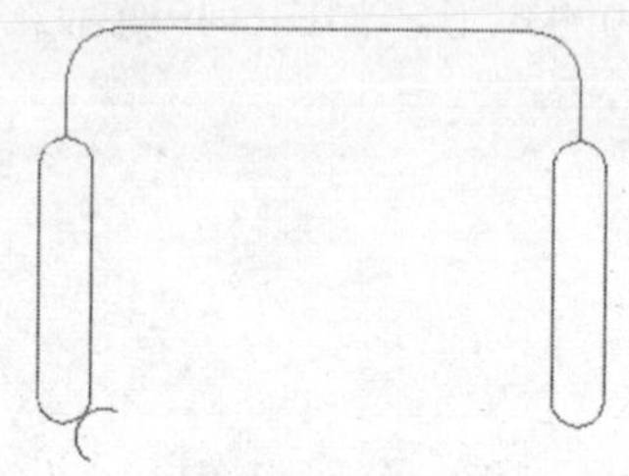

图6-60 绘制弧线

步骤13 使用MI（镜像）命令将弧线镜像到图形右方，如图6-61所示。

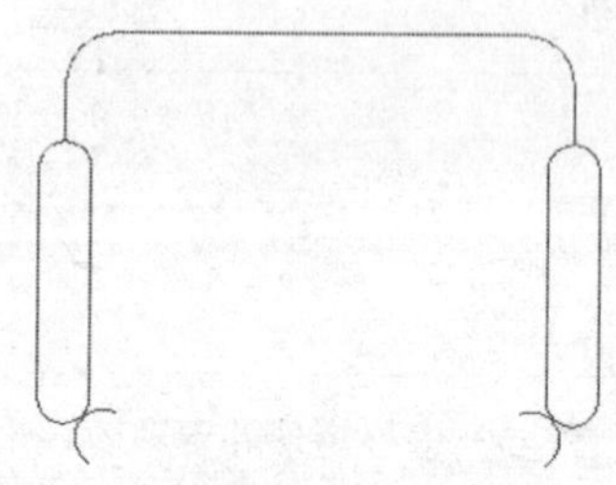

图6-61 镜像弧线

步骤14 使用A（圆弧）命令绘制两条弧线作为椅子的靠背（如图6-62所示），然后将绘制的桌椅图形定义为块对象，完成办公桌椅平面图块的创建。

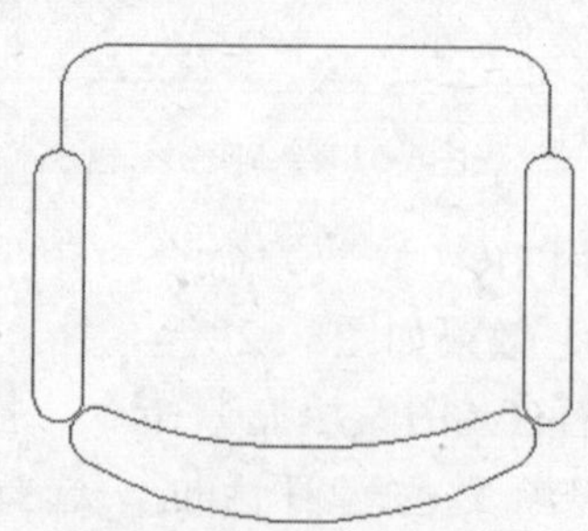

图6-62 绘制靠背弧线

实例056 创建浴缸平面图块

本实例将通过创建浴缸平面图块的操作，使读者掌握常用室内图块的绘制方法，实例效果如图6-63所示。

图6-63 创建浴缸平面图块

技法解析

本实例在创建浴缸图块的过程中，首先使用“矩形”命令绘制浴缸的轮廓，然后绘制浴缸的水龙头，再使用“圆”命令绘制浴缸的排水孔。

	实例路径	实例\第6章\浴缸平面图块.dwg
	素材路径	素材\第6章\无

步骤01 使用REC（矩形）命令绘制一个长度为1900、宽度为830的矩形，如图6-64所示。

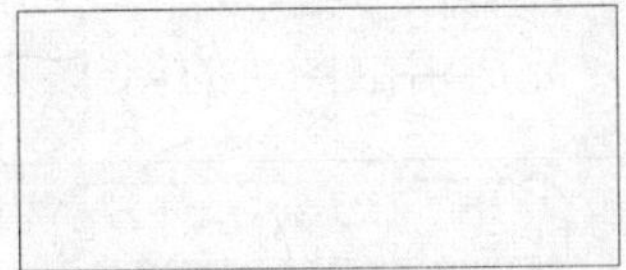

图6-64 绘制矩形

步骤02 使用REC（矩形）命令绘制一个长度为1400、宽度为720、圆角半径为100的圆角矩形，效果如图6-65所示。

图6-65 绘制圆角矩形

步骤03 执行X（分解）命令，将圆角矩形分解，然后使用CO（复制）命令将圆角矩形左方的边线向左复制一次，效果如图6-66所示。

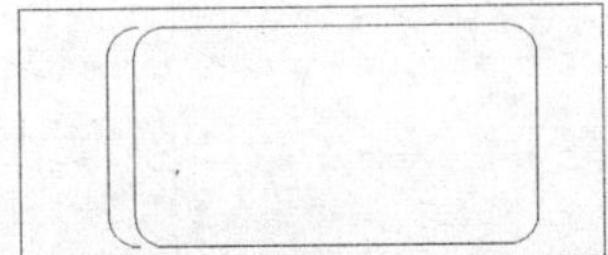

图6-66 复制图形

步骤04 执行F（圆角）命令，对矩形左边线和矩形水平线进行圆角处理，效果如图6-67所示。

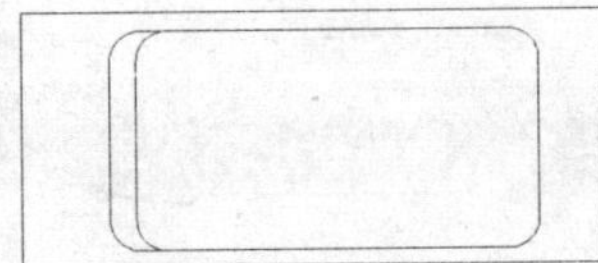

图6-67 圆角处理线段

步骤05 使用REC（矩形）命令绘制一个长度为120、宽度为30的矩形，如图6-68所示。

图6-68 绘制矩形

步骤06 使用CO（复制）命令将绘制的矩形向下复制一次，效果如图6-69所示。

图6-69 复制矩形

步骤07 使用REC（矩形）命令绘制一个长度为120、宽度为42的矩形，如图6-70所示。

图6-70 绘制矩形

步骤08 使用REC（矩形）命令绘制一个长度为10、宽度为50的矩形，如图6-71所示。

图6-71 绘制矩形

步骤09 使用L（直线）命令绘制3条如图6-72所示的线段。

图6-72 绘制线段

步骤10 使用L（直线）命令绘制其他的线段，如图6-73所示。

图6-73 绘制其他的线段

步骤11 执行TR（修剪）命令，对图形中的线段进行修剪，效果如图6-74所示。

图6-74 修剪线段

步骤12 使用C（圆）命令绘制一个圆形（效果如图6-75所示），然后将绘制的图形定义为块对象，完成浴缸图块的创建。

图6-75 浴缸平面图

实例057 创建浴霸平面图块

本实例将通过创建浴霸平面图块的操作，使读者掌握常用室内图块的绘制方法，实例效果如图6-76所示。

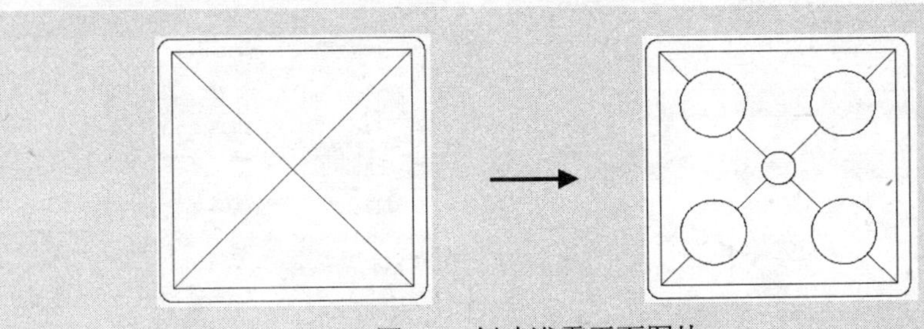

图6-76 创建浴霸平面图块

技法解析

本实例在创建浴霸平面图块的过程中，首先绘制圆角矩形和对角线图形，然后参照对角线绘制照明灯和浴霸灯图形，最后对浴霸灯进行环形阵列操作。

	实例路径	实例\第6章\浴霸平面图块.dwg
	素材路径	素材\第6章\无.dwg

步骤01 执行REC（矩形）命令，设置矩形的圆角半径为20，然后绘制一个长、宽均为400的圆角矩形，如图6-77所示。

图6-77 绘制圆角矩形

步骤02 执行O（偏移）命令，设置偏移距离为20，将矩形向内偏移，如图6-78所示。

图6-78 偏移矩形

步骤03 使用L（直线）命令绘制两条对角线，效果如图6-79所示。

图6-79 绘制对角线

步骤04 执行C（圆）命令，以对角线的交点为圆心，绘制一个半径为25的圆，效果如图6-80所示。

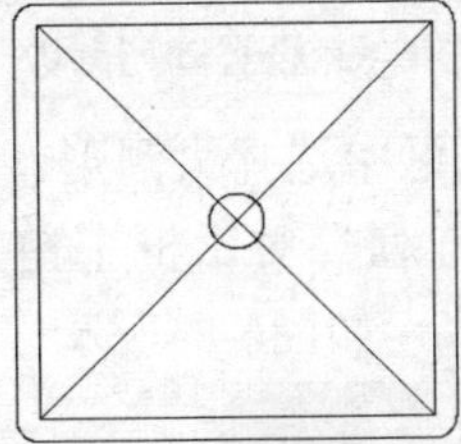

图6-80 绘制圆形

步骤05 执行C（圆）命令，在对角线的左上方处指定圆心位置（如图6-81所示），然后绘制一个半径为55的圆，效果如图6-82所示。

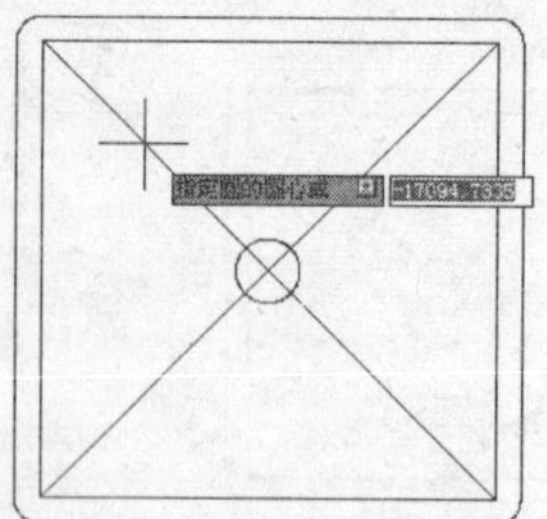
图6-81 指定圆心

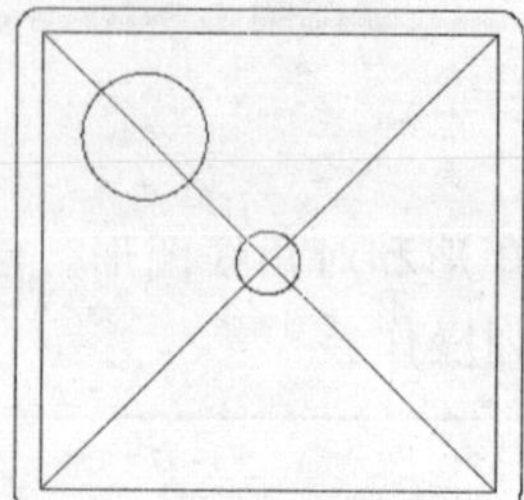
图6-82 绘制圆形

步骤06 执行AR（阵列）命令，打开“阵列”对话框，选中“环形阵列”单选按钮，设置项目总数为4，然后单击“选择对象”按钮，如图6-83所示。

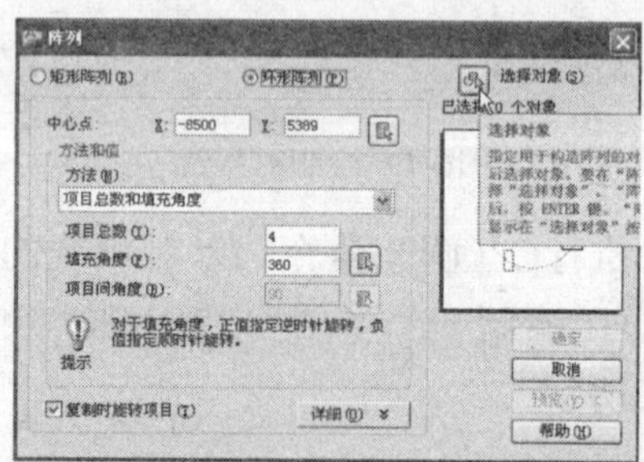
图6-83 设置阵列参数

步骤07 在绘图区中选择大圆形，然后进行确定，返回“阵列”对话框中单击“拾取中心点”按钮，如图6-84所示。

技巧提示

使用AR（阵列）命令可以对选定的对象进行矩形和环形两种阵列操作。矩形阵列对象可以设置阵列的行数和列数；环形阵列对象可以设置阵列的总数和填充的角度。

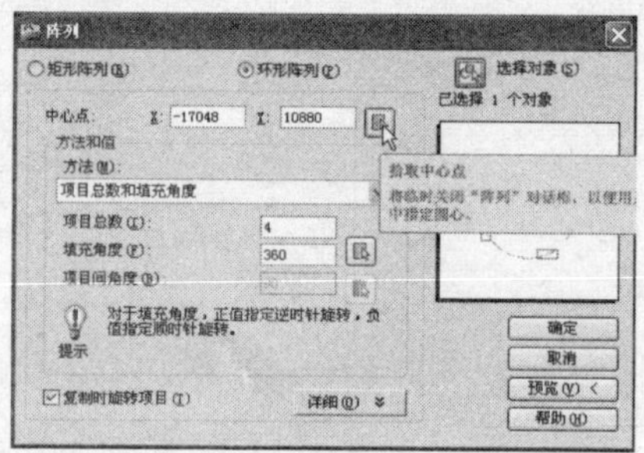
图6-84 单击“拾取中心点”按钮

步骤08 在对角线的交点处指定阵列的中心点（如图6-85所示），然后进行确定阵列圆形，效果如图6-86所示。

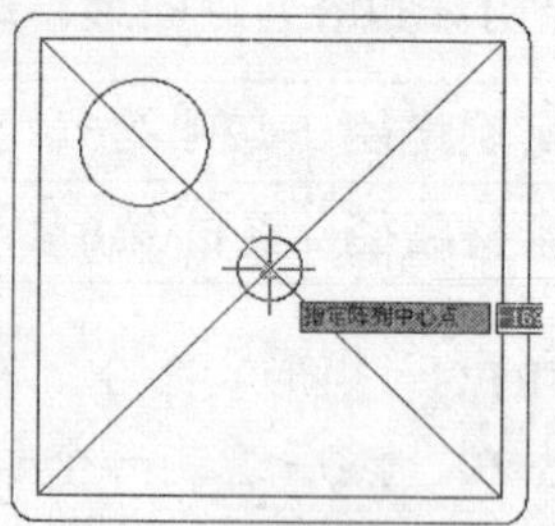

图6-85 指定阵列中心点

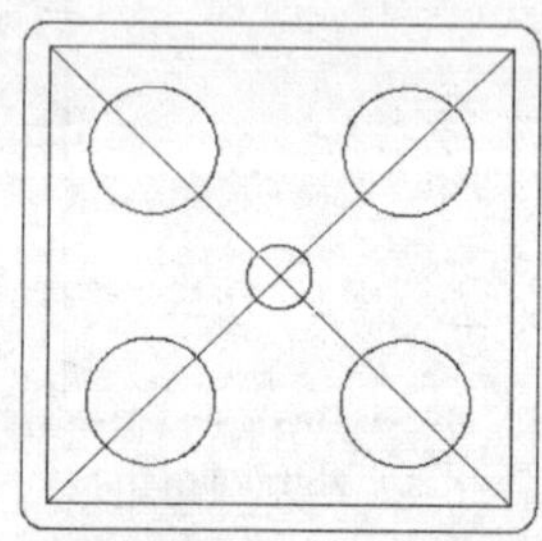
图6-86 阵列效果

步骤09 执行TR（修剪）命令，将圆形中的线段进行修剪（效果如图6-87所示），然后将图形定义为块对象，完成实例的制作。

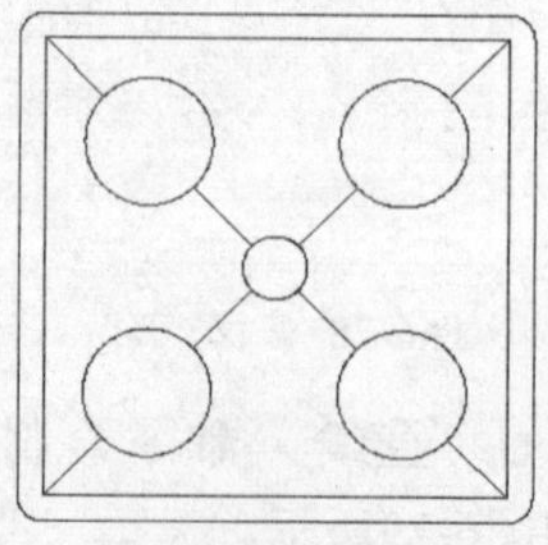
图6-87 浴霸平面图

实例058 创建蹲便器平面图块

本实例将通过创建蹲便器平面图块的操作，使读者掌握室内常用图块的绘制方法，实例效果如图6-88所示。

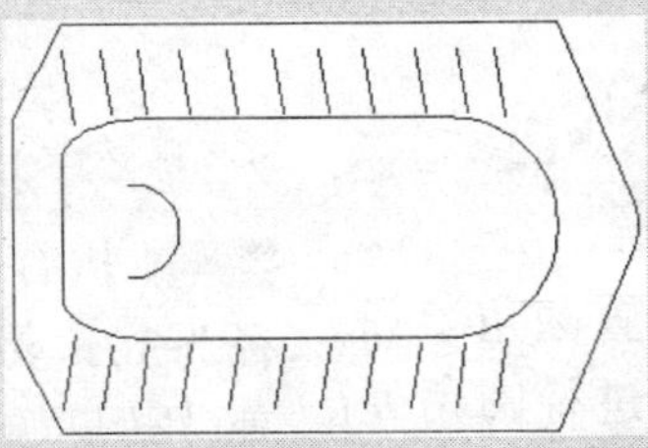

图6-88 创建蹲便器平面图块

技法解析

本实例在创建蹲便器平面图块的过程中，首先绘制图形的轮廓，然后使用“圆角”和“拉伸”命令对图形进行修改，最后使用“直线”、“复制”和“镜像”命令绘制蹲便器的踏板。

	实例路径	实例\第6章\蹲便器平面图块.dwg
	素材路径	素材\第6章\无

步骤01 使用REC（矩形）命令绘制一个长度为650、宽度为430的矩形，如图6-89所示。

图6-89 绘制矩形

步骤02 使用X（分解）命令将矩形分解，然后使用O（偏移）命令将矩形上、下方的线段向内偏移100，如图6-90所示。

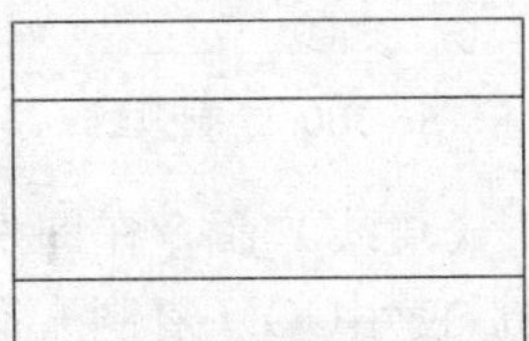

图6-90 偏移线段

步骤03 使用O（偏移）命令将矩形左方的线段向右偏移50、将矩形右方的线段向左偏移90，如图6-91所示。

图6-91 偏移线段

步骤04 使用L（直线）命令绘制4条线段，效果如图6-92所示。

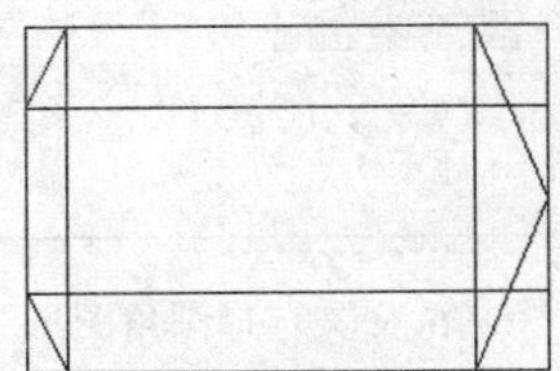

图6-92 绘制线段

步骤05 使用TR（修剪）命令和E（删除）命令对图形进行处理，效果如图6-93所示。

图6-93 处理后的图形

步骤06 执行F（圆角）命令，设置圆角半径为60，然后对图形右方的夹角进行圆角处理，效果如图6-94所示。

图6-94 圆角处理图形

步骤07 执行F（圆角）命令，设置圆角半径为30，然后对小矩形左方的两个顶角进行圆角处理，效果如图6-95所示。

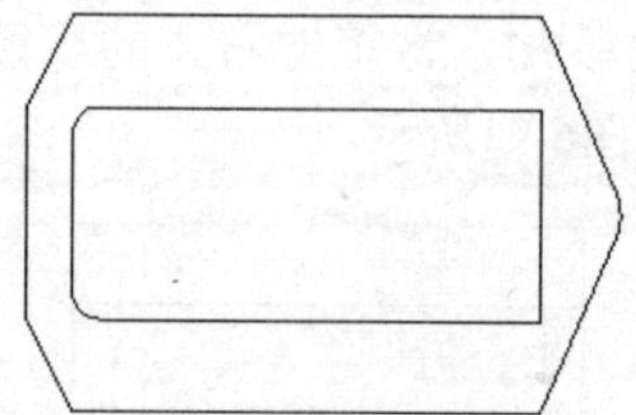

图6-95 圆角处理矩形

步骤08 执行S（拉伸）命令，然后使用鼠标从右至左框选圆角的后半部分图形，如图6-96所示。

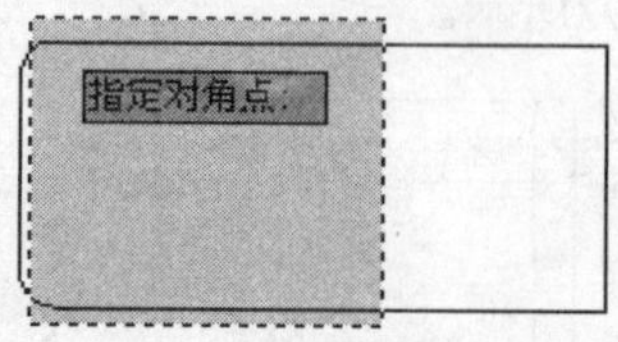

图6-96 交叉选择圆角图形

步骤09 在任意位置指定拉伸的基点，然后将交叉选择的部分向右拉伸60个单位，拉伸后的效果如图6-97所示。

图6-97 拉伸效果

步骤10 执行F（圆角）命令，设置圆角半径为30，然后对拉伸后的夹角进行圆角处理，效果如图6-98所示。

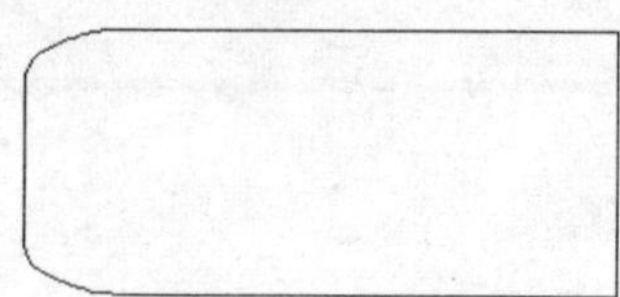

图6-98 圆角处理图形

步骤11 执行F（圆角）命令，设置圆角半径为110，然后对矩形右方的两个顶角进行圆角处理，效果如图6-99所示。

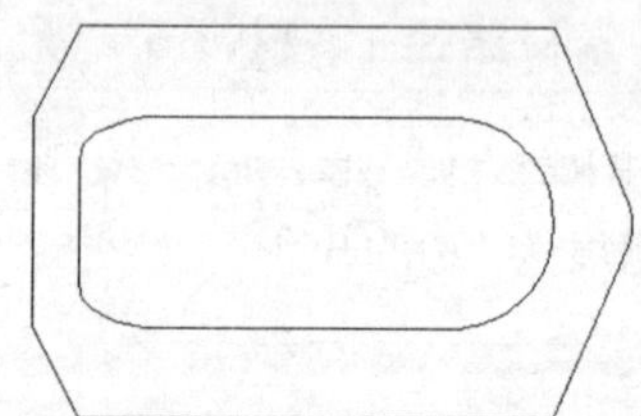

图6-99 圆角处理图形

步骤12 使用A（圆弧）命令在图形中绘制一段弧线作为排水孔，如图6-100所示。

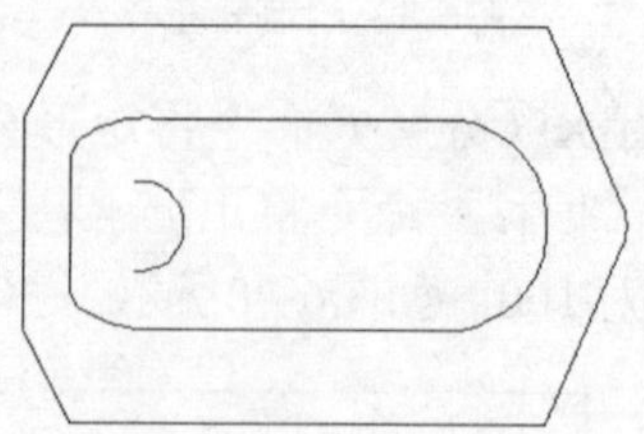

图6-100 绘制弧线

步骤13 使用L（直线）命令在图形中绘制一条斜线，然后使用CO（复制）命令对线段进行复制，效果如图6-101所示。

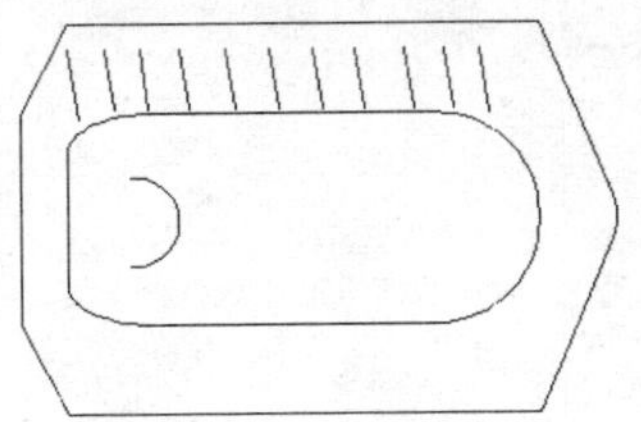

图6-101 绘制并复制斜线

步骤14 使用MI（镜像）命令对线段进行镜像处理（效果如图6-102所示），然后将图形定义为块对象，完成蹲便器平面图块的创建。

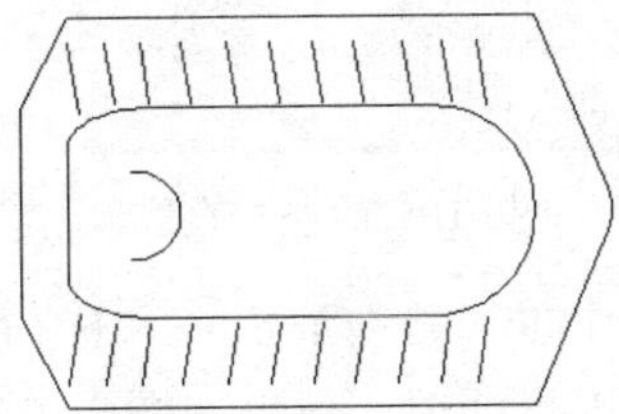

图6-102 蹲便器效果

实例059 创建座便器平面图块

本实例将通过创建座便器平面图块的操作，使读者掌握室内常用图块的绘制方法，实例效果如图6-103所示。

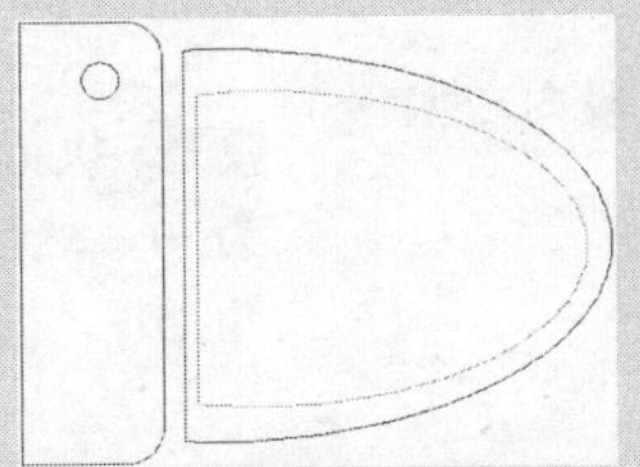

图6-103 创建座便器平面图块

技法解析

本实例在创建座便器平面图块的过程中，首先使用“矩形”、“椭圆”和“修剪”命令绘制出座便部分的图形，然后绘制出座便器的水箱图形。

	实例路径	实例\第6章\座便器平面图块.dwg
	素材路径	素材\第6章\无

步骤01 使用REC（矩形）命令绘制一个长度为1120、宽度为520的矩形，如图6-104所示。

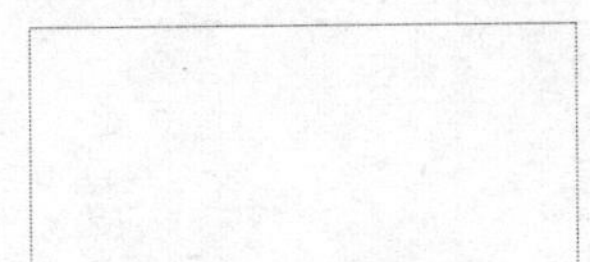

图6-104 绘制矩形

步骤02 执行EL（椭圆）命令，通过捕捉矩形的中点来指定椭圆的形状和大小，如图6-105所示。

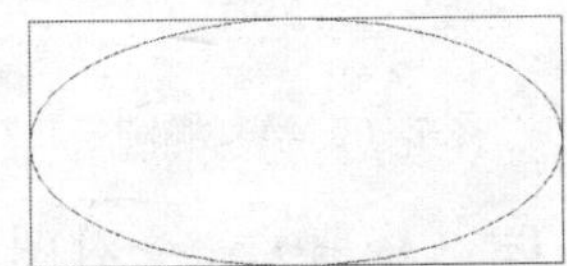

图6-105 绘制椭圆

步骤03 执行L（直线）命令，通过捕捉矩形上、下方线段的中点绘制一条垂直线段，如图6-106所示。

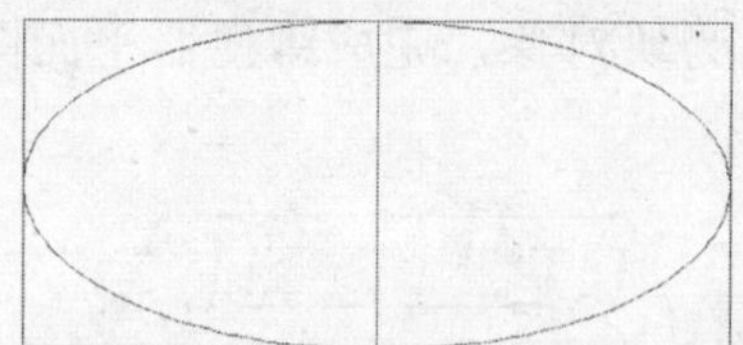

图6-106 绘制垂直线段

步骤04 使用TR（修剪）命令和E（删除）命令对图形进行处理，效果如图6-107所示。

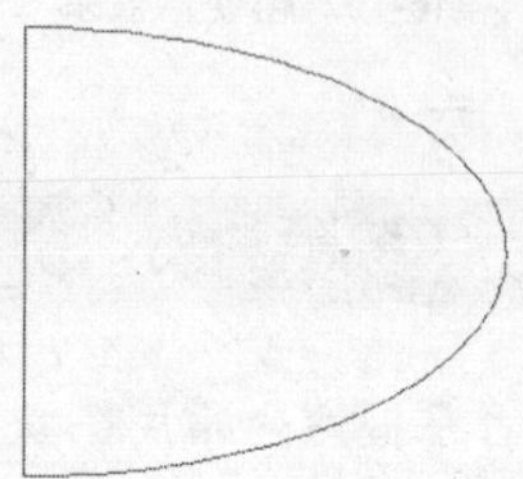

图6-107 处理后的图形

步骤05 使用O（偏移）命令将线段向右偏移20，如图6-108所示。

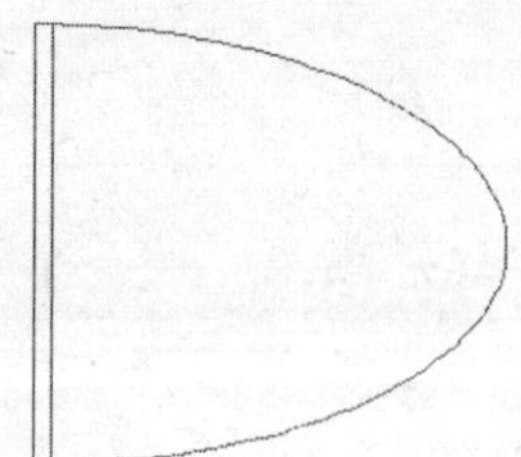

图6-108 偏移线段

步骤06 执行EL（椭圆）命令，参照如图6-109所示的效果，绘制一个椭圆。

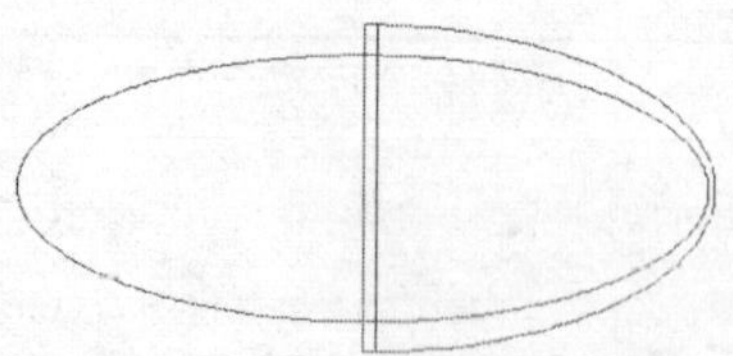

图6-109 绘制椭圆

步骤07 使用TR（修剪）命令对图形进行修剪，然后将修剪得到的图形的颜色改为青色，如图6-110所示。

步骤08 执行REC（矩形）命令，在图形左方绘制一个长度为190、宽度为590的矩形，效果如图6-111所示。

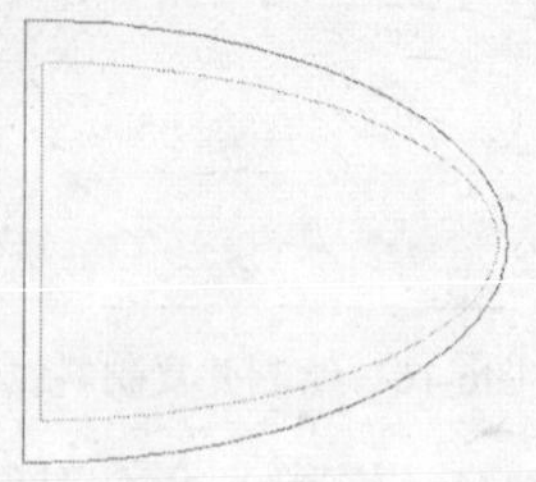

图6-110 修剪图形并更改颜色

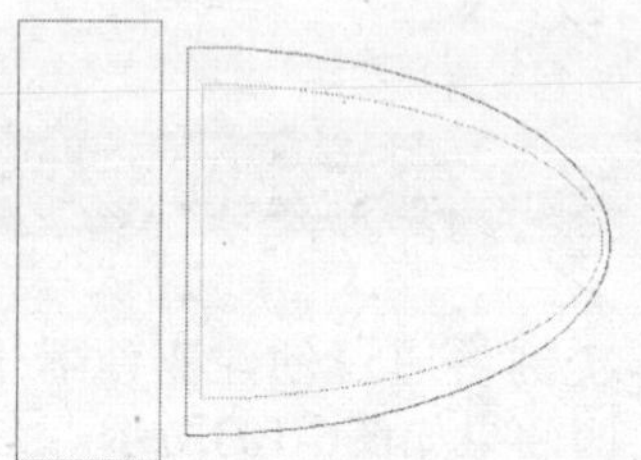

图6-111 绘制矩形

步骤09 执行F（圆角）命令，设置圆角半径为50，然后对矩形右方的两个夹角进行圆角处理，效果如图6-112所示。

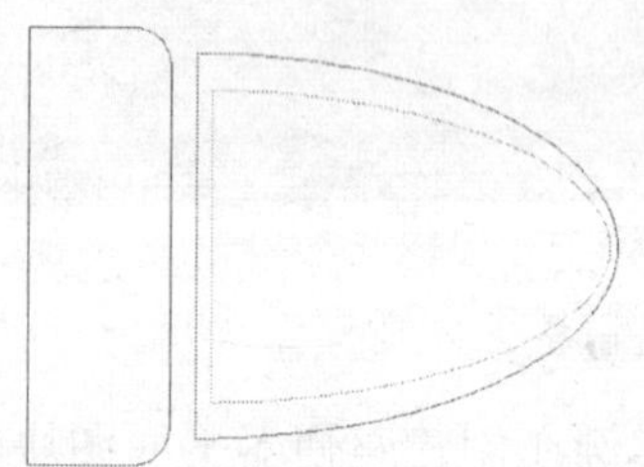

图6-112 圆角处理矩形

步骤10 执行C（圆）命令，绘制一个半径为30的圆（效果如图6-113所示），然后将绘制好的图形定义为块对象，完成座便器平面图块的创建。

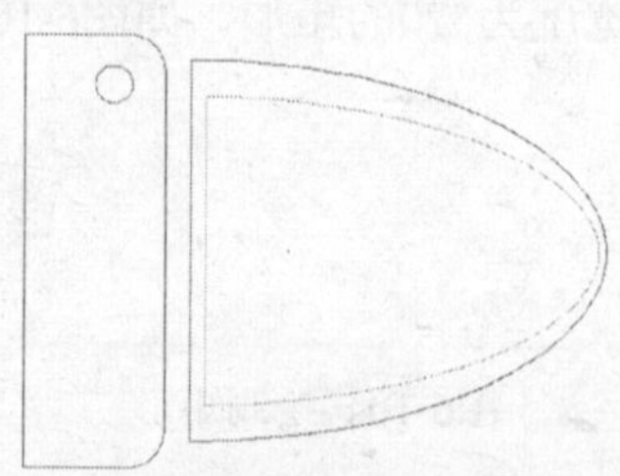

图6-113 座便器平面图

实例060 创建小便器平面图块

本实例将通过创建小便器平面图块的操作，使读者掌握常用室内图块的绘制方法，实例效果如图6-114所示。

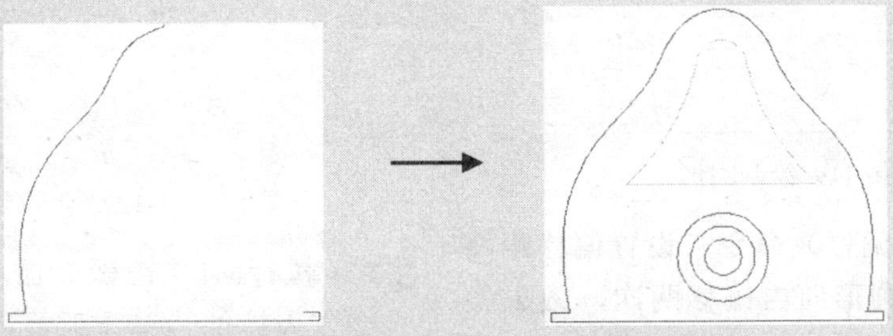

图6-114 创建小便器平面图块

本实例在创建小便器平面图的过程中，首先使用“多段线”和“样条曲线”命令绘制小便器的轮廓，然后使用“圆”和“圆弧”命令绘制小便器的排水孔。

	实例路径	实例\第6章\小便器平面图块.dwg
	素材路径	素材\第6章\无

步骤01 设置当前绘图颜色为红色，然后参照如图6-115所示的尺寸和效果，使用PL（多段线）命令绘制一条多段线。

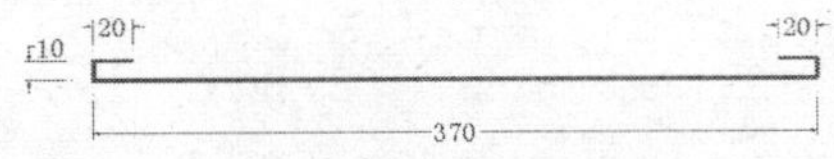

图6-115 绘制多段线

步骤02 使用SPL（样条曲线）命令绘制一条如图6-116所示的曲线。

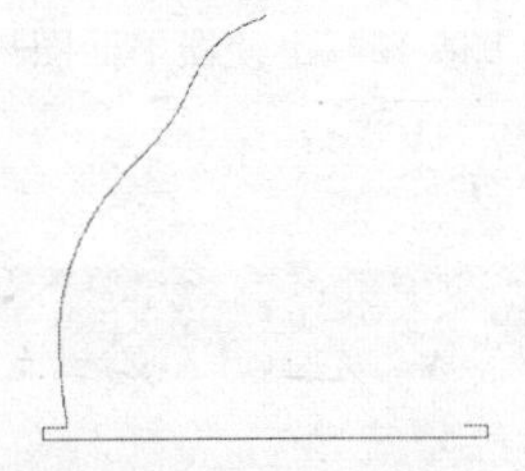

图6-116 绘制曲线

步骤03 执行MI（镜像）命令，以多段线的中垂线作为镜像线镜像曲线，效果如图6-117所示。

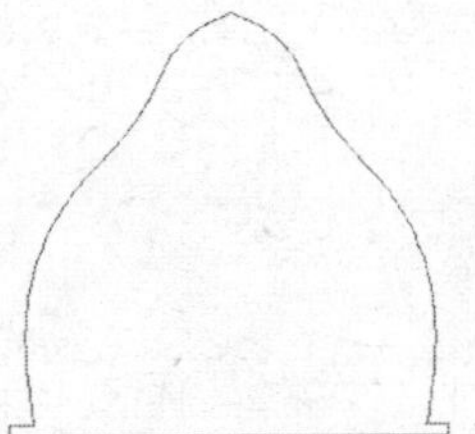

图6-117 镜像曲线

步骤04 执行F（圆角）命令，设置圆角半径为50，对图形上方夹角进行圆角处理，如图6-118所示。

图6-118 圆角处理图形

步骤05 使用C（圆形）命令绘制一个半径为50的圆形，效果如图6-119所示。

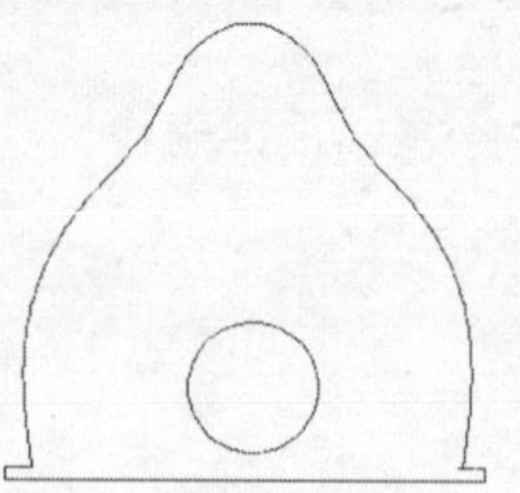

图6-119 绘制圆形

步骤06 执行O（偏移）命令，设置偏移距离为15，然后将圆形向内偏移两次，效果如图6-120所示。

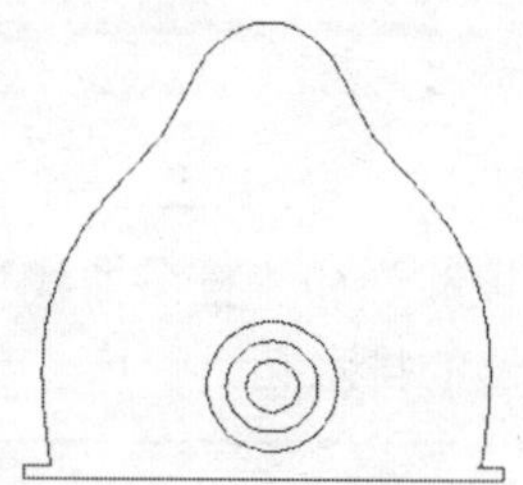

图6-120 偏移圆形

步骤07 设置当前绘图颜色为黄色，然后使用L（直线）命令在图形中心处绘制一条线段，如图6-121所示。

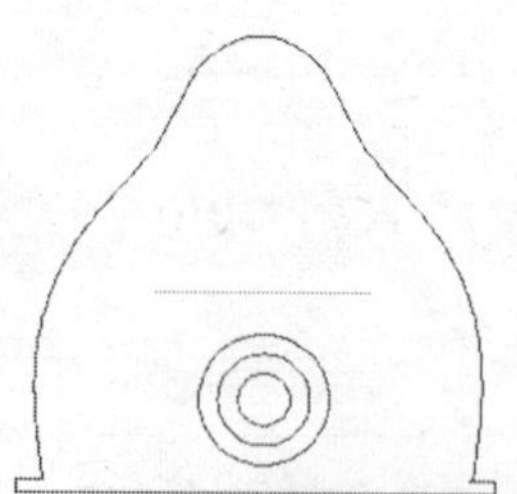

图6-121 绘制线段

步骤08 执行A（圆弧）命令，在线段的左端点处指定弧线的起点，然后绘制一条如图6-122所示的弧线。

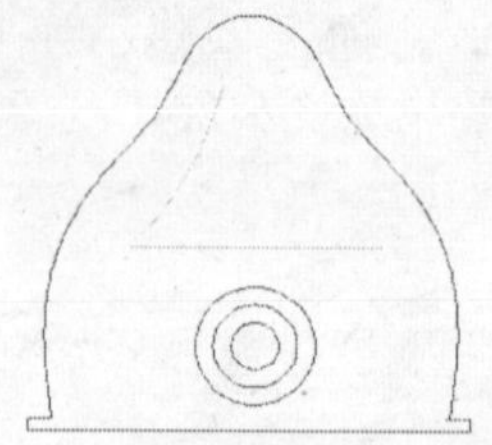

图6-122 绘制弧线

步骤09 执行MI（镜像）命令，以线段的中垂线作为镜像线镜像弧线，效果如图6-123所示。

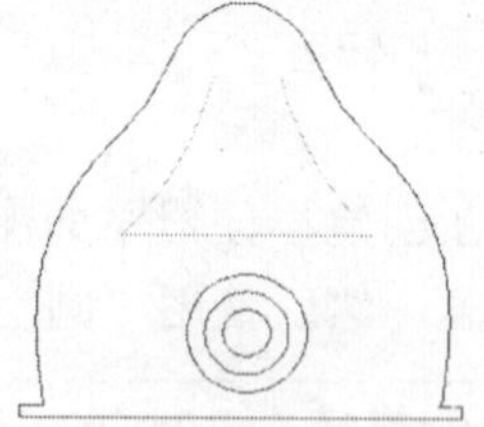

图6-123 镜像弧线

步骤10 执行A（圆弧）命令，通过指定圆弧的起点、圆心和端点的方式绘制一条如图6-124所示的弧线，然后将绘制的图形定义为块对象，完成小便器平面图块的绘制。

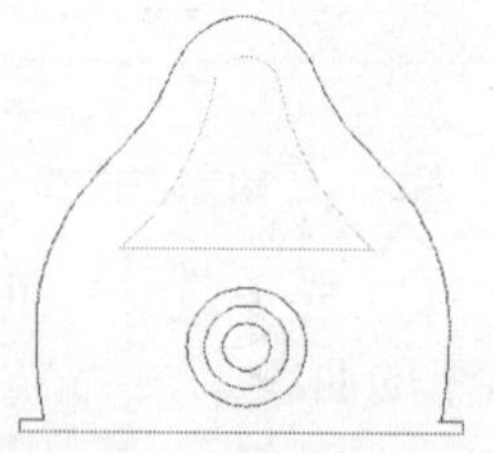

图6-124 小便器平面图

实例061 创建电视机平面图块

本实例将通过创建电视机平面图块的操作，使读者掌握常用室内图块的绘制方法，实例效果如图6-125所示。

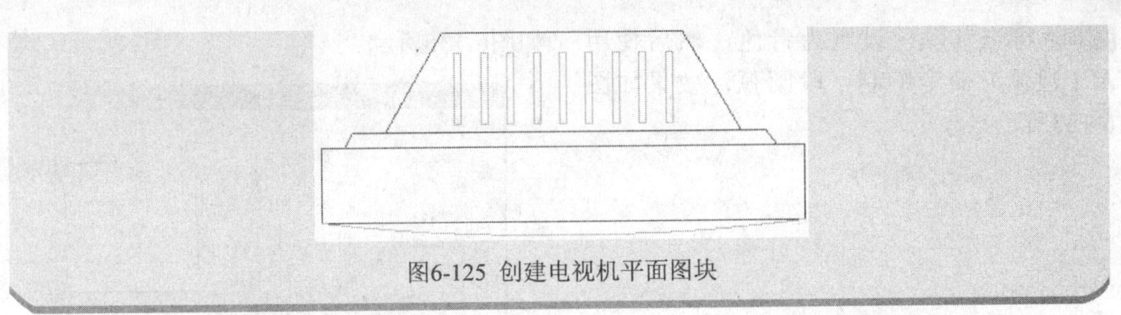

图6-125 创建电视机平面图块

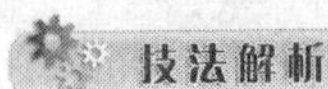

本实例创建电视机平面图块，首先绘制矩形作为电视的轮廓，然后使用“拉伸”命令对图形进行修改，最后使用“矩形”命令绘制出电视机的散热孔。

	实例路径	实例\第6章\电视机平面图块.dwg
	素材路径	素材\第6章\无

步骤01 设置当前绘图颜色为红色，然后使用REC（矩形）命令绘制一个长度为740、宽度为210的矩形，如图6-126所示。

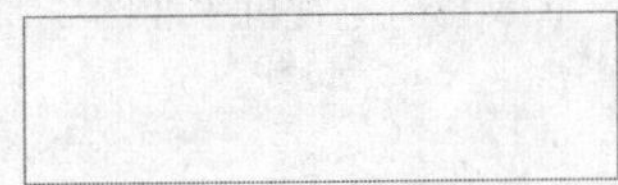

图6-126 绘制矩形

步骤02 执行S（拉伸）命令，使用交叉选择方式选择矩形的左上角点，如图6-127所示。

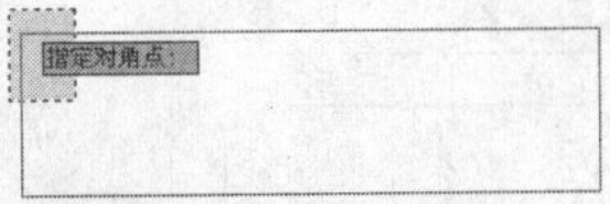

图6-127 交叉选择角点

步骤03 在任意位置指定拉伸的基点，然后将选择的角点向右拉伸120个单位，效果如图6-128所示。

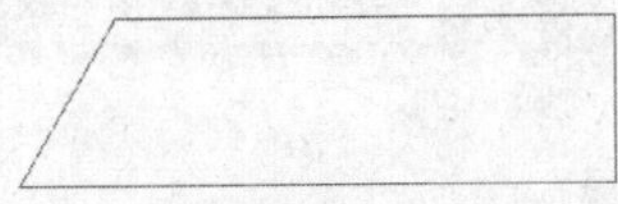

图6-128 拉伸角点

步骤04 使用同样的方法将矩形右上方的角点向左拉伸120个单位，如图6-129所示。

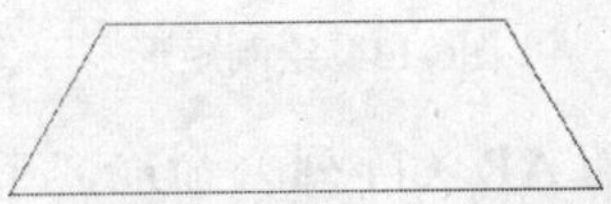

图6-129 拉伸角点

步骤05 使用REC（矩形）命令绘制一个长度为860、宽度为30的矩形，如图6-130所示。

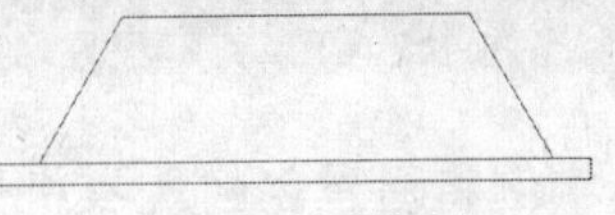

图6-130 绘制矩形

步骤06 使用S（拉伸）命令将矩形上方的两个角点向中间拉伸30个单位，效果如图6-131所示

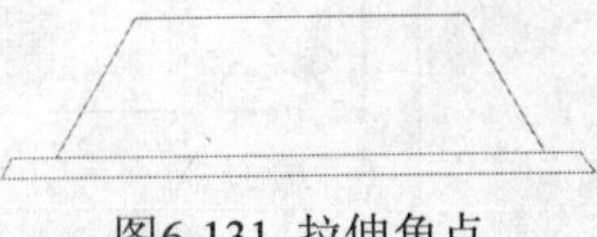

图6-131 拉伸角点

步骤07 使用REC（矩形）命令绘制一个长度为1000、宽度为160的矩形，如图6-132所示。

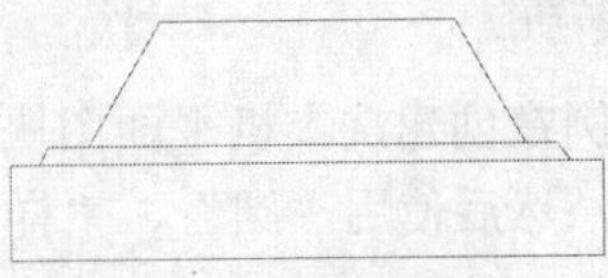

图6-132 绘制矩形

步骤08 将当前颜色设置为青色，然后使用A（圆弧）命令绘制一段圆弧，效果如图6-133所示。

图6-133 绘制圆弧

步骤09 使用REC（矩形）命令绘制一个长度为15、宽度为150的矩形，如图6-134所示。

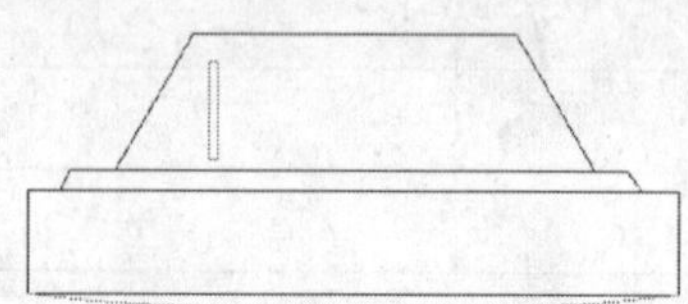

图6-134 绘制矩形

步骤10 执行AR（阵列）命令，打开“阵列”对话框，设置列数为9、列偏移为55，如图6-135所示。

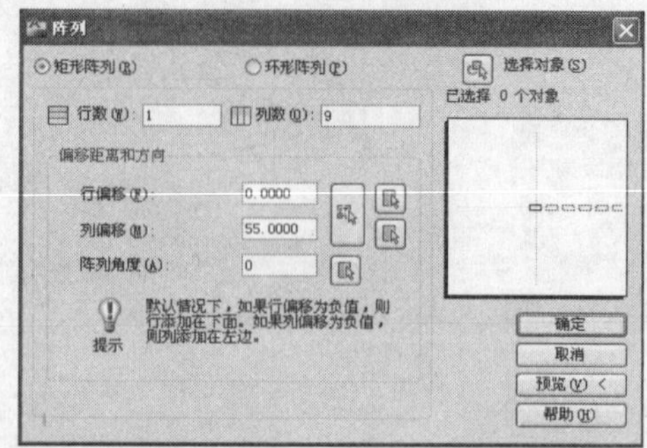

图6-135 设置阵列参数

步骤11 选择矩形作为阵列的对象（阵列效果如图6-136所示），然后将图形定义为块对象，完成电视机平面图块的创建。

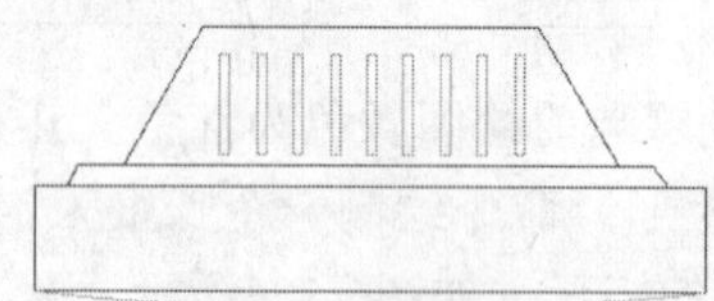

图6-136 电视机平面图

实例062 创建洗衣机平面图块

本实例将通过创建洗衣机平面图块的操作，使读者掌握常用室内图块的绘制方法，实例效果如图6-137所示。

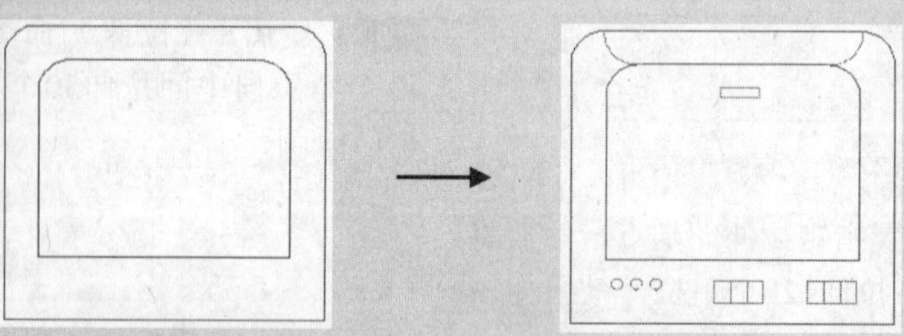

图6-137 创建洗衣机平面图块

技法解析

本实例在创建洗衣机平面图块的过程中，首先使用“矩形”和“圆角”命令绘制洗衣机的轮廓，然后使用“圆”、“样条曲线”和“镜像”命令绘制洗衣机的细节图形。

实例路径	实例\第6章\洗衣机平面图块.dwg
素材路径	素材\第6章\无

步骤01 设置当前绘图颜色为红色，使用REC（矩形）命令绘制一个长度为590、宽度为540的矩形，如图6-138所示。

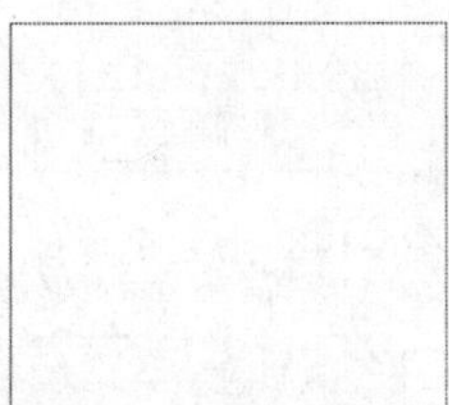

图6-138 绘制矩形

步骤02 执行F（圆角）命令，设置圆角半径为60，对矩形上方的夹角进行圆角处理，如图6-139所示。

图6-139 圆角处理图形

步骤03 使用REC（矩形）命令绘制一个长度为460、宽度为360的矩形，效果如图6-140所示。

图6-140 绘制矩形

步骤04 执行F（圆角）命令，设置圆角半径为60，对矩形上方的两上夹角进行圆角处理，如图6-141所示。

步骤05 设置当前绘图颜色为绿色，使用REC（矩形）命令绘制一个长度为90、宽度为40的矩形，效果如图6-142所示。

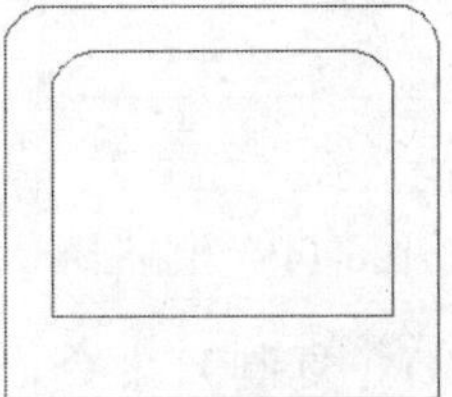

图6-141 圆角处理图形

图6-142 绘制矩形

步骤06 执行X（分解）命令将矩形分解，然后使用O（偏移）命令将矩形两边的线段向内部偏移30个单位，如图6-143所示。

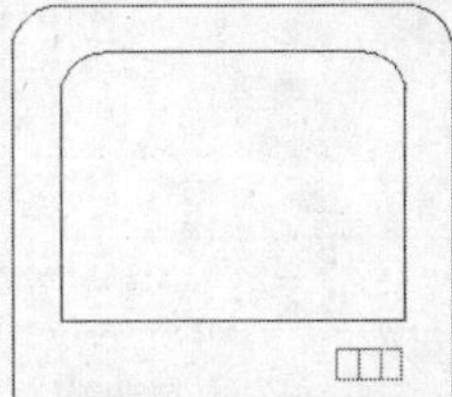

图6-143 偏移线段

步骤07 执行CO（复制）命令，将矩形和偏移得到的线段复制一次，如图6-144所示。

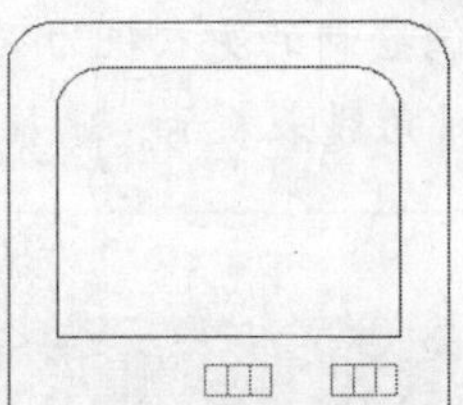

图6-144 复制线段

步骤08 使用C（圆形）命令绘制一个半径为

10的圆形，效果如图6-145所示。

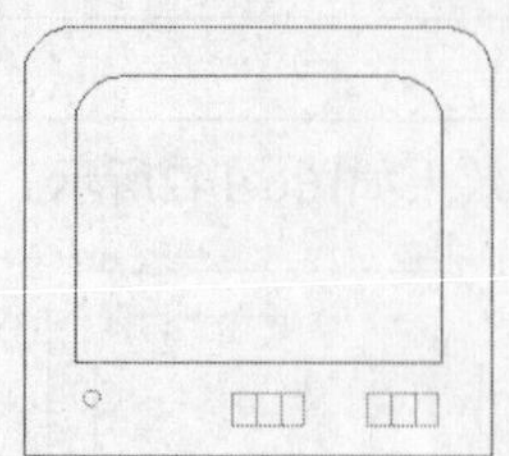

图6-145 绘制圆形

步骤09 执行CO（复制）命令，将圆形向右复制两次，如图6-146所示。

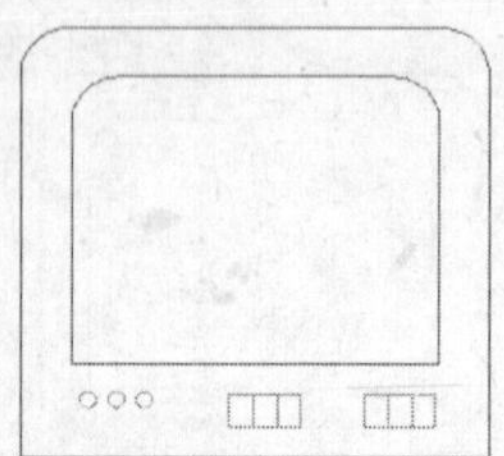

图6-146 复制圆形

步骤10 执行SPL（样条曲线）命令，绘制一条如图6-147所示的曲线。

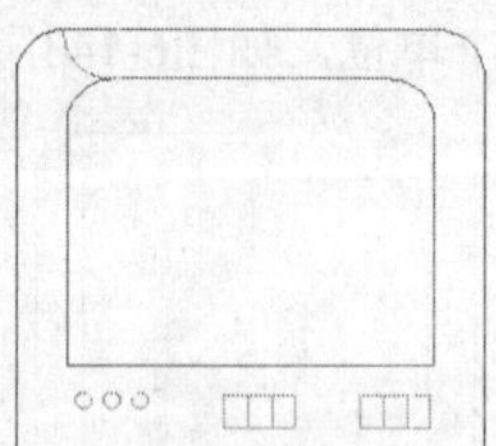

图6-147 绘制曲线

步骤11 执行MI（镜像）命令，选择绘制的曲线，然后在如图6-148所示的中点位置指定镜像线，对选择的曲线进行镜像处理，效果如图6-149所示。

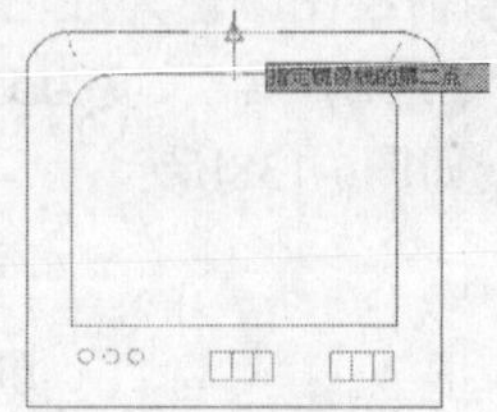

图6-148 指定镜像线

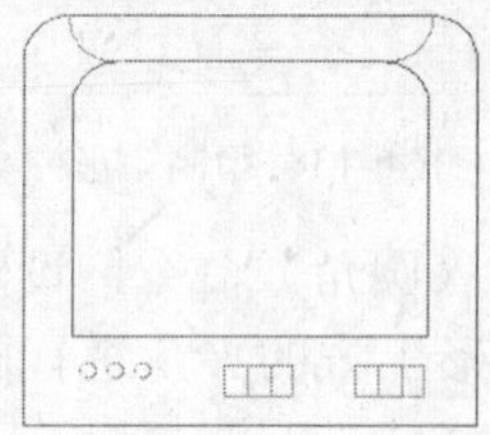

图6-149 镜像曲线

步骤12 使用REC（矩形）命令绘制一个长度为70、宽度为18的矩形（效果如图6-150所示），然后将绘制的图形定义为块对象，完成洗衣机平面图块的创建。

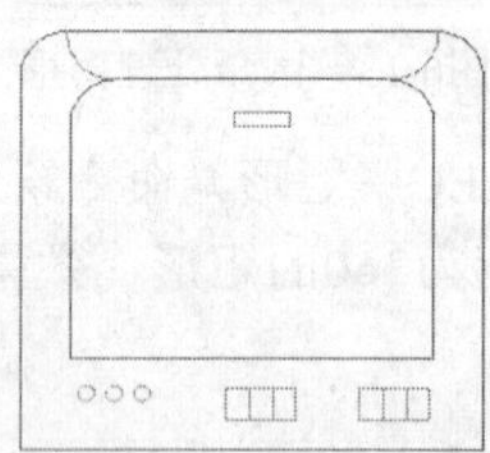

图6-150 洗衣机平面图

技巧提示

本实例绘制的洗衣机为涡轮洗衣机，滚筒洗衣机的平面图较简单，可以使用一个矩形和两条对角线来表示。冰箱平面图与滚筒洗衣机类似，可以通过标注文字来区别。

实例063 创建衣柜平面图块

本实例将通过创建衣柜平面图块的操作，使读者掌握常用室内图块的绘制方法，实例效果如图6-151所示。

图6-151 创建衣柜平面图块

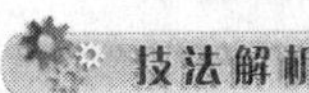

技法解析

本实例在创建衣柜平面图块的过程中，首先使用“矩形”和“偏移”命令绘制衣柜的轮廓，然后使用“直线”命令绘制衣架图形。

	实例路径	实例\第6章\衣柜平面图块.dwg
	素材路径	素材\第6章\无

步骤01 设置当前绘图颜色为红色，使用REC（矩形）命令绘制一个长度为2000、宽度为600的矩形，如图6-152所示。

图6-152 绘制矩形

步骤02 使用O（偏移）命令将矩形向内偏移20，然后将内部矩形的颜色改为黄色，如图6-153所示。

图6-153 偏移矩形

步骤03 设置当前绘图颜色为黄色，执行L（直线）命令，通过捕捉矩形左、右方线段的中点绘制一条线段，如图6-154所示。

图6-154 绘制线段

步骤04 使用L（直线）命令绘制多条不同角度的线段，如图6-155所示。

图6-155 绘制线段

步骤05 使用CO（复制）命令对绘制好的线段进行多次复制（效果如图6-156所示），然后将绘制好的图形定义为块对象，完成衣柜平面图块的创建。

图6-156 衣柜平面图

技巧提示

衣柜平面图的宽度通常为600毫米，长度和宽度可以根据具体情况而定。鞋柜和书柜的宽度通常为300毫米，长度和宽度也可以根据具体情况而定，鞋柜和书柜的平面图通常使用矩形加对角线来表示。

实例064 创建双人床平面图块

本实例将通过创建双人床平面图块的操作，使读者掌握常用室内图块的绘制方法，实例效果如图6-157所示。

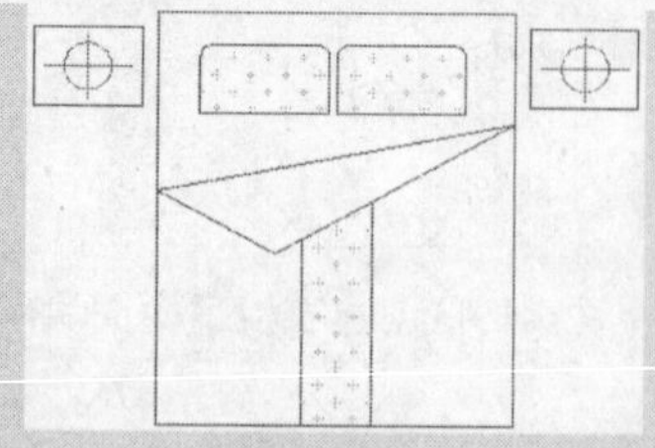

图6-157 创建双人床平面图块

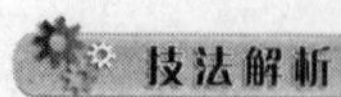

技法解析

本实例在创建双人床平面图块的过程中，首先使用“矩形”命令绘制出床的轮廓和枕头图形，然后使用“直线”命令绘制出被子图形，最后使用“矩形”、“直线”和“圆”命令绘制出床头柜和灯具图形。

实例路径	实例\第6章\双人床平面图块.dwg
素材路径	素材\第6章\无

步骤01 设置当前绘图颜色为红色，使用REC（矩形）命令绘制一个长度为1800、宽度为2100的矩形，如图6-158所示。

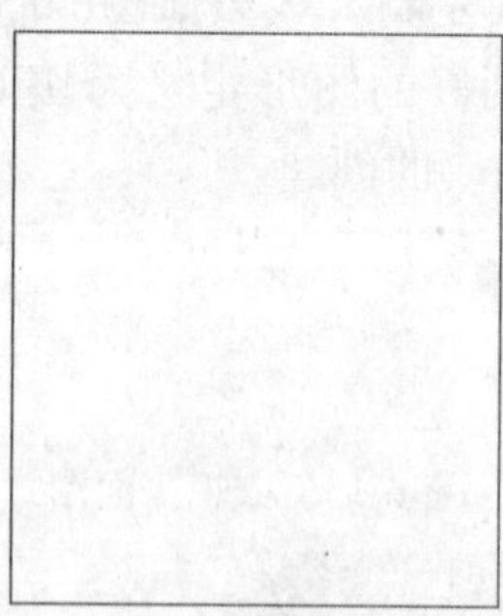

图6-158 绘制矩形

步骤02 使用REC（矩形）命令绘制一个长度为650、宽度为350的矩形，如图6-159所示。

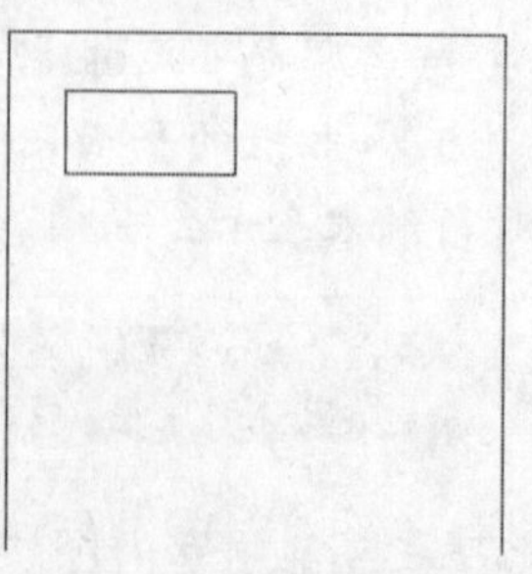

图6-159 绘制矩形

步骤03 执行F（圆角）命令，设置圆角半径为60，然后对矩形上方的夹角进行圆角处理，效果如图6-160所示。

图6-160 圆角处理图形

步骤04 使用CO（复制）命令对圆角处理后的矩形进行复制，效果如图6-161所示。

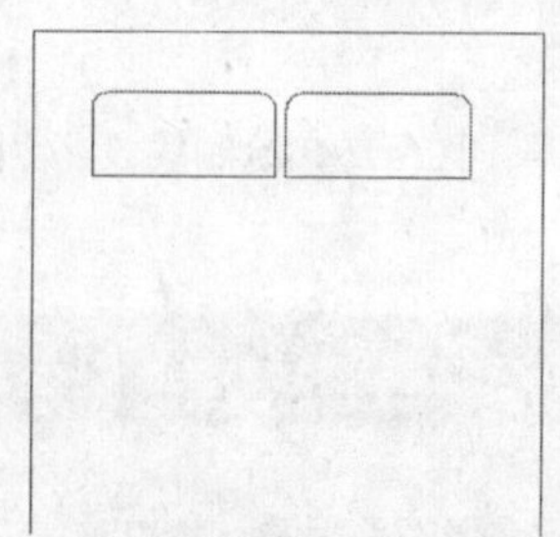

图6-161 复制图形

步骤05 使用L（直线）命令绘制3条线段作为被子图形，效果如图6-162所示。

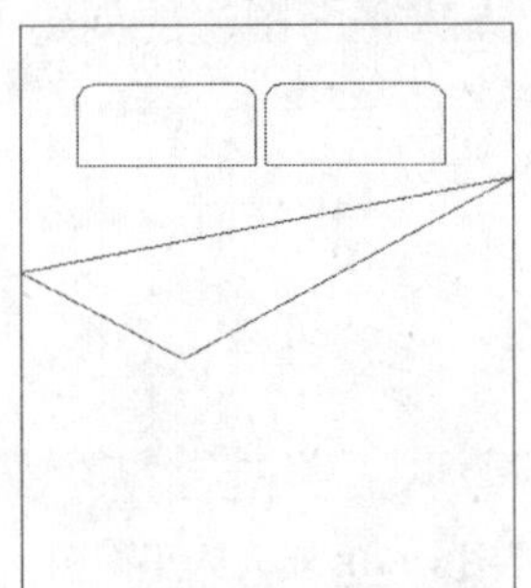
图6-162 绘制线段

步骤06 使用L（直线）命令绘制两条如图6-163所示的线段作为被子的图案。

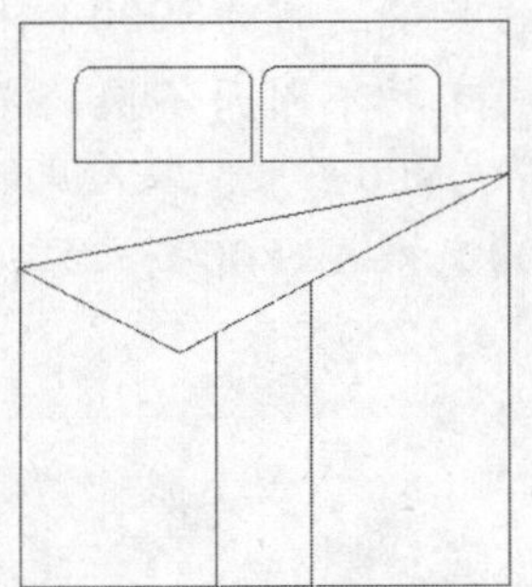
图6-163 绘制线段

步骤07 执行H（图案填充）命令，在打开的“图案填充和渐变色”对话框中设置填充图案为“CROSS”、颜色为黄色、比例为350，如图6-164所示。

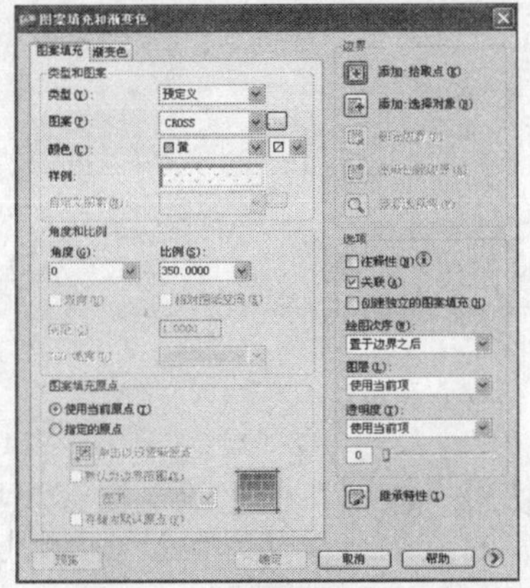
图6-164 设置图案填充参数

步骤08 单击对话框中的“添加：拾取点”按钮进入绘图区，指定填充的区域，填充效果如图6-165所示。

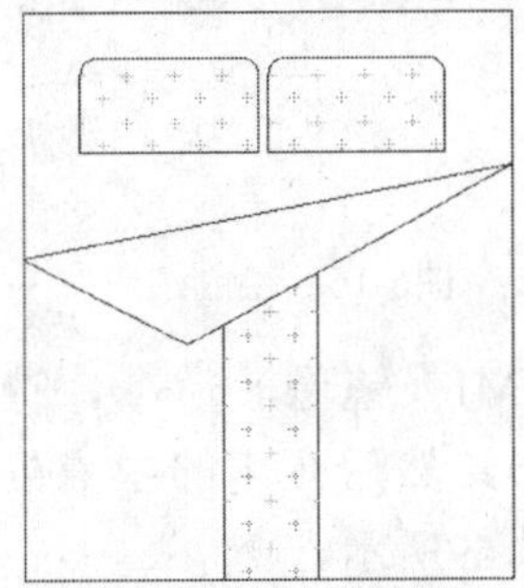
图6-165 填充图案效果

步骤09 使用REC（矩形）命令绘制一个长度为540、宽度为400的矩形作为床头柜平面，如图6-166所示。

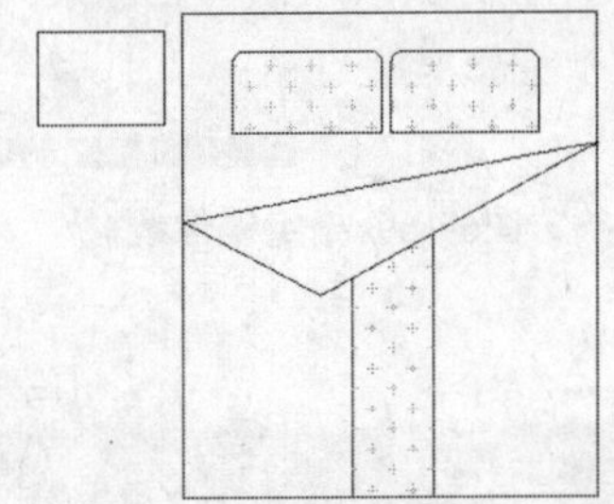
图6-166 绘制矩形

步骤10 设置当前绘图颜色为洋红色，然后使用L（直线）命令绘制两条相互垂直的线段，效果如图6-167所示。

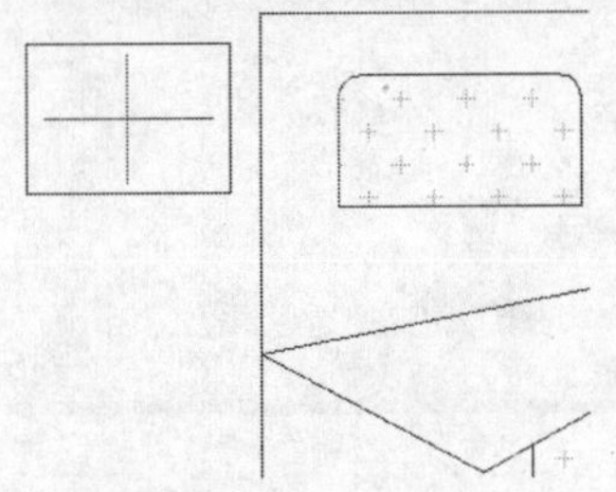
图6-167 绘制线段

步骤11 执行C（圆）命令，通过捕捉线段的交点指定圆心，然后绘制一个半径为120的圆形作为灯具图形，如图6-168所示。

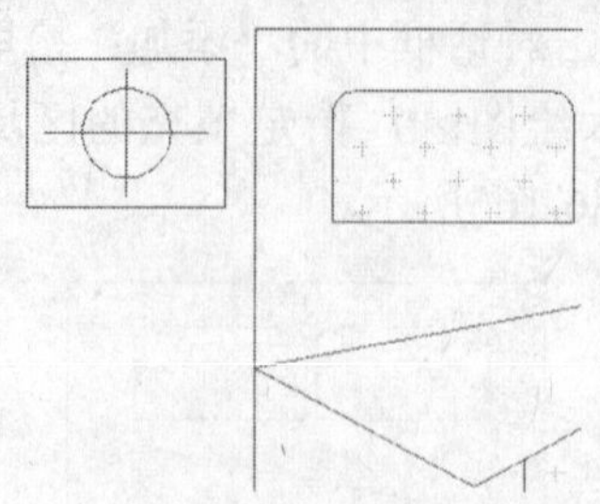

图6-168 绘制圆形

步骤12 执行MI（镜像）命令，选择床头柜和灯具图形，然后在床的中点处指定镜像线，如图6-169所示。

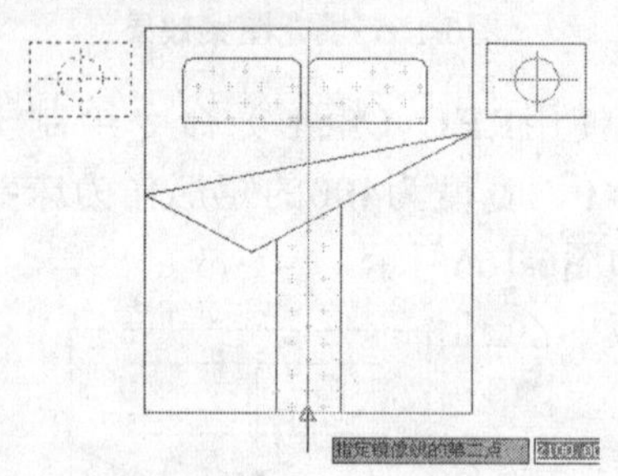

图6-169 指定镜像线

步骤13 完成镜像操作后保留源对象（效果如图6-170所示），然后将图形定义为块对象，完成双人床平面图块的创建。

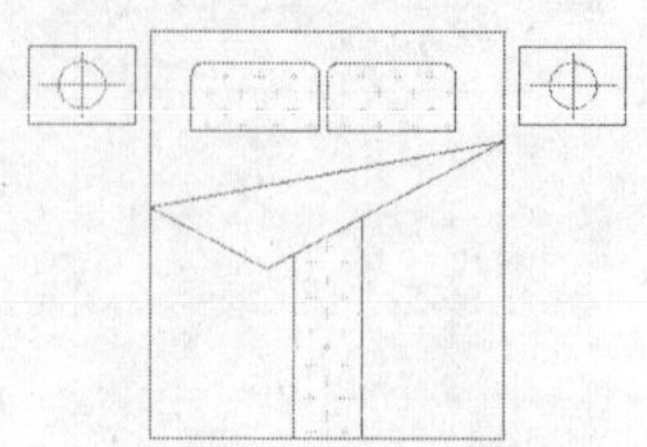

图6-170 双人床平面图

技巧提示

成人床的长度通常为2100毫米，儿童床的长度通常为2000毫米。床的宽度会因床的不同而不同，单人床的宽度通常为900毫米，双人床的宽度通常为1500毫米或1800毫米，儿童床的宽度通常为1200毫米。

实例065 创建会议桌椅平面图块

本实例将通过创建会议桌椅平面图块的操作，使读者掌握常用室内图块的绘制方法，实例效果如图6-171所示。

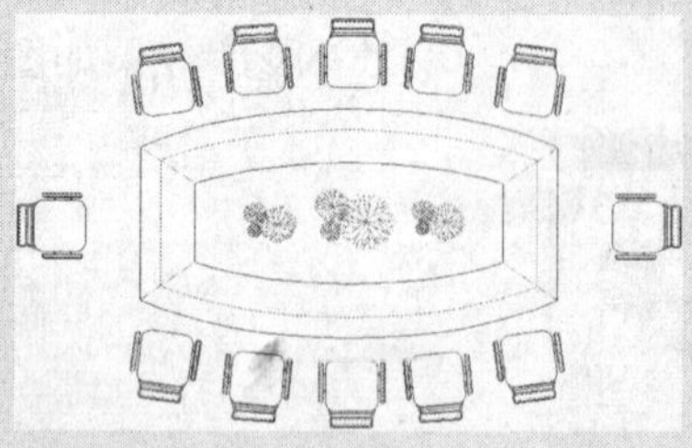

图6-171 创建会议桌椅平面图块

技法解析

本实例在创建会议桌椅平面图块的过程中，首先使用“椭圆”命令绘制出会议桌椅的轮廓，然后使用“直线”、“偏移”和“修剪”命令对图形进行修改，最后将椅子和植物图形复制到当前图形中并做修改。

实例路径	实例\第6章\会议桌椅平面图块.dwg
素材路径	素材\第6章\椅子.dwg、植物.dwg

步骤01 执行EL（椭圆）命令，绘制轴1长度为4300、轴2长度为1800的椭圆，如图6-172所示。

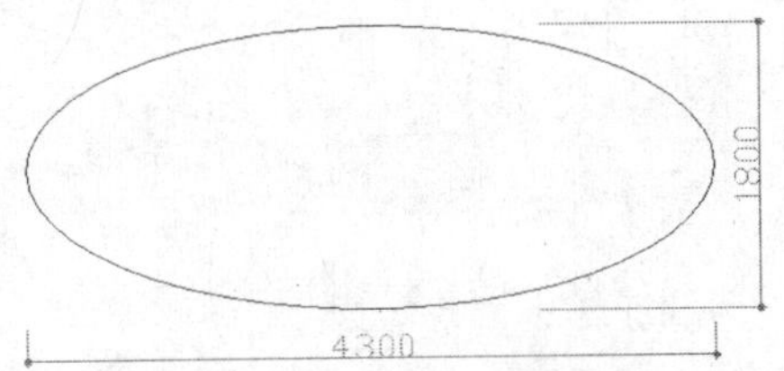

图6-172 绘制椭圆

步骤02 使用O（偏移）命令将椭圆向内偏移两次，偏移距离分别为160、260，效果如图6-173所示。

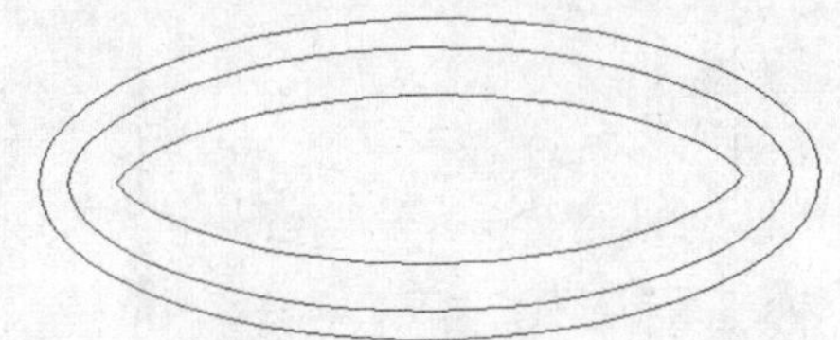

图6-173 偏移椭圆

步骤03 执行L（直线）命令，通过捕捉椭圆上、下方的象限点绘制一条垂直线段，如图6-174所示。

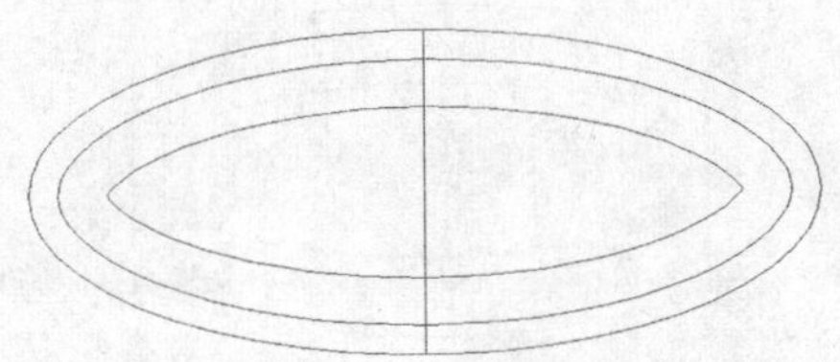

图6-174 绘制线段

步骤04 使用O（偏移）命令将线段向左、右两方分别偏移1600个单位，如图6-175所示。

步骤05 执行TR（修剪）命令，选择最大的椭圆和两方的线段作为边界，然后对图形进行修剪，再使用R（删除）命令将中间的线段删除，效果如图6-176所示。

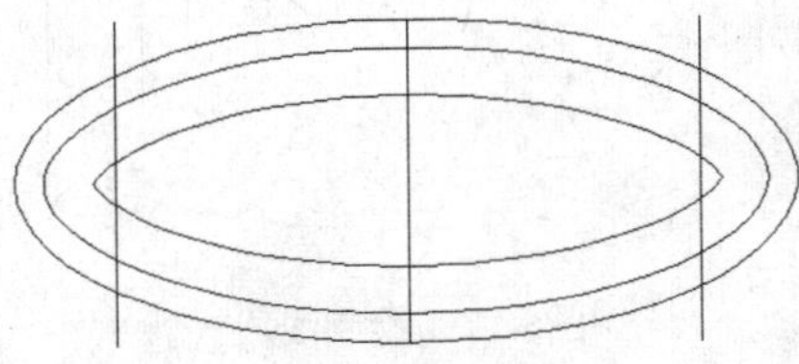

图6-175 偏移线段

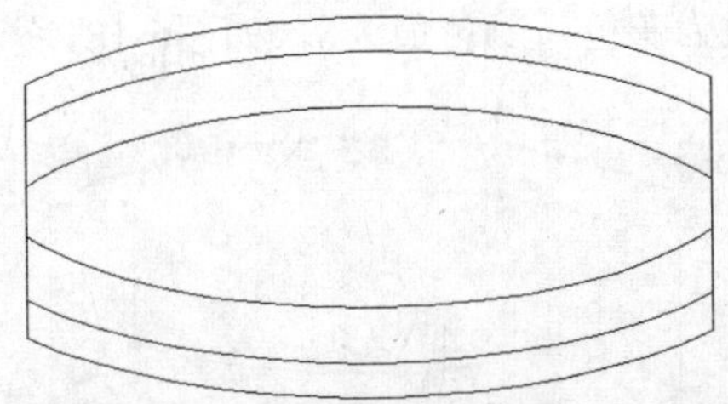

图6-176 处理后的图形

步骤06 使用O（偏移）命令将两边的线段向内偏移两次，偏移距离分别为160、260，效果如图6-177所示。

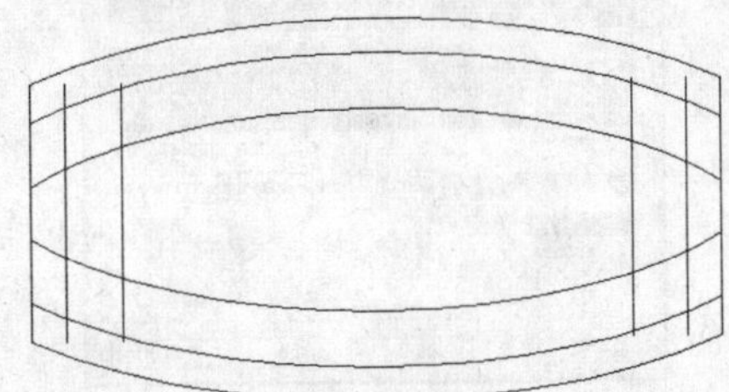

图6-177 偏移线段

步骤07 执行TR（修剪）命令，对图形进行修剪，效果如图6-178所示。

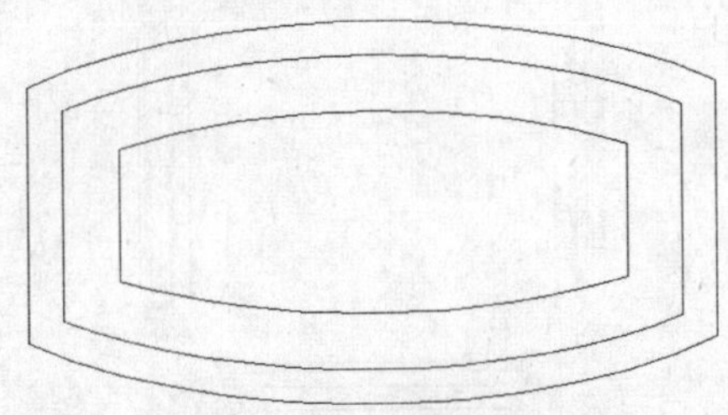

图6-178 修剪图形

步骤08 使用L（直线）命令绘制4条线段，效果如图6-179所示。

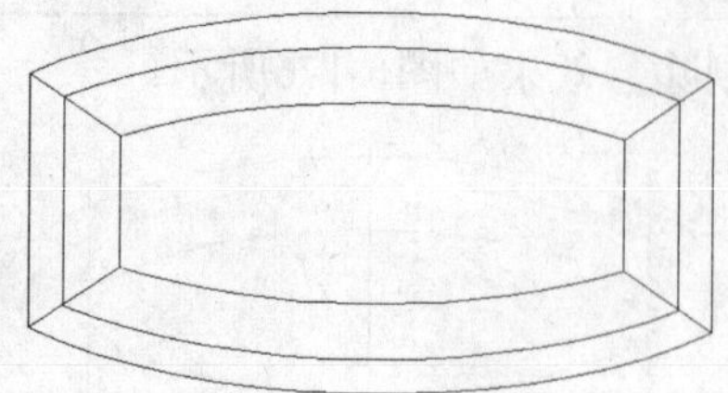

图6-179 绘制线段

步骤09 选择如图6-180所示的线段，将其颜色改为灰色，颜色值为8，如图6-181所示。

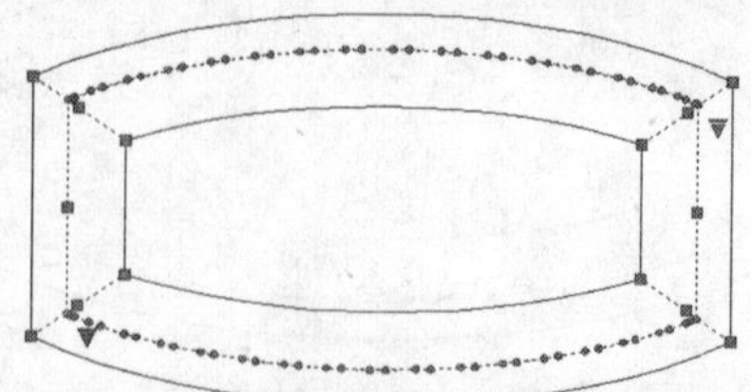

图6-180 选择要修改颜色的线段

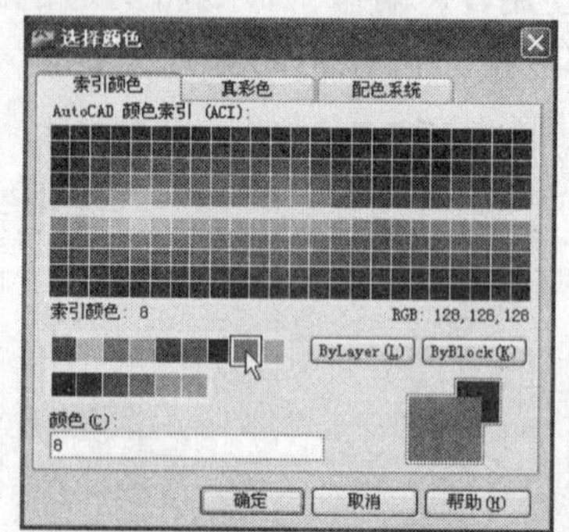

图6-181 设置线段颜色

步骤10 根据素材路径打开“椅子.dwg”图形文件，如图6-182所示。

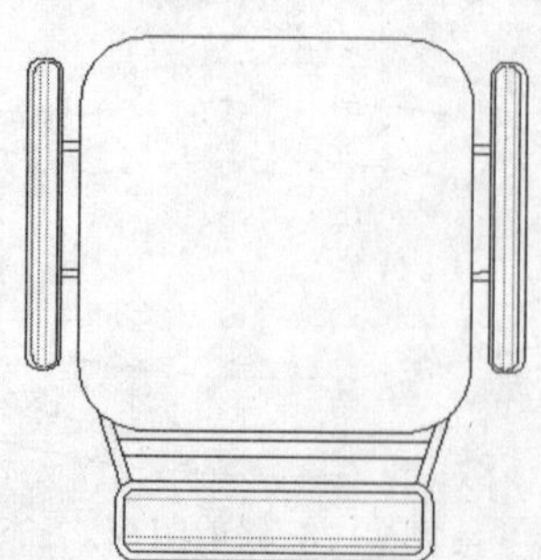

图6-182 打开素材图形文件

步骤11 选择椅子图形，按【Ctrl+C】组合键复制图形，然后切换到绘制的会议桌图形中，按【Ctrl+V】组合键将椅子图形粘贴到当前文件中，效果如图6-183所示。

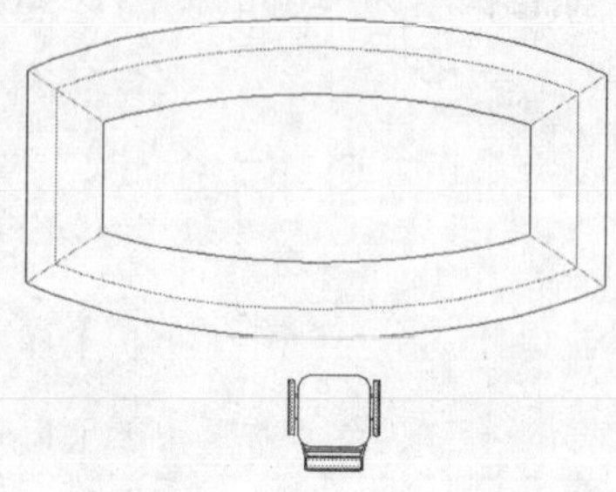

图6-183 复制椅子图形

步骤12 使用CO（复制）命令将椅子图形复制两次，效果如图6-184所示。

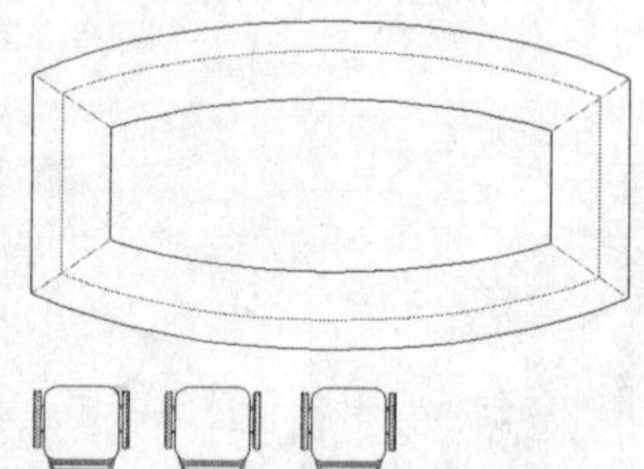

图6-184 复制椅子图形

步骤13 使用RO（旋转）命令对椅子进行适当旋转，效果如图6-185所示。

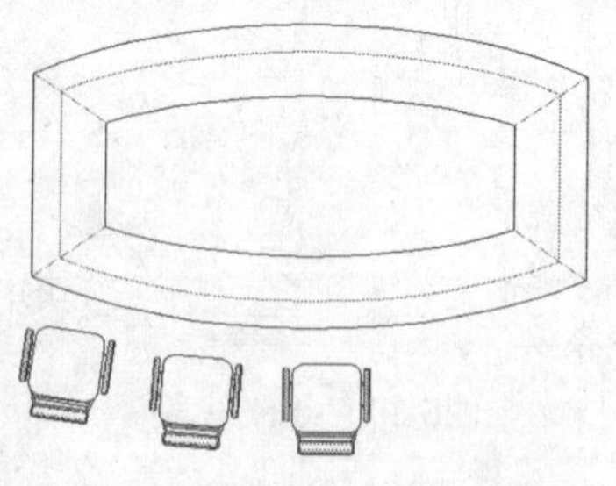

图6-185 旋转椅子

步骤14 执行MI（镜像）命令，选择左方的两张椅子图形，在会议桌中点处指定镜像线（如图6-186所示），然后对椅子图形进行镜像操作，效果如图6-187所示。

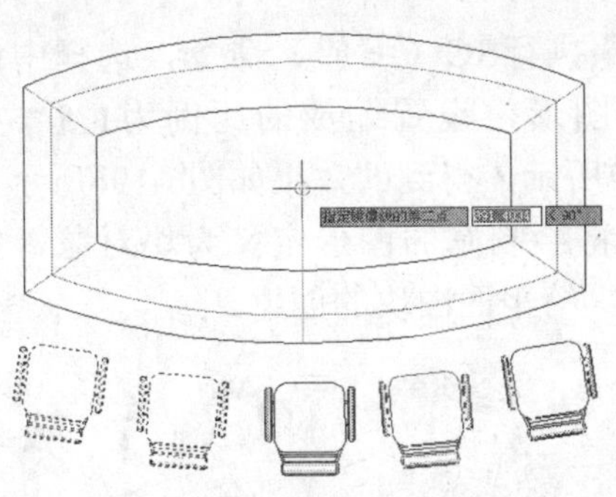

图6-186 指定镜像线

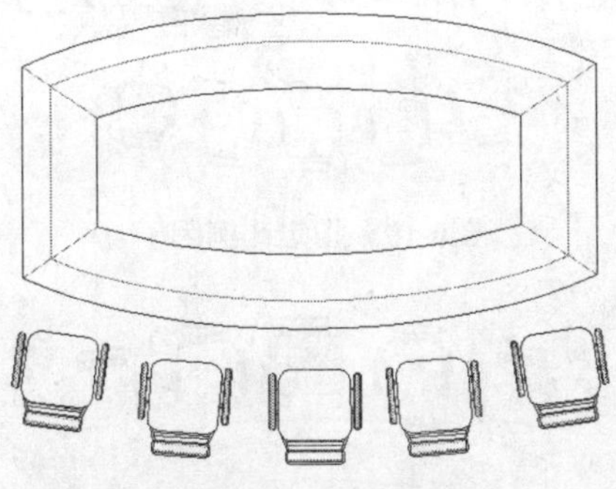

图6-187 镜像椅子

步骤15 执行MI（镜像）命令，选择图形下方的椅子，然后对椅子图形进行镜像操作，效果如图6-188所示。

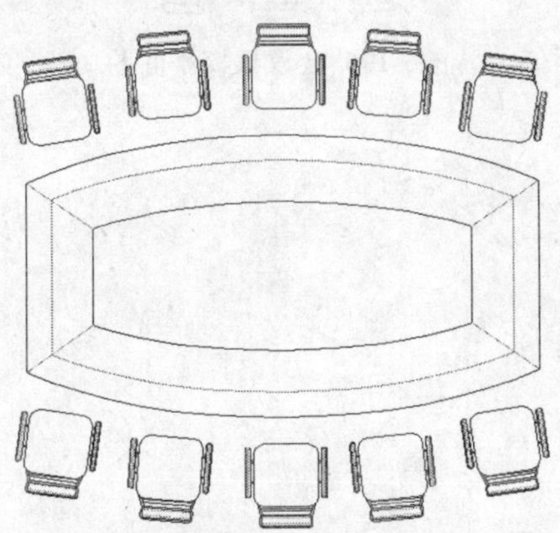

图6-188 镜像椅子

步骤16 使用CO（复制）命令对椅子图形进行一次复制，效果如图6-189所示。

步骤17 使用RO（旋转）命令将椅子图形旋转-90度，效果如图6-190所示。

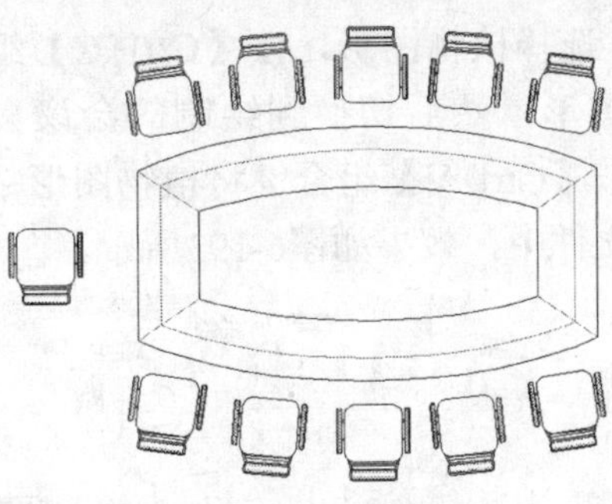

图6-189 复制椅子

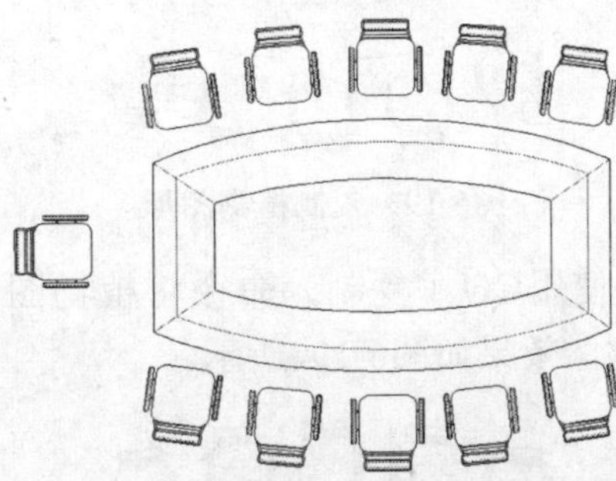

图6-190 旋转椅子

步骤18 执行MI（镜像）命令，然后选择左方的椅子图形，对其进行镜像操作，效果如图6-191所示。

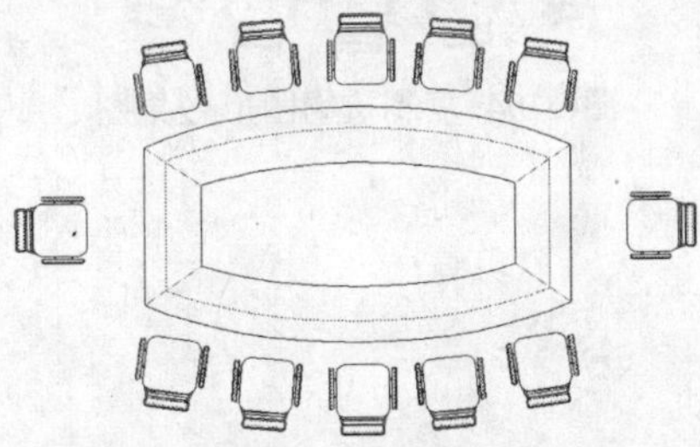

图6-191 镜像椅子

步骤19 根据素材路径打开“植物.dwg”图形文件，如图6-192所示。

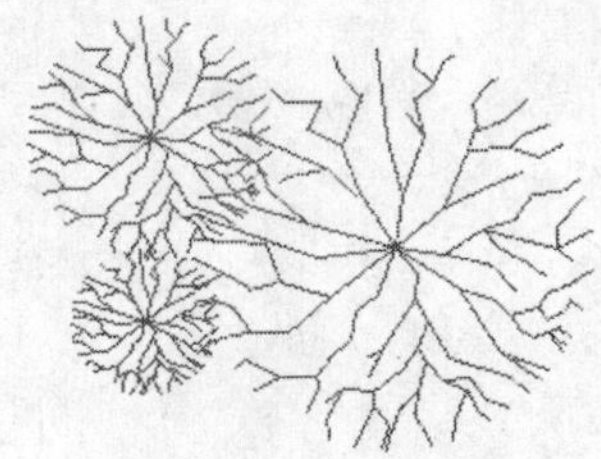

图6-192 打开素材图形文件

步骤20 选择植物图形，按【Ctrl+C】组合键复制图形，然后切换到绘制的会议桌图形中，按【Ctrl+V】组合键将植物图形粘贴到当前文件中，效果如图6-193所示。

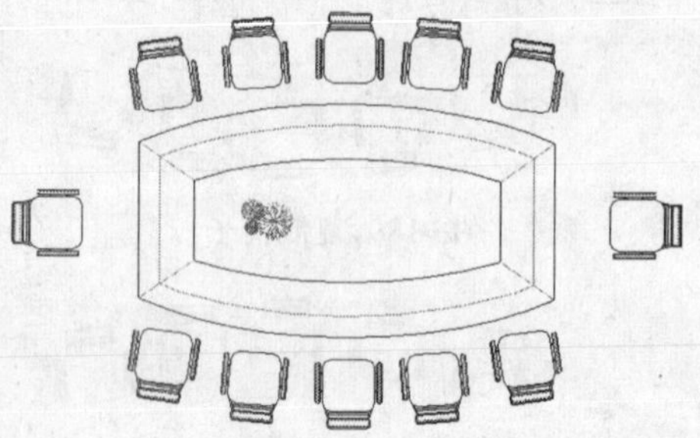
图6-193 复制植物图形

步骤21 使用CO（复制）命令将植物图形复制两次，效果如图6-194所示。

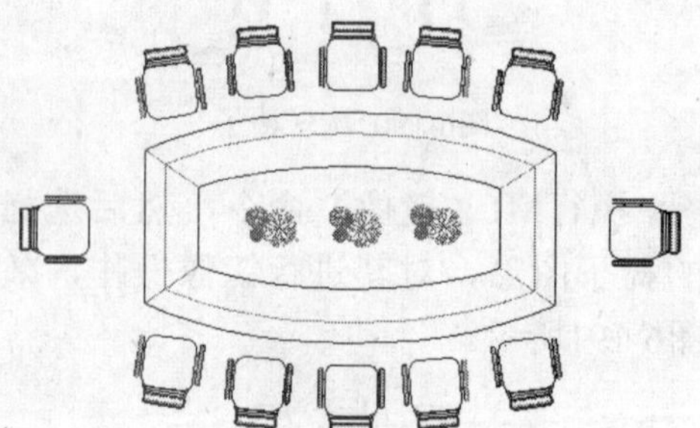
图6-194 复制植物图形效果图

步骤22 执行SC（缩放）命令，选择中间的植物图形，设置缩放的比例为1.5（如图6-195所示，得到的效果如图6-196所示），然后将绘制好的图形定义为块对象，完成会议桌椅平面图块的创建。

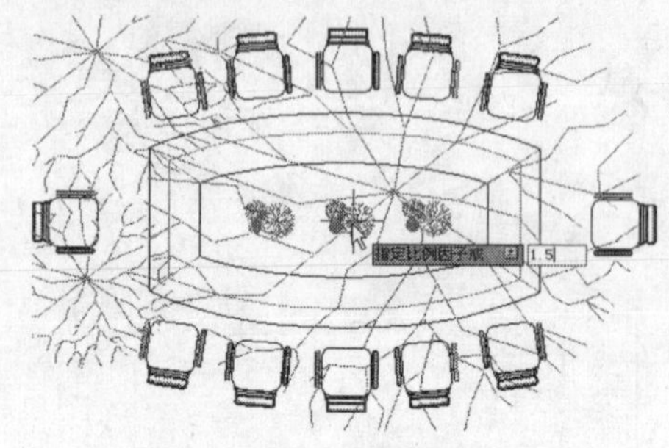

图6-195 指定比例因子

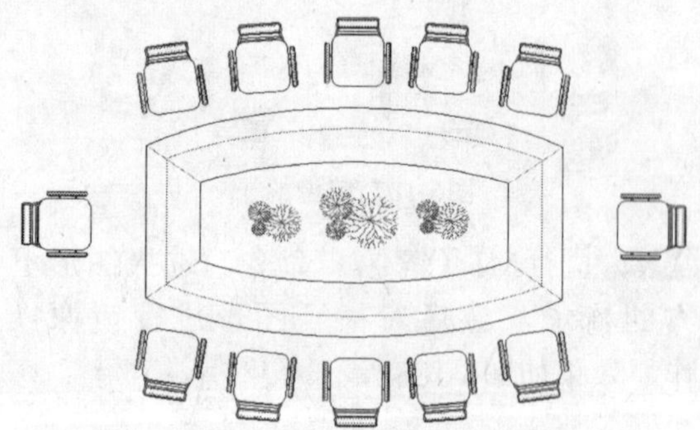
图6-196 会议桌椅平面图

PART 07

室内装饰立面图块

在AutoCAD建筑设计中，室内装饰立面图块和室内装饰平面图块一样，也是会被经常使用的对象。

立面图块常用于建筑立面图的设计中，创建和收集常用的立面图块，有利于提高立面图的设计与绘制效率。本章将详细介绍常用室内装饰立面图块的创建方法与技巧。

效果展示 XIAOGUO ZHANSHI

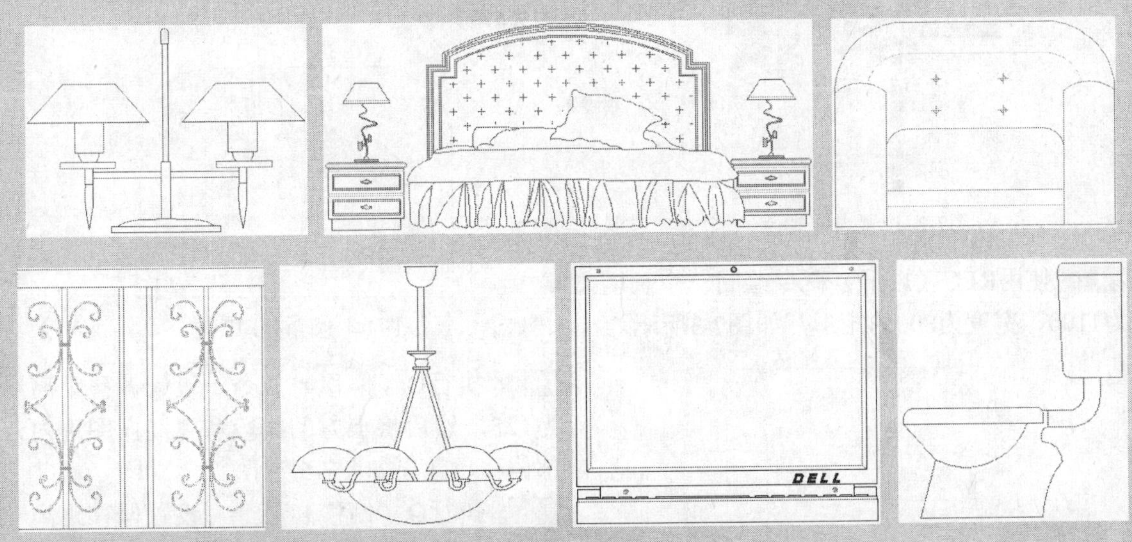

实例066 创建单人沙发立面图块

本实例将通过创建单人沙发立面图块的操作，学习常用绘制命令和创建立面图的方法，实例效果如图7-1所示。

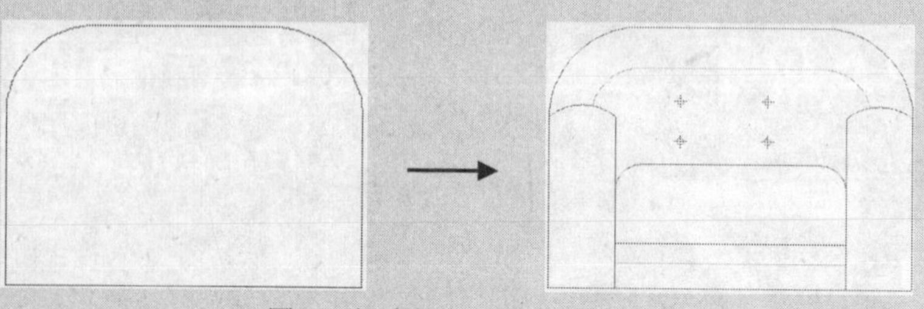

图7-1 创建单人沙发立面图块

技法解析

本实例在绘制单人沙发立面图形的过程中，首先使用绘图命令绘制出沙发立面的主轮廓，然后绘制沙发中的花纹图形，并修改图形的颜色。

	实例路径	实例\第7章\单人沙发立面图块.dwg
	素材路径	素材\第7章\无

步骤01 在“特性”面板中设置当前颜色为洋红色，如图7-2所示。

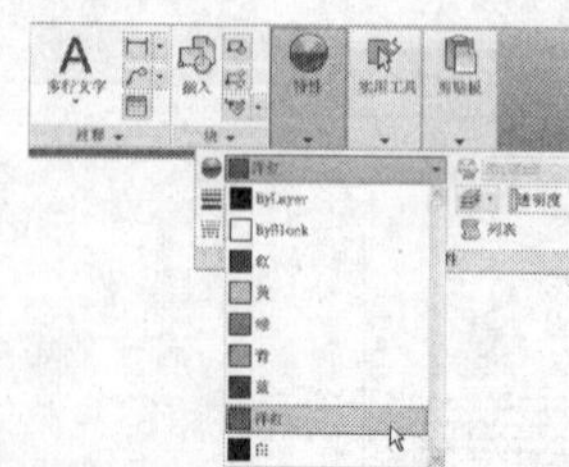

图7-2 设置当前颜色

步骤02 使用REC（矩形）命令绘制一个长度为1100、宽度为800的矩形，如图7-3所示。

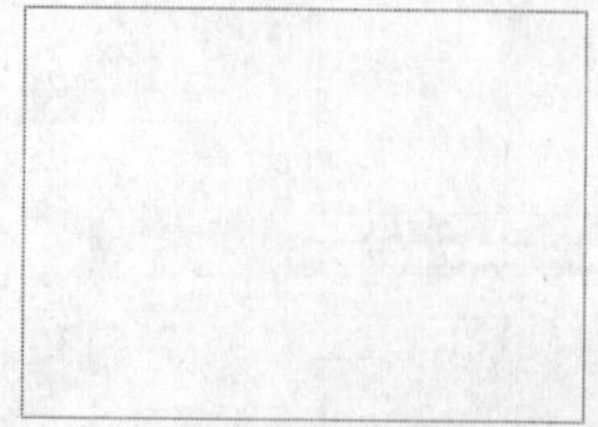

图7-3 绘制矩形

步骤03 执行X（分解）命令，将矩形分解，然后执行F（圆角）命令，设置圆角半径为275，对矩形上方的夹角进行圆角处理，如图7-4所示。

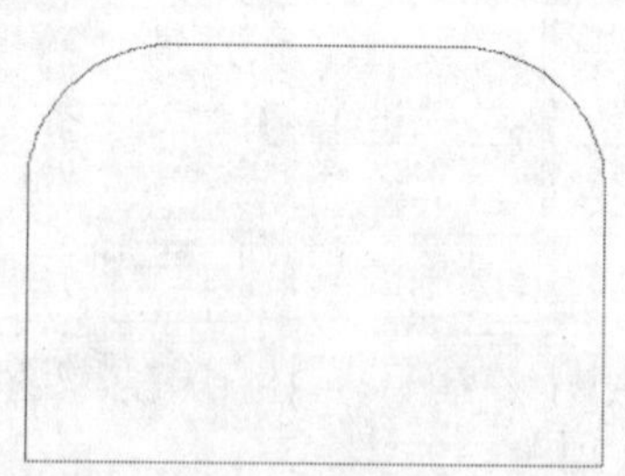

图7-4 圆角处理图形

步骤04 执行O（偏移）命令，设置偏移距离为125，然后将上方的线段和弧线向图形内部偏移，效果如图7-5所示。

步骤05 执行O（偏移）命令，设置偏移距离为200，然后将左、右两边的线段向图形内部偏移，效果如图7-6所示。

图7-5 偏移线段和圆弧

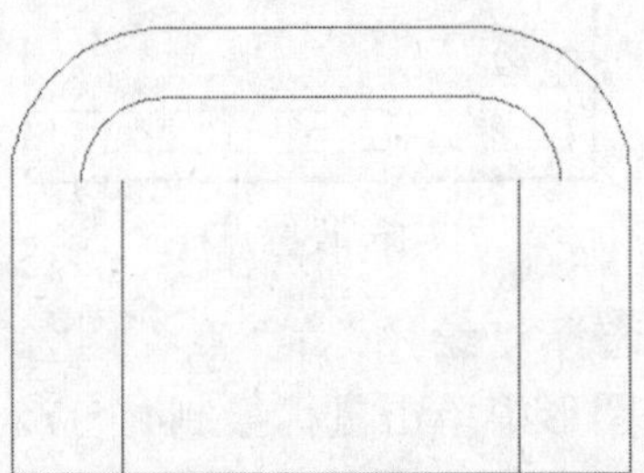
图7-6 偏移线段

步骤06 使用A（圆弧）命令绘制一条圆弧，如图7-7所示。

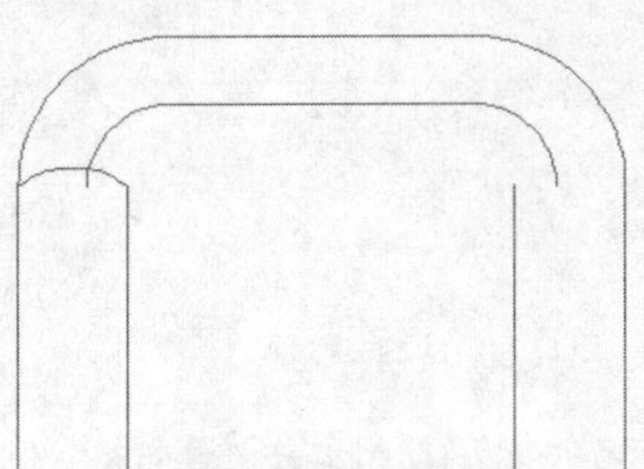
图7-7 绘制圆弧

步骤07 执行MI（镜像）处命令，选择绘制的圆弧，然后在图形的中点指定镜像线（如图7-8所示），对圆弧进行镜像操作，效果如图7-9所示。

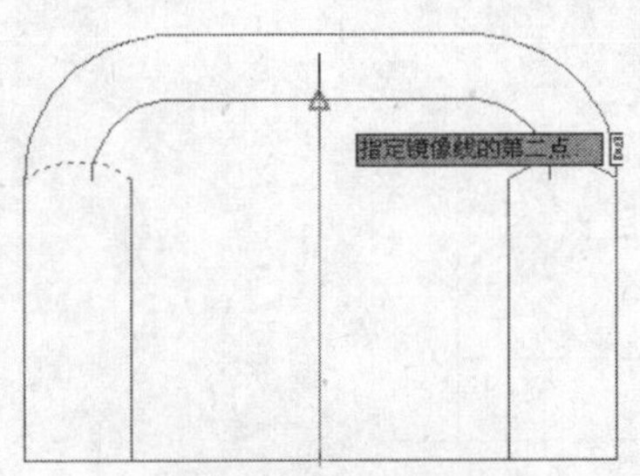

图7-8 指定镜像轴

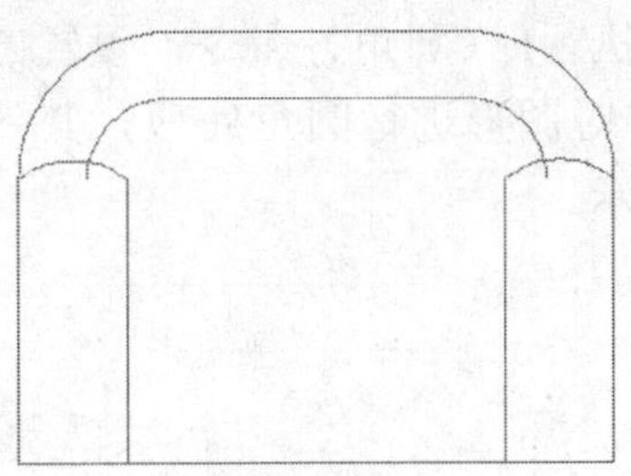
图7-9 镜像弧线

步骤08 执行TR（修剪）命令，以弧线为修剪边界，对图形进行修剪，如图7-10所示。

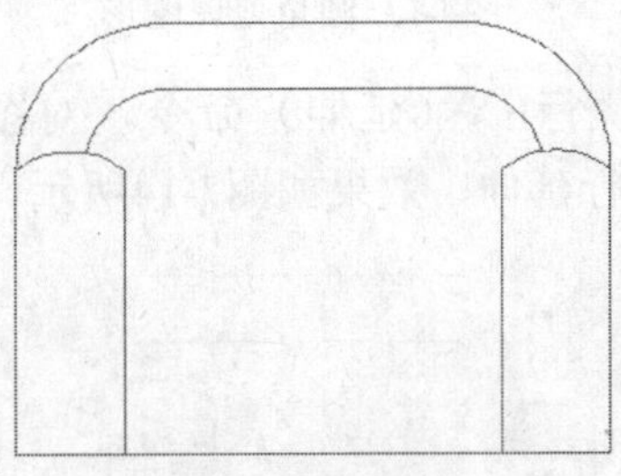
图7-10 修剪图形

步骤09 使用O（偏移）命令对下方线段进行偏移，偏移距离依次为80、50、240，效果如图7-11所示。

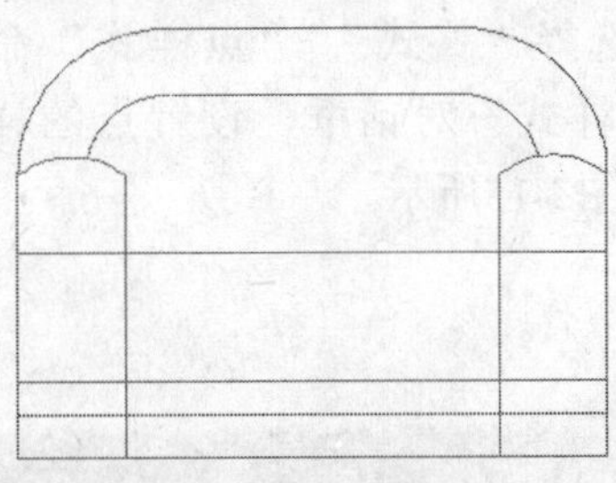
图7-11 偏移线段

步骤10 使用TR（修剪）命令对图形进行修剪，效果如图7-12所示。

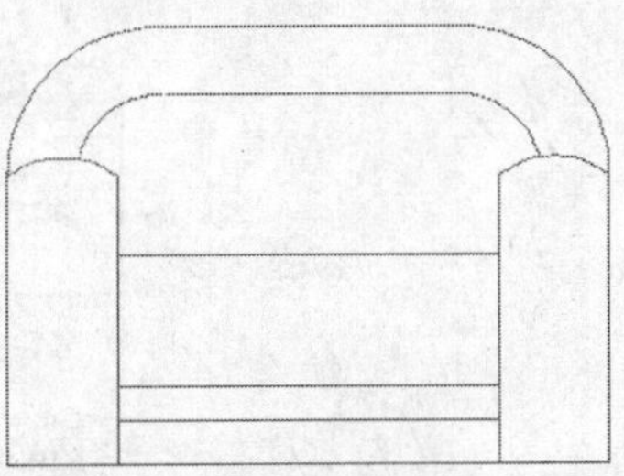
图7-12 修剪图形

步骤11 执行F（圆角）命令，设置圆角半径为80，对图形进行圆角处理，其效果如图7-13所示。

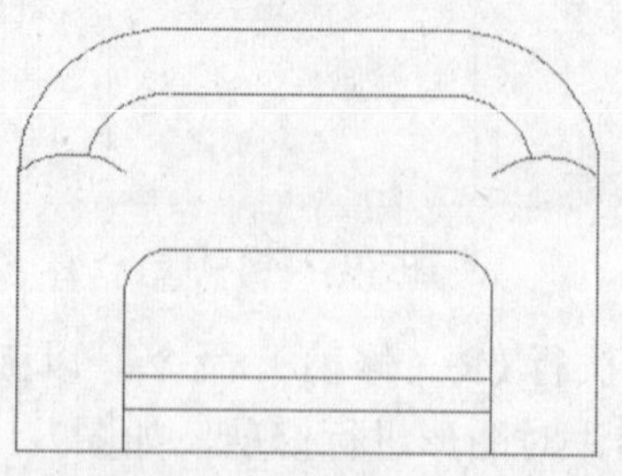

图7-13 圆角处理图形

步骤12 执行EX（延伸）命令，对图形中的线段进行延伸，效果如图7-14所示。

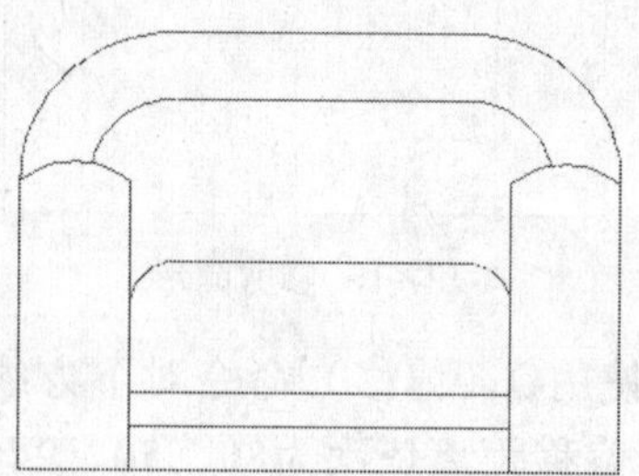

图7-14 延伸线段

步骤13 选择“格式”|“点样式”命令，打开“点样式”对话框，设置点的样式和大小，如图7-15所示。

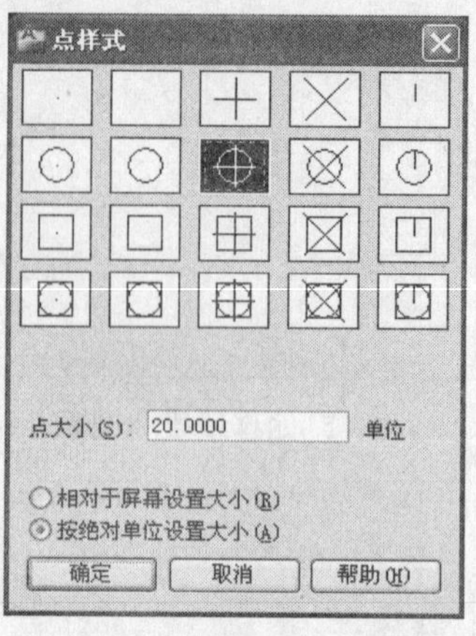

图7-15 设置点样式

步骤14 选择“绘图”|“点”|“多点”命令，在图形中单击鼠标绘制4个点对象，然后将点对象和部分线段颜色改为灰色（效果如图7-16所示），最后将图形创建为块对象，完成实例的制作。

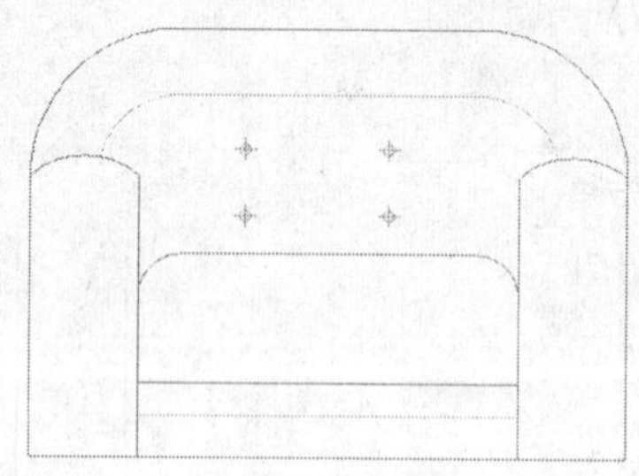

图7-16 单人沙发立面图

实例067 创建多人沙发立面图块

本实例将通过创建多人沙发立面图块的操作，学习常见立面图块的创建方法，实例效果如图7-17所示。

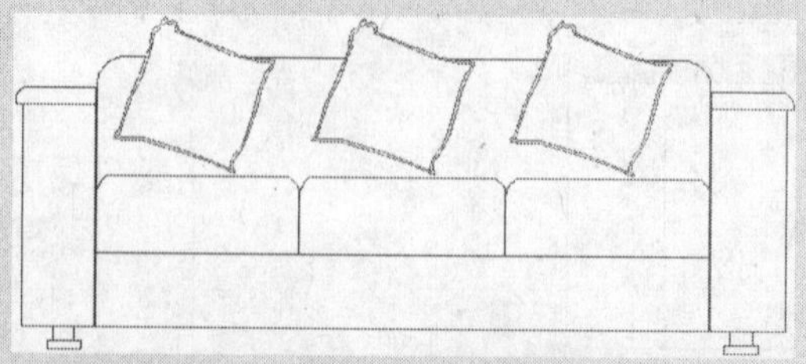

图7-17 创建多人沙发立面图块

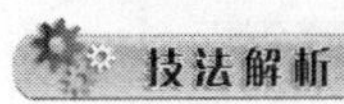

本实例创建多人沙发立面图块，首先绘制出多人沙发的主轮廓图形，然后绘制沙发的扶手和沙发脚图形，最后将沙发扶手和沙发脚镜像到沙发的另一侧。

	实例路径	实例\第7章\多人沙发立面图块.dwg
	素材路径	素材\第7章\抱枕.dwg

步骤01 设置当前绘图颜色为红色，然后使用REC（矩形）命令绘制一个长度为1800、宽度为800的矩形，如图7-18所示。

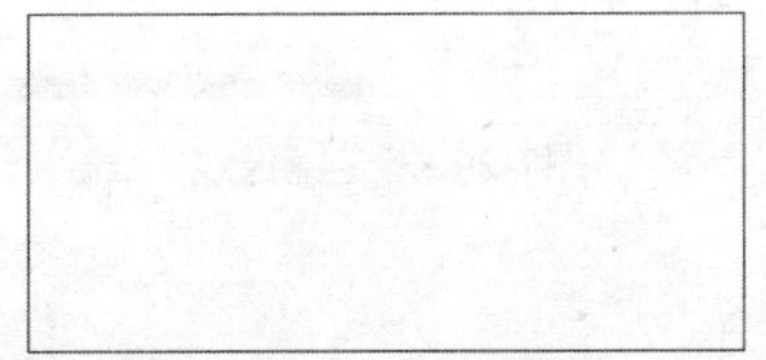

图7-18 绘制矩形

步骤02 执行X（分解）命令，将矩形分解，然后执行F（圆角）命令，设置圆角半径为80，对矩形上方的夹角进行圆角处理，如图7-19所示。

图7-19 圆角处理矩形

步骤03 执行O（偏移）命令，将下方的线段向上偏移两次，偏移距离分别为220、230，效果如图7-20所示。

图7-20 偏移线段

步骤04 执行O（偏移）命令，设置偏移距离为600，然后将左方的线段向右方偏移两次，效果如图7-21所示。

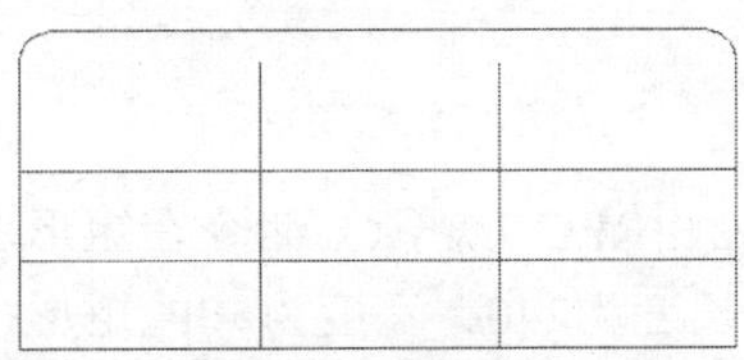

图7-21 偏移线段

步骤05 执行TR（修剪）命令，对图形进行修剪，效果如图7-22所示。

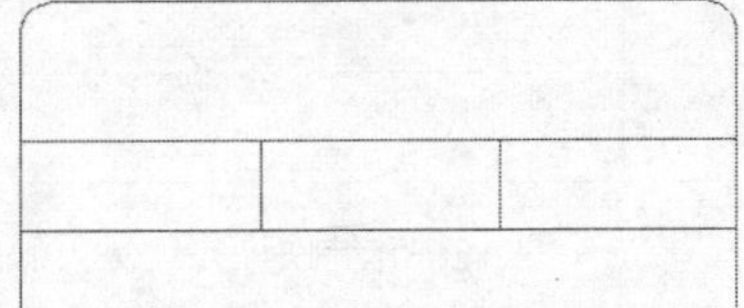

图7-22 修剪图形

步骤06 执行F（圆角）命令，设置圆角半径为50，对中间的坐垫图形进行圆角处理，如图7-23所示。

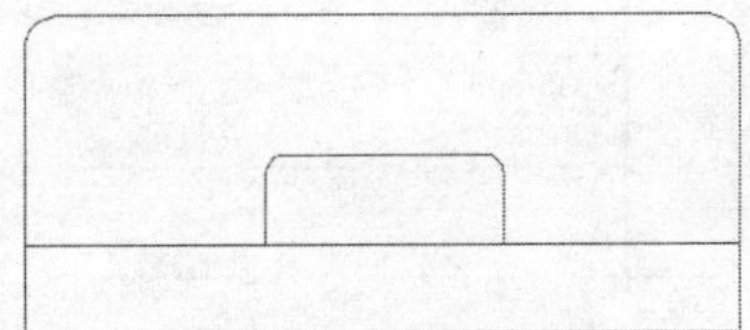

图7-23 圆角处理图形

步骤07 使用CO（复制）命令对中间的坐垫图形进行复制，效果如图7-24所示。

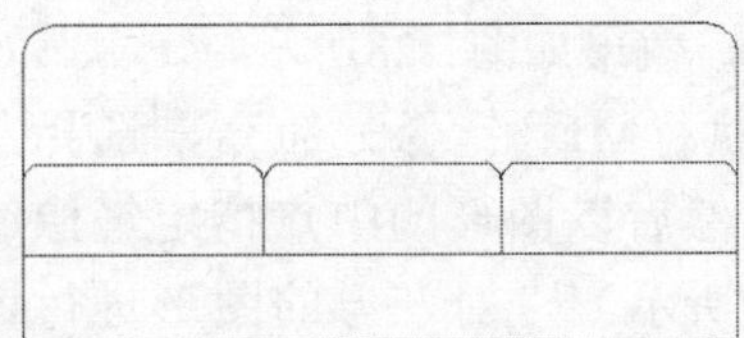

图7-24 复制图形

步骤08 使用REC（矩形）命令在图形左方绘制一个长度为220、宽度为660的矩形，效果如图7-25所示。

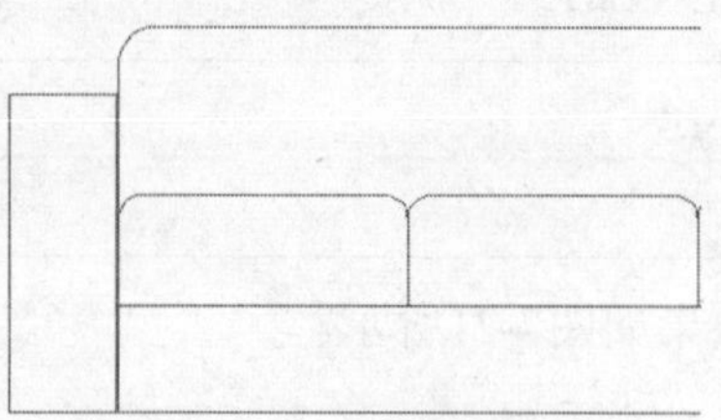

图7-25 绘制矩形

步骤09 使用REC（矩形）命令在矩形上方绘制一个长度为240、宽度为50的矩形，效果如图7-26所示。

图7-26 绘制矩形

步骤10 执行F（圆角）命令，设置圆角半径为40，对左上方的矩形进行圆角处理，如图7-27所示。

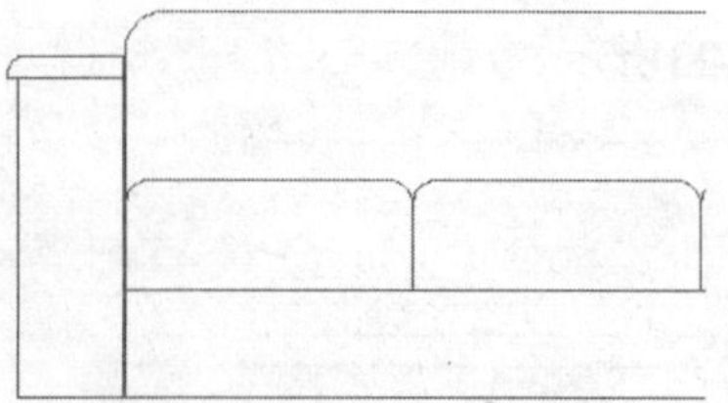

图7-27 圆角处理图形

步骤11 执行REC（矩形）命令，在图形左下方分别绘制一个长度为100、宽度为25的矩形和一个长度为65、宽度为40的矩形作为沙发脚，效果如图7-28所示。

步骤12 执行MI（镜像）命令，选择左方的图形，然后以图形的中点指定镜像线（如图7-29所示），对左方的图形进行镜像操作，效果如图7-30所示。

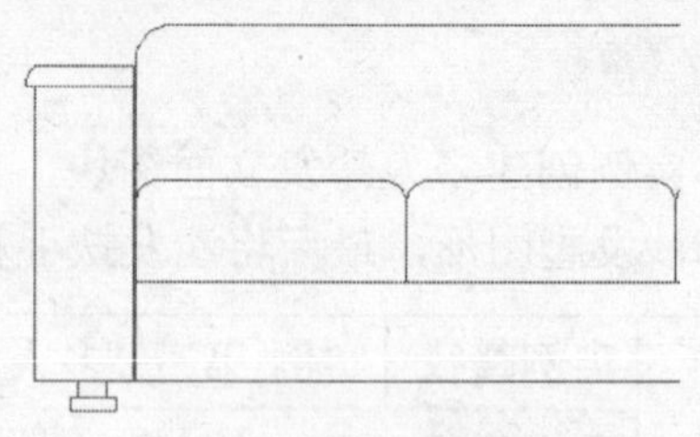

图7-28 绘制沙发脚

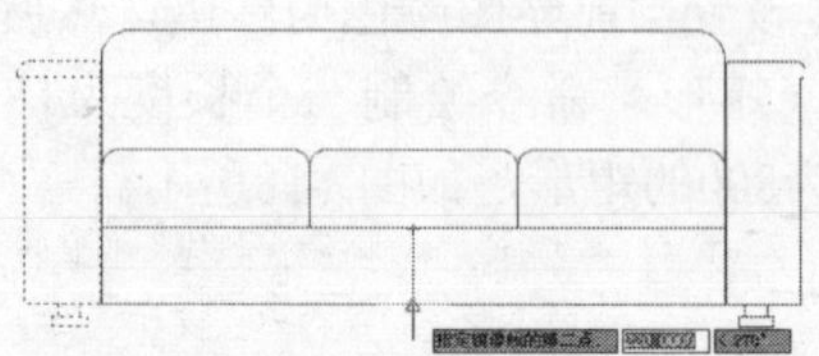

图7-29 指定镜像线

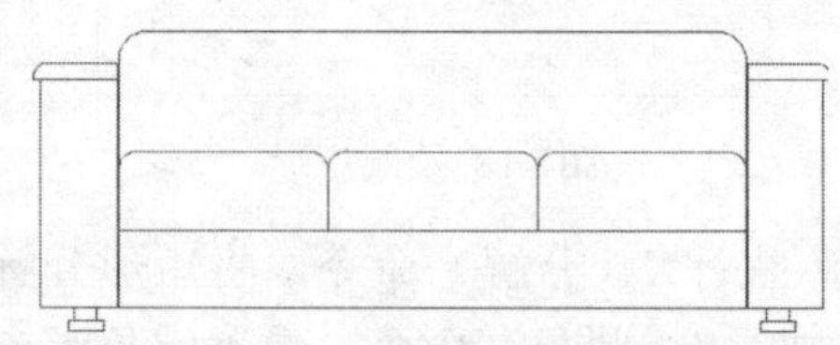

图7-30 镜像图形

步骤13 根据素材路径打开“抱枕.dwg”图形文件，效果如图7-31所示。

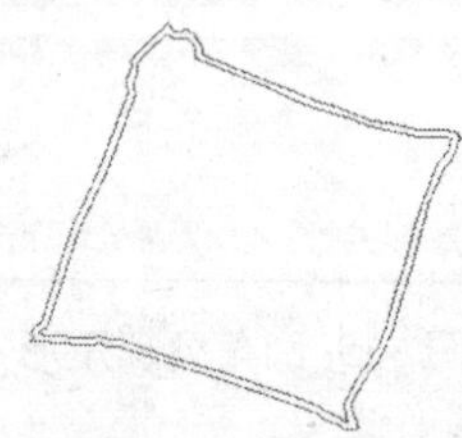

图7-31 打开素材文件

步骤14 选择抱枕图形，按【Ctrl+C】组合键复制图形，然后切换到绘制的沙发立面图形中，按【Ctrl+V】组合键将抱枕图形粘贴到当前文件中，效果如图7-32所示。

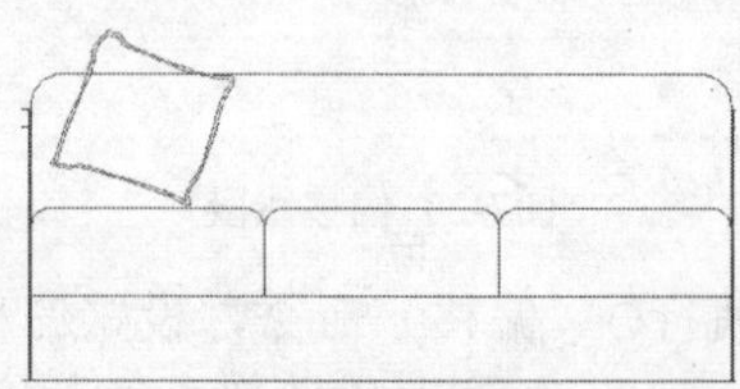

图7-32 复制图形

步骤15 使用CO（复制）命令对抱枕图形进行复制，效果如图7-33所示。

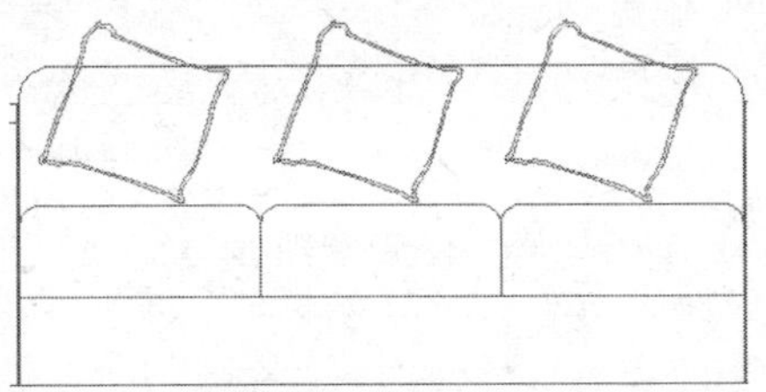

图7-33 复制抱枕图形

步骤16 执行TR（修剪）命令，对图形中的线段进行修剪（效果如图7-34所示），最后将图形定义为块对象，完成实例的制作。

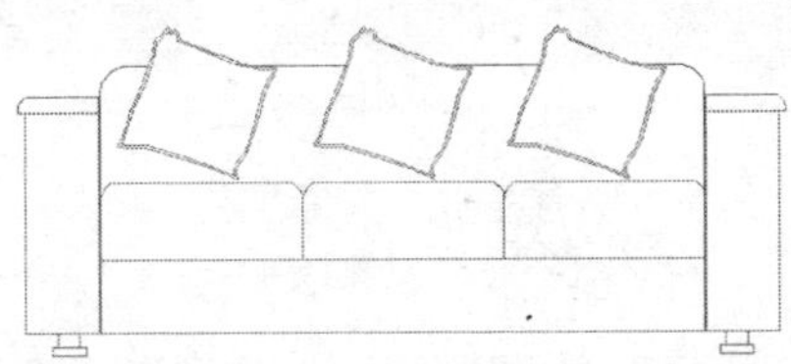

图7-34 多人沙发立面图

实例068 创建组合沙发立面图块

本实例将通过创建组合沙发立面图块的操作，学习常见立面图块的创建方法，实例效果如图7-35所示。

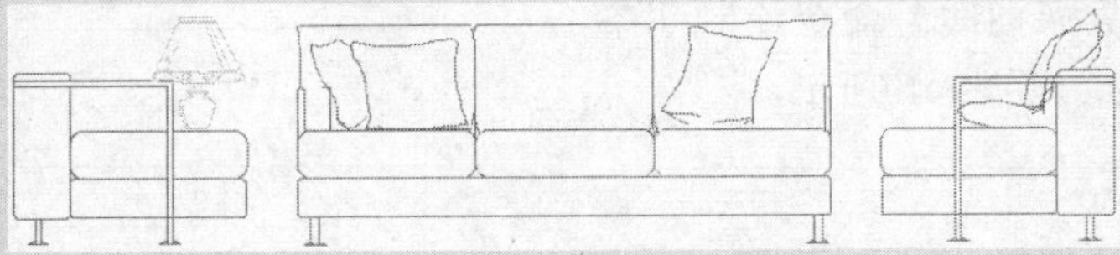

图7-35 创建组合沙发立面图块

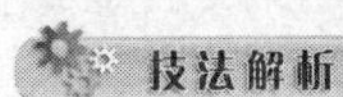

技法解析

本实例创建组合沙发立面图块，首先绘制多人沙发图形，然后绘制单人沙发图形，并将单人沙发镜像一次完成沙发主体对象的绘制，最后将需要的抱枕和台灯图形复制到绘制的图形中。

	实例路径	实例\第7章\组合沙发立面图块.dwg
	素材路径	素材\第7章\抱枕和台灯.dwg

步骤01 设置当前绘图颜色为洋红色，执行REC（矩形）命令，设置圆角半径为60，然后绘制一个长度为800、宽度为220的圆角矩形，如图7-36所示。

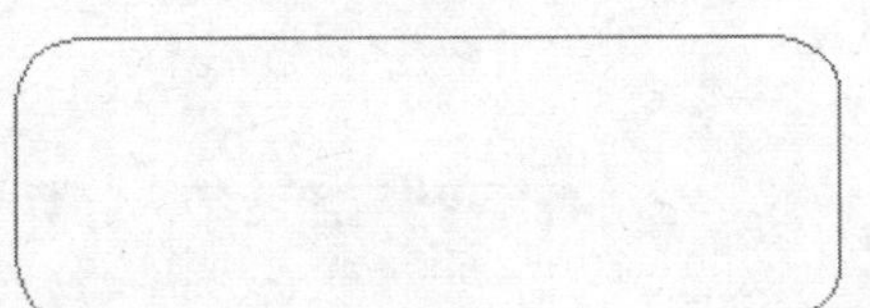

图7-36 绘制圆角矩形

步骤02 使用SPL（样条曲线）命令绘制几条曲线，如图7-37所示。

图7-37 绘制曲线

步骤03 使用CO（复制）命令对图形进行复制，效果如图7-38所示。

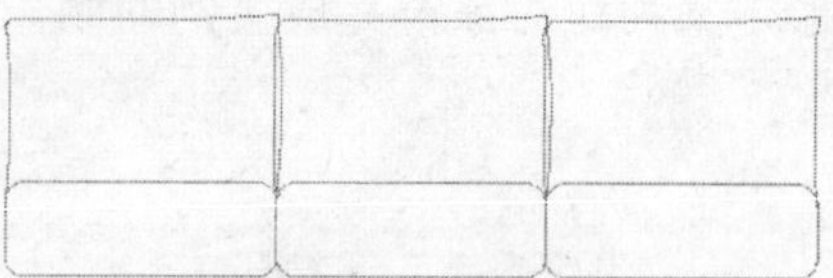

图7-38 复制图形

步骤04 通过调整图形的夹点调整图形的效果，并删除多余的线段，如图7-39所示。

图7-39 调整图形

步骤05 使用SPL（样条曲线）命令绘制几条曲线表示沙发褶皱，如图7-40所示。

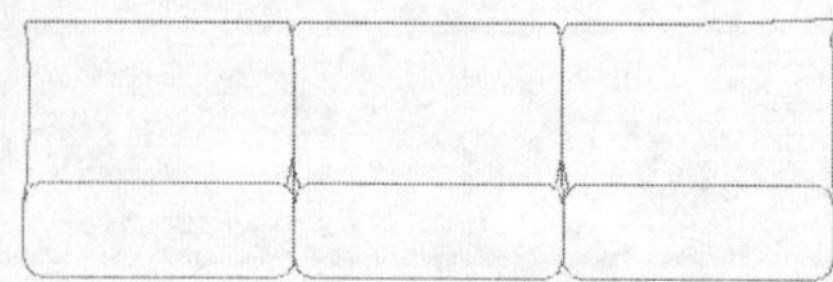

图7-40 绘制褶皱效果

步骤06 执行REC（矩形）命令，在图形左方绘制一个长度为25、宽度为220的矩形，如图7-41所示。

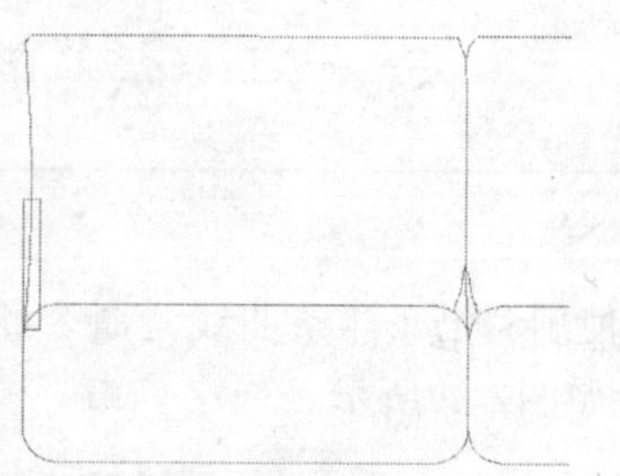

图7-41 绘制矩形

步骤07 使用TR（修剪）命令对图形进行修剪，绘制出金属扶手图形，如图7-42所示。

步骤08 执行MI（镜像）命令，以图形的中点指定镜像线，对金属扶手进行镜像操作，效果如图7-43所示。

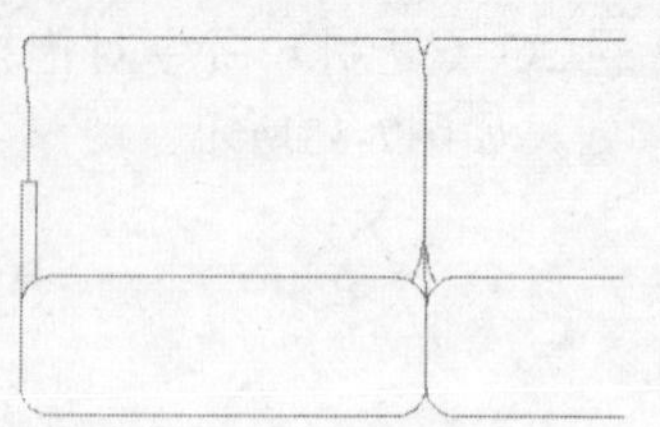

图7-42 修剪图形

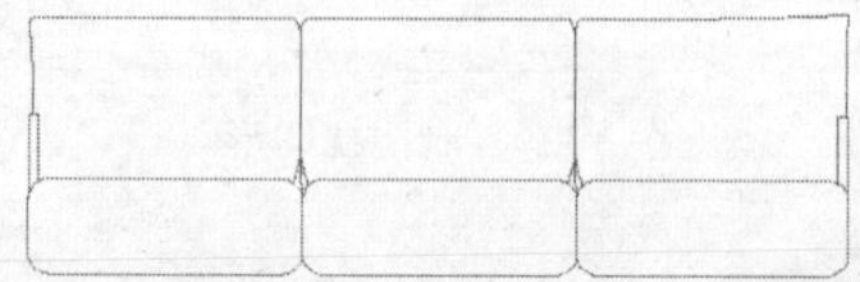

图7-43 镜像金属扶手

步骤09 执行REC（矩形）命令，在图形下方绘制一个长度为2400、宽度为180、圆角半径为20的圆角矩形，如图7-44所示。

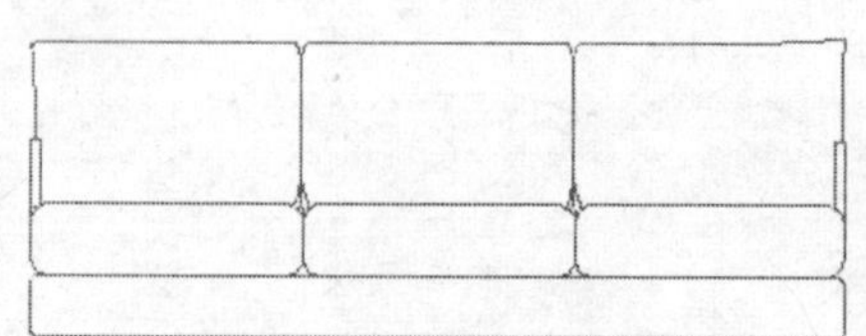

图7-44 绘制圆角矩形

步骤10 使用L（直线）命令绘制沙发的金属脚图形，如图7-45所示。

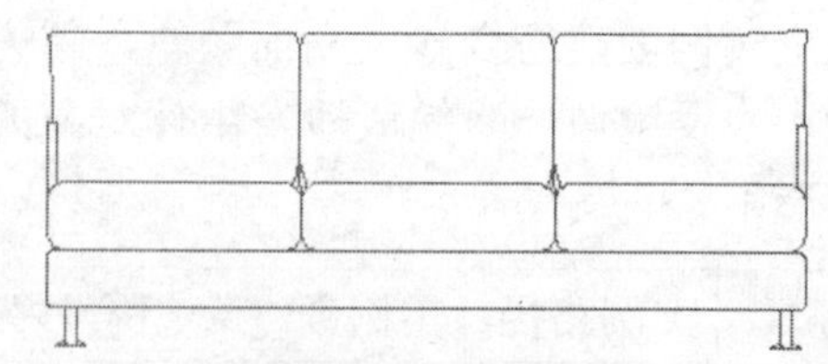

图7-45 绘制沙发金属脚

步骤11 根据素材路径打开“单人沙发.dwg”图形文件，然后执行PL（多段线）命令，绘制一条如图7-46所示的多段线。

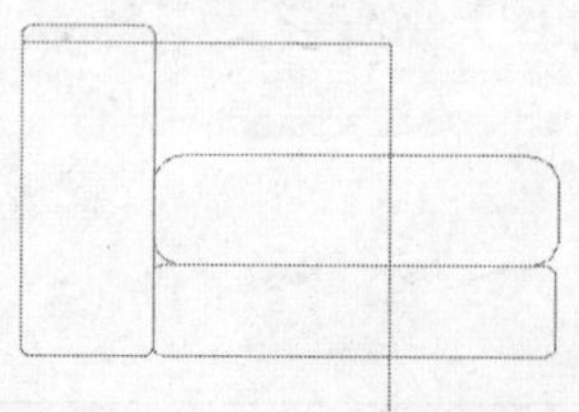

图7-46 绘制多段线

步骤12 执行O（偏移）命令，设置偏移距离为25，然后将多段线向内进行偏移，效果如图7-47所示。

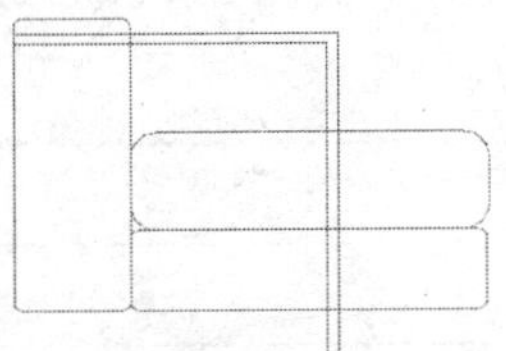

图7-47 偏移多段线

步骤13 使用TR（修剪）命令对图形进行修剪，效果如图7-48所示。

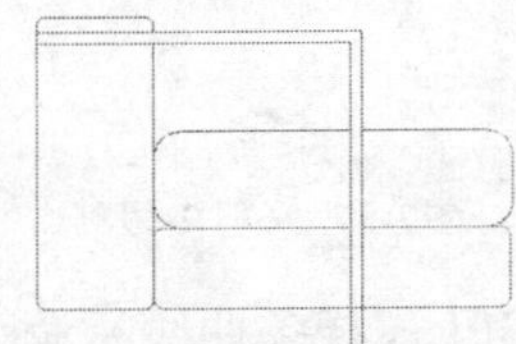

图7-48 修剪图形

步骤14 使用L（直线）命令绘制沙发的金属脚图形，如图7-49所示。

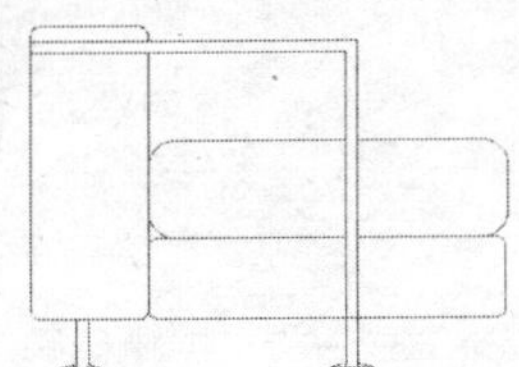

图7-49 绘制沙发金属脚

步骤15 执行MI（镜像）命令，选择左方的图形，然后以图形的中点指定镜像线，对左方的图形进行镜像操作，效果如图7-50所示。

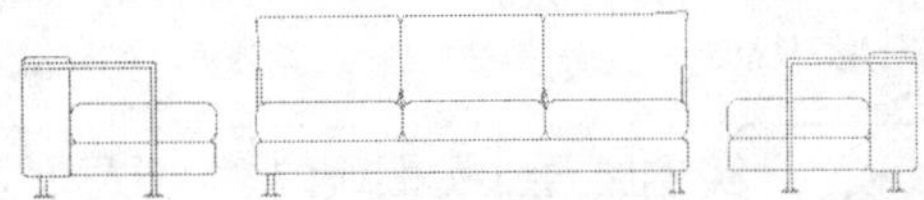

图7-50 镜像图形

步骤16 根据素材路径打开“抱枕和台灯.dwg”图形文件，效果如图7-51所示。

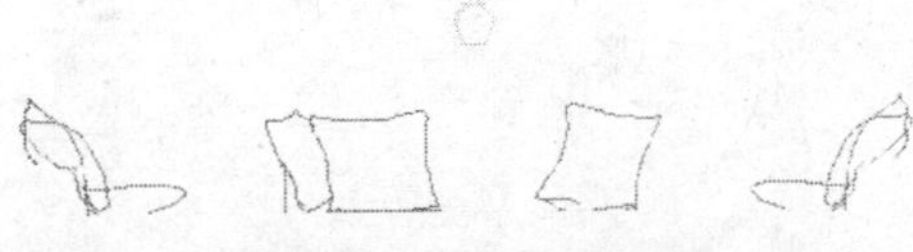

图7-51 打开素材图形

步骤17 选择抱枕和台灯图形，按【Ctrl+C】组合键复制图形，然后切换到绘制的沙发立面图形中，按【Ctrl+V】组合键将抱枕和台灯图形粘贴到当前文件中，并调整图形的位置（效果如图7-52所示），最后将图形定义为块对象，完成实例的制作。

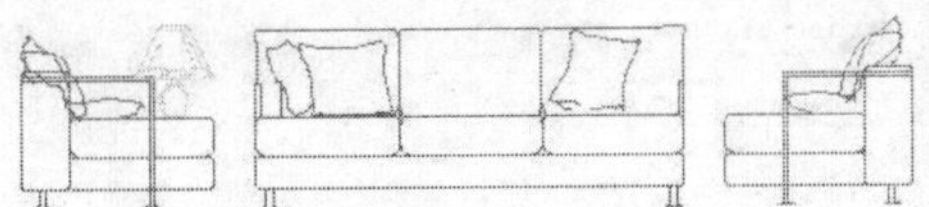

图7-52 组合沙发立面图

实例069 创建双人床立面图块

本实例将通过创建双人床立面图块的操作，使读者掌握常用室内图块的绘制方法，实例效果如图7-53所示。

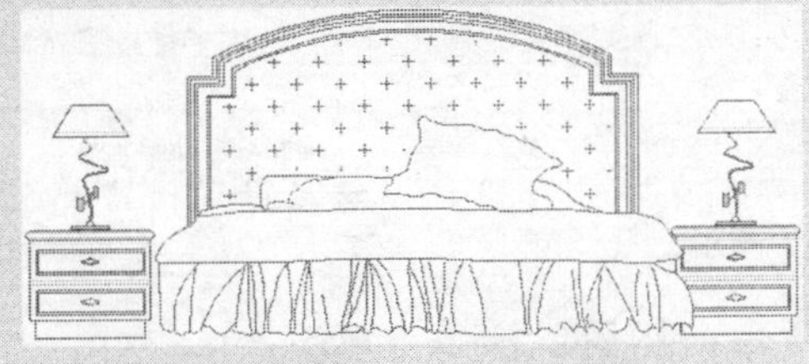

图7-53 创建双人床立面图块

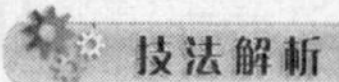

技法解析

本实例创建双人床立面图块，首先使用“多段线”命令绘制床头图形，然后使用“样条曲线”绘制被子和床单图形，并对床头靠背进行图案填充，最后将床头柜图形复制到当前图形中。

	实例路径	实例\第7章\双人床立面图块.dwg
	素材路径	素材\第7章\床素材.dwg、床头柜.dwg

步骤01 根据素材路径打开“床素材.dwg”文件（如图7-54所示），然后将当前绘图颜色设置为洋红色。

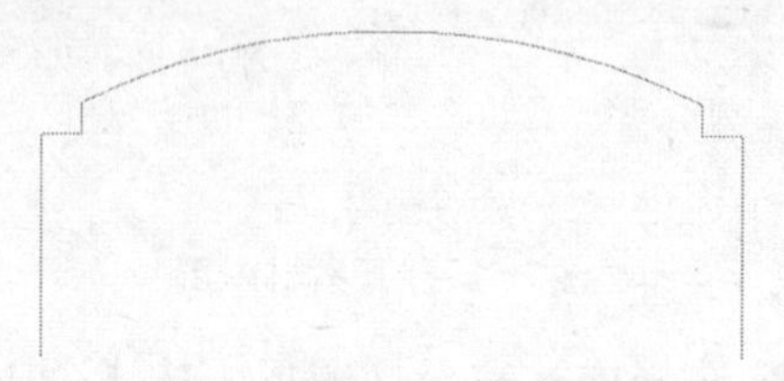

图7-54 打开素材

步骤02 执行O（偏移）命令，将多段线向内偏移3次，偏移距离依次为12、30、12，效果如图7-55所示。

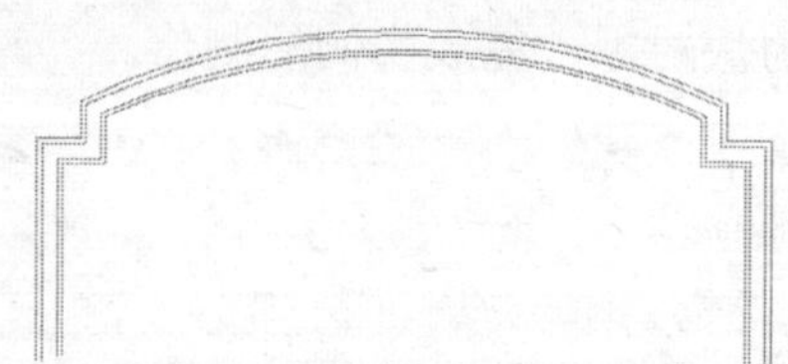

图7-55 偏移多段线

步骤03 执行SPL（样条曲线）命令，参照如图7-56所示的效果，绘制多条曲线作为被子图形。

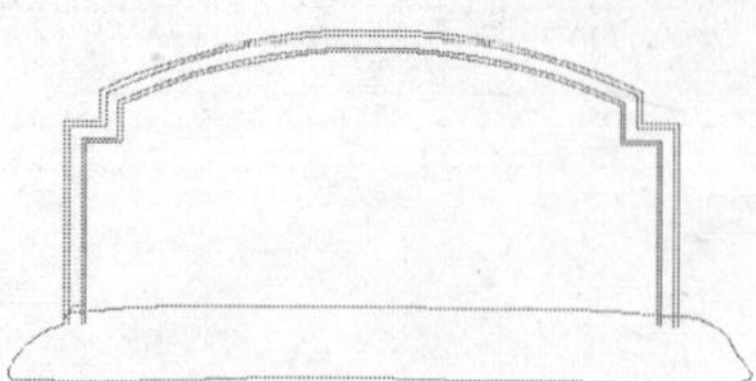

图7-56 绘制被子图形

步骤04 执行TR（修剪）命令，然后以样条曲线作为修剪边界，对多段线进行修剪，效果如图7-57所示。

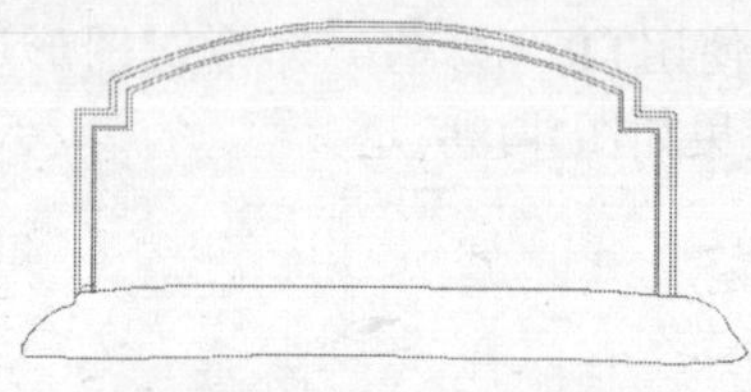

图7-57 修剪多段线

步骤05 执行SPL（样条曲线）命令，参照如图7-58所示的效果，绘制多条曲线作为床单图形。

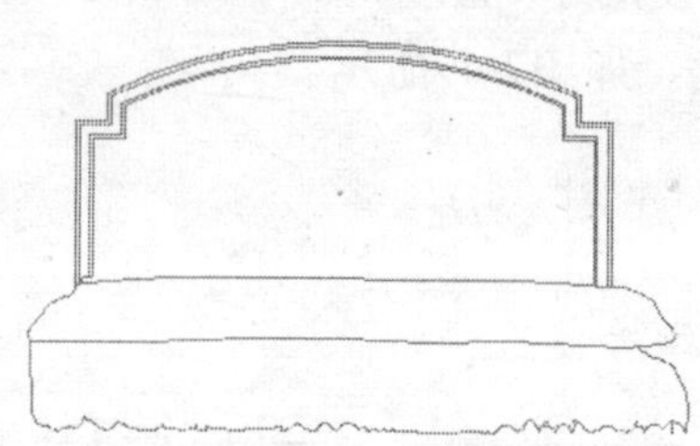

图7-58 绘制床单图形

步骤06 执行SPL（样条曲线）命令，参照如图7-59所示的效果，绘制多条曲线作为被单褶皱图形。

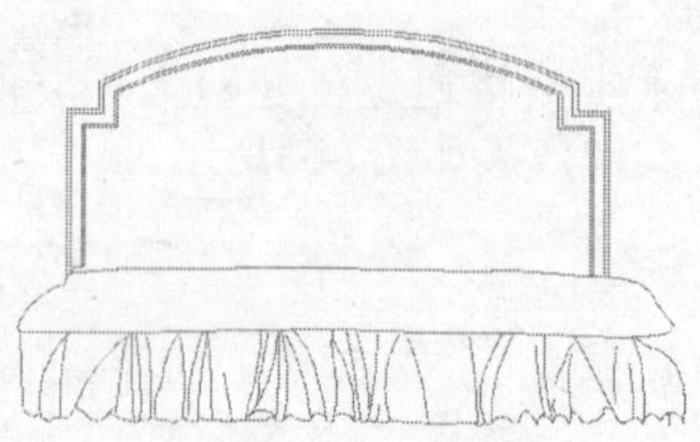

图7-59 绘制被单褶皱

步骤07 执行SPL（样条曲线）命令，参照如图7-60所示的效果，绘制多条曲线作为枕头图形。

图7-60 绘制枕头图形

步骤08 执行H（图案填充）命令，打开“图案填充和渐变色”对话框，选择“CROSS”图案，设置图案颜色为洋红色，设置比例为400，如图7-61所示。

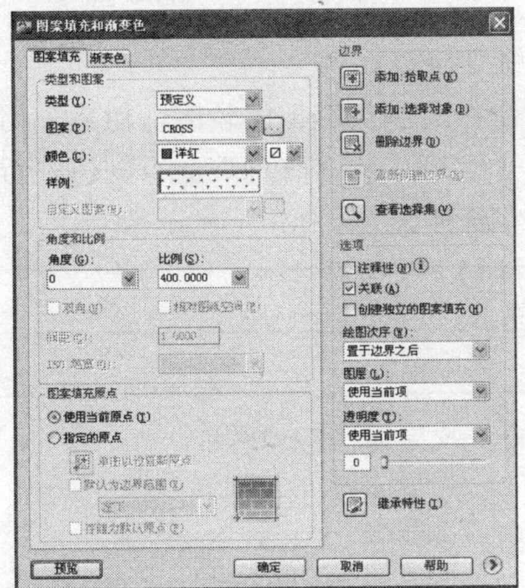

图7-61 设置图案填充参数

步骤09 单击“添加：拾取点”按钮，在如图7-62所示的位置指定填充图案的区域，然后进行确定，填充效果如图7-63所示。

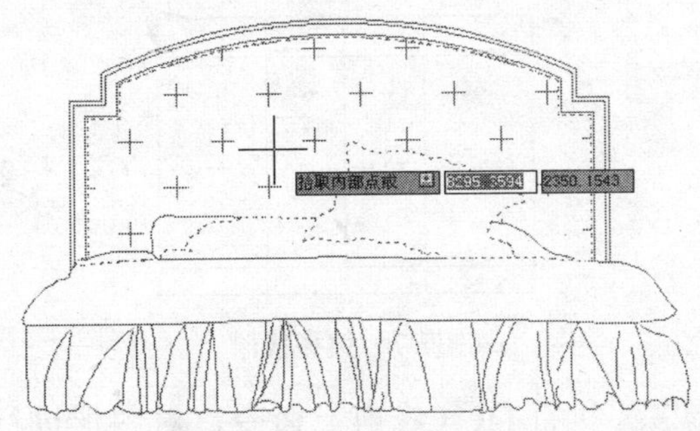

图7-62 指定填充区域

图7-63 图案填充效果

步骤10 根据素材路径打开“床头柜.dwg”图形文件，选择床头柜图形，按【Ctrl+C】组合键复制图形，然后切换到绘制的双人床立面图形中，按【Ctrl+V】组合键将床头柜图形粘贴到当前文件中，如图7-64所示。

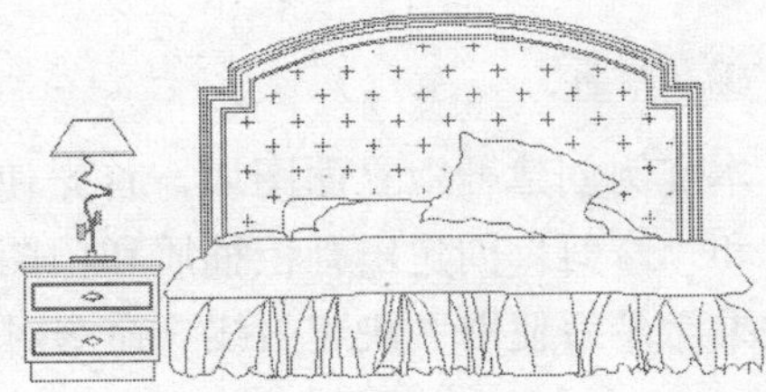

图7-64 复制素材

步骤11 使用CO（复制）命令将床头柜复制到图形右方，效果如图7-65所示。

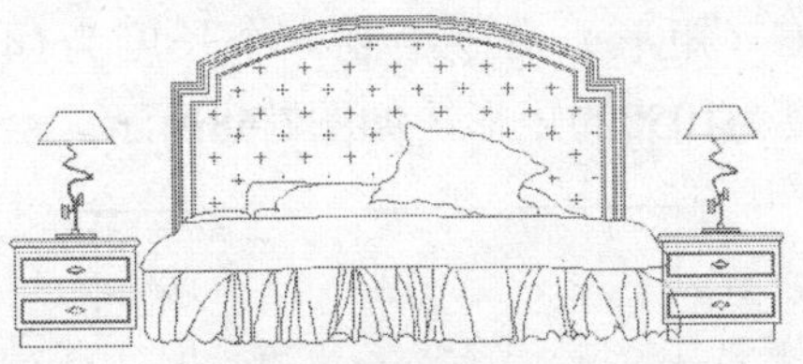

图7-65 复制床头柜

步骤12 使用TR（修剪）命令对床头柜与床单交叉处的图形进行修剪（效果如图7-66所示），然后将图形定义为块对象，完成双人床立面图块的创建。

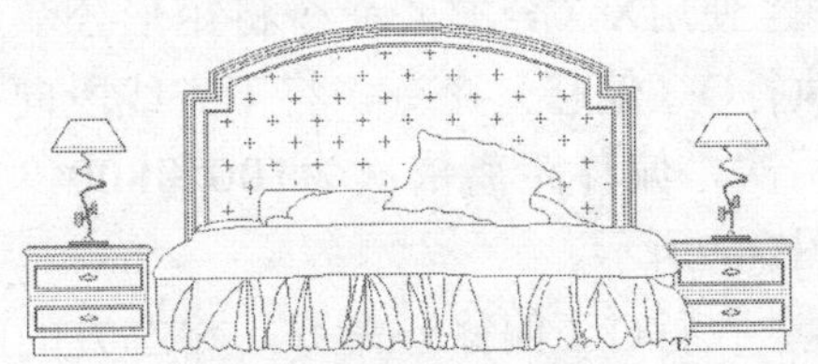

图7-66 双人床立面图

实例070 创建鞋柜立面图块

本实例将通过创建鞋柜立面图块的操作，使读者掌握常用室内图块的绘制方法，实例效果如图7-67所示。

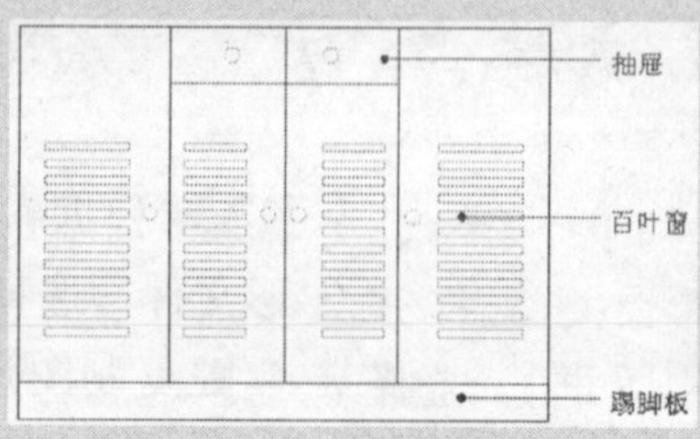

图7-67 创建鞋柜立面图块

技法解析

本实例创建鞋柜立面图块，首先使用“矩形”命令绘制出鞋柜的轮廓，然后使用“偏移”和“修剪”创建出鞋柜抽屉和门图形，并使用“矩形”和“阵列”命令创建出百叶窗的效果，最后使用“快速引线”命令对图形进行文字标注。

	实例路径	实例\第7章\鞋柜立面图块.dwg
	素材路径	素材\第7章\无

步骤01 设置当前绘图颜色为红色，然后使用REC（矩形）命令绘制一个长度为1400、宽度为1050的矩形，如图7-68所示。

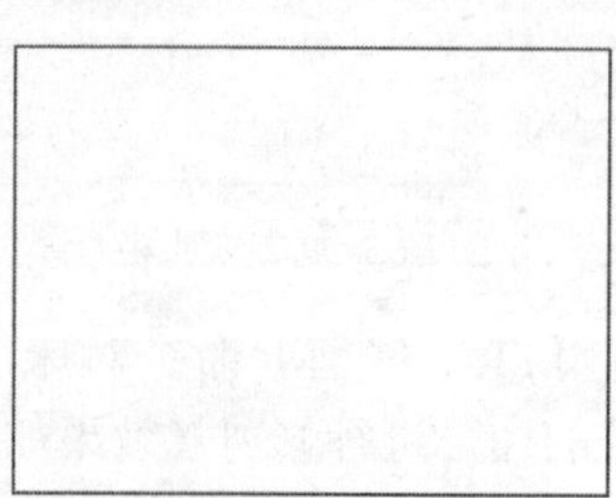

图7-68 绘制矩形

步骤02 使用X（分解）命令将矩形分解，然后执行O（偏移）命令，将下方线段向上偏移两次，偏移距离依次为100和800，效果如图7-69所示。

步骤03 执行O（偏移）命令，将左方的线段向右偏移3次，偏移距离依次为400、300和300，效果如图7-70所示。

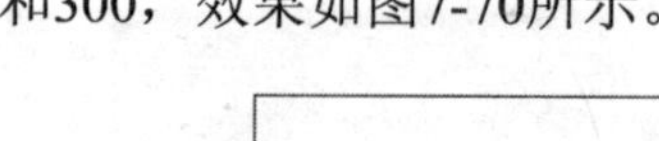

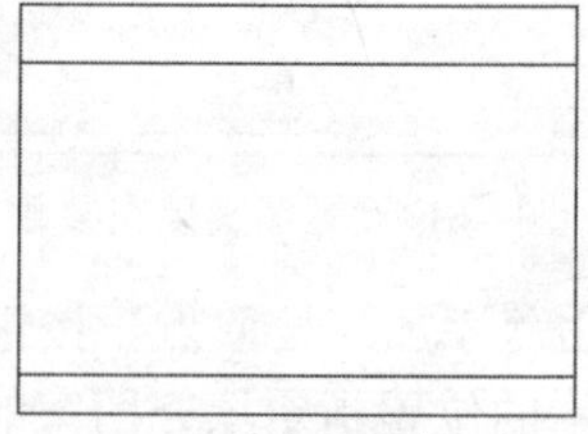

图7-69 偏移线段

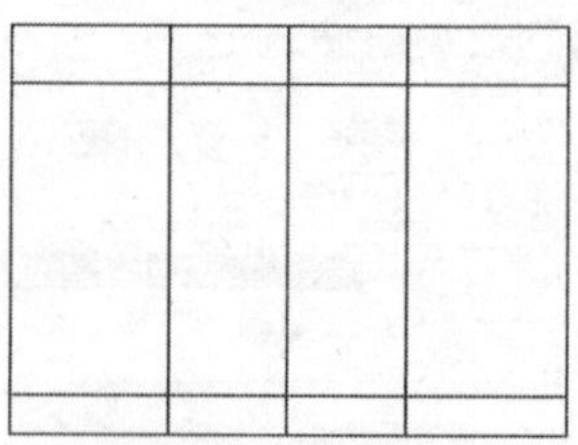

图7-70 偏移线段

步骤04 执行TR（修剪）命令，对图形进行修剪，效果如图7-71所示。

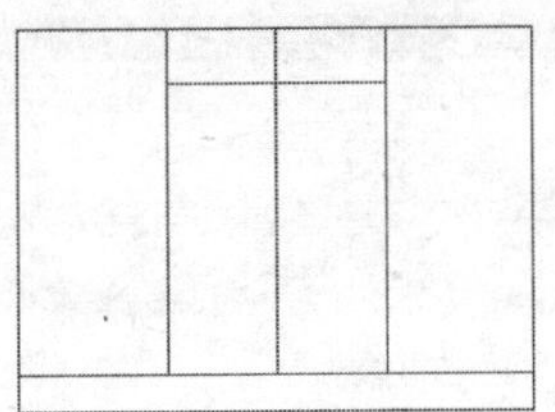

图7-71 修剪图形

步骤05 设置当前绘图颜色为青色，使用REC（矩形）命令绘制一个长度为220、宽度为20的矩形，如图7-72所示。

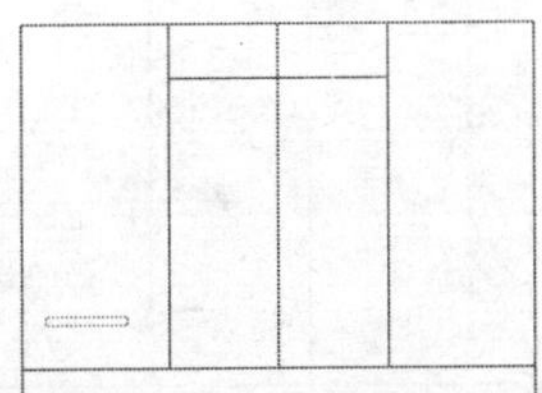

图7-72 绘制矩形

步骤06 执行AR（阵列）命令，打开“阵列”对话框，设置行数为12、行偏移为45，如图7-73所示。

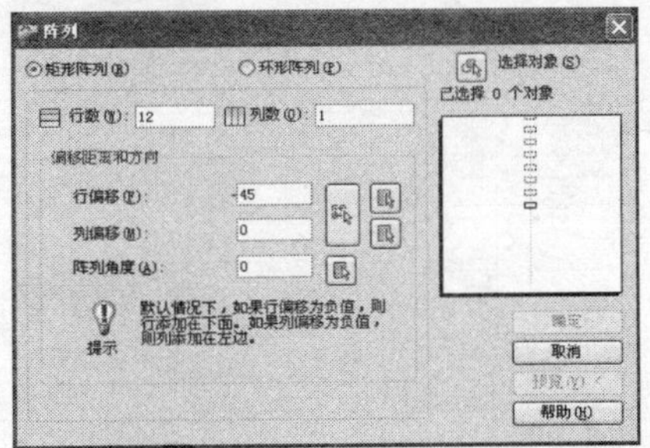

图7-73 设置阵列参数

步骤07 单击“选择对象”按钮，选择绘制的矩形并确定，阵列效果如图7-74所示。

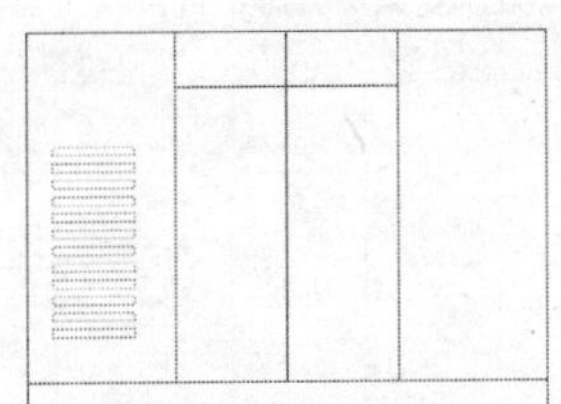

图7-74 阵列图形

步骤08 执行MI（镜像）命令，选择阵列的图形，然后以图形的中点指定镜像线（如图7-75所示），对阵列的图形进行镜像操作，效果如图7-76所示。

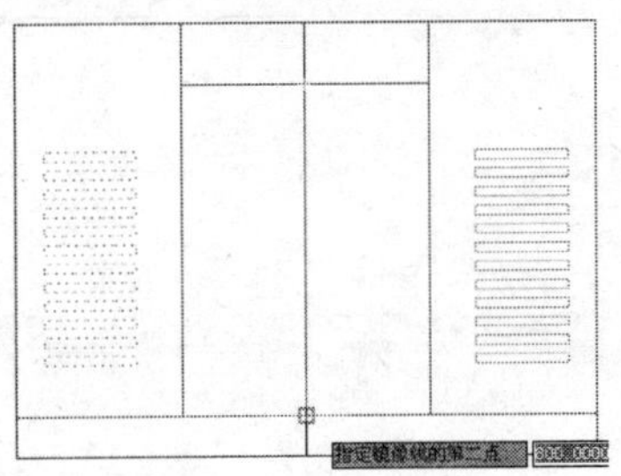

图7-75 指定镜像线

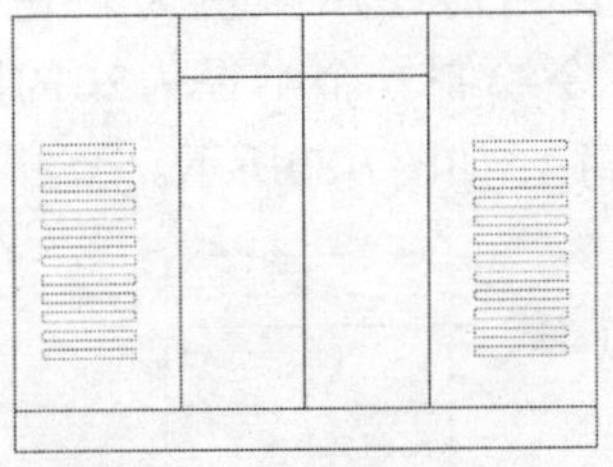

图7-76 镜像图形

步骤09 使用REC（矩形）命令绘制一个长度为160、宽度为20的矩形，如图7-77所示。

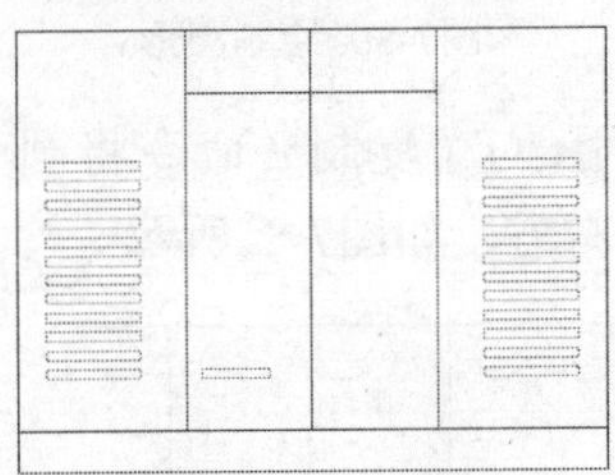

图7-77 绘制矩形

步骤10 使用AR（阵列）命令对矩形进行阵列，设置阵列行数为12、行偏移为45，阵列效果如图7-78所示。

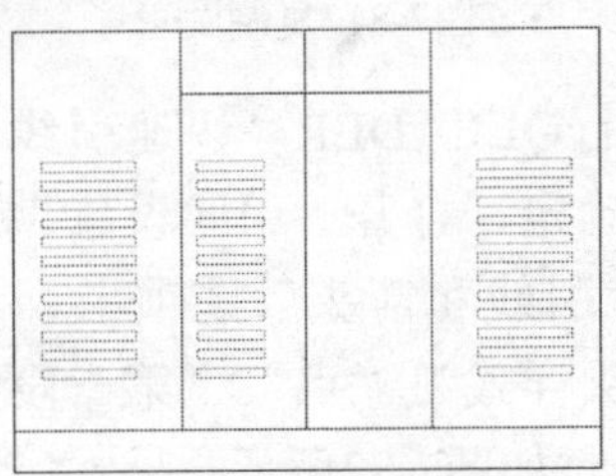

图7-78 阵列图形

步骤11 执行MI（镜像）命令，选择阵列的图形，然后以图形的中点指定镜像线，对阵列的图形进行镜像操作，效果如图7-79所示。

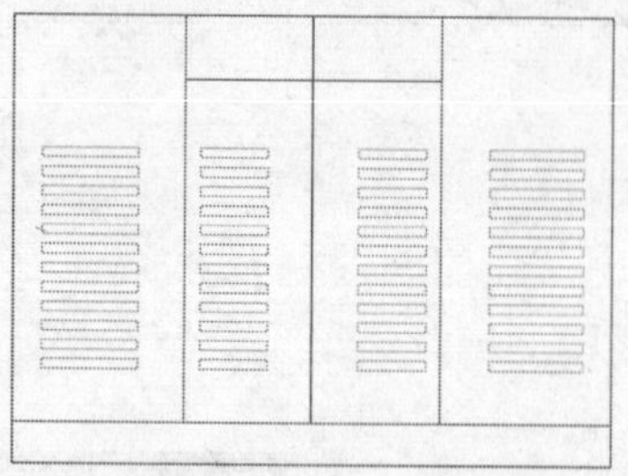

图7-79 镜像图形

步骤12 设置当前绘图颜色为黄色，使用C（圆）命令绘制一个半径为20的圆形作为抽屉的拉手，如图7-80所示。

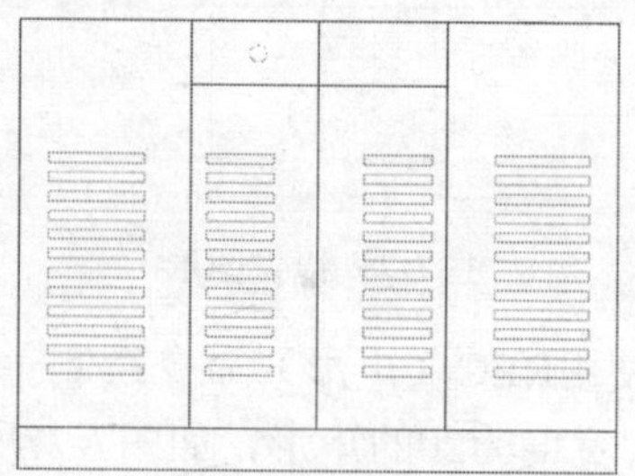

图7-80 绘制圆形

步骤13 使用CO（复制）命令将圆角矩形复制到图形右方，如图7-81所示。

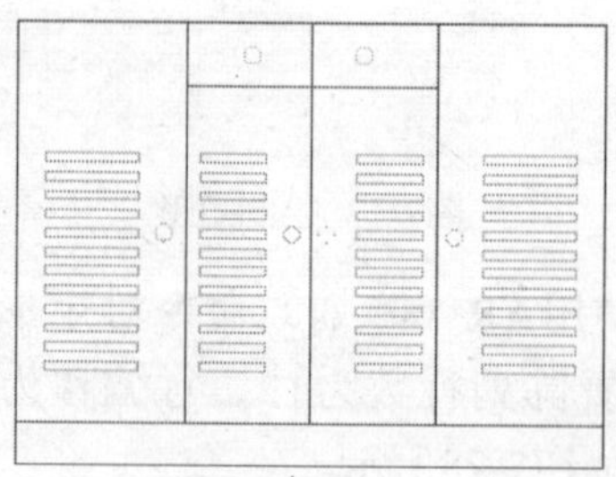

图7-81 复制圆形

步骤14 执行QLEADER（快速引线）命令，输入S并确定，打开“引线设置”对话框，切换至“引线和箭头”选项卡，设置点数为2、箭头样式为“点”、第一段的角度为“水平”，如图7-82所示。

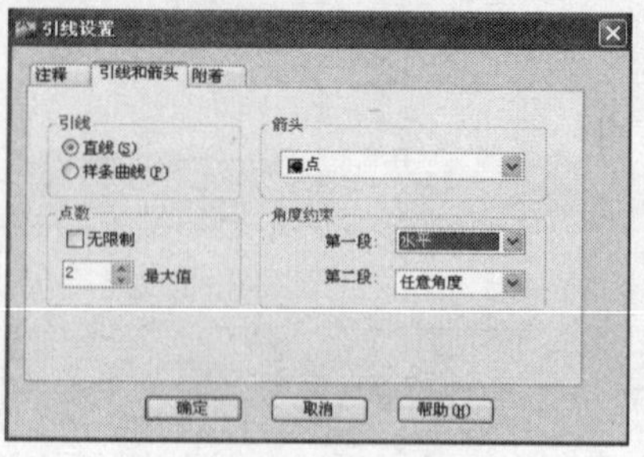

图7-82 快速引线设置

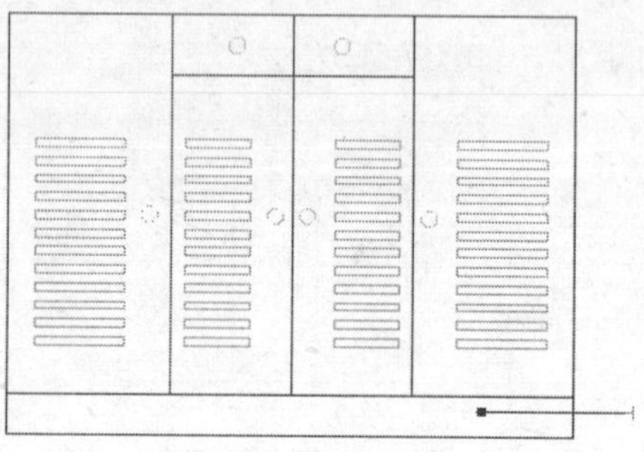

图7-83 创建引线

步骤15 单击“确定”按钮，在图形中绘制一条引线（如图7-83所示），并输入文字内容，如图7-84所示。

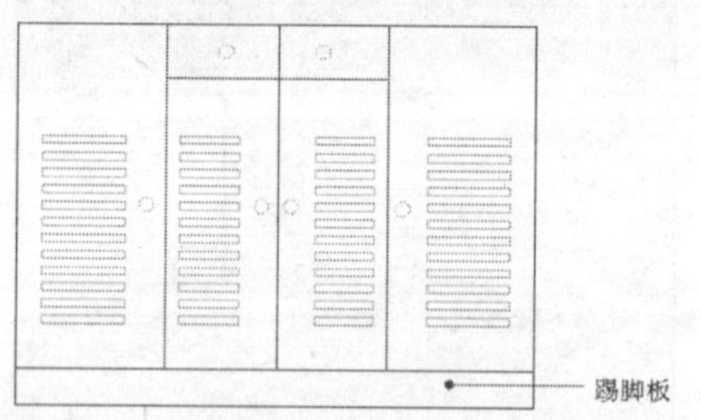

图7-84 创建文字

步骤16 使用同样的方法创建其他文字标注内容（效果如图7-85所示），最后将图形定义为块对象，完成实例的制作。

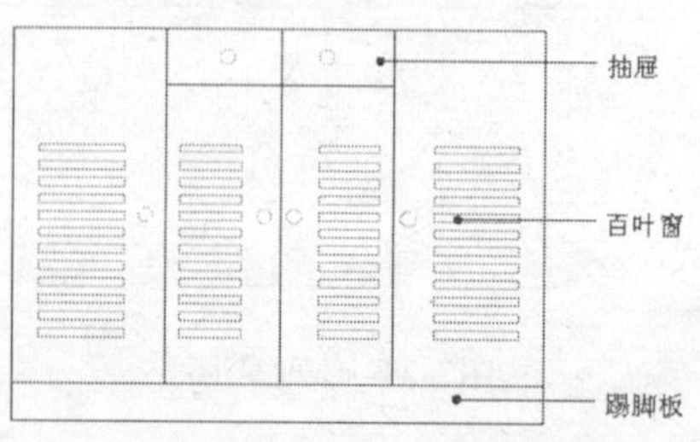

图7-85 鞋柜立面图

实例071 创建酒柜立面图块

本实例将通过创建酒柜立面图块的操作，使读者掌握常用室内图块的绘制方法，实例效果如图7-86所示。

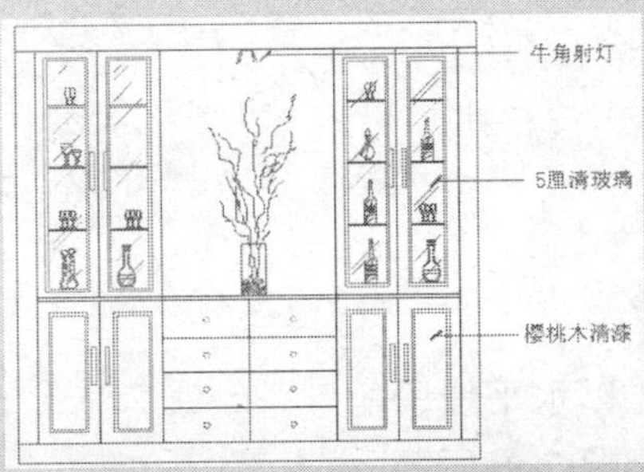

图7-86 创建酒柜立面图块

技法解析

本实例在创建酒柜立面图块的过程中，首先使用“矩形”、“偏移”和“修剪”命令绘制出酒柜的轮廓，然后使用“图案填充”命令对酒柜门进行填充，最后对材质进行文字标注。

	实例路径	实例\第7章\酒柜立面图块.dwg
	素材路径	素材\第7章\酒柜装饰物品.dwg

步骤01 设置当前绘图颜色为红色，然后执行REC（矩形）命令，绘制一个长度为2400、宽度为2300的矩形，如图7-87所示。

图7-87 绘制矩形

步骤02 执行X（分解）命令将矩形分解，然后执行O（偏移）命令，将矩形的下方线段向上依次偏移100、750、20、1300，效果如图7-88所示。

图7-88 偏移线段

步骤03 执行O（偏移）命令，将矩形的左方线段向右依次偏移100、650、900、650，效果如图7-89所示。

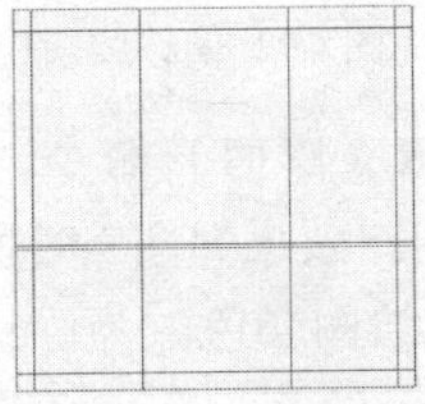
图7-89 偏移线段

步骤04 执行TR（修剪）命令，对图形中的线段进行修剪，效果如图7-90所示。

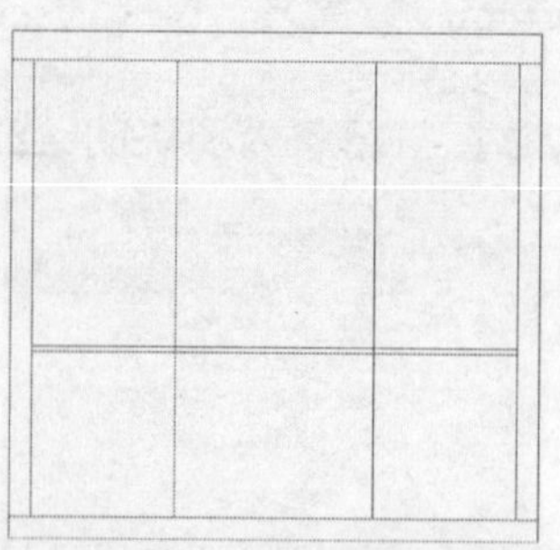

图7-90 修剪图形

步骤05 执行L（直线）命令，以水平线段的中点为端点绘制一条线段，如图7-91所示。

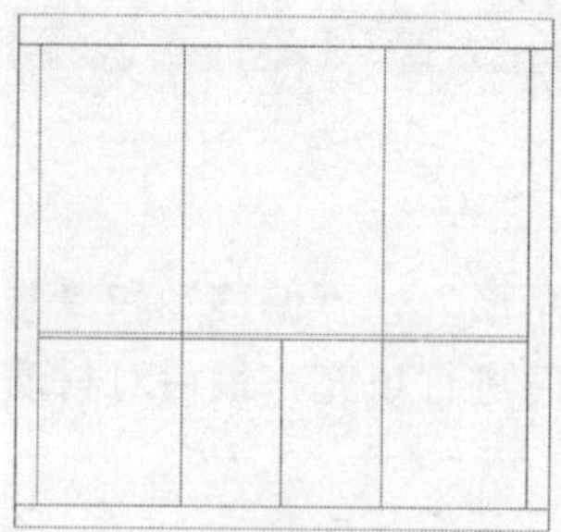

图7-91 绘制线段

步骤06 执行O（偏移）命令，设置偏移距离为185，将下方第二条线段向上偏移3次，如图7-92所示。

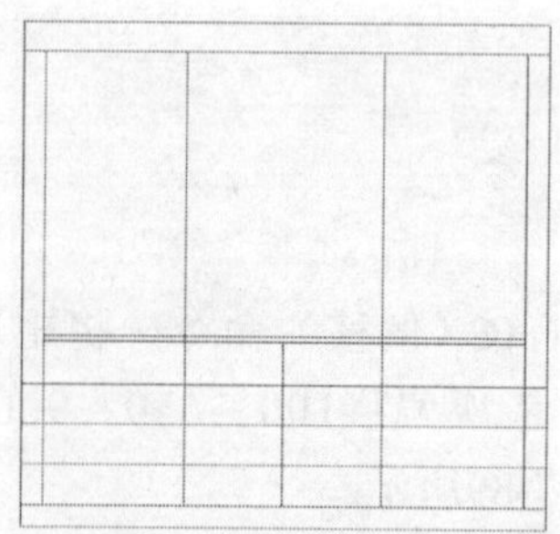

图7-92 偏移线段

步骤07 执行TR（修剪）命令，对图形中的线段进行修剪，效果如图7-93所示。

步骤08 将当前绘图颜色改为绿色，然后执行C（圆）命令，绘制一个半径为15的圆形作为抽屉的拉手，如图7-94所示。

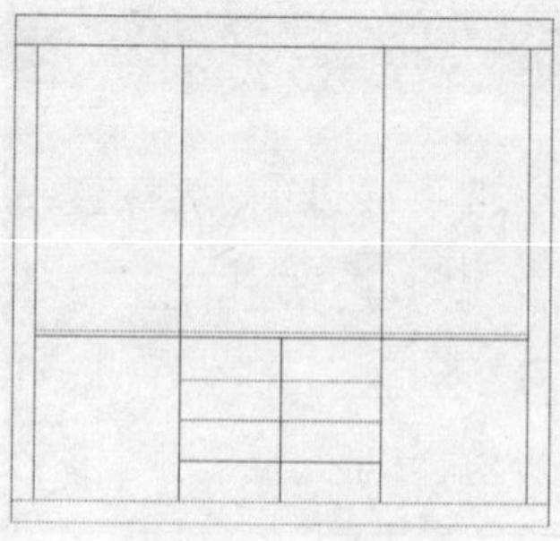

图7-93 修剪图形

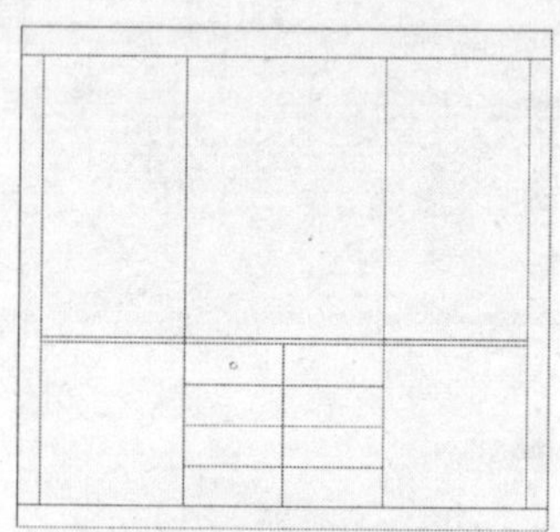

图7-94 绘制拉手

步骤09 执行CO（复制）命令，对拉手图形进行复制，效果如图7-95所示。

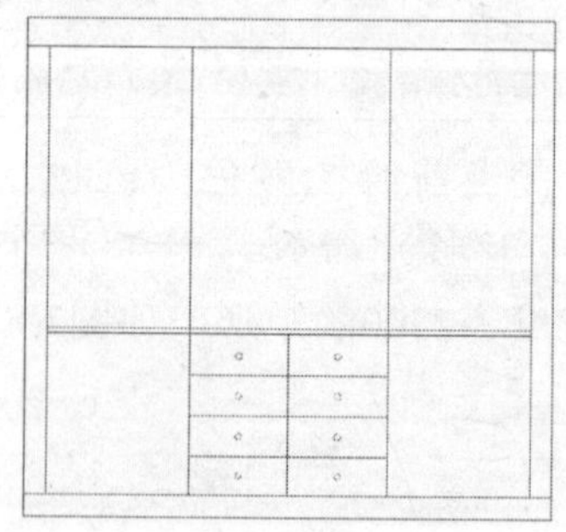

图7-95 复制拉手

步骤10 执行O（偏移）命令，设置偏移距离为325，将左方第二条线段向右进行偏移，如图7-96所示。

步骤11 使用TR（修剪）命令，对线段进行修剪，效果如图7-97所示。

步骤12 执行REC（矩形）命令，在图形左下方绘制一个长度为200、宽度为630的矩形，如图7-98所示。

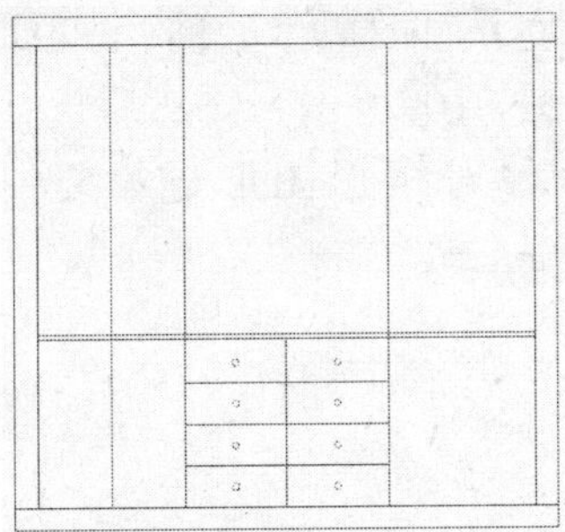
图7-96 偏移线段

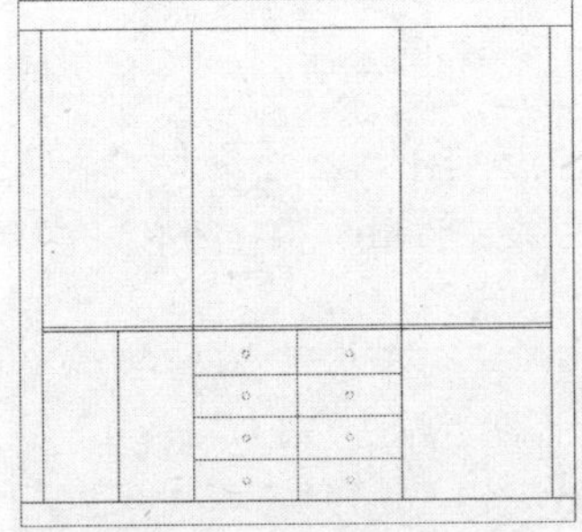
图7-97 修剪图形

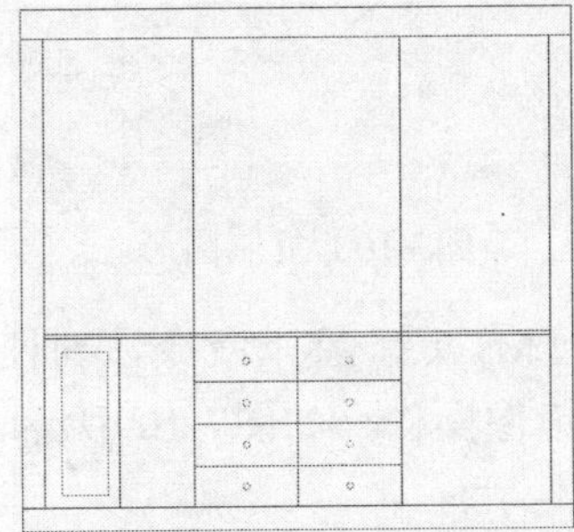
图7-98 绘制矩形

步骤13 使用O（偏移）命令将矩形向内偏移15，如图7-99所示。

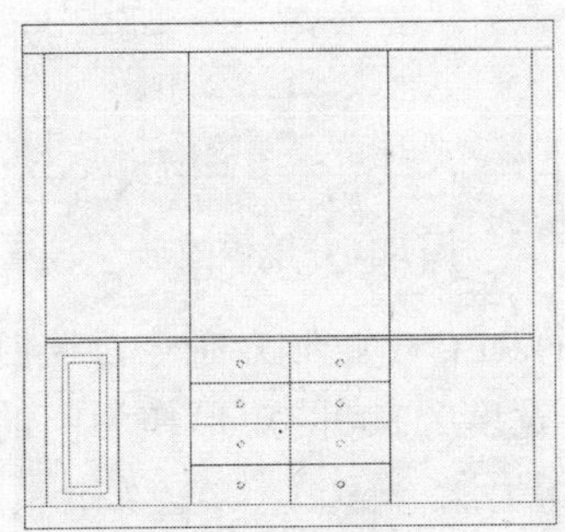
图7-99 偏移矩形

步骤14 执行CO（复制）命令，对矩形进行复制，效果如图7-100所示。

图7-100 复制图形

步骤15 执行MI（镜像）命令，以水平线段的中点指定镜像线，对绘制的门进行镜像操作，如图7-101所示。

图7-101 镜像图形

步骤16 执行REC（矩形）命令，绘制一个长度为18、宽度为200的矩形作为拉手，效果如图7-102所示。

图7-102 绘制拉手

步骤17 执行CO（复制）命令，对拉手进行复制，如图7-103所示。

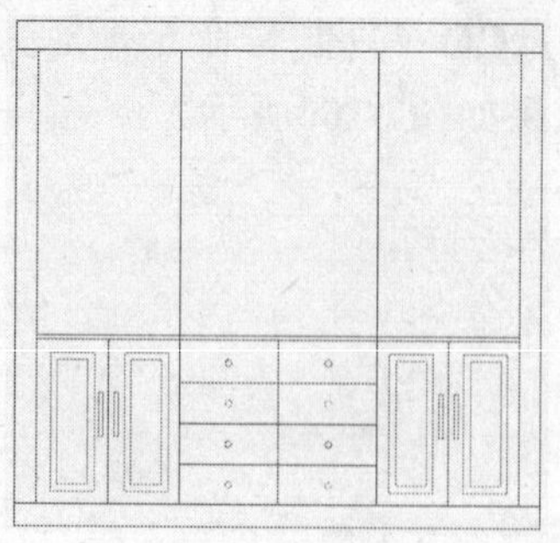

图7-103 复制拉手

步骤18 执行O（偏移）命令，将左方第二条线段向右偏移325，如图7-104所示。

图7-104 偏移线段

步骤19 使用TR（修剪）命令，对偏移得到的线段进行修剪（效果如图7-105所示），然后执行REC（矩形）命令，绘制一个长度为200、宽度为1200的矩形，如图7-106所示。

图7-105 修剪线段

图7-106 绘制矩形

步骤20 执行O（偏移）命令，将矩形向内偏移15（如图7-107所示），然后执行CO（复制）命令，对矩形图形进行复制，如图7-108所示。

图7-107 偏移图形

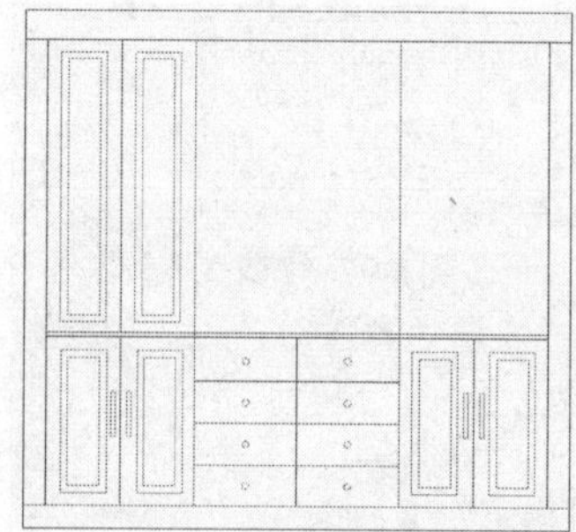

图7-108 复制图形

步骤21 执行MI（镜像）命令，对刚创建的图形进行镜像操作，如图7-109所示。

图7-109 镜像图形

步骤22 执行REC（矩形）命令，绘制一个长度为18、宽度为200的矩形作为门的拉手，如图7-110所示。

步骤23 执行CO（复制）命令，对拉手进行复制，如图7-111所示。

图7-110 绘制拉手

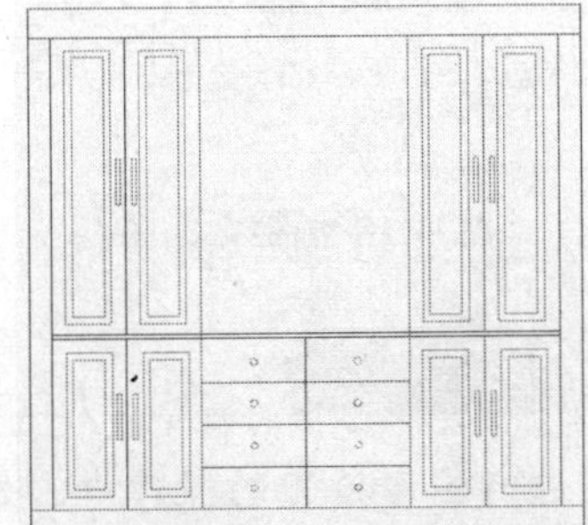

图7-111 复制拉手

步骤24 执行H（图案填充）命令，在打开的“图案填充和渐变色”对话框中设置填充图案为AR-RROOF、颜色为绿色、角度为45、比例为30，如图7-112所示。

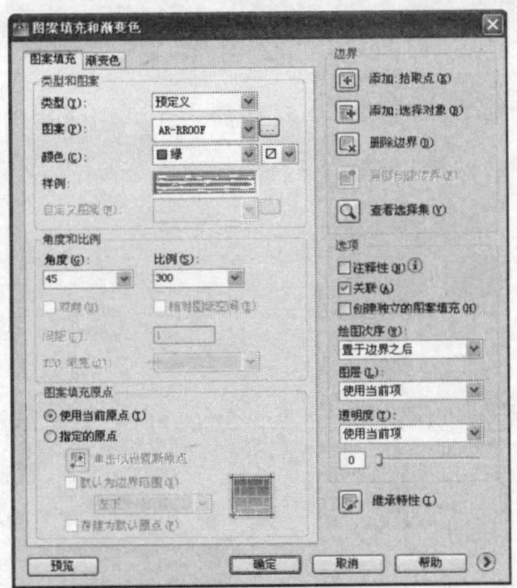

图7-112 设置图案填充参数

步骤25 单击对话框中的“添加：拾取点”按钮进入绘图区，指定填充的区域，填充效果如图7-113所示。

图7-113 填充图案效果

步骤26 结合L（直线）和O（偏移）命令，绘制出隔板图形，如图7-114所示。

图7-114 绘制隔板图形

步骤27 执行CO（复制）命令，对创建的隔板进行复制，如图7-115所示。

图7-115 复制隔板

步骤28 根据素材路径打开“酒柜装饰物品.dwg”图形文件，选择其中的图形，按【Ctrl+C】组合键复制图形，然后切换到绘制的酒柜立面图形中，按【Ctrl+V】组合键将选择的图形粘贴到当前文件中，如图7-116所示。

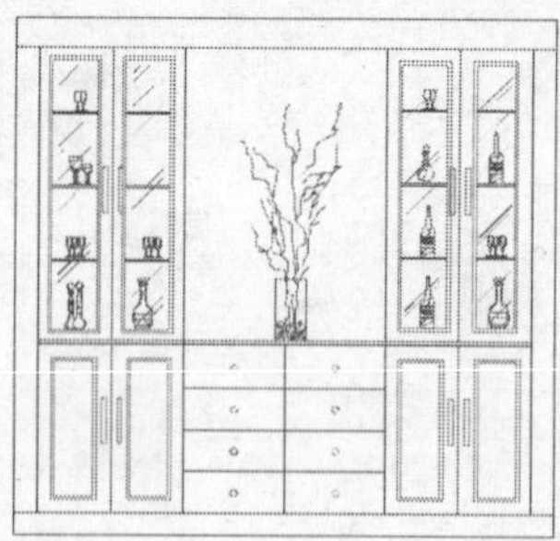

图7-116 复制素材图形

步骤29 结合使用REC（矩形）和L（直线）命令在图形上方绘制出射灯图形，效果如图7-117所示。

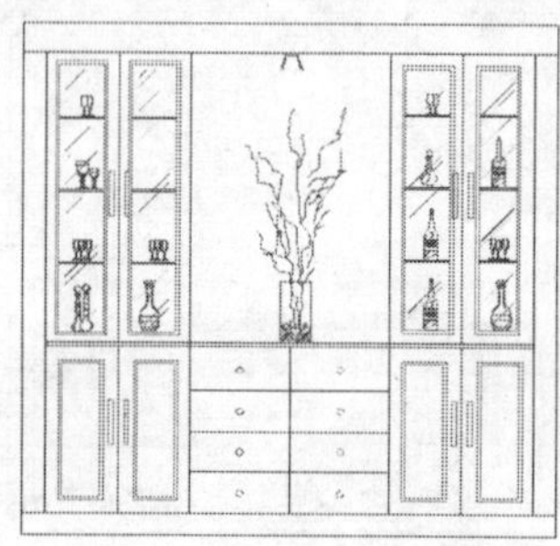

图7-117 绘制射灯图形

步骤30 设置当前绘图颜色为洋红色，然后执行QLEADER（快速引线）命令，对酒柜立面的材质进行文字标注（效果如图7-118所示），最后将图形创建为块对象，完成酒柜立面图块的创建。

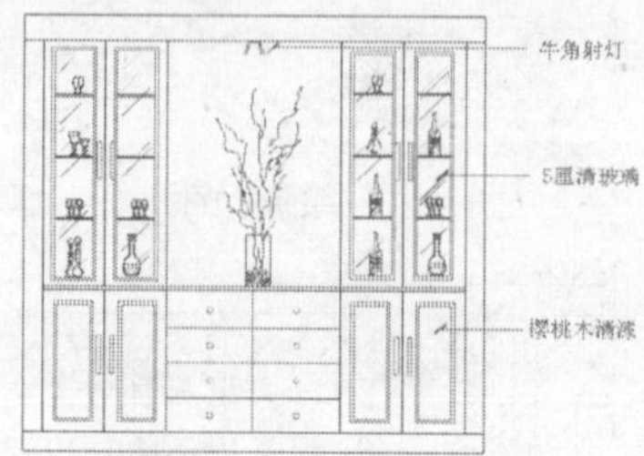

图7-118 酒柜立面图

技巧提示

在进行图案填充的操作中，如果在设置图案填充区域、图案及相关参数后希望预览图案填充效果，可以在“图案填充和渐变色”对话框中单击“预览”按钮，对填充的图案效果进行预览。

实例072 创建书柜立面图块

本实例将通过创建书柜立面图块的操作，使读者掌握常用室内图块的绘制方法，实例效果如图7-119所示。

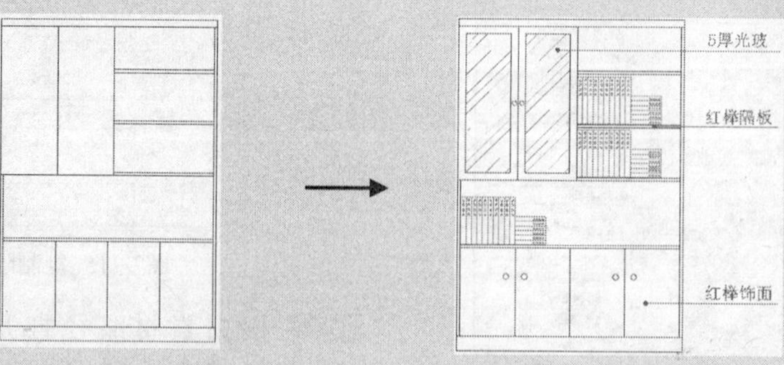

图7-119 创建书柜立面图块

技法解析

本实例创建书柜立面图块，首先使用“矩形”、“偏移”和“修剪”命令绘制出书柜的轮廓，然后使用“图案填充”命令对书柜门进行填充，最后对材质进行文字标注。

	实例路径	实例\第7章\书柜立面图块.dwg
	素材路径	素材\第7章\书籍.dwg

步骤01 设置当前的绘图颜色为红色，然后执行REC（矩形）命令，绘制一个长度为1520、宽度为2250的矩形，如图7-120所示。

步骤02 使用X（分解）命令将矩形分解，然后执行O（偏移）命令，将矩形的下方线段向上依次偏移100、600、20、440、20、340、20、340、20、300，如图7-121所示。

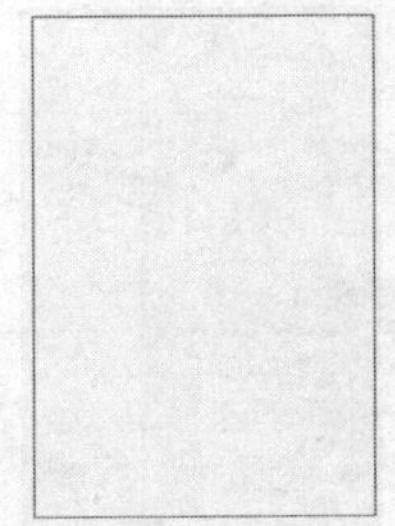

图7-120 绘制矩形

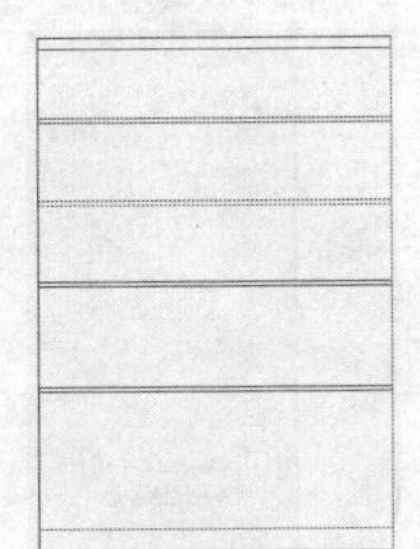

图7-121 偏移线段

步骤03 执行O（偏移）命令，将矩形的左方线段向右依次偏移20、370、370、370、370，效果如图7-122所示。

步骤04 执行TR（修剪）命令，对图形中的线段进行修剪，效果如图7-123所示。

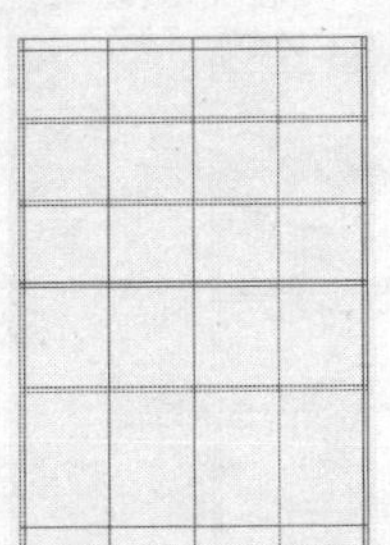

图7-122 偏移线段

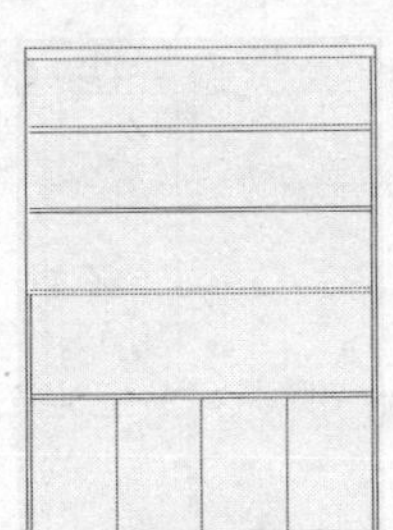

图7-123 修剪线段

步骤05 执行O（偏移）命令，设置偏移距离为400，然后将矩形的左方线段向右偏移两次，如图7-124所示。

步骤06 执行TR（修剪）命令，对图形中的线段进行修剪，效果如图7-125所示。

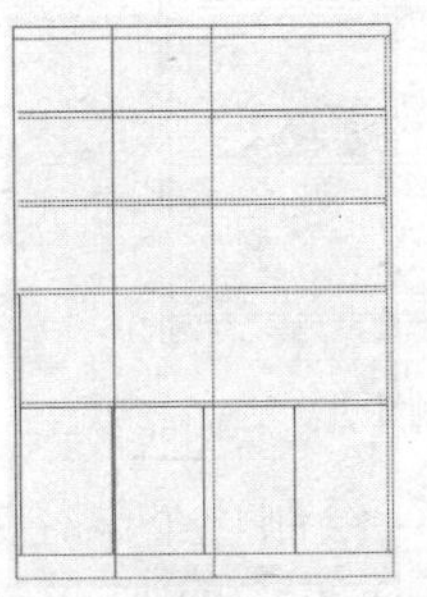

图7-124 偏移线段

图7-125 修剪线段

步骤07 执行REC（矩形）命令，输入From并确定，指定绘制矩形的基点位置（如图7-126所示），然后设置偏移基点的坐标为“@50,50”，如图7-127所示。

图7-126 指定基点

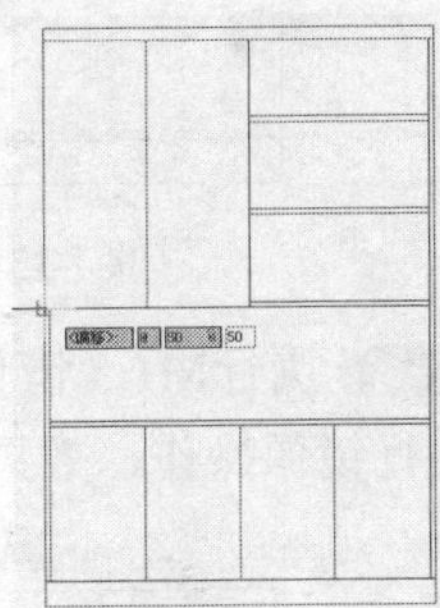

图7-127 指定偏移坐标

步骤08 输入“@300,940”，指定矩形另一个角点的相对坐标（如图7-128所示），绘制的矩形如图7-129所示。

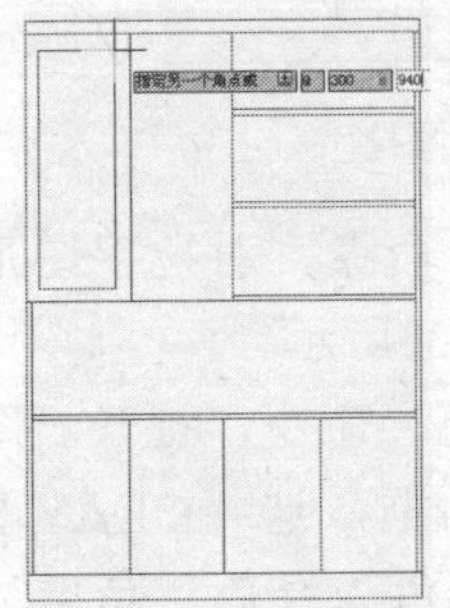

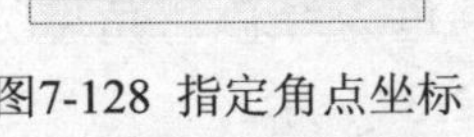

图7-128 指定角点坐标

图7-129 绘制矩形

步骤09 执行CO（复制）命令，将矩形复制到右侧方框内，如图7-130所示。

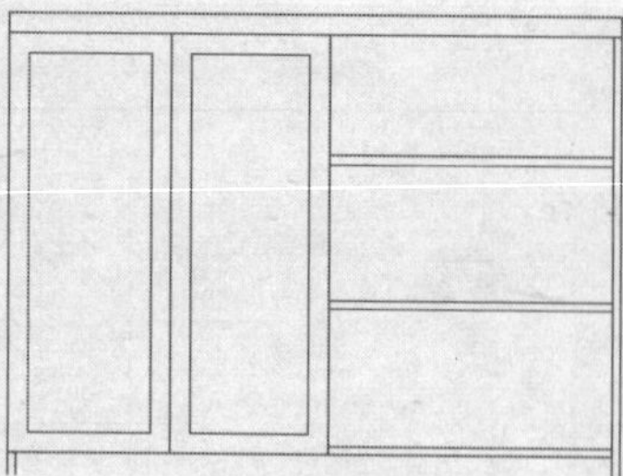
图7-130 复制矩形

步骤10 执行C（圆）命令，绘制一个半径为20的圆形作为拉手图形，如图7-131所示。

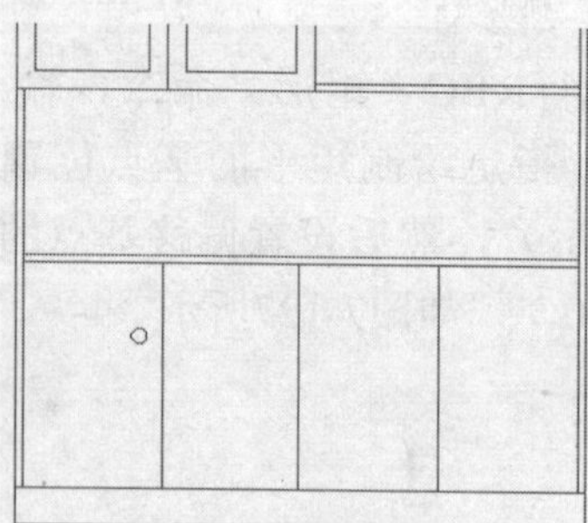
图7-131 绘制圆形

步骤11 执行MI（镜像）命令，对拉手图形进行镜像操作，效果如图7-132所示。

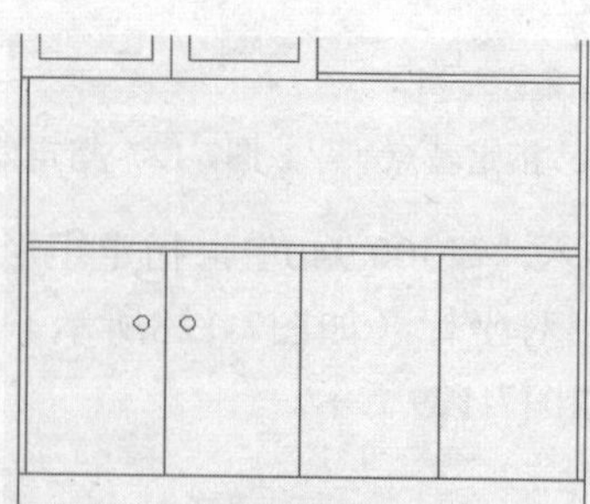
图7-132 镜像拉手

步骤12 执行CO（复制）命令，对拉手图形进行复制，效果如图7-133所示。

步骤13 执行H（图案填充）命令，打开“图案填充和渐变色”对话框，选择CLAY图案，然后设置图案的颜色为绿色、角度为45、比例为100，如图7-134所示。

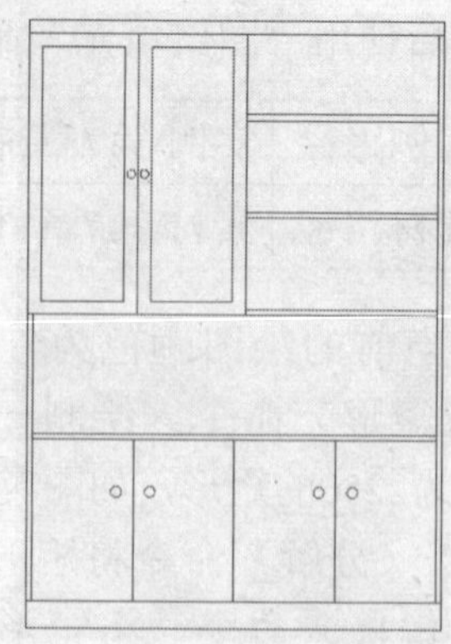
图7-133 复制拉手

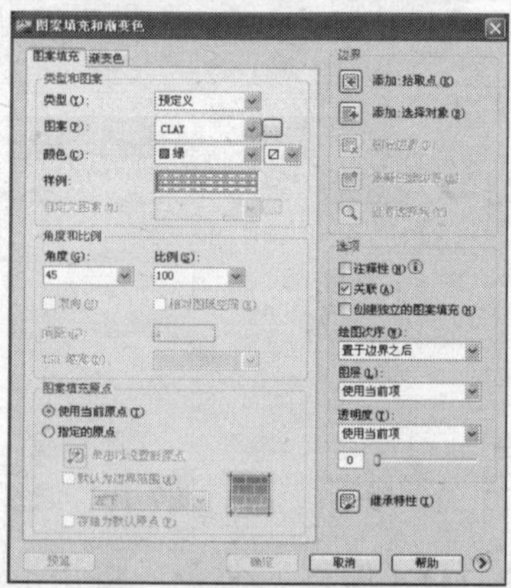

图7-134 设置图案填充参数

步骤14 单击“添加：拾取点”按钮，进入绘图区指定填充图案的区域，填充效果如图7-135所示。

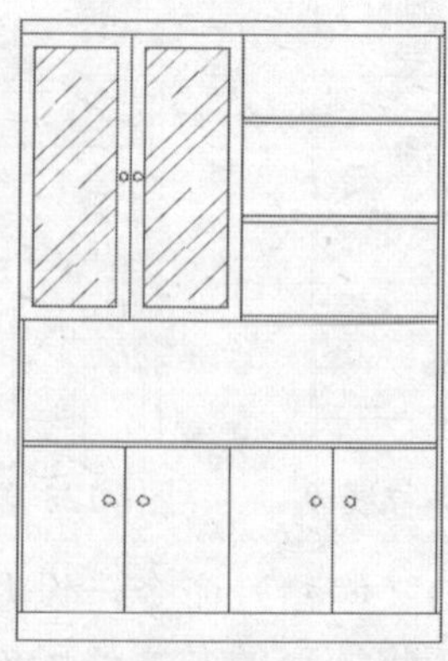
图7-135 图案填充效果

步骤15 根据素材路径打开“书籍.dwg”图形文件，选择其中的图形，按【Ctrl+C】组合键复制图形，然后切换到绘制的书柜立面图形中，按【Ctrl+V】组合键将选择的图形粘贴到当前文件中，如图7-136所示。

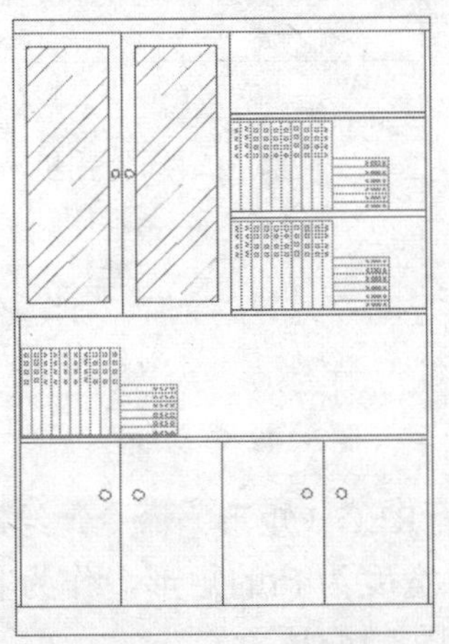

图7-136 复制素材图形

步骤16 设置当前绘图颜色为洋红色，然后执行QLEADER（快速引线）命令，对书柜立面的材质进行文字标注（效果如图7-137所示），最后将图形定义为块对象，完成书柜立面图块的创建。

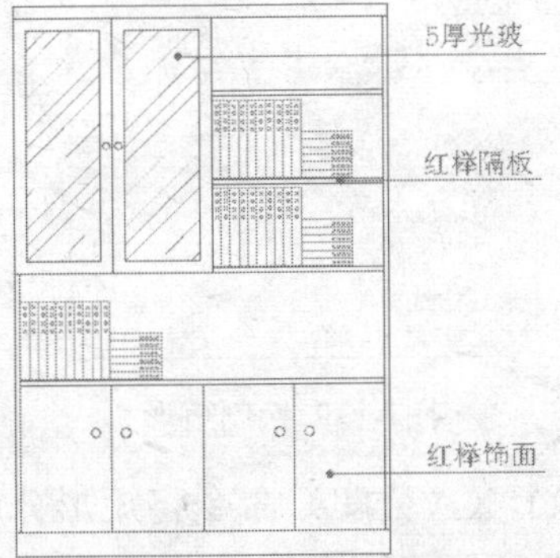

图7-137 书柜立面图

实例073 创建衣柜外立面图块

本实例将通过创建衣柜外立面图块的操作，使读者掌握常用室内图块的绘制方法，实例效果如图7-138所示。

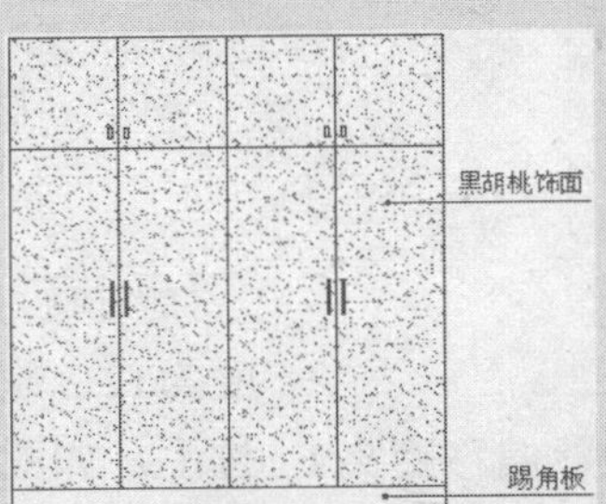

图7-138 创建衣柜外立面图块

技法解析

本实例在绘制衣柜外立面图形的过程中，首先使用“矩形”、“偏移”和“修剪”命令绘制出衣柜的轮廓，然后使用“图案填充”命令对衣柜门进行填充，最后对材质进行文字标注。

	实例路径	实例\第7章\衣柜外立面图块.dwg
	素材路径	素材\第7章\无

步骤01 将当前的绘图颜色改为蓝色，执行REC（矩形）命令，绘制一个长度为1900、宽度为2100的矩形，如图7-139所示。

图7-139 绘制矩形

步骤02 执行X（分解）命令将矩形分解，然后执行O（偏移）命令，将矩形的下方线段向上偏移两次，偏移距离依次为100和1500，如图7-140所示。

图7-140 偏移线段

步骤03 执行O（偏移）命令，设置偏移距离为475，然后将矩形的左方线段向右依次偏移3次，如图7-141所示。

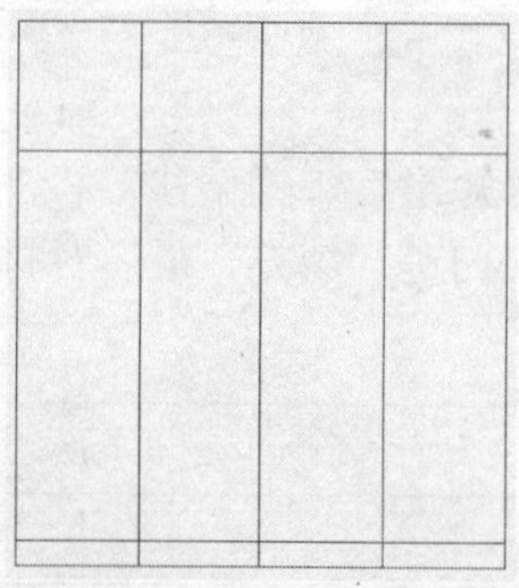

图7-141 偏移线段

步骤04 执行TR（修剪）命令，对图形下方的线段进行修剪，效果如图7-142所示。

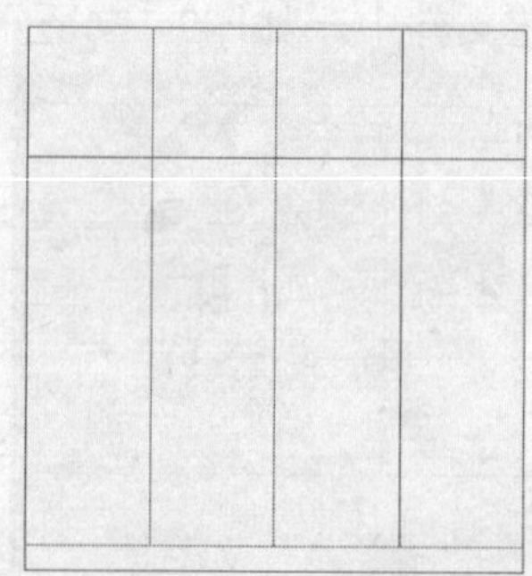

图7-142 修剪线段

步骤05 执行REC（矩形）命令，绘制一个长度为12、宽度为45的矩形，作为衣柜上方拉手，如图7-143所示。

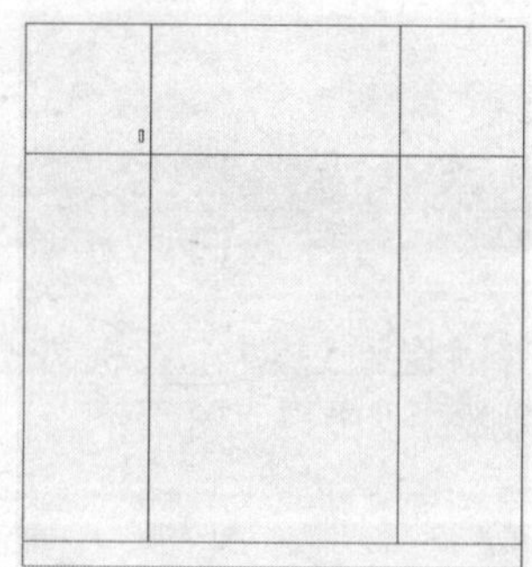

图7-143 绘制上方拉手

步骤06 执行REC（矩形）命令，绘制一个长度为12、宽度为150的矩形，作为衣柜下方拉手，如图7-144所示。

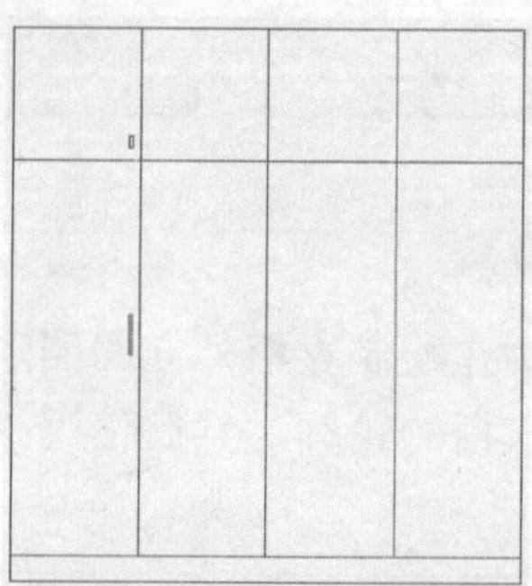

图7-144 绘制下方拉手

步骤07 执行MI（镜像）命令，选择绘制的两个拉手图形，然后参照如图7-145所示的效果指定镜像线，对拉手图形进行镜像，效果如图7-146所示。

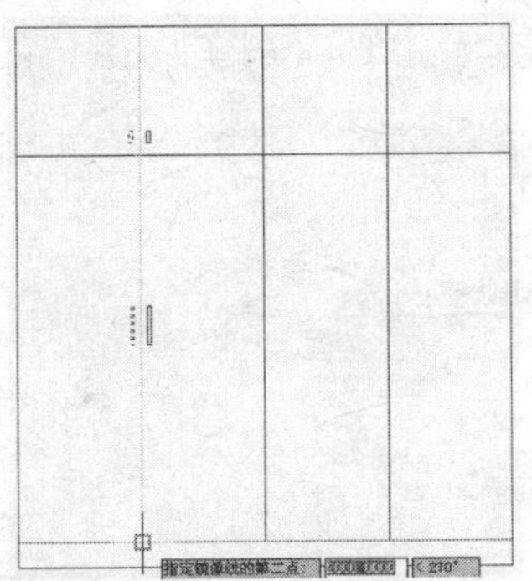

图7-145 指定镜像线

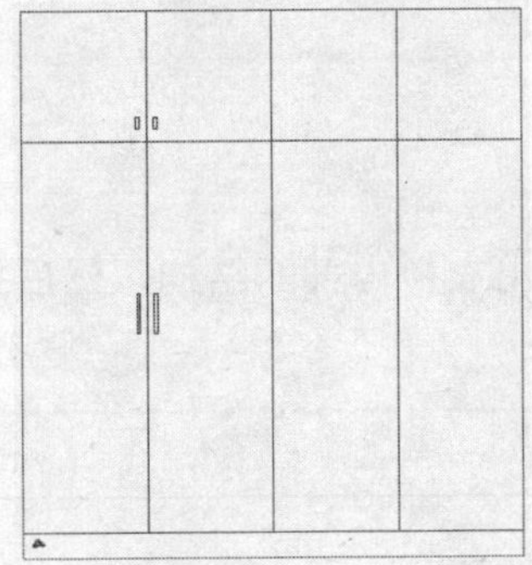

图7-146 镜像拉手

步骤08 执行CO（复制）命令，将拉手图形复制到图形右方的门对象上，效果如图7-147所示。

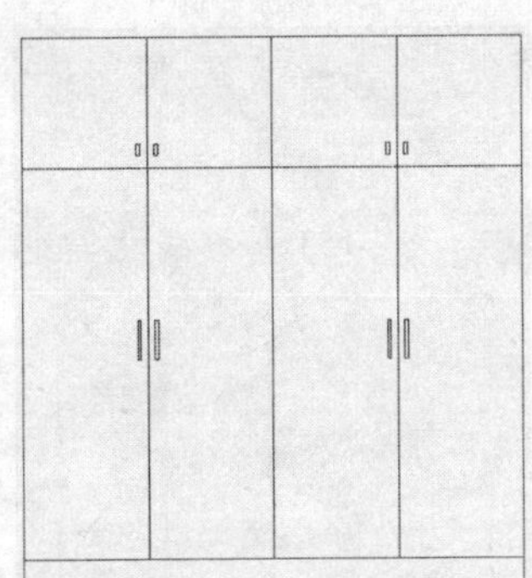

图7-147 复制拉手

步骤09 执行H（图案填充）命令，打开“图案填充和渐变色”对话框，选择“AR-SAND”图案，然后设置图案的颜色为洋红色、比例为40，如图7-148所示。

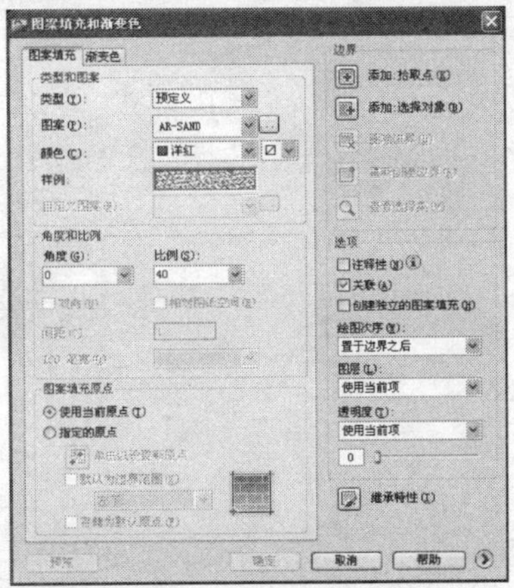

图7-148 设置图案填充参数

步骤10 单击“添加：拾取点”按钮，进入绘图区指定填充图案的区域，填充效果如图7-149所示。

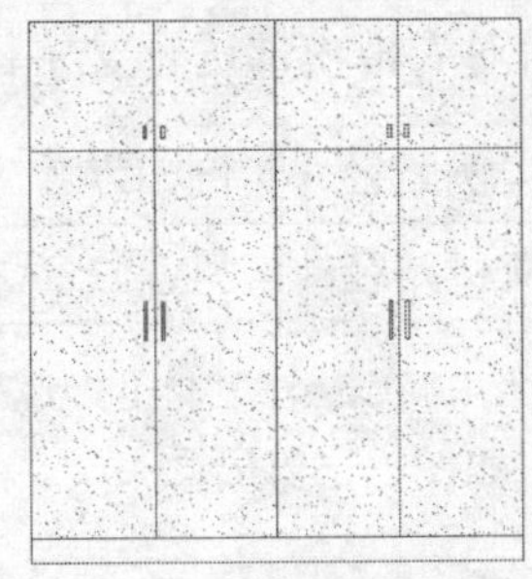

图7-149 图案填充效果

步骤11 设置当前绘图颜色为红色，然后执行QLEADER（快速引线）命令，对衣柜外立面的材质进行文字标注（效果如图7-150所示），最后将图形定义为块对象，完成衣柜外立面图块的创建。

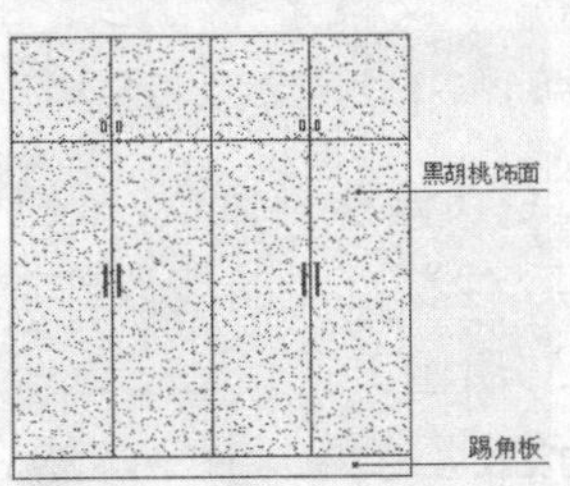

图7-151 衣柜外立面图

实例074 创建衣柜内立面图块

本实例将通过创建衣柜内立面图块的操作，使读者掌握常用室内图块的绘制方法，实例效果如图7-151所示。

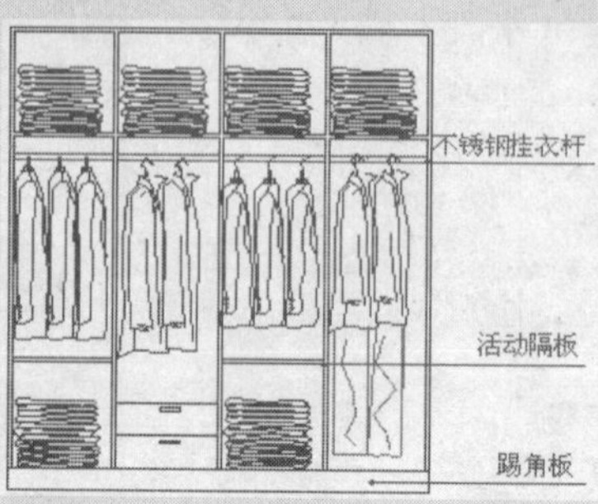

图7-151 创建衣柜内立面图块

技法解析

本实例在绘制衣柜内立面图形的过程中，首先绘制出衣柜内部的结构，然后插入素材图形，最后对衣柜内部进行文字标注。

	实例路径	实例\第7章\衣柜内立面图块.dwg
	素材路径	素材\第7章\衣物和被子.dwg

步骤01 使用绘制衣柜外立面的方法绘制出衣柜的结构，如图7-152所示。

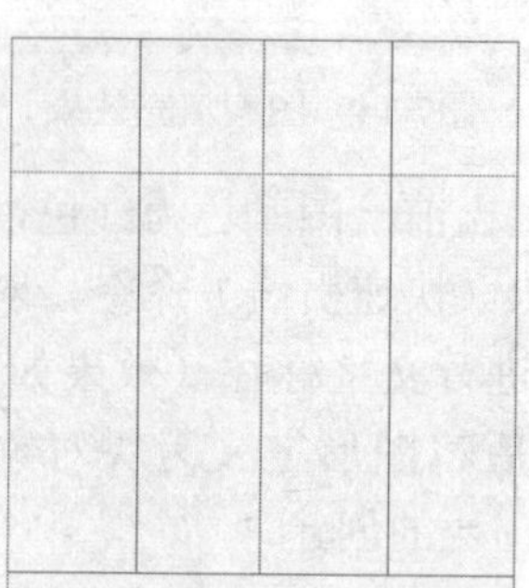

图7-152 绘制衣柜结构

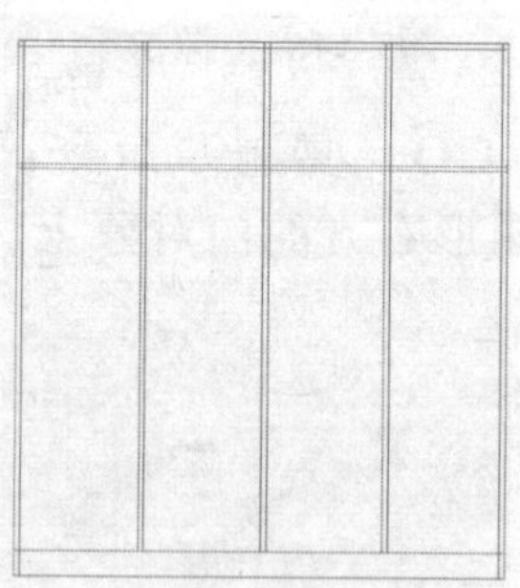

图7-153 偏移线段

步骤02 执行O（偏移）命令，设置偏移距离为20，然后对衣柜中的线段进行偏移，效果如图7-153所示。

步骤03 执行TR（修剪）命令，然后对衣柜中交叉的线段进行修剪，效果如图7-154所示。

图7-154 修剪线段

步骤04 执行O（偏移）命令，设置偏移距离为150，选择如图7-155所示的线段，然后将其向上偏移两次，效果如图7-156所示。

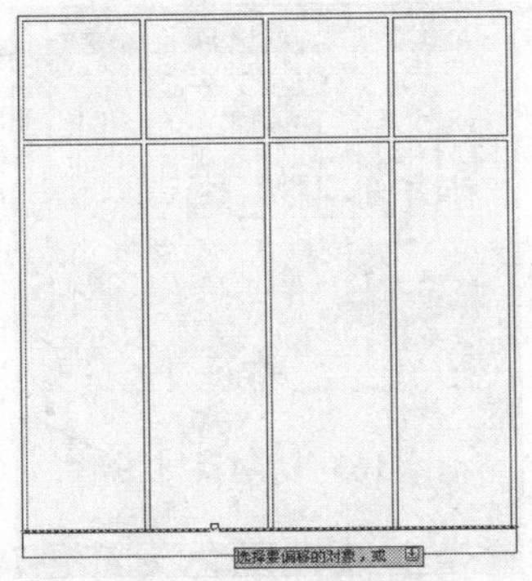

图7-155 选择线段

图7-156 偏移线段

步骤05 执行TR（修剪）命令，对偏移的线段进行修剪，效果如图7-157所示。

图7-157 修剪线段

步骤06 执行REC（矩形）命令，绘制两个长度为90、宽度为12的矩形，作为衣柜抽屉的拉手图形，如图7-158所示。

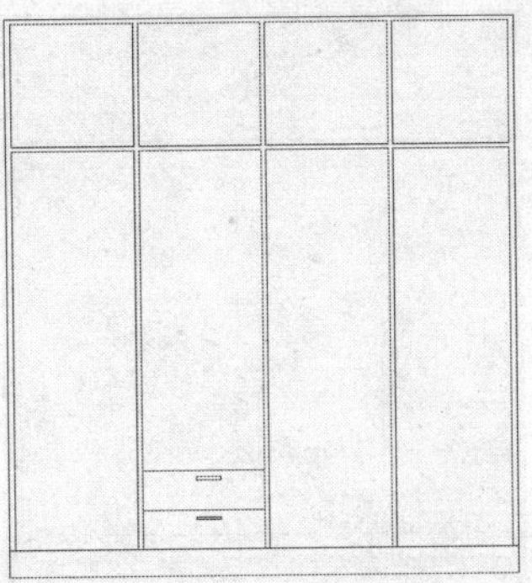

图7-158 绘制拉手

步骤07 执行O（偏移）命令，选择如图7-159所示的线段，然后将其向上依次偏移480、20，效果如图7-160所示。

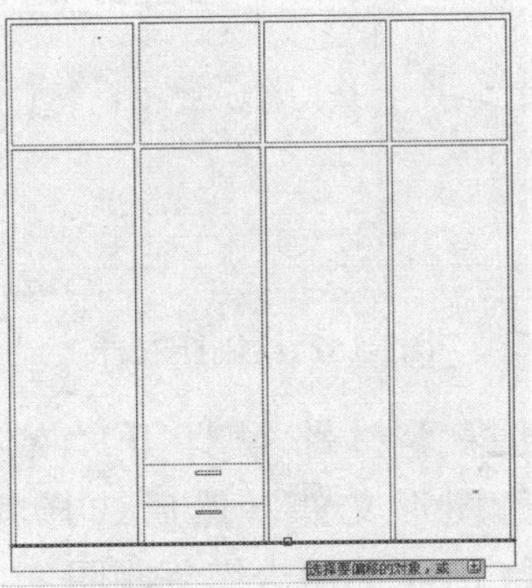

图7-159 选择线段

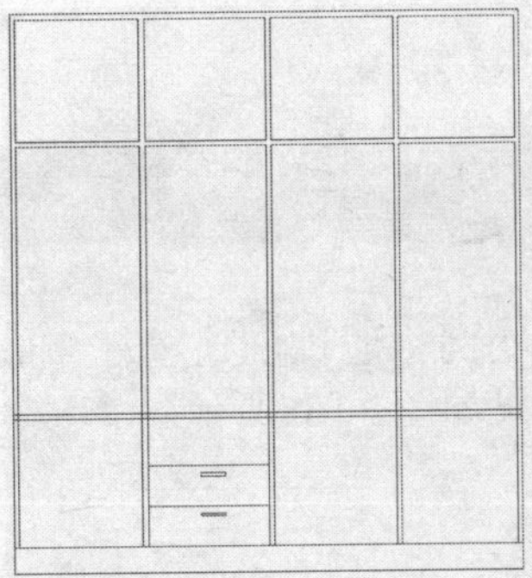

图7-160 偏移线段

步骤08 执行TR（修剪）命令，对偏移的线段进行修剪，效果如图7-161所示。

步骤09 执行L（直线）命令，然后绘制挂衣杆图形，并将其更改为红色，效果如图7-162所示。

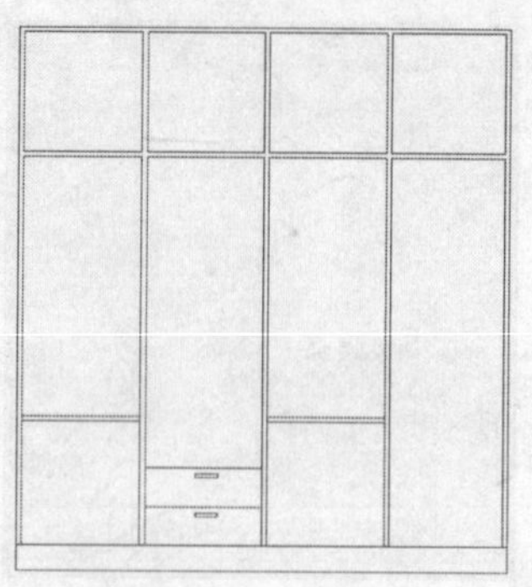

图7-161 修剪线段

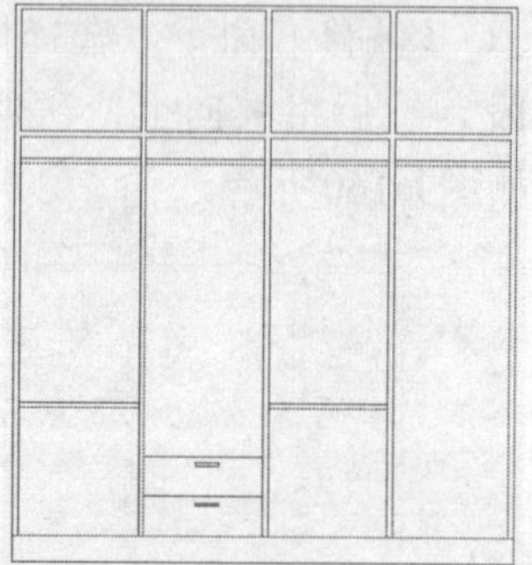

图7-162 绘制挂衣杆

步骤10 根据素材路径打开“衣物和被子.dwg”图形文件，然后选择其中的图形，按【Ctrl+C】组合键复制图形，切换到绘制的衣柜立面图形中，按【Ctrl+V】组合键将选择的图形粘贴到当前文件中，如图7-163所示。

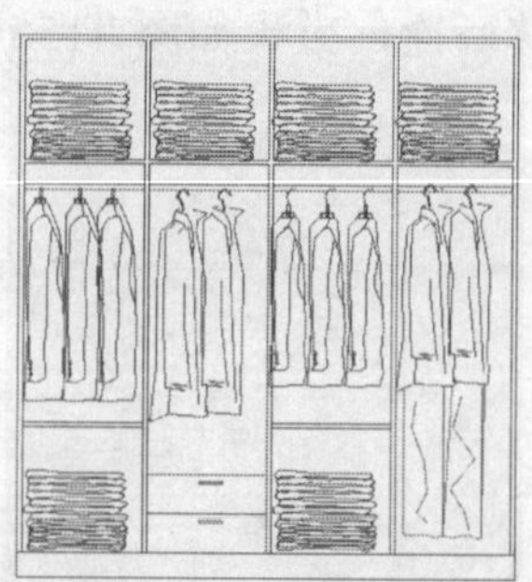

图7-163 复制素材图形

步骤11 设置当前绘图颜色为红色，然后执行QLEADER（快速引线）命令，对衣柜内部对象进行文字标注（效果如图7-164所示），最后将图形定义为块对象，完成衣柜内立面图块的创建。

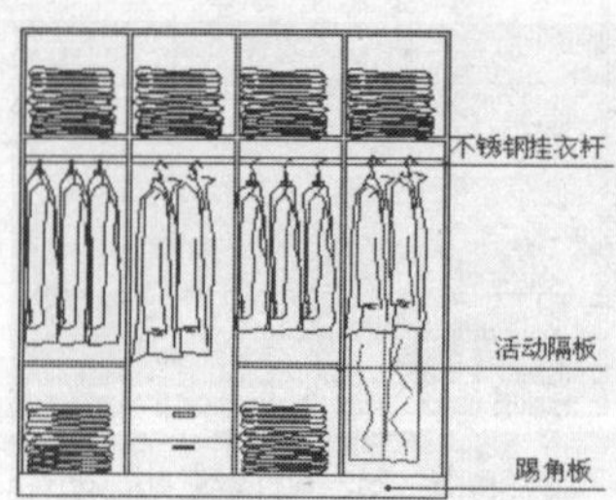

图7-164 衣柜内立面图

实例075 创建壁灯立面图块

本实例将通过创建壁灯立面图块的操作，使读者掌握常用室内图块的绘制方法，实例效果如图7-165所示。

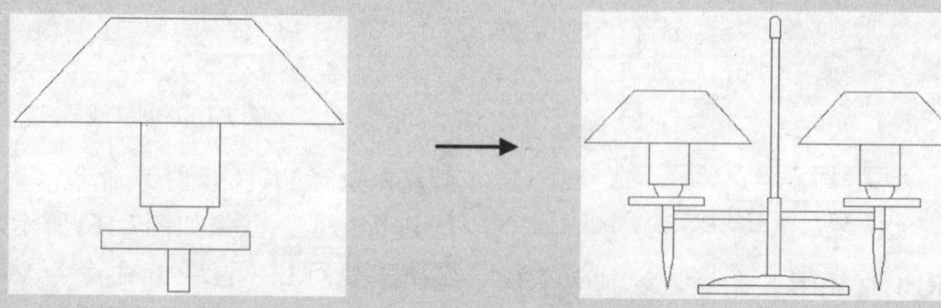

图7-165 创建壁灯立面图块

技法解析

本实例在绘制壁灯立面图形的过程中，首先绘制其中一个壁灯图形，然后绘制壁灯的支架，最后将壁灯图形镜像到图形右方。

	实例路径	实例\第7章\壁灯立面图块.dwg
	素材路径	素材\第7章\无

步骤01 设置当前绘图颜色为红色，执行REC（矩形）命令，然后绘制一个长度为150、宽度为50的矩形，如图7-166所示。

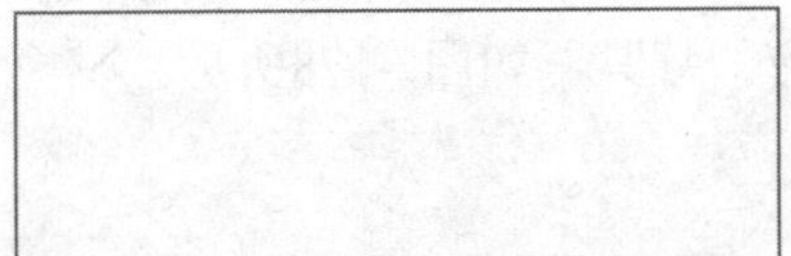
图7-166 绘制矩形

步骤02 执行S（拉伸）命令，将矩形上方的顶角向内拉伸45，如图7-167所示。

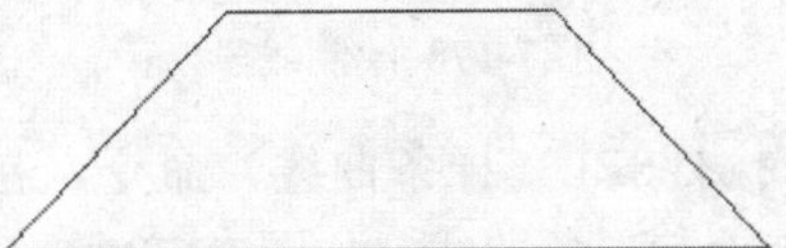
图7-167 拉伸顶角

步骤03 执行REC（矩形）命令，绘制一个长度为36、宽度为38的矩形，如图7-168所示。

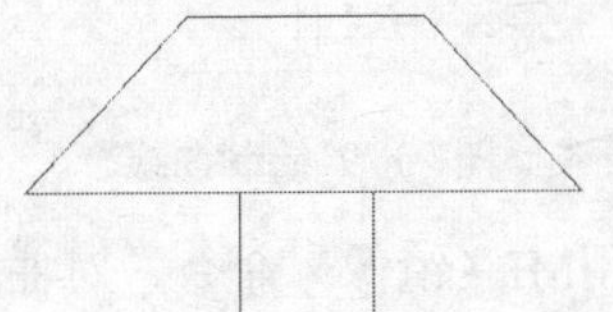
图7-168 绘制矩形

步骤04 执行A（圆弧）命令，绘制一段圆弧，效果如图7-169所示。

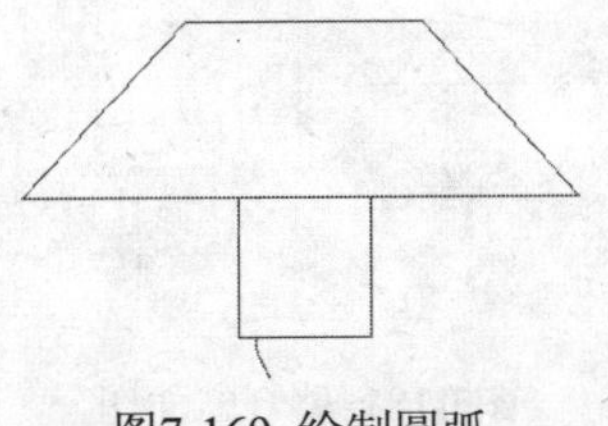
图7-169 绘制圆弧

步骤05 执行MI（镜像）命令，以水平线段的中点指定镜像线，对绘制的圆弧进行镜像操作，如图7-170所示。

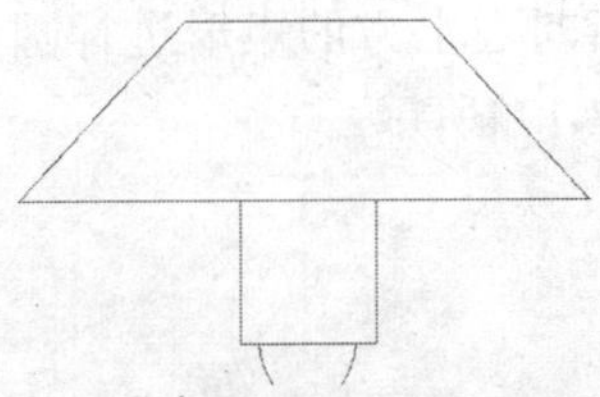
图7-170 镜像圆弧

步骤06 执行REC（矩形）命令，绘制一个长度为70、宽度为8的矩形，如图7-171所示。

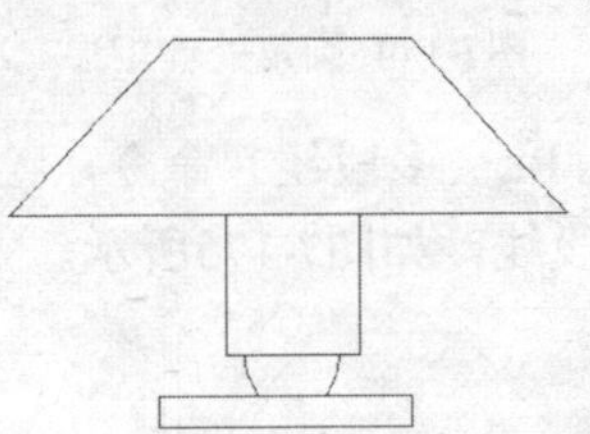
图7-171 绘制矩形

步骤07 执行REC（矩形）命令，绘制一个长度为10、宽度为20的矩形，如图7-172所示。

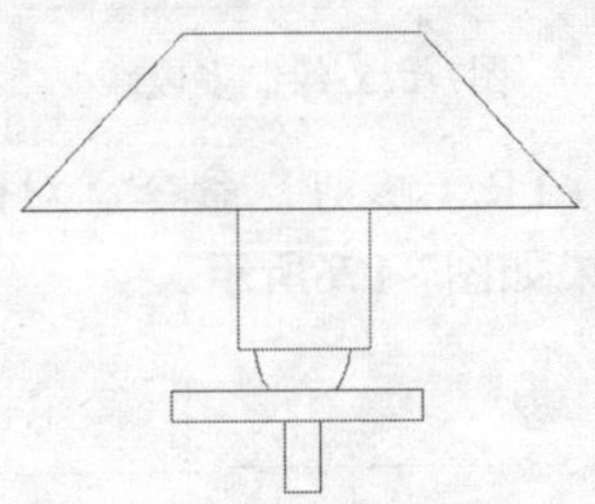
图7-172 绘制矩形

步骤08 参照如图7-173所示的效果和尺寸，执行REC（矩形）命令，绘制4个矩形作为壁灯支架。

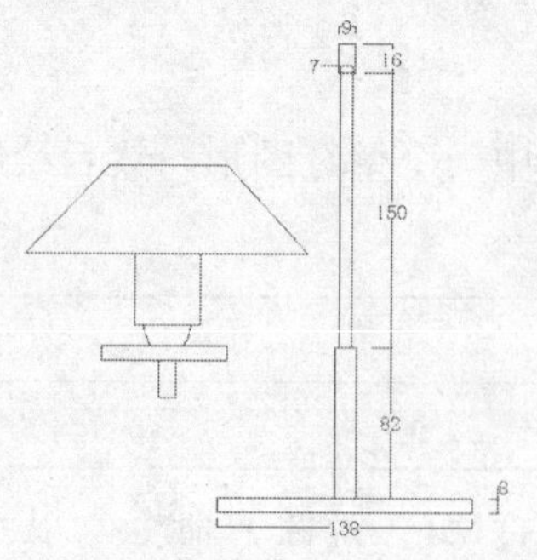

图7-173 绘制壁灯支架

步骤09 执行F（圆角）命令，设置圆角半径为4，然后对右上方的矩形进行圆角处理，效果如图7-174所示。

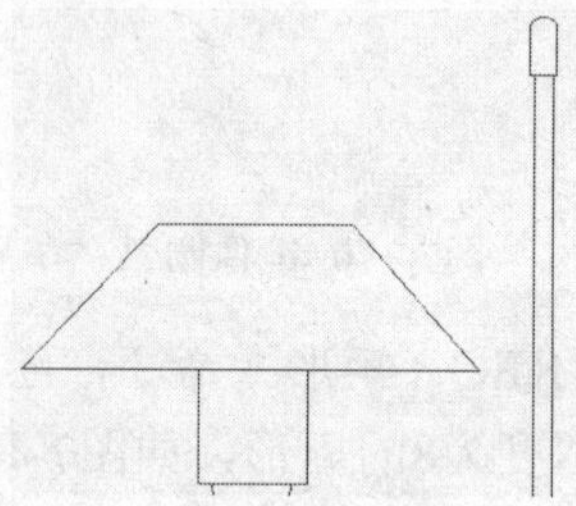

图7-174 圆角处理矩形

步骤10 执行PL（多段线）命令，绘制一条带圆弧的多段线，如图7-175所示。

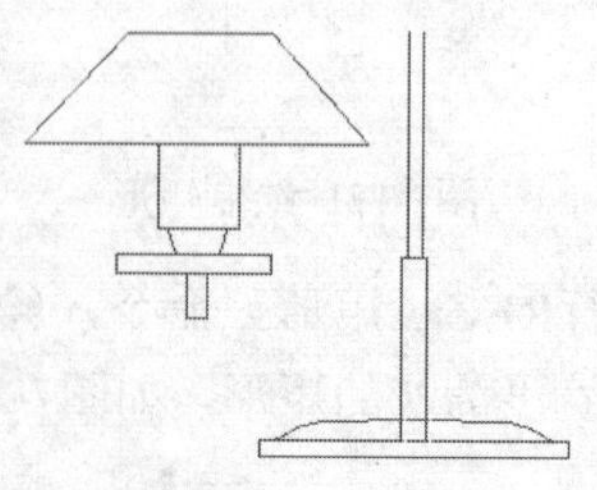

图7-175 绘制多段线

步骤11 执行TR（修剪）命令，对图形进行修剪，效果如图7-176所示。

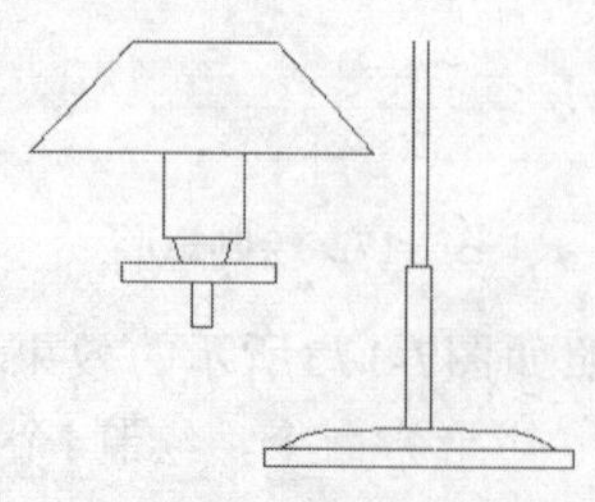

图7-176 修剪图形

步骤12 执行MI（镜像）命令，对左方的灯具进行镜像操作，如图7-177所示。

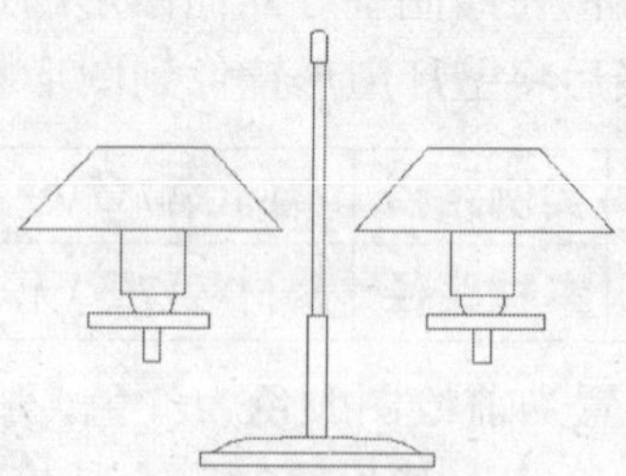

图7-177 镜像图形

步骤13 执行L（直线）命令，绘制4条线段连接两方的灯具，如图7-178所示。

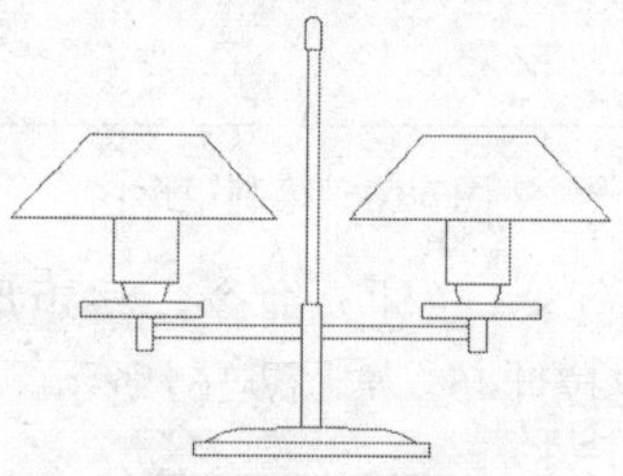

图7-178 绘制线段

步骤14 执行SPL（样条曲线）命令，在图形左下方绘制一条曲线，如图7-179所示。

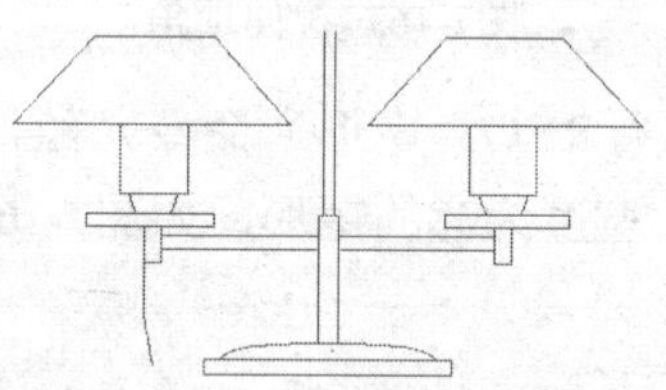

图7-179 绘制曲线

步骤15 使用MI（镜像）命令，对曲线进行镜像操作，其效果如图7-180所示，然后将图形定义为块对象，完成壁灯立面图块的创建。

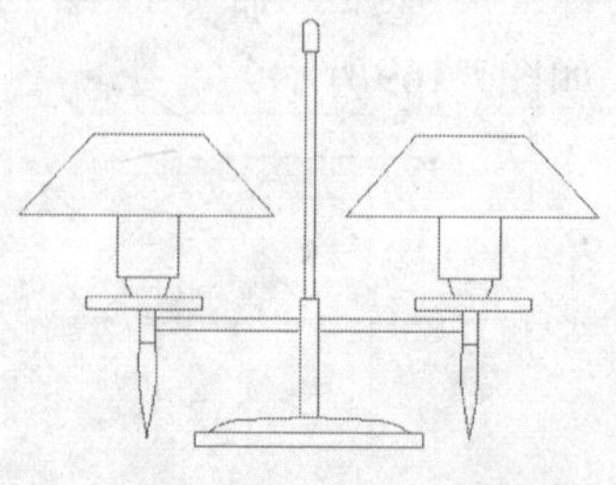

图7-181 壁灯立面图

实例076 创建吊灯立面图块

本实例将通过创建吊灯立面图块的操作，使读者掌握常用室内图块的绘制方法，实例效果如图7-181所示。

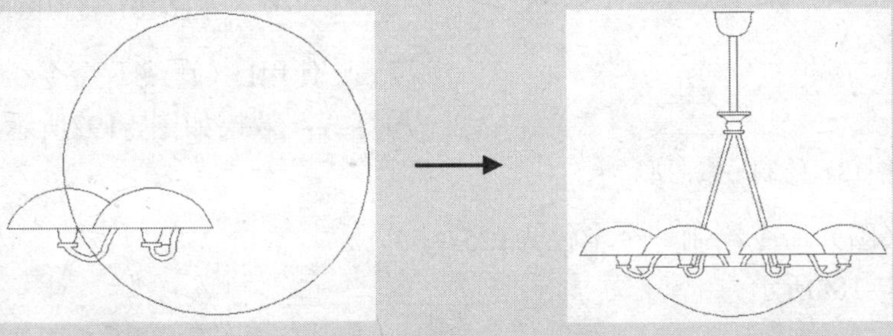

图7-181 创建吊灯立面图块

技法解析

在本实例的制作过程中，主要使用了“圆”、“直线”和“样条曲线”命令。在绘图过程中，可以使用“复制”和“镜像”命令对图形进行复制，以便快速完成图形的创建。

	实例路径	实例\第7章\吊灯立面图块.dwg
	素材路径	素材\第7章\无

步骤01 使用C（圆）命令绘制一个半径为50的圆形，如图7-182所示。

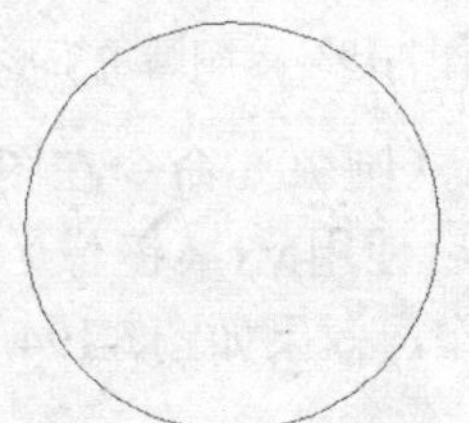

图7-182 绘制圆形

步骤02 使用L（直线）命令绘制一条线段，效果如图7-183所示。

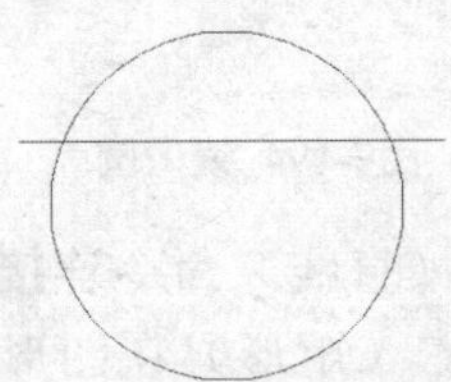

图7-183 绘制线段

步骤03 使用TR（修剪）命令对图形进行修剪，效果如图7-184所示。

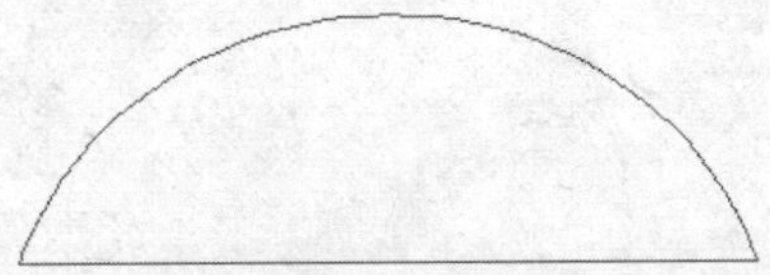

图7-184 修剪圆形

步骤04 使用CO（复制）命令对绘制的图形进行复制，效果如图7-185所示。

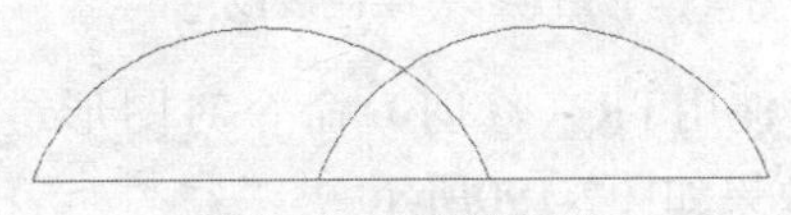

图7-185 复制图形

步骤05 使用TR（修剪）命令对图形进行修剪，效果如图7-186所示。

步骤06 使用PL（多段线）、REC（矩形）和TR（修剪）命令绘制灯具的吊索图形，效果如图7-187所示。

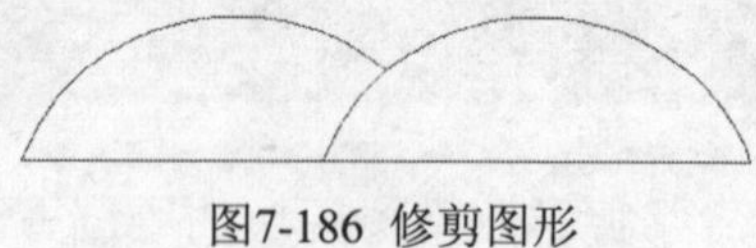

图7-186 修剪图形

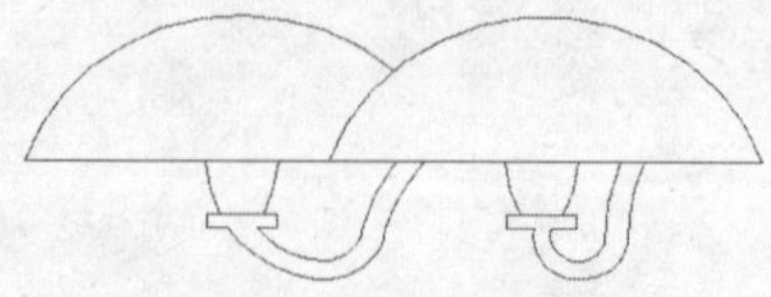

图7-187 绘制吊索图形

步骤07 使用C（圆）命令绘制一个半径为125的圆形，如图7-188所示。

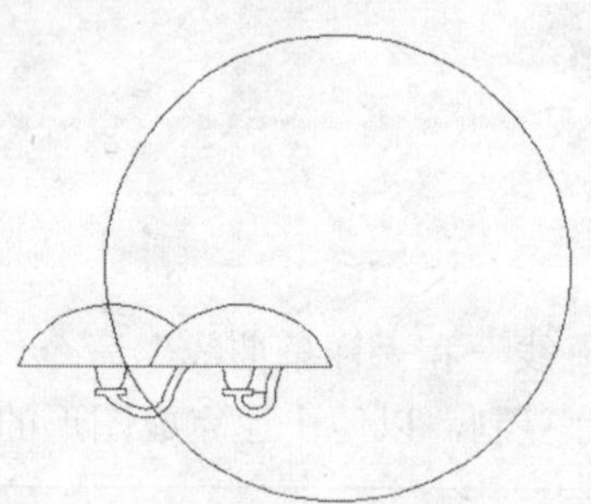

图7-188 绘制圆形

步骤08 使用L（直线）命令绘制一条线段，效果如图7-189所示。

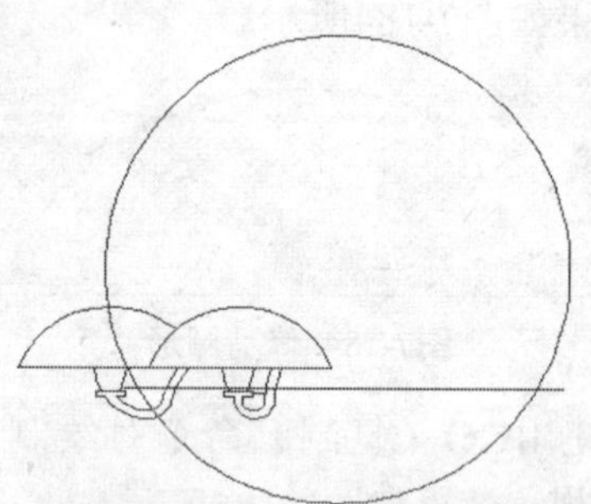

图7-189 绘制线段

步骤09 使用TR（修剪）命令对图形进行修剪，效果如图7-190所示。

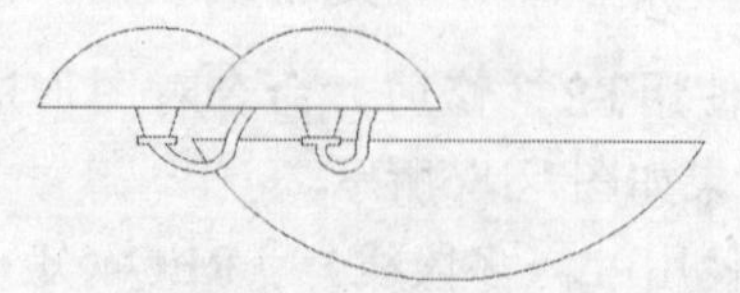

图7-190 修剪效果

步骤10 使用MI（镜像）命令，对小灯进行镜像操作，效果如图7-191所示。

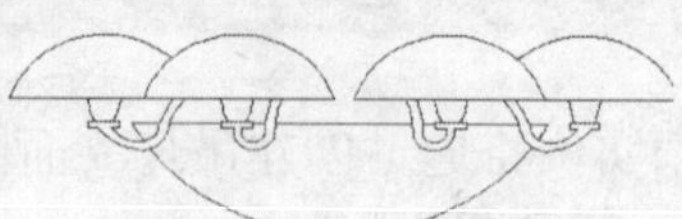

图7-191 镜像图形

步骤11 使用L（直线）命令绘制4条线段作为吊灯线，效果如图7-192所示。

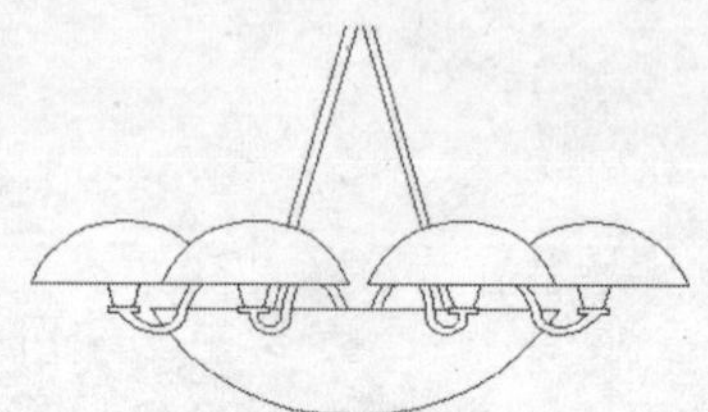

图7-192 绘制吊灯线

步骤12 使用REC（矩形）命令在图形上方绘制一个长度为20、宽度为4、圆角半径为2的圆角矩形，如图7-193所示。

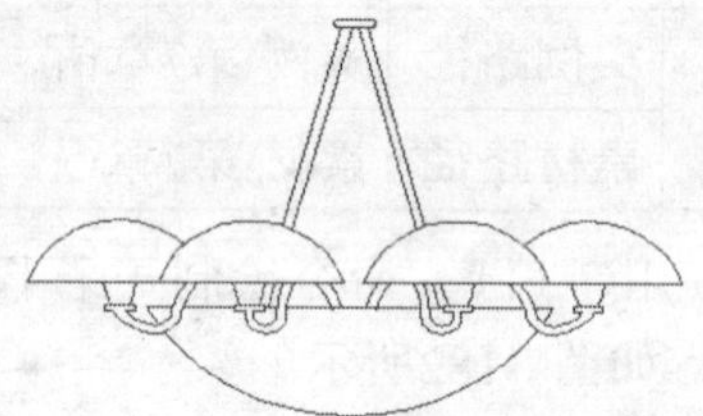

图7-193 绘制圆角矩形

步骤13 使用A（圆弧）命令在图形中绘制一段圆弧，然后使用MI（镜像）命令对圆弧进行镜像操作，效果如图7-194所示。

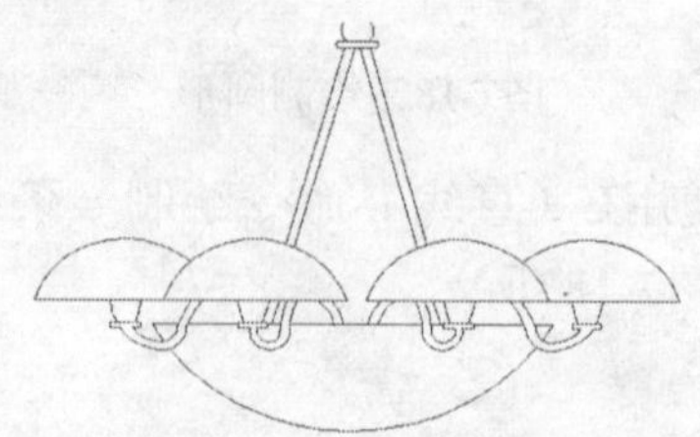

图7-194 镜像圆弧

步骤14 使用L（直线）命令连接两段圆弧，然后使用REC（矩形）在图形上方绘制一个矩形，效果如图7-195所示。

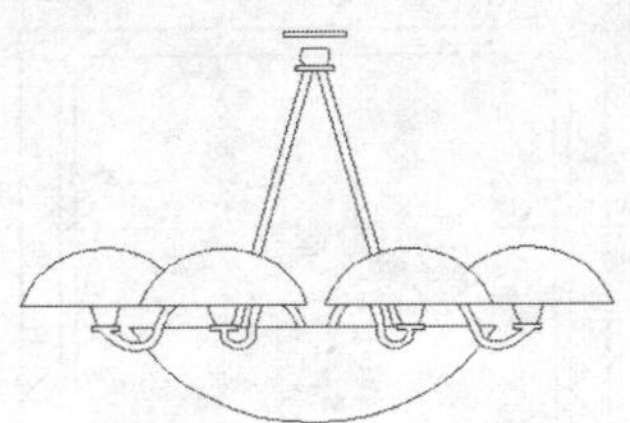

图7-195 绘制线段和矩形

步骤15 使用A（圆弧）命令在图形中绘制一段圆弧，效果如图7-196所示。

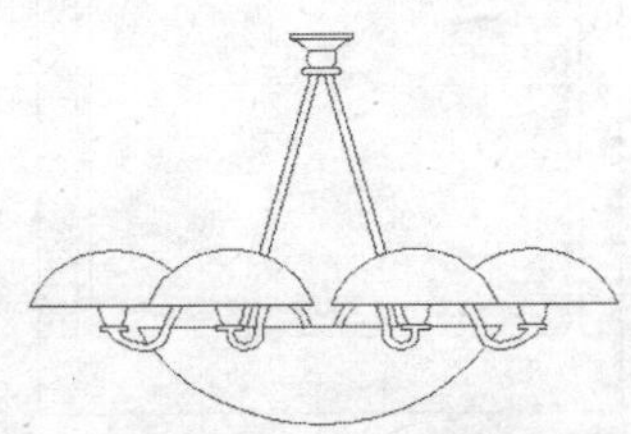

图7-196 镜像圆弧

步骤16 使用L（直线）命令在图形上方绘制两条线段，然后使用L（直线）、SPL（样条曲线）和MI（镜像）命令绘制吊灯顶部图形（效果如图7-197所示），最后将图形定义为块对象，完成吊灯立面图块的创建。

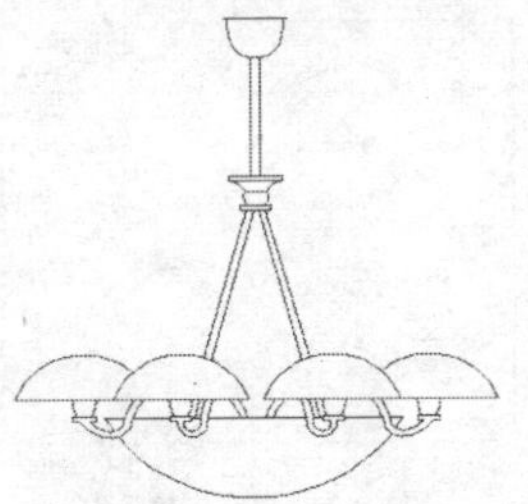

图7-197 吊灯立面图

技巧提示

使用SPL（样条曲线）命令可以绘制各类光滑的曲线图形，该种曲线是由起点、终点、控制点及偏差来控制的。

实例077 创建电视机立面图块

本实例将通过创建电视机立面图块的操作，使读者掌握常用室内图块的绘制方法，实例效果如图7-198所示。

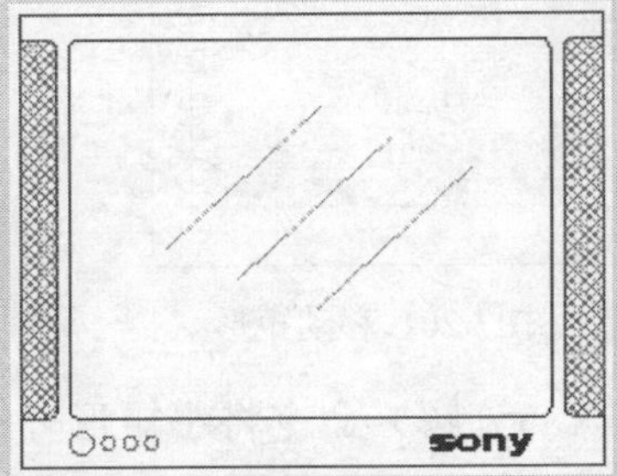

图7-198 创建电视机立面图块

技法解析

本实例在绘制电视机立面图形的过程中，首先使用“矩形”和“偏移”命令绘制出电视机的轮廓，然后对图形进行填充，最后创建文字对象。

	实例路径	实例\第7章\电视机立面图块.dwg
	素材路径	素材\第7章\无

步骤01 设置当前绘图颜色为红色，使用REC（矩形）命令绘制一个长度为1120、宽度为930的矩形，如图7-199所示。

图7-199 绘制矩形

步骤02 使用O（偏移）命令将矩形向内偏移100，如图7-200所示。

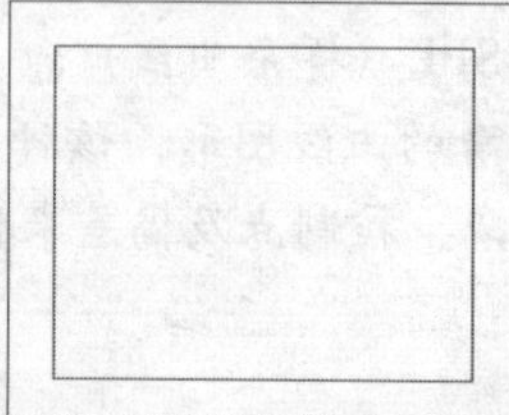

图7-200 偏移矩形

步骤03 使用M（移动）命令将小矩形向上移动50，效果如图7-201所示。

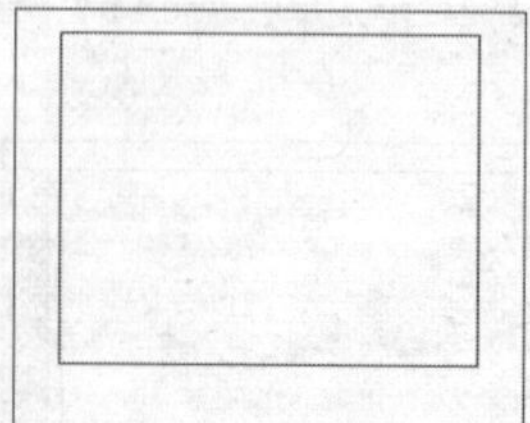

图7-201 移动矩形

步骤04 使用X（分解）命令将小矩形分解，然后使用O（偏移）命令将小矩形左、右两边的线段向外侧偏移25，效果如图7-202所示。

步骤05 执行L（直线）命令，通过捕捉线段的垂足，绘制4条线段，如图7-203所示。

步骤06 执行F（圆角）命令，设置圆角半径为20，然后对图形中的夹角进行圆角处理，如图7-204所示。

图7-202 偏移线段

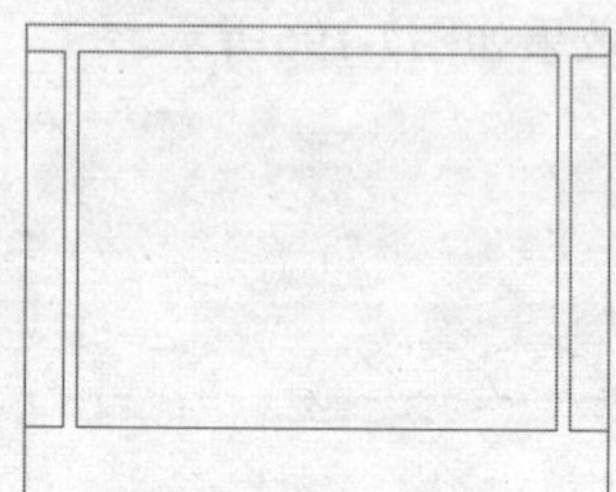

图7-203 绘制线段

图7-204 圆角处理图形

步骤07 执行C（圆）命令，绘制一个半径为22和3个半径为12的圆形作为电视按钮，效果如图7-205所示。

图7-205 绘制按钮

步骤08 执行H（图案填充）命令，打开“图案填充和渐变色”对话框，选择“ANSI37”图案，然后设置图案的颜色为绿色、比例为200，如图7-206所示。

步骤09 单击“添加：拾取点”按钮，进入绘图区指定填充图案的区域，填充效果如图7-207所示。

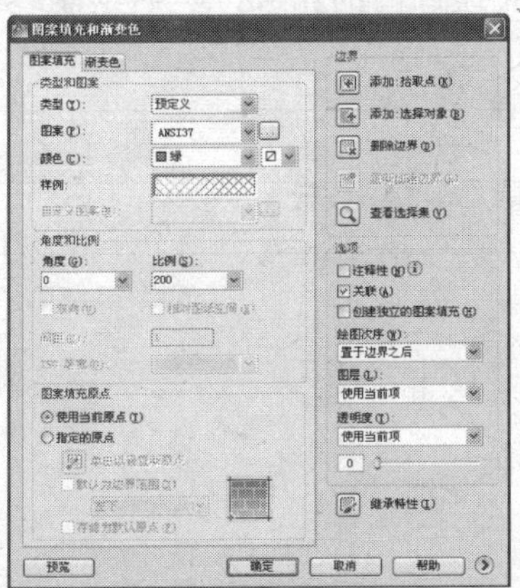

图7-206 设置填充参数

图7-207 填充效果

步骤10 使用T（文字）命令创建文字对象，如图7-208所示。

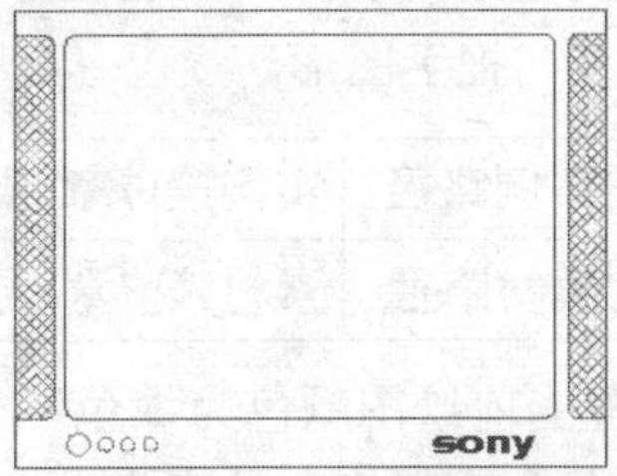

图7-208 创建文字对象

步骤11 使用L（直线）命令绘制3条斜线表示屏幕的反光效果（如图7-209所示），然后将绘制好的图形定义为块对象，完成电视机立面图块的创建。

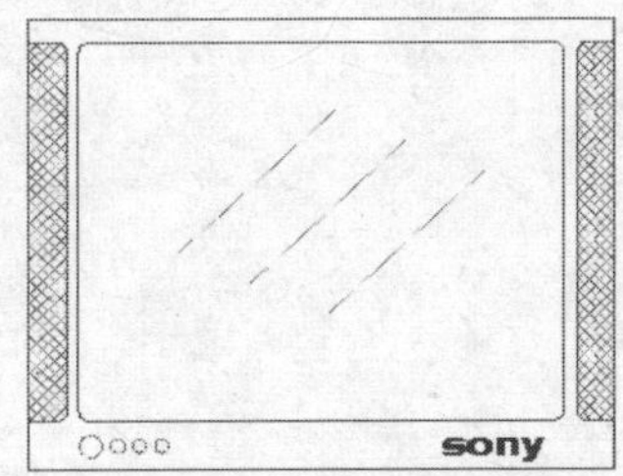

图7-209 电视机立面图

实例078 创建装饰门立面图块

本实例将通过创建装饰门立面图块的操作，使读者掌握常用室内图块的绘制方法，实例效果如图7-210所示。

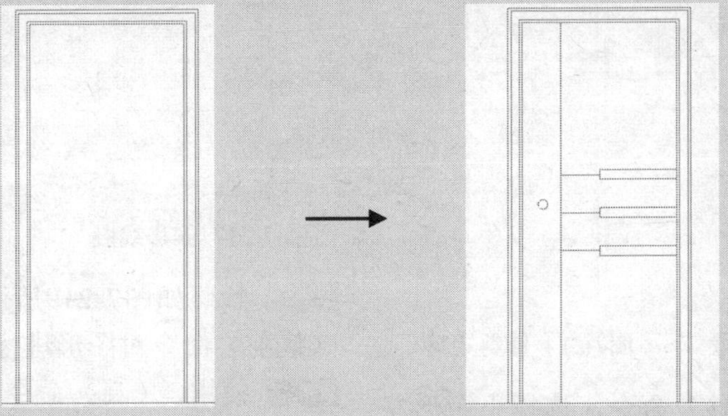

图7-210 创建装饰门立面图块

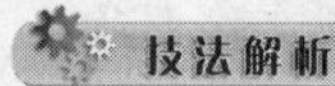

技法解析

本实例在绘制装饰门立面图形的过程中，首先绘制装饰门的轮廓，然后绘制装饰门的装饰图案及门把手图形。

	实例路径	实例\第7章\装饰门立面图块.dwg
	素材路径	素材\第7章\无

步骤01 设置当前绘图颜色为绿色，使用REC（矩形）命令绘制一个长度为800、高度为2000的矩形，如图7-211所示。

步骤02 使用O（偏移）命令将矩形向外依次偏移15、45、15，如图7-212所示。

图7-211 绘制矩形　　图7-212 偏移矩形

步骤03 执行X（分解）命令，将最小的矩形分解，并将矩形下方的线段向两端拉伸，如图7-213所示。

步骤04 使用TR（修剪）命令将线段下方的矩形部分修剪掉，效果如图7-214所示。

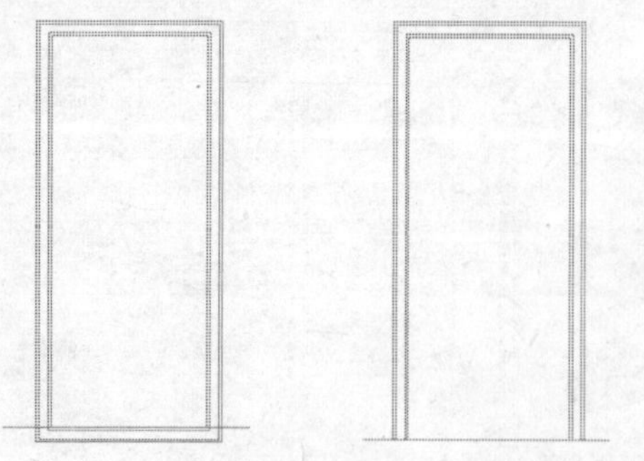

图7-213 拉伸线段　　图7-214 修剪矩形

步骤05 执行O（偏移）命令，选择小矩形左方的线段（如图7-215所示），然后将其向右偏移200，效果如图7-216所示。

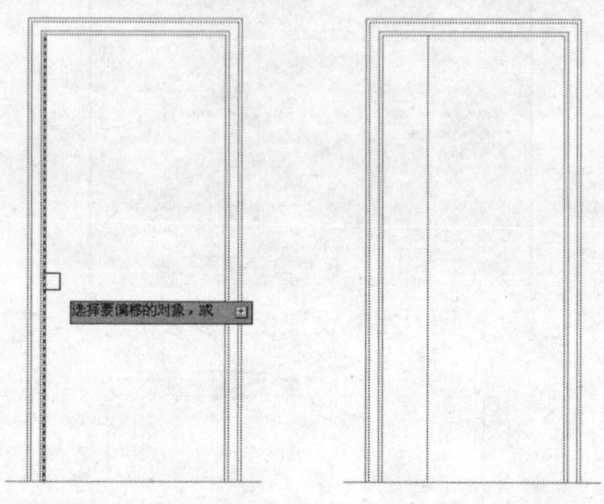

图7-215 选择线段　　图7-216 偏移线段

步骤06 使用O（偏移）命令将小矩形上方的线段向下依次偏移800、200、200，效果如图7-217所示。

步骤07 使用REC（矩形）命令绘制一个长度为400、高度为50的矩形，然后将其复制两次，并参照如图7-218所示的效果进行分布。

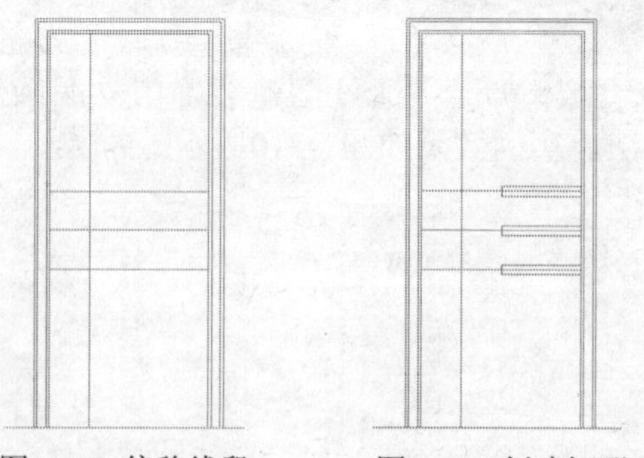

图7-217 偏移线段　　图7-218 创建矩形

步骤08 参照如图7-219所示的效果，使用TR（修剪）命令对图形进行修剪。

步骤09 使用C（圆）命令在图形中绘制一个圆形作为门把手（如图7-220所示），然后将绘制好的图形定义为块对象，完成本实例的制作。

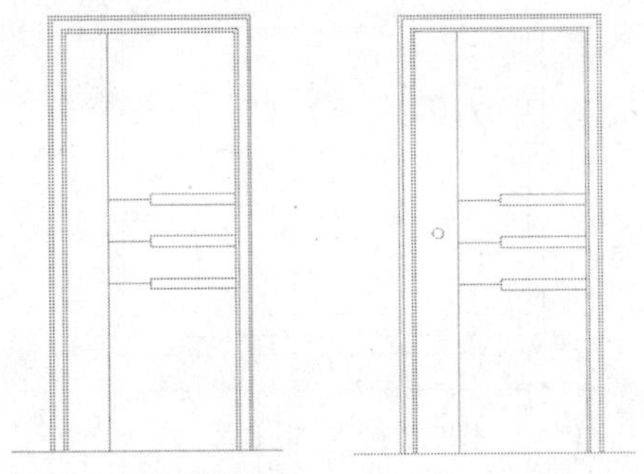

图7-219 修剪图形　　图7-220 实例效果

技巧提示

在创建门立面图之前，应首先了解门的尺寸。通常情况下，进户门的宽度为900mm、高度为2000mm；室内卧室门的宽度为800mm、高度为2000mm；厨卫门的宽度为700mm、高度为2000mm。

实例079 创建笔记本电脑立面图块

本实例将通过创建笔记本电脑立面图块的操作，使读者掌握常用室内图块的绘制方法，实例效果如图7-221所示。

图7-221 创建笔记本电脑立面图块

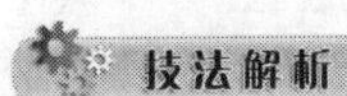

技法解析

本实例在绘制笔记本电脑立面图的过程中，首先绘制屏幕对象，然后绘制键盘图形，并使用线段连接屏幕和键盘，最后绘制笔记本电脑的细节。

	实例路径	实例\第7章\笔记本电脑立面图块.dwg
	素材路径	素材\第7章\无

步骤01 使用REC（矩形）命令绘制一个长度为330、宽度为245的矩形，如图7-222所示。

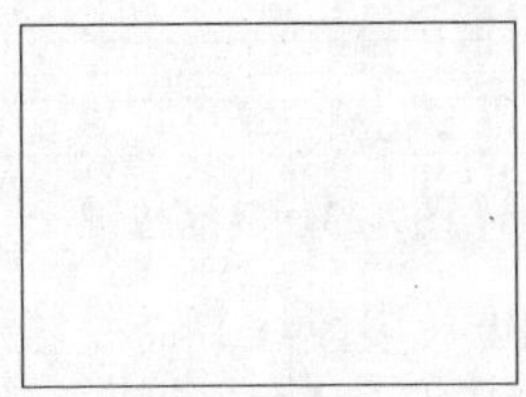

图7-222 绘制矩形

步骤02 执行O（偏移）命令，设置偏移距离为11，然后将矩形向内偏移一次，效果如图7-223所示。

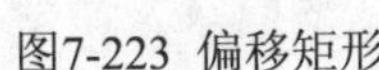

图7-223 偏移矩形

步骤03 执行S（拉伸）命令，使用交叉选择方式选择小矩形的下边缘，如图7-224所示。

图7-224 选择矩形边

步骤04 在任意位置指定拉伸的基点，然后将矩形下方边缘向上拉伸5个单位，效果如图7-225所示。

图7-225 拉伸矩形边缘

步骤05 使用O（偏移）命令将小矩形向内偏移5个单位，然后将小矩形的颜色更改为灰色，效果如图7-226所示。

图7-226 偏移矩形

步骤06 使用L（直线）命令绘制4条线段连接矩形的4个顶角，然后将线段颜色更改为灰色，效果如图7-227所示。

图7-227 绘制线段

步骤07 使用PL（多段线）命令在图形下方绘制一条封闭的多段线，如图7-228所示。

图7-228 绘制多段线

步骤08 使用L（直线）命令在多段线内绘制一条线段，然后将线段的颜色更改为灰色，如图7-229所示。

图7-229 绘制线段

步骤09 使用PL（多段线）命令绘制一条多段线作为键盘中的按键，如图7-230所示。

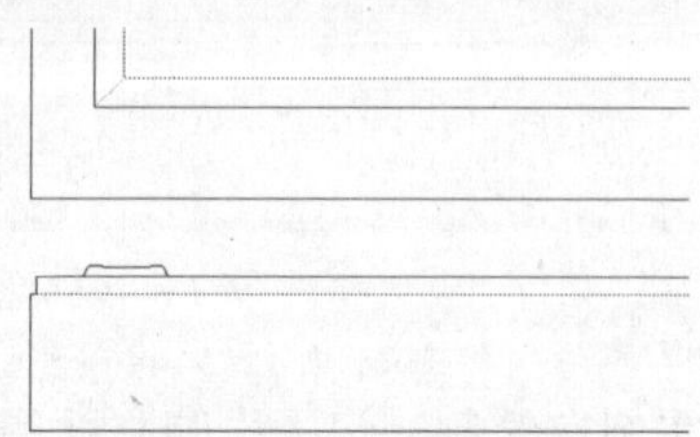

图7-230 绘制键盘按键

步骤10 使用CO（复制）命令对按键进行复制，如图7-231所示。

图7-231 复制按键

步骤11 使用PL（多段线）命令绘制一条多段线作为键盘中的空格键，如图7-232所示。

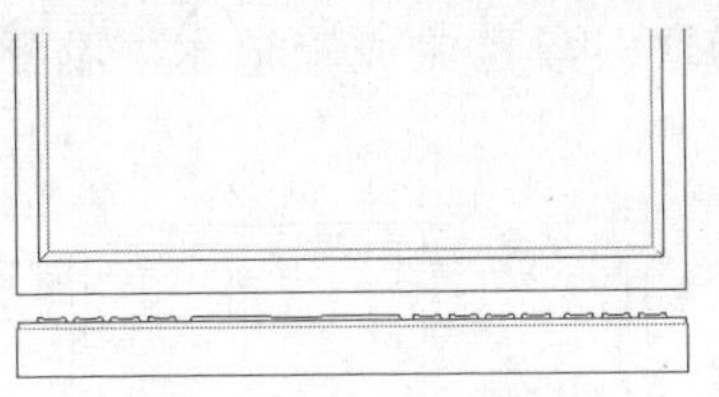
图7-232 绘制空格键

步骤12 使用L（直线）命令绘制多条线段连接屏幕和键盘，效果如图7-233所示。

图7-233 绘制连接线段

步骤13 使用C（圆）命令绘制两个半径为2.5的圆形，效果如图7-234所示。

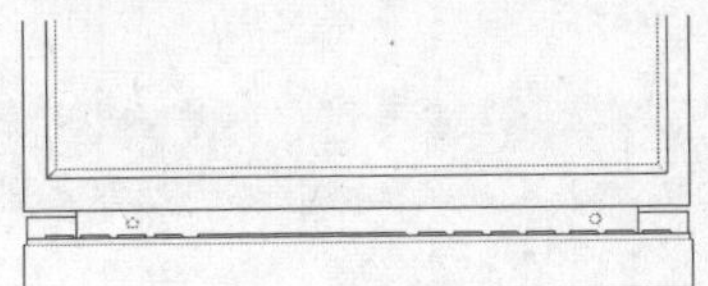
图7-234 绘制圆形

步骤14 执行H（图案填充）命令，打开“图案填充和渐变色”对话框，选择“ANSI31”图案，然后设置图案的颜色为灰色、比例为15，如图7-235所示。

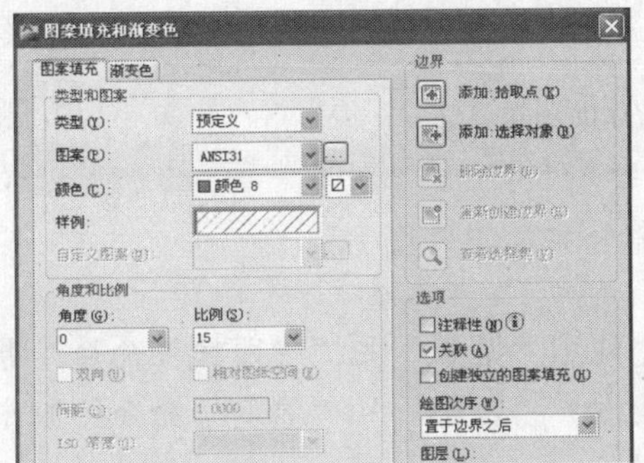

图7-235 设置图案参数

步骤15 单击“添加：拾取点”按钮进入绘图区，在圆形内指定填充图案的区域，填充效果如图7-236所示。

图7-236 填充图案

步骤16 使用CO（复制）命令将填充的圆形复制到屏幕上方，如图7-237所示。

图7-237 复制圆形

步骤17 使用C（圆）命令绘制一个半径为3的圆形作为摄像头，效果如图7-238所示。

图7-238 绘制圆形

步骤18 执行H（图案填充）命令，打开“图案填充和渐变色”对话框，切换至“渐变色”选项卡，设置颜色为“单色”，选择“居中”渐变填充方式，如图7-239所示。

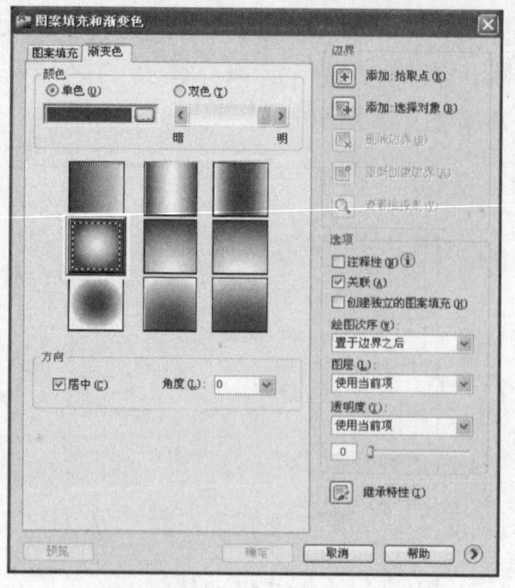

图7-239 设置渐变填充参数

步骤19 单击“添加：拾取点”按钮进入绘图区，在摄像头的圆形内指定填充区域，填充效果如图7-240所示。

步骤20 使用T（文字）命令创建文字对象（如图7-241所示），然后将绘制好的图形定义为块对象，完成笔记本电脑立面图块的创建。

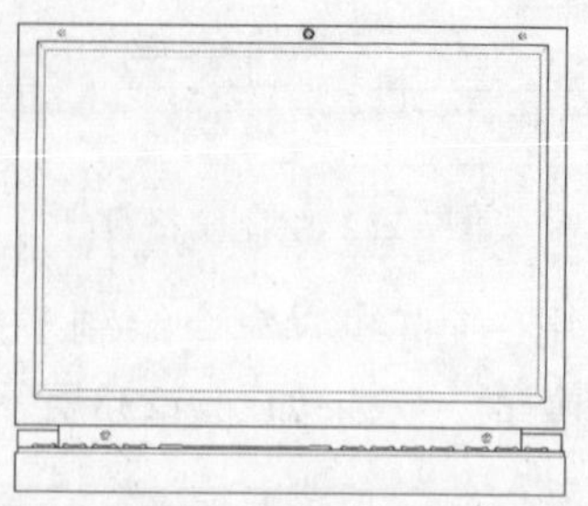

图7-240 填充效果

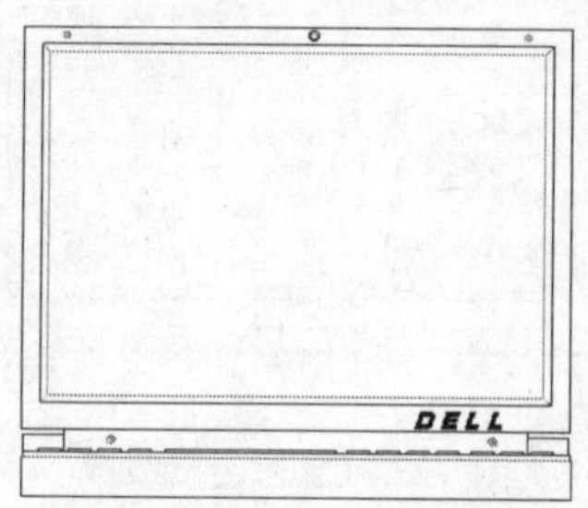

图7-241 笔记本电脑立面图

实例080 创建水龙头立面图块

本实例将通过创建水龙头立面图块的操作，使读者掌握常用室内图块的绘制方法，实例效果如图7-242所示。

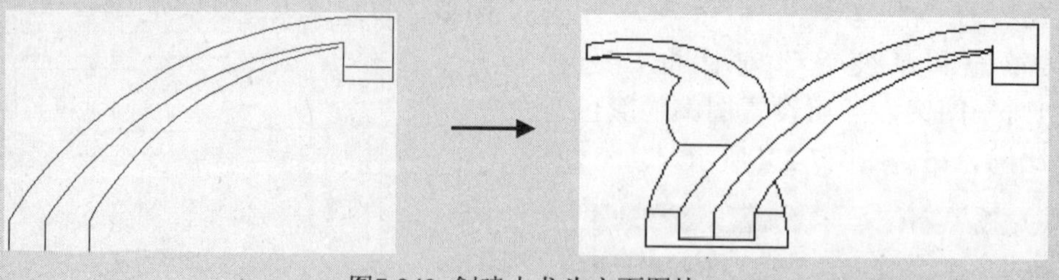

图7-242 创建水龙头立面图块

技法解析

本实例在绘制水龙头立面图形的过程中，首先使用“圆弧”和“多段线”命令绘制出水龙头的出水口图形，然后使用“圆弧”、“直线”、“镜像”和“修剪”命令绘制出水龙头阀门部分的图形，最后绘制出水龙头的开关图形。

实例路径	实例\第7章\水龙头立面图块.dwg
素材路径	素材\第7章\无

步骤01 使用A（圆弧）命令绘制3条如图7-243所示的圆弧。

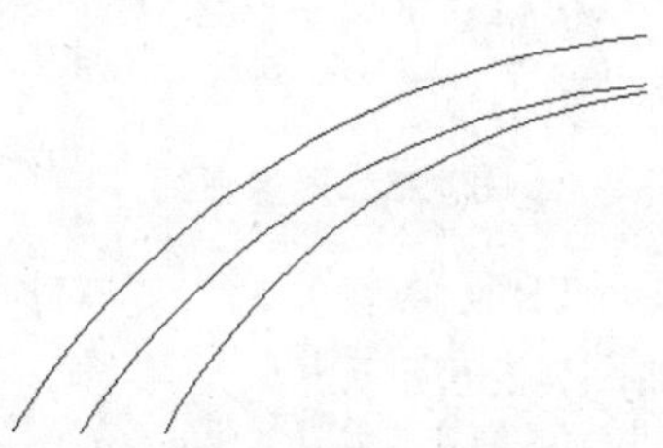

图7-243 绘制圆弧

步骤02 执行PL（多段线）命令，绘制一条如图7-244所示的多段线。

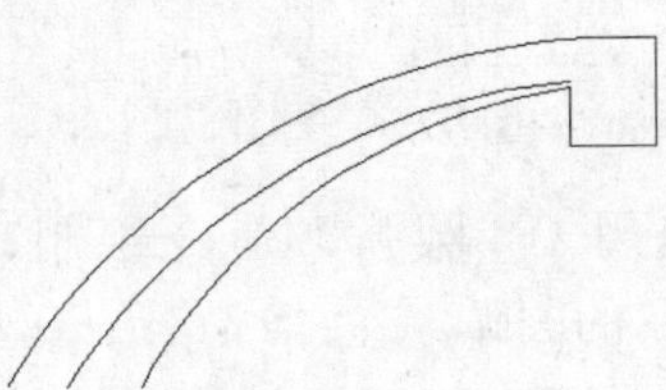

图7-244 绘制多段线

步骤03 使用X（分解）命令将多段线分解，然后使用O（偏移）命令将下方线段向上偏移50，效果如图7-245所示。

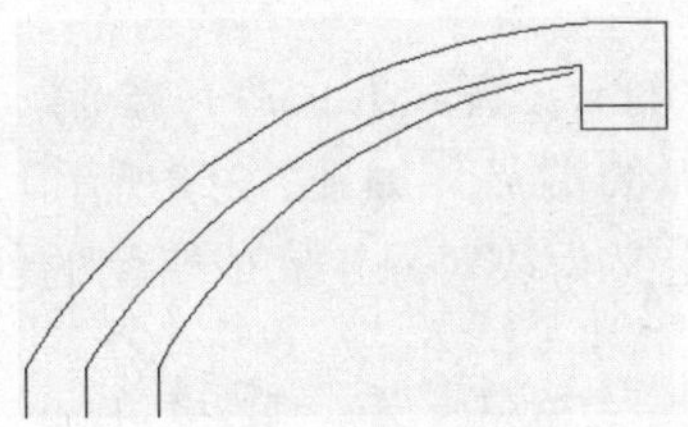

图7-245 偏移线段

步骤04 使用L（直线）命令通过捕捉圆弧下方的端点绘制3条线段，如图7-246所示。

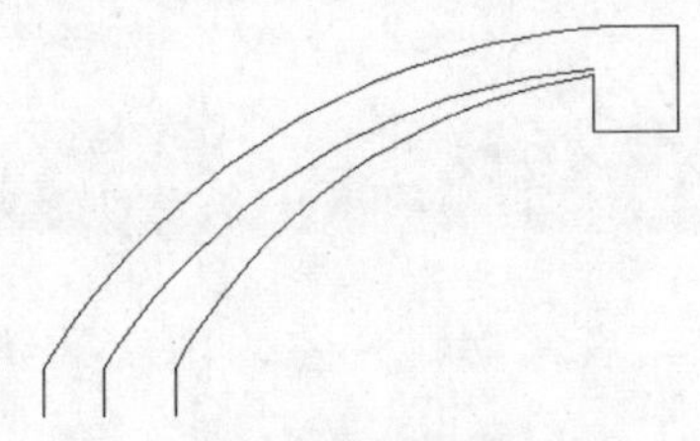

图7-246 绘制线段

步骤05 使用L（直线）命令绘制一条线段连接下方的图形，如图7-247所示。

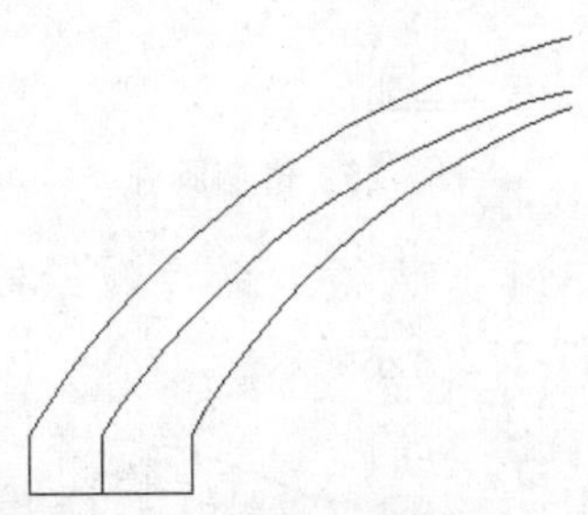

图7-247 绘制线段

步骤06 使用L（直线）命令在图形下方绘制一条线段，如图7-248所示。

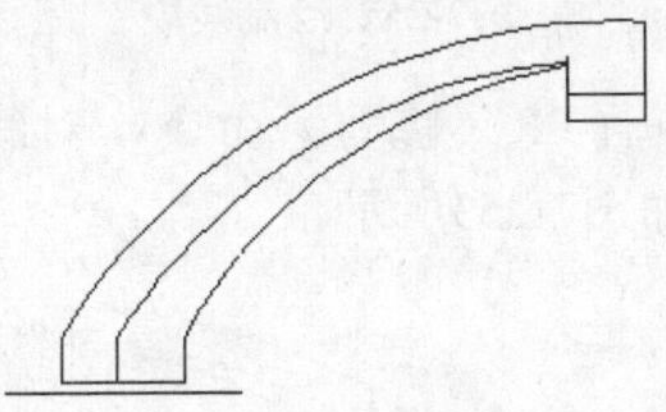

图7-248 绘制线段

步骤07 使用A（圆弧）命令绘制一条如图7-249所示的圆弧。

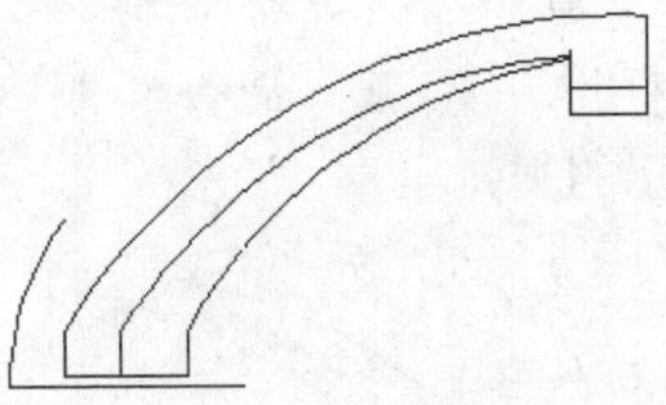

图7-249 绘制圆弧

步骤08 执行MI（镜像）命令，对圆弧进行镜像操作，效果如图7-250所示。

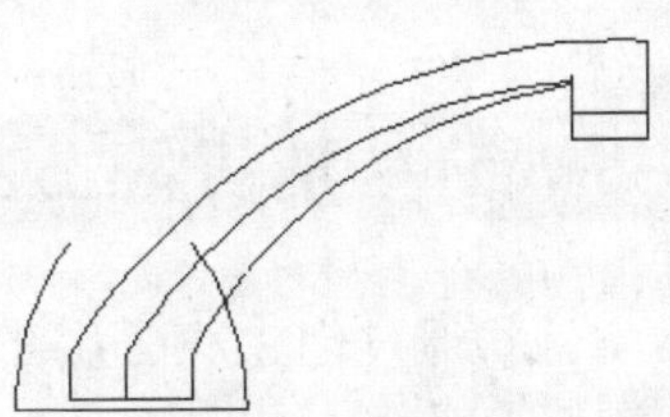

图7-250 镜像圆弧

步骤09 执行TR（修剪）命令，对圆弧进行修剪，如图7-251所示。

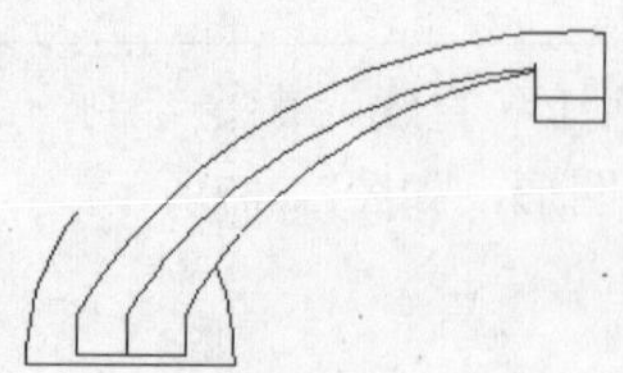
图7-251 修剪圆弧

步骤10 执行L（直线）命令，绘制两条线段，如图7-252所示。

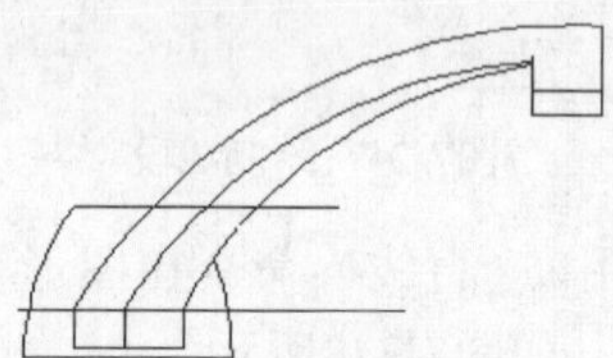
图7-252 绘制线段

步骤11 执行TR（修剪）命令，对线段进行修剪，如图7-253所示。

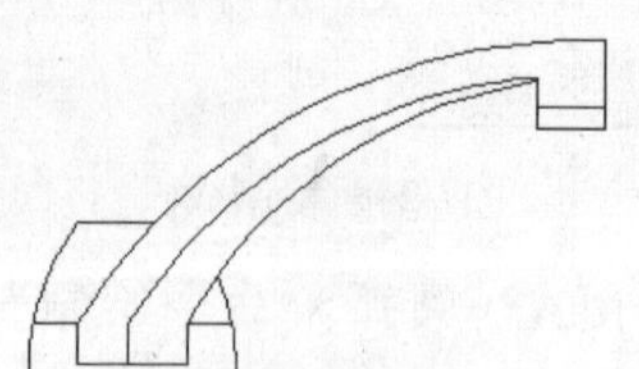
图7-253 修剪线段

步骤12 使用A（圆弧）命令绘制一条如图7-254所示的圆弧。

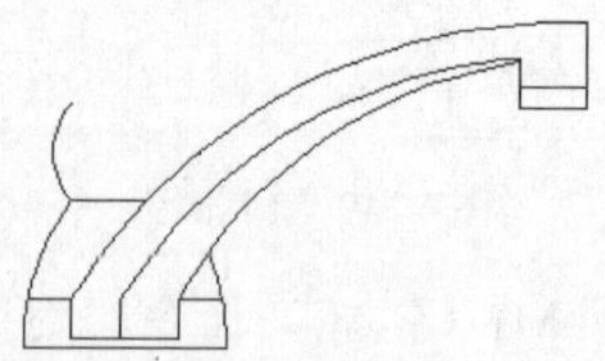
图7-254 绘制圆弧

步骤13 执行MI（镜像）命令，对圆弧进行镜像操作，效果如图7-255所示。

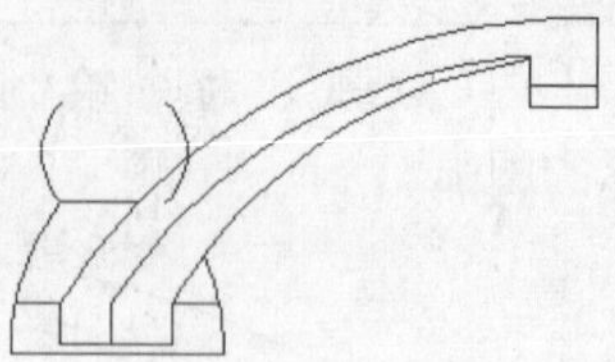
图7-255 镜像弧线

步骤14 执行TR（修剪）命令，对圆弧进行修剪，如图7-256所示。

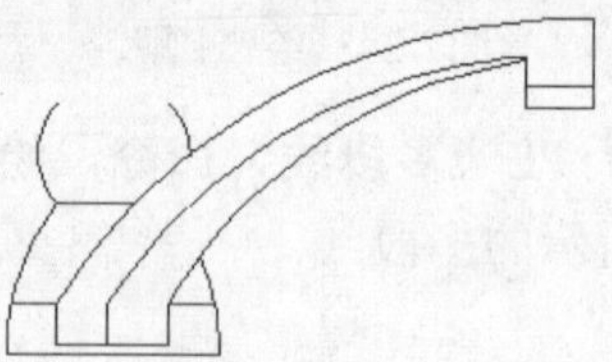
图7-256 修剪圆弧

步骤15 使用A（圆弧）命令绘制3条如图7-257所示的圆弧。

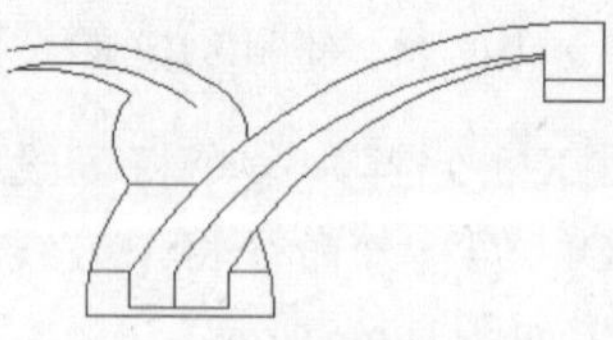
图7-257 绘制圆弧

步骤16 执行L（直线）命令，绘制一条线段连接圆弧的端点（如图7-258所示），然后将图形定义为块对象，完成实例的创建。

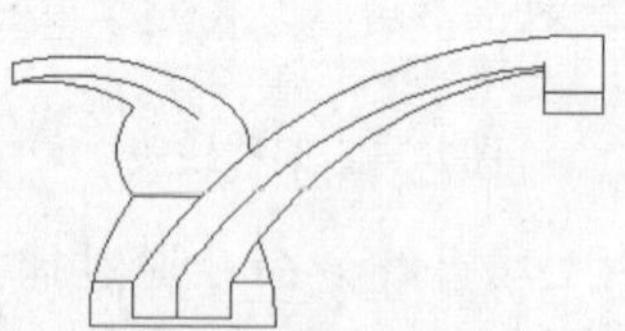
图7-258 连接圆弧

实例081 创建洗面盆立面图块

本实例将通过创建洗面盆立面图块的操作，使读者掌握常用室内图块的绘制方法，实例效果如图7-259所示。

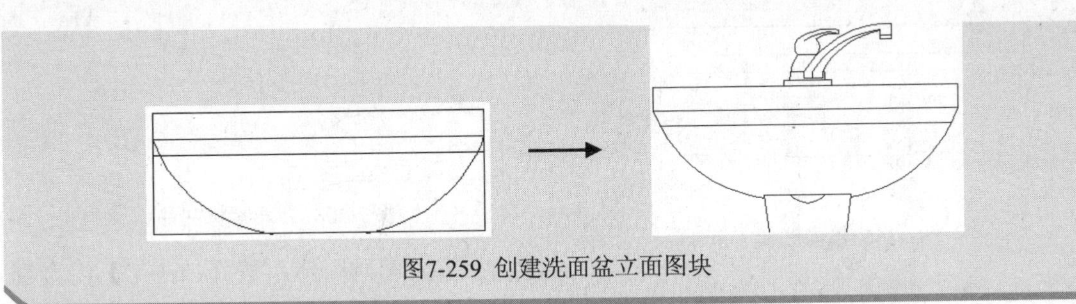

图7-259 创建洗面盆立面图块

技法解析

本实例在绘制洗面盆立面图形的过程中，首先使用“矩形”、“圆弧”、“镜像”和“修剪”命令绘制出洗面盆图形，然后插入水龙头图形。

实例路径	实例\第7章\洗面盆立面图块.dwg
素材路径	素材\第7章\水龙头.dwg

步骤01 使用REC（矩形）命令绘制一个长度为630、宽度为230的矩形，如图7-260所示。

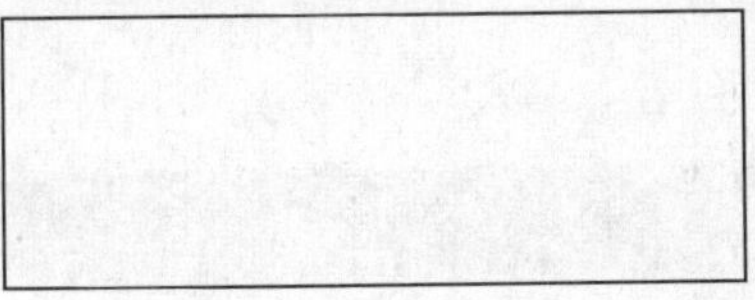

图7-260 绘制矩形

步骤02 使用X（分解）命令将矩形分解，然后使用O（偏移）命令将上方线段向下偏移两次，偏移距离依次为50和30，效果如图7-261所示。

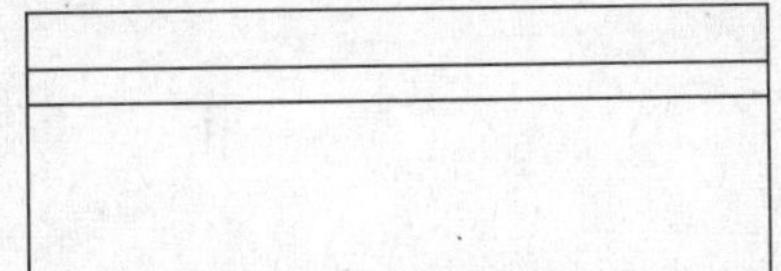

图7-261 偏移线段

步骤03 执行A（圆弧）命令，绘制一条如图7-262所示的圆弧。

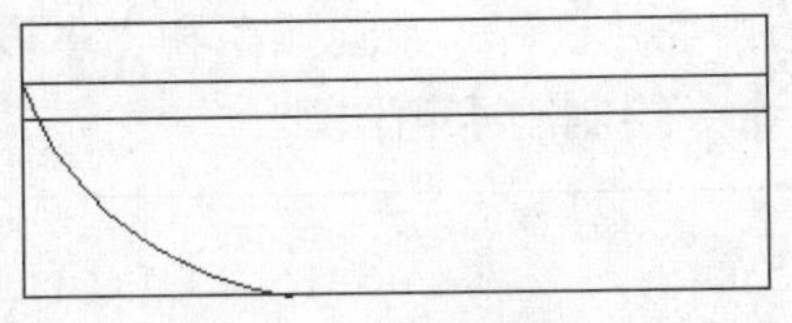

图7-262 绘制圆弧

步骤04 执行MI（镜像）命令，选择圆弧对象指定镜像线（如图7-263所示），然后对圆弧进行镜像操作，效果如图7-264所示。

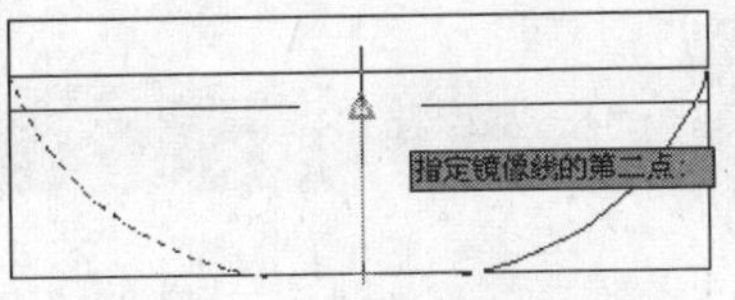

图7-263 指定镜像线

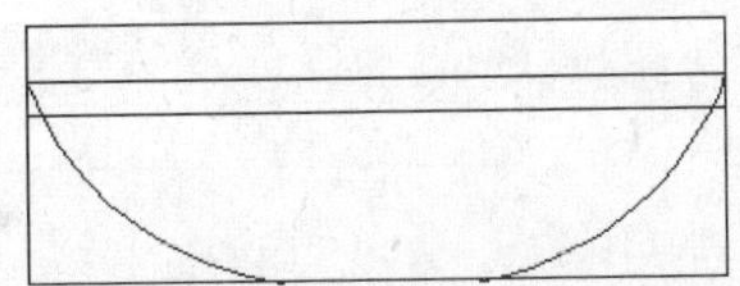

图7-264 镜像圆弧

步骤05 执行TR（修剪）命令，对图形进行修剪，效果如图7-265所示。

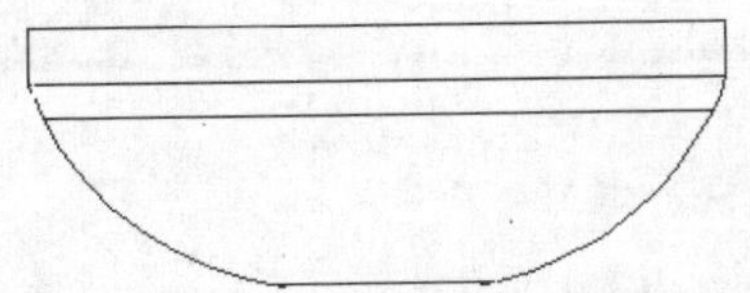

图7-265 修剪图形

步骤06 执行L（直线）命令，绘制一条线段，然后使用MI（镜像）命令对线段进行镜像操作，如图7-266所示。

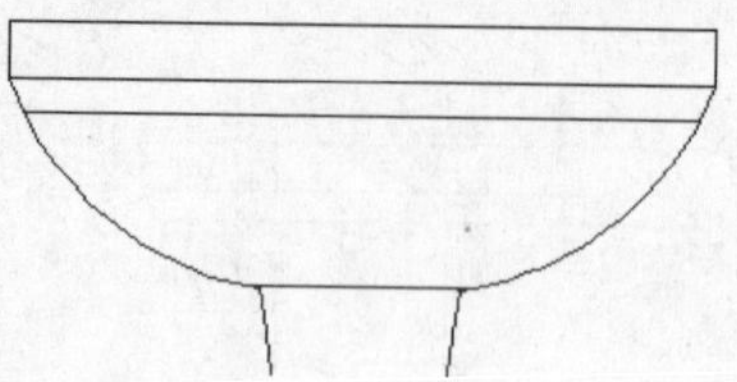

图7-266 镜像线段

步骤07 执行A（圆弧）命令，绘制一条如图7-267所示的圆弧。

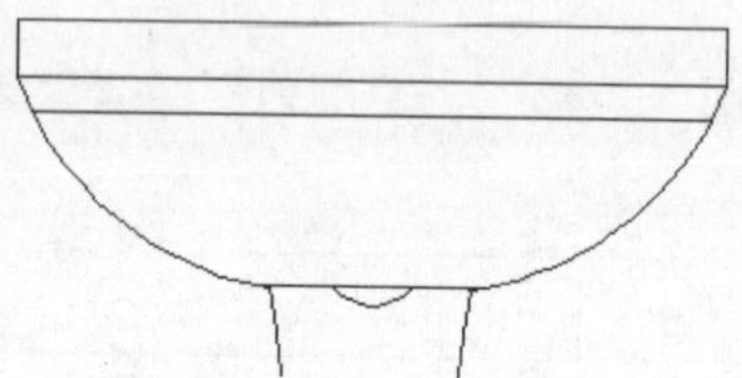

图7-267 绘制圆弧

步骤08 根据素材路径打开“水龙头.dwg”图形文件，如图7-268所示。

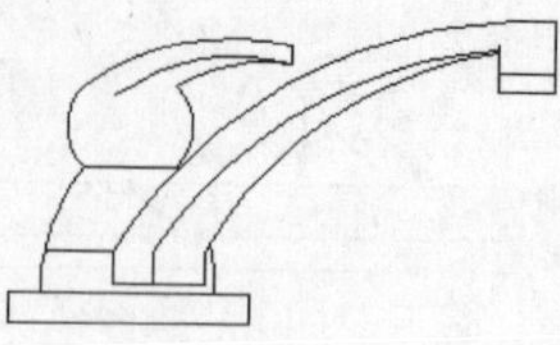

图7-268 打开素材文件

步骤09 选择素材图形，按【Ctrl+C】组合键复制图形，然后切换到绘制的洗面盆立面图形中，按【Ctrl+V】组合键将选择的图形粘贴到当前文件中（如图7-269所示），最后将图形定义为块对象，完成实例的制作。

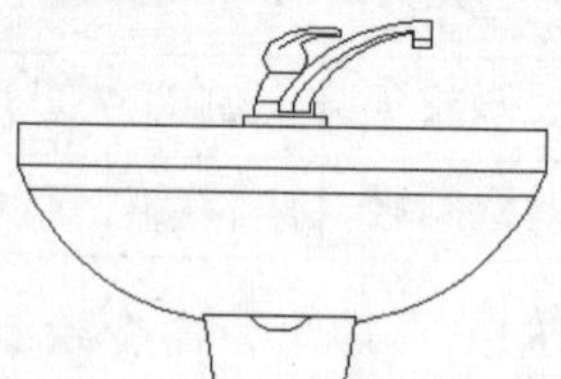

图7-269 洗面盆立面图

实例082 创建座便器立面图块

本实例将通过创建座便器立面图块的操作，使读者掌握常用室内图块的绘制方法，实例效果如图7-270所示。

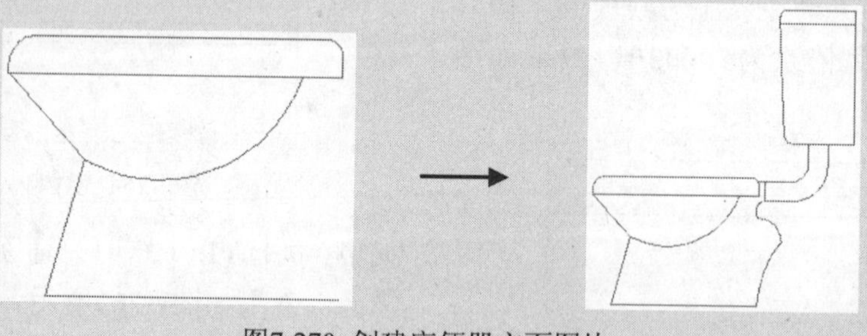

图7-270 创建座便器立面图块

本实例在绘制座便器立面图形的过程中，首先使用“矩形”、“圆弧”和“多段线”命令绘制出便池图形，然后使用“矩形”和“圆弧”命令绘制出水箱图形。

实例路径	实例\第7章\座便器立面图块.dwg
素材路径	素材\第7章\无

步骤01 设置当前绘图颜色为洋红色，使用REC（矩形）命令绘制一个长度为480、宽度为200的矩形作为参照图形，如图7-271所示。

图7-271 绘制矩形

步骤02 执行X（分解）命令将矩形分解，然后使用O（偏移）命令将上方线段向下偏移50，如图7-272所示。

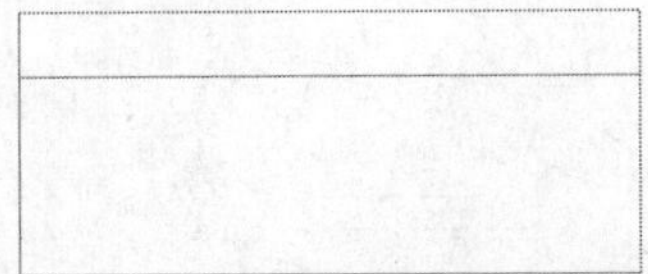

图7-272 偏移线段

步骤03 执行A（圆弧）命令，绘制一条如图7-273所示的圆弧。

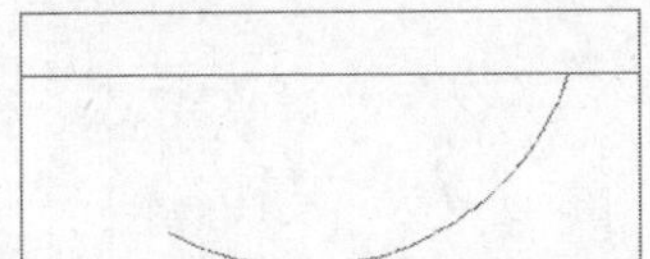

图7-273 绘制圆弧

步骤04 执行L（直线）命令，绘制一条如图7-274所示的线段。

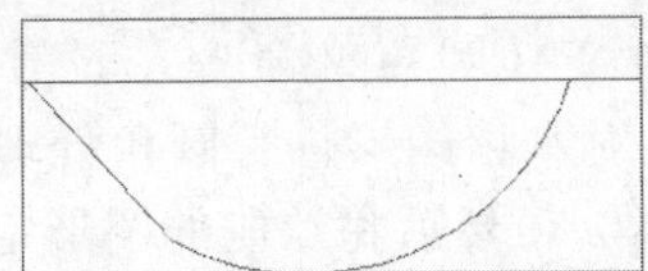

图7-274 绘制线段

步骤05 执行TR（修剪）命令，对图形进行修剪，效果如图7-275所示。

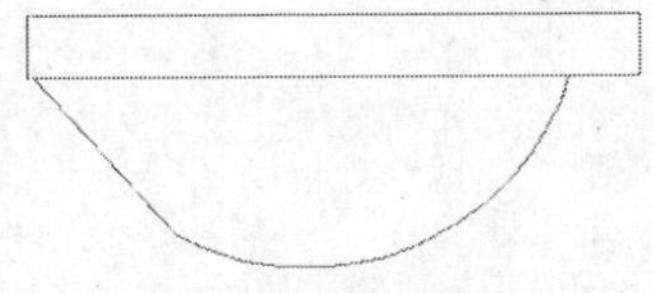

图7-275 修剪图形

步骤06 执行F（圆角）命令，设置圆角半径为20，对矩形右上方的夹角进行圆角处理，效果如图7-276所示。

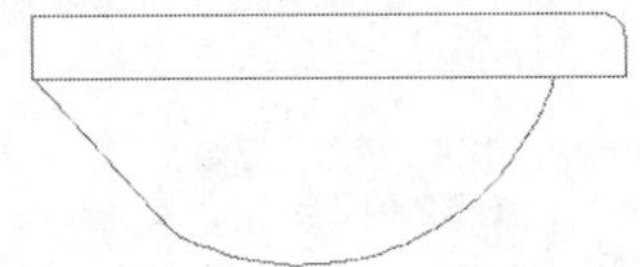

图7-276 圆角处理图形

步骤07 执行F（圆角）命令，设置圆角半径为40，对矩形左上方的夹角进行圆角处理，效果如图7-277所示。

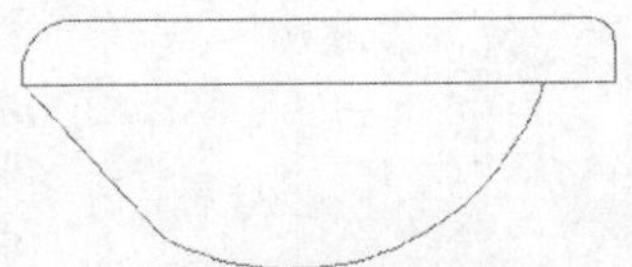

图7-277 圆角处理图形

步骤08 执行PL（多段线）命令，参照如图7-278所示的效果绘制一条多段线。

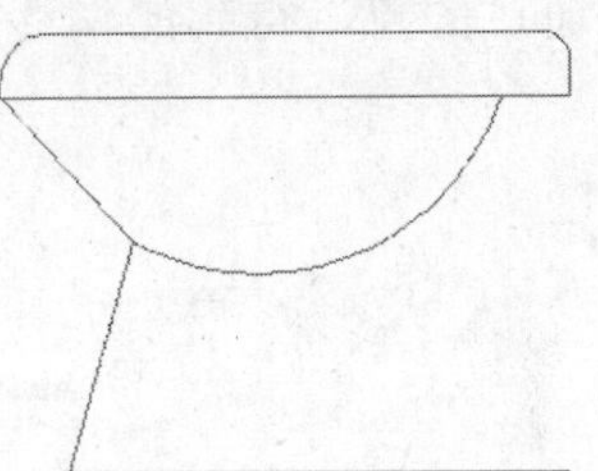

图7-278 绘制多段线

步骤09 执行PL（多段线）命令，参照如图7-279所示的效果绘制一条多段线。

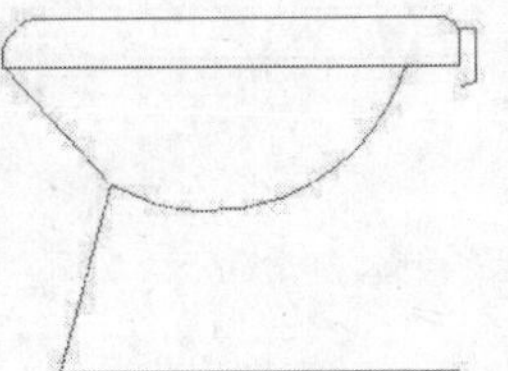

图7-279 绘制多段线

步骤10 执行A（圆弧）命令，参照如图7-280所示的效果绘制3条圆弧连接多段线。

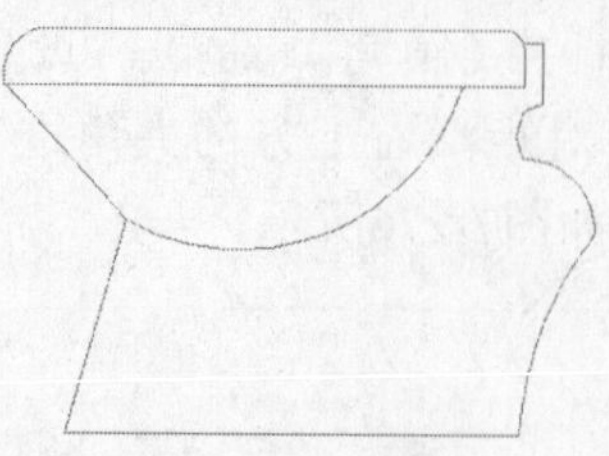
图7-280 绘制圆弧

步骤11 使用PL（多段线）命令绘制一条带圆弧的多段线，如图7-281所示。

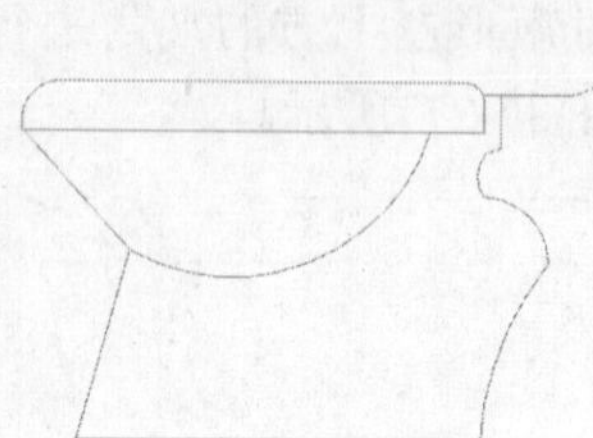
图7-281 绘制多段线

步骤12 执行O（偏移）命令，然后输入T并确定，选择多段线，在如图7-282所示的位置指定通过的点，得到的偏移效果如图7-283所示。

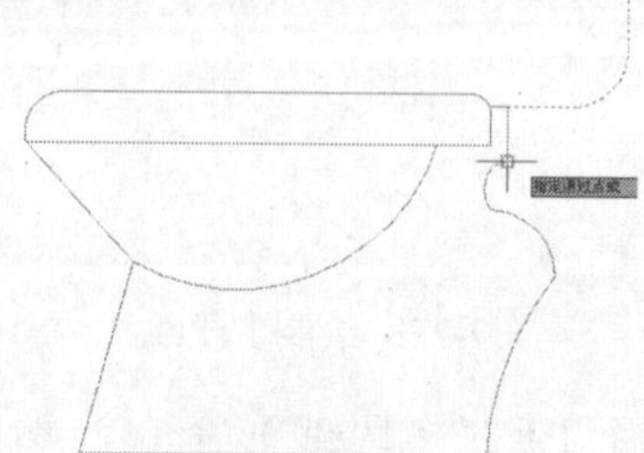
图7-282 指定通过点

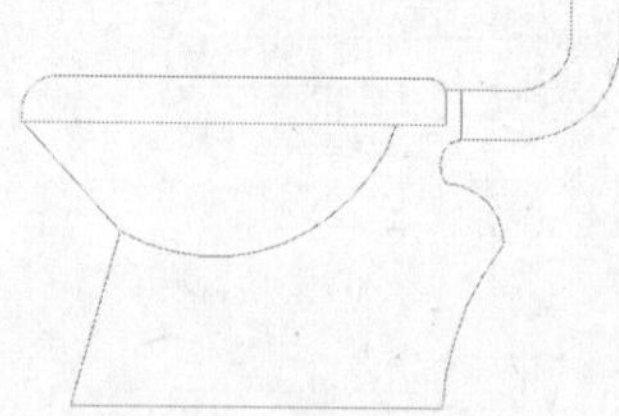
图7-283 偏移效果

步骤13 执行REC（矩形）命令，绘制一个长度为220、宽度为380的矩形作为水箱图形，如图7-284所示。

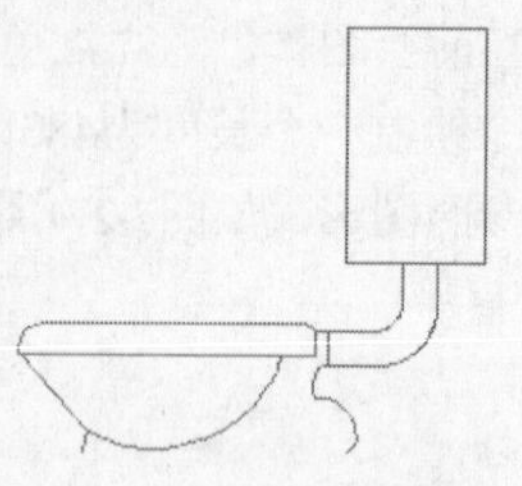
图7-284 绘制矩形

步骤14 执行X（分解）命令将矩形分解，然后执行S（拉伸）命令，将矩形左下角向右拉伸30，如图7-285所示。

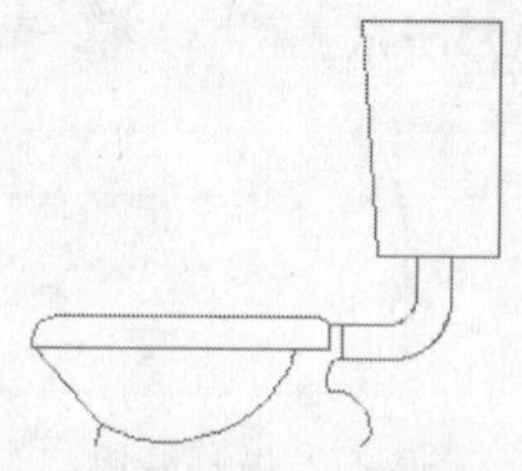
图7-285 拉伸矩形

步骤15 使用O（偏移）命令将矩形上方线段向下偏移40，如图7-286所示。

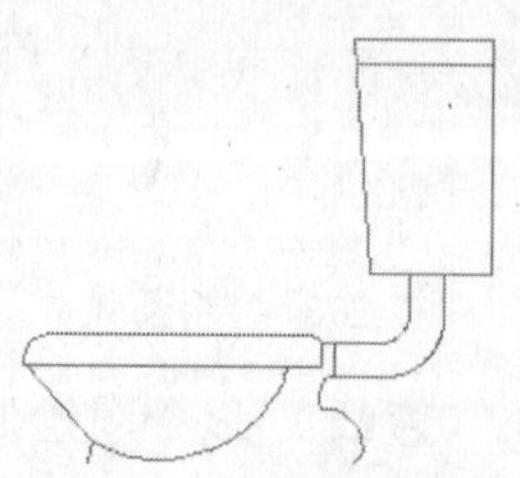
图7-286 偏移线段

步骤16 执行F（圆角）命令，设置圆角半径为20，对水箱图形进行圆角处理（如图7-287所示），然后将绘制的图形定义为块对象，完成座便器立面图块的创建。

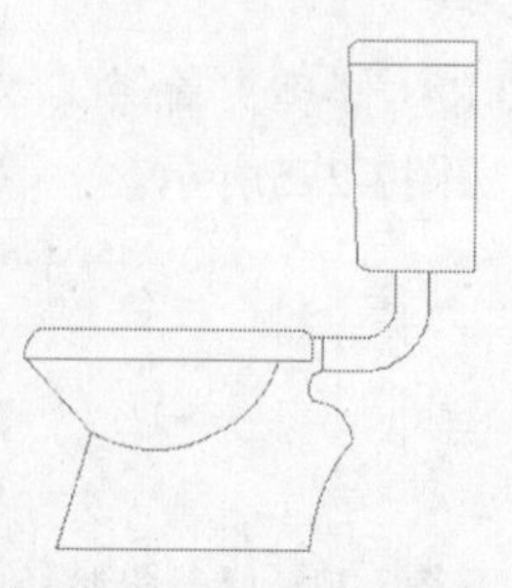
图7-287 座便器立面图

实例083 创建铁艺栏杆立面图块

本实例将通过创建铁艺栏杆立面图块的操作，使读者掌握常用装饰图块的绘制方法，实例效果如图7-288所示。

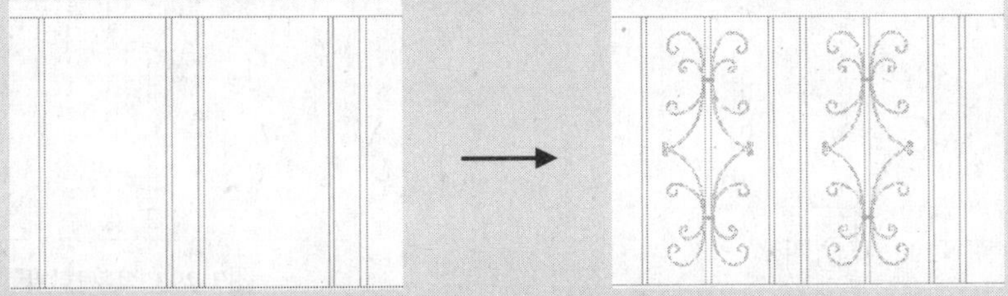

图7-288 创建铁艺栏杆立面图块

技法解析

本实例在绘制铁艺栏杆立面图形的过程中，首先使用“直线”命令绘制栏杆图形，然后对图形进行偏移，最后将素材图形复制到当前图形中。

	实例路径	实例\第7章\铁艺栏杆立面图块.dwg
	素材路径	素材\第7章\花艺.dwg

步骤01 使用L（直线）命令绘制一条长度为1200的水平线段，然后使用O（偏移）命令将其向上依次偏移740和60，效果如图7-289所示。

图7-289 创建水平线段

步骤02 使用L（直线）命令在距水平线段左端点100的位置绘制一条垂直线段，如图7-290所示。

步骤03 使用O（偏移）命令将垂直线段向右依次偏移16、80、16、375、16、80、16、375、16、80、16，效果如图7-291所示。

图7-290 绘制垂直线段

图7-291 偏移线段

步骤04 根据素材路径打开“花艺.dwg”图形文件，然后选择其中的图形，按【Ctrl+C】组合键复制图形，切换到当前图形中，按

【Ctrl+V】组合键将选择的图形粘贴到当前图形中，如图7-292所示。

图7-292 复制图形

步骤05 使用CO（复制）命令对花艺图形进行复制，然后将绘制的图形定义为块对象，完成本实例的制作，效果如图7-293所示。

图7-293 实例效果

PART

08 创建常用建筑图块

在AutoCAD建筑设计中，除了前面介绍的室内装饰图块会被经常调用外，还有许多建筑图块也会被经常用到。

本章将详细介绍各种常用的建筑图块，如标高、详图标志、开关、通风道、弹簧门、窗户及楼梯等。

效果展示 XIAOGUO ZHANSHI

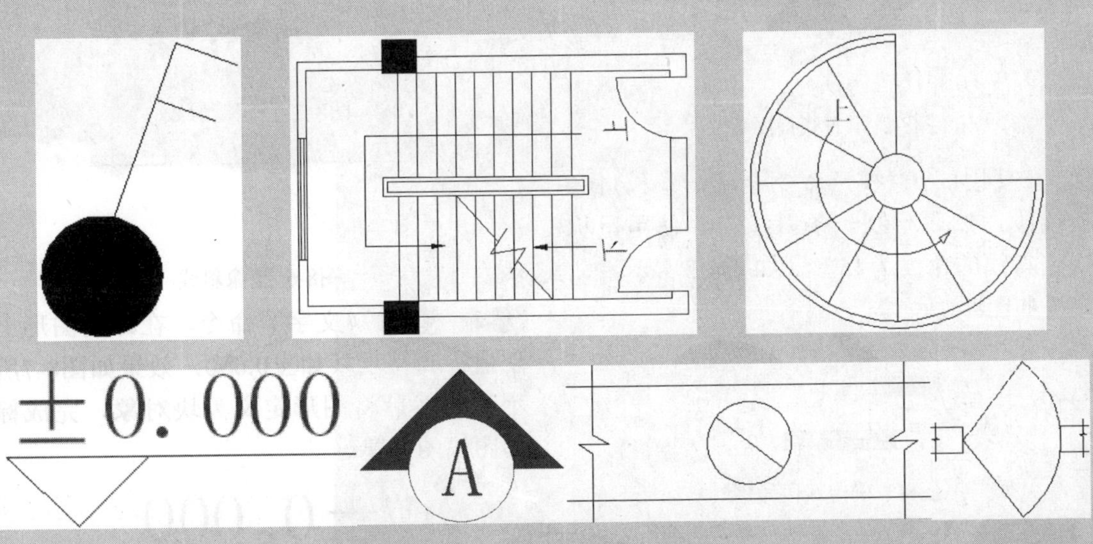

实例084 创建标高符号图块

本实例将介绍创建标高符号图块的操作。标高符号用于标注建筑的高度，本例标高符号的效果如图8-1所示。

→
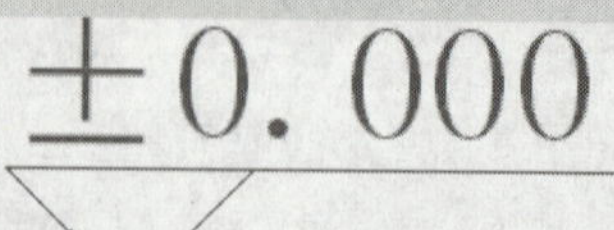

图8-1 创建标高符号图块

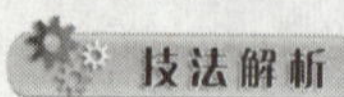

本实例在创建标高符号图块的过程中，首先使用“直线”命令绘制出标高图形，然后使用“文字”命令标注出标高值。

	实例路径	实例\第8章\标高符号图块.dwg
	素材路径	素材\第8章\无

步骤01 在“特性”面板中设置当前绘图颜色为红色，如图8-2所示。

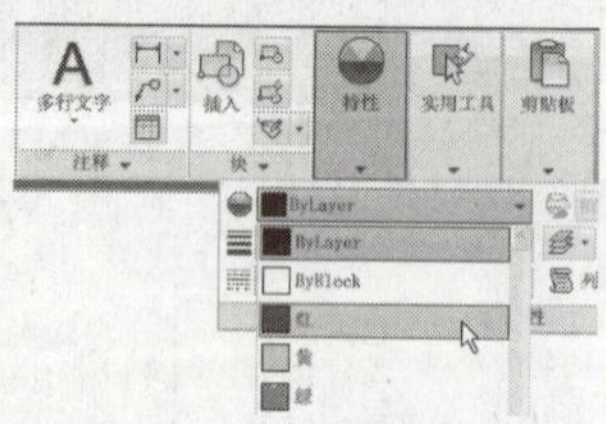

图8-2 设置当前颜色

步骤02 使用L（直线）命令绘制一条长1100的线段，然后绘制一条斜线，并使用鼠标指定斜线的角度为45°（如图8-3所示），效果如图8-4所示。

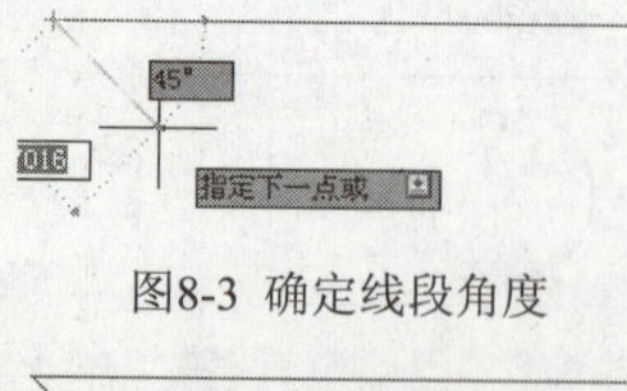

图8-3 确定线段角度

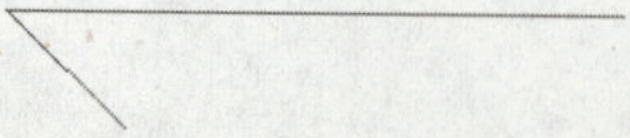

图8-4 绘制线段

步骤03 执行MI（镜像）命令，选择斜线段，然后指定镜像线（如图8-5所示），对斜线进行镜像操作，效果如图8-6所示。

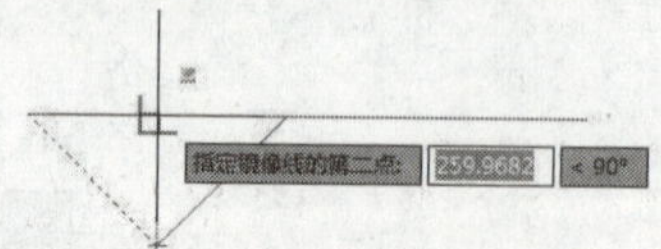

图8-5 指定镜像线

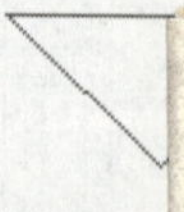

步骤04 执行T（
创建标高文字（
示），然后将图
高图块的创建。

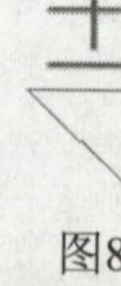

图8

实例085 创建详图标志图块

本实例将介绍创建详图标志图块的操作。在建筑设计图中，详图标志主要包括详图编号、详图索引标志和剖（立）面详图标志，如图8-8所示。

详图编号　　详图索引　　剖（立）面详图

图8-8 详图标志图形

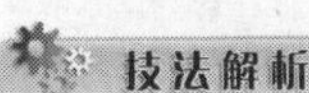

技法解析

详图编号由圆形和字母（或数字）组成；详图索引标志由详图编号和表示剖示方向的线段组成，其中粗线表示剖示方向；剖（立）面详图标志由字母和箭头组成。

	实例路径	实例\第8章\详图标志.dwg
	素材路径	素材\第8章\无

步骤01 设置当前绘图颜色为红色，然后使用C（圆）命令绘制一个半径为300的圆形。

步骤02 执行T（文字）命令，在圆形内输入详图的编号（如图8-9所示），然后将图形定义为“详图编号”块对象。

图8-9 详图编号

图8-10 绘制线段

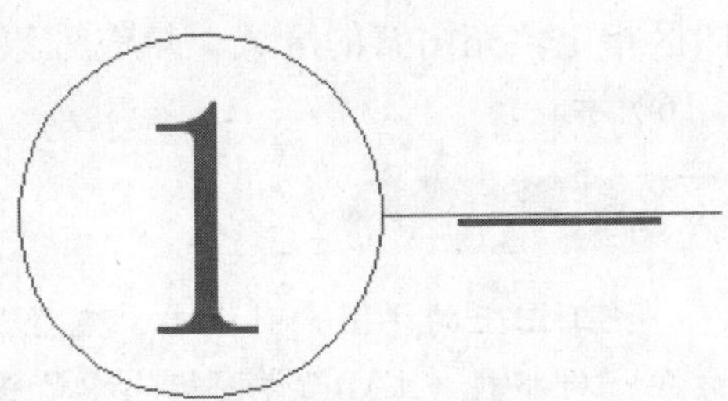

图8-11 详图索引

步骤03 绘制一个详图编号，然后使用L（直线）命令绘制一条线段，如图8-10所示。

步骤04 执行TRACE（宽线）命令，设置线段的宽度为5，然后通过指定线段的起点和终点绘制一条如图8-11所示的线段，并将图形定义为“详图索引”块对象。

步骤05 执行L（直线）命令，绘制一个封闭的三角形，如图8-12所示。

步骤06 执行C（圆）命令，以三角形下方线段的中点为圆心，绘制一个圆形，效果如图8-13所示。

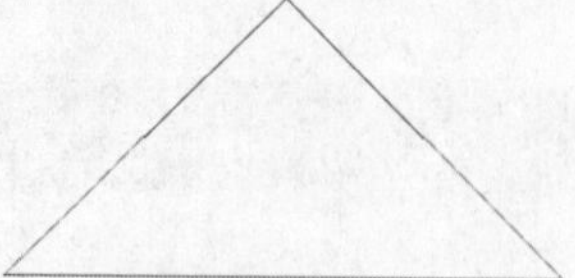

图8-12 绘制三角形

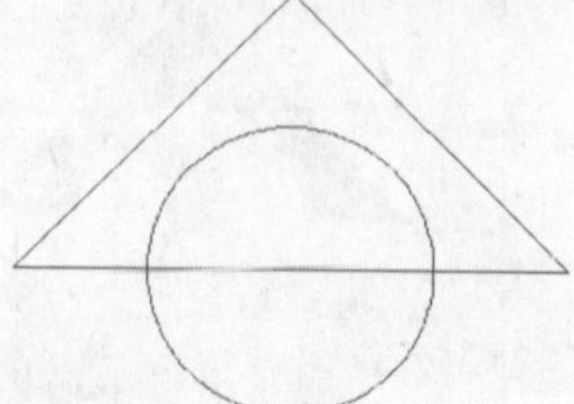

图8-13 绘制圆形

步骤07 执行TR（修剪）命令，对圆形内的线段进行修剪，如图8-14所示。

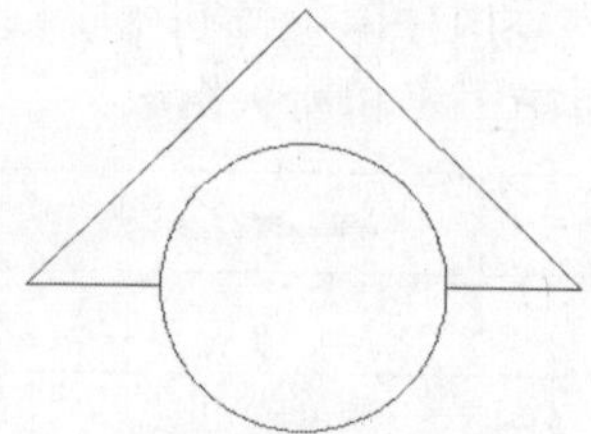

图8-14 修剪线段

步骤08 执行H（图案填充）命令，打开“图案填充和渐变色”对话框，选择SOLID图案，设置图案颜色为红色，如图8-15所示。

步骤09 单击“添加：拾取点”按钮，进入绘图区指定填充图案的区域，填充效果如图8-16所示。

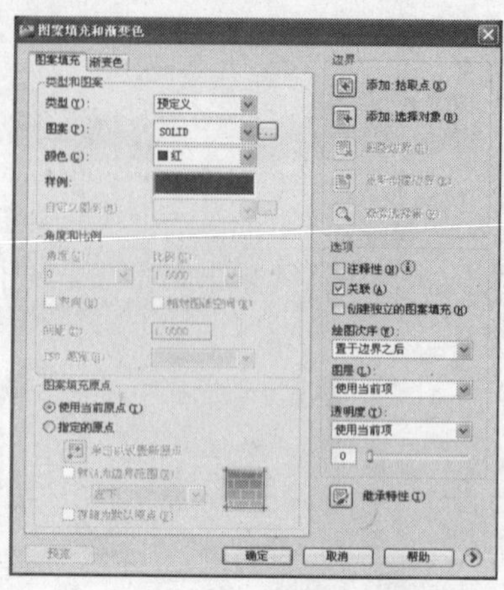

图8-15 设置图案参数

图8-16 填充效果

步骤10 执行T（文字）命令，在圆形内输入剖（立）面的内容（如图8-17所示），然后将图形定义为“剖（立）面详图”块对象，完成实例的制作。

图8-17 剖（立）面详图标志

技巧提示

施工图上的详图索引标志，直径为8~10mm，详图索引标志中的粗线表示剖示的方向；局部剖（立）面详图标志中箭头所指的方向表示剖示的方向。

实例086 创建开关图块

本实例将创建建筑开关图块，下面分别对明装单极开关、明装双极开关和暗装双极开关的创建方法进行介绍，如图8-18所示。

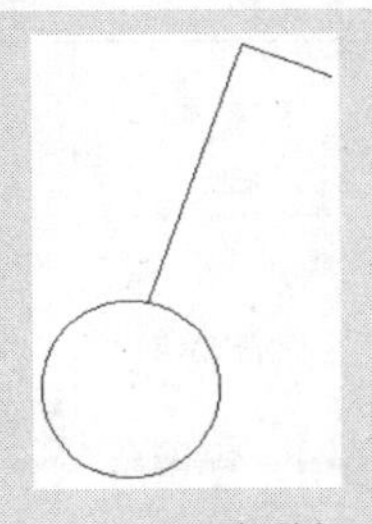
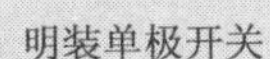
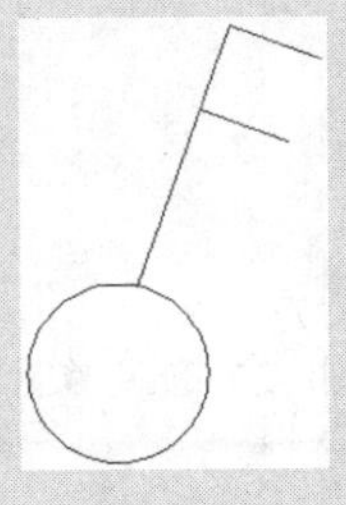
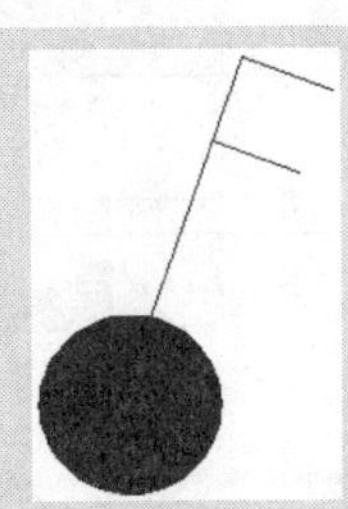

明装单极开关　　明装双极开关　　暗装双极开关

图8-18 常见建筑开关图形

技法解析

明装单极开关由圆形和一条多段线组成；明装双极开关在明装单极开关的基础上增加了一条线段；暗装双极开关在明装双极开关的基础上对圆形进行实体填充。

	实例路径	实例\第8章\开关.dwg
	素材路径	素材\第8章\无

步骤01 使用C（圆）命令绘制一个圆形，如图8-19所示。

步骤02 执行PL（多段线）命令，在圆形旁边绘制一条如图8-20所示的多段线，完成明装单极开关的绘制，然后将图形定义为“明装单极开关”块对象。

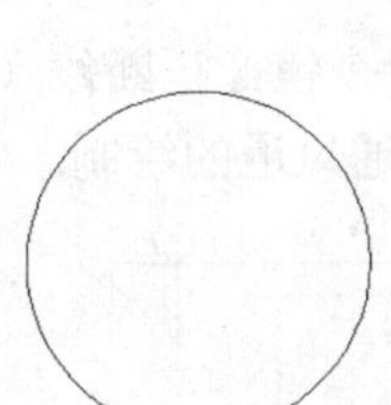

图8-19 绘制圆形

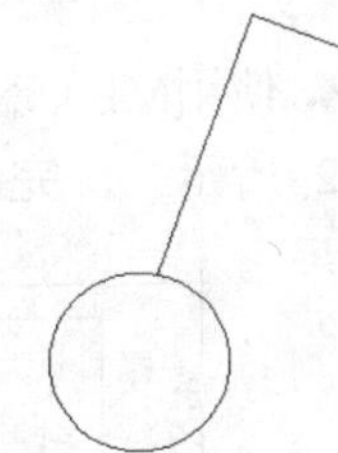

图8-20 明装单极开关

步骤03 绘制一个明装单极开关图形，然后使用L（直线）命令绘制一条线段（如图8-21所示），并将图形定义为“明装双极开关”块对象。

步骤04 绘制一个明装双极开关图形，然后使用H（图案填充）命令对圆形进行填充，填充图案为“SOLID”（效果如图8-22所示），并将图形定义为“暗装双极开关”块对象，完成实例的制作。

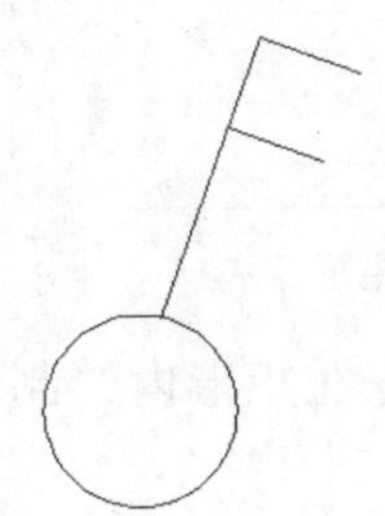

图8-21 明装双极开关

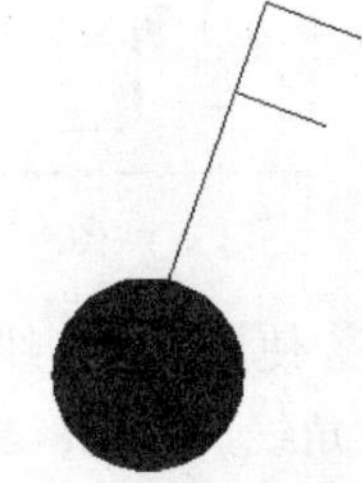

图8-22 暗装双极开关

实例087 创建通风道图块

本实例将介绍创建通风道图块的操作。在建筑设计图中，通风道存在于厨房和卫生间等场所的排气口处，通风道的效果如图8-23所示。

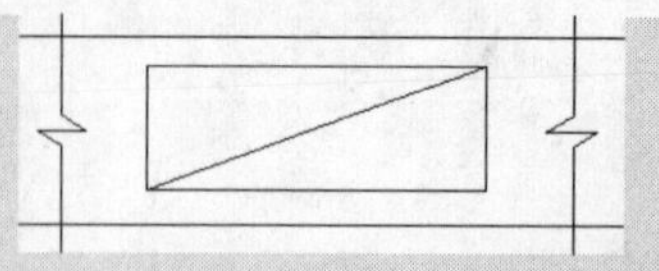
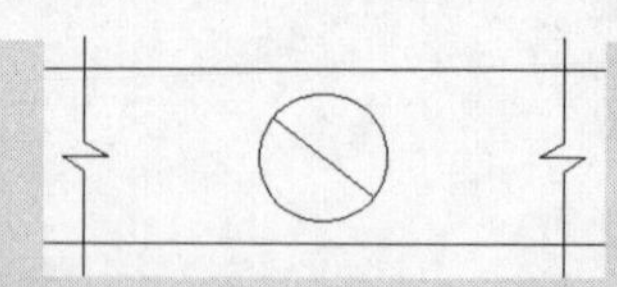

矩形通风道　　圆形通风道

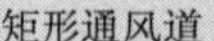

图8-23 通风道图形

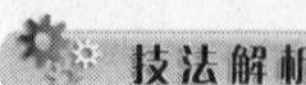

技法解析

通风道由矩形（或圆形）和对角线组成，本实例中的通风道为建筑图中的一部分，在绘制过程中需要使用“直线”命令绘制出折断线，表示周围有未画出的对象。

	实例路径	实例\第8章\通风道.dwg
	素材路径	素材\第8章\无

步骤01 使用L（直线）命令绘制两条线段，如图8-24所示。

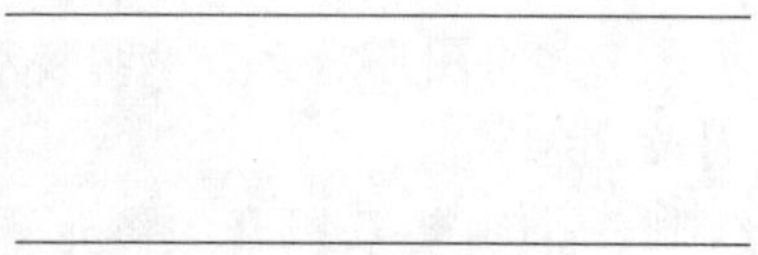

图8-24 绘制线段

步骤02 使用REC（矩形）命令在两条线段内绘制一个矩形，如图8-25所示。

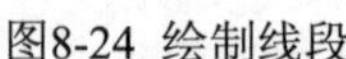

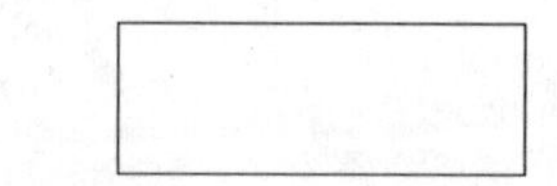

图8-25 绘制矩形

步骤03 使用L（直线）命令在矩形内绘制一条对角线，如图8-26所示。

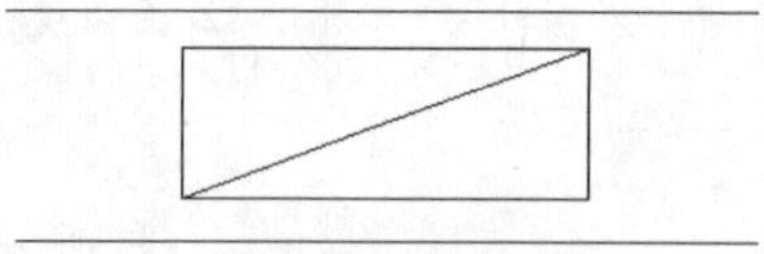

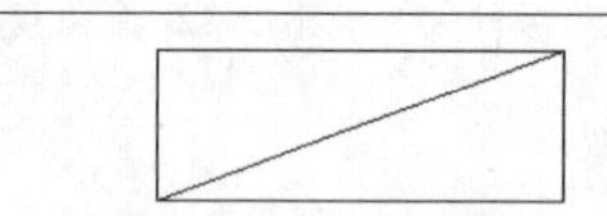

图8-26 绘制对角线

步骤04 使用L（直线）命令在图形左方绘制4条线段，如图8-27所示。

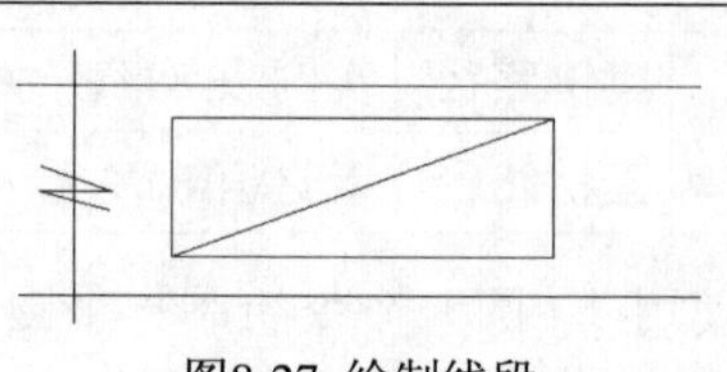

图8-27 绘制线段

步骤05 使用TR（修剪）命令对图形进行修剪，创建出折断线图形，如图8-28所示。

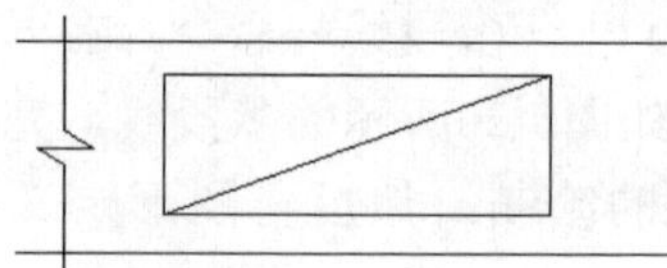

图8-28 修剪线段

步骤06 使用MI（镜像）命令镜像折断线（如图8-29所示），完成矩形通风道的绘制。

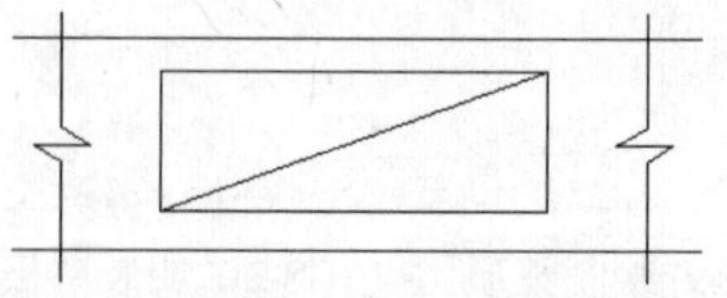

图8-29 矩形通风道

步骤07 使用同样的方法绘制圆形通风道的平面图（如图8-30所示），然后将图形定义为块对象，完成实例的制作。

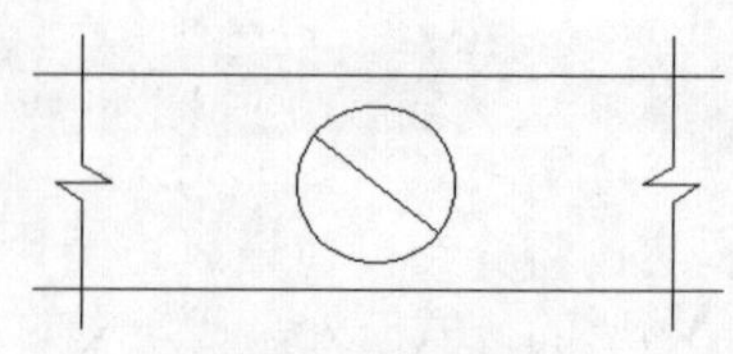

图8-30 圆形通风道

实例088 创建弹簧门图块

本实例将介绍创建弹簧门图块的操作。在建筑设计图中，弹簧门又分为单扇和双扇弹簧门，如图8-31所示。

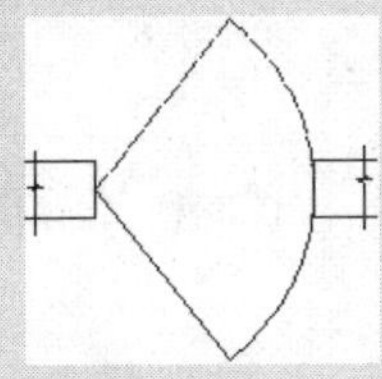
单扇弹簧门

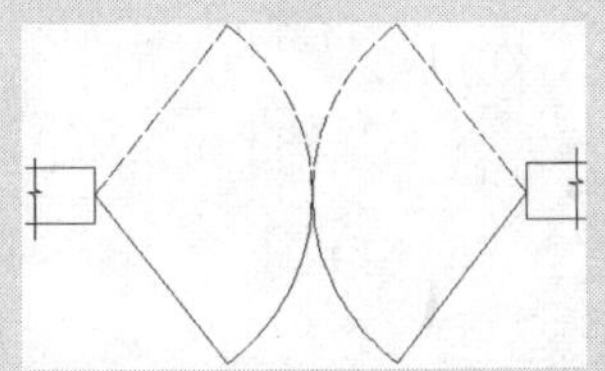
双扇弹簧门

图8-31 弹簧门图形

技法解析

在绘制弹簧门的过程中，首先使用直线绘制门图形，使用弧线绘制门的运动路径，然后对门和路径进行镜像操作，再将另一方的门和路径改为虚线。

	实例路径	实例\第8章\弹簧门.dwg
	素材路径	素材\第8章\无

步骤01 使用L（直线）命令绘制一条长为1200的线段，然后使用O（偏移）命令将线段向下偏移240作为墙线图形，如图8-32所示。

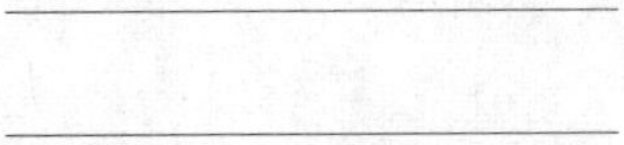

图8-32 创建墙线

步骤02 使用L（直线）命令绘制一条线段，然后使用O（偏移）命令将线段向右偏移900，如图8-33所示。

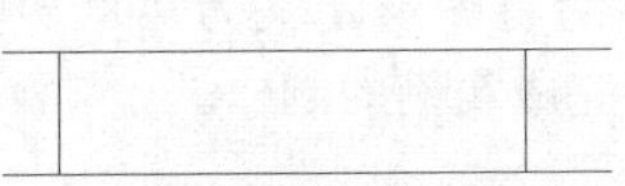

图8-33 创建线段

步骤03 使用TR（修剪）命令对图形进行修剪，如图8-34所示。

图8-34 修剪图形

步骤04 使用L（直线）和TR（修剪）命令在图形两端创建折断线，如图8-35所示。

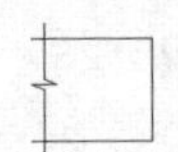
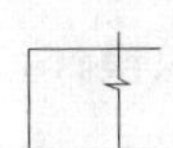

图8-35 创建折断线

步骤05 执行C（圆）命令，在如图8-36所示的线段中点位置指定圆的圆心，绘制一个半径为900的圆形，如图8-37所示。

图8-36 指定圆心

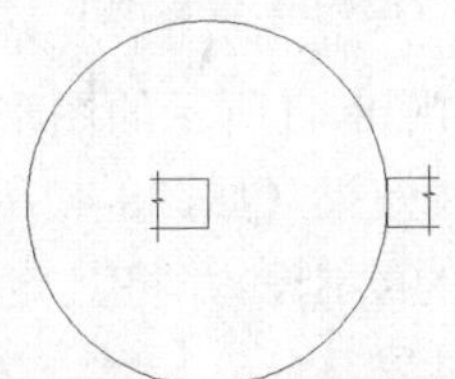

图8-37 绘制圆形

步骤05 使用L（直线）命令在圆形内绘制一条斜线，如图8-38所示。

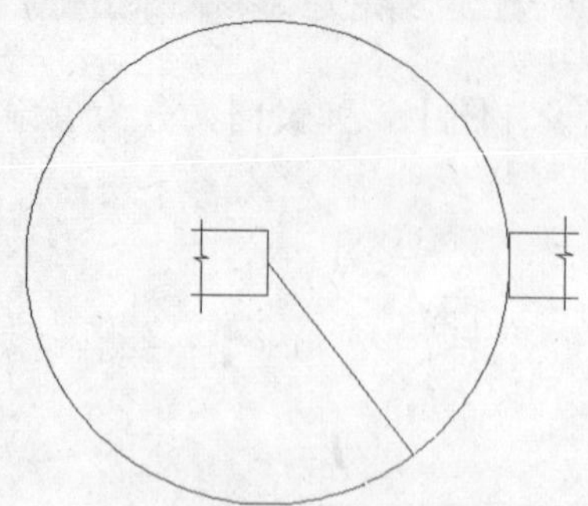

图8-38 绘制斜线

步骤07 使用TR（修剪）命令对图形进行修剪，如图8-39所示。

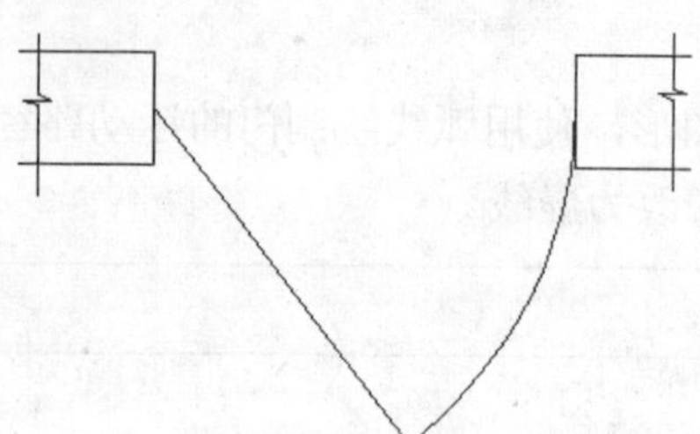

图8-39 修剪圆形

步骤08 使用MI（镜像）命令对斜线和圆弧进行镜像操作，效果如图8-40所示。

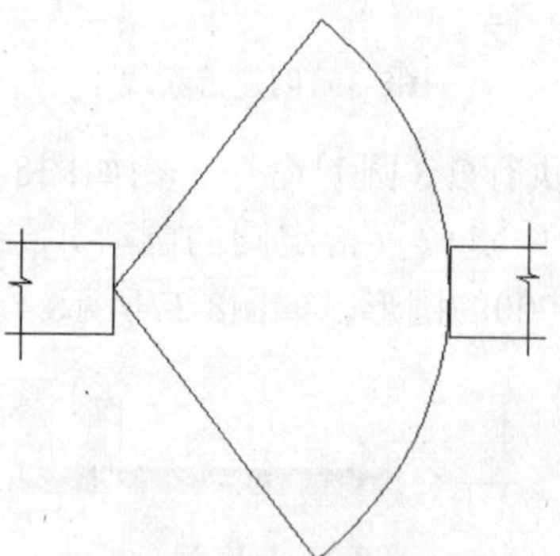

图8-40 镜像图形

步骤09 选择如图8-41所示的图形，然后将其线型改为虚线效果（如图8-42所示），完成单扇弹簧门的绘制，并将其定义为“单扇弹簧门”块对象。

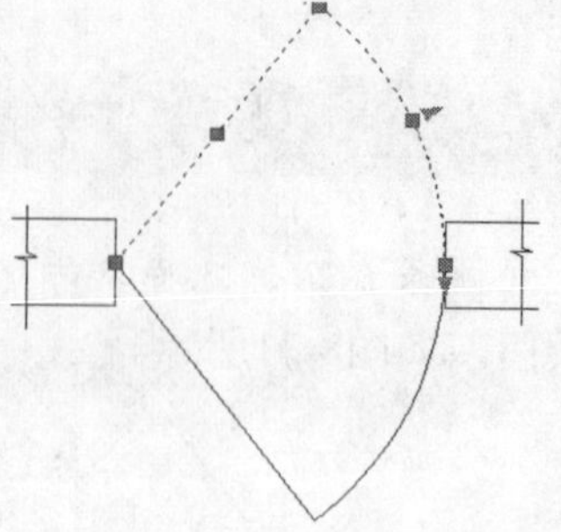

图8-41 选择图形

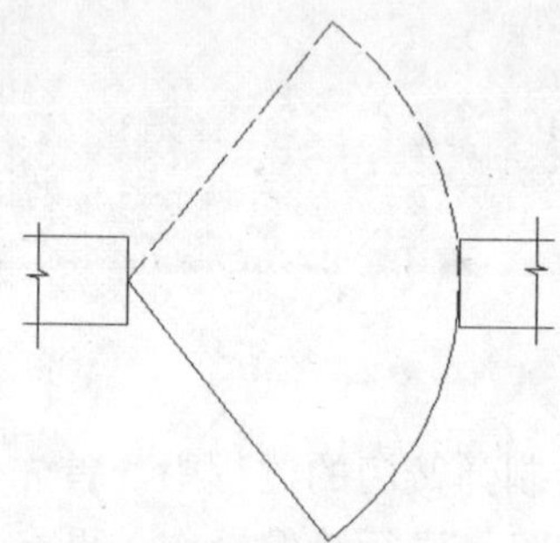

图8-42 单扇弹簧门

步骤10 将单扇弹簧门复制一次，然后将右方墙体向右移动900，如图8-43所示。

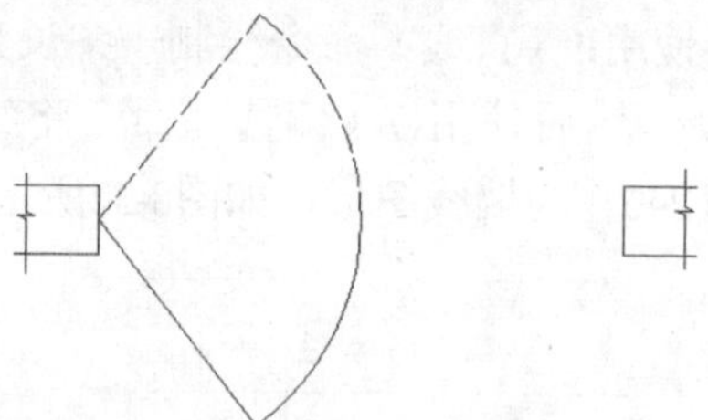

图8-43 移动墙体

步骤11 使用MI（镜像）命令对弹簧门和门的运动路径线进行镜像操作，效果如图8-44所示，然后将图形定义为“双扇弹簧门”块对象，完成实例的制作。

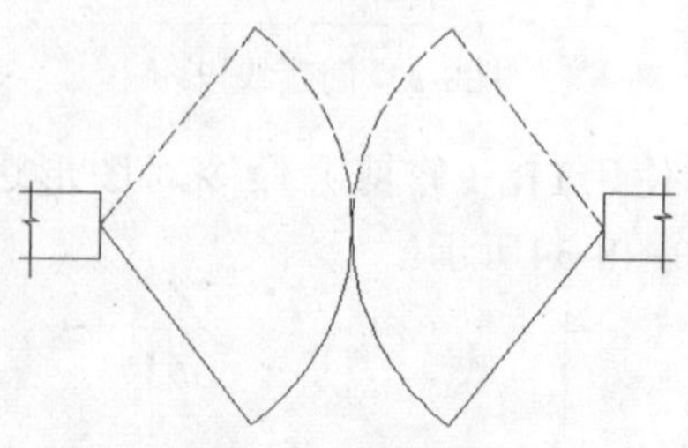

图8-44 双扇弹簧门

实例089 创建窗户平面图块

本实例将介绍创建窗户平面图块的操作。在建筑设计图中，窗户的大小通常根据房间的大小来确定，窗户平面图的效果如图8-45所示。

图8-45 窗户平面图形

技法解析

在绘制窗户平面图形的过程中，首先绘制墙体图形，然后使用“直线”和“偏移”命令绘制窗户平面图。

实例路径	实例\第8章\窗户平面图.dwg
素材路径	素材\第8章\无

步骤01 使用L（直线）命令绘制一条线段，然后使用O（偏移）命令将线段向下偏移240作为墙线图形，如图8-46所示。

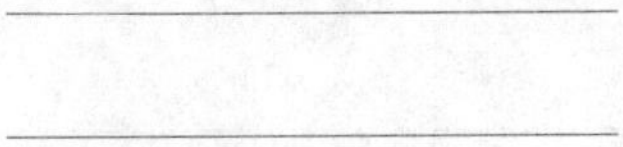

图8-46 绘制墙线

步骤02 使用L（直线）和TR（修剪）命令绘制窗洞和两端的折断线，如图8-47所示。

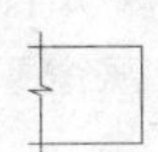

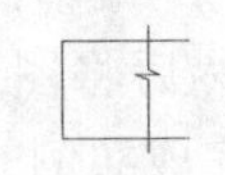

图8-47 绘制窗洞和折断线

步骤03 使用L（直线）命令绘制一条线段，连接墙体的两个端点，如图8-48所示。

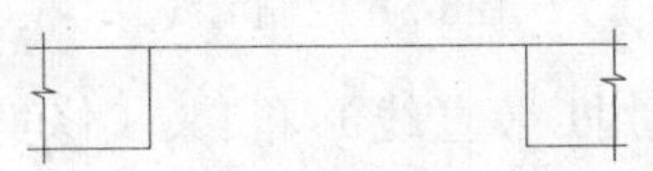

图8-48 绘制线段

步骤04 使用O（偏移）命令将线段向下偏移3次，偏移距离为80（如图8-49所示），然后将图形定义为“窗户平面”块对象，完成实例的制作。

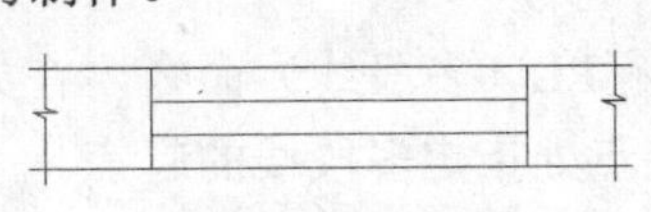

图8-49 窗户平面图

技巧提示

窗户平面图通常由用4平行线段表示，在240毫米宽的墙体中各线条之间的距离为80毫米；在120毫米的墙体中各线条之间的距离为40毫米。

实例090 创建飘窗平面图块

本实例将介绍创建飘窗平面图块的操作。在建筑设计图中，飘窗平面图主要存在于卧室中，其效果如图8-50所示。

图8-50 飘窗平面图形

技法解析

飘窗平面图是卧室中常见的窗户样式，充分地利用飘窗对象可以增加房间的使用面积。飘窗的表现形式和普通窗户的表现形式相似，都是由4条平行线段组成，不同的是，飘窗是向墙体外进行延伸的，而普通窗户是镶嵌在墙体内的。

实例路径	实例\第8章\飘窗平面图.dwg
素材路径	素材\第8章\无

步骤01 使用L（直线）命令绘制一条线段，然后使用O（偏移）命令将线段向下偏移240作为墙线图形，如图8-51所示。

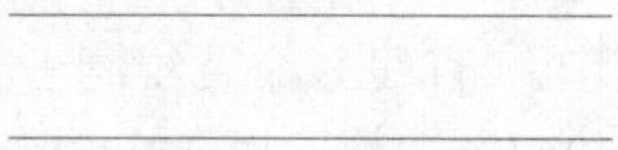

图8-51 绘制墙线

步骤02 使用L（直线）和TR（修剪）命令绘制窗洞和两端的折断线，窗洞的宽度为2000，如图8-52所示。

图8-52 绘制窗洞和折断线

步骤03 执行PL（多段线）命令，在如图8-53所示的端点处指定多段线的起点。

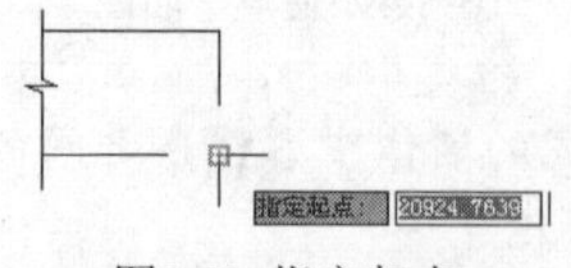

图8-53 指定起点

步骤04 向下指定多段线的下一个点，设置该段线段的长度为480，然后向右指定多段线的下一个点，设置该段线段的长度为2000，接着向上捕捉右方墙体的端点，完成多段线的绘制，如图8-54所示。

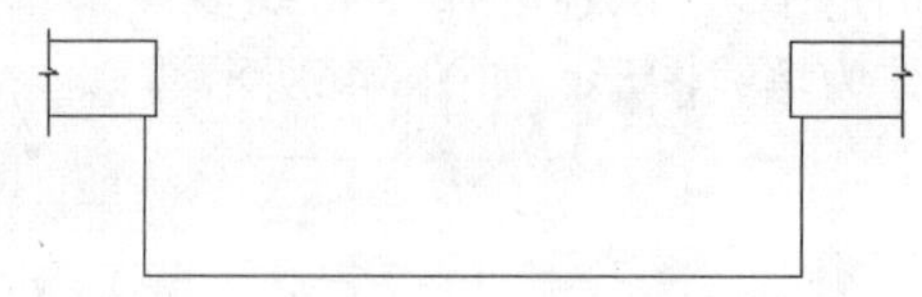

图8-54 绘制多段线

步骤05 使用O（偏移）命令将多段线向外偏移3次，偏移距离均为40（如图8-55所示），然后将图形定义为“飘窗平面”块对象，完成实例的制作。

图8-55 飘窗平面图

实例091 创建楼梯平面图块

本实例将介绍创建楼梯平面图块的操作。在建筑设计图中，楼梯的梯步大小和长度应按照人体工程学进行设计，楼梯平面图的效果如图8-56所示。

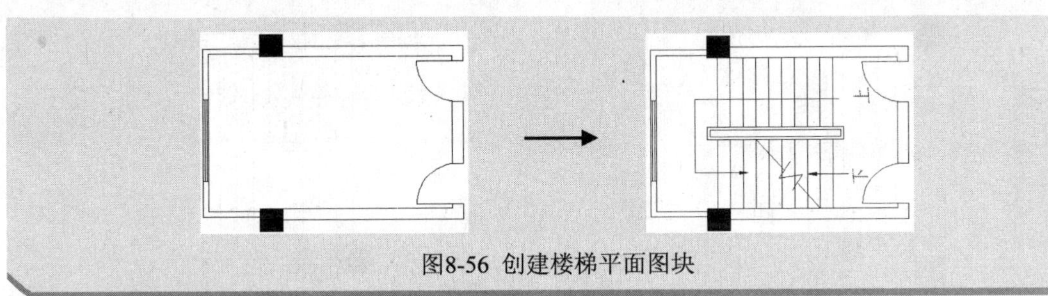

图8-56 创建楼梯平面图块

技法解析

本实例在绘制楼梯平面图的过程中，首先使用“直线”和“阵列”命令绘制出楼梯的梯步，然后使用“快速引线”命令绘制出楼梯的走向，最后进行文字标注。

	实例路径	实例\第8章\楼梯.dwg
	素材路径	素材\第8章\楼梯.dwg

步骤01 根据素材路径打开“楼梯.dwg”图形文件，如图8-57所示。

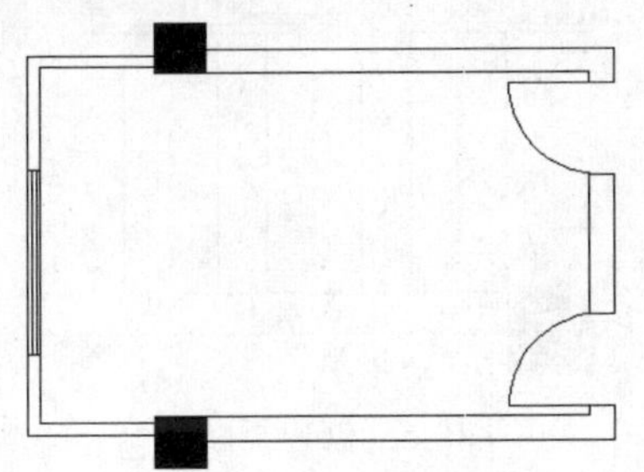

图8-57 打开素材文件

步骤02 执行L（直线）命令，然后输入From并确定，在如图8-58所示的位置指定直线的基点。

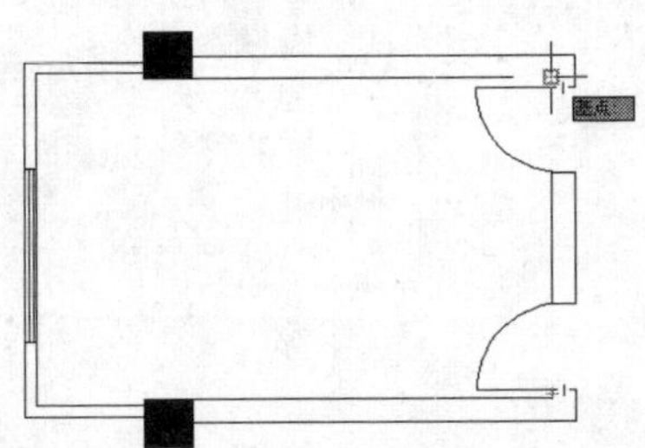

图8-58 指定基点

步骤03 指定偏移基点的坐标为“@-1450,0”，然后向下绘制一条线段，如图8-59所示。

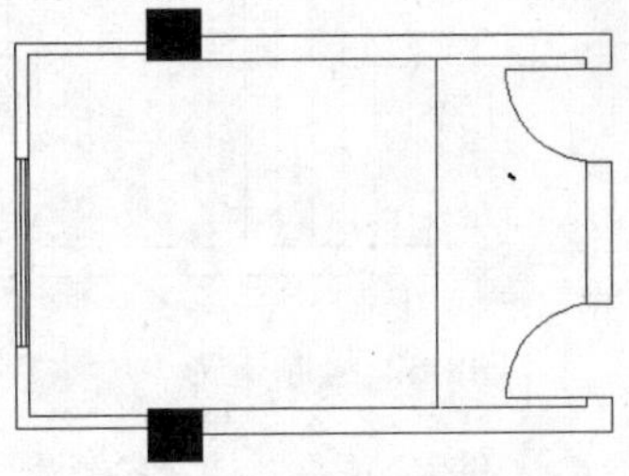

图8-59 绘制线段

步骤04 执行AR（阵列）命令，打开“阵列”对话框，选中“矩形阵列”单选按钮，设置“行数”为1、“列数”为10、“行偏移”为0、“列偏移”为-280，如图8-60所示。

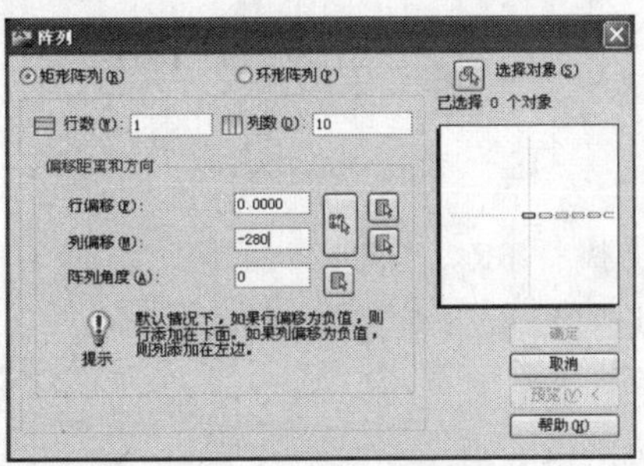

图8-60 设置阵列参数

步骤05 单击“选择对象”按钮，选择线段并确定，阵列效果如图8-61所示。

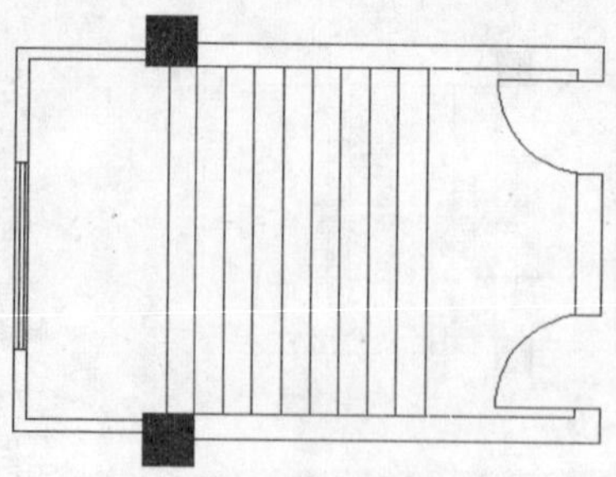

图8-61 阵列线段效果

步骤06 执行REC（矩形）命令，在绘图区中绘制一个长度为3000、宽度为280的矩形，如图8-62所示。

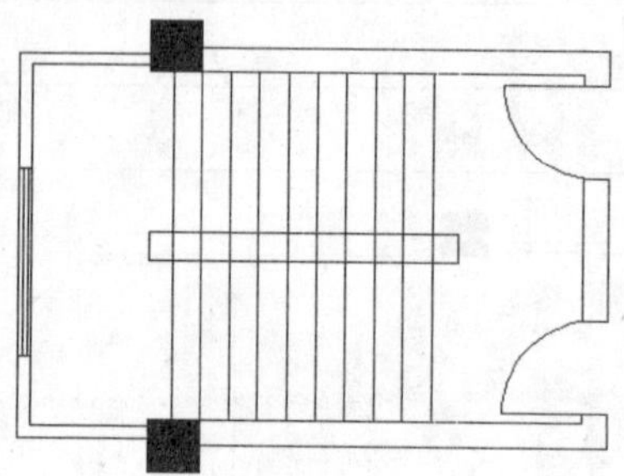

图8-62 绘制矩形

步骤07 执行O（偏移）命令，将绘制的矩形向内偏移60，效果如图8-63所示。

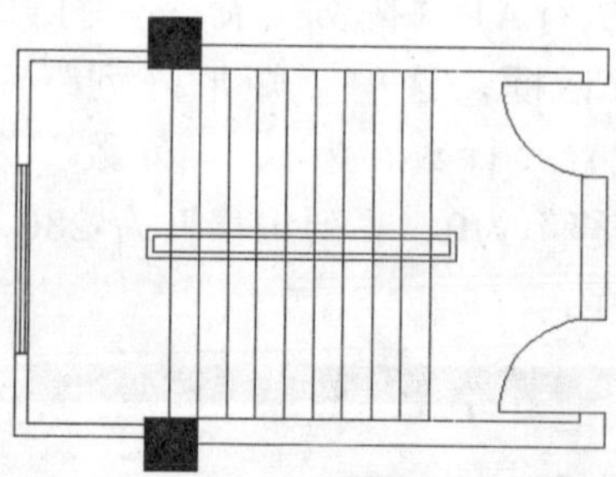

图8-63 偏移矩形

步骤08 执行TR（修剪）命令，对楼梯踏步线条进行修剪，效果如图8-64所示。

步骤09 执行L（直线）命令，绘制4条斜线，效果如图8-65所示。

步骤10 执行TR（修剪）命令，对绘制的折线进行修剪，创建出折断线图形，效果如图8-66所示。

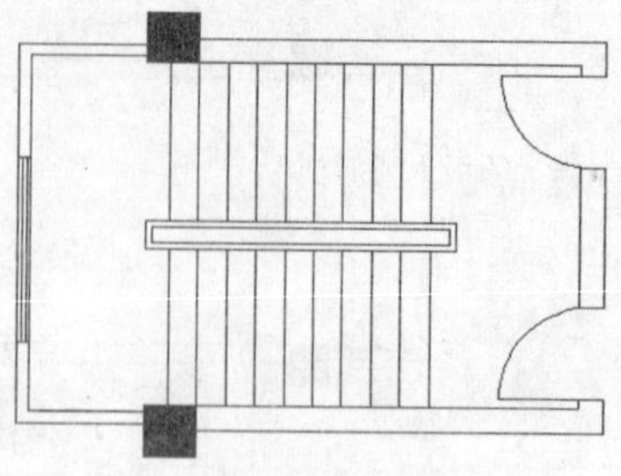

图8-64 修剪梯步线

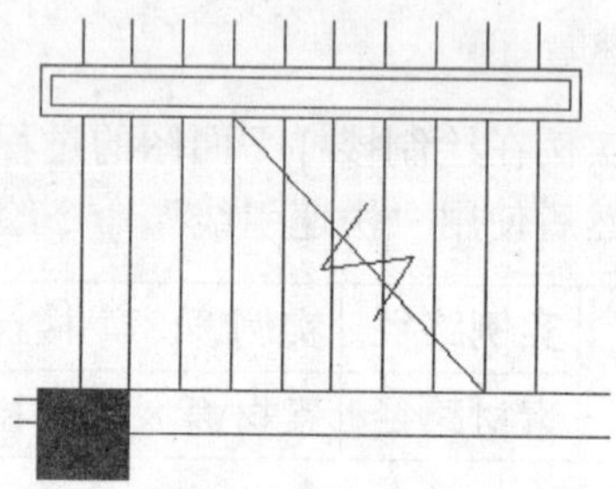

图8-65 绘制线段

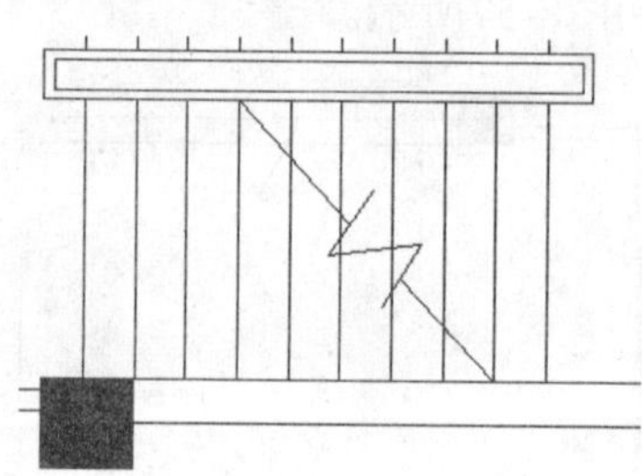

图8-66 创建折断线

步骤11 执行D（标注样式）命令，打开“标注样式管理器”对话框，选择“Standard”样式，然后单击“修改”按钮，如图8-67所示。

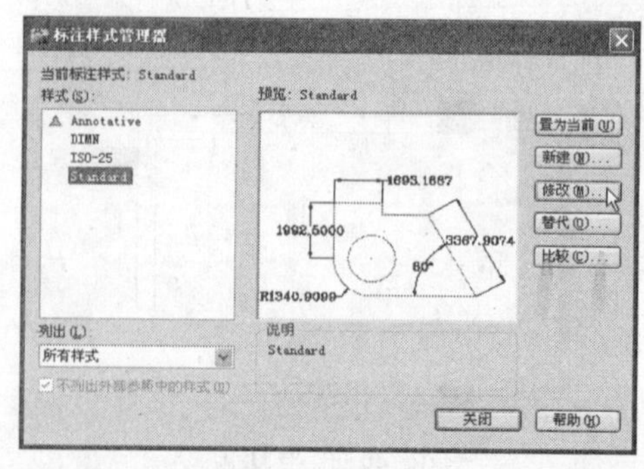

图8-67 “标注样式管理器”对话框

步骤12 打开“修改新标注样式:Standard”对话框，切换至“符号和箭头”选项卡，设置引线和箭头为实心闭合、箭头大小为200，如图8-68所示。

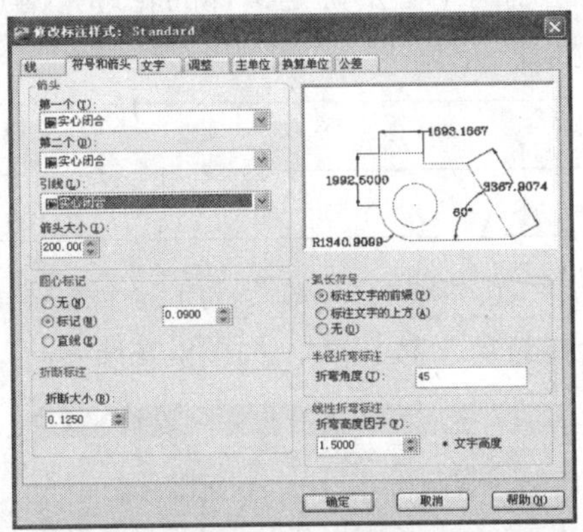

图8-68 修改引线和箭头

步骤13 执行QLEADER（快速引线）命令，在楼梯图形中绘制楼梯走向的线段，如图8-69所示。

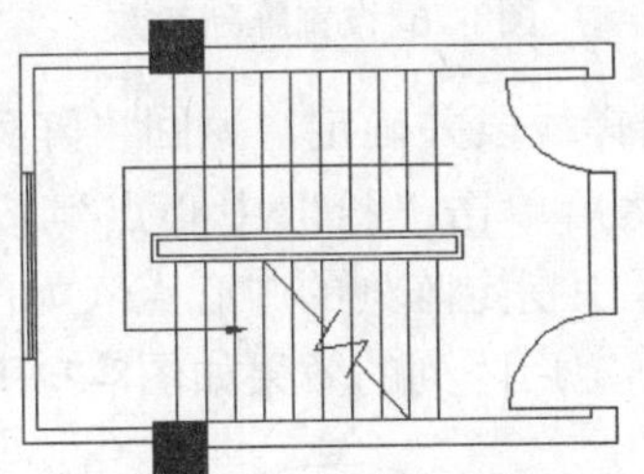

图8-69 绘制楼梯走向

步骤14 执行QLEADER（快速引线）命令，绘制另一段楼梯走向的线段，如图8-70所示。

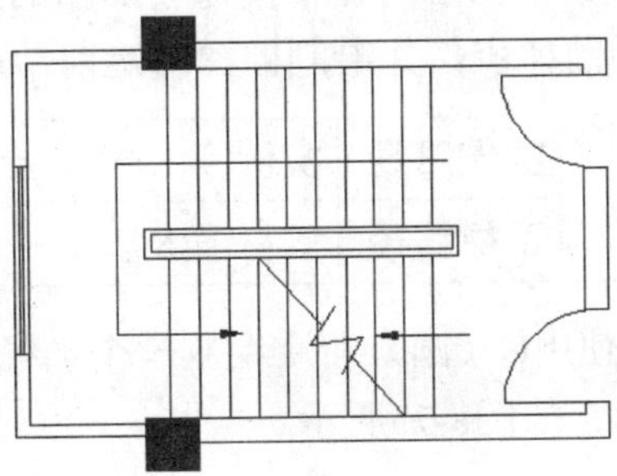

图8-70 创建楼梯走向

步骤15 执行T（文字）命令，对楼梯走向进行文字说明（如图8-71所示），然后将图形定义为块对象，完成实例的制作。

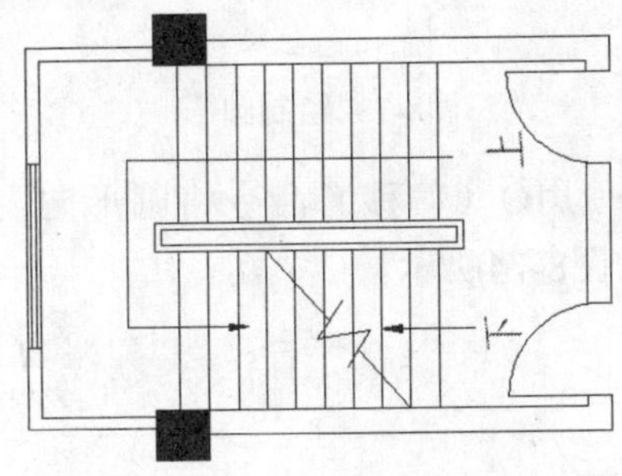

图8-71 楼梯平面图

实例092 创建旋转楼梯平面图块

本实例将介绍创建旋转楼梯平面图块的操作。在建筑设计图中，旋转楼梯主要用于跃层或别墅内，旋转楼梯平面图的效果如图8-72所示。

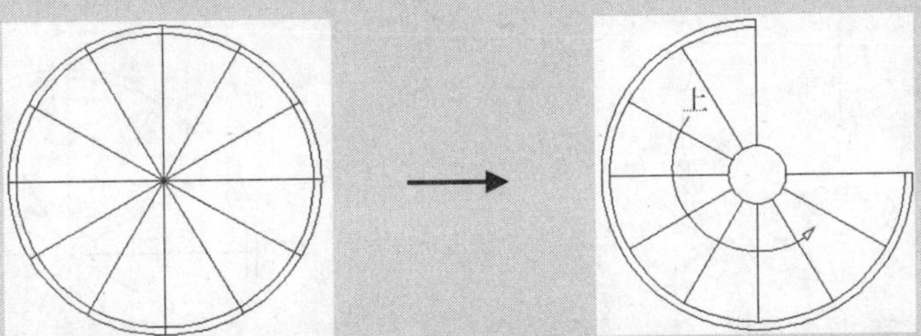

图8-72 创建旋转楼梯平面图块

技法解析

本实例在绘制旋转楼梯平面图的过程中，首先绘制两个圆形确定楼梯的轮廓，然后绘制楼梯的梯步，并绘制楼梯的走向，最后进行文字标注。

	实例路径	实例\第8章\旋转楼梯.dwg
	素材路径	素材\第8章\无

步骤01 使用C（圆）命令绘制一个半径为800的圆形，如图8-73所示。

图8-73 绘制圆形

步骤02 使用O（偏移）命令将圆形向内偏移40，如图8-74所示。

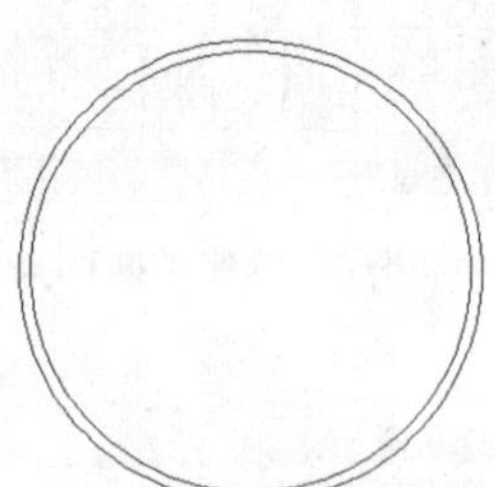

图8-74 偏移圆形

步骤03 执行L（直线）命令，以圆心为线段的起点，绘制一条线段，如图8-75所示。

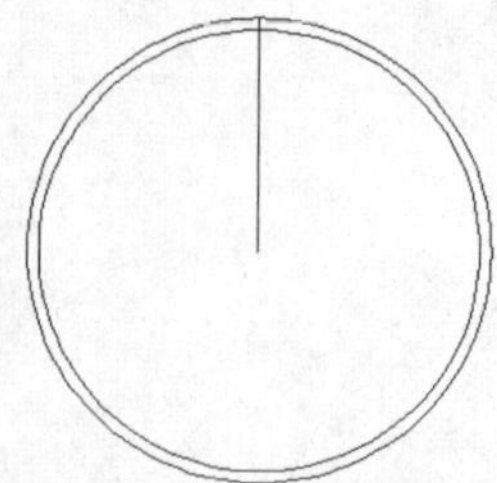

图8-75 绘制线段

步骤04 执行AR（阵列）命令，打开“阵列”对话框，选中“环形阵列”单选按钮，设置“项目总数”为12，然后单击“选择对象”按钮，如图8-76所示。

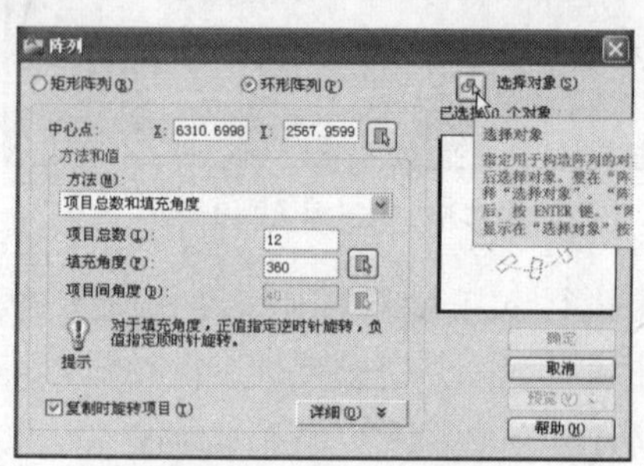

图8-76 设置阵列参数

步骤05 选择线段并确定，返回“阵列”对话框中，然后单击“拾取中心点”按钮，在绘图区中指定阵列的中心点（如图8-77所示），确定后阵列的效果如图8-78所示。

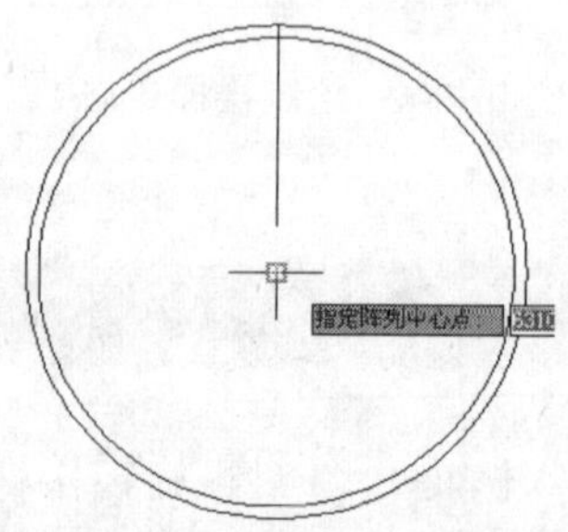

图8-77 指定阵列中心点

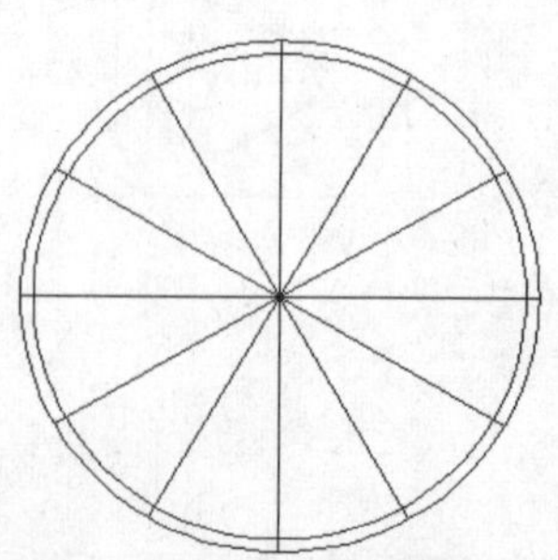

图8-78 阵列效果

步骤06 使用TR（修剪）命令对圆形进行修剪，然后使用E（删除）命令将多余的线段删除，效果如图8-79所示。

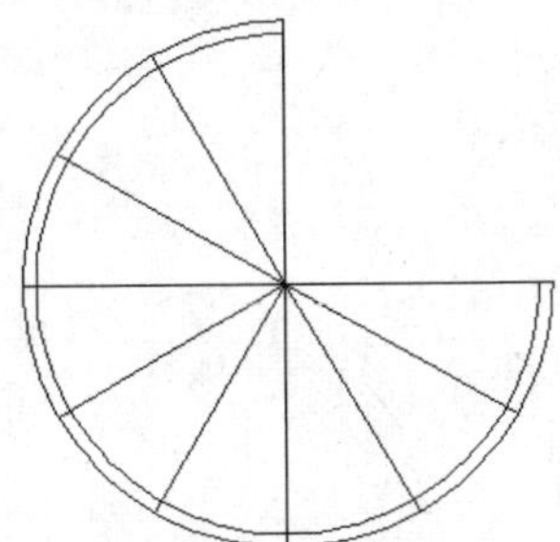

图8-79 修剪图形

步骤07 执行C（圆）命令，以线段的交点为圆心，绘制一个半径为150的圆形，效果如图8-80所示。

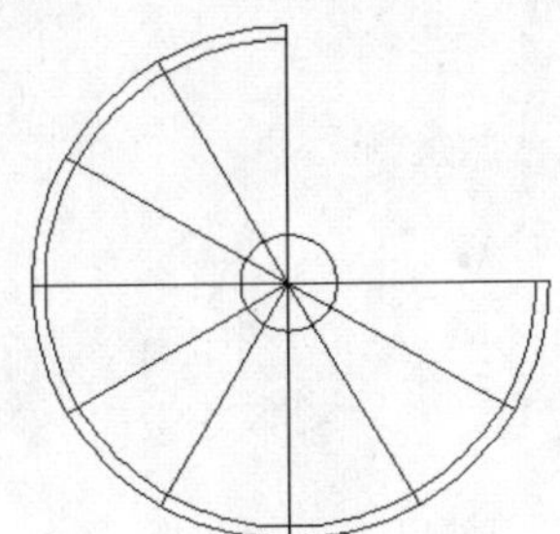

图8-80 绘制圆形

步骤08 使用TR（修剪）命令对圆形内的线段进行修剪，如图8-81所示。

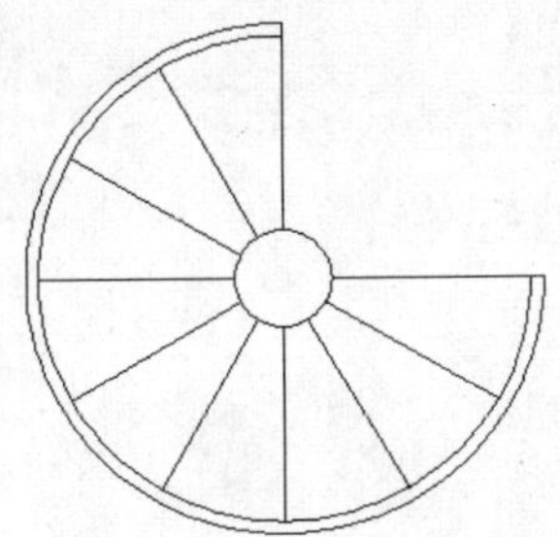

图8-81 修剪线段

步骤09 执行A（圆弧）命令，在图形中绘制一条圆弧，如图8-82所示。

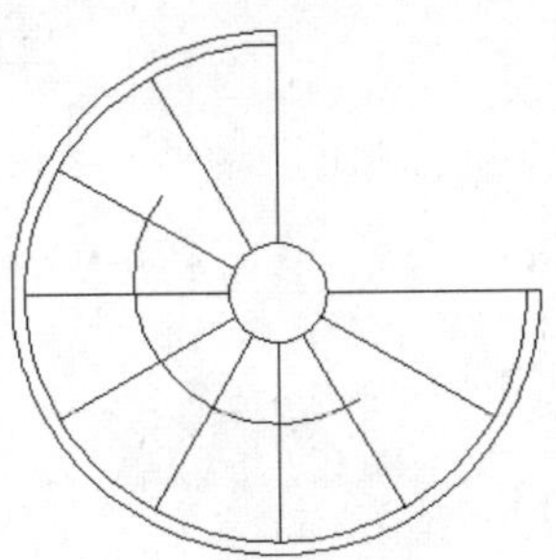

图8-82 绘制圆弧

步骤10 使用PL（多段线）命令绘制一个三角形作为箭头符号，如图8-83所示。

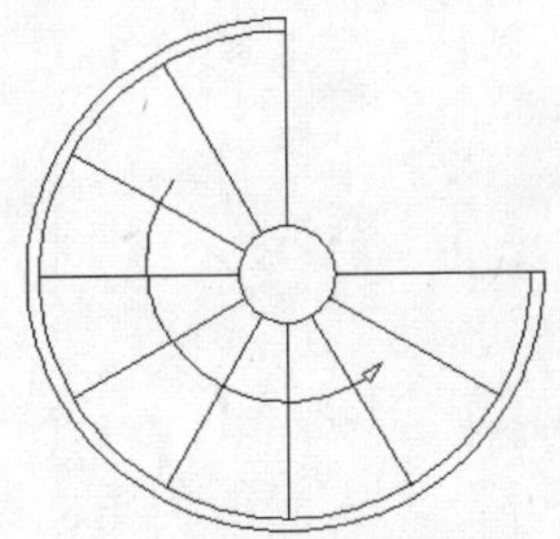

图8-83 绘制箭头符号

步骤11 执行T（文字）命令，对楼梯走向进行文字说明（如图8-84所示），然后将图形定义为块对象，完成实例的制作。

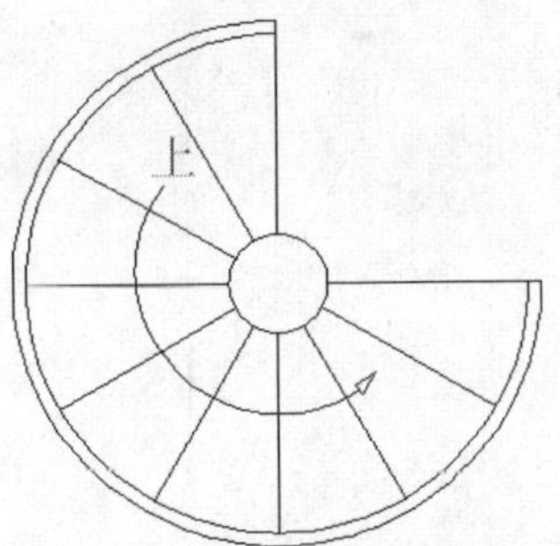

图8-84 旋转楼梯平面图

PART 09

绘制建筑平面图

建筑平面图可以在一个水平面上表示建筑物各部分的组合关系，通常由墙体、柱、门、窗、楼梯、阳台、尺寸标注、轴线和说明文字等元素组成。绘制建筑平面图的目的在于直观地反映建筑的内部使用功能、建筑内外空间关系、装饰布置及建筑结构形式等。本章将详细介绍建筑平面图的绘制方法和技巧。

效果展示 XIAOGUO ZHANSHI

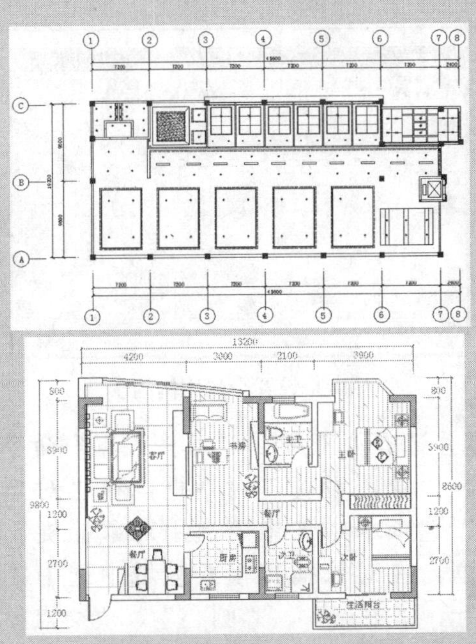

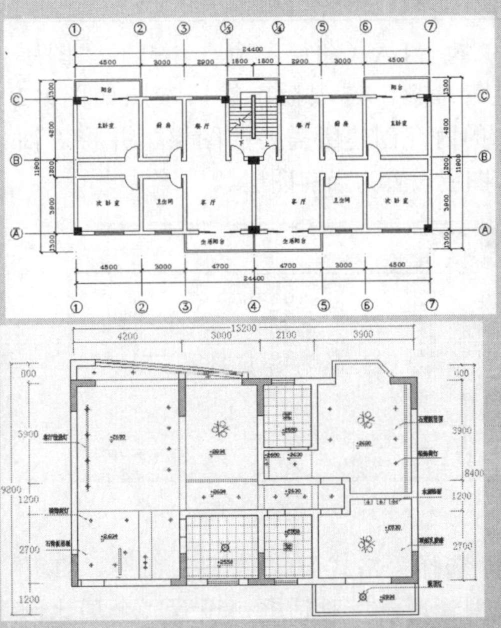

实例093 绘制茶楼结构图

本实例将介绍绘制茶楼结构图的操作，茶楼结构图是茶楼在装修前的结构样式，在后续的茶楼设计中可以对结构图进行重新修改和布局，本实例的效果如图9-1所示。

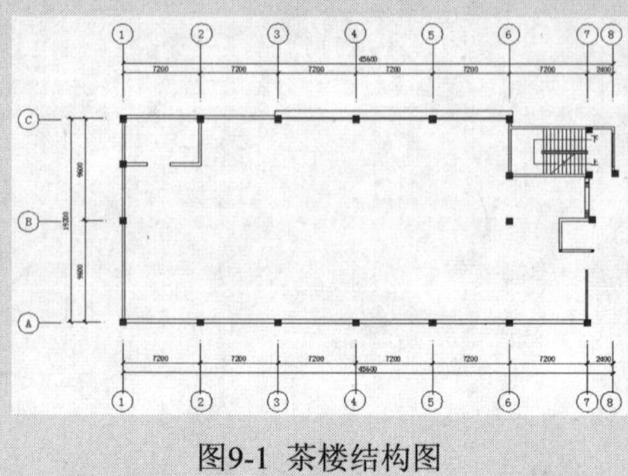

图9-1 茶楼结构图

技法解析

本实例在绘制茶楼结构图的过程中，首先创建绘图所需要的图层，然后绘制茶楼结构的轴线，并根据轴线绘制柱体和墙体对象，接下来创建窗户和门洞对象，最后对图形进行尺寸标注。

	实例路径	实例\第9章\茶楼结构图.dwg
	素材路径	素材\第9章\无

步骤01 执行LA（图层）命令，打开“图层特性管理器”选项板，然后参照如图9-2所示的内容创建所需要的图层，并将“轴线”图层设置为当前图层。

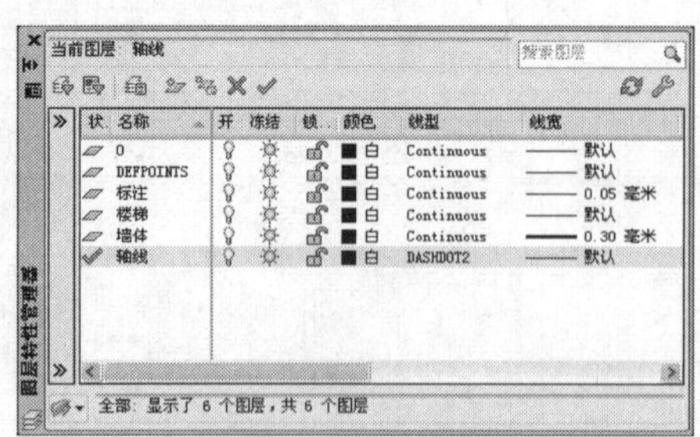

图9-2 创建图层

步骤02 选择“格式”|“线型”命令，打开“线型管理器”对话框，设置“全局比例因子”为800，如图9-3所示。

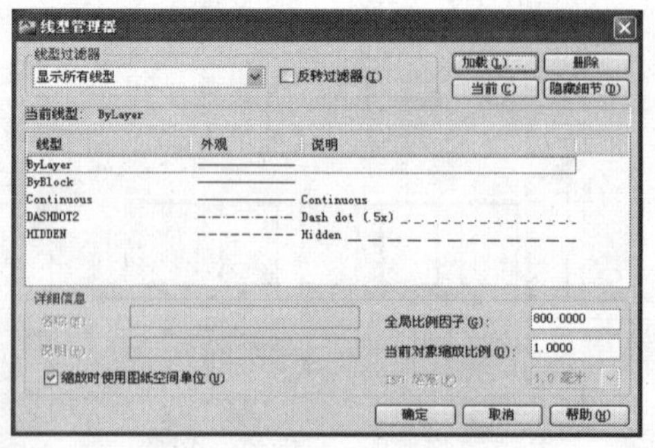

图9-3 设置全局比例因子

步骤03 选择“工具”|“草图设置”命令，打开“草图设置”对话框，在“对象捕捉”选项卡中选中“启用对象捕捉”复选框，在对象捕捉模式区域中选中“端点”、“中点”、“圆心”、“交点”、“垂足”、“最近点”复选框（如图9-4所

示），然后进行确定。

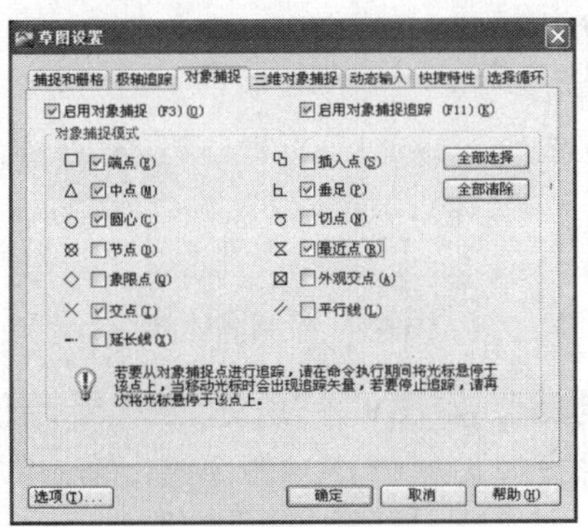

图9-4 设置对象捕捉

步骤04 执行L（直线）命令，绘制一条长为48000的水平线段（如图9-5所示），然后执行O（偏移）命令，设置偏移值为9600，将线段向下方偏移两次，如图9-6所示。

图9-5 绘制线段

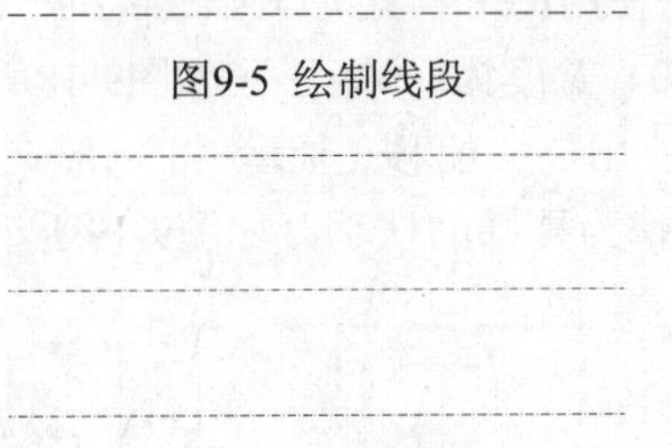

图9-6 偏移线段

步骤05 执行L（直线）命令，绘制一条长为23000的垂直线段（如图9-7所示），然后执行O（偏移）命令，设置偏移值为7200，将垂直线段向右方偏移6次，如图9-8所示。

图9-7 绘制线段

图9-8 偏移线段

步骤06 执行O（偏移）命令，设置偏移值为2400，然后将右方的垂直线段向右偏移，如图9-9所示。

图9-9 偏移线段

步骤07 将“墙体”图层设置为当前图层，然后执行REC（矩形）命令，在如图9-10所示的交点处指定矩形的起点，绘制一个长、宽均为600的矩形，如图9-11所示。

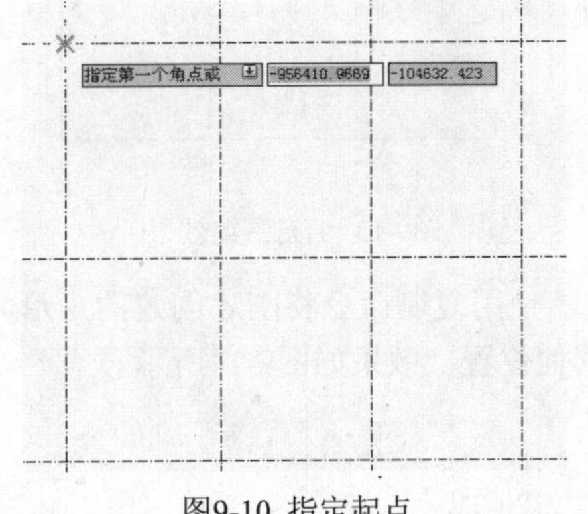

图9-10 指定起点

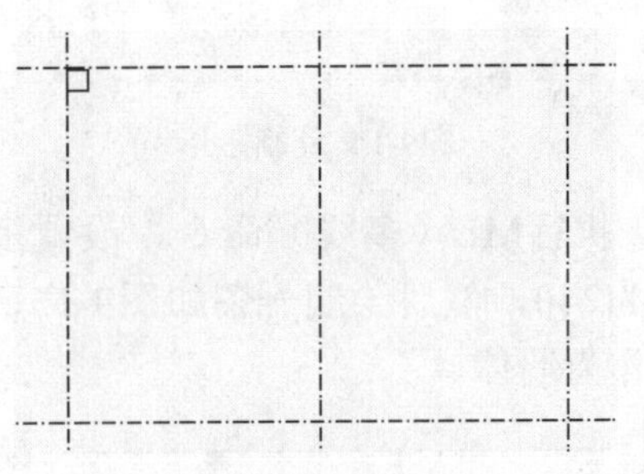

图9-11 绘制矩形

步骤08 执行H（图案填充）命令，打开“图案填充和渐变色”对话框，选择SOLID图案（如图9-12所示），然后单击“添加：拾取点”按钮进入绘图区，在矩形内单击鼠标指定填充图案的区域，填充效果如图9-13所示。

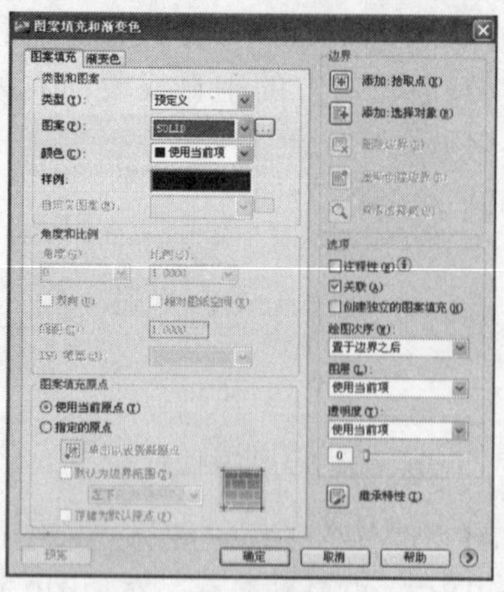
图9-12 设置图案参数

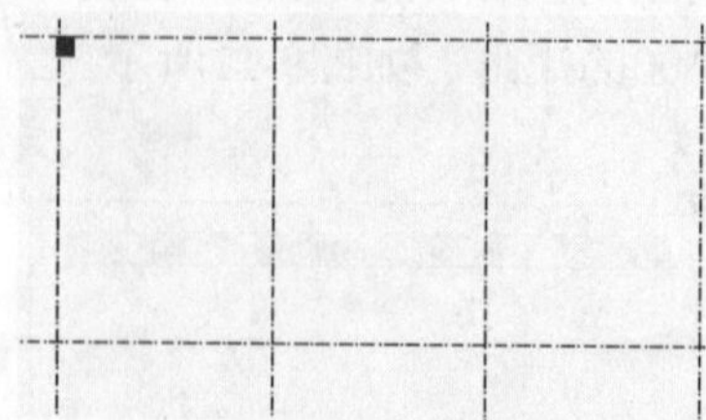
图9-13 填充图案效果

步骤09 使用复制命令将刚才创建的矩形复制到其他位置，效果如图9-14所示。

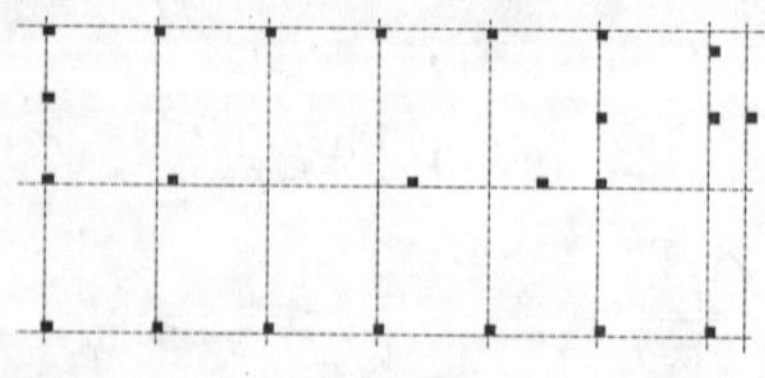
图9-14 复制矩形

步骤10 执行ML（多线）命令，设置多线的比例为240，然后绘制一条如图9-15所示的多线作为墙体。

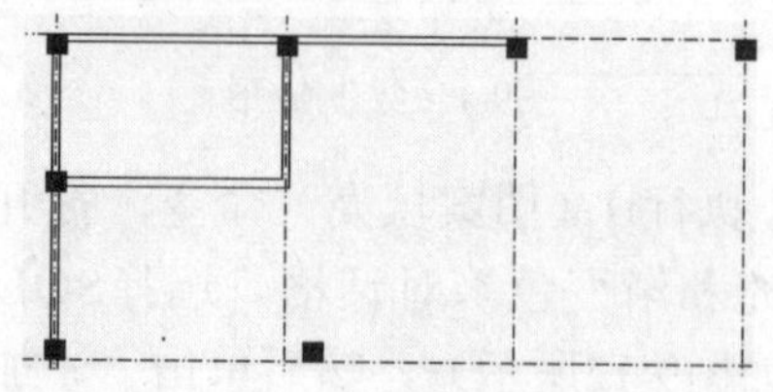
图9-15 绘制多线

步骤11 参照上一步骤，使用ML（多线）、L（直线）和TR（修剪）命令绘制其他墙体线，隐藏轴线后的效果如图9-16所示。

图9-16 绘制墙体线

步骤12 参照如图9-17所示的效果，使用L（直线）、O（偏移）命令绘制窗户线条。

图9-17 绘制窗户线条

步骤13 使用REC（矩形）命令绘制一个长度为4200、宽度为300矩形（如图9-18所示），然后使用O（偏移）命令将矩形向内偏移100，作为楼梯的扶手，如图9-19所示。

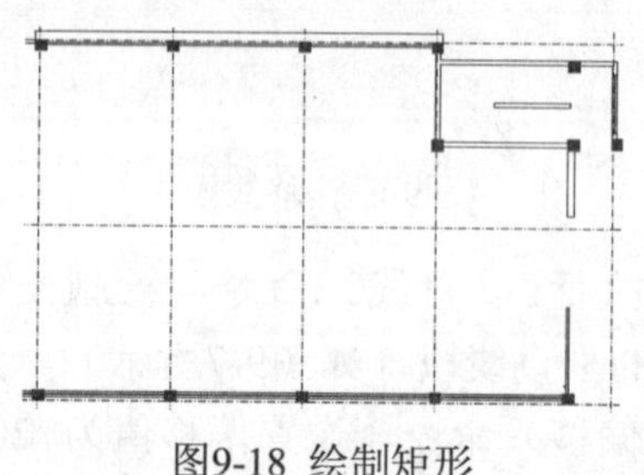
图9-18 绘制矩形

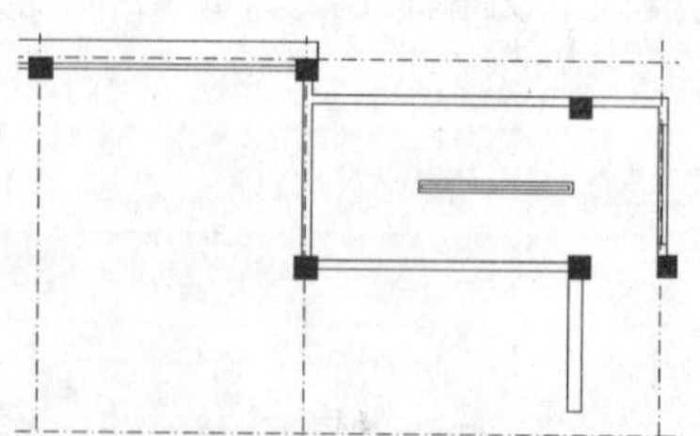
图9-19 偏移矩形

步骤14 使用L（直线）命令在楼梯处绘制一条线段（如图9-20所示），然后执行O（偏移）命令，设置偏移距离为280，将绘制的线段向右偏移11次，效果如图9-21所示。

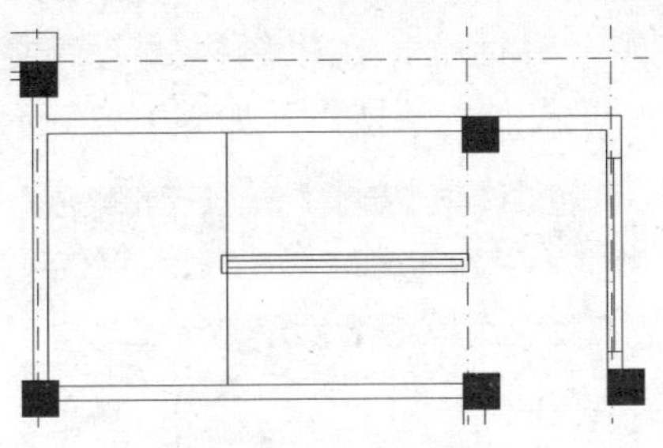

图9-20 绘制线段

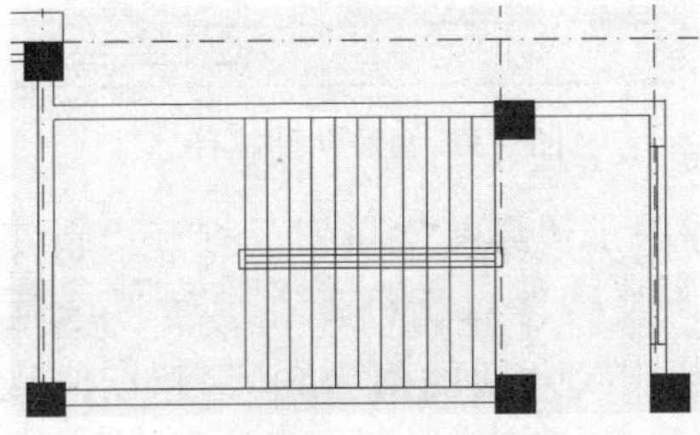

图9-21 偏移线段

步骤15 使用TR（修剪）命令对线条的中间部分进行修剪，效果如图9-22所示。

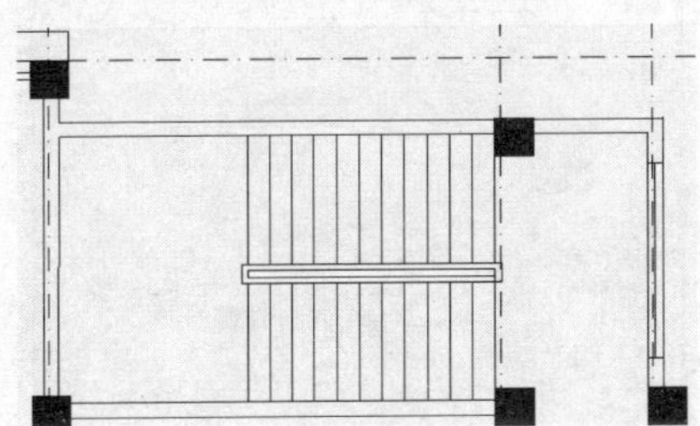

图9-22 修剪线段

步骤16 使用L（直线）命令在楼梯处绘制一条斜线，效果如图9-23所示。

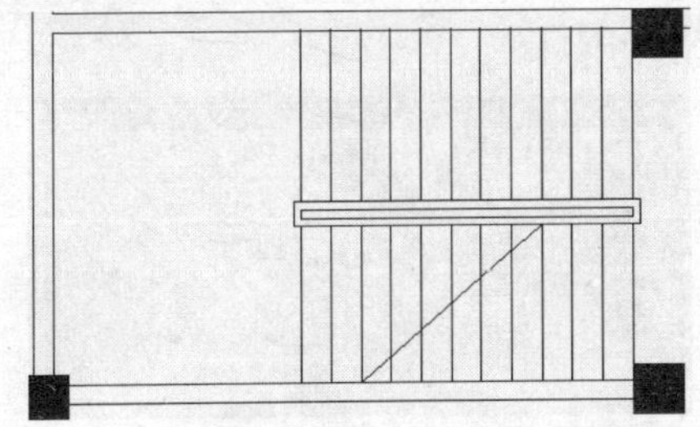

图9-23 绘制斜线

步骤17 使用L（直线）命令绘制3条斜线表示楼梯折断线（如图9-24所示），然后使用TR（修剪）命令对绘制的斜线进行修剪，效果如图9-25所示。

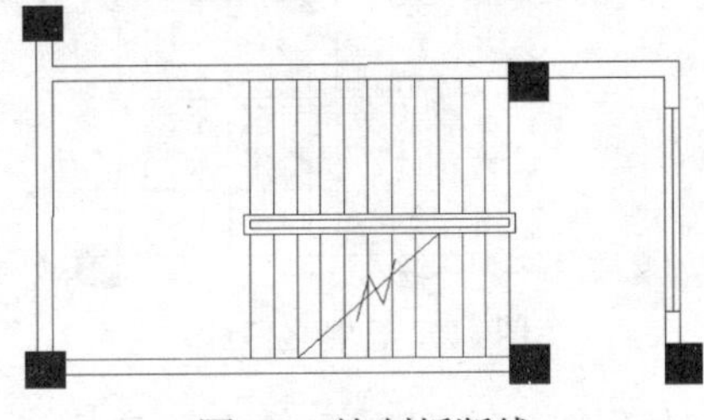

图9-24 绘制折断线

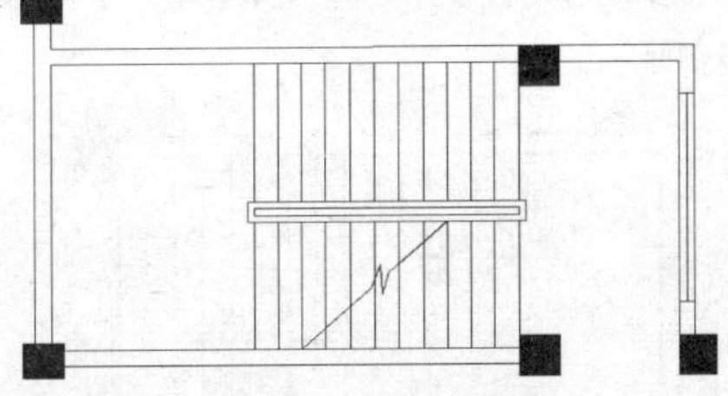

图9-25 修剪线段

步骤18 执行PL（多段线）命令，参照如图9-26所示的效果指定多段线的起点和下一个点。

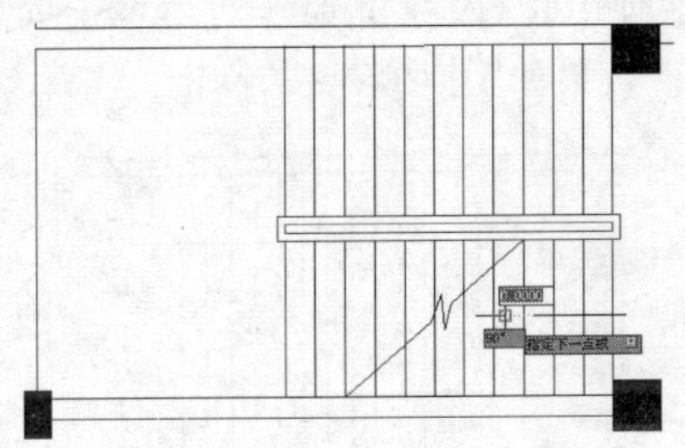

图9-26 指定下一个点

步骤19 在指定多段线的下一个点后，输入H并确定，然后设置多段线的起点半宽为100、端点半宽为0，再指定多段线的下一个点（如图9-27所示），绘制出一条带箭头的多段线，如图9-28所示。

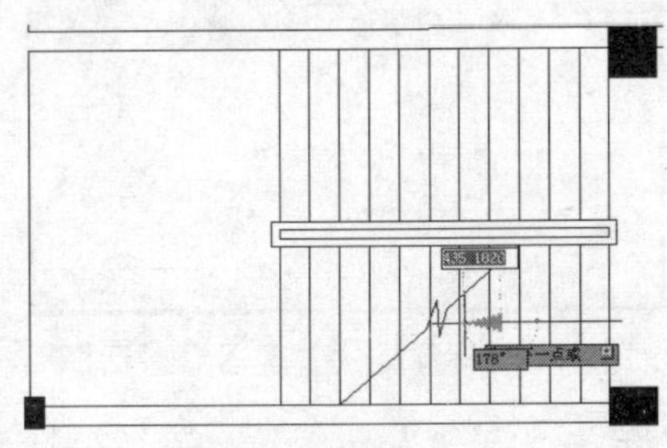

图9-27 指定下一个点

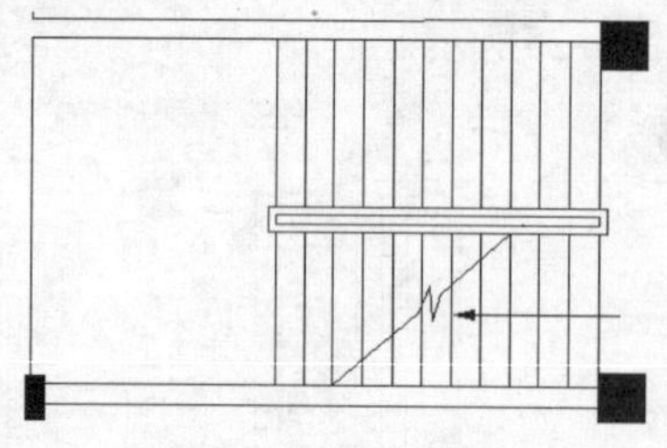

图9-28 绘制多段线

步骤20 使用PL（多段线）命令创建另一条带箭头的多段线作为楼梯走向标识，效果如图9-29所示。

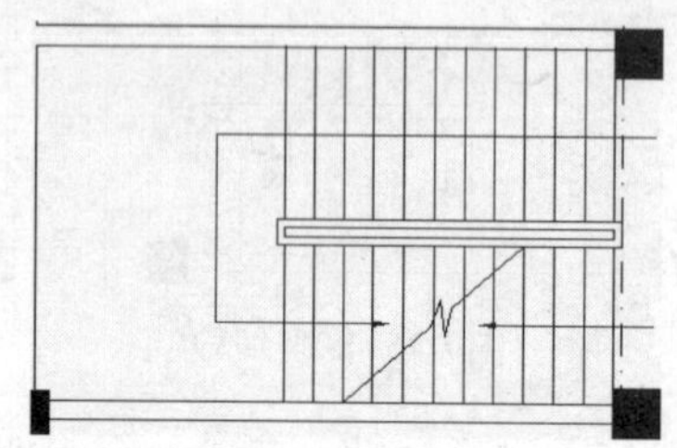

图9-29 绘制楼梯走向标识

步骤21 使用T（文字）命令对楼梯走向进行标注，效果如图9-30所示。

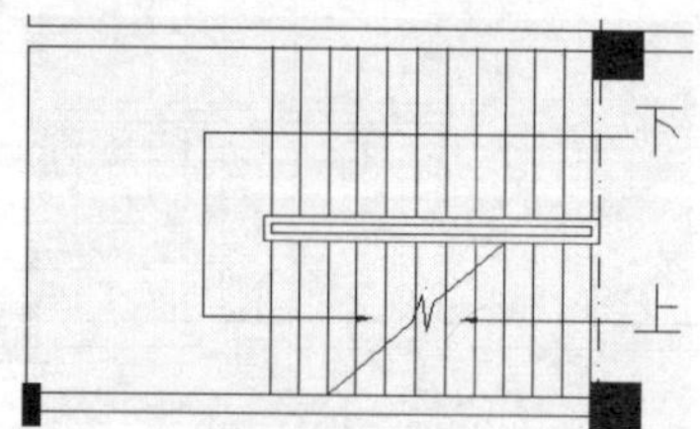

图9-30 创建文字标注

步骤22 输入并执行D（标注样式）命令，打开“标注样式管理器”对话框，如图9-31所示。

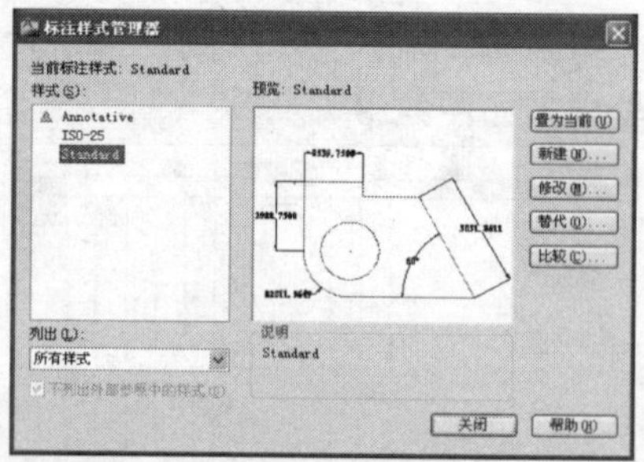

图9-31 “标注样式管理器”对话框

步骤23 单击“新建”按钮，打开“创建新标注样式”对话框，在“新样式名”文本框中输入样式名“茶楼”，如图9-32所示。

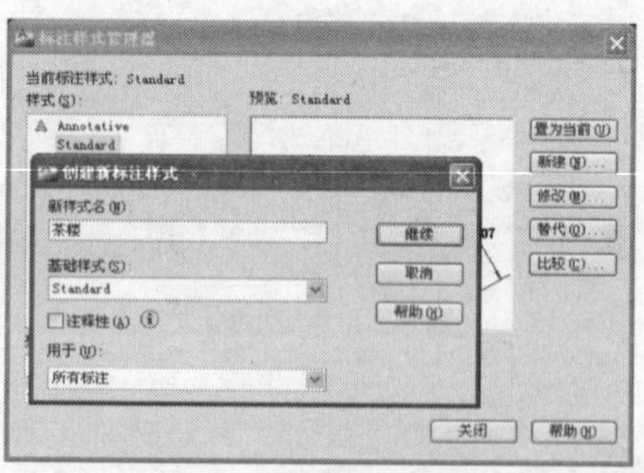

图9-32 创建新标注样式

步骤24 单击“继续”按钮，打开“新建标注样式：茶楼”对话框，在“线”选项卡中设置超出尺寸线的值为300、起点偏移量的值为300，如图9-33所示。

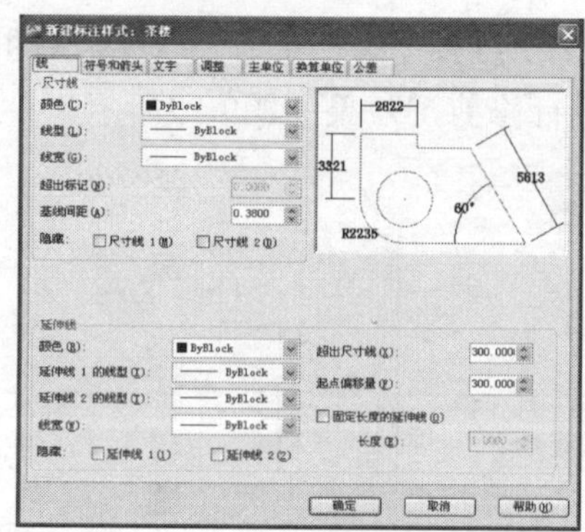

图9-33 设置线参数

步骤25 切换到“符号和箭头”选项卡，设置箭头为“建筑标记”、箭头大小为300，如图9-34所示。

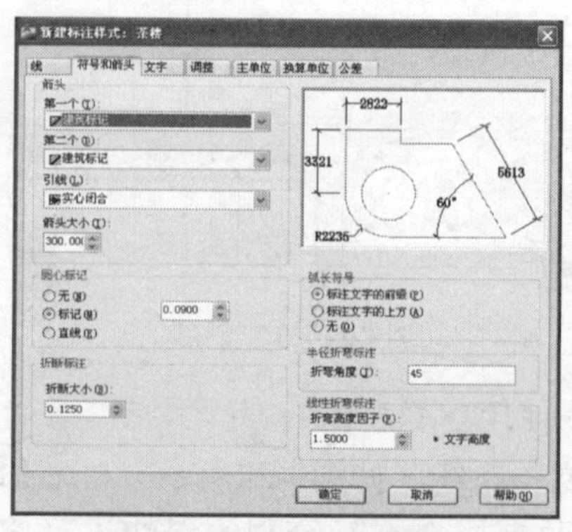

图9-34 设置箭头参数

步骤26 切换至“文字”选项卡（如图9-35所示），设置文字高度为500、字的垂直位置为“上”，设置“从尺寸线偏移”的值为150，然后切换至“主单位”选项卡，设置“精度”值为0，如图9-36所示。

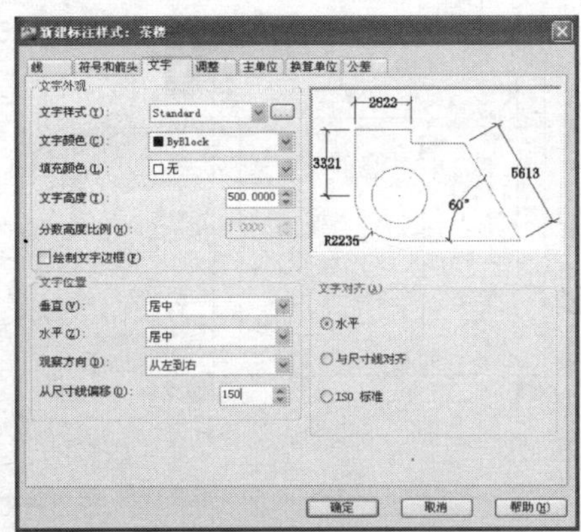

图9-35 设置文字参数

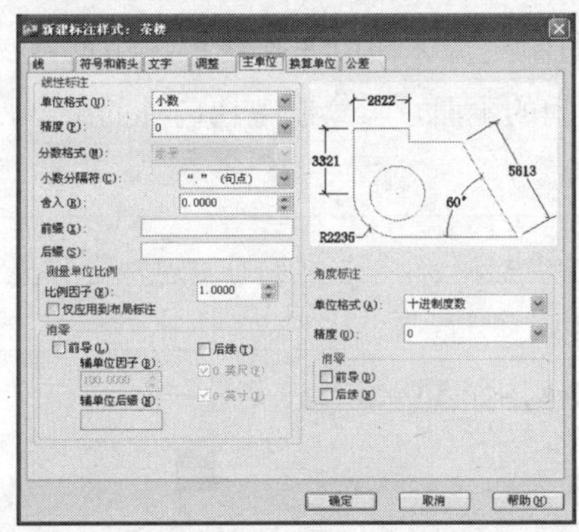

图9-36 设置精度

步骤27 将创建的标注样式设置为当前样式，然后打开“轴线”图层，单击“标注”面板中的“线性”按钮，对图形进行线性标注，如图9-37所示。

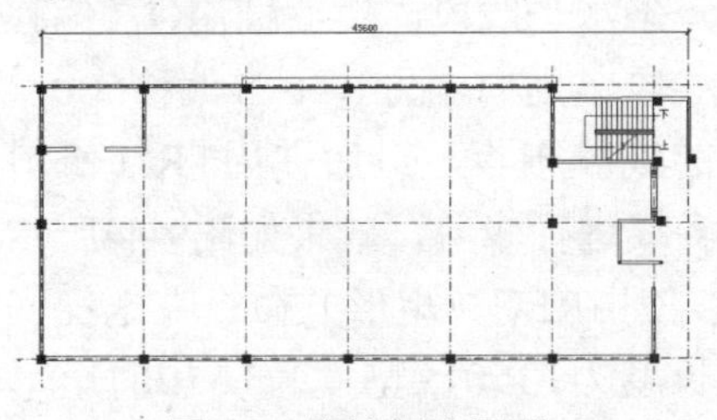

图9-37 线性标注图形

步骤28 使用DLI（线性标注）和DCO（连续标注）命令对图形进行标注，效果如图9-38所示。

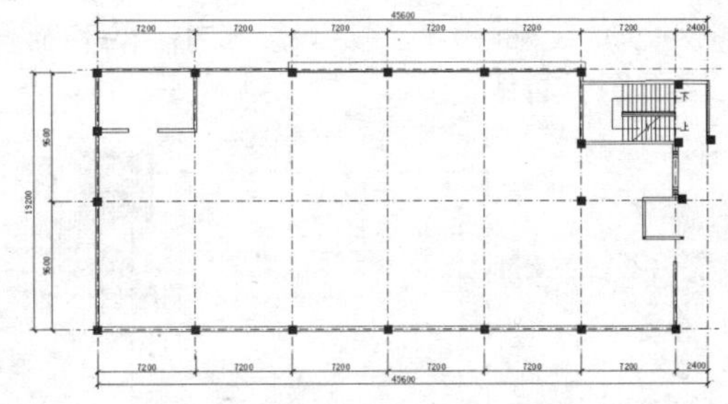

图9-38 标注图形尺寸

步骤29 使用C（圆）和L（直线）命令创建一个详图编号对象，然后输入编号文字“1”，如图9-39所示。

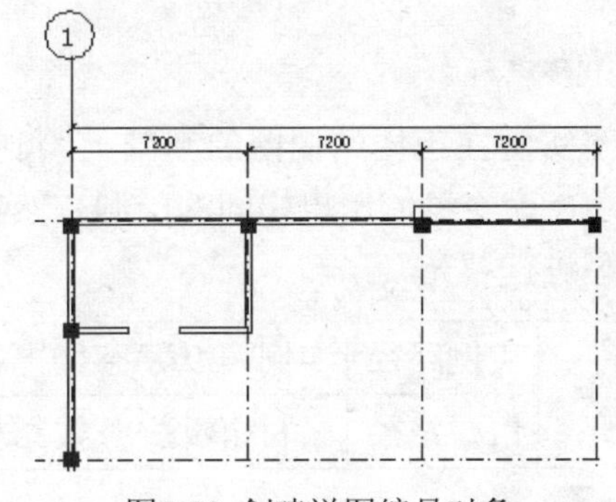

图9-39 创建详图编号对象

步骤30 将详图编号对象复制到其他轴线对应的位置，然后修改编号文字，最后隐藏“轴线”图层，完成茶楼结构图的绘制，效果如图9-40所示。

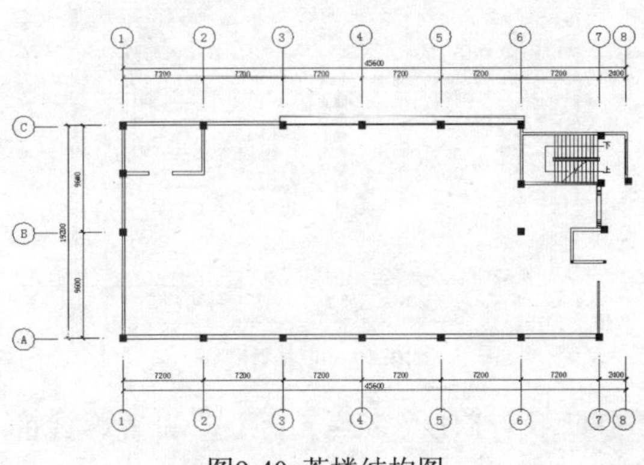

图9-40 茶楼结构图

实例094 绘制电梯间平面图

本实例将介绍在茶楼结构图的基础上绘制电梯间平面图的操作，电梯间平面图效果如图9-41所示。

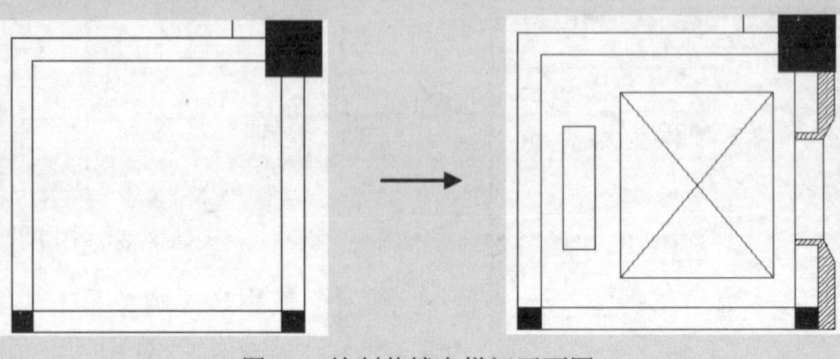

图9-41 绘制茶楼电梯间平面图

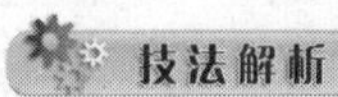

本实例在茶楼结构图的基础上绘制电梯间平面图，首先使用“多线”、“偏移”和“修剪”命令绘制出电梯间的门洞，然后绘制电梯间的平面，再绘制电梯门外的造型，并对造型进行填充。

	实例路径	实例\第9章\茶楼电梯间平面图.dwg
	素材路径	素材\第9章\茶楼结构图.dwg

步骤01 打开前面绘制的“茶楼结构图.dwg”文件，执行LA（图层）命令，打开“图层特性管理器”选项板，创建一个名为“电梯”的图层，并将“电梯”图层设置为当前图层，如图9-42所示。

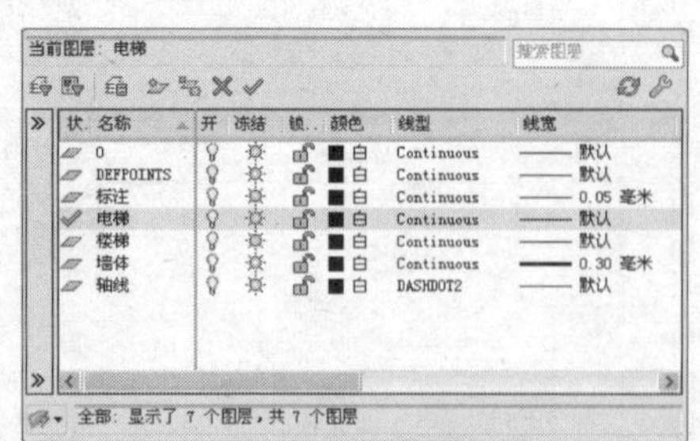

图9-42 创建图层

步骤02 执行ML（多线）命令，设置多线的比例为240，然后绘制一条多线作为电梯间的墙体，如图9-43所示。

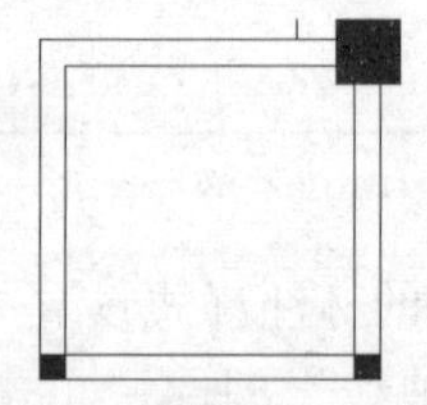

图9-43 绘制电梯间墙体

步骤03 使用L（直线）命令在多线的中点处绘制一条水平线段，然后使用O（偏移）命令将线段分别向上方、下方偏移500，再将绘制的线段删除，最后使用TR（修剪）命令对多线进行修剪，效果如图9-44所示。

步骤04 使用REC（矩形）命令在电梯间绘制一个长度为1350、宽度为1650的矩形，效果如图9-45所示。

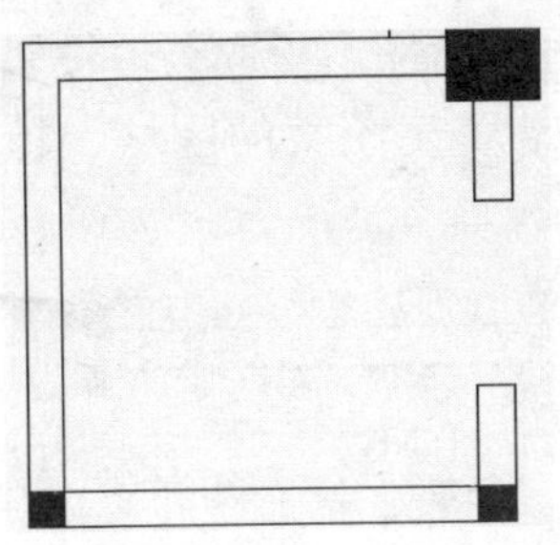
图9-44 绘制电梯门洞

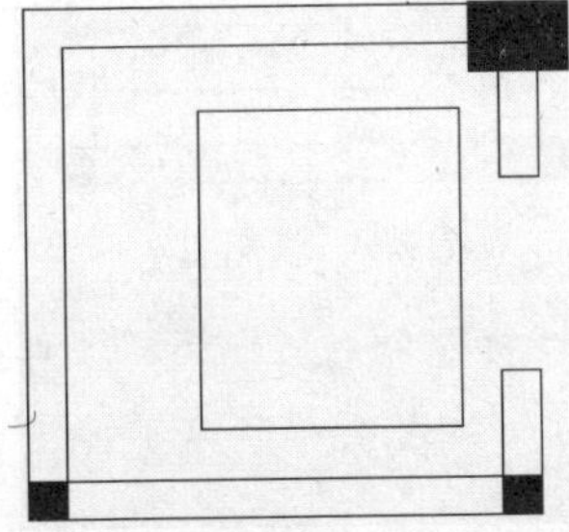
图9-45 绘制矩形

步骤05 使用L（直线）命令在矩形中绘制两条对角线，如图9-46所示。

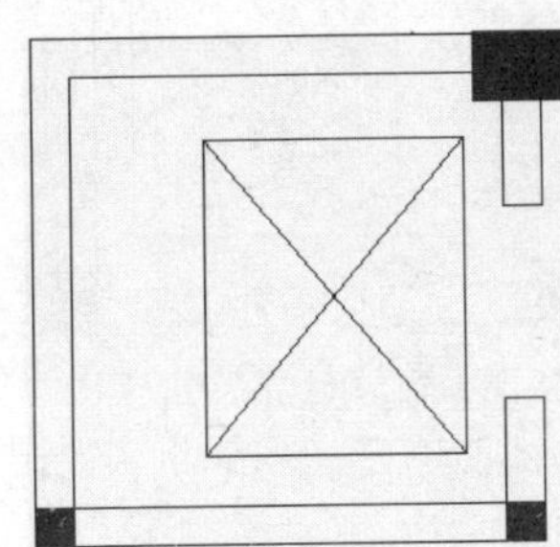
图9-46 绘制对角线

步骤06 使用REC（矩形）命令在电梯间绘制一个长度为285、宽度为1100的矩形，效果如图9-47所示。

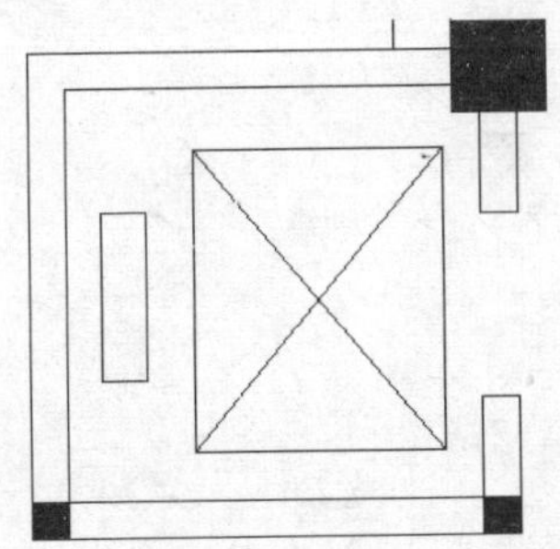
图9-47 绘制矩形

步骤07 执行L（直线）命令，绘制一条线段连接电梯门洞，然后捕捉电梯间下方矩形的右下角端点，向右绘制一条长180的线段，再向上绘制一条长720的垂直线段，如图9-48所示。

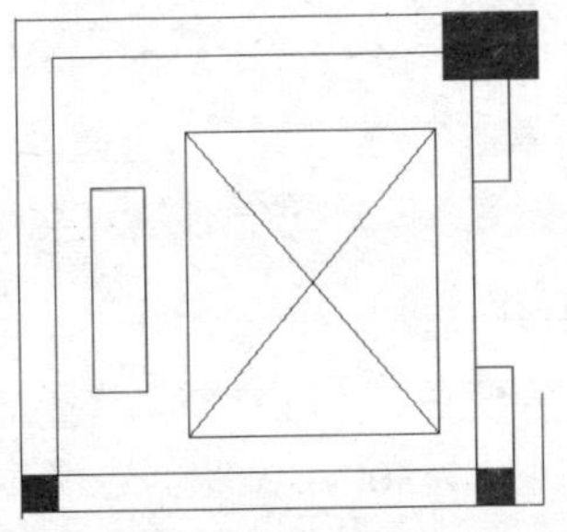
图9-48 绘制线段

步骤08 执行L（直线）命令，捕捉电梯间门口下方的端点，然后向上偏移50个单位，再向右绘制一条长250的水平线段，接着捕捉下方线段的端点，绘制一条斜线段，效果如图9-49所示。

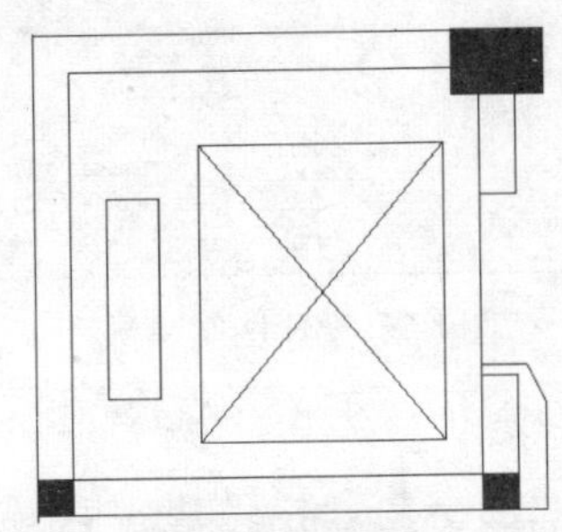
图9-49 绘制线段

步骤09 使用MI（镜像）命令将绘制的造型镜像到上方，如图9-50所示。

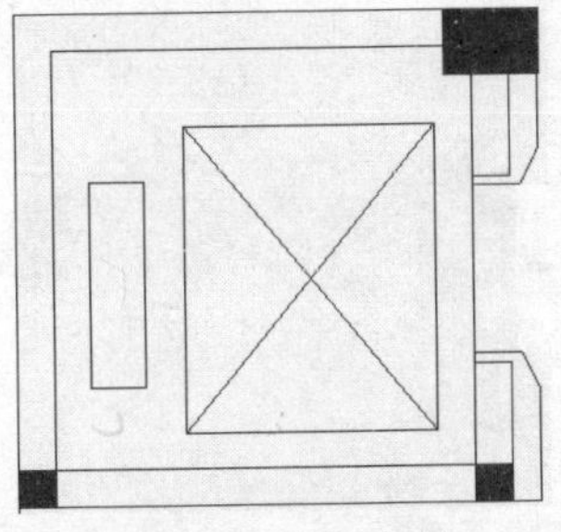
图9-50 镜像造型

步骤10 使用L（直线）命令连接创建的图

形，效果如图9-51所示。

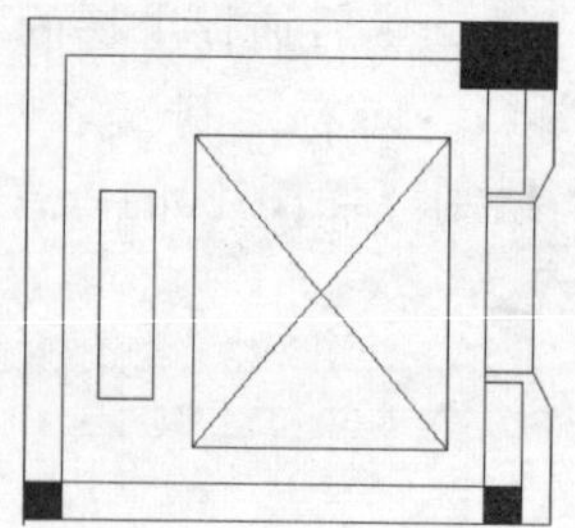

图9-51 绘制线段

步骤11 执行H（图案填充）命令，打开“图案填充和渐变色”对话框，选择ANSI31图案，设置比例为300，如图9-52所示。

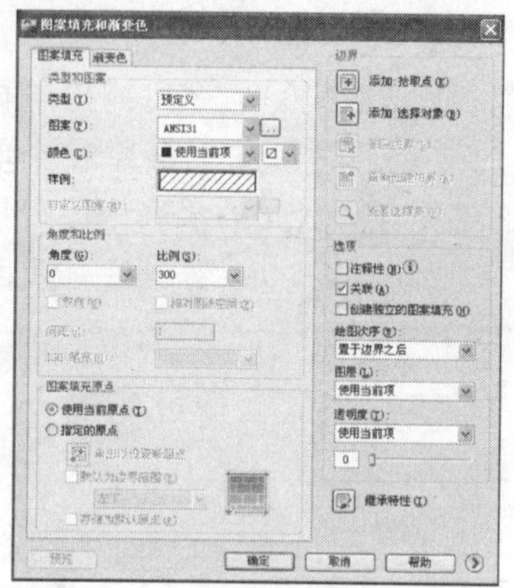

图9-52 设置图案参数

步骤12 单击“添加：拾取点”按钮，进入绘图区指定填充图案的区域，填充效果如图9-53所示。

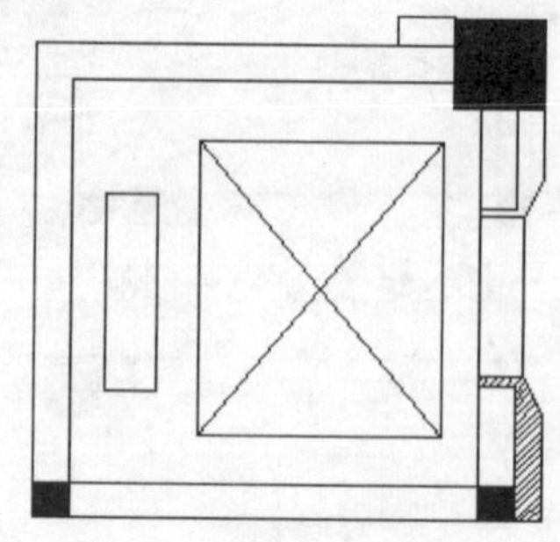

图9-53 填充图案

步骤13 使用MI（镜像）命令将填充的图案镜像到上方（如图9-54所示），完成电梯间平面图的绘制。

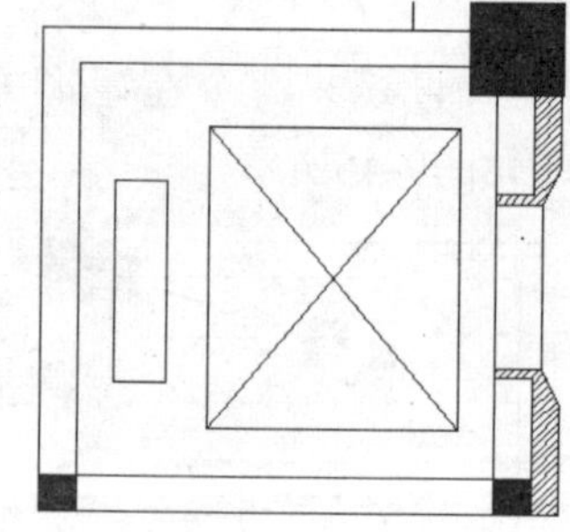

图9-54 电梯间平面图

实例095 绘制接待区平面图

本实例将介绍在茶楼结构图的基础上绘制接待区平面图的操作，接待区应设有吧台、屏风、计算机、装饰柜等对象，如图9-55所示。

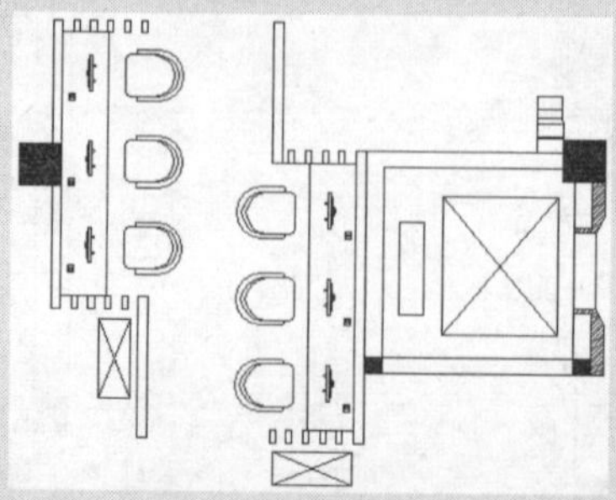

图9-55 茶楼接待区平面图

本实例在绘制接待区平面图的过程中，首先使用“矩形”命令绘制屏风、装饰墙、装饰立柱，然后绘制吧台和装饰柜图形，最后插入椅子和计算机等对象。

	实例路径	实例\第9章\茶楼接待区平面图.dwg
	素材路径	素材\第9章\椅子.dwg、显示器.dwg

步骤01 打开前面绘制的“茶楼电梯间平面图.dwg”文件，执行LA（图层）命令，打开“图层特性管理器”选项板，创建一个名为“家具”的图层，并将“家具”图层设置为当前图层，如图9-56所示。

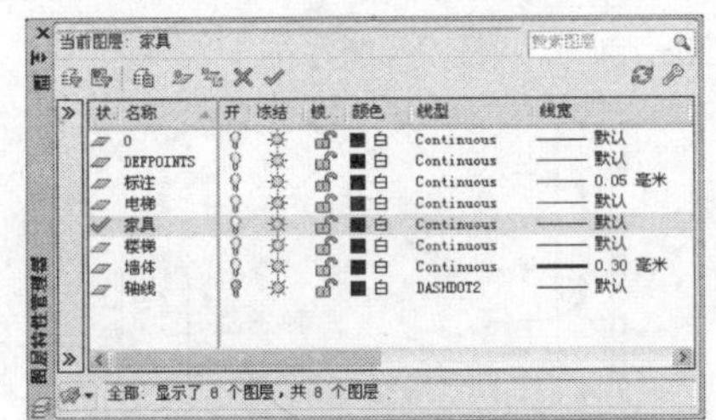

图9-56 创建图层

步骤02 执行REC（矩形）命令，在电梯间后方绘制一个长度为144、宽度为4170的矩形作为装饰墙，如图9-57所示。

步骤03 执行REC（矩形）命令，绘制一个长度为660、宽度为3180的矩形作为吧台，如图9-58所示。

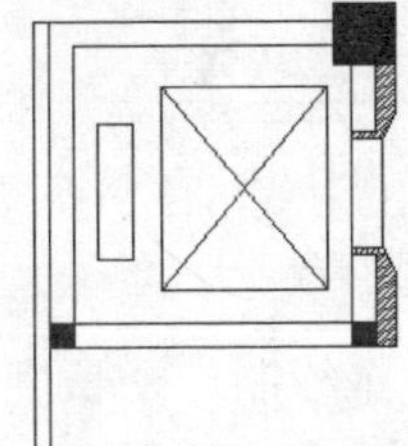

图9-57 绘制矩形

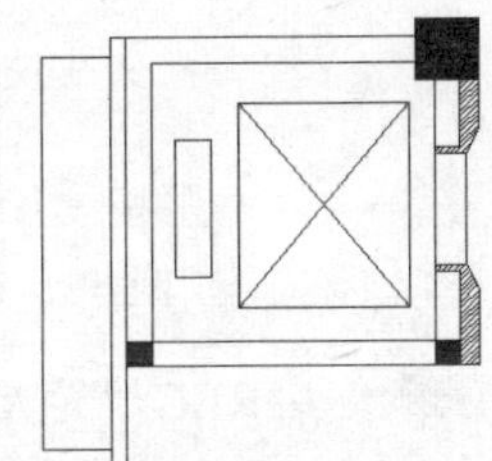

图9-58 绘制矩形

步骤04 使用REC（矩形）命令绘制一个长为度100、宽度为180的矩形作为装饰立柱，如图9-59所示。

步骤05 使用CO（复制）命令将立柱复制3次，效果如图9-60所示。

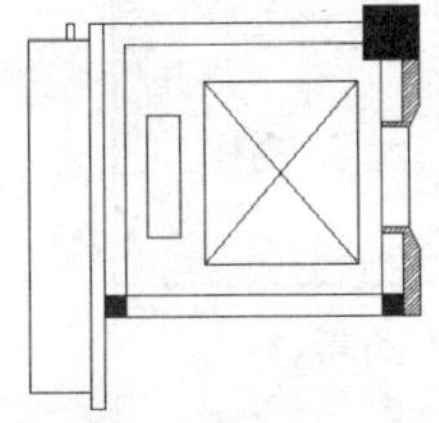

图9-59 绘制矩形

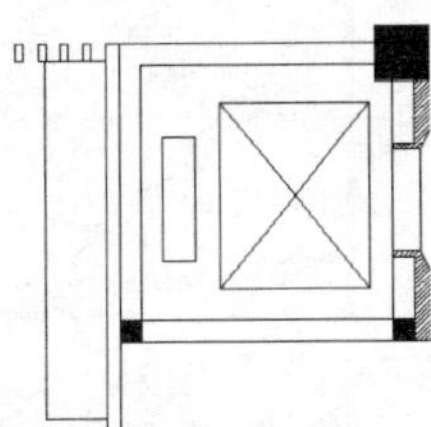

图9-60 复制矩形

步骤06 执行MI（镜像）命令，选择吧台上方的立柱图形，然后将其镜像到吧台的下方，如图9-61所示。

步骤07 使用REC（矩形）命令绘制一个长度为144、宽度为2000的矩形作为茶楼的屏风，如图9-62所示。

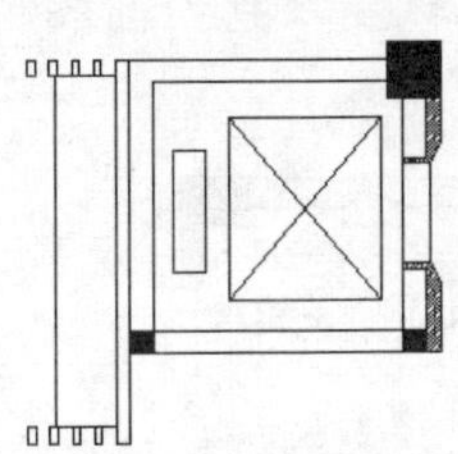

图9-61 镜像图形

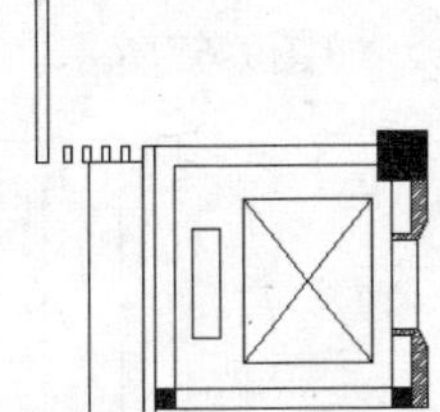

图9-62 绘制矩形

步骤08 使用REC（矩形）命令绘制一个长度为1200、宽度为450的矩形作为装饰柜，如图9-63所示。

步骤09 执行L（直线）命令绘制两条对角线，效果如图9-64所示。

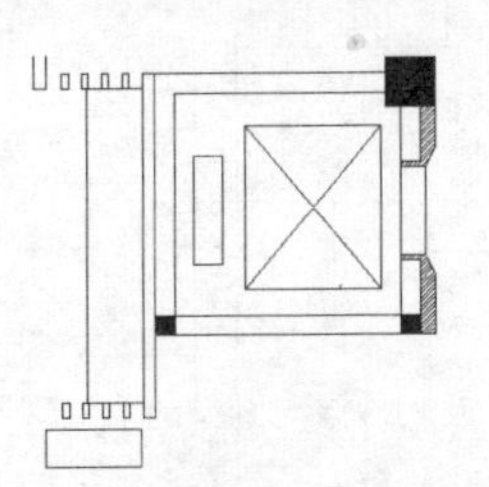

图9-63 绘制矩形

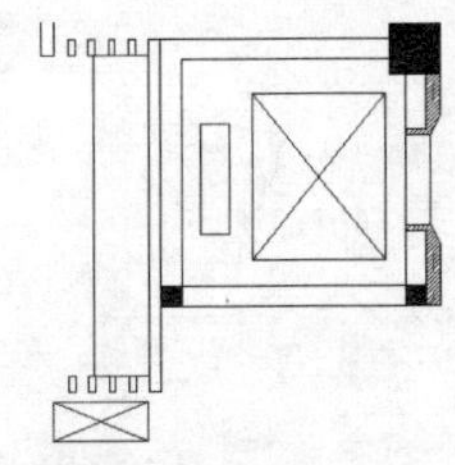

图9-64 绘制对角线

步骤10 执行I（插入）命令，打开“插入”对话框，然后选择“椅子.dwg”素材文件（如图9-65所示），将椅子素材插入到当前图形中，如图9-66所示。

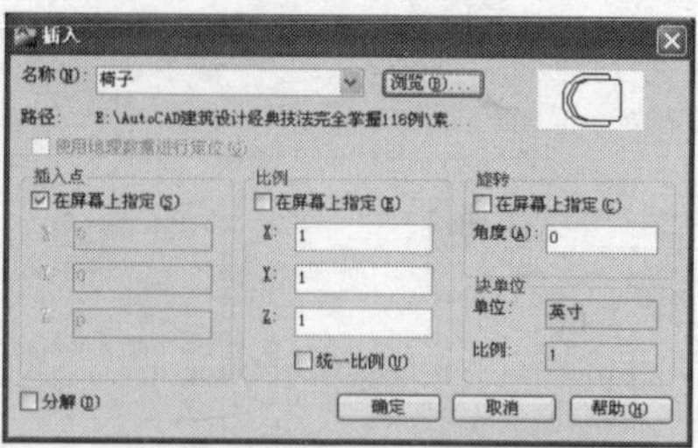

图9-65 选择插入的素材

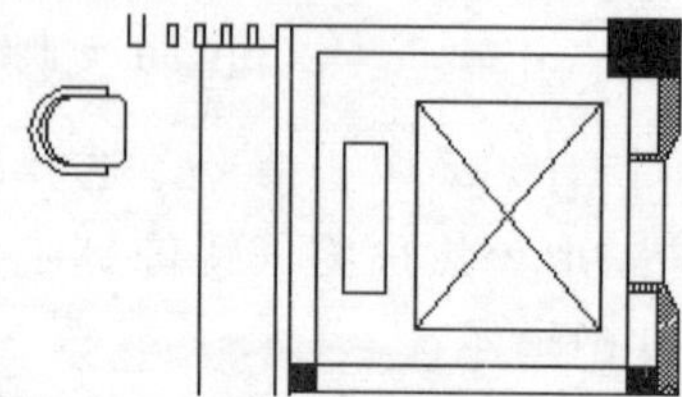

图9-66 插入素材

步骤11 使用 I（插入）命令将“显示器.dwg”中的显示器素材插入到当前图形中，如图9-67所示。

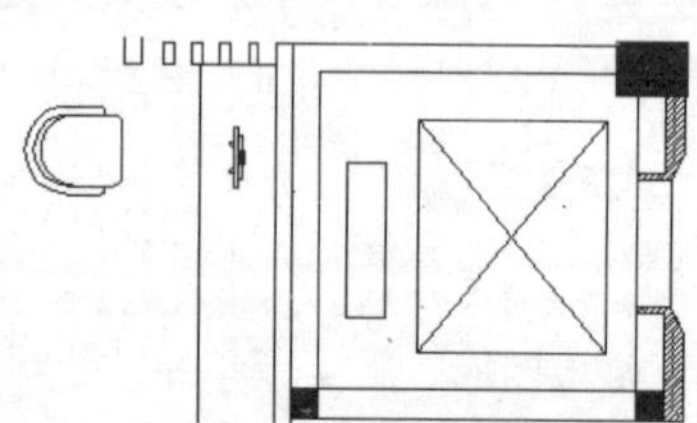

图9-67 插入素材

步骤12 使用REC（矩形）和C（圆）命令绘制一个矩形和一个圆形表示穿线孔，如图9-68所示。

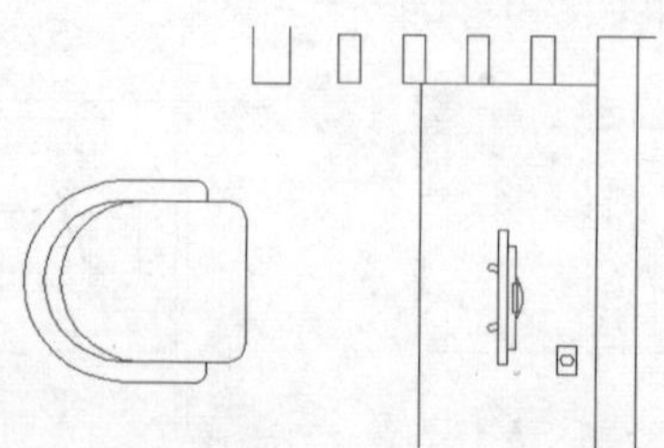

图9-68 绘制穿线孔

步骤13 使用CO（复制）命令将椅子、显示器和穿线孔图形向下复制3次，如图9-69所示。

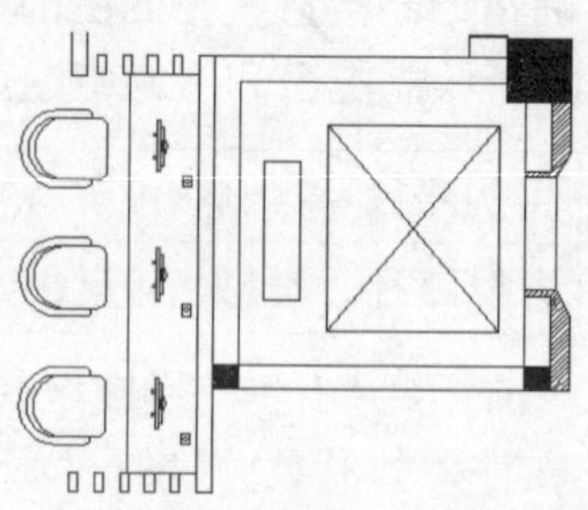

图9-69 复制图形

步骤14 使用MI（镜像）命令将装饰墙、装饰立柱、吧台、显示器和椅子图形镜像处理一次，效果如图9-70所示。

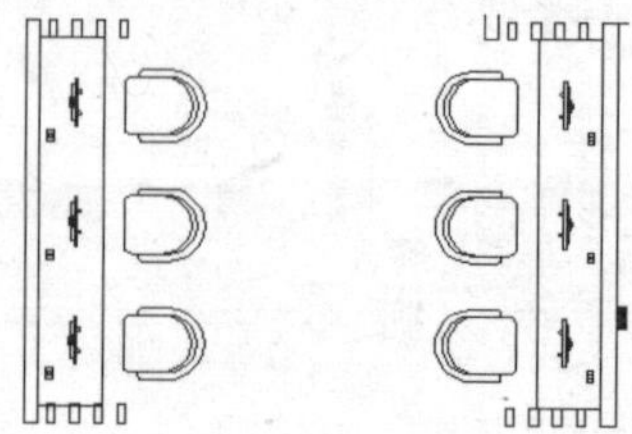

图9-70 镜像图形

步骤15 使用M（移动）命令将镜像得到的图形向上移动，效果如图9-71所示。

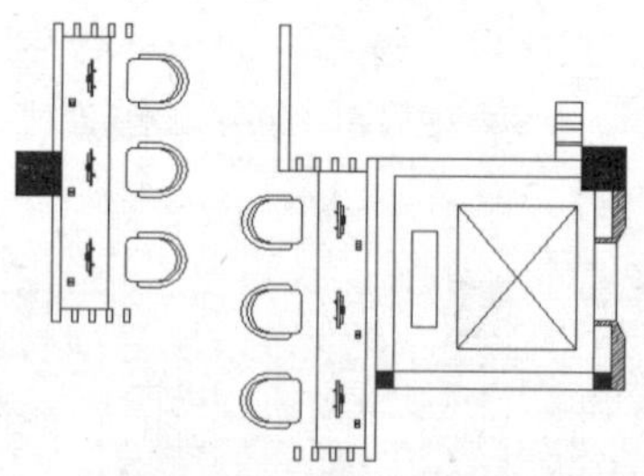

图9-71 移动图形

步骤16 使用REC（矩形）命令绘制一个长度为144、宽度为2000的矩形，如图9-72所示。

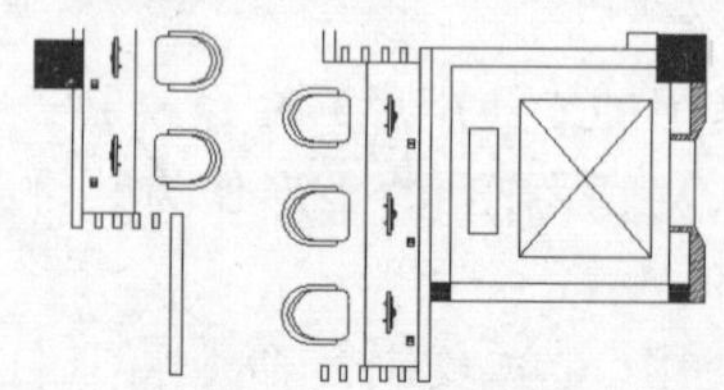

图9-72 绘制矩形

步骤17 使用REC（矩形）命令绘制一个长度为450、宽度为1200的矩形，如图9-73所示。

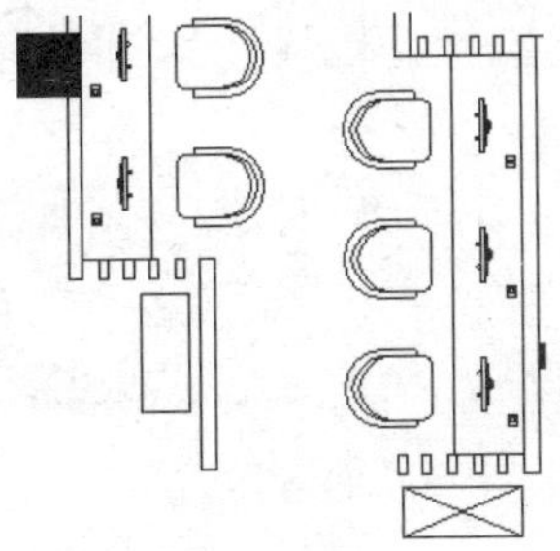

图9-73 绘制矩形

步骤18 使用L（直线）命令绘制两条对角线，完成接待区平面图的绘制，如图9-74所示。

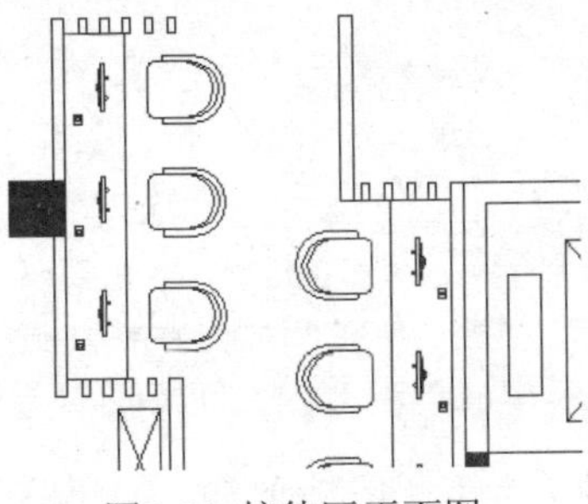

图9-74 接待区平面图

实例096 绘制大厅平面图

本实例将介绍在茶楼结构图的基础上绘制大厅平面图的操作，茶楼大厅是供普通客人喝茶、聊天的场所，本实例效果如图9-75所示。

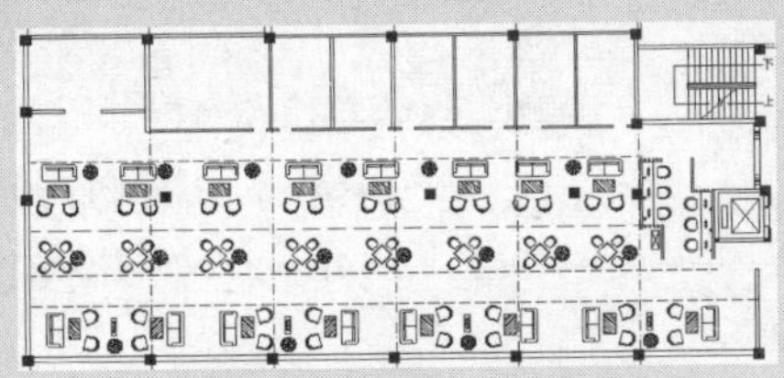

图9-75 茶楼大厅平面图

技法解析

本实例在绘制大厅平面图的过程中，首先使用“多线”命令绘制出包间的墙体线，然后使用“直线”命令绘制出大厅的分割线，最后使用“插入”命令插入所需要的桌椅和植物素材，并对桌椅和植物进行复制。

	实例路径	实例\第9章\茶楼大厅平面图.dwg
	素材路径	素材\第9章\休闲桌椅.dwg、植物.dwg、棋牌桌椅.dwg

步骤01 打开前面绘制的“茶楼接待区平面图.dwg”文件，然后打开“轴线”图层，并设置“墙体”图层为当前图层。执行ML（多线）命令，设置多线比例为120，根据轴线绘制包间的墙线，墙线的长度为5520，效果如图9-76所示。

技巧提示

茶楼大厅主要是供普通客人喝茶、聊天的场所，往往可以容纳很多的顾客。在平面布置中，可以摆放桌椅和植物等对象。

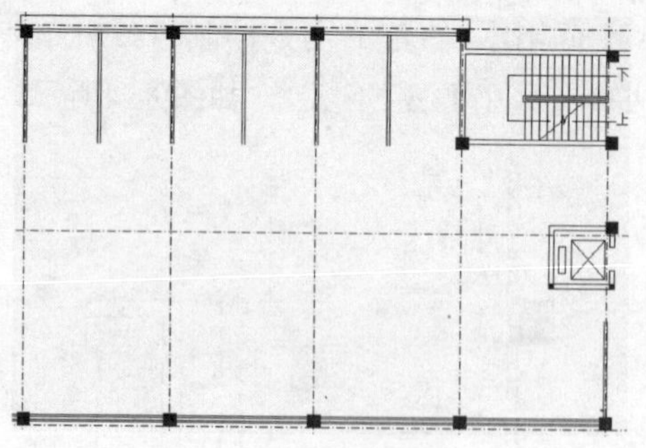

图9-76 绘制包间墙线

步骤02 执行ML（多线）命令，设置多线的比例为120，然后捕捉楼梯间左方柱子的端点向左绘制长28600的水平墙线，再向上绘制长1100的垂直墙线，如图9-77所示。

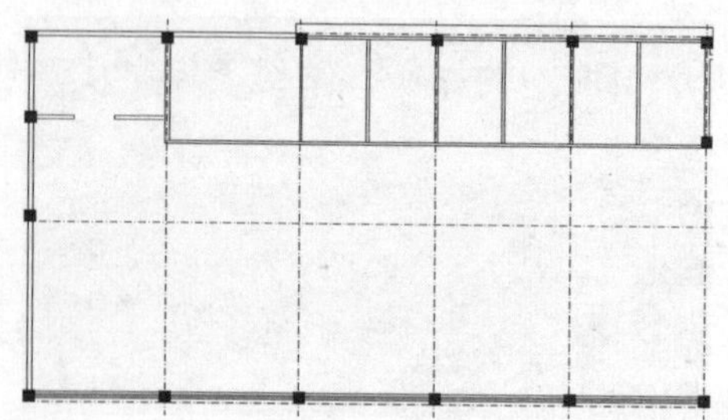

图9-77 绘制墙线

步骤03 使用O（偏移）和TR（修剪）命令绘制包间的门洞，其尺寸为800，如图9-78所示。

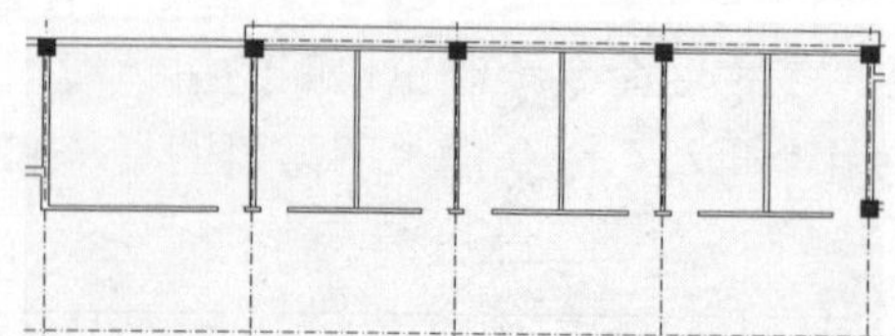

图9-78 绘制门洞

步骤04 隐藏“轴线”图层，参照如图9-79所示的效果，使用L（直线）命令绘制水平和垂直线段，并将线段改为虚线形式，第一条水平线段距包间水平墙线的距离为1800，下方水平线段的间距依次为4080、2600、1800、4080。

步骤05 执行I（插入）命令，选择素材文件中的休闲桌椅和植物素材，将其插入到当前图形中，如图9-80所示。

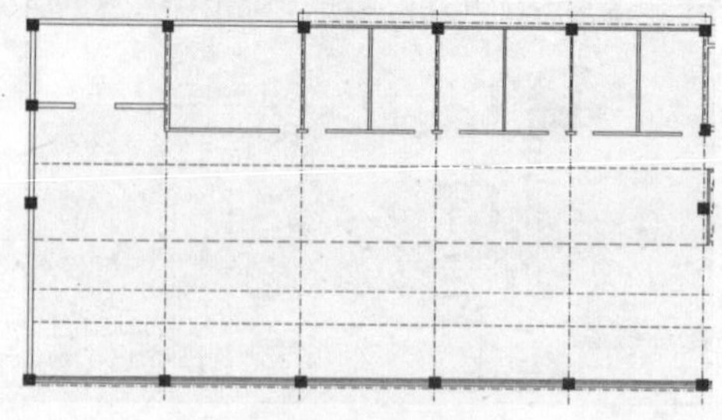

图9-79 绘制虚线

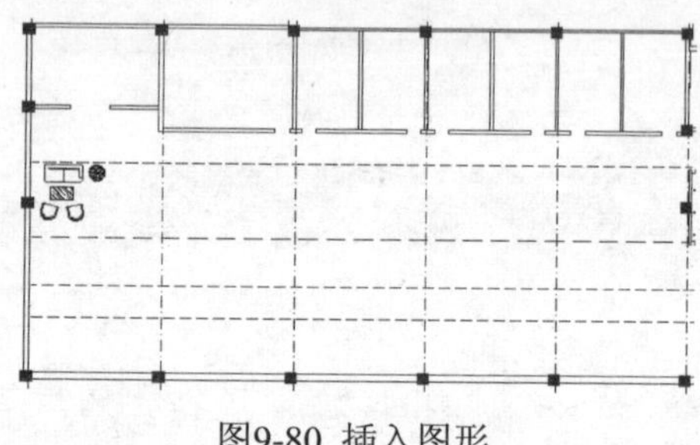

图9-80 插入图形

步骤06 使用CO（复制）命令对插入的休闲桌椅和植物图形进行复制，之间的间距为4000，如图9-81所示。

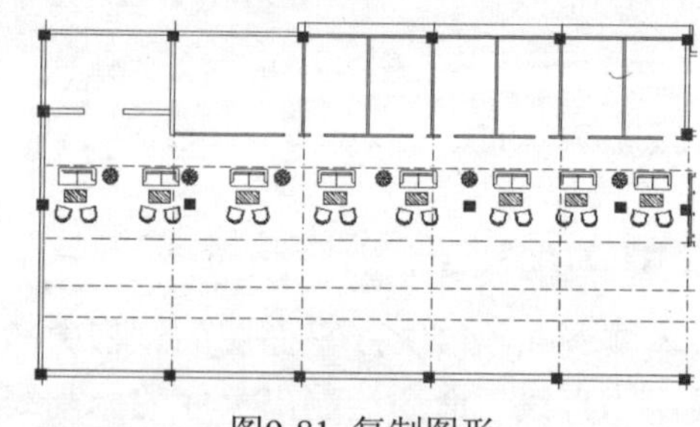

图9-81 复制图形

步骤07 使用CO（复制）命令将休闲桌椅复制到大厅左下角，如图9-82所示。

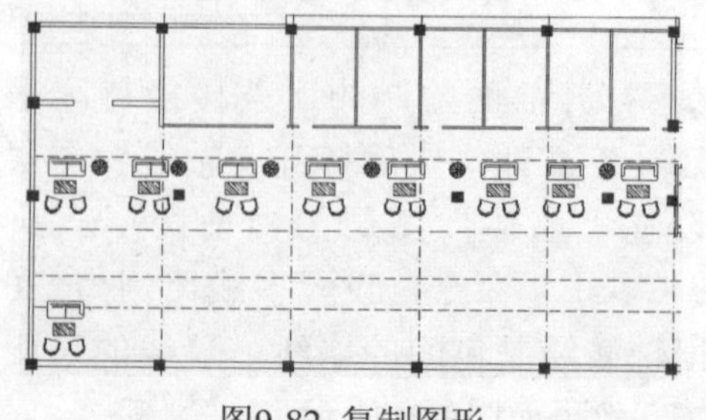

图9-82 复制图形

步骤08 使用RO（旋转）命令将休闲桌椅逆

时针旋转90度，效果如图9-83所示。

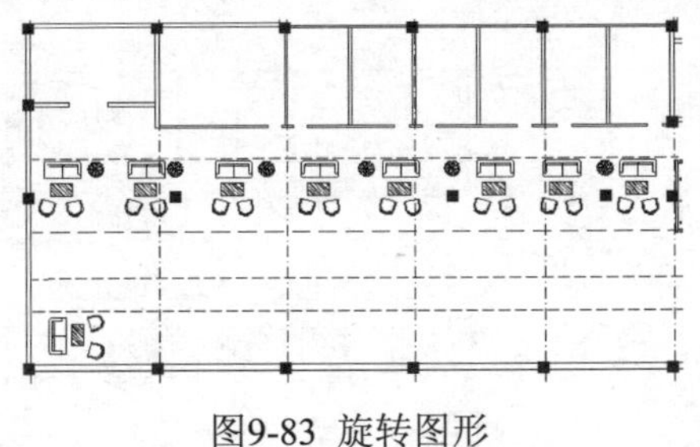

图9-83 旋转图形

步骤09 使用CO（复制）命令将植物复制到大厅左下角，效果如图9-84所示。

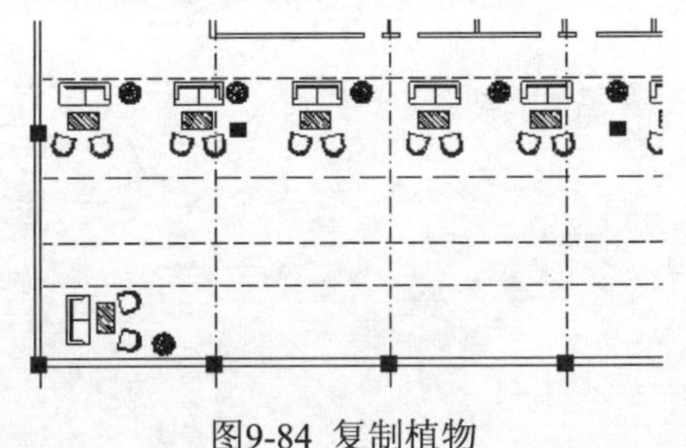

图9-84 复制植物

步骤10 使用REC（矩形）命令在休闲桌椅旁边绘制一个长度为360、宽度为1000的矩形，如图9-85所示。

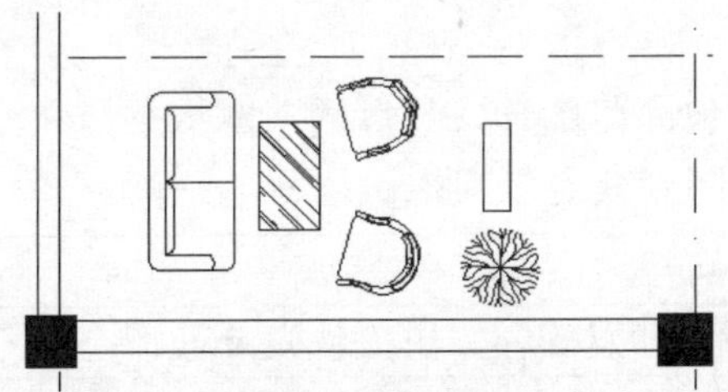

图9-85 绘制矩形

步骤11 使用L（直线）命令在矩形中绘制一条长230的水平线段和一条长700的垂直线段，如图9-86所示。

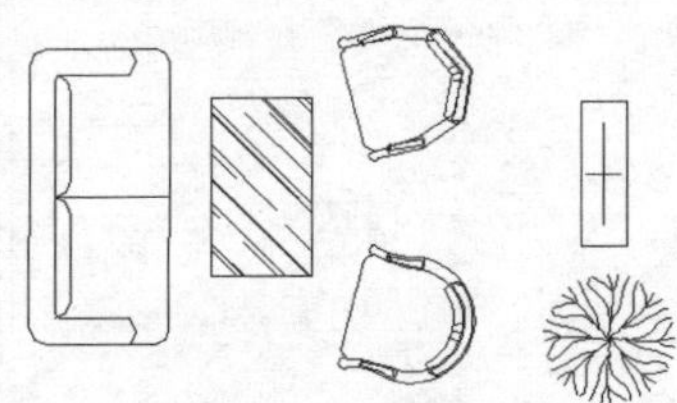

图9-86 绘制线段

步骤12 执行EL（椭圆）命令，通过捕捉线段的端点绘制一个椭圆，创建出休闲桌椅间的隔断造型，如图9-87所示。

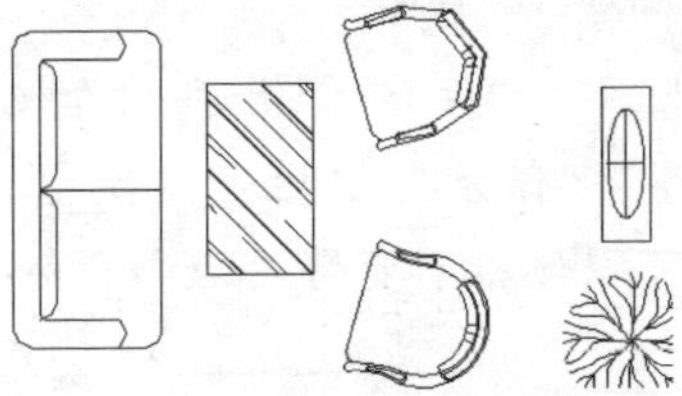

图9-87 绘制椭圆

步骤13 使用MI（镜像）命令对休闲桌椅进行镜像操作，如图9-88所示。

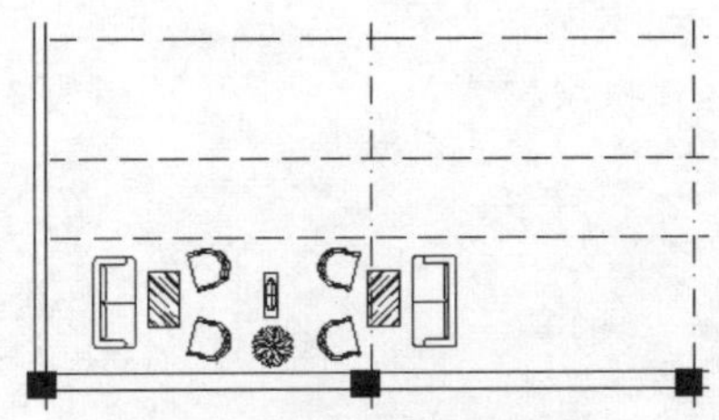

图9-88 镜像图形

步骤14 使用CO（复制）命令对图形下方的休闲桌椅、隔断和植物进行复制，效果如图9-89所示。

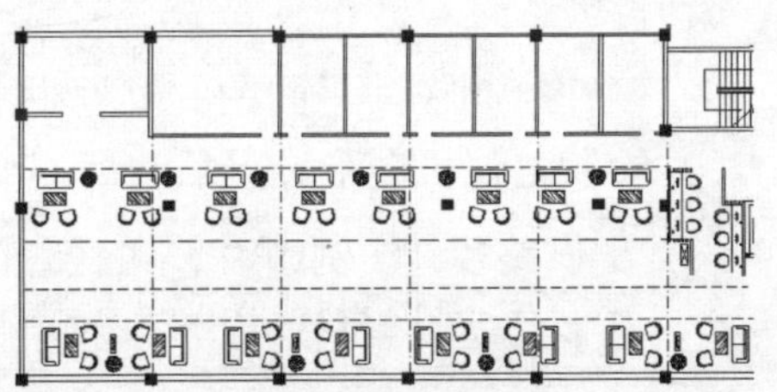

图9-89 复制图形

步骤15 使用I（插入）命令在图形中插入棋牌桌椅图形，如图9-90所示。

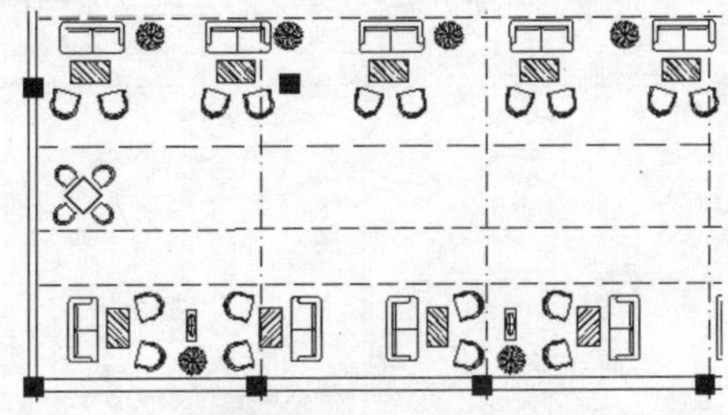

图9-90 插入棋牌桌椅

步骤16 使用CO（复制）命令对棋牌桌椅进行复制，然后将植物复制到棋牌桌椅旁边，完成大厅平面图的绘制，如图9-91所示。

技巧提示

隔断有独特的使用功能及装饰效果，具有分割空间、组织空间的作用，可以使空间变得灵活和自然。

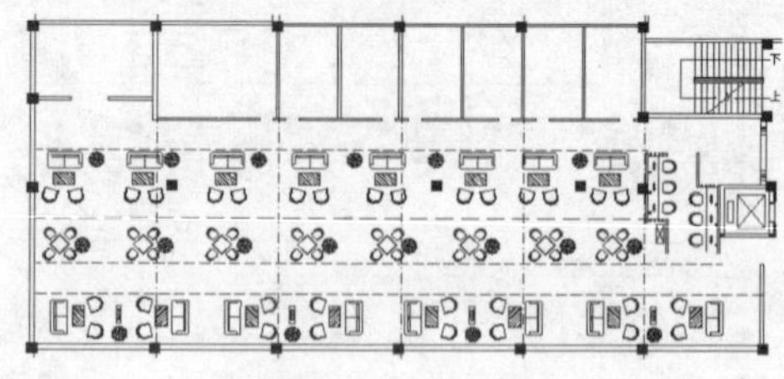

图9-91 大厅平面图

实例097 绘制包间平面图

本实例将介绍在茶楼结构图的基础上绘制茶楼包间平面图的操作，通常在包间中设有麻将桌椅、沙发、茶几和电视机等对象，如图9-92所示。

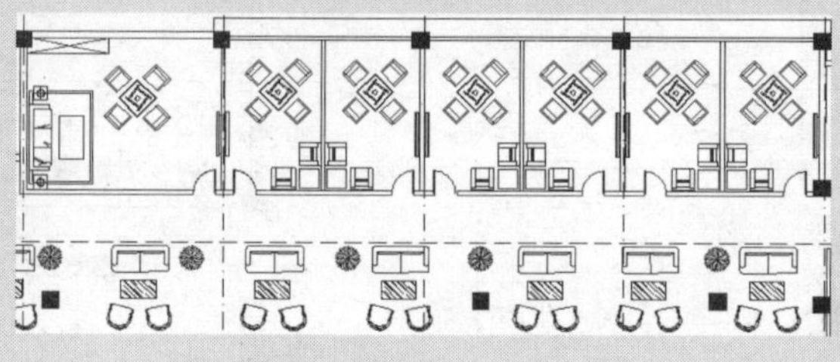

图9-92 茶楼包间平面图

技法解析

本实例在绘制包间平面图的过程中，首先绘制包间门图形，然后插入麻将桌椅和沙发素材，并绘制电视机图形，最后将所需要的图形复制到其他包间中。

	实例路径	实例\第9章\茶楼包间平面图.dwg
	素材路径	素材\第9章\麻将桌椅.dwg、多人沙发.dwg、单人沙发.dwg

步骤01 打开前面绘制的“茶楼大厅平面图.dwg”文件，设置“家具”图层为当前图层，然后执行REC（矩形）命令，在如图9-93所示的门洞处指定矩形的第一个角点。

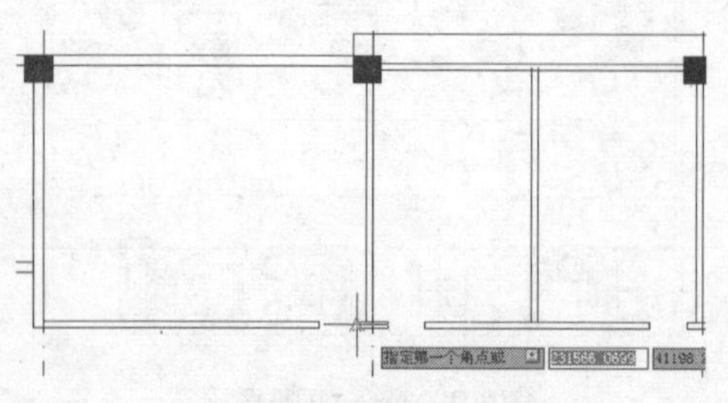

图9-93 指定第一个角点

步骤02 指定矩形下一个角点的相对坐标为“@-40,800”，绘制的矩形如图9-94所示。

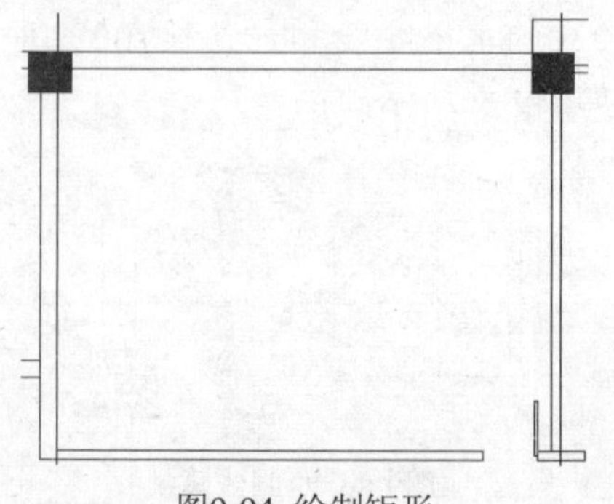

图9-94 绘制矩形

步骤03 执行A（圆弧）命令，在矩形右上方的端点处指定圆弧的起点，如图9-95所示。

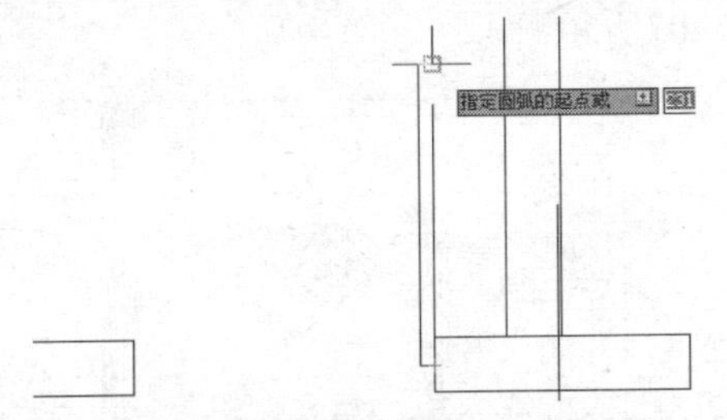

图9-95 指定圆弧起点

步骤04 输入C并确定，启用“圆心（C）”功能，然后在矩形右下方的端点处指定圆弧的圆心，如图9-96所示。

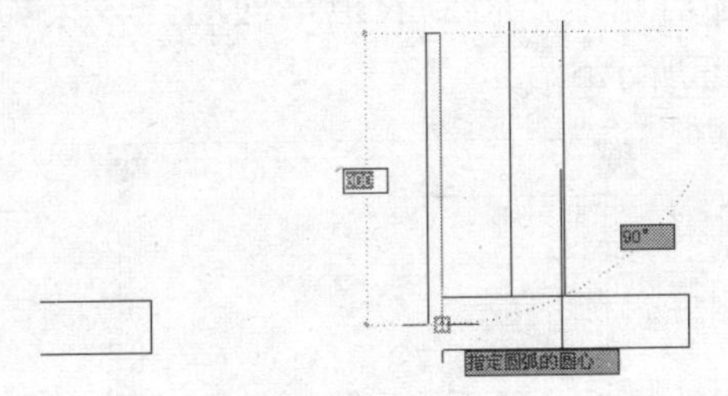

图9-96 指定圆心

步骤05 在门洞左方线段的中心处指定圆弧的端点（如图9-97所示），绘制一条圆弧作为门的开关路径，效果如图9-98所示。

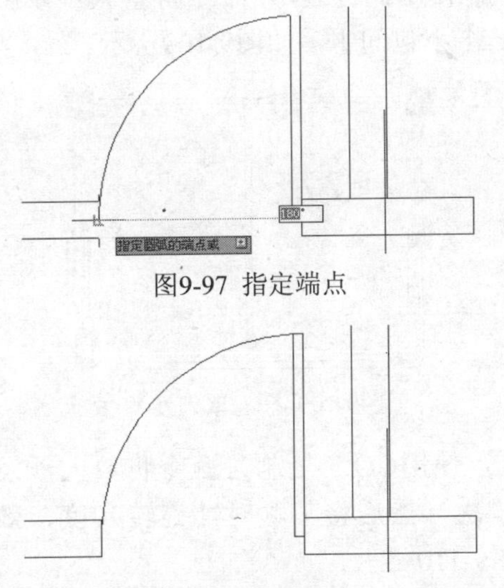

图9-97 指定端点

图9-98 绘制圆弧

步骤06 使用MI（镜像）命令对门图形进行镜像操作，效果如图9-99所示。

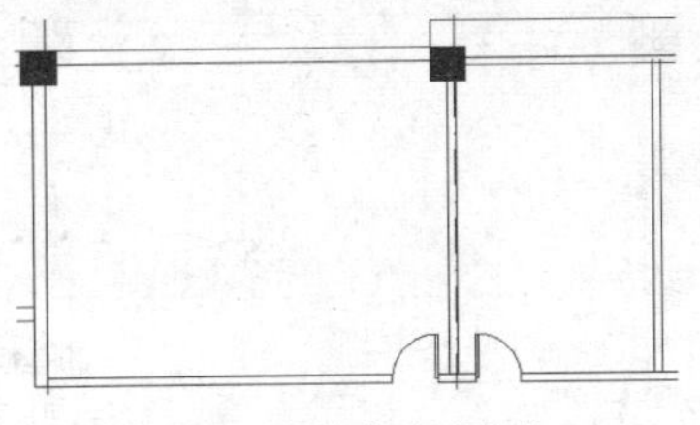

图9-99 镜像门图形

步骤07 使用CO（复制）命令将门图形复制到其他门洞中，如图9-100所示。

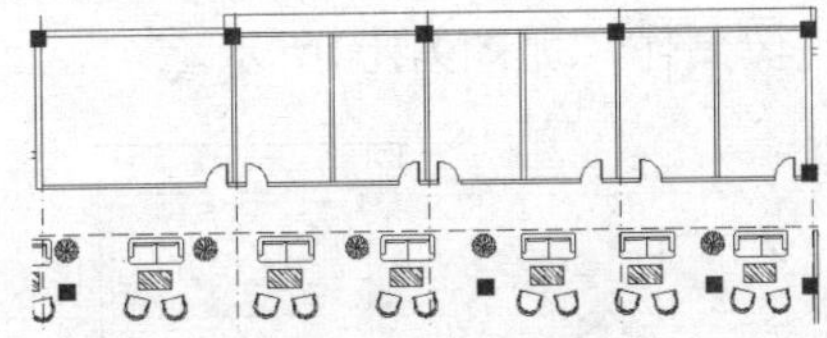

图9-100 复制门图形

步骤08 使用I（插入）命令将麻将桌椅插入到大包间中，如图9-101所示。

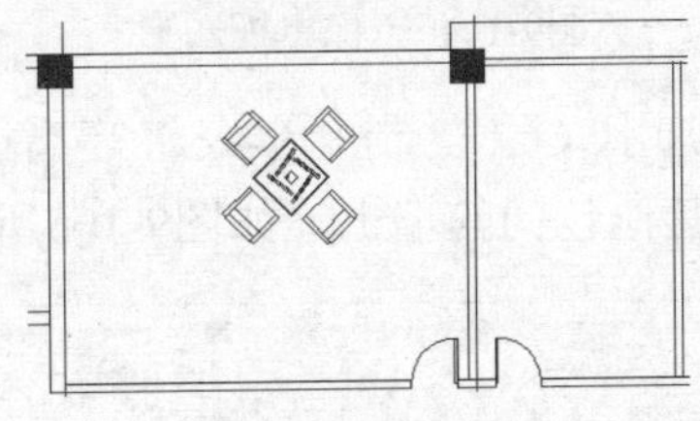

图9-101 插入图形

步骤09 使用CO（复制）命令将麻将桌椅复制到其他包间中，如图9-102所示。

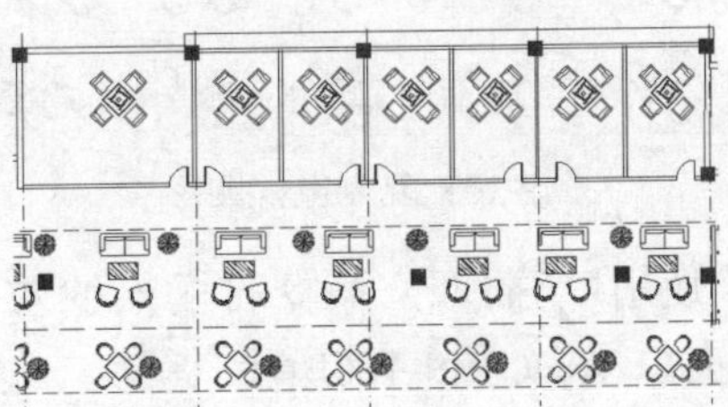

图9-102 复制麻将桌椅

步骤10 使用REC（矩形）命令在大包间中绘制一个长度为100、宽度为1500的矩形和一个长度为100、宽度为1400的矩形，然后使用L（直线）命令绘制一条垂直线段，得到等离子电视图形，并将其放置在墙壁上，如图9-103所示。

图9-103 绘制等离子电视图形

步骤11 使用MI（镜像）命令对等离子电视进行镜像操作，如图9-104所示。

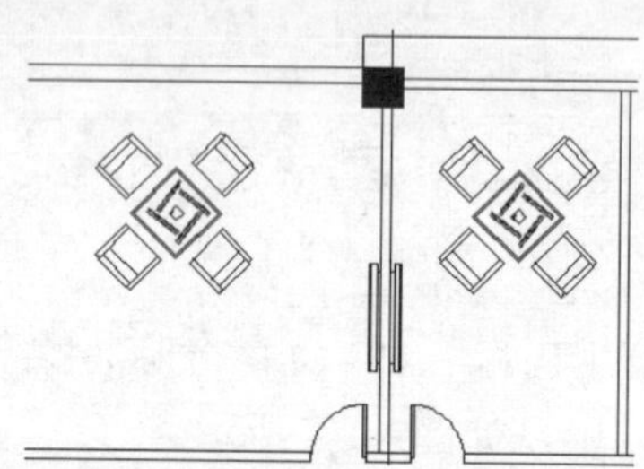

图9-104 镜像电视图形

步骤12 使用CO（复制）命令将等离子电视复制到其他包间的墙上，如图9-105所示。

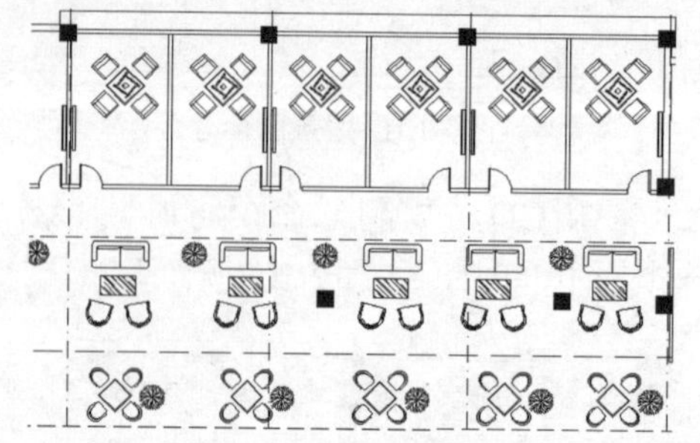

图9-105 复制电视图形

步骤13 使用I（插入）命令将多人沙发插入到大包间中，如图9-106所示。

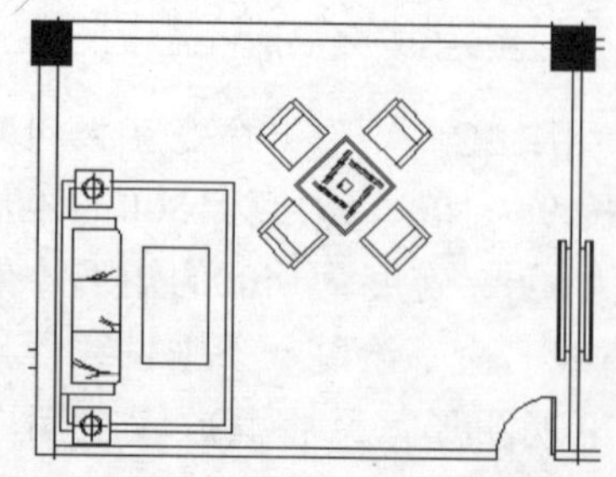

图9-106 插入多人沙发

步骤14 使用REC（矩形）命令在大包间中绘制一个长度为3000、宽度为600的矩形，如图9-107所示。

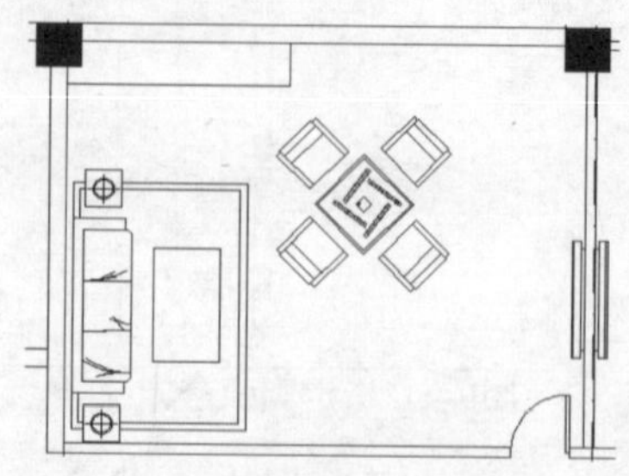

图9-107 绘制矩形

步骤15 使用L（直线）命令在矩形中绘制两条对角线，得到衣柜平面图，效果如图9-108所示。

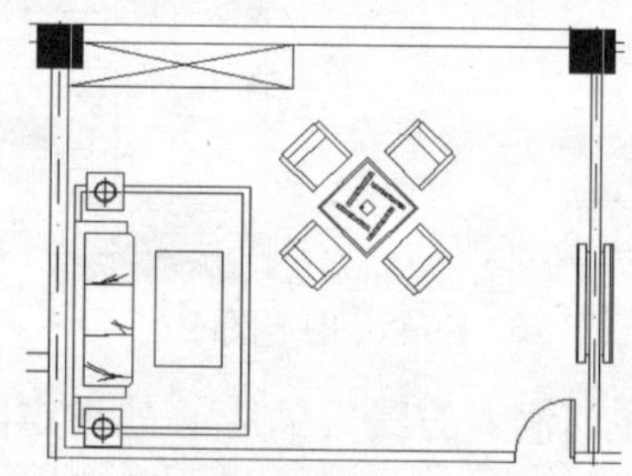

图9-108 绘制衣柜平面图

步骤16 使用I（插入）命令将单人沙发插入到一个小包间中，如图9-109所示。

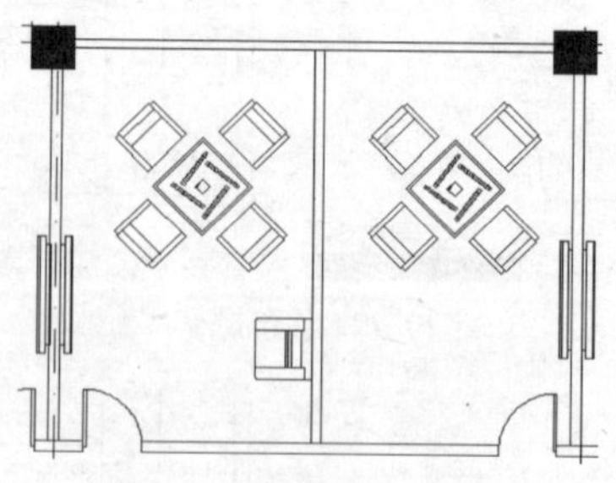

图9-109 插入单人沙发

步骤17 使用CO（复制）命令将单人沙发复制一次，然后将其顺时针旋转90度，效果如图9-110所示。

步骤18 执行REC（矩形）命令，在两个单人沙发间绘制一个长、宽均为680的矩形作为小茶几图形，如图9-111所示。

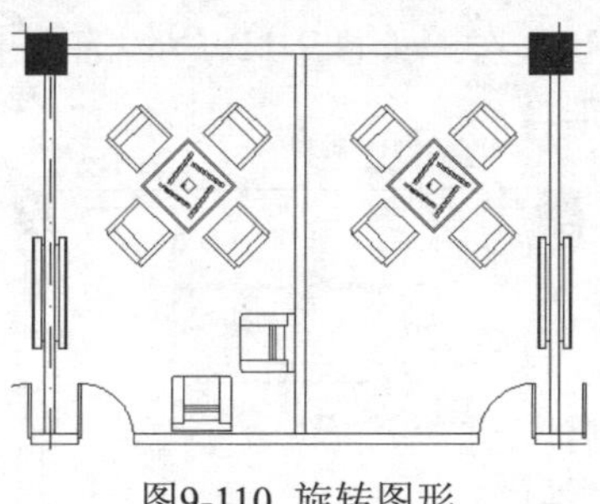
图9-110 旋转图形

图9-111 绘制矩形

步骤19 使用MI（镜像）命令将单人沙发和小茶几图形镜像到另一个小包间中，如图9-112所示。

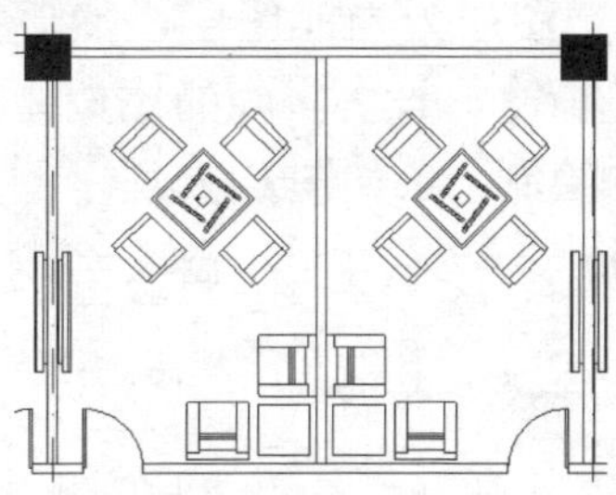
图9-112 镜像图形

步骤20 使用CO（复制）命令将单人沙发和小茶几图形复制到其他小包间中，完成包间平面图的绘制，如图9-113所示。

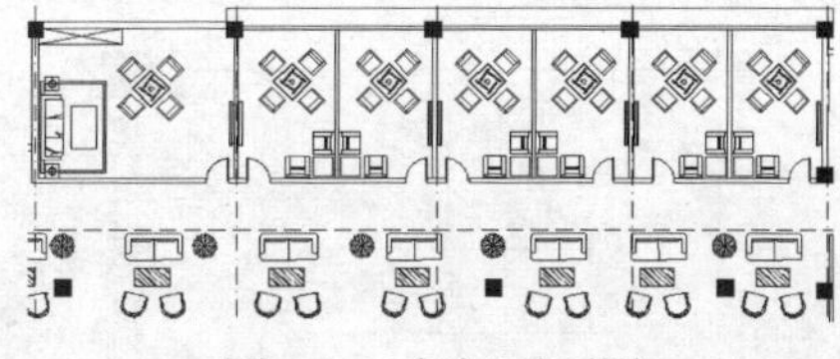
图9-113 包间平面图

实例098 绘制卫生间平面图

本实例将介绍在茶楼结构图的基础上创建卫生间平面图的操作，在绘制卫生间的过程中，要注意区别男、女卫生间，实例效果如图9-114所示。

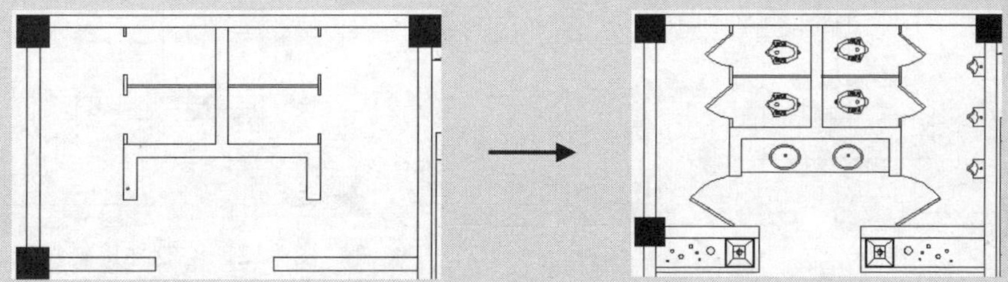
图9-114 绘制茶楼卫生间平面图

技法解析

本实例在绘制卫生间平面图的过程中，首先绘制出卫生间的结构，然后绘制门图形和其他装饰图形，最后使用“插入”命令插入需要的素材。

	实例路径	实例\第9章\卫生间平面图.dwg
	素材路径	素材\第9章\蹲便器.dwg、小便器.dwg

步骤01 打开前面绘制的茶楼包间平面图，设置“0”图层为当前图层，然后执行ML（多线）命令，设置多线的比例为240，在卫生间内绘制一条如图9-115所示的多线。

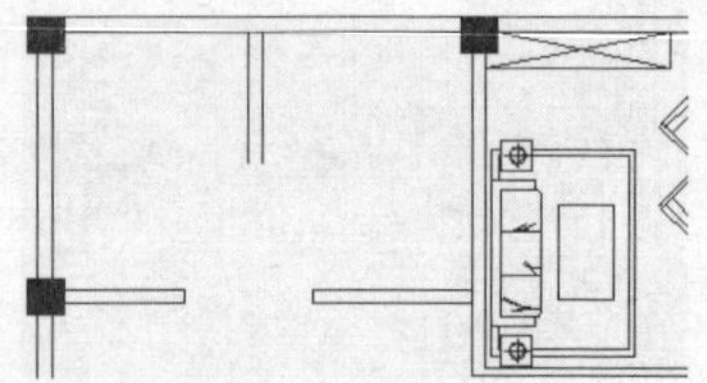

图9-115 绘制多线

步骤02 使用REC（矩形）命令绘制一个长度为3600、宽度为1020的矩形，如图9-116所示。

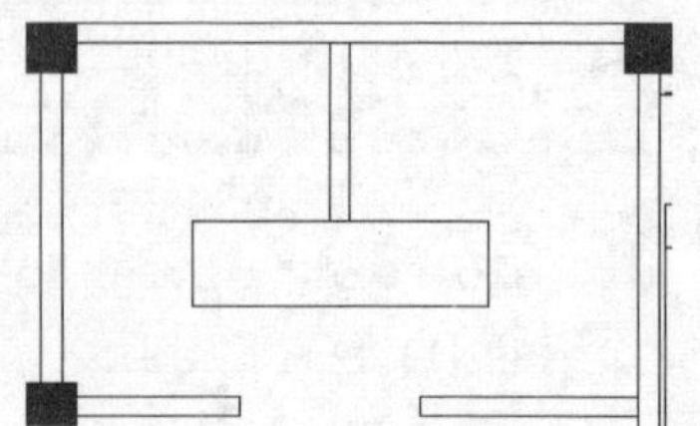

图9-116 绘制矩形

步骤03 使用X（分解）命令将矩形分解，然后使用O（偏移）命令将矩形上方、左方和右方的线段向内偏移240，如图9-117所示。

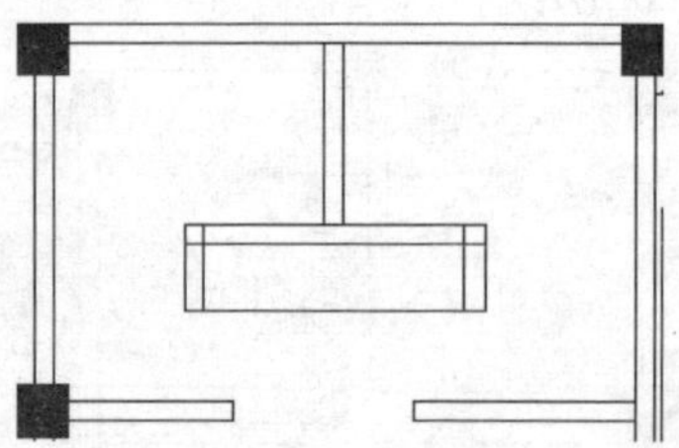

图9-117 偏移线段

步骤04 使用TR（修剪）命令对图形进行修剪，如图9-118所示。

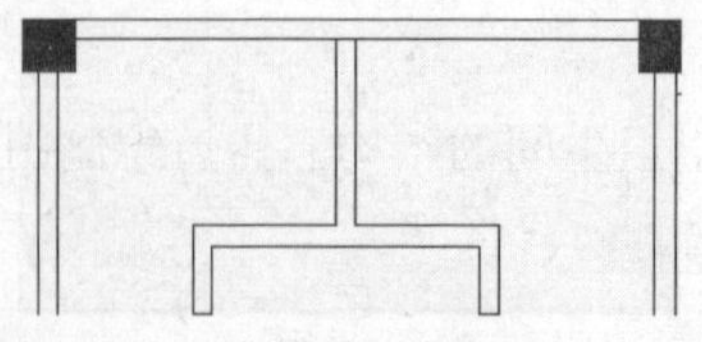

图9-118 修剪图形

步骤05 执行ML（多线）命令，设置多线的比例为40，参照如图9-119所示的效果绘制多线图形。

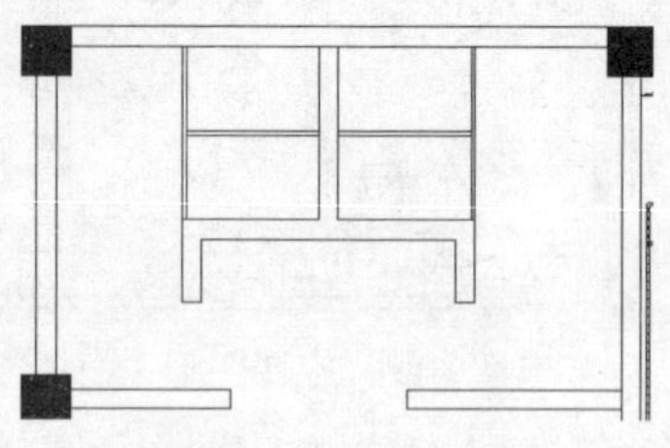

图9-119 绘制多线

步骤06 使用O（偏移）和TR（修剪）命令绘制卫生间的门洞，其尺寸大小为720，如图9-120所示。

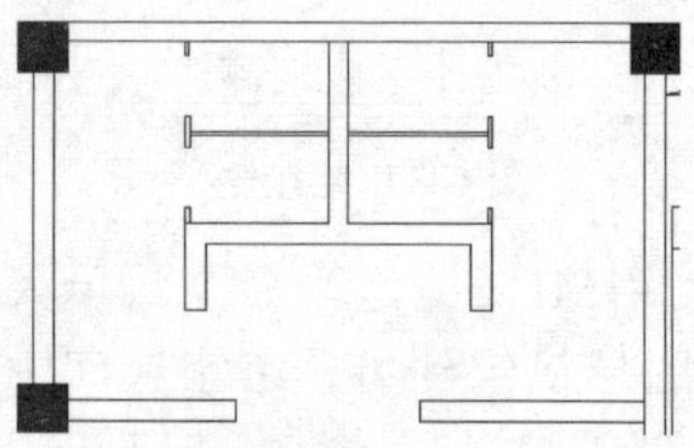

图9-120 绘制门洞

步骤07 使用REC（矩形）命令绘制一个长度为40、宽度为720的矩形，然后对其进行旋转，效果如图9-121所示。

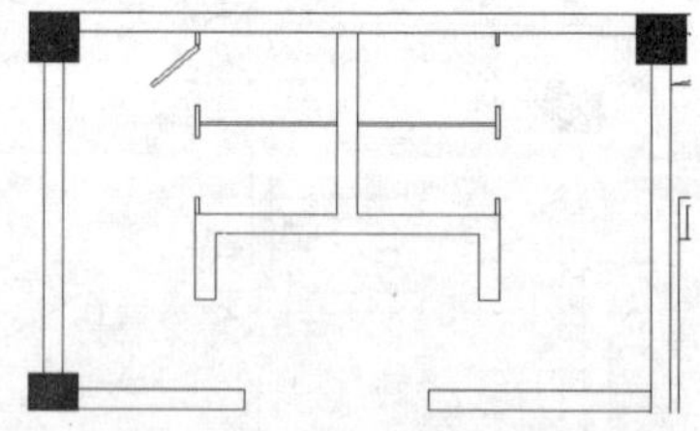

图9-121 绘制并旋转矩形

步骤08 使用A（圆弧）命令绘制一条弧线表示开门的路径，如图9-122所示。

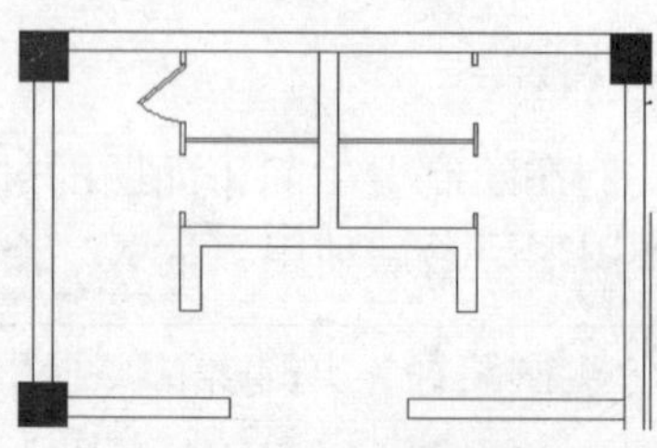

图9-122 绘制弧线

步骤09 使用CO（复制）命令对门进行复制，如图9-123所示。

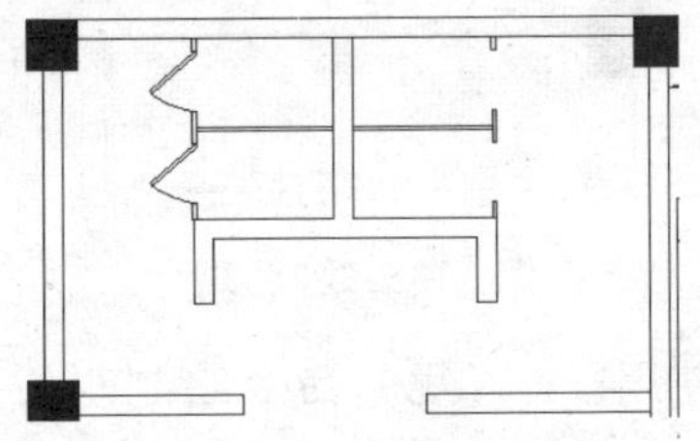
图9-123 复制门图形

步骤10 使用MI（镜像）命令将左方的门图形镜像到图形右方，如图9-124所示。

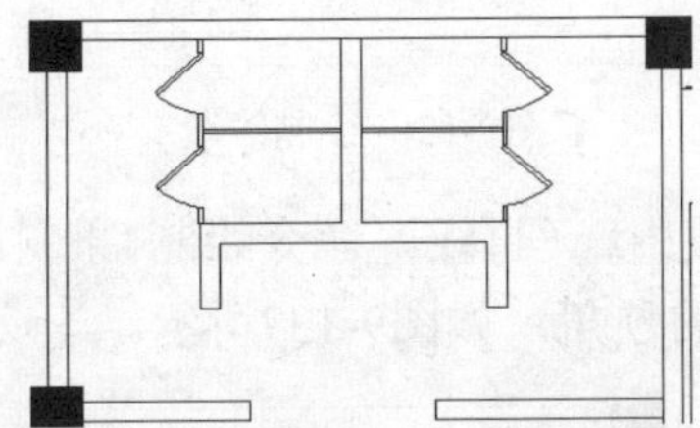
图9-124 镜像门图形

步骤11 使用相同的方法，绘制其他两个门图形，如图9-125所示。

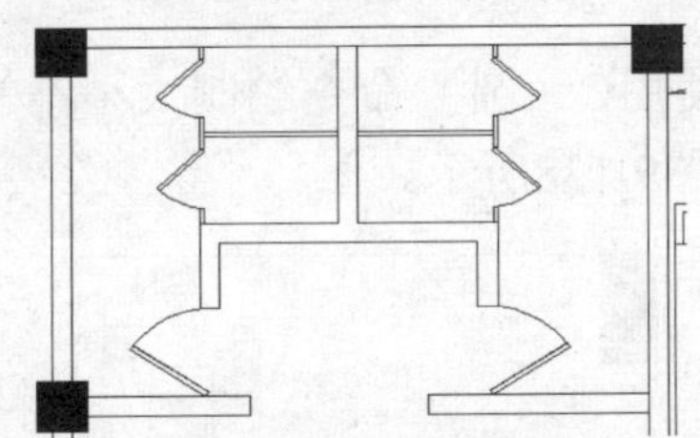
图9-125 绘制门图形

步骤12 使用I（插入）命令插入蹲便器素材，然后对其进行复制，如图9-126所示。

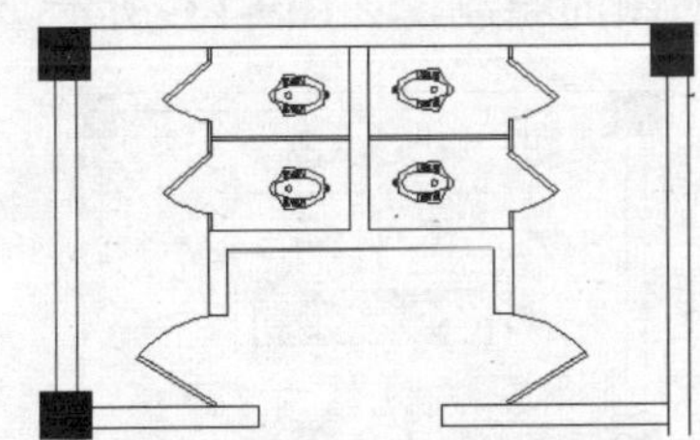
图9-126 插入蹲便器素材

步骤13 使用I（插入）命令在右方的卫生间中插入小便器素材，然后对其进行复制，如图9-127所示。

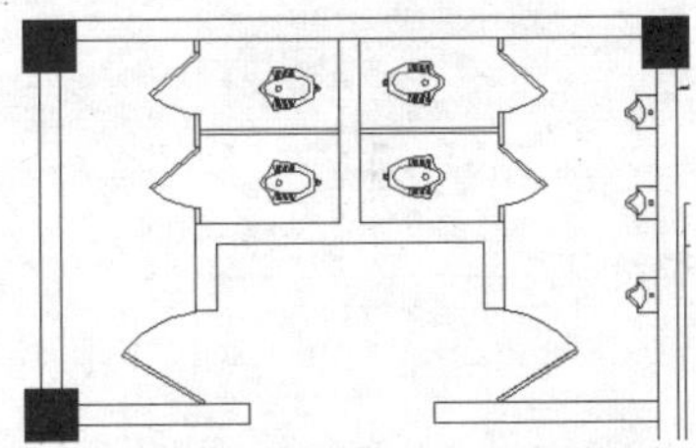
图9-127 插入小便器素材

步骤14 在卫生间外面绘制一条线段，绘制出洗面台图形，如图9-128所示。

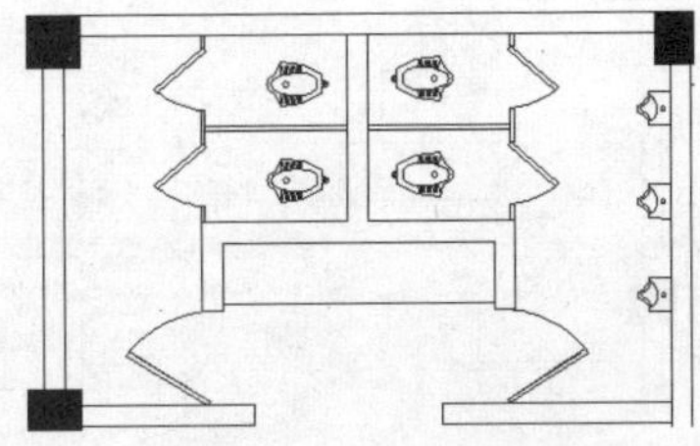
图9-128 绘制线段

步骤15 使用EL（椭圆）命令绘制一个半径1为500、半径2为300的椭圆，然后使用O（偏移）命令将其向内偏移30，效果如图9-129所示。

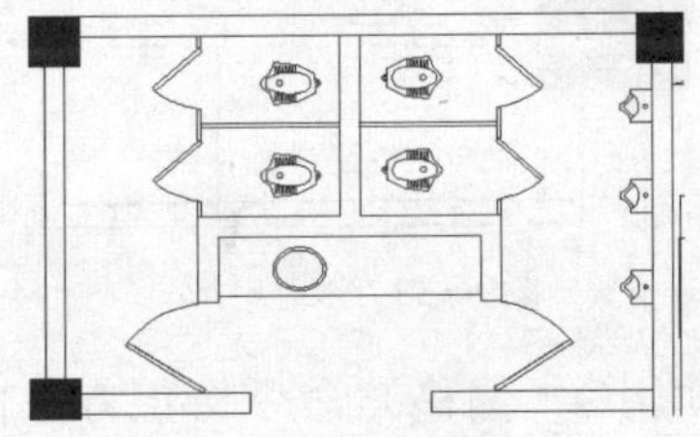
图9-129 绘制椭圆

步骤16 使用C（圆）命令绘制一个半径为20的圆形表示排水孔，如图9-130所示。

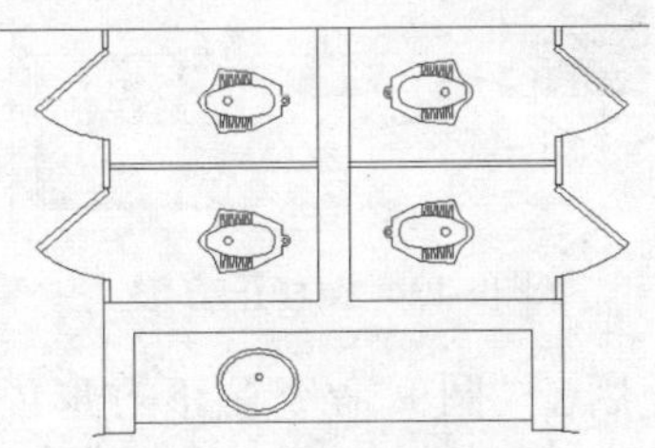
图9-130 绘制圆形

步骤17 使用CO（复制）命令对洗面盆进行复制，如图9-131所示。

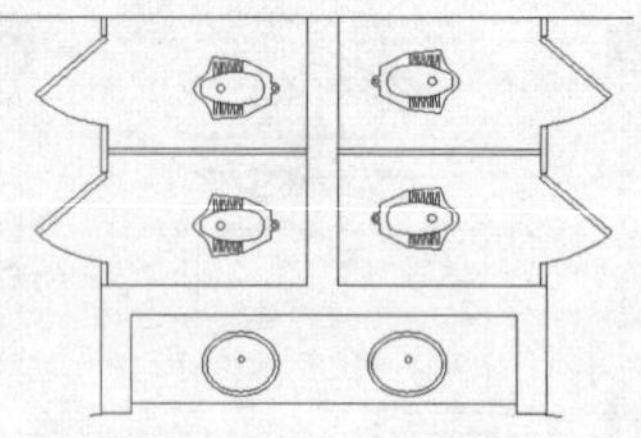
图9-131 复制洗面盆

步骤18 参照图9-132所示的尺寸和效果，使用ML（多线）命令在卫生间的门口绘制出装饰台面轮廓。

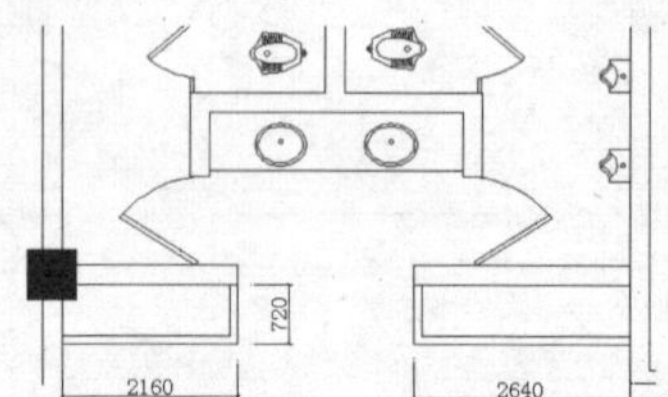

图9-132 绘制多线

步骤19 使用REC（矩形）命令绘制一个边长为560的正方形，如图9-133所示。

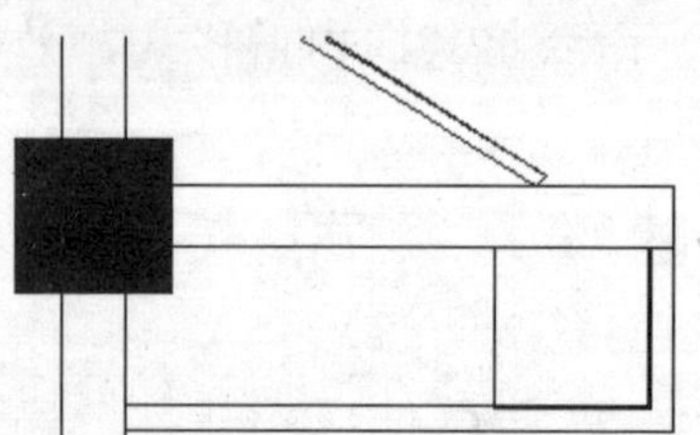
图9-133 绘制矩形

步骤20 使用O（偏移）命令将正方形向内依次偏移24和156个单位，如图9-134所示。

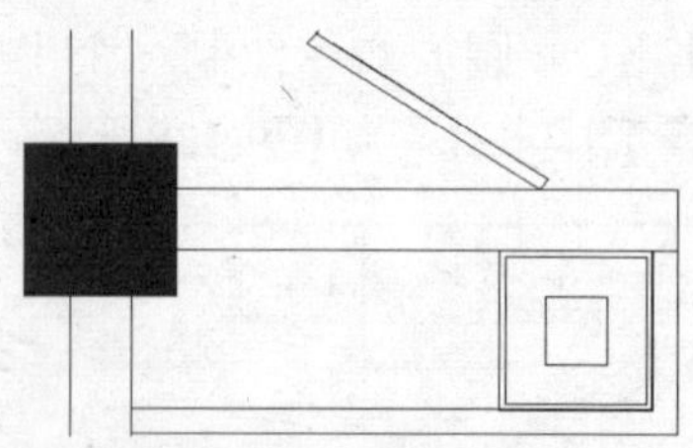
图9-134 偏移正方形

步骤21 使用C（圆）命令在正方形内绘制一个半径为50的圆形，如图9-135所示。

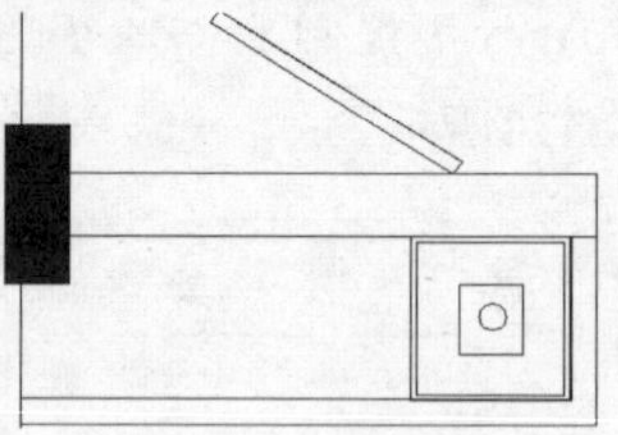
图9-135 绘制圆形

步骤22 使用L（直线）命令绘制两条互相垂直的线段，如图9-136所示。

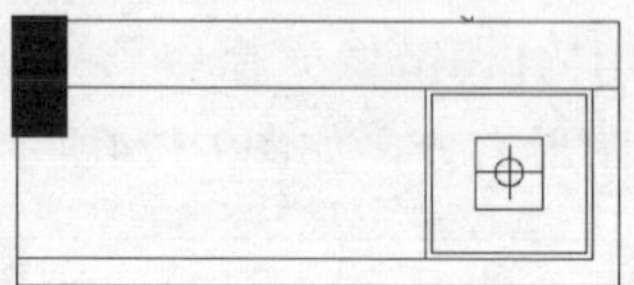
图9-136 绘制线段

步骤23 使用L（直线）命令绘制4条斜线连接正方形的顶角，如图9-137所示。

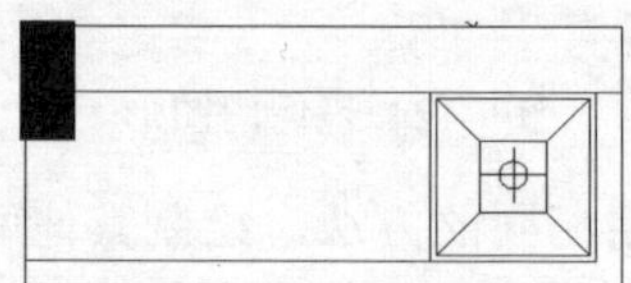
图9-137 绘制4条斜线

步骤24 使用C（圆）命令绘制大小不等的圆形，如图9-138所示。

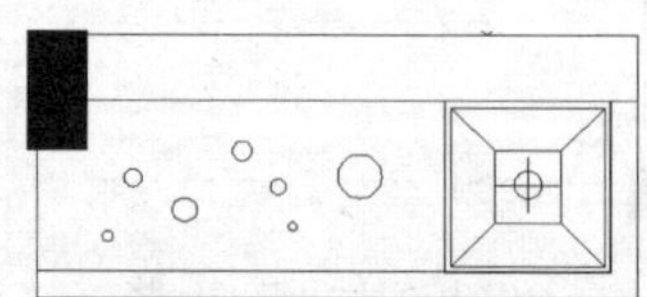
图9-138 绘制圆形

步骤25 对绘制的造型进行镜像操作，完成卫生间平面图的绘制，如图9-139所示。

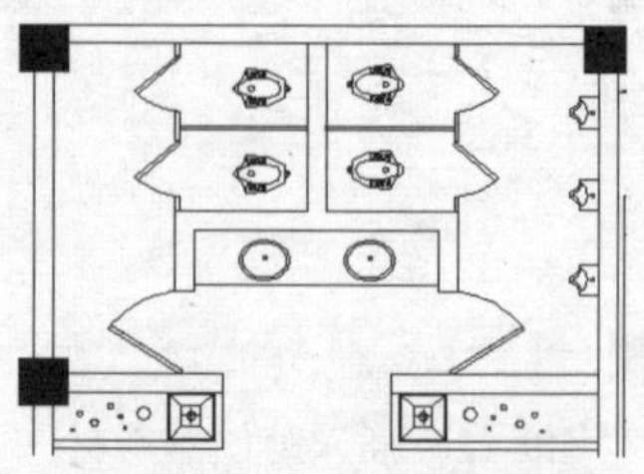
图9-139 卫生间平面图

实例099 绘制茶楼天花图

本实例将介绍绘制茶楼天花图的操作，茶楼天花图可以在结构图的基础上进行修改和绘制，本实例的效果如图9-140所示。

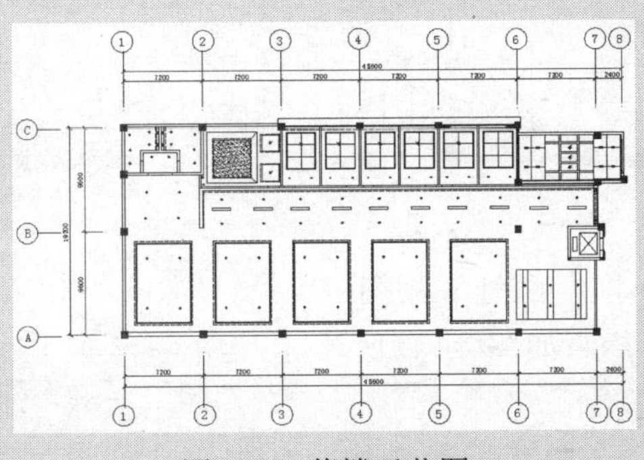

图9-140 茶楼天花图

技法解析

本实例在绘制茶楼天花图的过程中，首先复制茶楼结构图，并对其进行修改，然后依次绘制楼梯间、大厅、包间和卫生间的顶面图形。在绘图过程中，除了需要绘制独特的顶面造型外，还需要使用“插入”命令对灯具等常用图块进行调用。

	实例路径	实例\第9章\茶楼天花图.dwg
	素材路径	素材\第9章\金卤灯.dwg、射灯.dwg

步骤01 使用CO（复制）命令复制茶楼结构图，然后参照如图9-141所示的效果，使用L（直线）命令连接门洞，然后使用E（删除）命令将图形中不需要的线段删除。

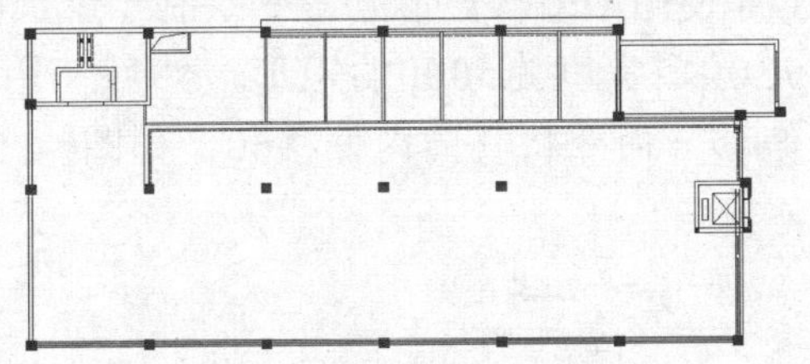

图9-141 修改茶楼结构图

步骤02 设置“0”图层为当前图层，使用O（偏移）命令将楼梯左方的墙线向右依次偏移1200、1200、1200、1800、1200、1200，如图9-142所示。

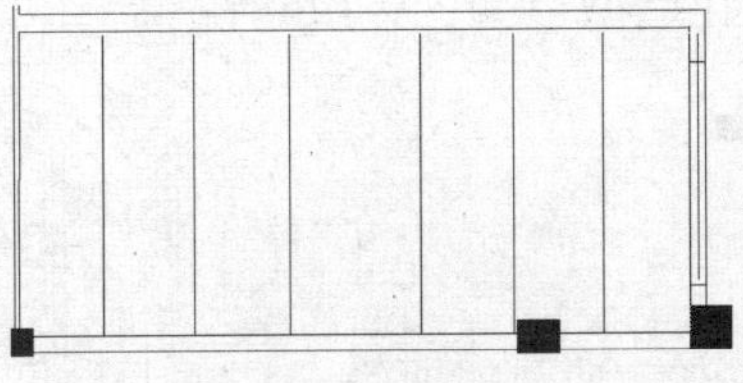

图9-142 偏移线段

步骤03 使用REC（矩形）命令绘制一个长度为1500、宽度为660的矩形，然后对矩形进行复制，如图9-143所示。

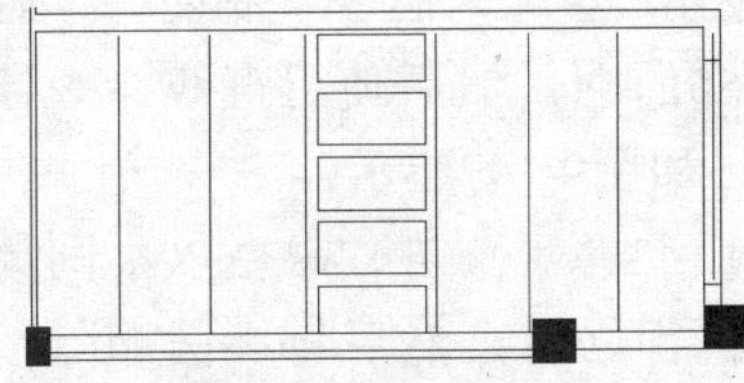

图9-143 绘制并复制矩形

步骤04 参照如图9-144所示的效果，使用L（直线）命令绘制多条线段，绘制出楼梯处的天花造型。

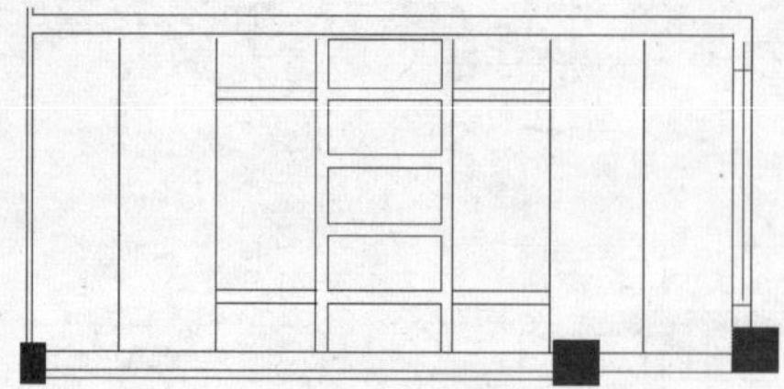

图9-144 绘制楼梯处天花造型

步骤05 使用I（插入）命令将金卤灯和射灯图块插入到图形中，然后参照如图9-145所示的效果对灯具图形进行复制。

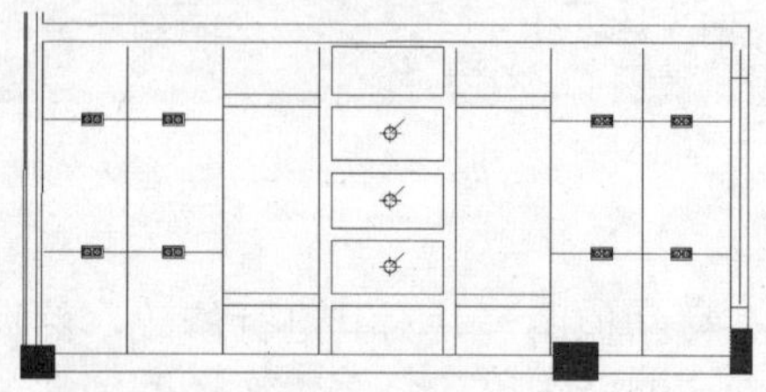

图9-145 插入并复制灯具图形

步骤06 使用REC（矩形）命令绘制一个长度为4600、宽度为6400的矩形和3个长度为480、宽度为4600的矩形，绘制出大厅进门处的天花造型，如图9-146所示。

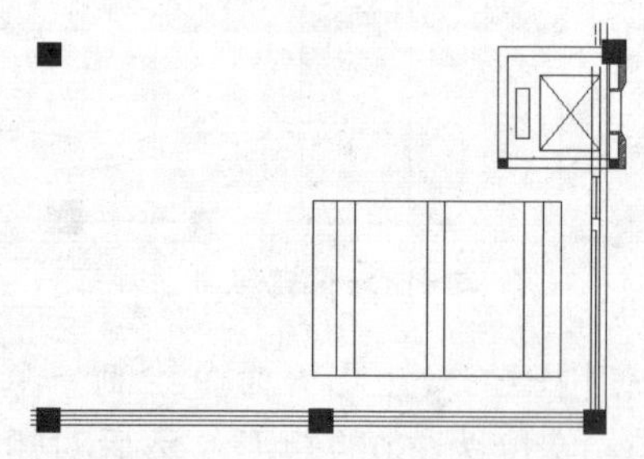

图9-146 绘制门厅天花造型

步骤07 使用C（圆）命令绘制两个半径分别为70和50的圆，然后使用直线命令绘制两条线段，如图9-147所示。

步骤08 使用TR（修剪）命令以小圆为边界对线段进行修剪，然后将小圆删除，绘制出筒灯效果，如图9-148所示。

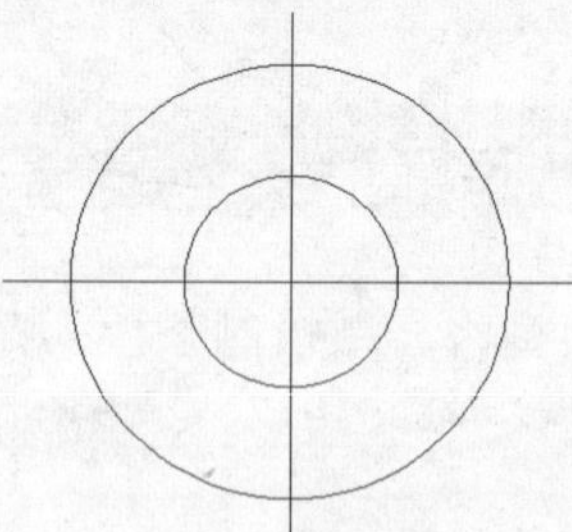

图9-147 绘制圆和线段

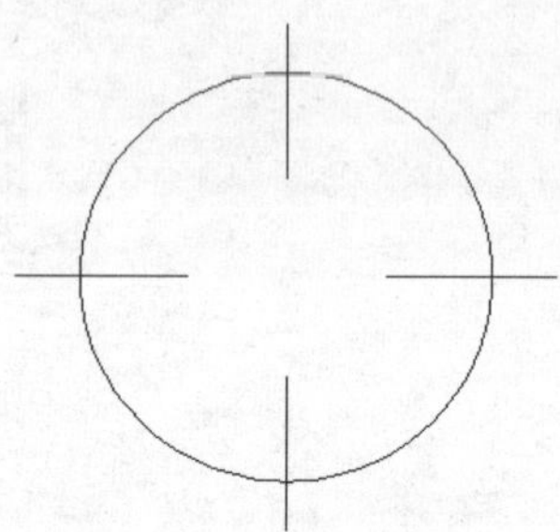

图9-148 绘制筒灯

步骤09 将绘制的筒灯图形复制到大厅进门处的天花造型上，并参照如图9-149所示的效果对筒灯进行分布。

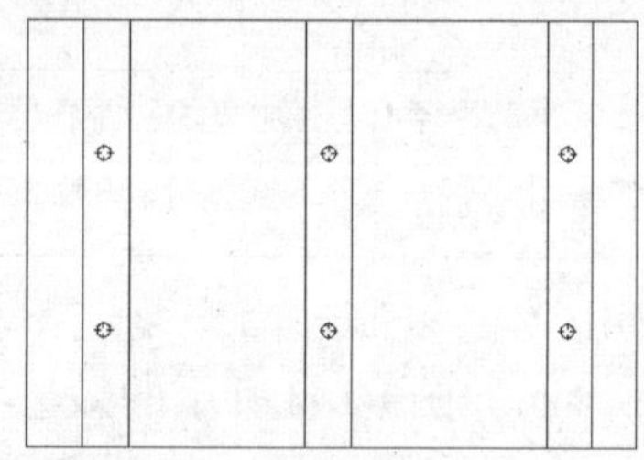

图9-149 复制筒灯

步骤10 使用REC（矩形）命令绘制一个长度为7300、宽度为5000的矩形，然后使用O（偏移）命令将其向内偏移60，如图9-150所示。

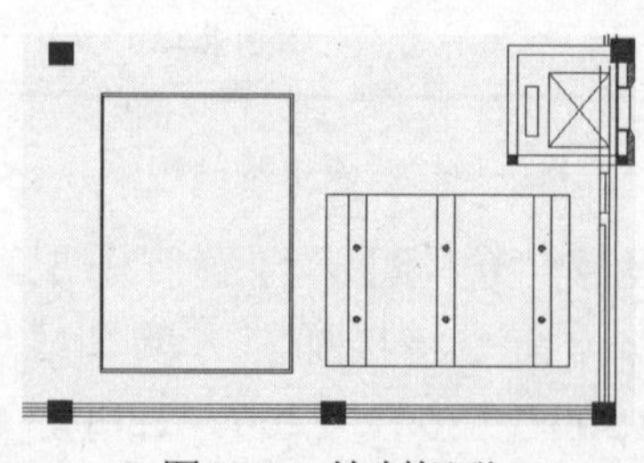

图9-150 绘制矩形

步骤11 使用CO（复制）命令将筒灯图形复制4次，并将这些筒灯图形分布到矩形图形的4个角，效果如图9-151所示。

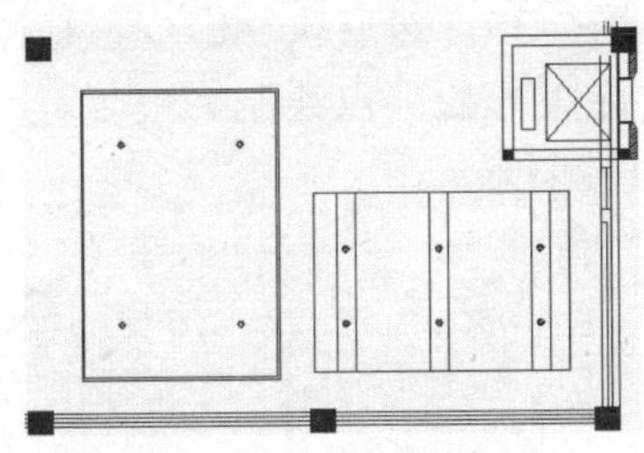

图9-151 复制筒灯

步骤12 使用O（偏移）命令将大矩形向外偏移80，然后将所得到矩形的线型设置为虚线，绘制灯带效果，如图9-152所示。

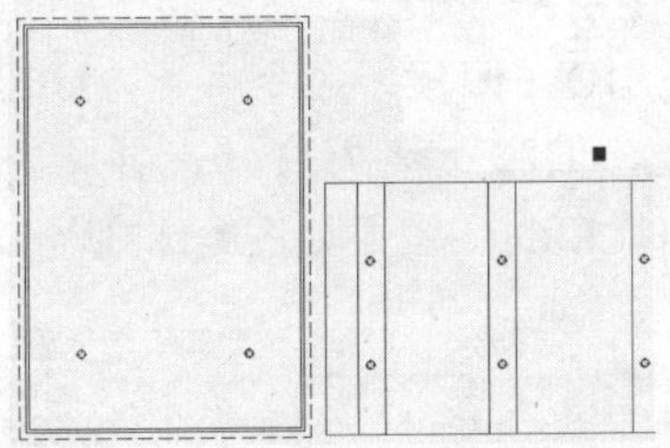

图9-152 绘制灯带

步骤13 对绘制的天花造型、灯带和筒灯图形进行复制，并参照如图9-153所示的效果对图形进行分布。

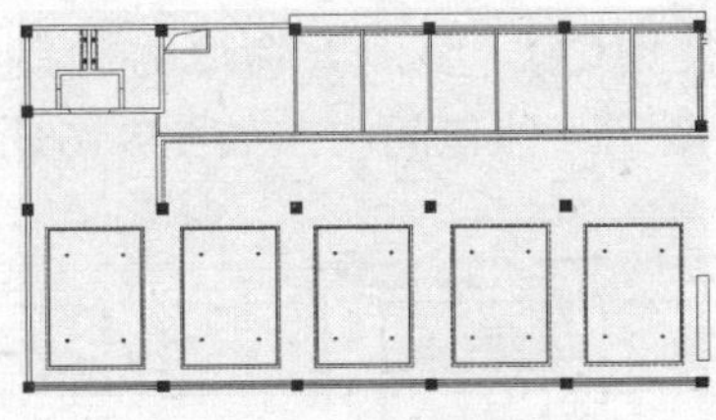

图9-153 复制图形

步骤14 使用CO（复制）命令对矩形和筒灯进行复制，完成大厅天花的绘制，效果如图9-154所示。

步骤15 使用REC（矩形）命令在大包间的上方绘制一个边长为4700的正方形，然后使用O（偏移）命令将矩形向内偏移40，效果如图9-155所示。

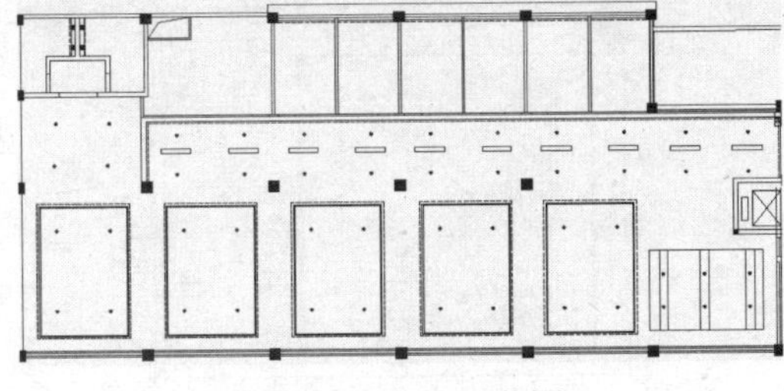

图9-154 大厅天花图

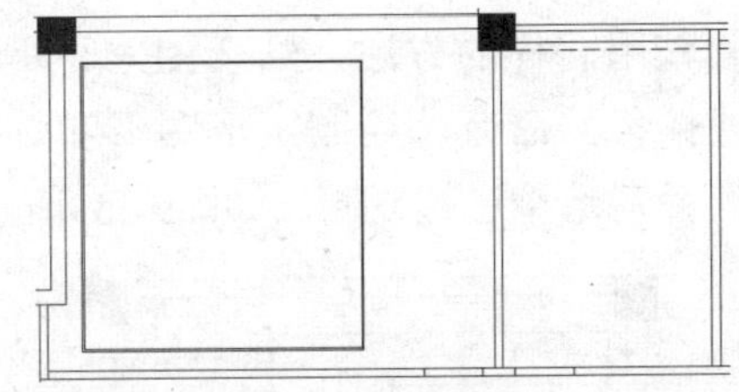

图9-155 绘制矩形

步骤16 使用REC（矩形）命令绘制一个边长为3400的正方形，然后使用O（偏移）命令将矩形向外偏移120，并设置得到的矩形的线型为虚线，绘制灯带效果，如图9-156所示。

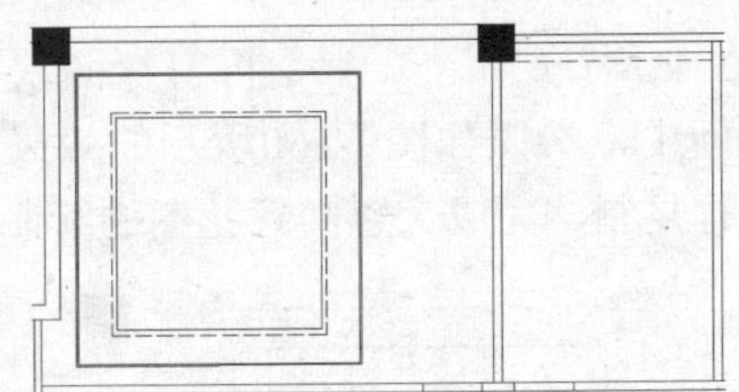

图9-156 绘制灯带

步骤17 执行H（图案填充）命令，打开“图案填充和渐变色”对话框，设置填充图案为“AR-SAND”图案，设置比例为150（如图9-157所示），然后对中间矩形进行填充，效果如图9-158所示。

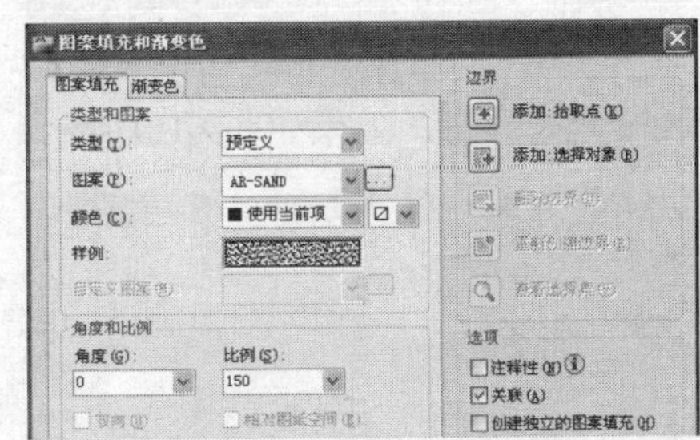

图9-157 设置图案填充参数

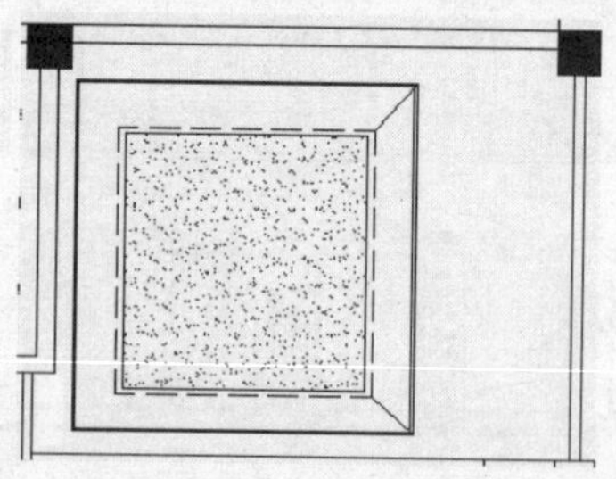

图9-158 图案填充效果

步骤18 使用同样的方法，结合REC（矩形）和O（偏移）命令，绘制矩形图形和灯带效果，然后对造型进行复制，如图9-159所示。

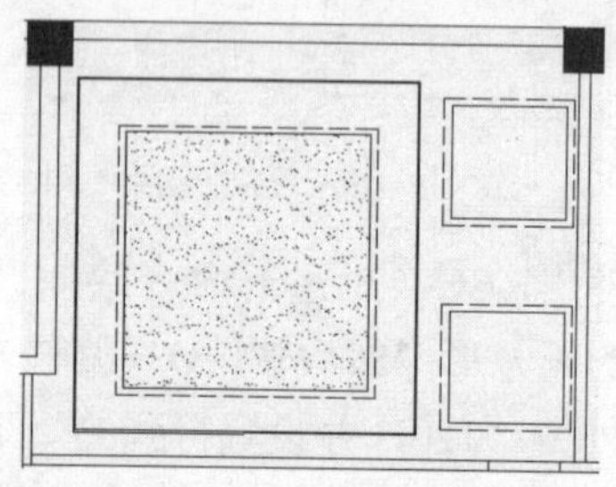

图9-159 绘制顶面造型

步骤19 使用I（插入）命令将射灯图块插入到包间中，参照如图9-160所示的效果对灯具进行复制，完成大包间天花图的绘制。

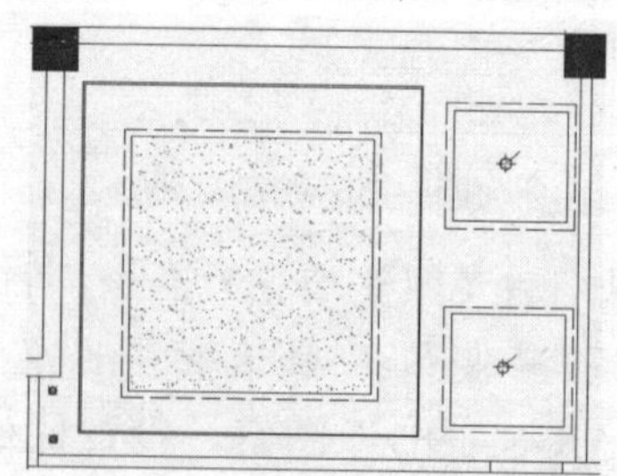

图9-160 大包间天花图

步骤20 使用L（直线）、O（偏移）和TR（修剪）命令在距包间上方150处的位置绘制一条水平线段作为灯带，效果如图9-161所示。

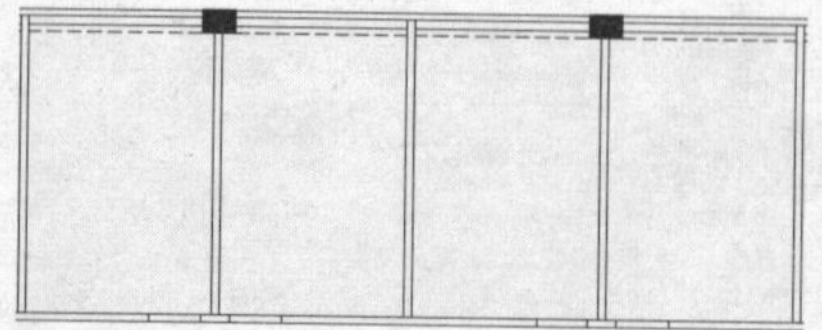

图9-161 绘制灯带

步骤21 使用REC（矩形）命令在包间内绘制一个长度为2400、宽度为3000的矩形。使用O（偏移）命令将矩形向内偏移两次，偏移距离均为36，然后执行L（直线）命令，通过捕捉矩形的顶点绘制4条斜线段，效果如图9-162所示。

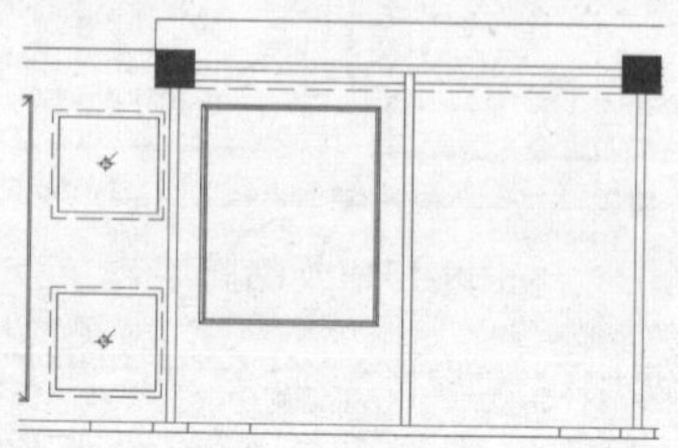

图9-162 绘制矩形和斜线段

步骤22 使用X（分解）命令将大矩形分解，然后使用O（偏移）命令将上方线段向下偏移两次，偏移距离为1140，并将左方线段向右偏移1368，效果如图9-163所示。

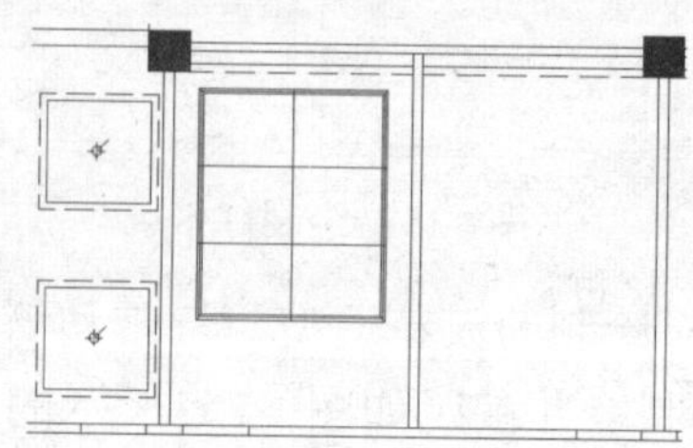

图9-163 偏移线段

步骤23 使用CO（复制）命令将绘制的顶面造型复制到其他包间中，如图9-164所示。

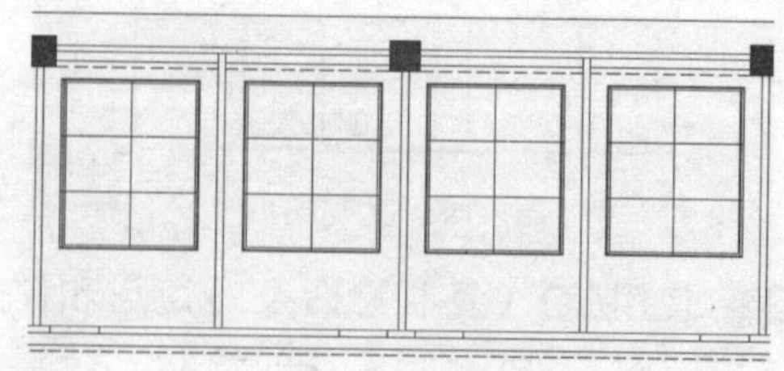

图9-164 复制顶面图形

步骤24 使用I（插入）命令将射灯图块插入到包间中，然后参照如图9-165所示的效果对灯具进行复制，完成普通包间天花图的绘制。

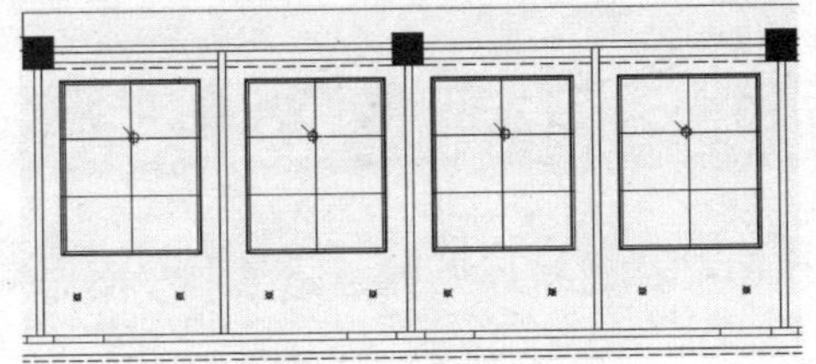
图9-165 普通包间天花图

步骤25 使用L（直线）命令绘制两条线段，然后使用O（偏移）命令将线段向外偏移80，并设置偏移得到的线段的线型为虚线，绘制卫生间的天花图，如图9-166所示。

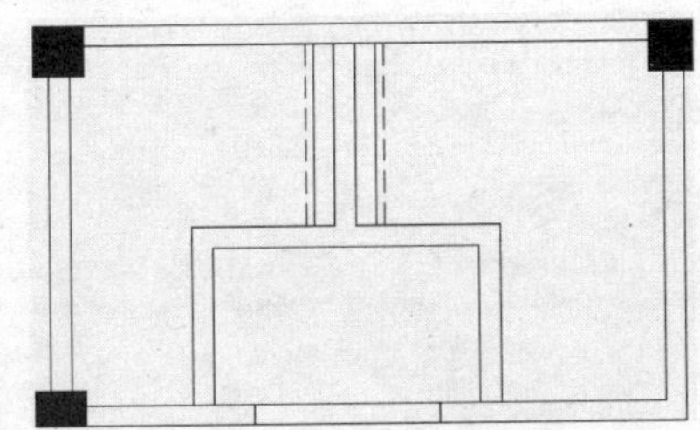
图9-166 绘制天花图

步骤26 将筒灯图形复制到卫生间天花图中，效果如图9-167所示。

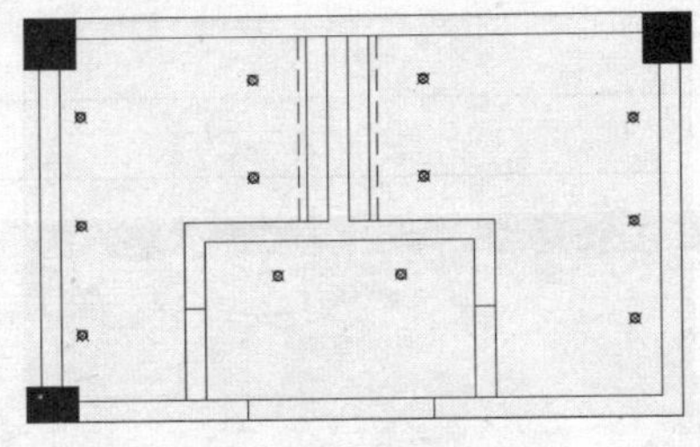
图9-167 复制灯具

步骤27 使用REC（矩形）命令绘制一个边长为240的正方形，然后使用O（偏移）命令将其向内依次偏移20、30、35，如图9-168所示。

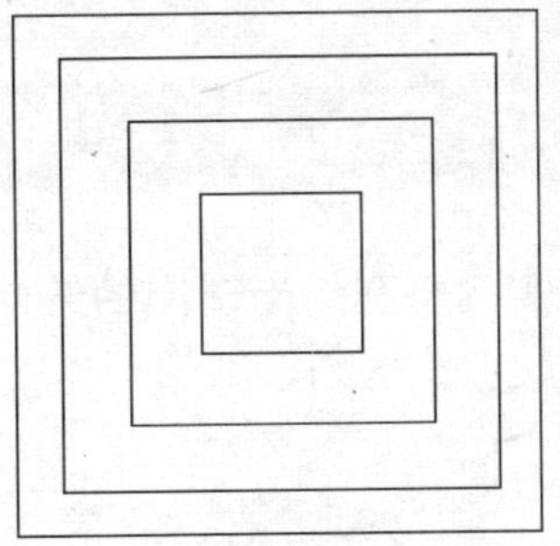
图9-168 绘制并偏移正方形

步骤28 执行L（直线）命令，通过捕捉矩形的顶点绘制两条对角线，绘制排气扇图形，如图9-168所示。

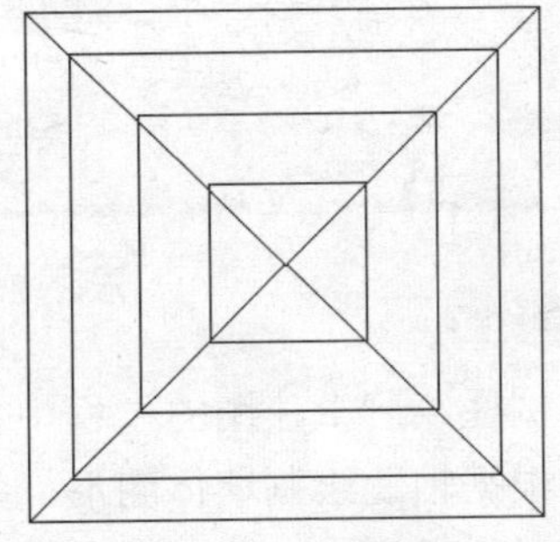
图9-169 绘制排气扇

步骤29 使用CO（复制）命令对排气扇进行复制和粘贴（如图9-170所示），完成卫生间顶面图的绘制。

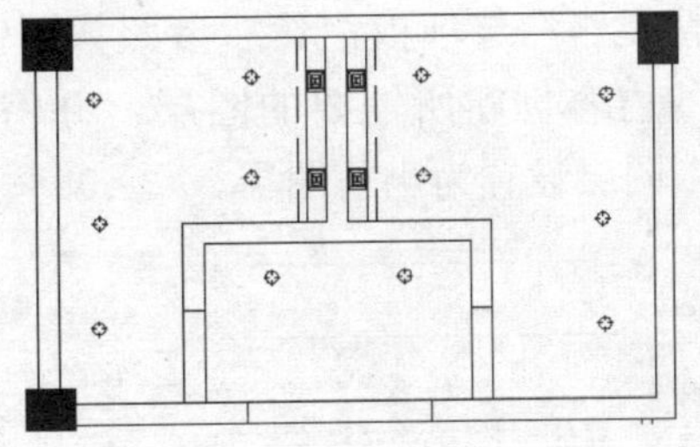
图9-170 卫生间天花图

技巧提示

灯具在室内设计中起非常重要的作用，因此在顶面图设计中需要特别注意灯具的应用和分布。设计人员应清楚地掌握各种灯具的特点和安放位置。例如，吸顶灯是直接安装在天棚上的，吊灯是通过吊件悬挂在空间的某一高度，筒灯则是安装在天棚的顶棚里面，而且灯口与顶棚面大致对齐。

实例100 绘制土建图

本实例将介绍土建图的绘制操作。建筑土建图又称建筑原始图，是绘制平面布局图的基础，本实例的效果如图9-171所示。

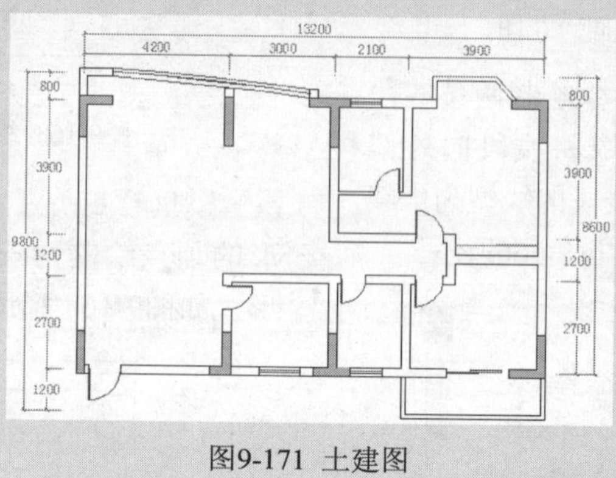

图9-171 土建图

技法解析

本实例在绘制土建图的过程中，首先创建绘图所需要的图层，然后绘制土建图结构的轴线，并根据轴线绘制墙体图形，接下来绘制门图形和窗户图形，最后设置标注样式并对图形进行尺寸标注。

	实例路径	实例\第9章\土建图.dwg
	素材路径	素材\第9章\无

步骤01 执行LA（图层）命令，打开“图层特性管理器”选项板，然后参照如图9-172所示的内容创建所需要的图层，并将“中轴线”图层设置为当前图层。

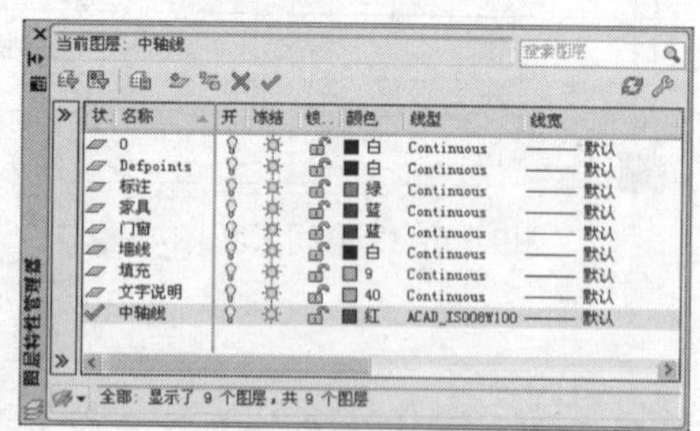

图9-172 创建图层

步骤02 选择“格式”|“线型”命令，打开“线型管理器”对话框，设置“全局比例因子”为20，如图9-173所示。

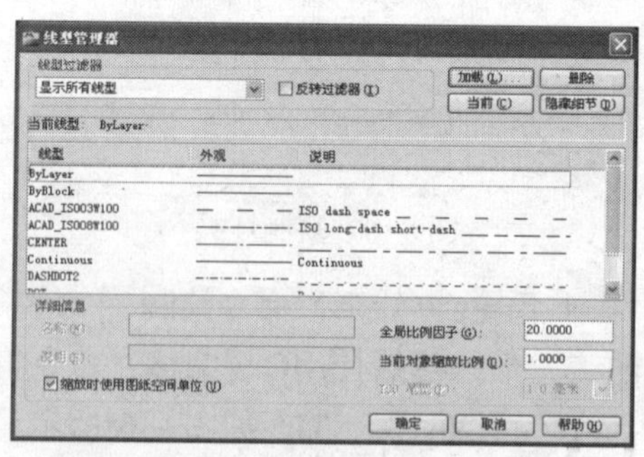

图9-173 设置全局比例因子

步骤03 选择“工具”|“草图设置”命令，打开“草图设置”对话框，在“对象捕捉”选项卡中选中“启用对象捕捉”复选框，在“对象捕捉模式”区域中选中“端点”、“中点”、“交点”、“垂足”、“最近点”复选框（如图9-174所示），然

后进行确定。

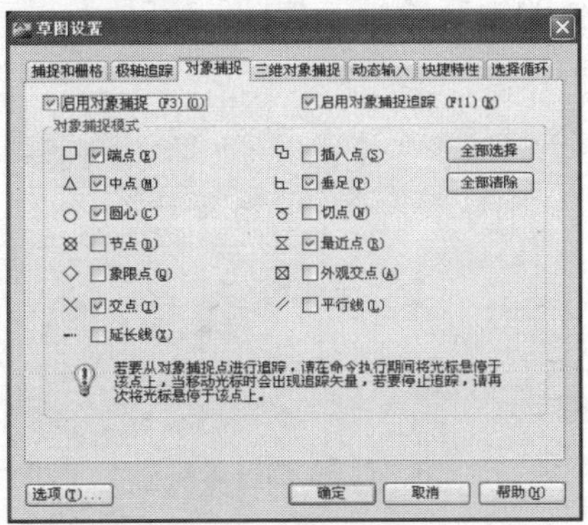

图9-174 设置对象捕捉

步骤04 执行L（直线）命令，绘制一条长13200的水平线段和一条长9800的垂直线段，如图9-175所示。

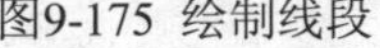

图9-175 绘制线段

步骤05 执行O（偏移）命令，将垂直线段向右偏移，偏移距离依次为4200、3000、2100、3900，如图9-176所示。

图9-176 偏移线段

步骤06 使用O（偏移）命令将水平线段向上偏移，偏移距离依次为1200、2700、1200、3900、800，效果如图9-177所示。

步骤07 将“墙线”图层设置为当前图层，然后执行ML（多线）命令，设置多线比例为240，绘制一条多线作为墙线，如图9-178所示。

图9-177 偏移线段

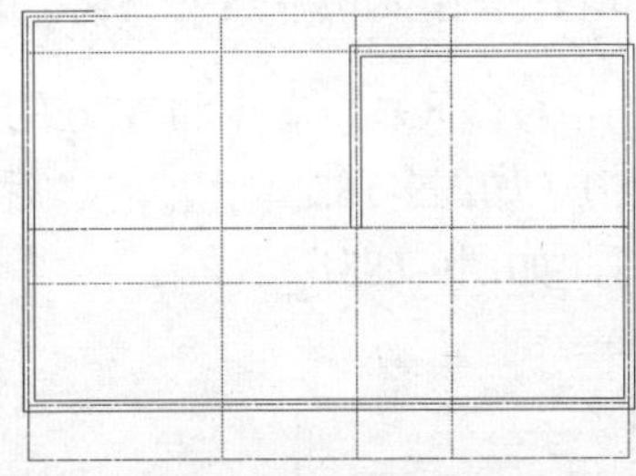

图9-178 绘制多线

步骤08 使用ML（多线）命令绘制其他墙线，效果如图9-179所示。

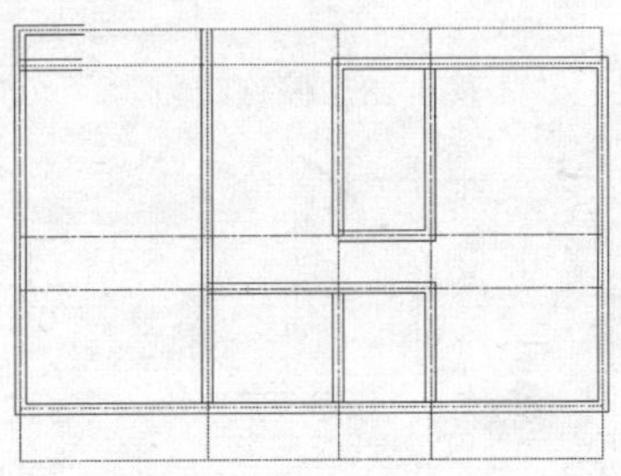

图9-179 绘制墙线

步骤09 执行ML（多线）命令，设置多线比例为120，绘制一条多线作为阳台墙线，如图9-180所示。

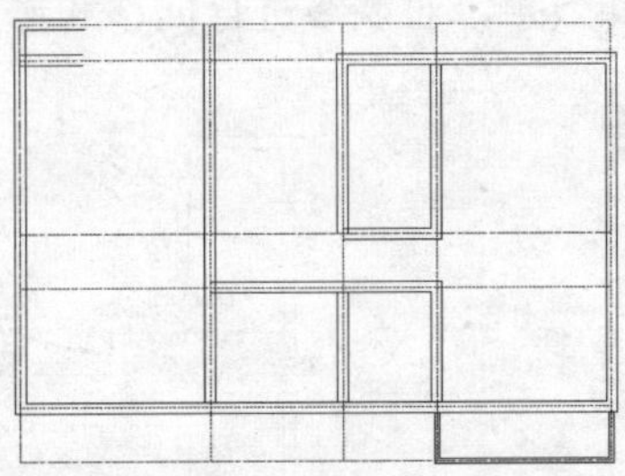

图9-180 绘制阳台墙线

步骤10 使用X（分解）命令将多线分解，然后关闭“中轴线”图层，如图9-181所示。

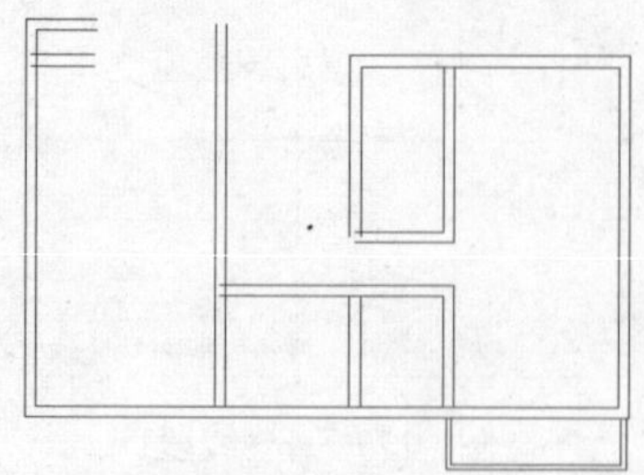

图9-181 关闭“中轴线”图层的效果

步骤11 使用偏移（O）命令将左方的墙线向右偏移980（如图9-182所示），然后对图形进行修剪，如图9-183所示。

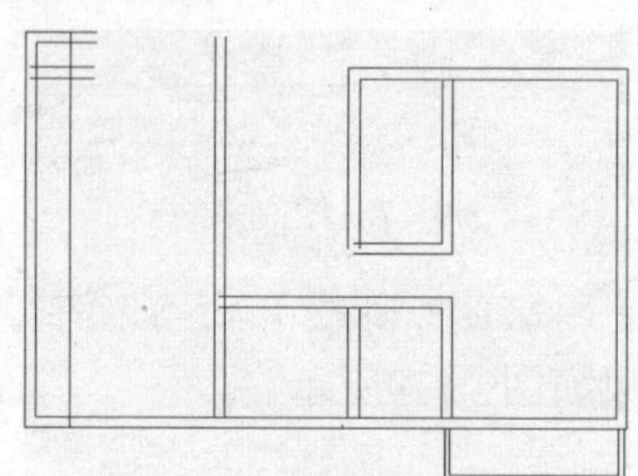

图9-182 偏移线段

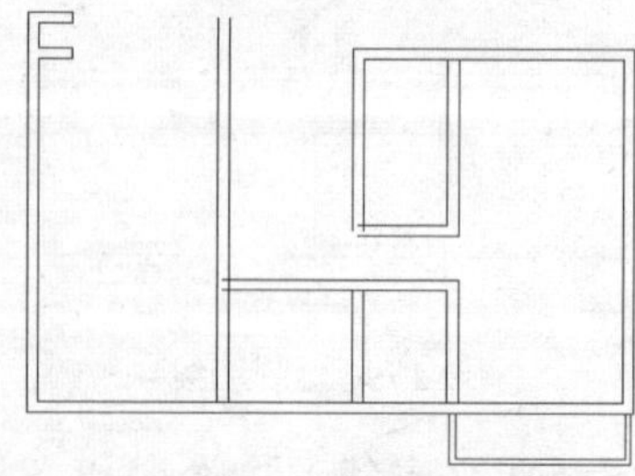

图9-183 修剪图形

步骤12 使用相同的方法，根据如图9-184所示的尺寸和效果，对墙线进行偏移和修剪。

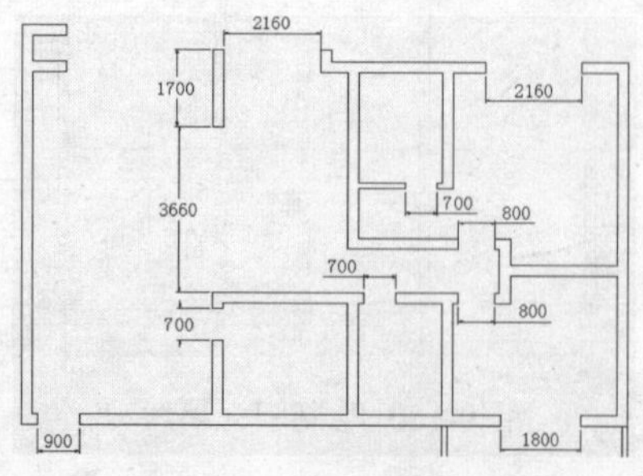

图9-184 偏移和修剪图形

步骤13 使用O（偏移）和TR（修剪）命令绘制墙体的填充轮廓，如图9-185所示。

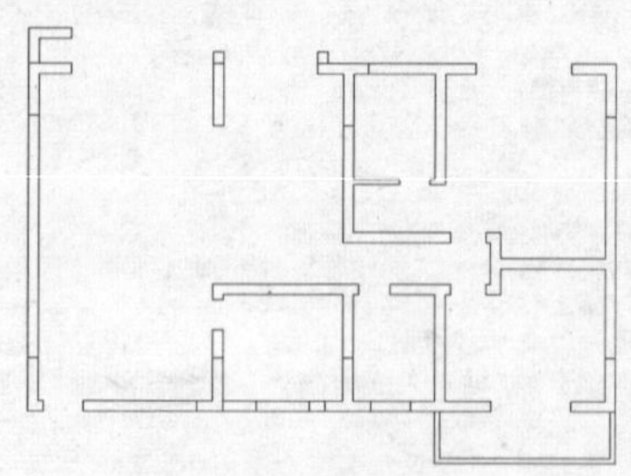

图9-185 绘制填充轮廓

步骤14 将“填充”图层设置为当前图层，执行H（图案填充）命令，打开“图案填充和渐变色”对话框，选择SOLTD图案（如图9-186所示），然后单击“添加：拾取点”按钮，进入绘图区指定填充图案的区域，填充效果如图9-187所示。

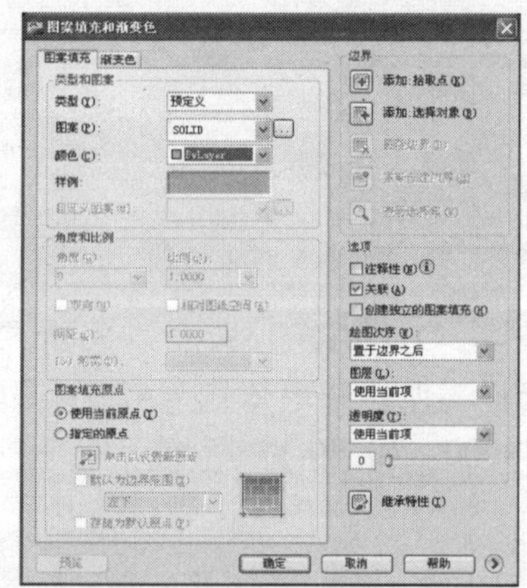

图9-186 设置图案填充参数

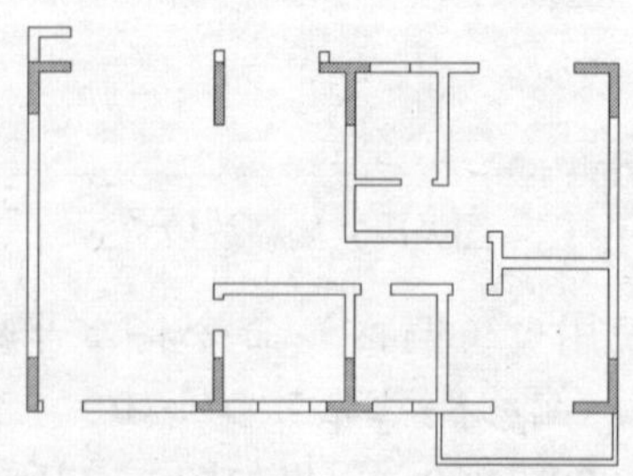

图9-187 填充图案效果

步骤15 将“门窗”图层设置为当前图层，执行REC（矩形）命令，在如图9-188所示的墙体中点处指定矩形的第一个角点，绘制一个长度为40、宽度为900的矩形，如图9-189所示。

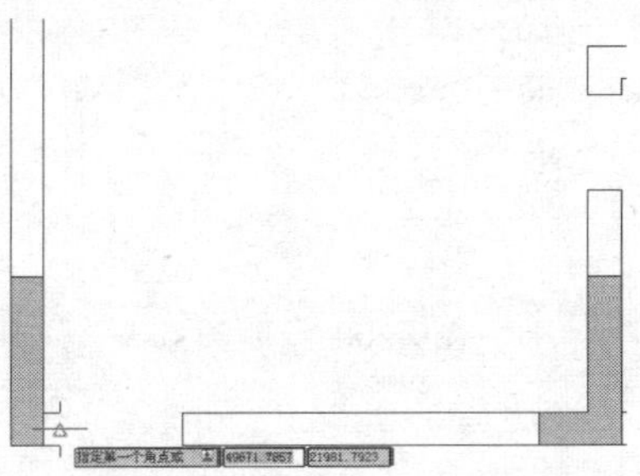
图9-188 指定矩形的起点

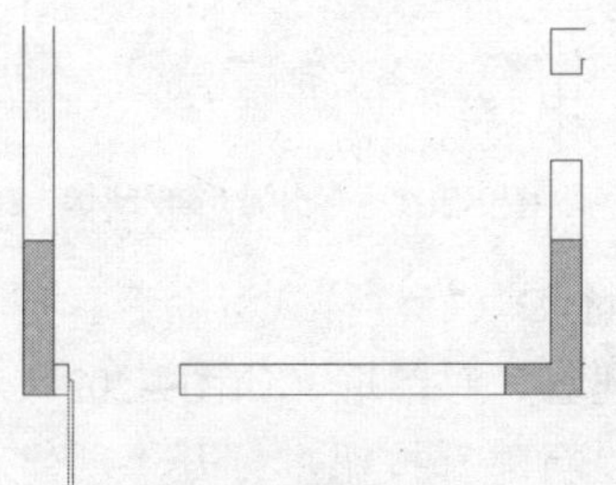
图9-189 绘制矩形

步骤16 使用A（圆弧）命令绘制一条圆弧作为开关门的路径，如图9-190所示。

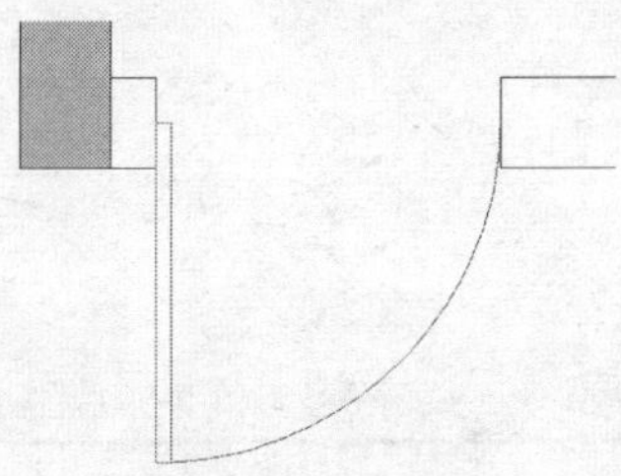
图9-190 绘制圆弧

步骤17 使用相同的方法，结合REC（矩形）和A（圆弧）命令绘制其他平开门，效果如图9-191所示。

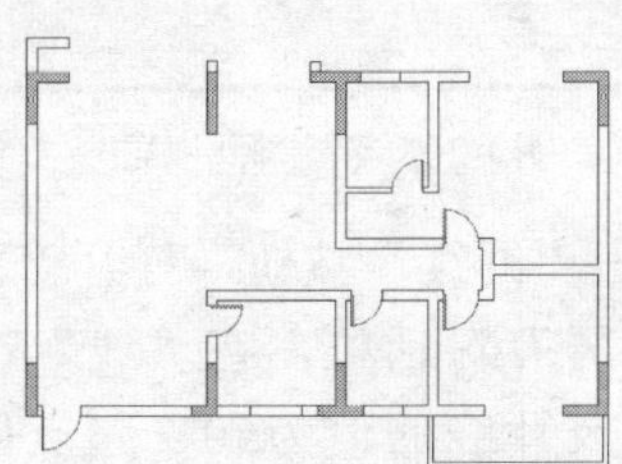
图9-191 绘制平开门图形

步骤18 使用O（偏移）命令将如图9-192所示的墙线向上偏移两次，偏移距离为80，效果如图9-193所示。

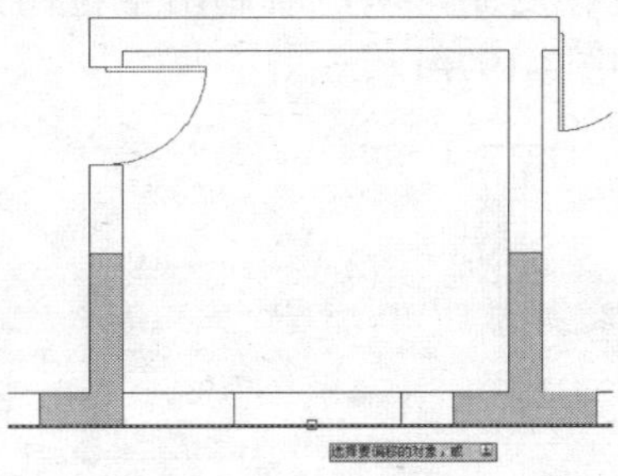
图9-192 选择线段

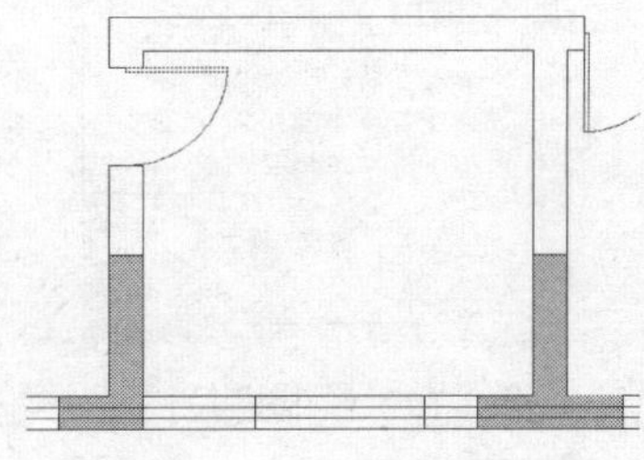
图9-193 偏移线段

步骤19 使用TR（修剪）命令对偏移后的线段进行修剪（如图9-194所示），再将修剪后的线段放到“门窗”图层中，然后使用同样的方法绘制其他窗户图形，如图9-195所示。

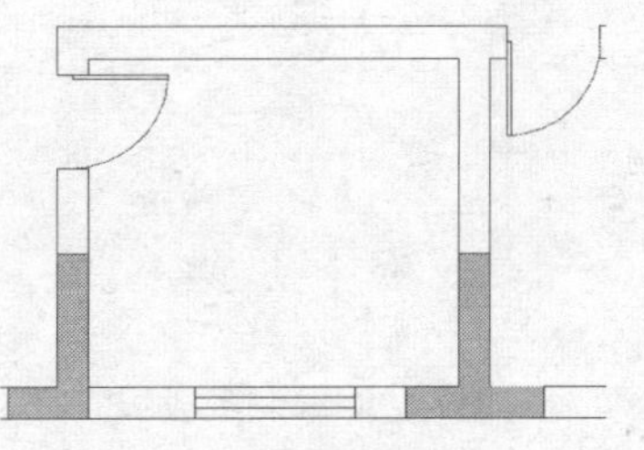
图9-194 修剪线段

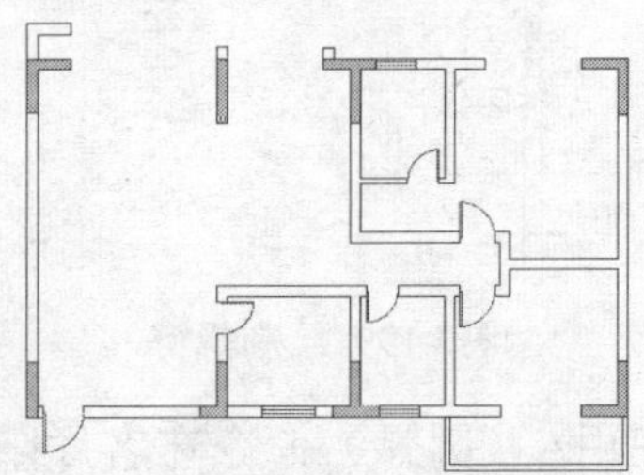
图9-195 绘制其他窗户图形

步骤20 使用REC（矩形）命令在次卧室中绘制一个长度为900、宽度为40的矩形（如图9-196所示），然后使用CO（复制）命令对矩形进行复制，从而绘制出推拉门图形，效果如图9-197所示。

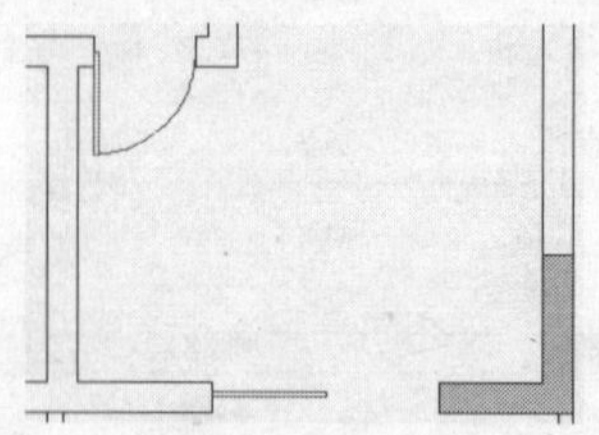
图9-196 绘制矩形

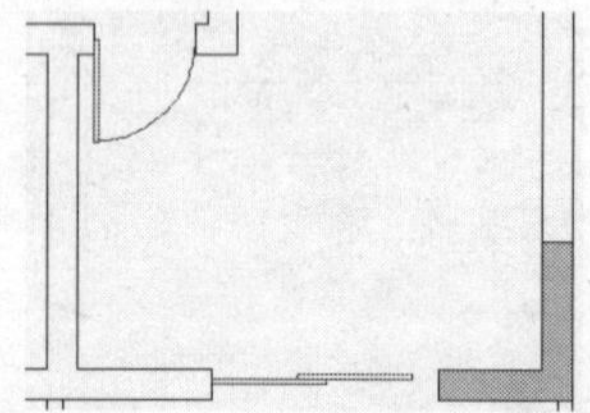
图9-197 绘制推拉门

步骤21 使用PL（多段线）命令在主卧室上方绘制一条如图9-198所示的多段线，然后使用O（偏移）命令将多段线向上偏移120，并执行EX（延伸）命令，绘制出飘窗图形，效果如图9-199所示。

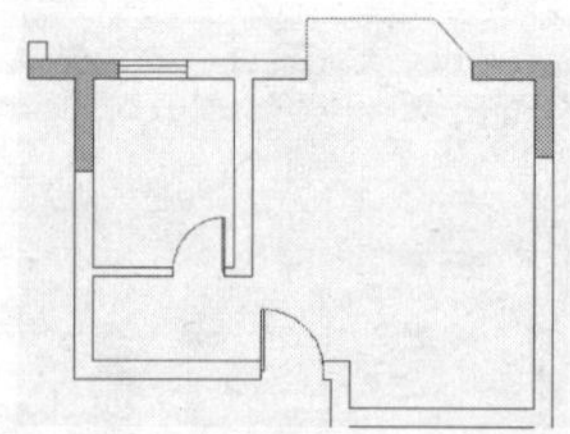
图9-198 绘制多段线

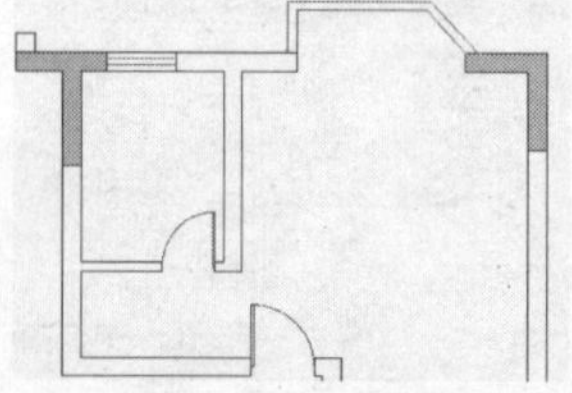
图9-199 绘制飘窗

步骤22 使用A（圆弧）命令在客厅阳台处绘制一条弧线（如图9-200所示），然后使用O（偏移）命令将弧线向上偏移3次，偏移距离依次为120、20和100，绘制出弧形玻璃墙图形，如图9-201所示。

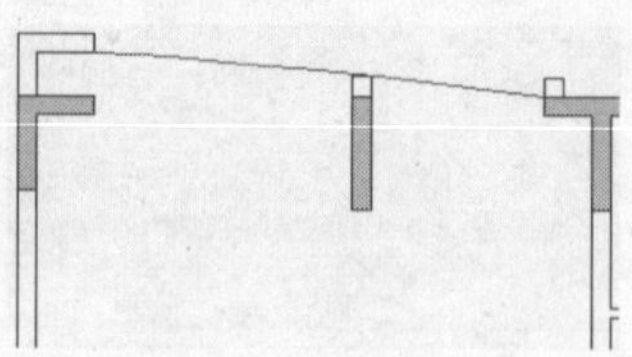
图9-200 绘制圆弧

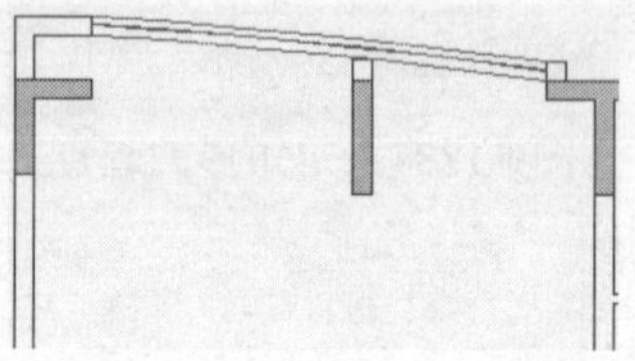
图9-201 绘制弧形玻璃墙

步骤23 执行D（标注样式）命令，打开“标注样式管理器”对话框（如图9-202所示），然后单击“新建”按钮，打开“创建新标注样式”对话框，在“新样式名”文本框中输入样式名“家居”，如图9-203所示。

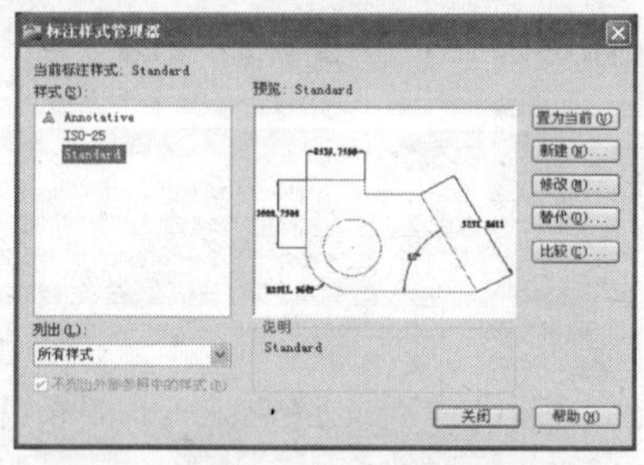

图9-202 “标注样式管理器”对话框

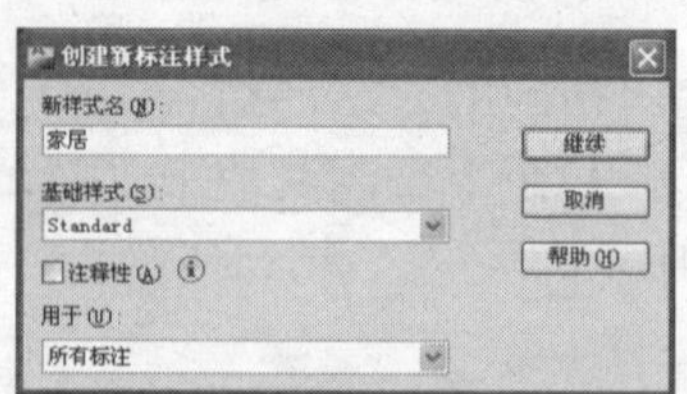

图9-203 新建标注样式

步骤24 单击“继续”按钮，打开“新建标注样式：家居”对话框，在“线”选项卡中设置超出尺寸线的值为50、起点偏移量的值为80，如图9-204所示。

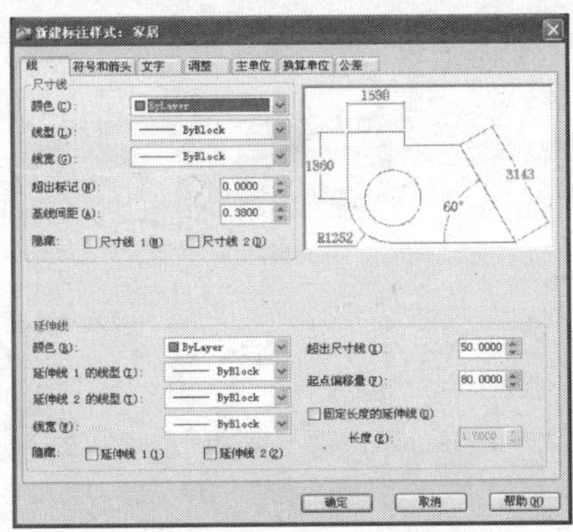

图9-204 设置线参数

步骤25 切换至“符号和箭头”选项卡，设置箭头为“建筑标记”，设置箭头大小为80，如图9-205所示。

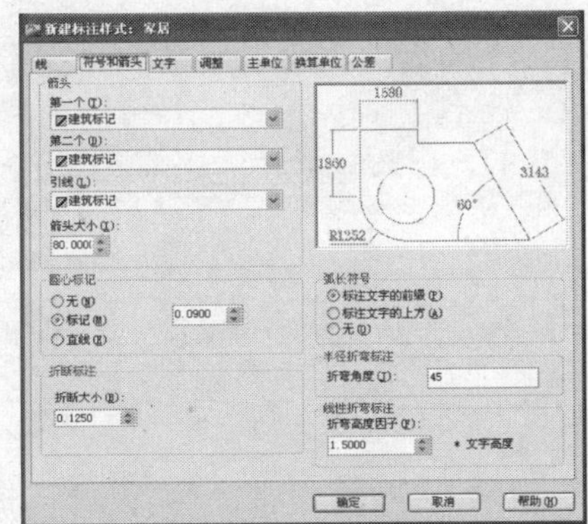

图9-205 设置箭头参数

步骤26 切换至“文字”选项卡，设置文字高度为280，设置从尺寸线偏移的值为100，如图9-206所示。

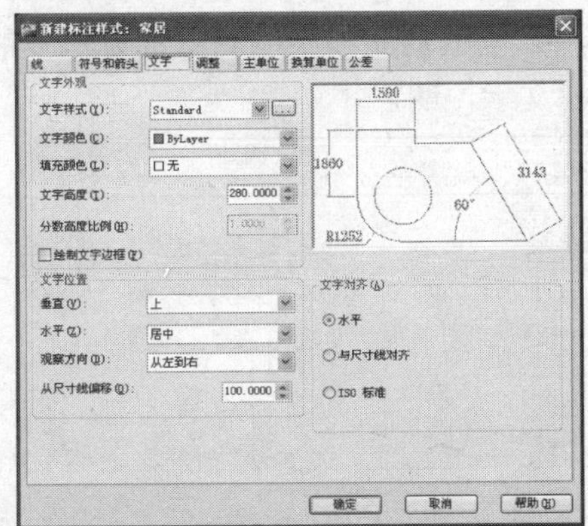

图9-206 设置文字参数

步骤27 切换至“主单位”选项卡，设置“精度”值为0，如图9-207所示。

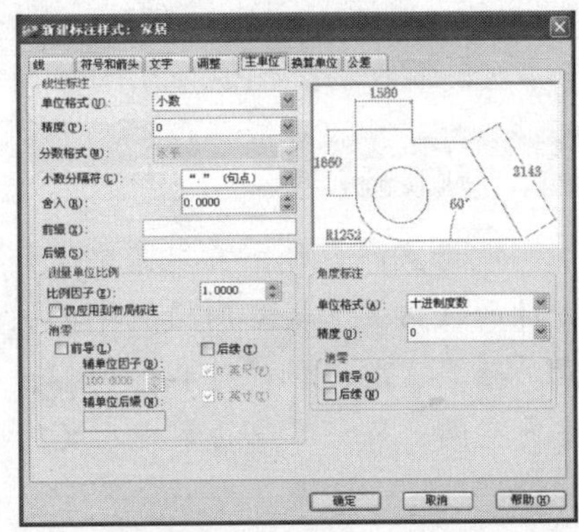

图9-207 设置精度

步骤28 将创建的标注样式设置为当前样式，打开“中轴线”图层，然后单击“标注”面板中的“线性”按钮，对图形进行线性标注，如图9-208所示。

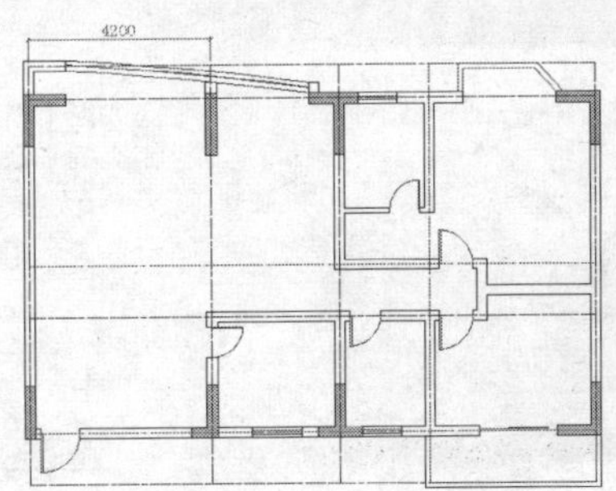

图9-208 线性标注图形

步骤29 执行DCO（连续标注）命令，在线性标注的基础上对土建图进行快速标注，如图9-209所示。

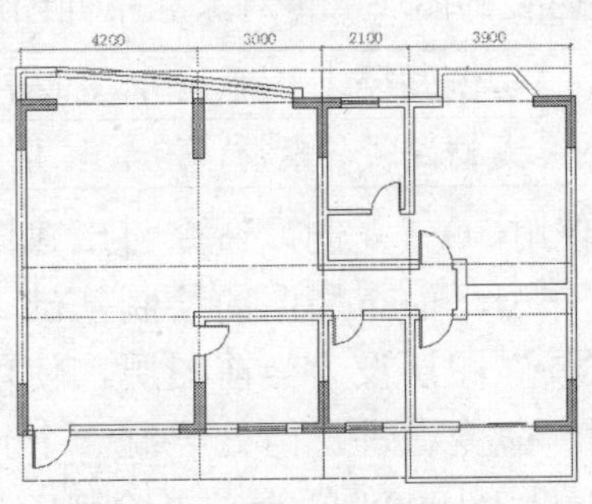

图9-209 连续标注图形

步骤30 使用同样的方法，结合DLI（线性标注）和DCO（连续标注）命令对土建图进行尺寸标注，然后关闭“中轴线”图层，完成本实例的制作，如图9-210所示。

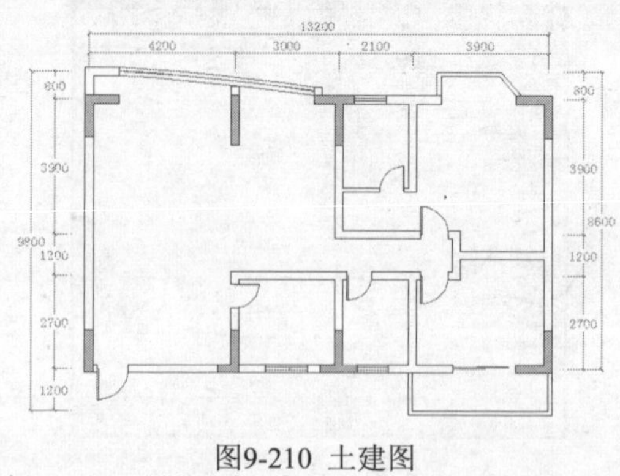

图9-210 土建图

技巧提示

要做好室内设计，首先需要了解室内设计的风格、掌握室内设计中的关键要素、熟悉室内设计的过程和内容、牢记室内空间中常见对象的常规尺度。

实例101 绘制平面布局图

在室内居室的设计中，应该更多地考虑业主精神上的需要，可以用简约、高雅、实用的格调展开设计，本实例的效果如图9-211所示。

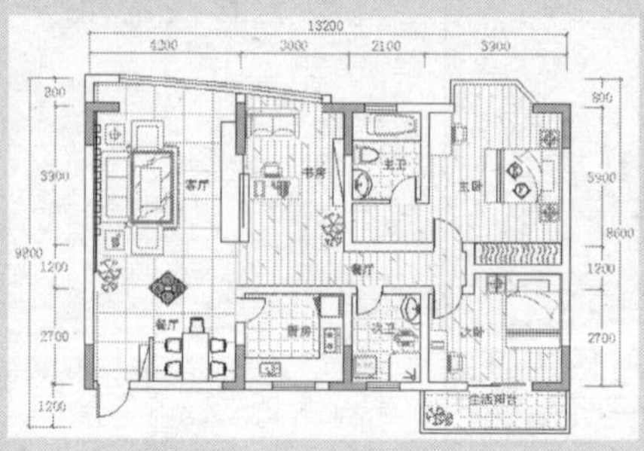

图9-211 家居平面布局图

技法解析

本实例首先对土建图进行复制，然后在此基础上对图形进行修改，绘制平面布局图所需要的结构，接下来绘制适合该家居的家具平面图，并使用复制和粘贴对象的方法复制常用的室内装饰图块，再对家居平面图进行图案填充和文字说明。

	实例路径	实例\第9章\家居平面布局图.dwg
	素材路径	素材\第9章\家居装饰图块.dwg

步骤01 使用CO（复制）命令将土建图复制一次，作为平面布局图的绘制基础。然后将“家具”图层设为当前图层，使用REC（矩形）命令在进户门处绘制一个长度为300、宽度为1000的矩形，再绘制一条对角线表示鞋柜的平面，如图9-212所示。

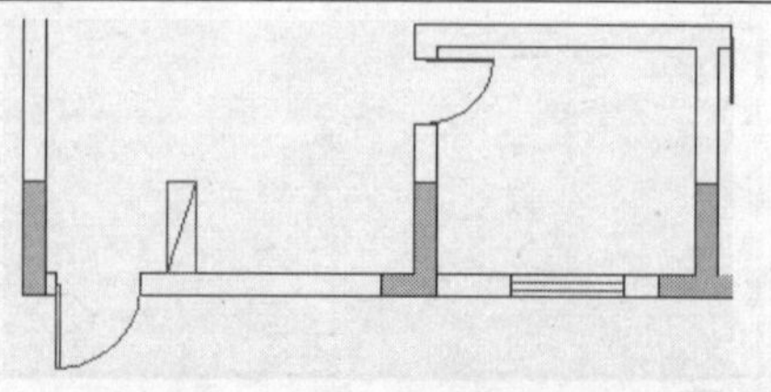

图9-212 绘制鞋柜平面

步骤02 使用REC（矩形）命令在鞋柜处绘制一个长度为80、宽度为1220的矩形，表示餐厅玄关，效果如图9-213所示。

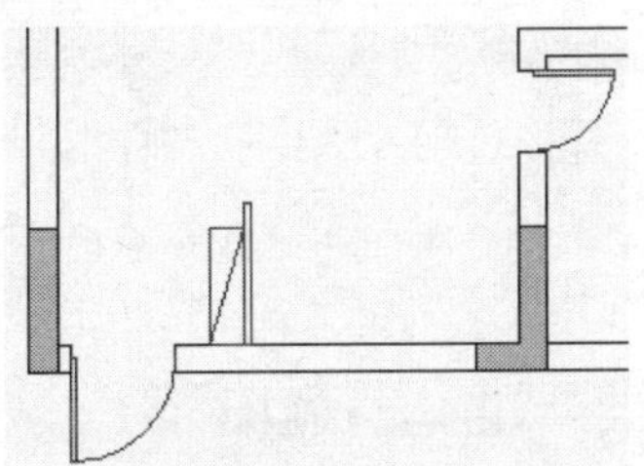

图9-213 绘制矩形

步骤03 执行O（偏移）命令，选择如图9-214所示的墙线，然后将其向左偏移420，效果如图9-215所示。

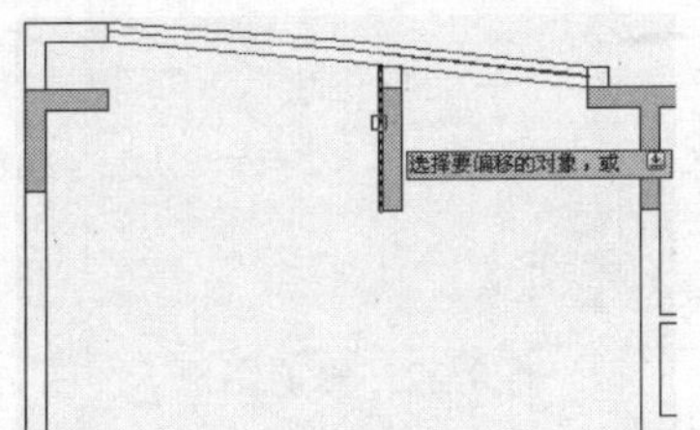

图9-214 选择线段

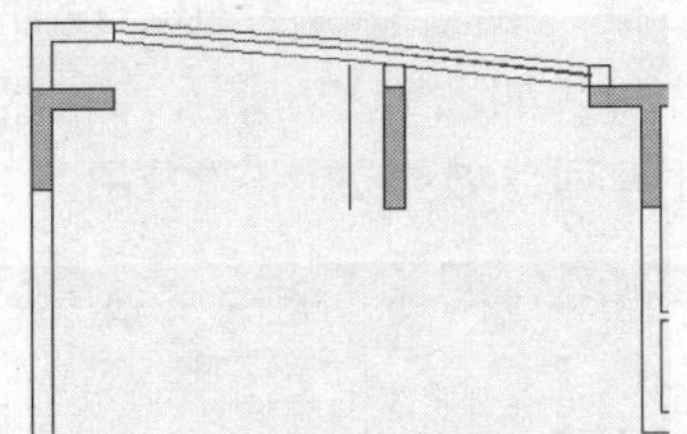

图9-215 偏移线段

步骤04 使用O（偏移）命令选择如图9-216所示的墙线，然后将其向上偏移1200，效果如图9-217所示。

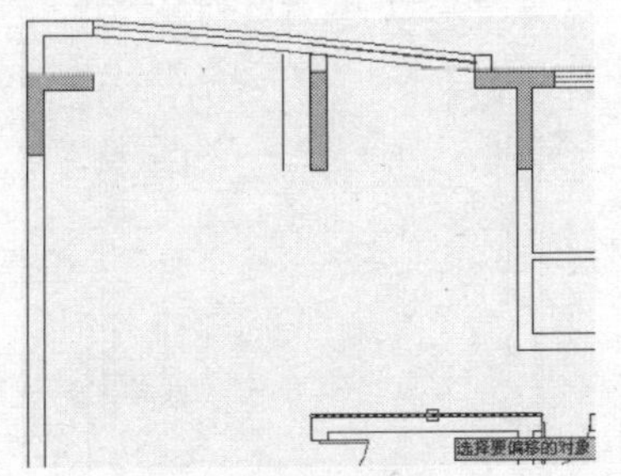

图9-216 选择线段

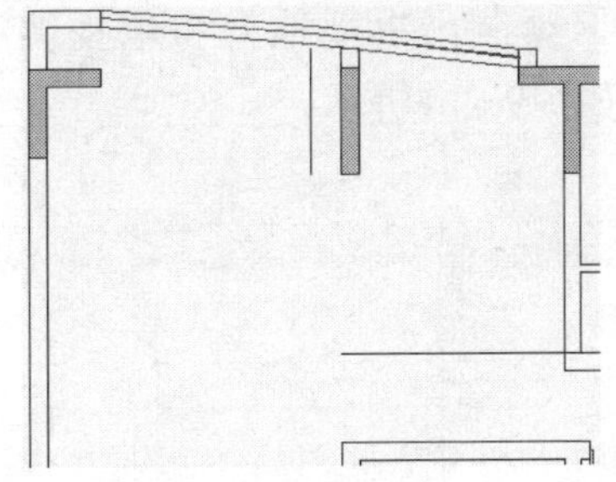

图9-217 偏移线段

步骤05 执行F（圆角）命令，设置圆角半径为0，对偏移的线段进行圆角处理，效果如图9-218所示。

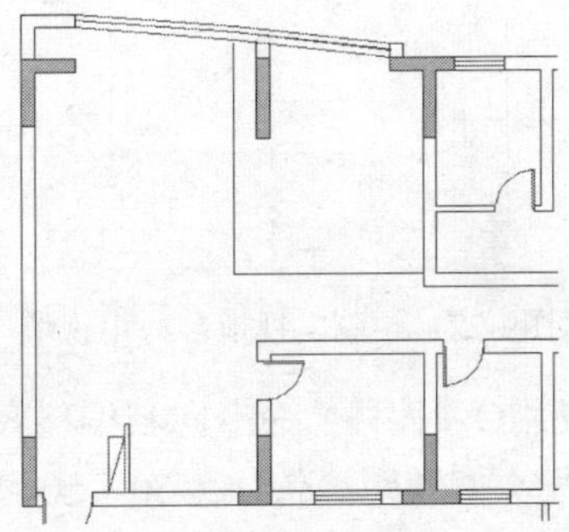

图9-218 圆角线段

步骤06 使用O（偏移）命令向右偏移圆角后的垂直线段，偏移距离依次为520、100、12、150，如图9-219所示。

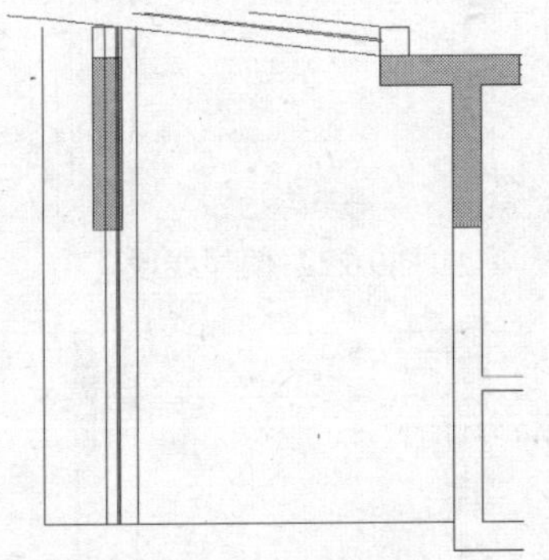

图9-218 偏移线段

步骤07 使用O（偏移）命令向上偏移圆角后的水平线段，偏移距离依次为420、1500、450、1000，如图9-220所示。

步骤08 使用TR（修剪）命令对多余线段进

行修剪，绘制出电视地台与电视墙的平面效果，如图9-221所示。

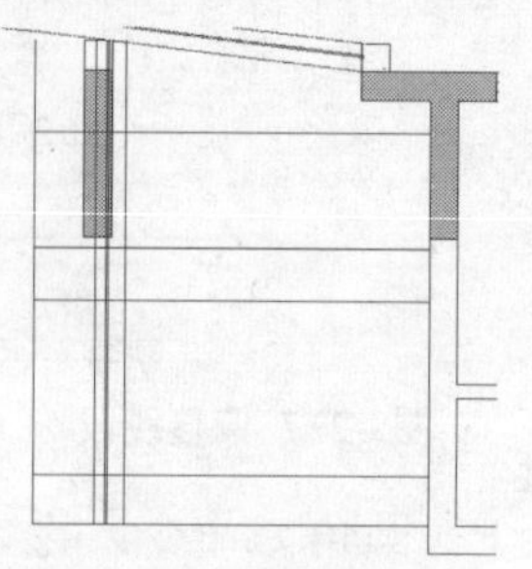

图9-220 偏移线段

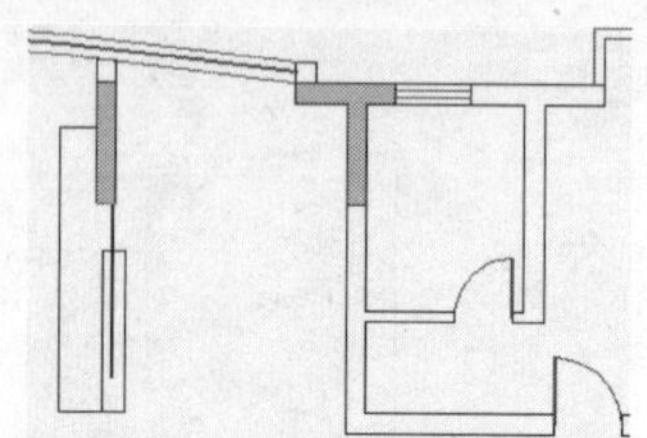

图9-221 绘制电视地台与电视墙

步骤09 使用O（偏移）命令向右偏移客厅左方的内墙线，偏移距离依次为50、50、80（如图9-222所示），然后向下偏移客厅上方的内墙线，偏移距离为4500，如图9-223所示。

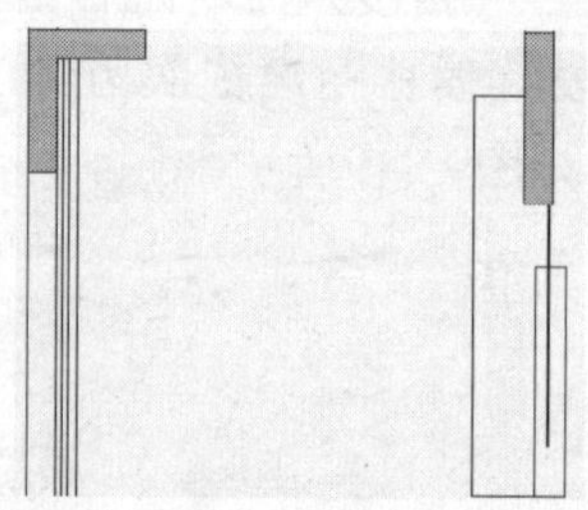

图9-222 偏移线段

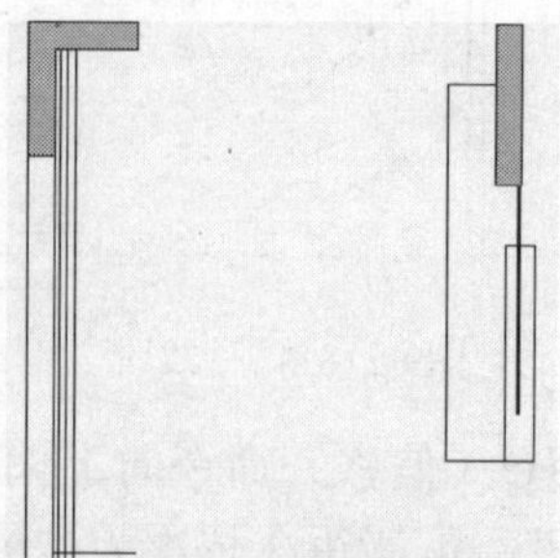

图9-223 偏移线段

步骤10 使用O（偏移）命令向下偏移客厅上方的内墙线，偏移距离依次为400、200，效果如图9-224所示。

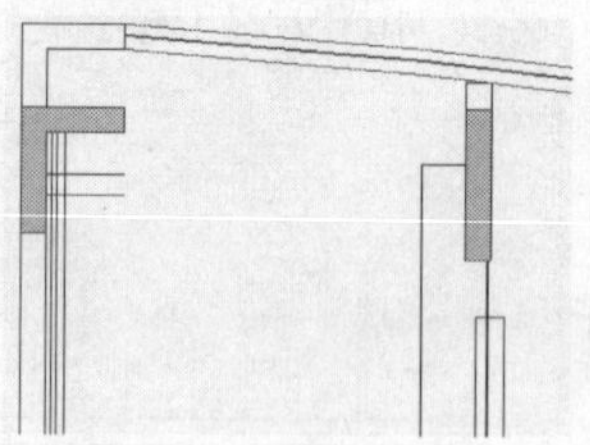

图9-224 偏移线段

步骤11 使用TR（修剪）命令对图形进行修剪，绘制出玻璃砖的平面图，如图9-225所示。

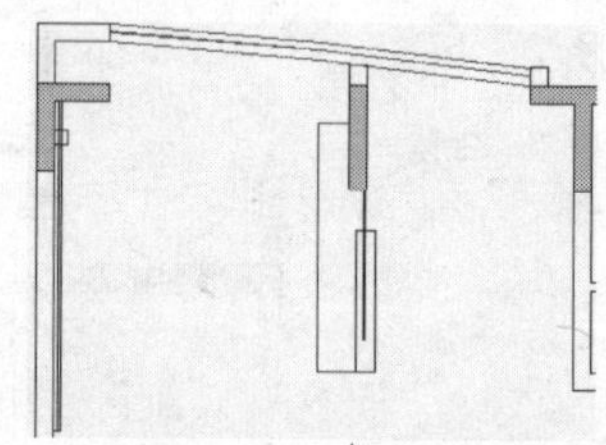

图9-225 修剪图形

步骤12 执行AR（阵列）命令，打开“阵列”对话框，设置行数为10，设置行偏移距离为-320（如图9-226所示），然后对玻璃砖进行阵列，效果如图9-227所示。

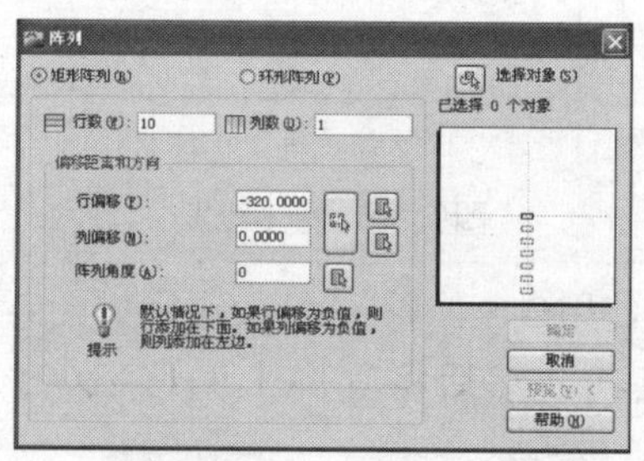

图9-226 设置阵列参数

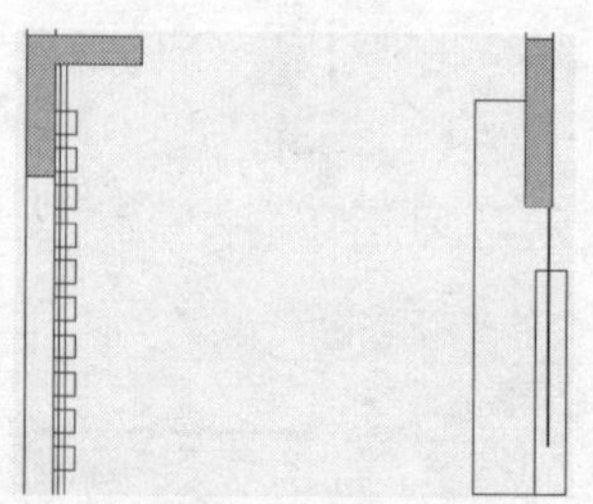

图9-227 阵列玻璃砖

步骤13 根据素材路径打开“家居装饰图块.dwg”图形文件，将其中的图形复制到创建的平面布局图中，效果如图9-228所示。

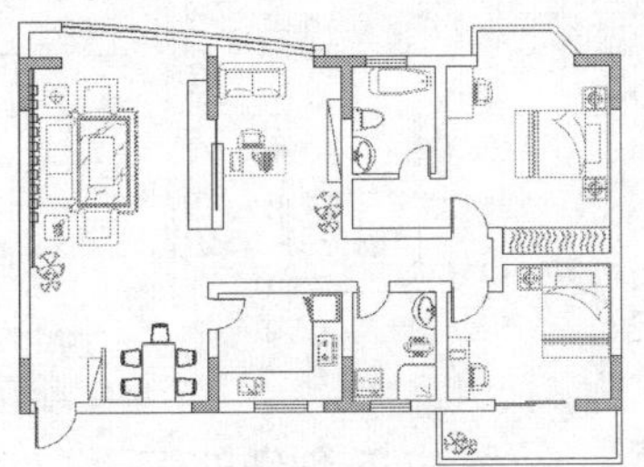

图9-228 复制图形

步骤14 将“填充”图层设为当前图层，然后按【F3】和【F8】键关闭对象捕捉模式和正交模式。单击“绘图”面板中的“多段线”按钮，沿餐厅、客厅边缘绘制一条如图9-229所示的多段线。

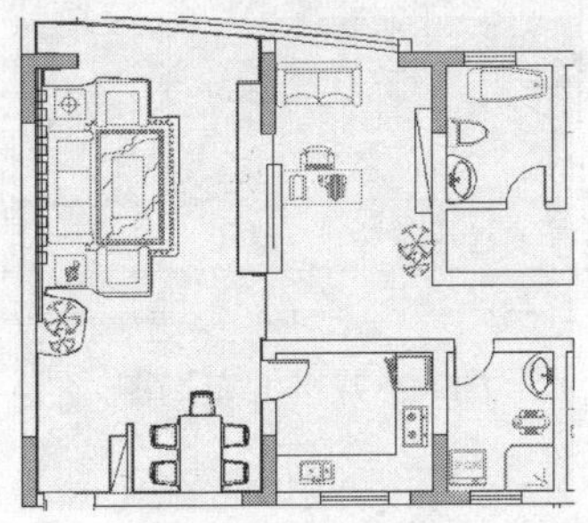

图9-229 绘制多段线

步骤15 将“填充”图层设置为当前图层，执行H（图案填充）命令，打开“图案填充和渐变色”对话框，选择“用户定义”类型选项，选中“角度和比例”选项区中的“双向”复选框，并设置间距为800，如图9-230所示。

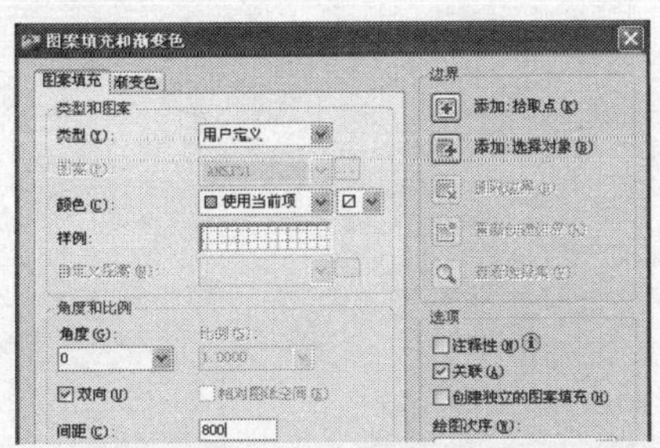

图9-230 设置图案填充参数

步骤16 单击“添加：选择对象”按钮，然后选择绘制的多段线并确定，对多段线内的区域进行填充，效果如图9-231所示。

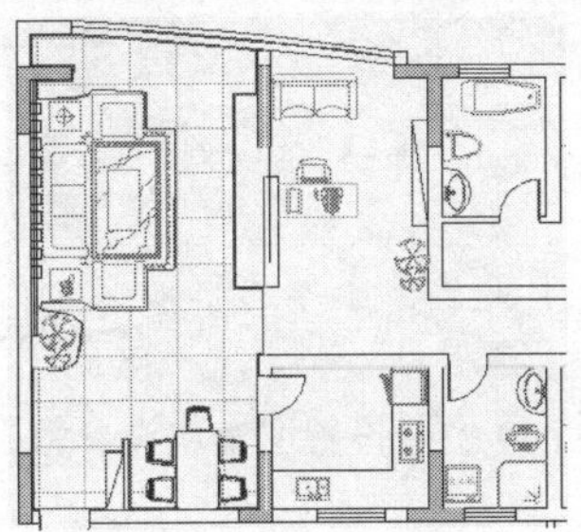

图9-231 填充图案效果

步骤17 使用同样的方法，在书房、过道、主卧、次卧绘制一条多段线，然后使用H（图案填充）命令对图形进行木地板图案填充，设置填充图案为DOLMIT、角度为90、比例为30（如图9-232所示），然后将多段线删除，图案填充效果如图9-233所示。

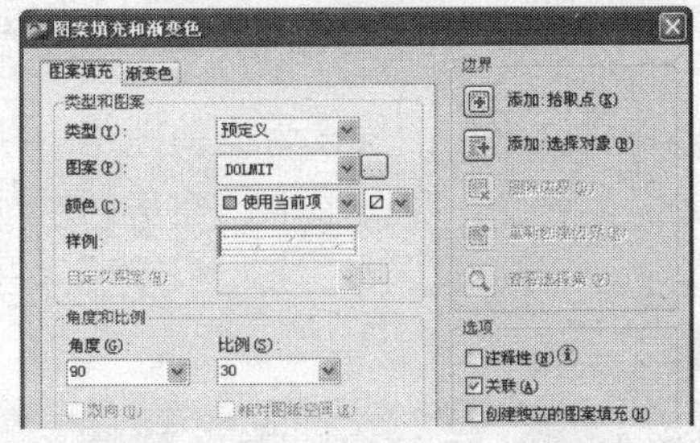

图9-232 设置图案填充参数

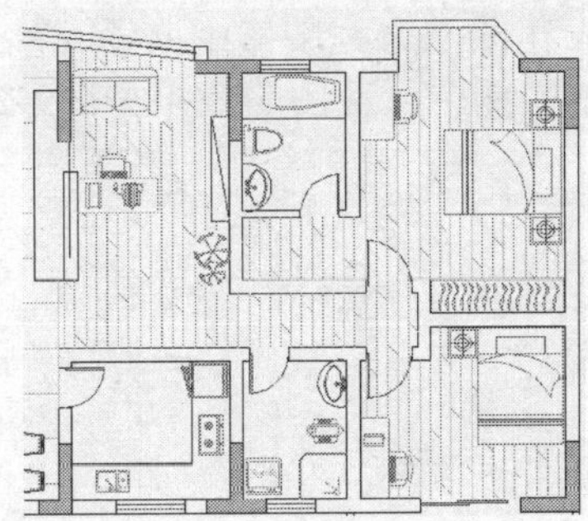

图9-233 填充图案效果

步骤18 分别在厨房、卫生间、卧室阳台绘制多段线，然后使用填充命令对厨房、卫生间进行填充，设置填充图案为ANGIE、比例为40（如图9-234所示），然后将多段线删除，图案填充效果如图9-235所示。

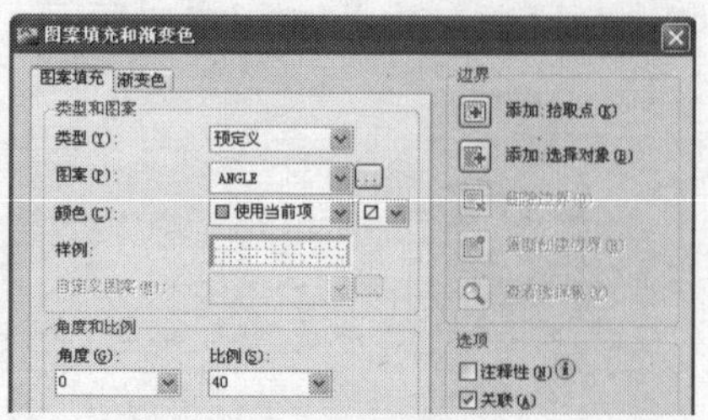

图9-234 设置图案填充参数

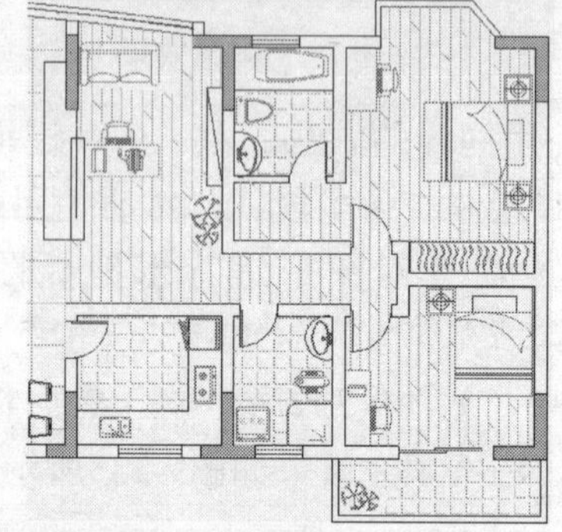

图9-235 图案填充效果

步骤19 将“文字”图层设为当前图层，执行T（文字）命令，在图形中创建房间功能的文字说明内容，如图9-236所示。

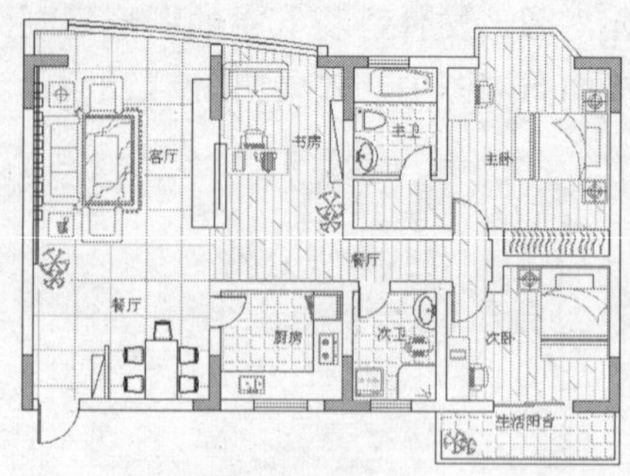

图9-236 创建文字

步骤20 将“家居装饰图块.dwg”素材文件中的详图标志复制到绘制的平面布局图中，完成实例的制作，效果如图9-237所示。

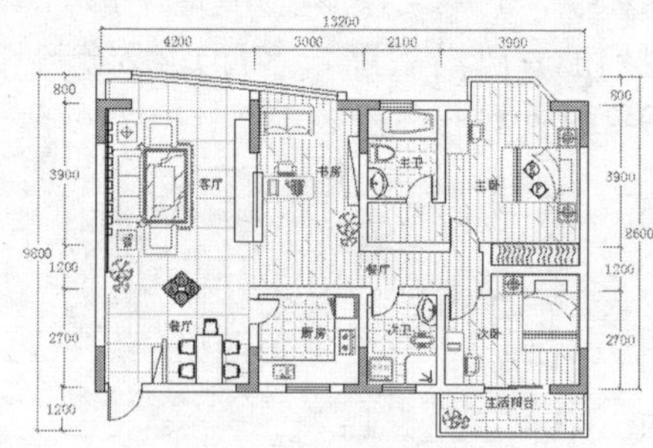

图9-237 平面布局图

实例102 绘制家居天花图

天花图是家庭装修中必不可少的设计图样，可以直观地反映出室内顶面的装饰风格，本实例中天花图的效果如图9-238所示。

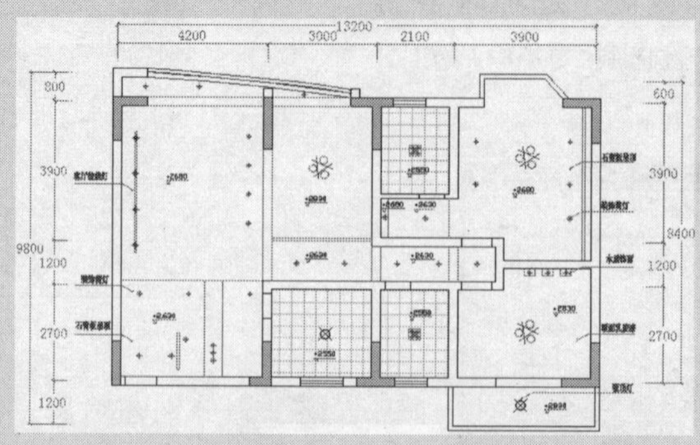

图9-238 家居天花图

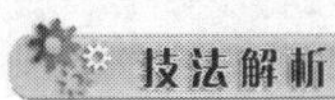

本实例在绘制家居天花图的过程中，首先复制土建图，并对其进行修改，然后绘制顶面的造型，将常用灯具复制到图形中，并对家居天花图进行图案填充，最后再对顶面图进行文字标注。

	实例路径	实例\第9章\家居天花图.dwg
	素材路径	素材\第9章\家居灯具图块.dwg

步骤01 使用CO（复制）命令复制前面绘制的土建图，然后使用E（删除）命令删掉与天花图无关的标注和门窗图形，再使用L（直线）命令绘制线段连接门窗，修改后的效果如图9-239所示。

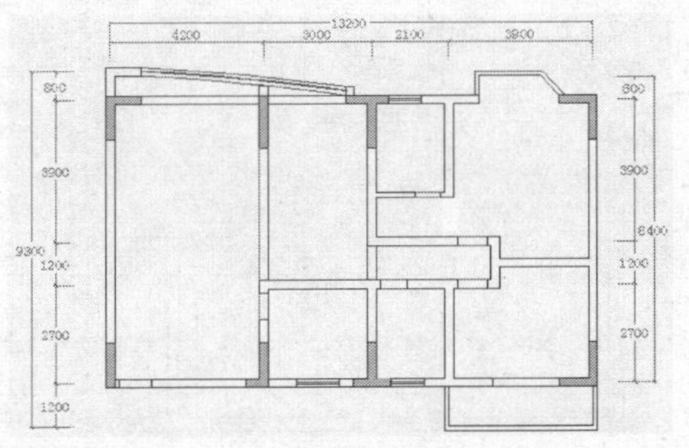

图9-239 复制并修改土建图

步骤02 使用O（偏移）命令向右偏移餐厅内墙线，偏移距离依次为1600、60，然后将餐厅进户门水平内墙线向上偏移，偏移距离依次为220、1000，如图9-240所示。

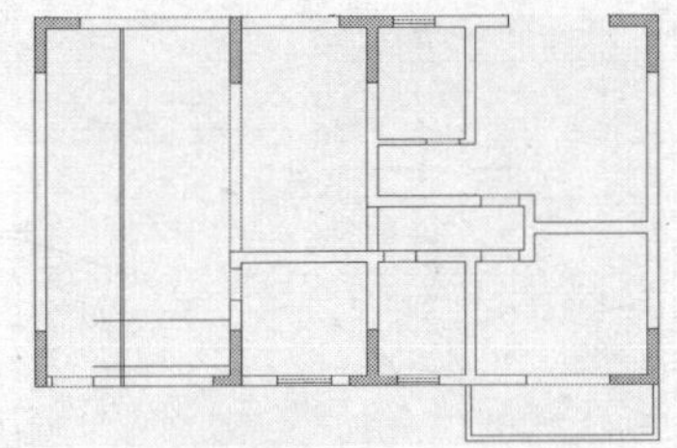

图9-240 偏移墙线

步骤03 使用TR（修剪）命令对偏移得到的线段进行修剪处理，然后将餐厅进户门水平内墙线向上偏移2700，效果如图9-241所示。

步骤04 使用EX（延伸）命令将偏移得到的线段向左延伸，效果如图9-242所示。

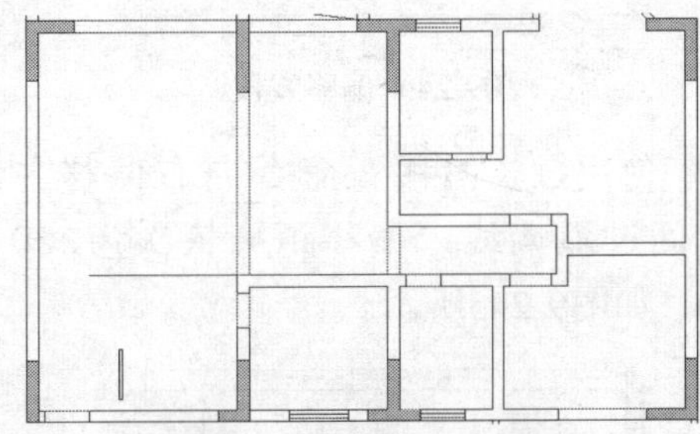

图9-241 修剪和偏移线段

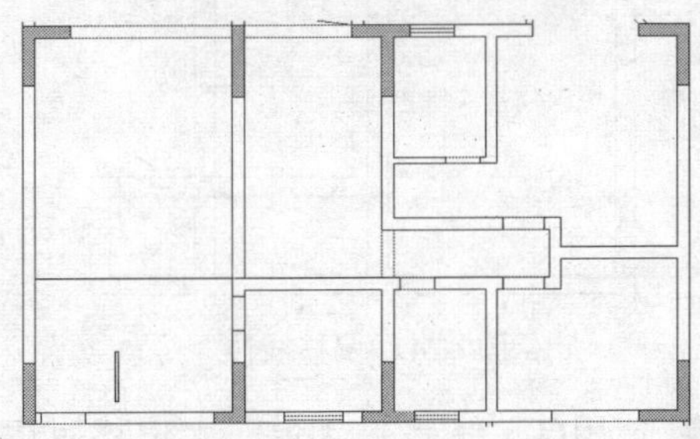

图9-242 向左延伸线段

步骤05 使用O（偏移）命令将餐厅进户门右边垂直内墙线向左偏移，偏移距离依次为1100、500，然后使用EX（延伸）命令向上延伸刚刚偏移的线段，如图9-243所示。

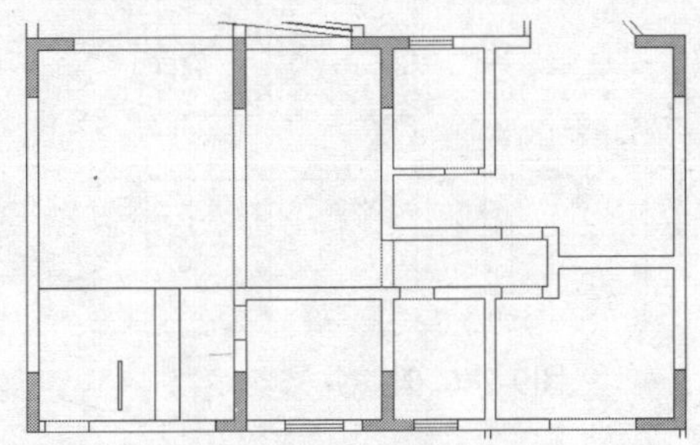

图9-243 偏移和延伸墙线

步骤06 使用O（偏移）命令向左偏移过道处的垂直墙线，偏移距离为1860、240，效果如图9-244所示。

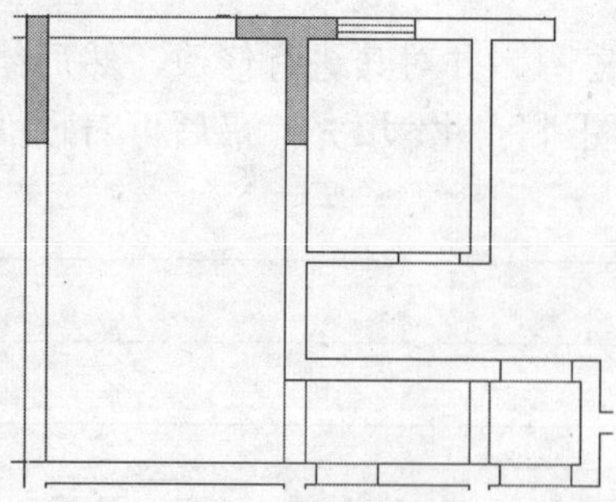

图9-244 偏移线段

步骤07 使用O（偏移）命令向右偏移主卧卫生间过道墙线，偏移距离依次为200、1660，如图9-245所示。

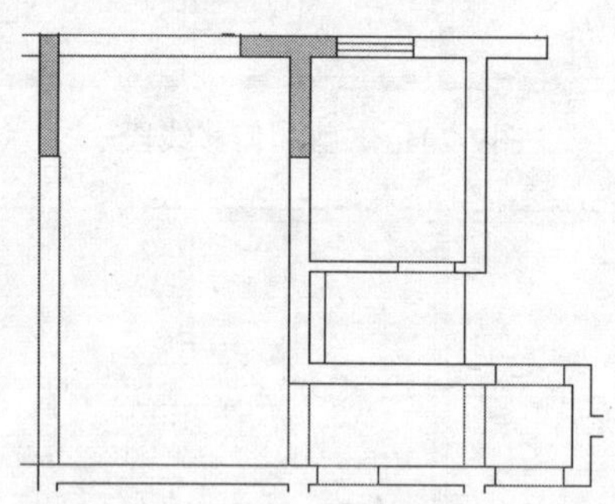

图9-245 偏移线段

步骤08 使用O（偏移）命令向上偏移厨房上方的外墙线，偏移距离依次为1100、90，然后使用TR（修剪）命令对其进行修剪，效果如图9-246所示。

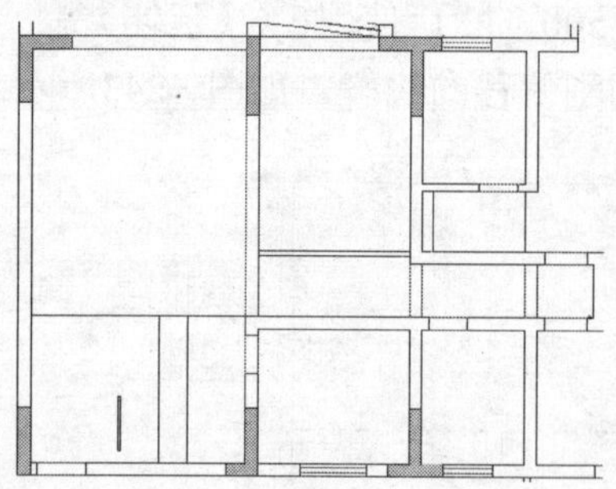

图9-246 偏移并修剪线段

步骤09 选择如图9-247所示的线段，然后将这些线段的颜色改变为绿色，将连接门洞的线段颜色改变为黑色。

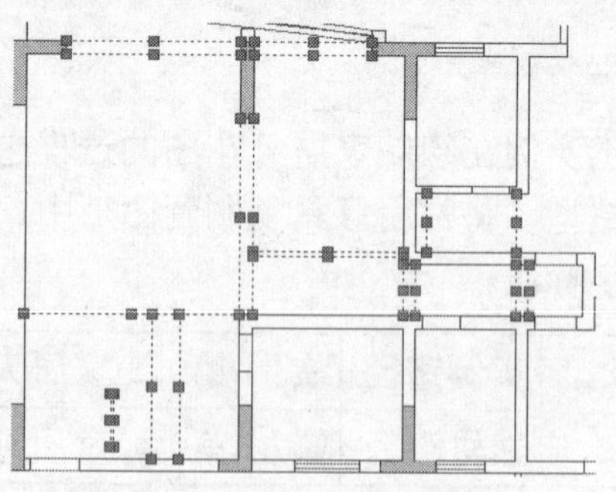

图9-247 选择要修改颜色的线段

步骤10 使用O（偏移）命令将次卧右方的内墙线向左偏移，偏移距离依次为550、300、200、300、200、300，如图9-248所示。

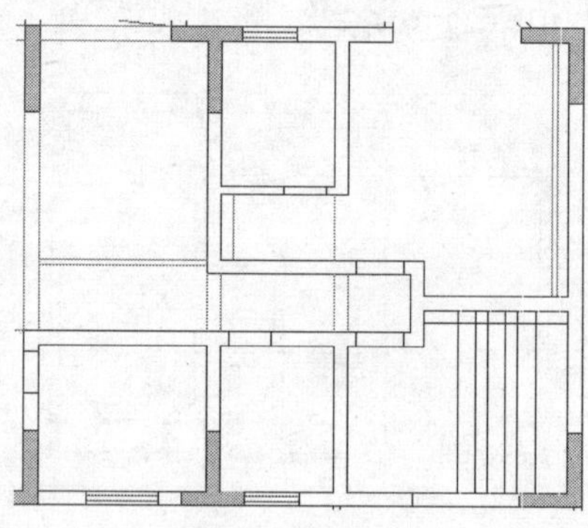

图9-248 偏移线段

步骤11 使用O（偏移）命令对次卧上方的水平内墙线向下偏移，偏移距离为200，然后使用TR（修剪）命令对线段进行修剪，并将修改后的线段改为绿色，如图9-249所示。

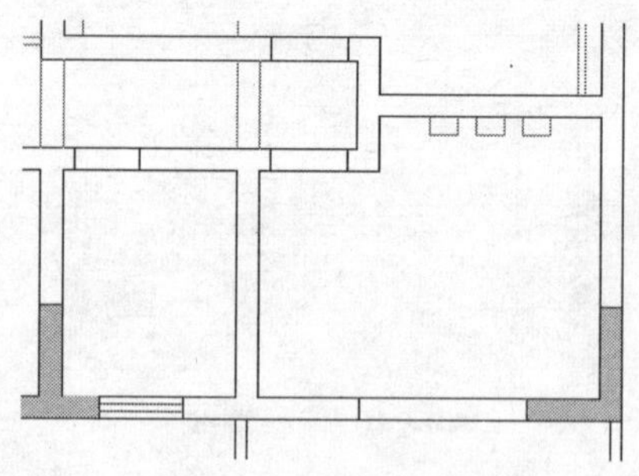

图9-249 偏移并修剪线段

步骤12 根据素材路径打开“家居灯具图块.dwg”图形文件，将其中的灯具复制到绘制的天花图中，效果如图9-250所示。

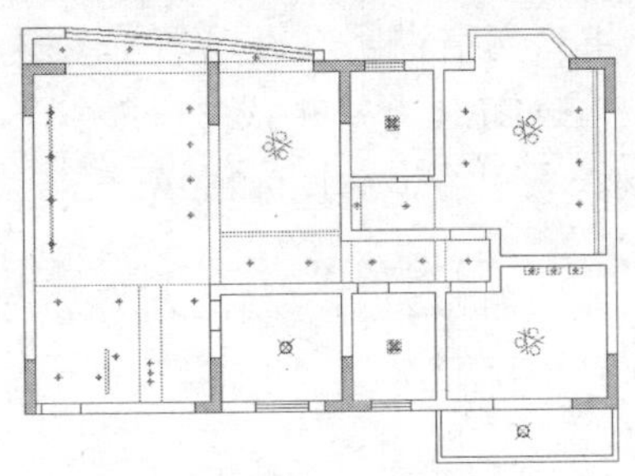

图9-250 复制灯具图形

步骤13 执行H（图案填充）命令，打开“图案填充和渐变色”对话框，选择“用户定义”类型选项，选中“角度和比例”选项区中的“双向”复选框，设置间距为330（如图9-251所示），然后单击“添加：拾取点”按钮，进入绘图区指定填充图案的区域，填充效果如图9-252所示。

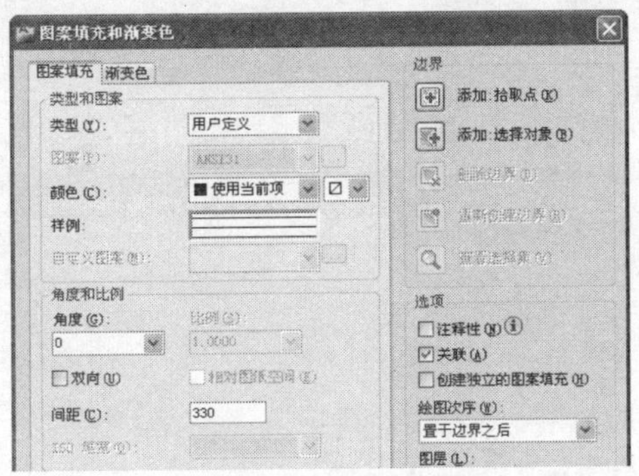

图9-251 设置图案参数

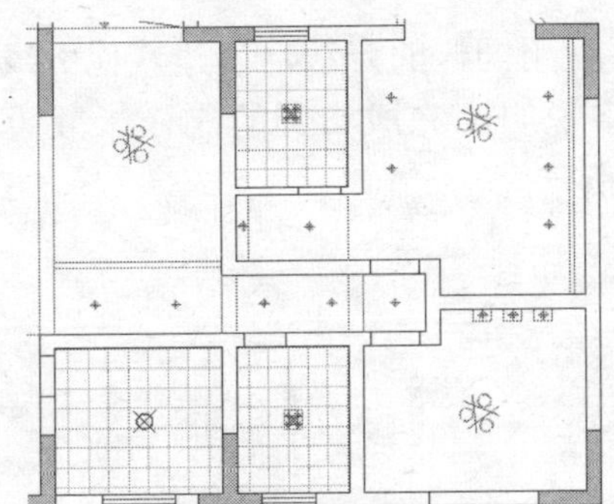

图9-252 图案填充效果

步骤14 使用L（直线）命令在餐厅中绘制标高标准符号，然后使用文字（T）命令创建标高的高度文字，设置字体高度为130，效果如图9-253所示。

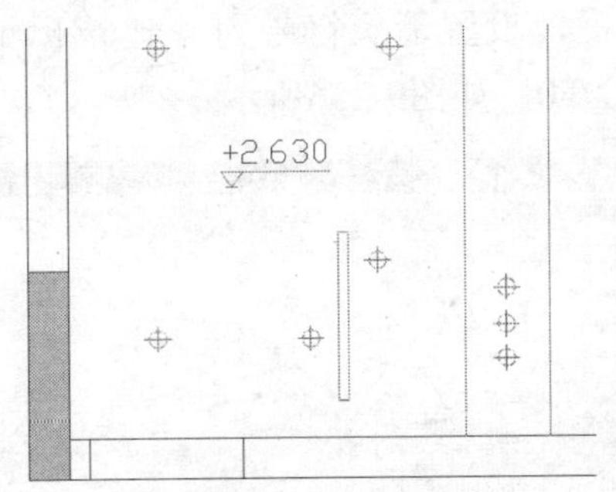

图9-253 创建标高对象

步骤15 使用同样的方法创建其他位置的标高，过道高度为2.63米、客厅和主卧的高度为2.68米、书房和次卧的高度为2. 83米、厨房和卫生间的高度为2.55米，效果如图9-254所示。

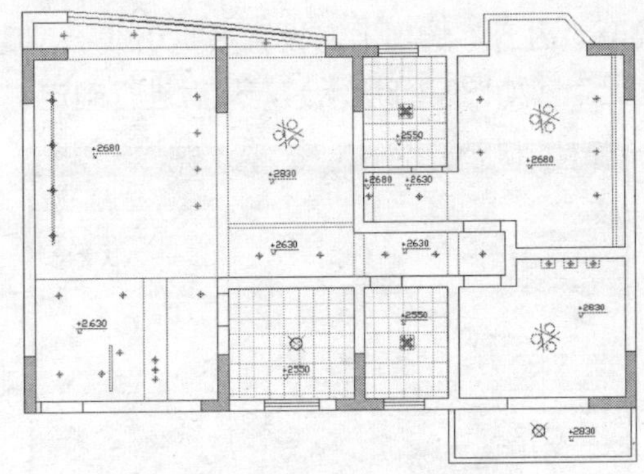

图9-254 创建其他标高

步骤16 执行MLEADERSTYLE（多重引线样式）命令，打开“多重引线样式管理器”对话框，如图9-255所示。

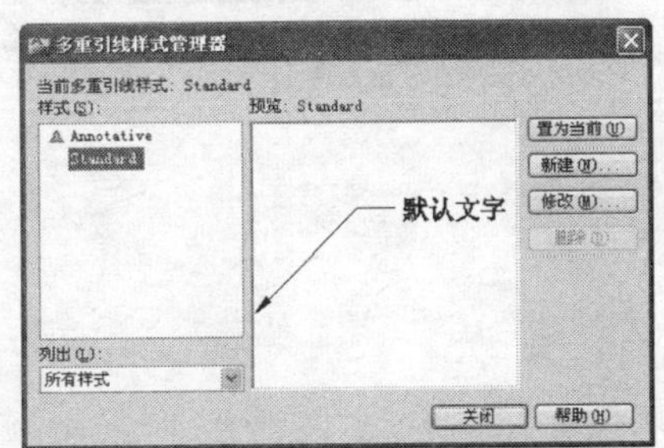

图9-255 “多重引线样式管理器”对话框

步骤17 选择Standard样式，单击“修改”按钮，打开“修改多重引线样式：Standard”对话框，设置箭头符号为“建筑标记”、大小为50，如图9-256所示。

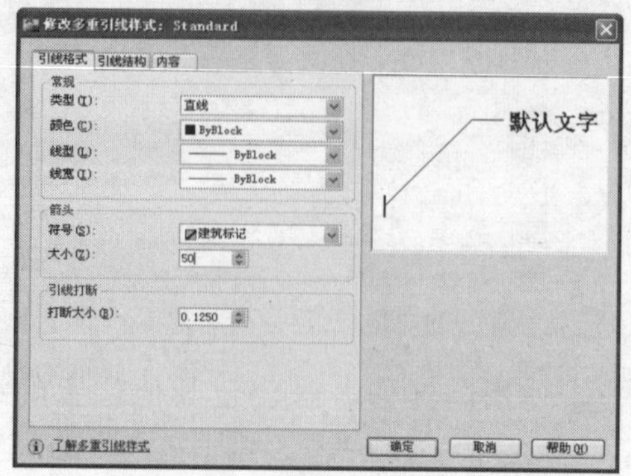

图9-256 设置引线箭头

步骤18 切换至“引线结构”选项卡，设置最大引线点数为3（如图9-257所示），然后切换至“内容”选项卡，设置多重引线类型为“无”（如图9-258所示），最后进行确定。

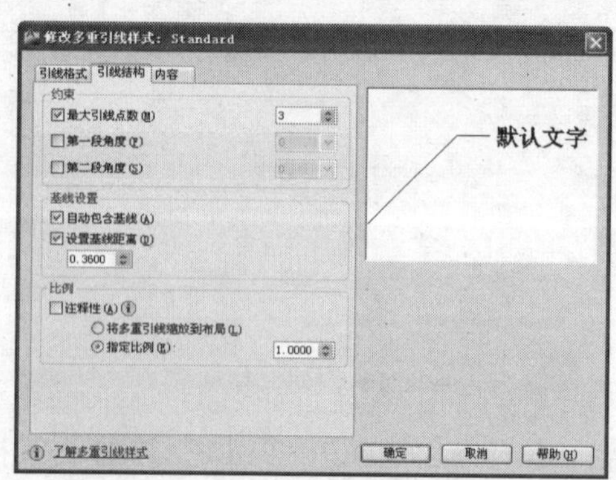

图9-257 设置最大引线点数

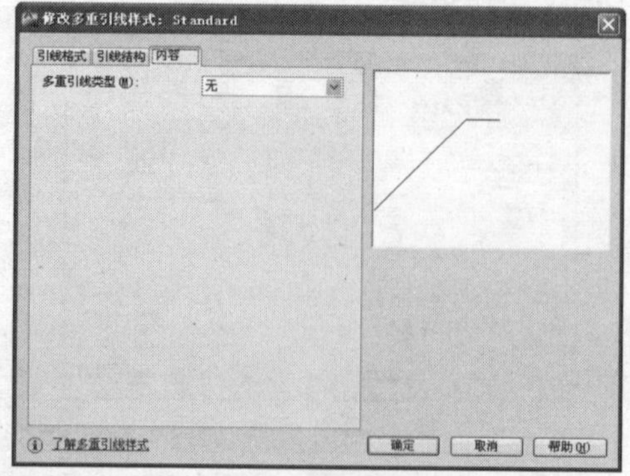

图9-258 设置多重引线类型

步骤19 将“文字说明”设为当前图层，然后执行MLEADER（多重引线）命令，在客厅处绘制一条引线，如图9-259所示。

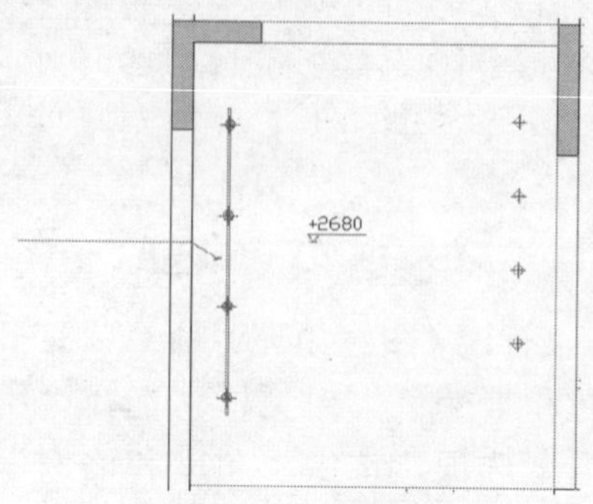

图9-259 绘制引线

步骤20 执行文字（T）命令，在引线旁边创建文字说明内容，并设置文字的高度为200，效果如图9-260所示。

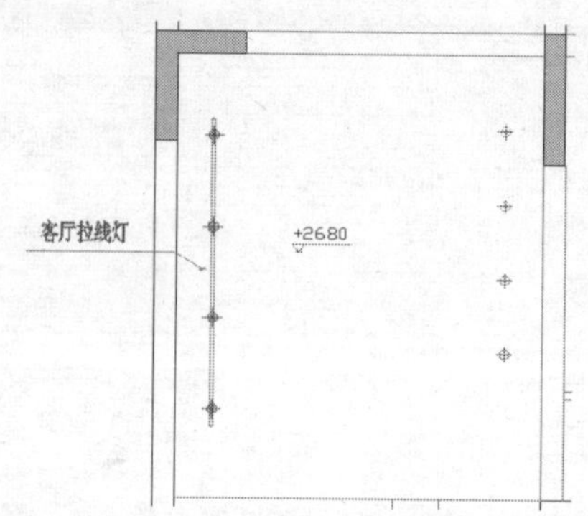

图9-260 设置文字高度

步骤21 使用同样的方法，创建其他引线标注和文字说明，完成实例的制作，效果如图9-261所示。

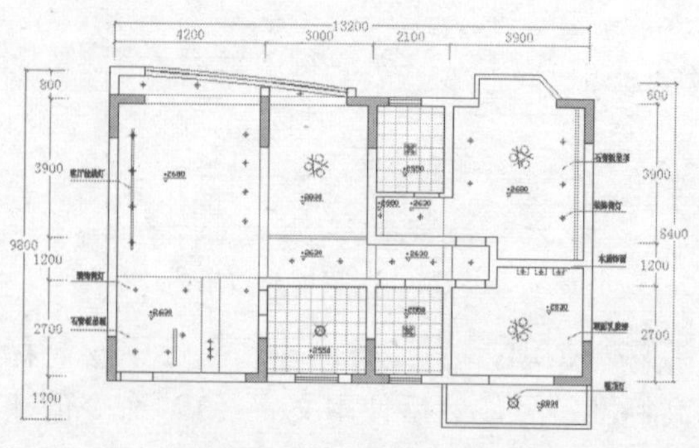

图9-261 家居天花图

实例103 绘制住宅楼平面图

本实例将介绍绘制住宅楼建筑平面图的方法，通过对所绘制住宅楼建筑平面图的解析，读者应该掌握绘制建筑平面图的流程与技巧，本实例的效果如图9-262所示。

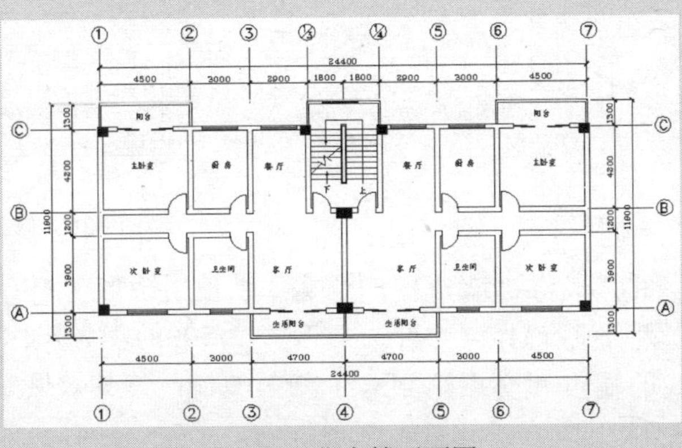

图9-262 住宅楼平面图

技法解析

本实例在绘制住宅楼建筑平面图的过程中，首先绘制建筑平面图的轴线，并根据轴线绘制墙体和柱体图形，然后绘制门窗图形，并对创建好的图形进行镜像操作，接下来绘制楼梯图形，最后再对图形进行标注。

	实例路径	实例\第9章\住宅楼平面图.dwg
	素材路径	素材\第9章\无

步骤01 执行LA（图层）命令，打开“图层特性管理器”选项板，然后分别创建“轴线”、“墙线”、“门窗”、“标注”、“文字说明”等图层，并将“轴线”图层设置为当前图层，如图9-263所示。

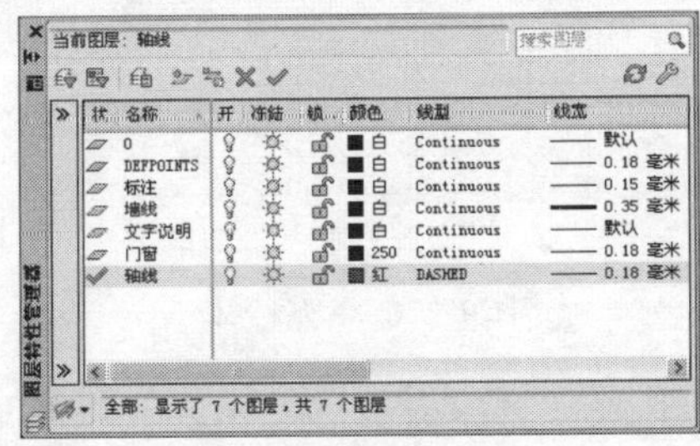

图9-263 创建图层

步骤02 选择“格式”|“线型”命令，打开“线型管理器”对话框，设置“全局比例因子”为300，如图9-264所示。

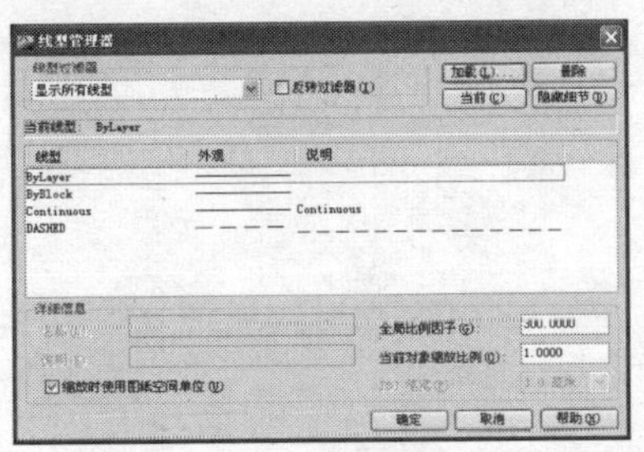

图9-264 设置全局比例因子

步骤03 执行L（直线）命令，绘制一条长为12200的水平线段和一条长为11900的垂直线段，然后使用O（偏移）命令将垂直轴线向右依次偏移4500、3000、2900、1800，将水平线段向上依次偏移1300、3900、1200、4200、1300，效果如图9-265所示。

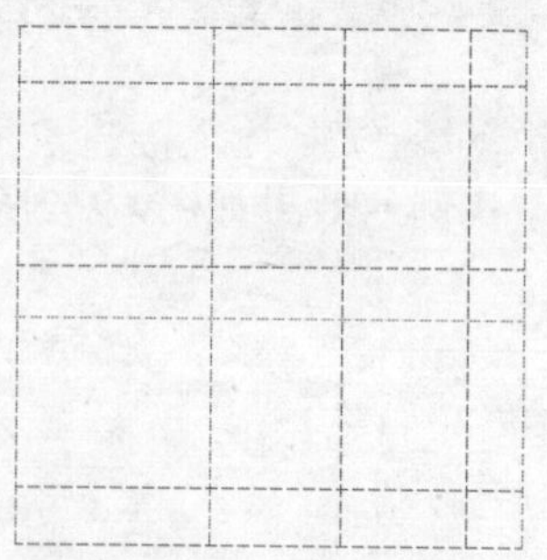

图9-265 绘制轴线

步骤04 锁定“轴线”图层，将“墙线”图层设置为当前图层，然后执行ML（多线）命令，通过捕捉轴线的端点和交点绘制墙线，效果如图9-266所示。

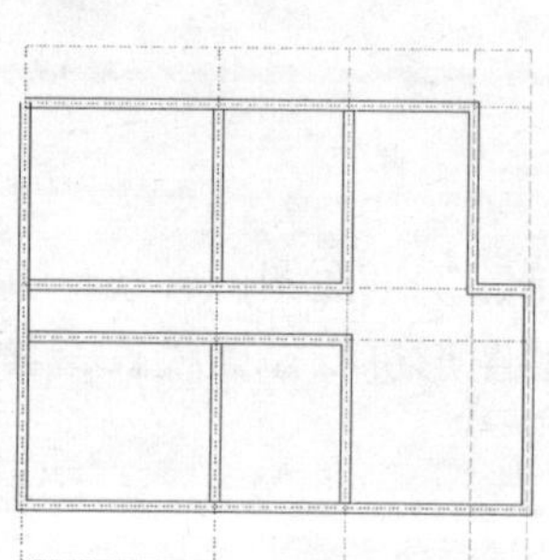

图9-266 绘制墙线

步骤05 执行ML（多线）命令，设置多线的比例为120，绘制阳台的墙线，效果如图9-267所示。

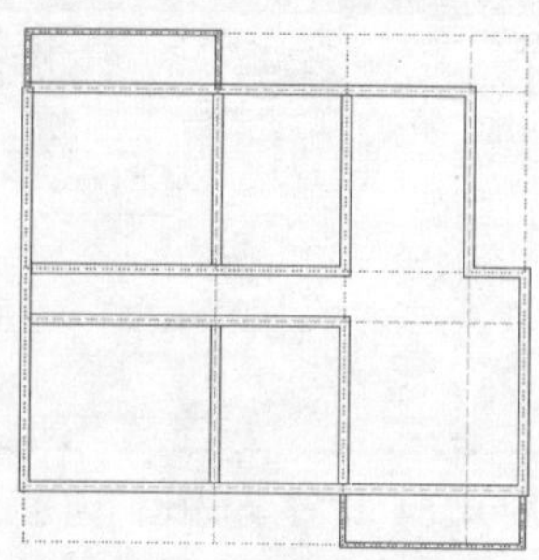

图9-267 绘制阳台墙线

步骤06 执行X（分解）命令，将所有的多线对象分解，然后使用F（圆角）和TR（修剪）命令对图形进行圆角和修剪处理，关闭“轴线”图层后的效果如图9-268所示。

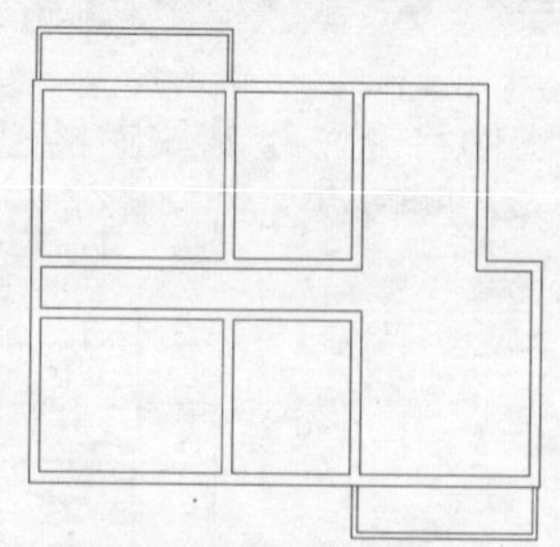

图9-268 修改后的图形

步骤07 使用矩形（REC）命令绘制一个长、宽均为500的正方形作为柱体，然后对柱体进行复制，使其效果如图9-269所示。

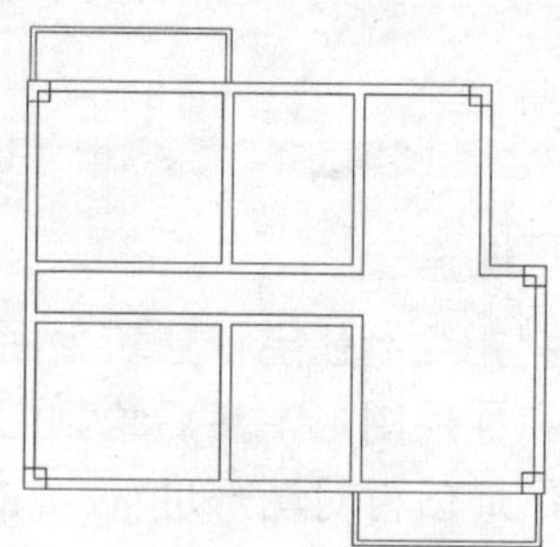

图9-269 创建柱体

步骤08 使用H（图案填充）命令对表示柱体的矩形进行图案填充，设置图案为SOLID，图案填充效果如图9-270所示。

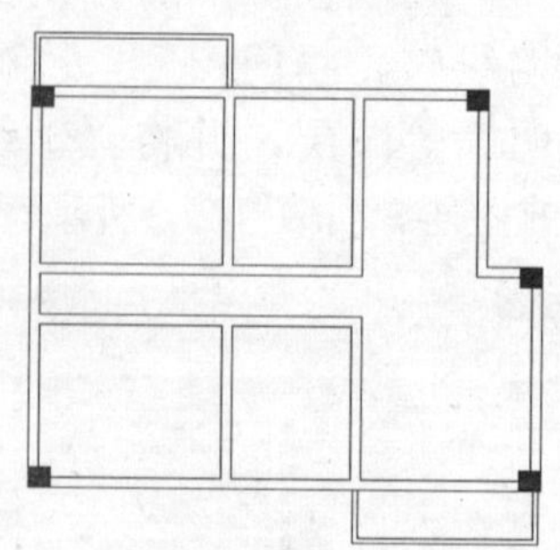

图9-270 填充柱体

步骤09 执行T（文字）命令，在图形中创建文字说明，将平面图按房间功能进行划分，如图9-271所示。

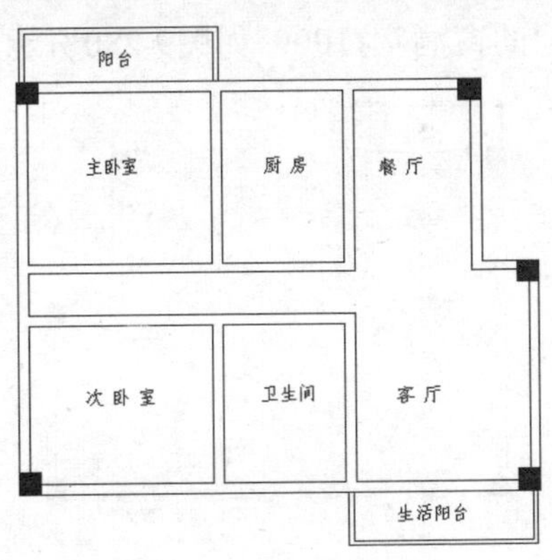

图9-271 创建文字说明

步骤10 将“门窗”图层设置为当前层，执行O（偏移）命令，将如图9-272所示的外墙线向右偏移两次，偏移距离依次为3500、900，效果如图9-273所示。

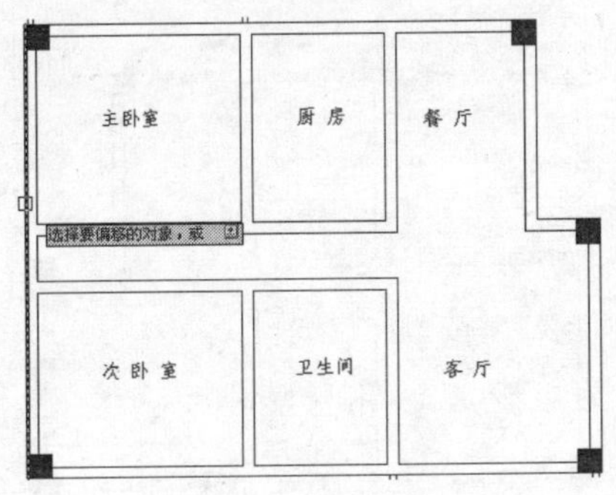

图9-272 选择线段

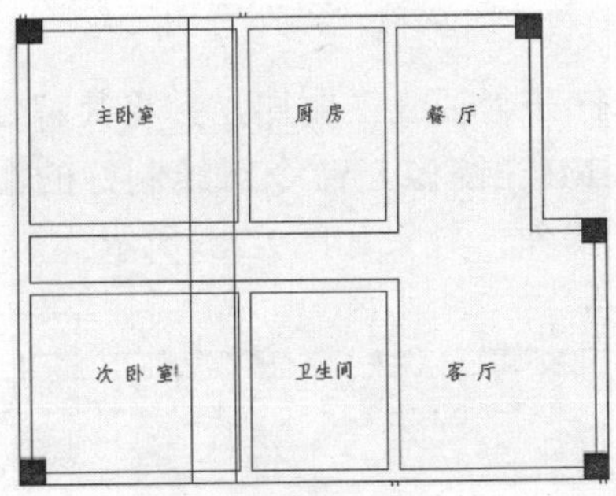

图9-273 偏移线段

步骤11 使用TR（修剪）命令，对线段进行修剪，绘制出门洞效果，如图9-274所示。

步骤12 使用同样的方法，绘制其他房间的门洞，卧室和进户门门洞的宽度为900、厨卫门洞的宽度为800、阳台门洞的宽度为2800，效果如图9-275所示。

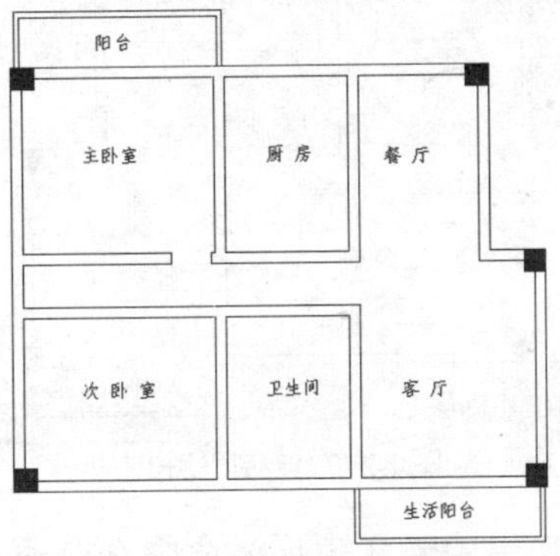

图9-274 绘制主卧室门洞

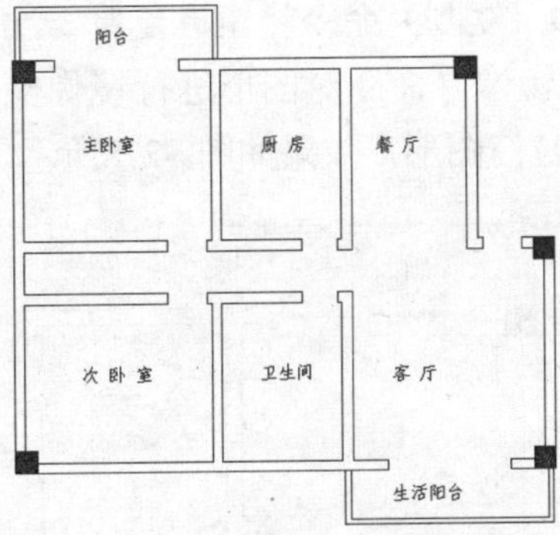

图9-275 绘制其他门洞

步骤13 使用L（直线）命令在客厅进门处绘制一个长为900的线段，然后使用A（圆弧）命令绘制一段弧线作为开关门的路径，效果如图9-276所示。

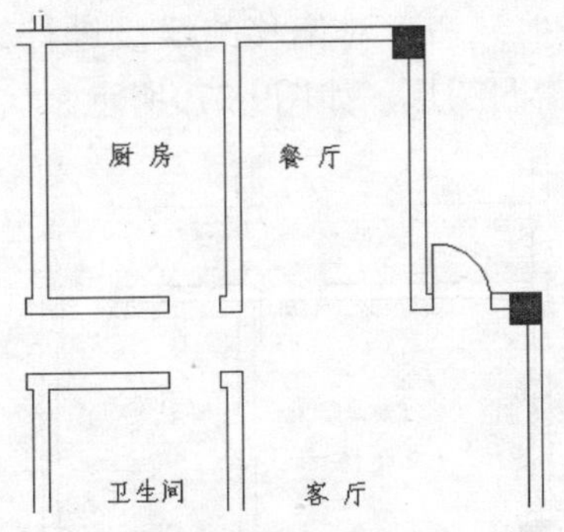

图9-276 绘制进户门

步骤14 使用同样的方法，结合L（直线）和A（圆弧）命令绘制其他的平开门图形，效果如图9-277所示。

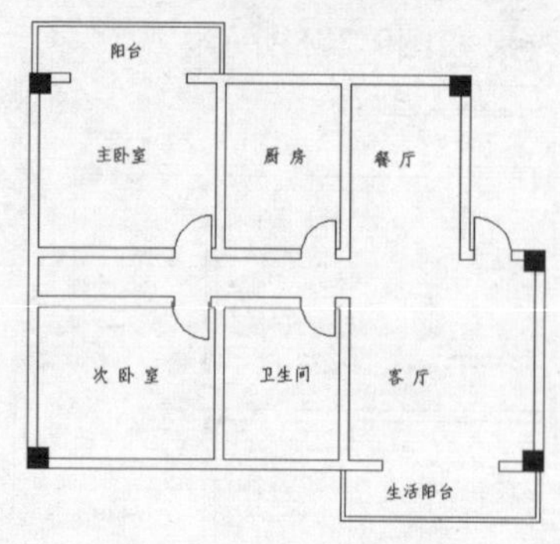

图9-277 绘制平开门

步骤15 使用REC（矩形）命令在卧室阳台处绘制一个长度为700、宽度为40的矩形，然后使用CO（复制）命令将矩形复制一次，再使用MI（镜像）命令对图形进行镜像操作，绘制出推拉门图形，效果如图9-278所示。

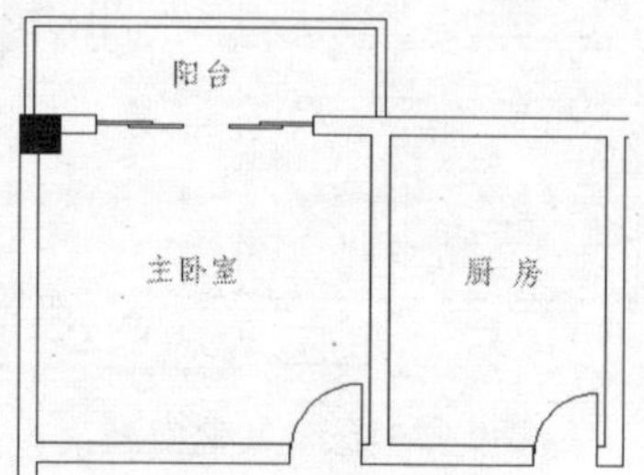

图9-278 绘制推拉门

步骤16 使用同样的方法绘制客厅处的推拉门，然后使用O（偏移）命令将次卧室左方的墙线向右依次偏移1400、2000，再使用TR（修剪）命令对偏移的线段进行修剪，绘制出窗洞图形，如图9-279所示。

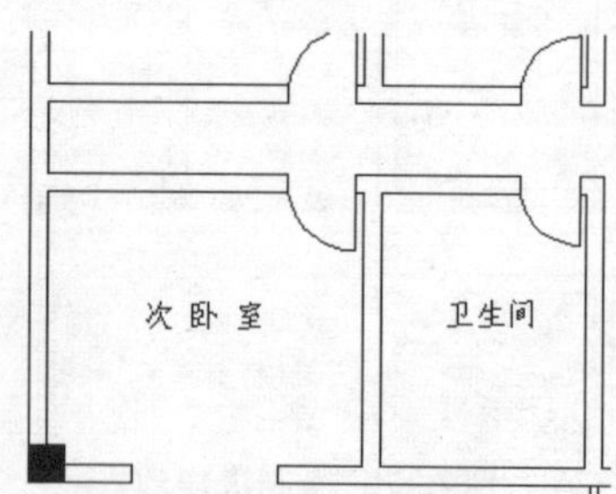

图9-279 绘制窗洞图形

步骤17 使用同样的方法绘制其他房间的窗洞图形，其中，餐厅和厨房的窗洞宽1800、卫生间的窗洞宽1100，如图9-280所示。

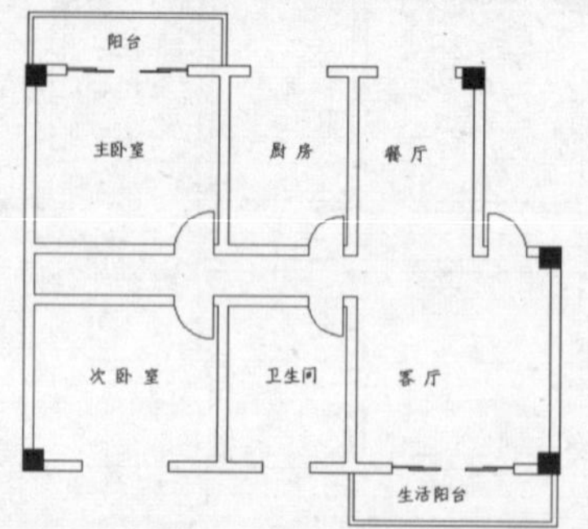

图9-280 创建其他窗洞图形

步骤18 使用L（直线）命令绘制一条线段连接窗洞两端的端点，然后使用O（偏移）命令将线段向上偏移3次，偏移距离为80，绘制出窗户图形，效果如图9-281所示。

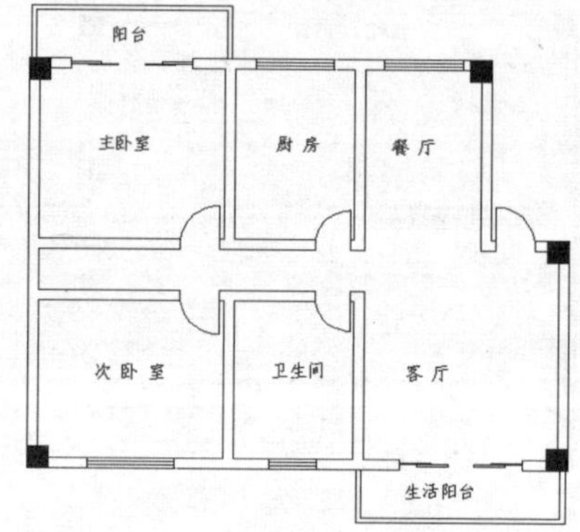

图9-281 绘制窗户图形

步骤19 打开“轴线”图层，并将其解锁，然后使用MI（镜像）命令对绘制好的图形进行镜像操作，效果如图9-282所示。

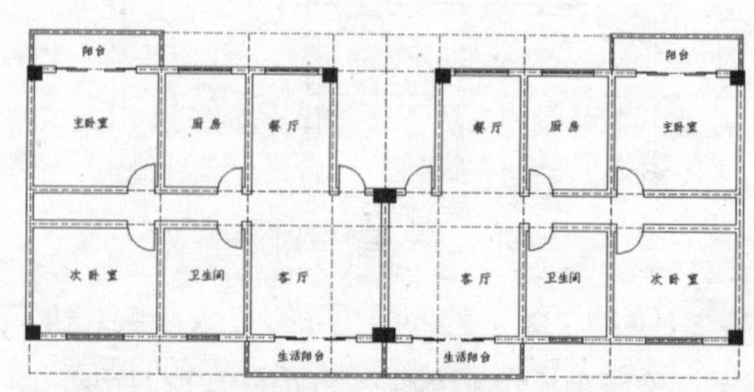

图9-282 镜像图形

步骤20 将“墙线”图层设置为当前图层，执行ML（多线）命令，设置多线的比例为

120，绘制一条多线作为楼梯处的外墙线，然后使用X（分解）命令对绘制的多线进行分解，如图9-283所示。

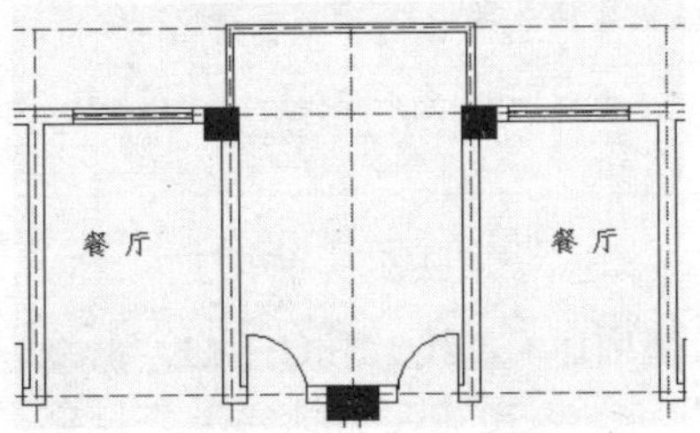

图9-283 绘制墙线

步骤21 使用O（偏移）命令将左方的线段向右依次偏移800和1800，然后使用TR（修剪）命令对线段进行修剪。使用L（直线）和O（偏移）命令绘制窗户图形，然后关闭“轴线”图层，效果如图9-284所示。

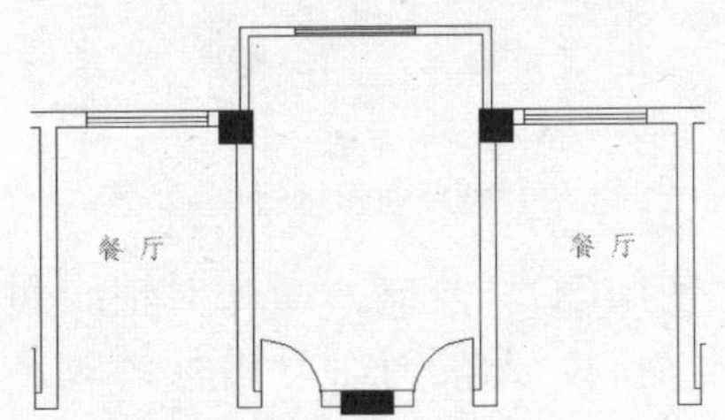

图9-284 绘制窗户图形

步骤22 使用前面介绍的绘制楼梯的方法，绘制楼梯的图形，效果如图9-285所示。

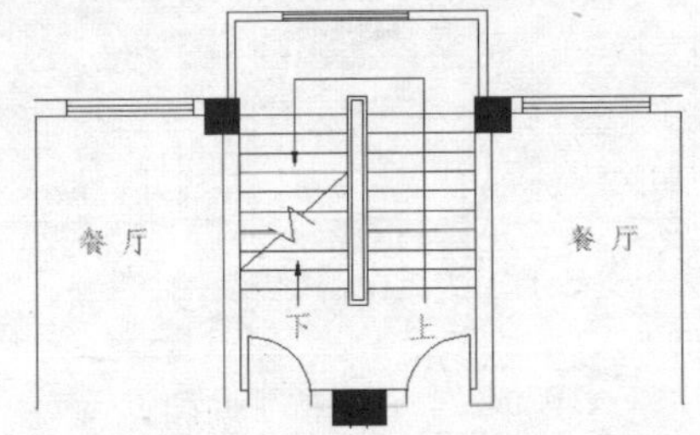

图9-285 绘制楼梯图形

步骤23 执行D（标注样式）命令，打开“标注样式管理器”对话框，然后单击“新建”按钮，打开“创建新标注样式”对话框，在“新样式名”文本框中输入“建筑平面”（如图9-286所示），单击“继续”按钮。

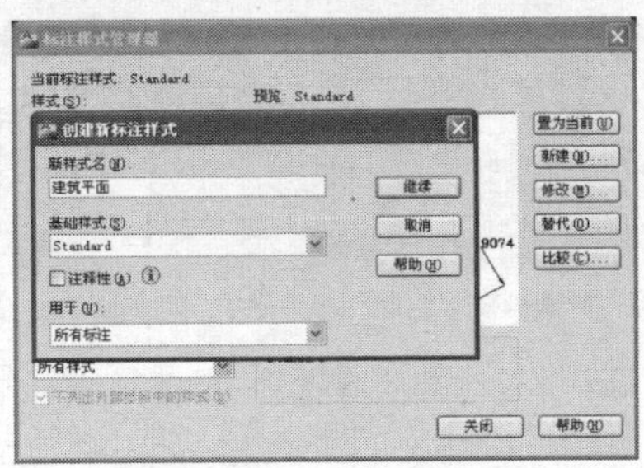

图9-286 新建标注样式

步骤24 在打开的“新建标注样式”对话框中设置超出尺寸线的值为100、起点偏移量的值为200（如图9-287所示），然后切换至“箭头和符号”选项卡，设置箭头为“建筑标记”，设置箭头大小为200，如图9-288所示。

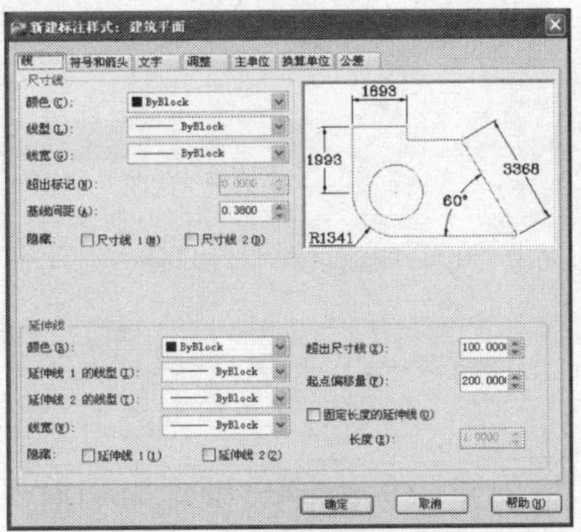

图9-287 设置标注线参数

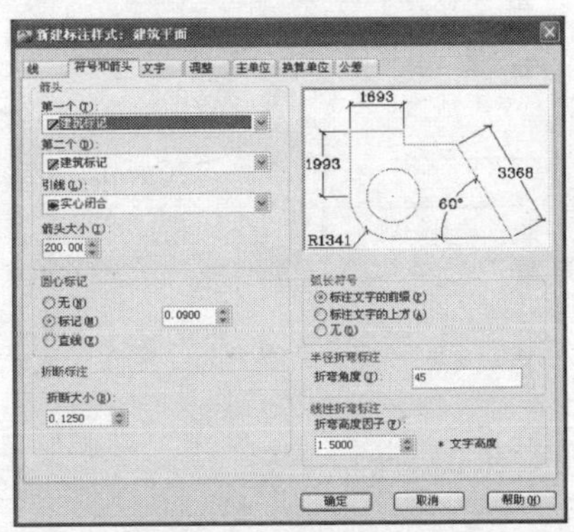

图9-288 设置箭头参数

步骤25 切换至“文字”选项卡，设置文字的高度为300、文字的垂直位置为“上”，从尺寸线偏移的值为100（如图9-289所示），然后切换至“主单位”选项卡，设置精度值为0，如图9-290所示。

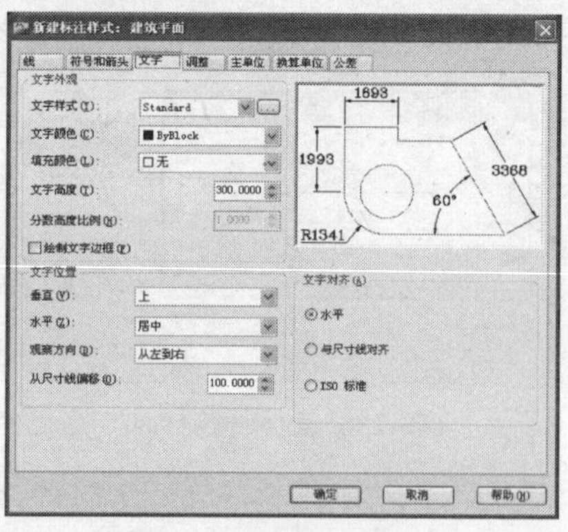

图9-289 设置文字参数

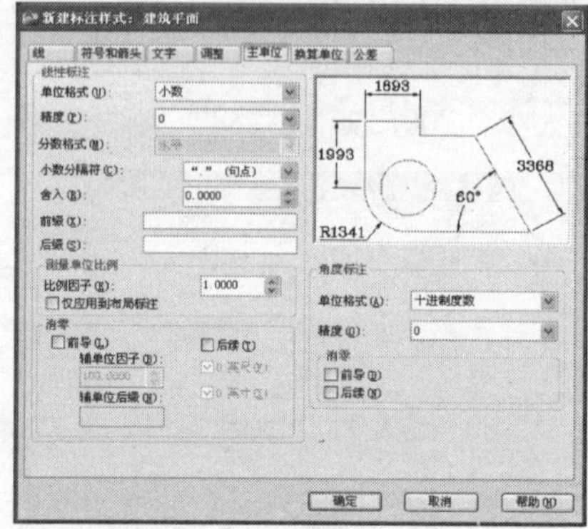

图9-290 设置精度

步骤26 将创建的标注样式设置为当前样式，打开“中轴线”图层，然后使用DLI（线性标注）命令对图形进行尺寸标注，效果如图9-291所示。

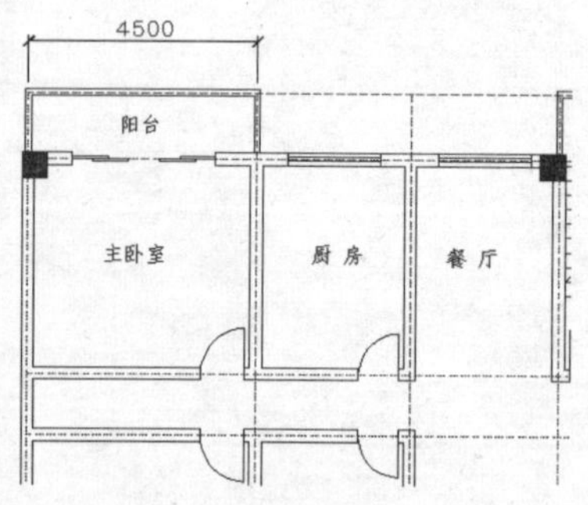

图9-291 标注图形尺寸

步骤27 使用DCO（连续标注）命令在线性标注的基础上继续对图形进行尺寸标注，然后使用同样的方法完成图形的尺寸标注，效果如图9-292所示。

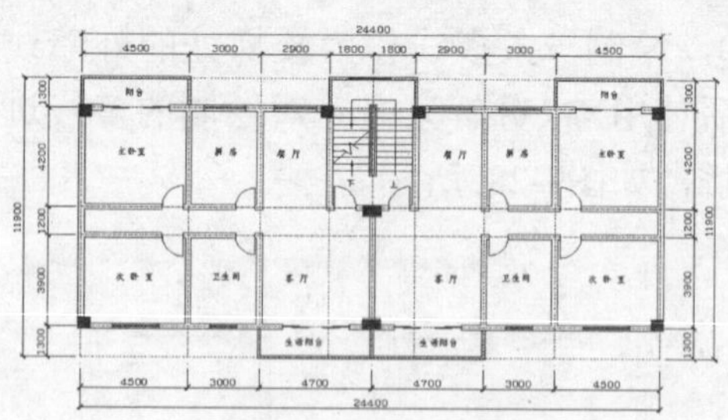

图9-292 标注图形尺寸

步骤28 使用L（直线）和C（圆）命令，在轴线上绘制直线和圆作为轴线编号，圆的半径为400，然后执行文字（T）命令，对轴线圈进行文字说明，效果如图9-293所示。

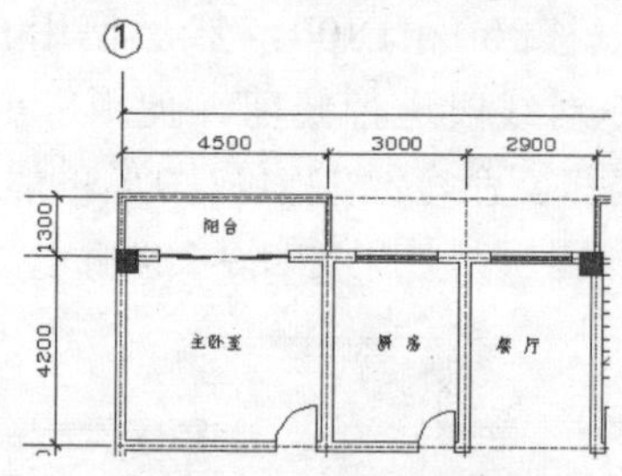

图9-293 创建轴线编号

步骤29 使用CO（复制）命令对轴线圈及轴号进行复制，然后对轴号进行修改，最后将轴线隐藏，完成住宅楼平面图的绘制，效果如图9-294所示。

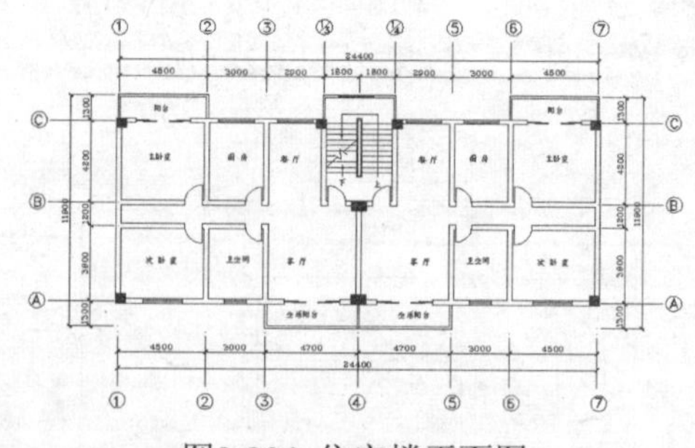

图9-294 住宅楼平面图

技巧提示

要绘制建筑平面图，首先需要学会识读建筑平面图，如查看平面形式、房间数量及用途、建筑物的外形尺寸，以及轴线尺寸与门窗洞口间尺寸等。

实例104 绘制建筑电路图

电路图是用来表达电器设备系统组成、安装等内容的图纸。本实例将介绍建筑电路图的绘制方法，实例效果如图9-295所示。

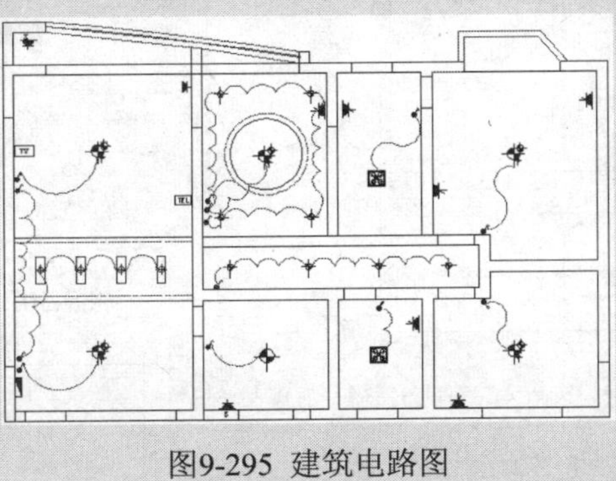

图9-295 建筑电路图

技法解析

本实例在绘制建筑电路图的过程中，首先将需要的电路元件插入到相应的位置，然后在布置电路元件的操作中根据需要绘制配电箱和灯带图形，并使用线条将电器和开关对象连接在一起。

	实例路径	实例\第9章\建筑电路图.dwg
	素材路径	素材\第9章\电路元件.dwg、室内天花图.dwg

步骤01 根据素材路径打开“室内天花图.dwg”和“电路元件.dwg”图形文件，如图9-296和图9-297所示。

步骤02 将“电路元件.dwg”文件中的对象复制到“室内天花图.dwg”文件中，然后参照如图9-298所示的灯具布置效果，并使用CO（复制）命令将各种灯具复制到对应的位置。

图例	名称	图例	名称
	吊灯		空调电源插座
	吸顶灯		洗衣机电源插座
	筒灯		电冰箱插座
	射灯		插座
	浴霸		单控开关
	花灯		双控开关
	日光灯		三控开关
	软管灯		四控开关
TV	电视	TEL	电话

图9-297 电路元件

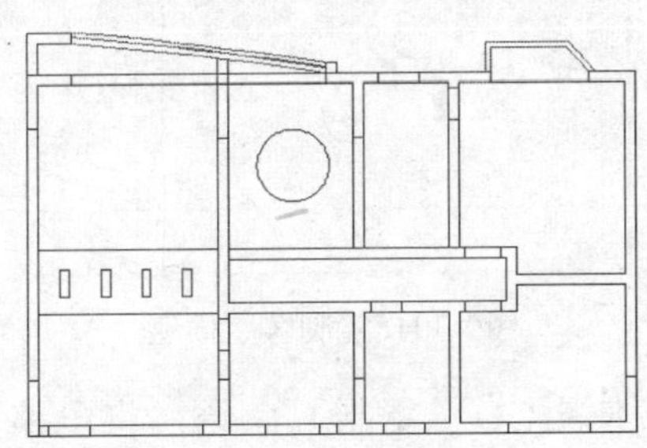

图9-296 室内天花图

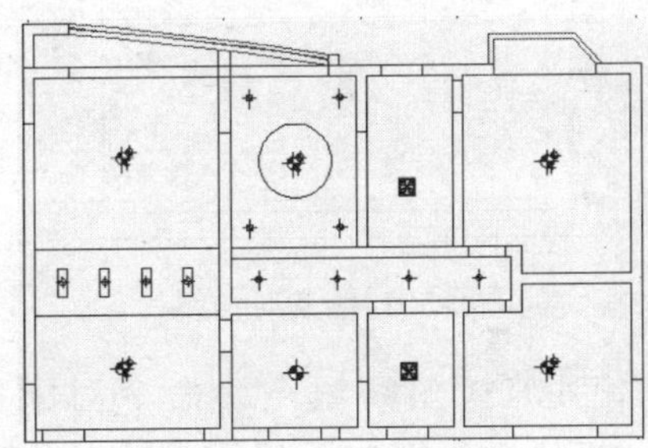

图9-298 复制电路元件

步骤03 执行O（偏移）命令，对过道和书房中的吊顶进行偏移，偏移距离为120，然后将偏移得到的线段放入“灯带”图层，效果如图9-299所示。

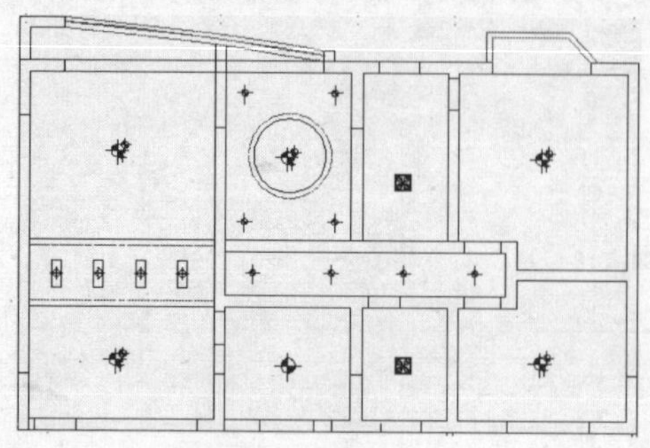

图9-299 创建灯带

步骤04 使用REC（矩形）命令在进户门的位置绘制一个长度为150、宽度为450的矩形，表示配电箱图形，如图9-300所示。

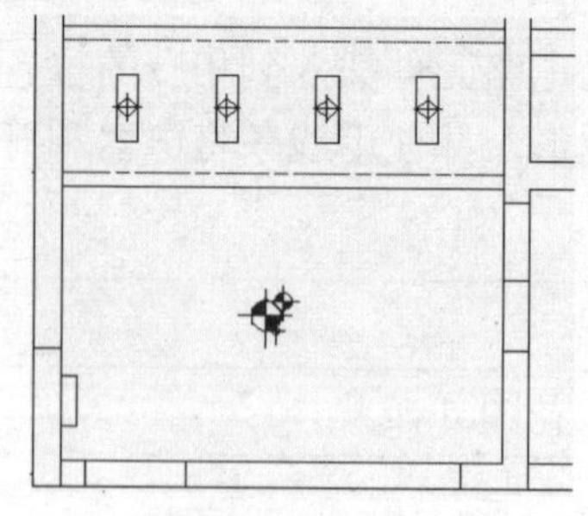

图9-300 绘制矩形

步骤05 使用L（直线）命令，捕捉矩形对角端点，绘制斜线段，如图9-301所示。

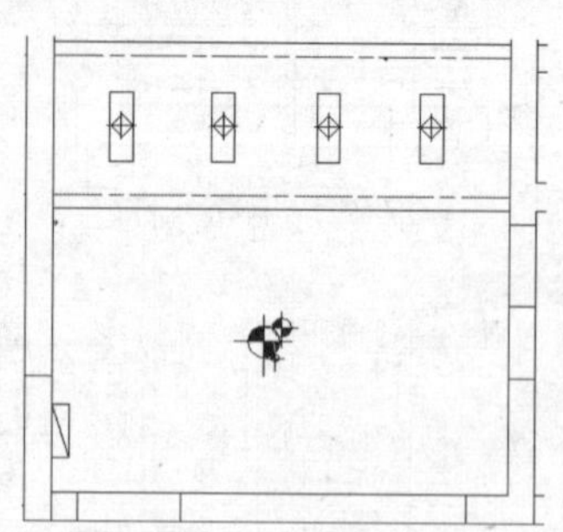

图9-301 绘制对角线

步骤06 使用H（图案填充）命令对配电箱中的一部分进行填充，设置填充的图案为SOLID（如图9-302所示），图案填充效果如图9-303所示。

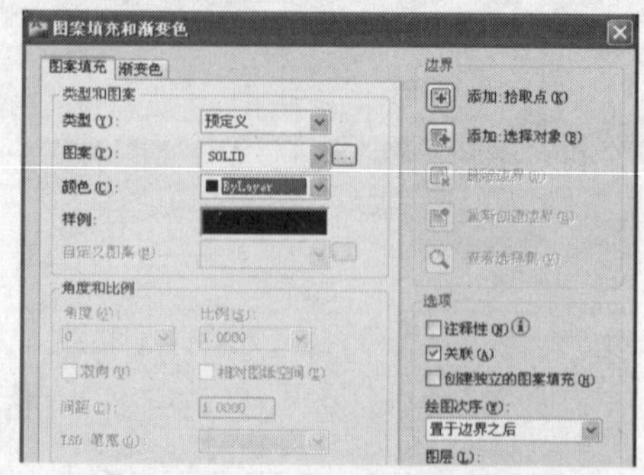

图9-302 设置图案填充参数

图9-303 图案填充效果

步骤07 使用CO（复制）命令将电路元件图例中的空调插座、洗衣机插座、电话插座、电视插座等复制到客厅中，并对相应的对象进行旋转，效果如图9-304所示。

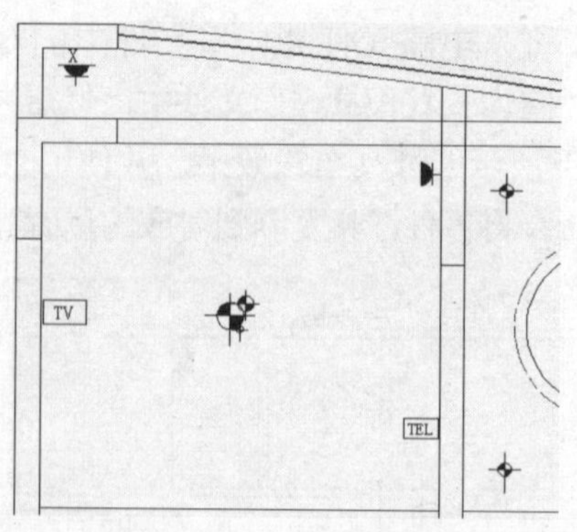

图9-304 复制客厅插座

步骤08 使用CO（复制）命令，将电路元件图例中的冰箱插座复制到厨房中，并对其进行旋转，效果如图9-305所示。

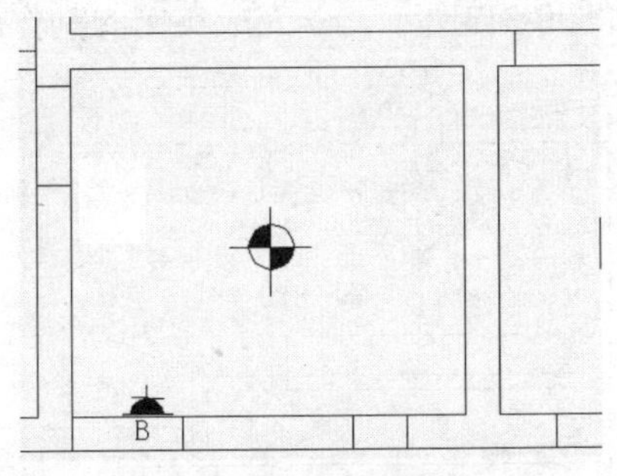

图9-305 复制冰箱插座

步骤09 使用CO（复制）命令将电路元件图例中的普通插座复制到书房、卫生间、卧室中，并对相应的对象进行旋转，效果如图9-306所示。

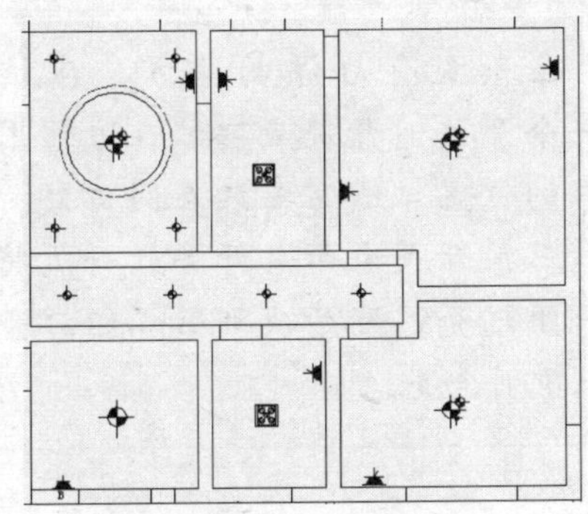

图9-306 复制普通插座

步骤10 使用CO（复制）命令将电路元件图例中的单控开关复制到客厅、餐厅、过道、书房、厨房的墙体处，如图9-307所示。

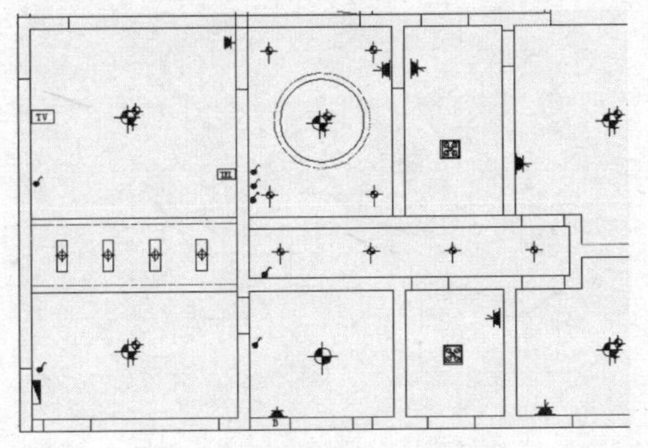

图9-307 复制单控开关

步骤11 使用CO（复制）命令将电路元件图例中的双控开关复制到餐厅、卧室的墙体处，如图9-308所示。

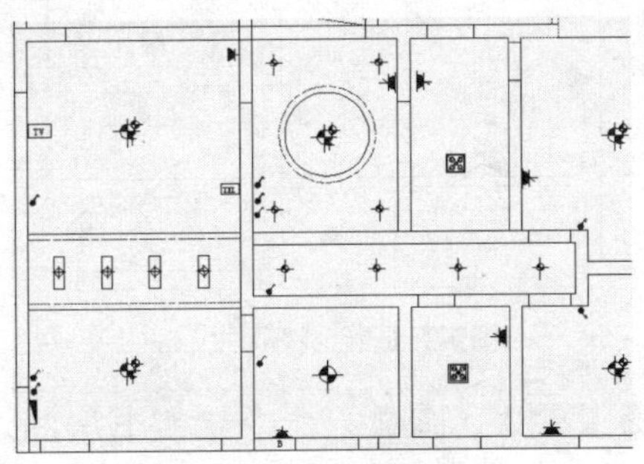

图9-308 复制双控开关

步骤12 使用CO（复制）命令，将电路元件图例中的三控开关复制到客厅、卫生间的墙面位置，如图9-309所示。

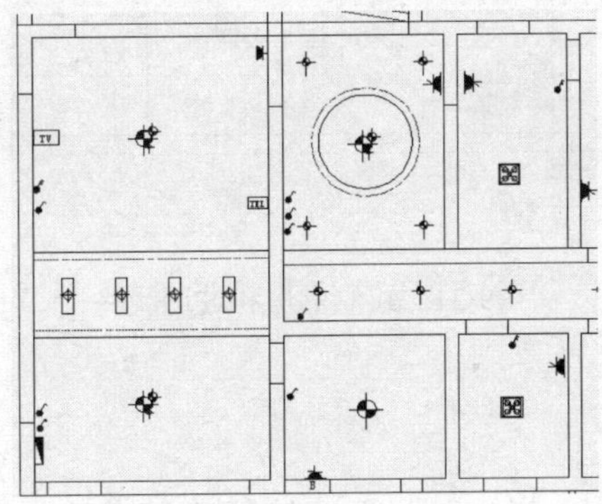

图9-309 复制三控开关

步骤13 设置当前绘图颜色为红色，然后执行A（圆弧）命令，参照如图9-310所示的效果绘制餐厅中的电路连接线。

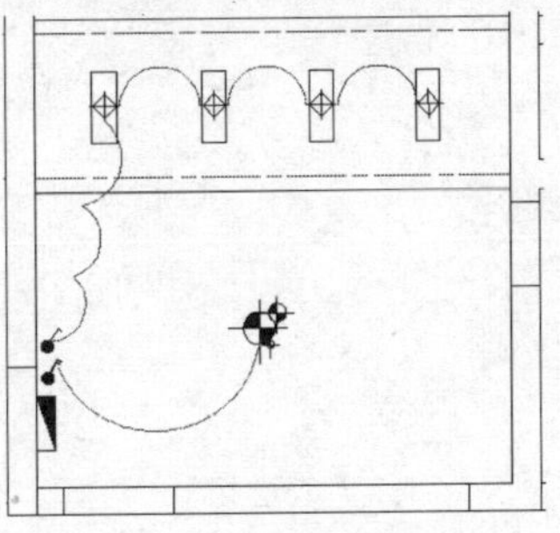

图9-310 绘制餐厅线路

步骤14 使用A（圆弧）命令绘制客厅线路，效果如图9-311所示。

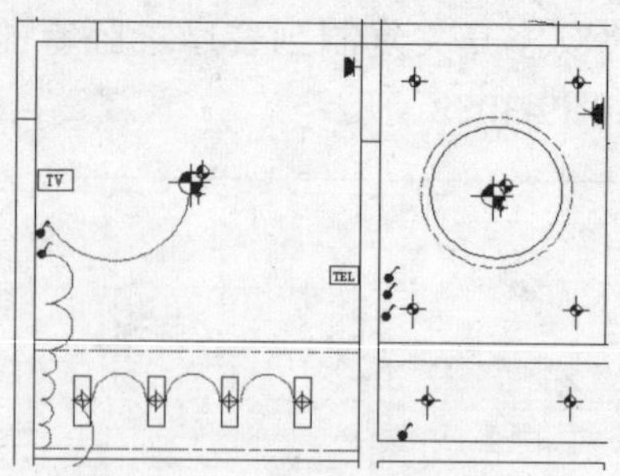

图9-311 绘制客厅线路

步骤15 使用A（圆弧）命令绘制书房和过道线路，效果如图9-312所示。

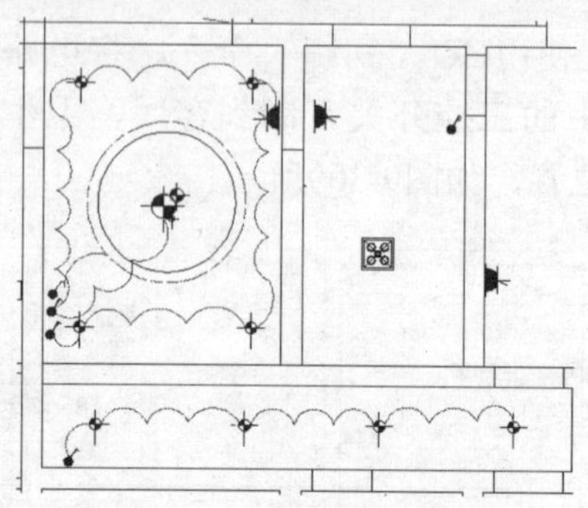
图9-312 绘制书房和过道线路

步骤16 使用A（圆弧）命令绘制其他房间的电路（如图9-313所示），完成实例的制作。

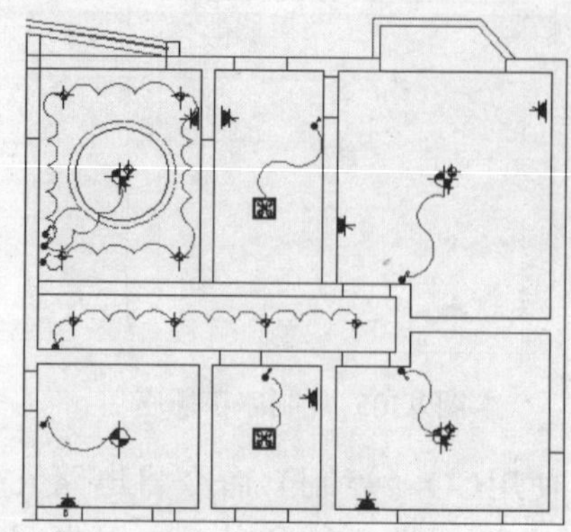
图9-313 绘制其他线路

技巧提示

在布置有灯源的地方，应该设计一个开关，开关应安装在方便用户使用的位置，通常安装在门口处。其中，三控开关表示总开关开一次将控制一组灯亮，开两次则第二组灯亮，开三次则全亮。

PART 10

绘制建筑立面图和剖面图

立面图是按照正投影法在与房屋立面平行的投影面上所作的投影图，即房屋某个方向外形的正投影视图。建筑立面图应包括投影方向可见的建筑外轮廓线和墙面线脚、构配件、外墙面及必要的尺寸与标高等。立面图主要用来表达建筑物的外形艺术效果，在施工图中常用于反映房屋外貌和立面装修的做法。

本章将介绍建筑立面及剖面图的绘制，与此同时对AutoCAD常用功能及应用的学习也将在本章结束。

效果展示 XIAOGUO ZHANSHI

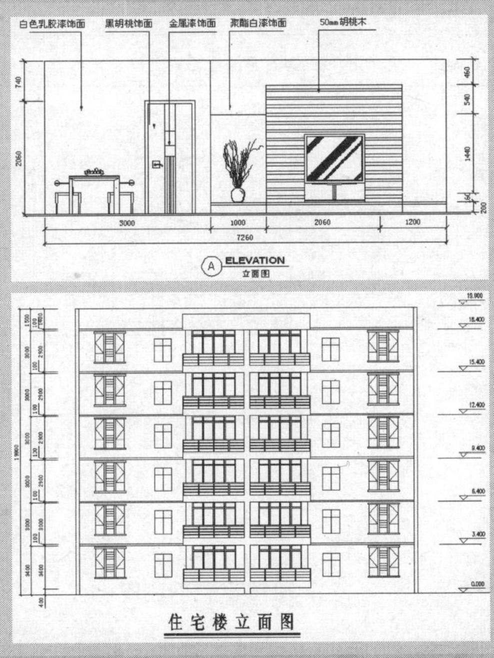

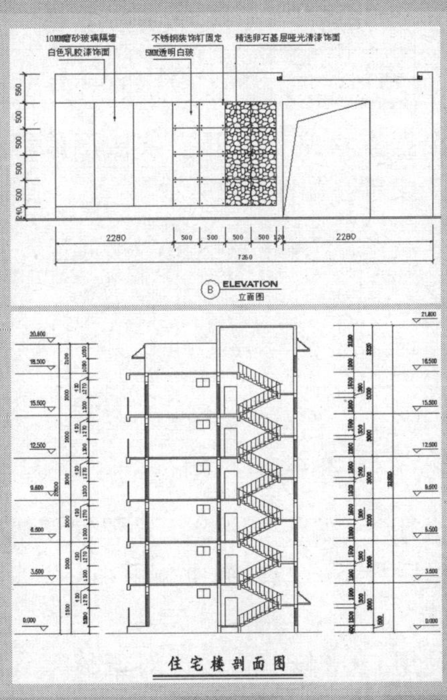

实例105 绘制形象墙立面图

本实例将介绍绘制茶楼形象墙立面图的操作。通过本实例的学习，读者应了解茶楼形象墙立面图的设计风格和绘制方法，本实例的效果如图10-1所示。

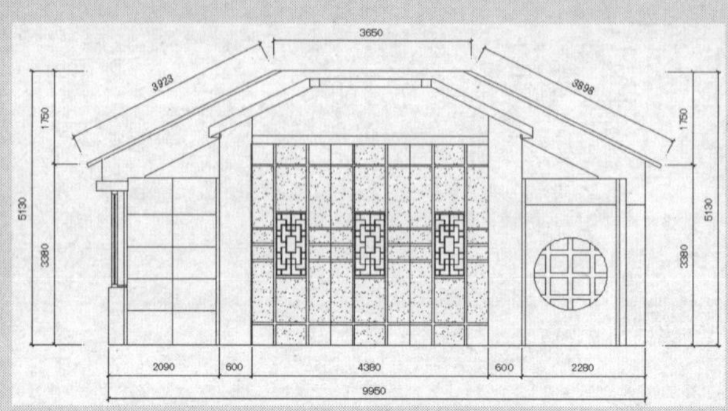

图10-1 茶楼形象墙立面图

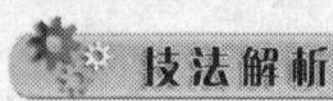

本实例在绘制茶楼形象墙立面图的过程中，首先打开素材图形，使用“偏移”和“修剪”命令创建侧面的装饰墙效果，然后使用“圆”、“矩形”、“复制”和“修剪”命令创建圆形装饰窗格效果，再插入装饰门图形，最后设置适当的标注样式，并使用“对齐”标注工具对图形斜边进行标注。

	实例路径	实例\第10章\茶楼形象墙立面图.dwg
	素材路径	素材\第10章\茶楼装饰门.dwg、茶楼形象墙素材.dwg

步骤01 根据素材路径打开“茶楼形象墙素材.dwg”文件，如图10-2所示。

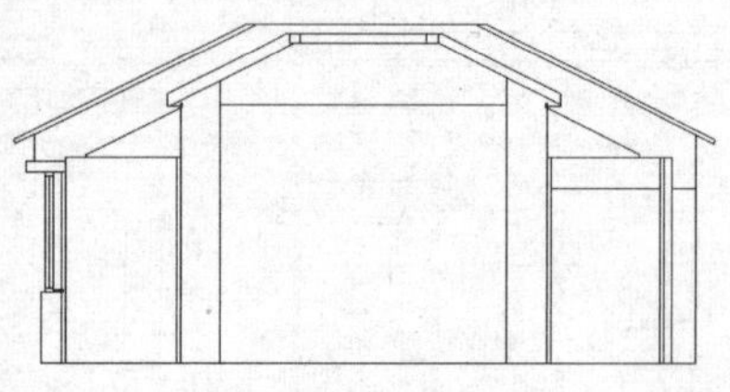

图10-2 打开素材

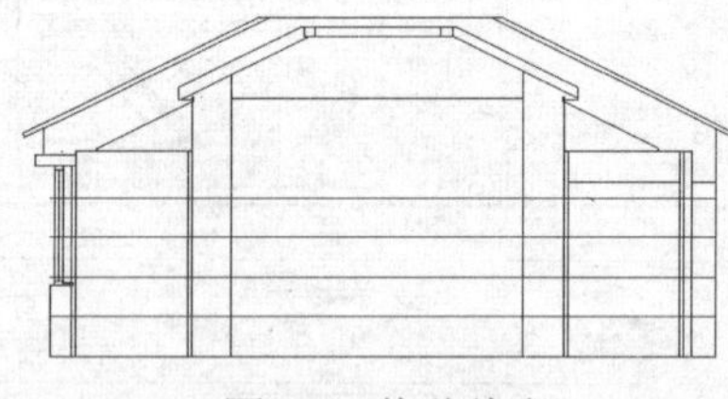

图10-3 偏移线段

步骤02 执行O（偏移）命令，设置偏移值为600，然后将下方线段向上偏移4次，如图10-3所示。

步骤03 使用TR（修剪）命令对偏移得到的线段进行修剪，效果如图10-4所示。

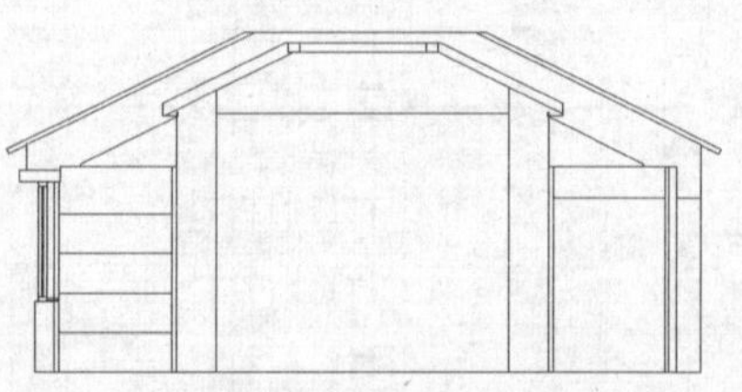

图10-4 修剪线段

步骤04 执行L（直线）命令，通过捕捉线段的中点绘制一条垂直线段，如图10-5所示。

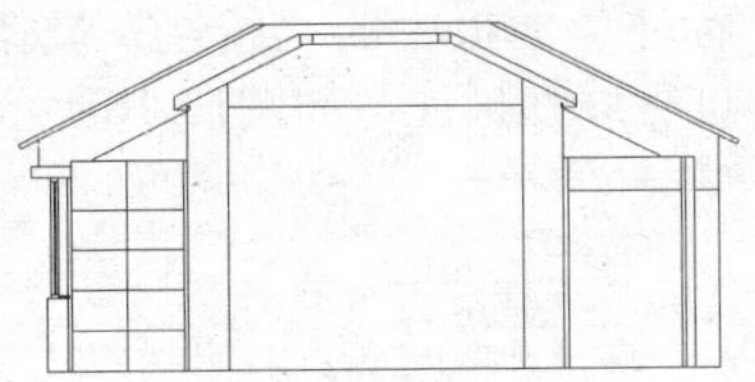

图10-5 绘制垂直线段

步骤05 使用C（圆）命令绘制一个半径为700的圆，然后使用矩形命令创建一个边长为320的正方形，如图10-6所示。

步骤06 使用CO（复制）命令对正方形进行多次复制，如图10-7所示。

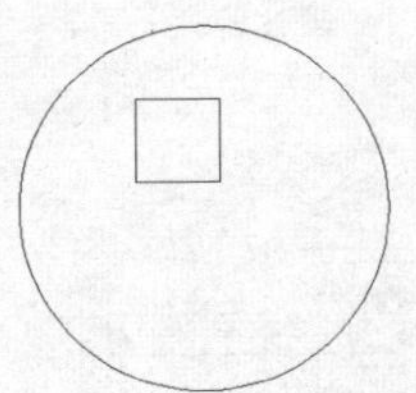

图10-6 绘制图形　　图10-7 复制正方形

步骤07 使用TR（修剪）命令以圆形为边界对矩形进行修剪，然后将修剪后的图形放在如图10-8所示的位置。

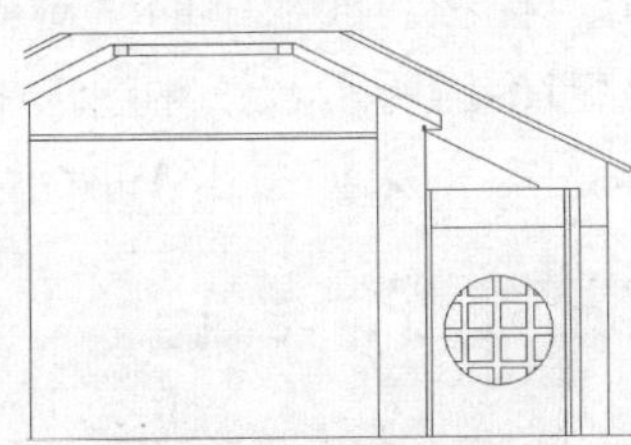

图10-8 修剪图形

步骤08 将“茶楼装饰门.dwg”素材文件中的装饰门立面图复制到当前图形中，如图10-9所示。

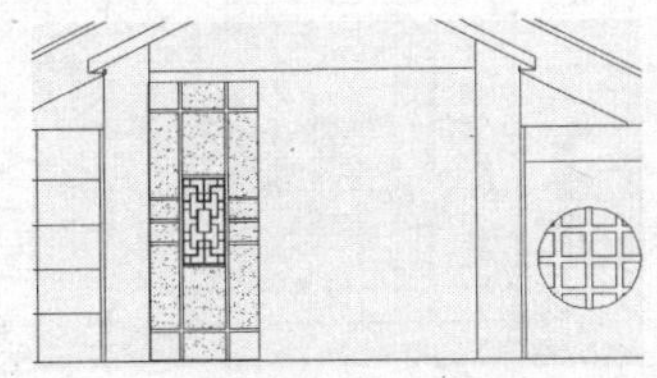

图10-9 复制素材

步骤09 使用CO（复制）命令将装饰门立面图复制两次，效果如图10-10所示。

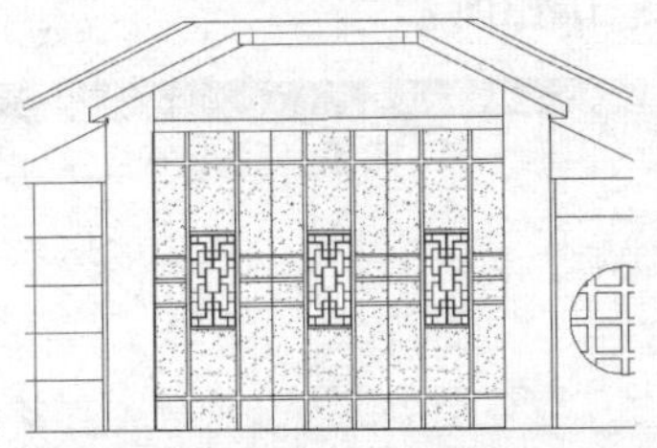

图10-10 复制门立面图

步骤10 输入并执行D（标注样式）命令，打开“标注样式管理器”对话框，然后单击“新建”按钮，打开“创建新标注样式”对话框，在“新样式名”文本框中输入样式名“茶楼形象墙”，如图10-11所示。

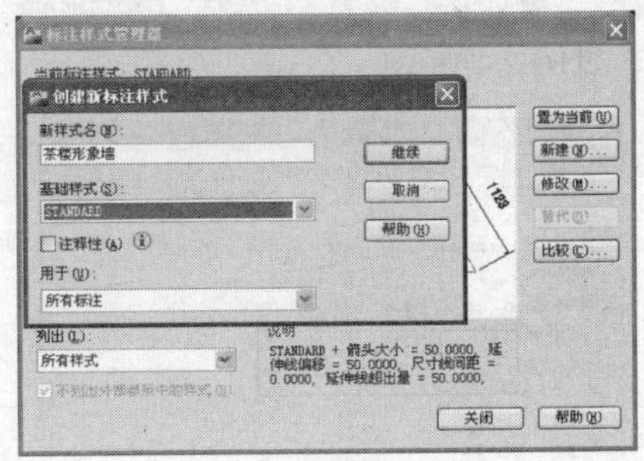

图10-11 新建标注样式

步骤11 单击“继续”按钮，打开“新建标注样式”对话框，在“线”选项卡中设置超出尺寸线的值为50、起点偏移量的值为50，如图10-12所示。

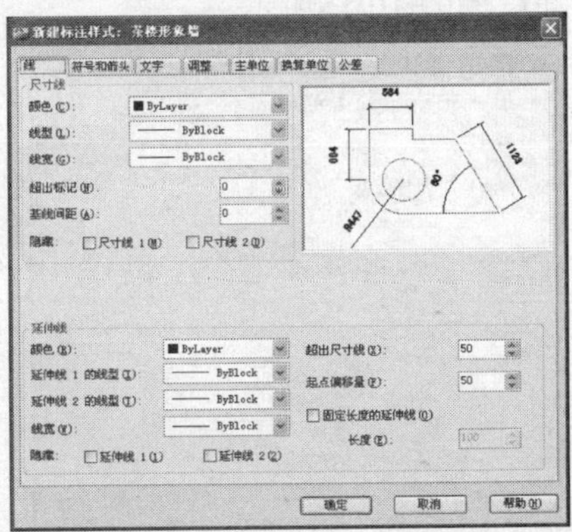

图10-12 设置线参数

PART 10

步骤12 切换至“符号和箭头”选项卡，设置箭头为“建筑标记”，设置箭头大小为50，如图10-13所示。

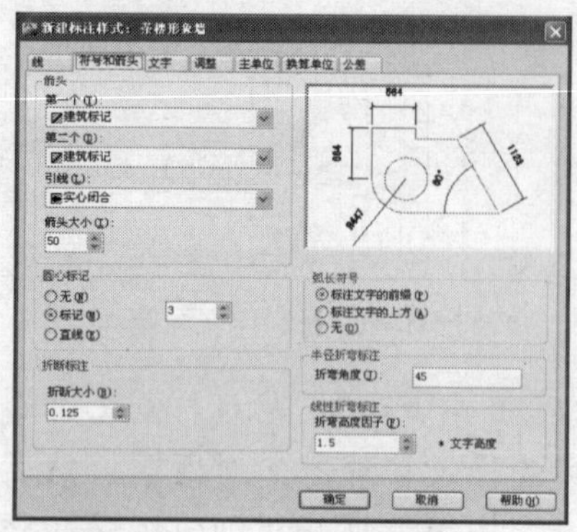

图10-13 设置箭头参数

步骤13 切换至“文字”选项卡，设置“文字高度”为150，设置“从尺寸线偏移”为150,如图10-14所示。

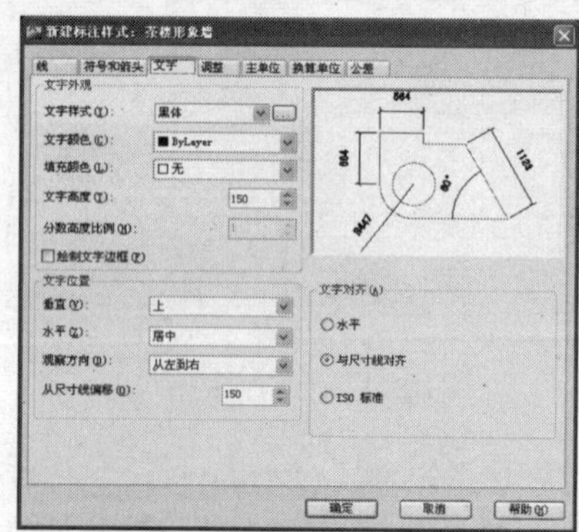

图10-14 设置文字参数

步骤14 切换至“主单位”选项卡，设置“精度”为0，如图10-15所示。

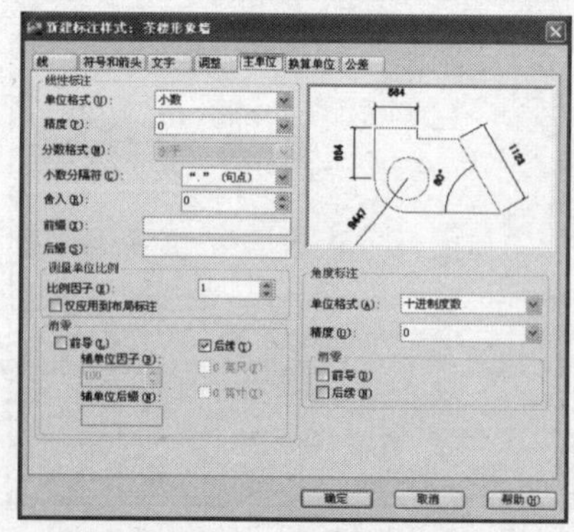

图10-15 设置精度

步骤15 将创建的标注样式设置为当前样式，单击“标注”面板中的“线性”按钮，对图形进行线性标注，如图10-16所示。

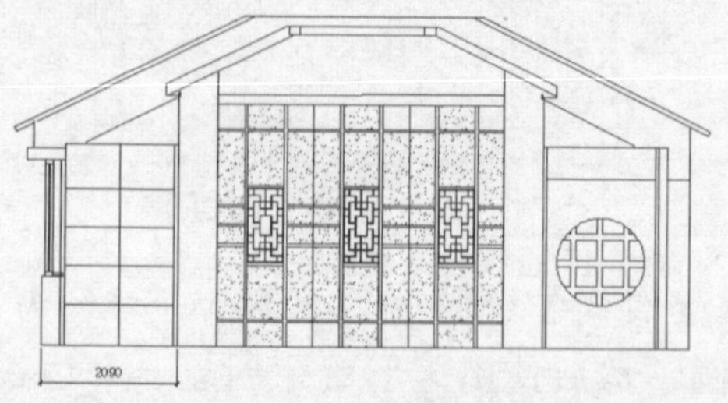

图10-16 线性标注图形

步骤16 执行DCO（连续标注）命令，在线性标注的基础上对图形进行快速标注，如图10-17所示。

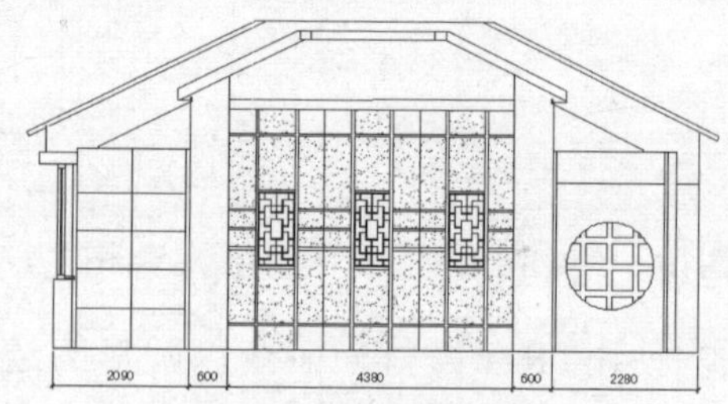

图10-17 连续标注图形

步骤17 单击“标注”面板中的“对齐”按钮，（如图10-18所示），对图形中的斜边进行对齐标注，效果如图10-19所示。

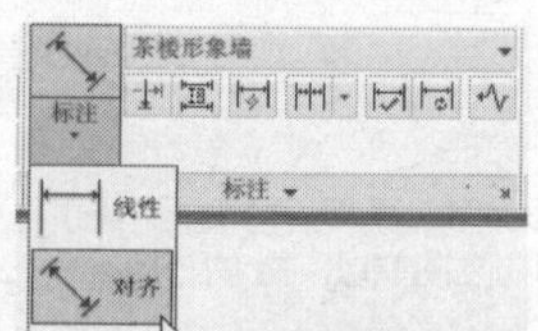

图10-18 选择对齐工具

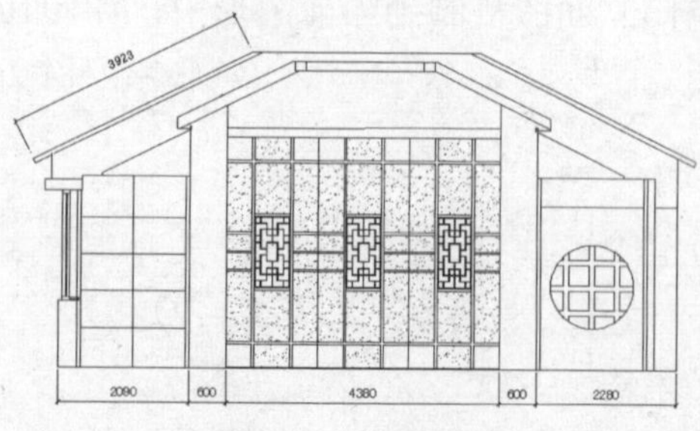

图10-19 标注斜边

步骤18 使用同样的方法，对图形的其他位置进行标注，完成实例的制作，如图10-20所示。

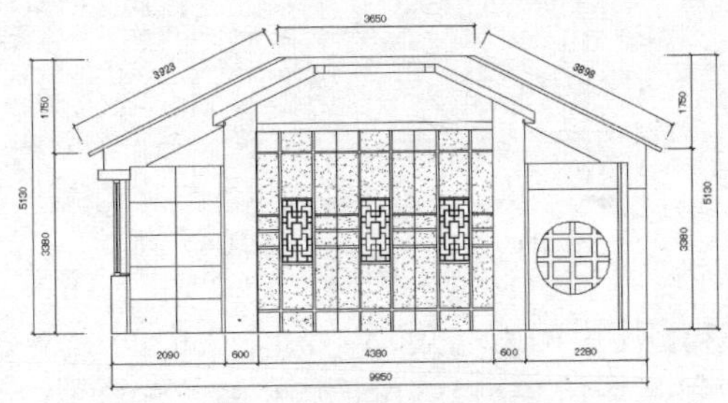

图10-20 形象墙立面图

技巧提示

茶楼立面图的设计需要对造型、比例、尺度、颜色、材质等因素的运用把握充分，以使空间呈现出时尚多变的色彩，增添空间的美感。

实例106 绘制包间立面图

本实例将介绍绘制茶楼包间立面图的操作。通过本实例的学习，读者应了解茶楼包间立面图的设计风格和绘制方法，本实例的效果如图10-21所示。

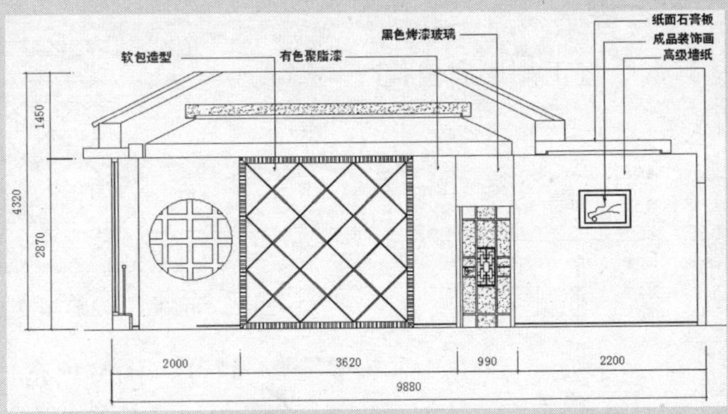

图10-21 茶楼包间立面图

技法解析

本实例在绘制包间立面图的过程中，首先参照尺寸效果绘制立面图的轮廓，然后绘制包间内的软包造型，并对图形进行填充，最后对图形进行文字标注。

	实例路径	实例\第10章\茶楼包间立面图.dwg
	素材路径	素材\第10章\茶楼包间素材.dwg、茶楼装饰门.dwg、装饰画.dwg

步骤01 根据素材路径打开“茶楼包间素材.dwg”文件，如图10-22所示。

步骤02 使用O（偏移）命令将左方的内墙线向右依次偏移1680、2880个单位，效果如图10-23所示。

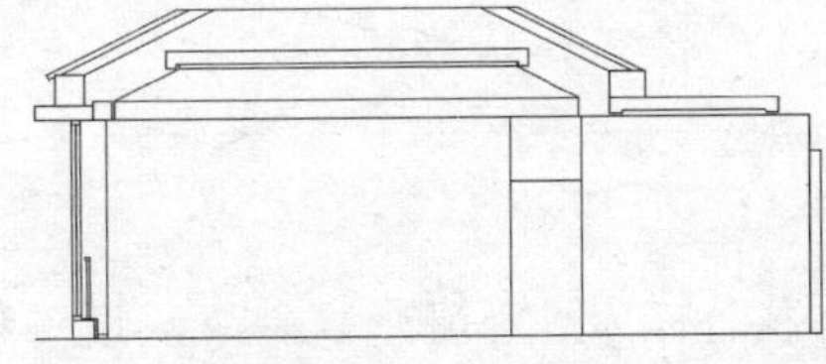

图10-22 打开素材

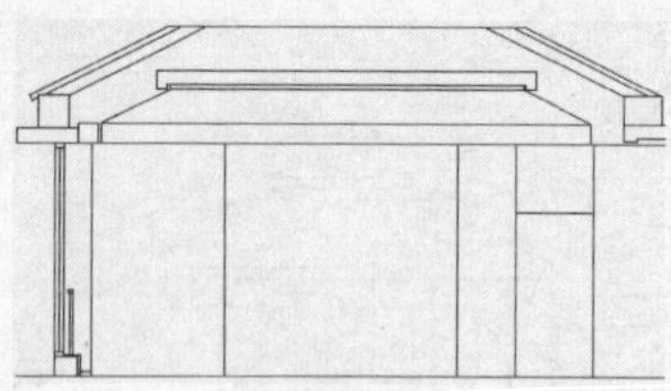

图10-23 偏移左方内墙线

步骤03 使用REC（矩形）命令在中间造型处绘制一个边长为2880的正方形，如图10-24所示。

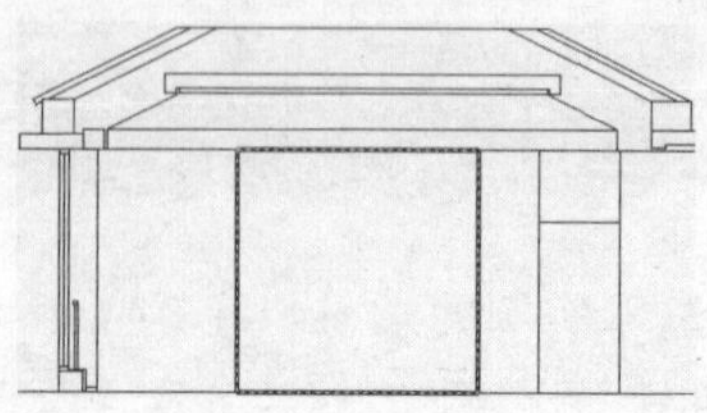

图10-24 绘制正方形

步骤04 使用O（偏移）命令将正方形向内偏移80，如图10-25所示。

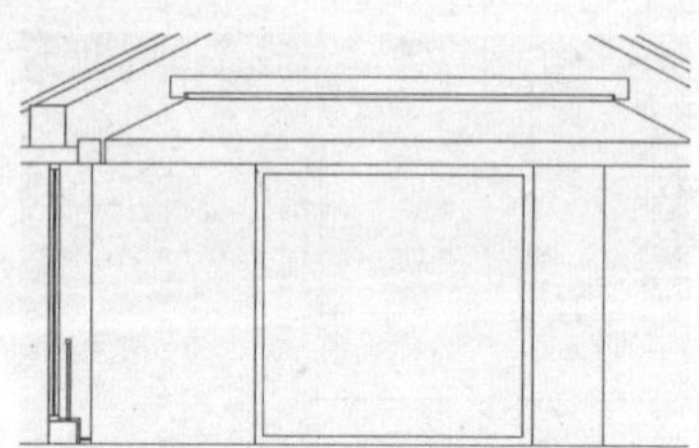

图10-25 偏移正方形

步骤05 结合使用L（直线）、O（偏移）、TR（修剪）命令绘制矩形中间造型，表示包间的软包造型，如图10-26所示。

图10-26 创建软包造型

步骤06 执行H（图案填充）命令，设置填充图案为AR-CONC、比例为300（如图10-27所示），对软包造型上方的立面进行填充，如图10-28所示。

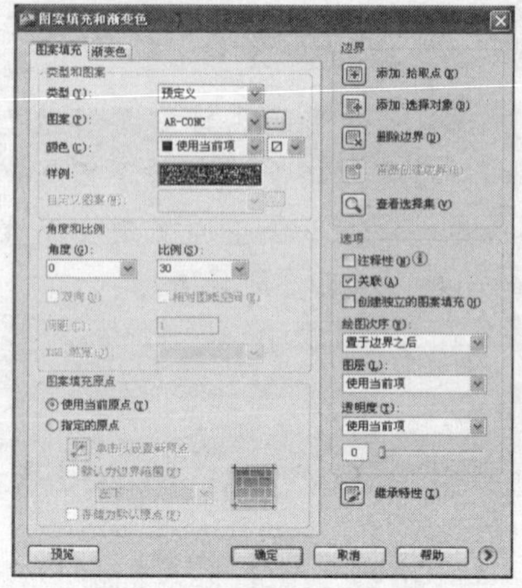

图10-27 设置图案填充参数

图10-28 填充立面图

步骤07 执行H（图案填充）命令，设置填充图案为ANSI32、角度为45、比例为180（如图10-29所示），对软包上下边框进行填充。

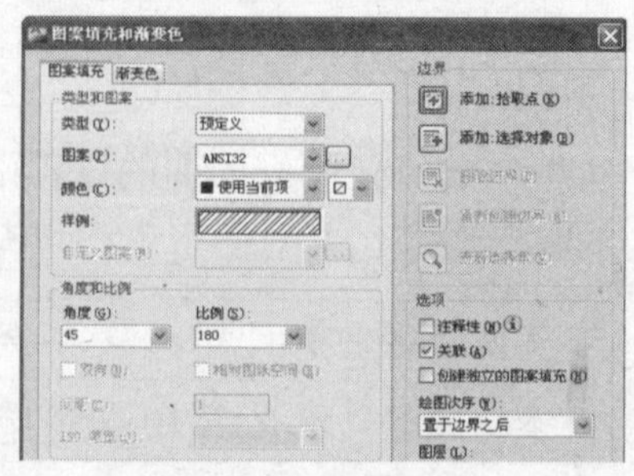

图10-29 设置图案填充参数

步骤08 执行H（图案填充）命令，设置填充图案为ANSI32，角度为-45、比例为180，然后对软包左右边框进行填充，效果如图10-30所示。

图10-30 填充软包立面

步骤09 使用REC（矩形）命令绘制一个长320的正方形，然后使用C（圆）命令绘制一个半径为700的圆，再使用CO（复制）命令对正方形进行复制，最后使用TR（修剪）命令对圆形外的正方形进行修剪，创建出如图10-31所示的立面造型。

图10-31 创建立面造型

步骤10 根据素材路径打开“茶楼装饰门.dwg”素材文件，然后将其中的装饰门立面图复制到当前图形中，如图10-32所示。

图10-32 复制装饰门立面图

步骤11 根据素材路径打开“装饰画.dwg”素材文件，然后将其中的装饰画复制到当前图形中，如图10-33所示。

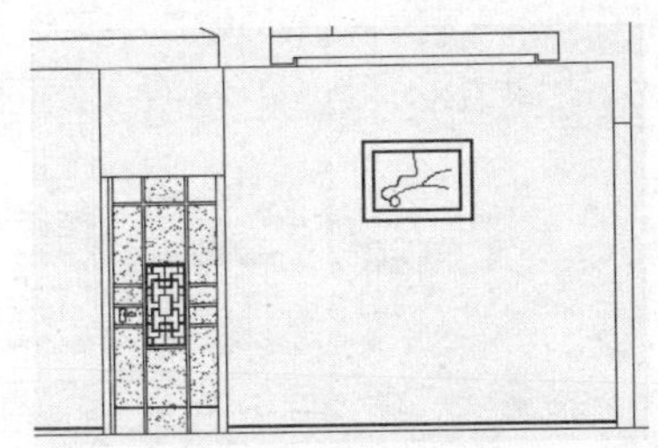
图10-33 复制装饰画

步骤12 参照茶楼形象墙中的方法，创建一个相同的标注样式，并将其设置为当前标注样式，然后对图形进行尺寸标注，效果如图10-34所示。

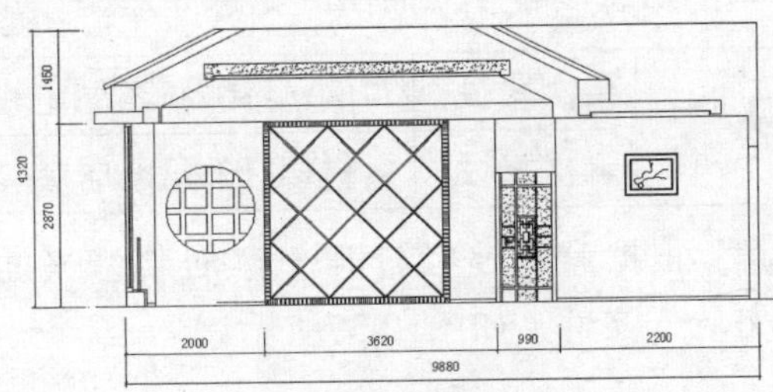

图10-34 标注图形尺寸

步骤13 使用MLEADER（多重引线）命令对图形进行文字标注，完成实例的制作，效果如图10-35所示。

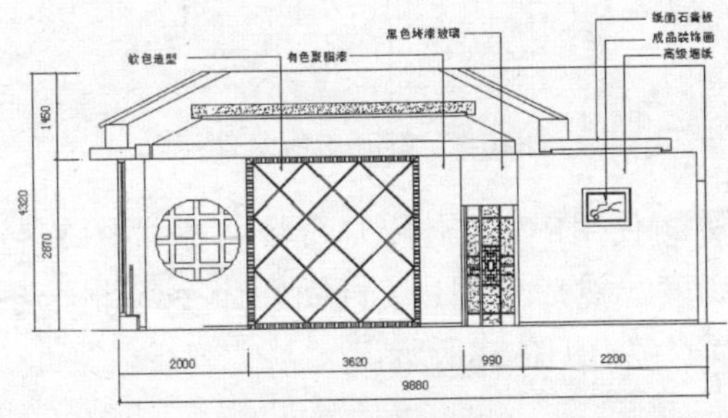

图10-35 包间立面图

实例107 绘制客厅电视墙立面图

在家庭装修中，客厅电视墙是客厅装修中的重点。本实例所绘制的立面包括客厅电视墙和餐厅两个部分，实例效果如图10-36所示。

图10-36 客厅电视墙立面图

技法解析

本实例在绘制客厅电视墙立面图的过程中，首先参照家居装修平面图确定立面图的内容，然后绘制客厅立面图的轮廓和造型，最后插入素材图形并对图形进行标注。

	实例路径	实例\第10章\客厅电视墙立面图.dwg
	素材路径	素材\第10章\家居装修平面图.dwg、客厅电视墙立面素材.dwg

步骤01 根据素材路径打开“家居装修平面图.dwg”文件，如图10-37所示。

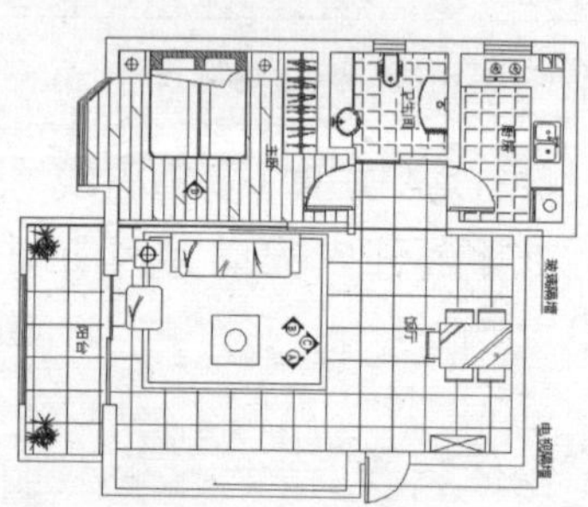

图10-37 打开素材文件

步骤02 使用RO（旋转）命令将平面图旋转180度，然后使用L（直线）命令绘制一条线段，如图10-38所示。

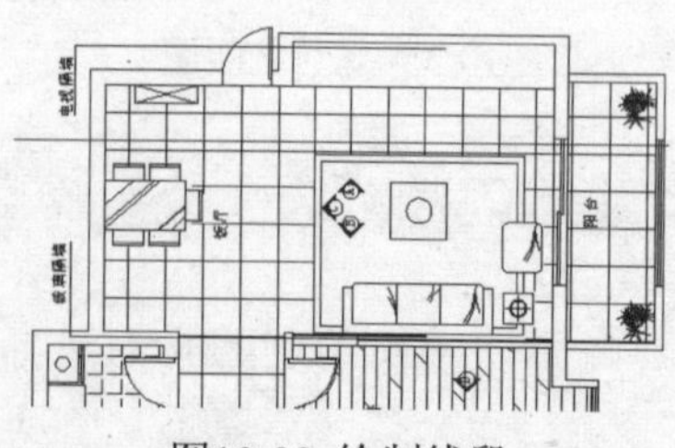

图10-38 绘制线段

步骤03 执行TR（修剪）命令，以绘制的线段为边界，对图形进行修剪，然后使用E（删除）命令将多余的图形删除，效果如图10-39所示。

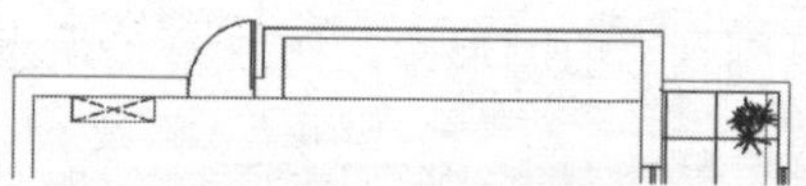

图10-39 修改图形

步骤04 参照修改后的客厅平面图，使用L（直线）命令绘制立面图的墙体线和地平线，如图10-40所示。

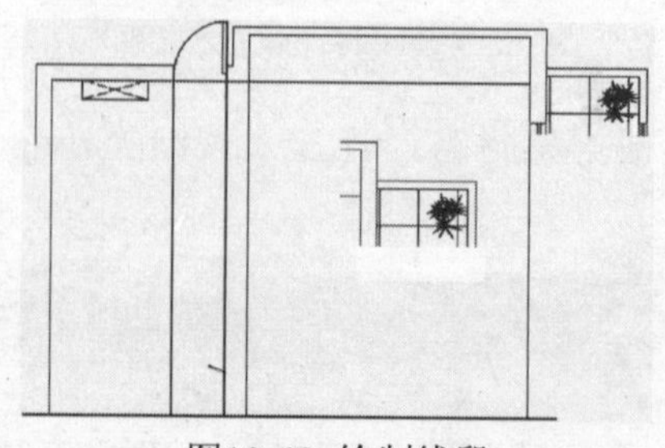

图10-40 绘制线段

步骤05 使用O（偏移）命令将地平线向上

偏移2800，表示客厅的层高（如图10-41所示），然后使用TR（修剪）命令对多余的线段进行修剪，效果如图10-42所示。

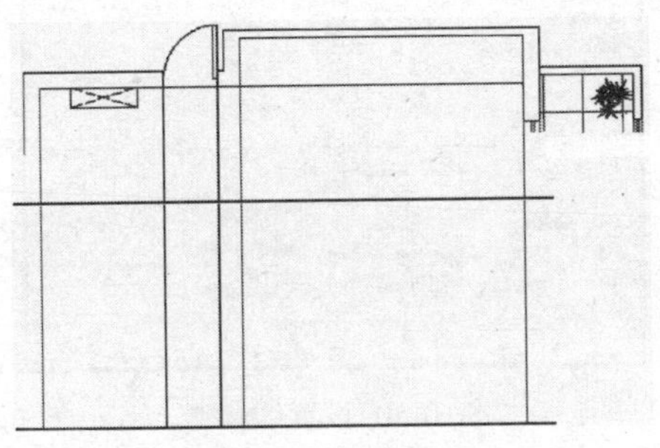

图10-41 偏移线段

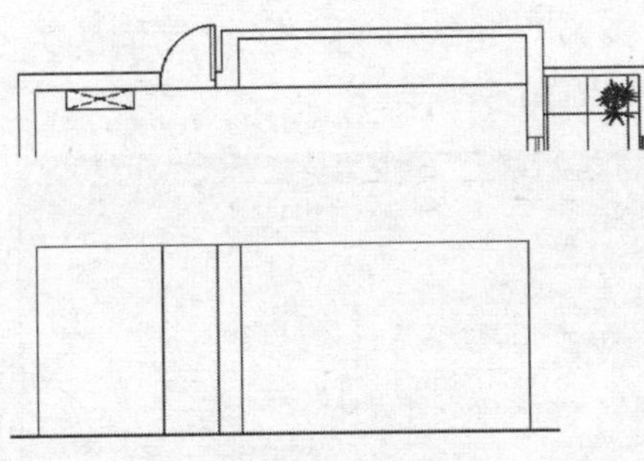

图10-42 修剪线段

步骤06 使用O（偏移）命令向右偏移左边第4条垂直线段，偏移距离依次为800、2460，如图10-43所示。

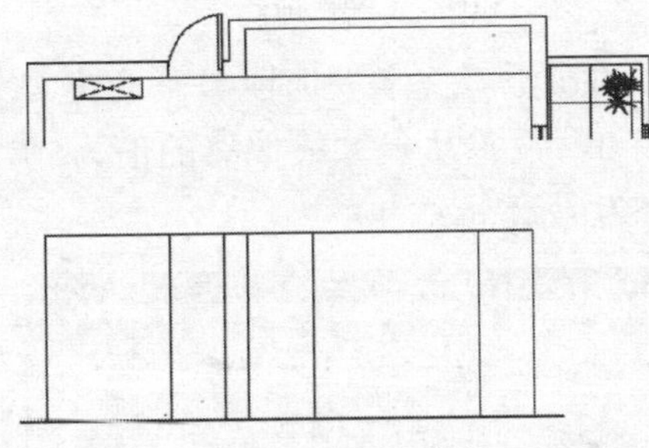

图10-43 偏移线段

步骤07 使用O（偏移）命令向下偏移上方的水平线段，偏移距离依次为460、540、1600、40，效果如图10-44所示。

步骤08 使用TR（修剪）命令修剪图形中的线段，绘制出客厅电视墙的造型，效果如图10-45所示。

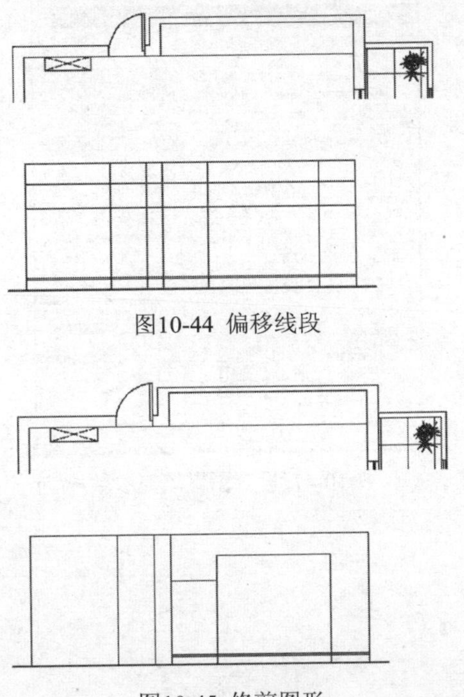

图10-44 偏移线段

图10-45 修剪图形

步骤09 根据素材路径打开"客厅电视墙立面素材.dwg"文件，然后将电视机、装饰干花、门、餐桌等图形复制到客厅立面图中，效果如图10-46所示。

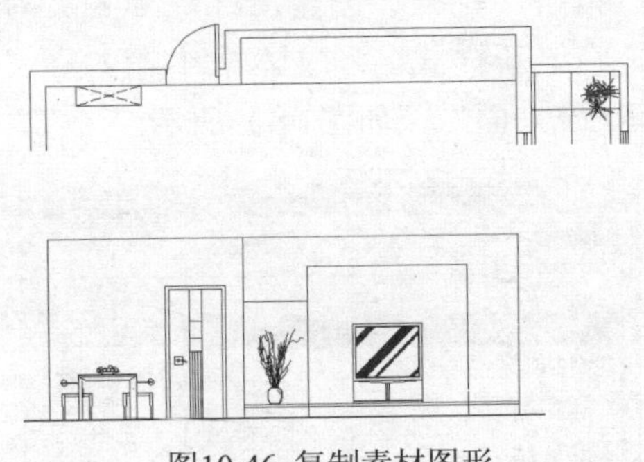

图10-46 复制素材图形

步骤10 执行H（图案填充）命令，打开"图案填充和渐变色"对话框，选择ANSI31作为填充图案，设置角度为45、比例为150，如图10-47所示。

步骤11 单击"添加：拾取点"按钮，进入绘图区指定填充图案的区域，填充效果如图10-48所示。

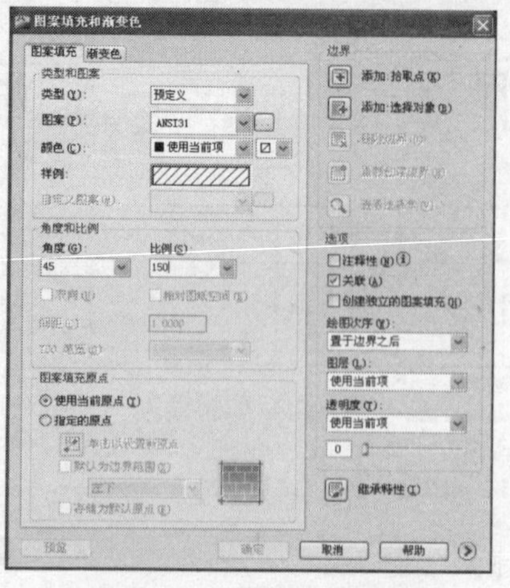

图10-47 设置图案填充参数

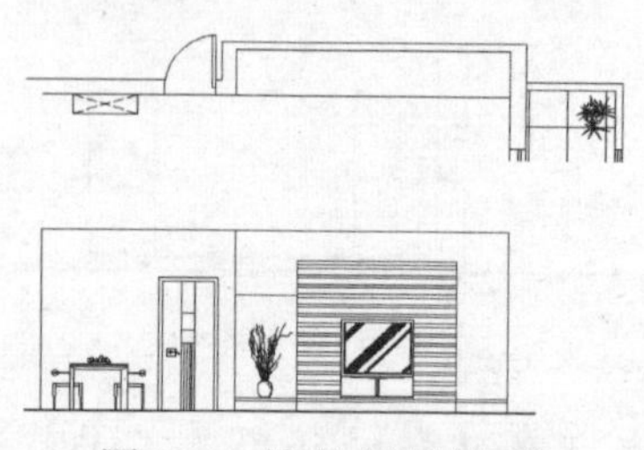

图10-48 填充电视墙图案

步骤12 执行D（标注样式）命令，打开“标注样式管理器”对话框，然后单击“新建”按钮，打开“创建新标注样式”对话框，在“新样式名”文本框中输入样式名“客厅A立面”，如图10-49所示。

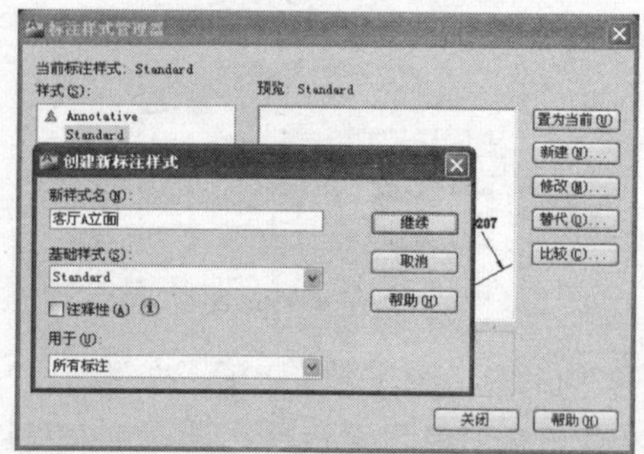

图10-49 新建标注样式

步骤13 单击“继续”按钮，打开“新建标注样式”对话框，在“线”选项卡中设置超出尺寸线的值为50、起点偏移量的值为50，如图10-50所示。

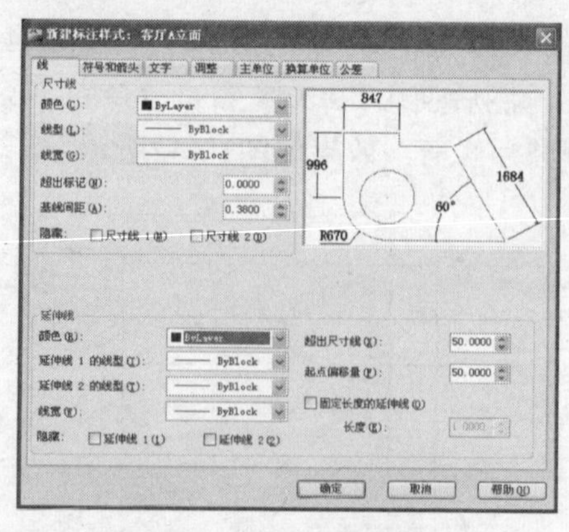

图10-50 设置线参数

步骤14 切换至“符号和箭头”选项卡，设置箭头为“建筑标记”，设置箭头大小为50，如图10-51所示。

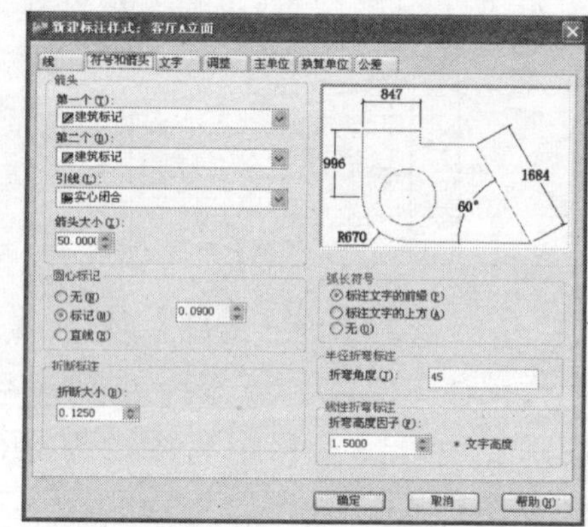

图10-51 设置箭头参数

步骤15 切换至“文字”选项卡，设置文字高度为100，设置从尺寸线偏移的值为50，如图10-52所示。

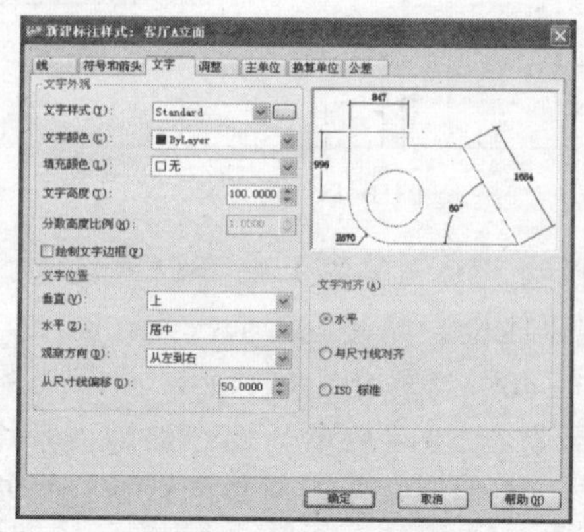

图10-52 设置文字参数

步骤16 切换至“主单位”选项卡，设置精度值为0，如图10-53所示。

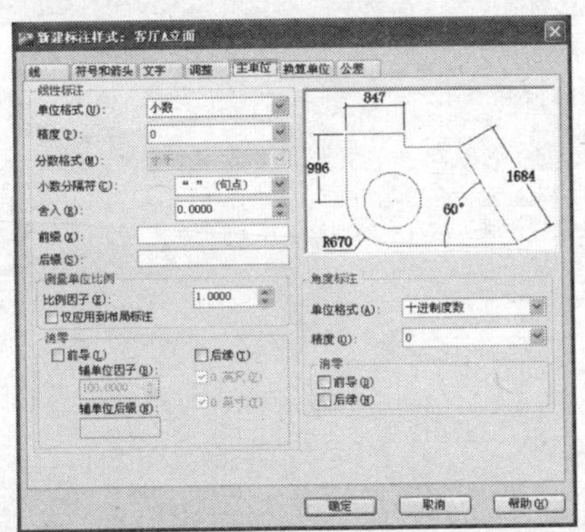

图10-53 设置精度

步骤17 将创建的标注样式设置为当前样式，然后单击“标注”面板中的“线性”按钮，对图形进行线性标注，如图10-54所示。

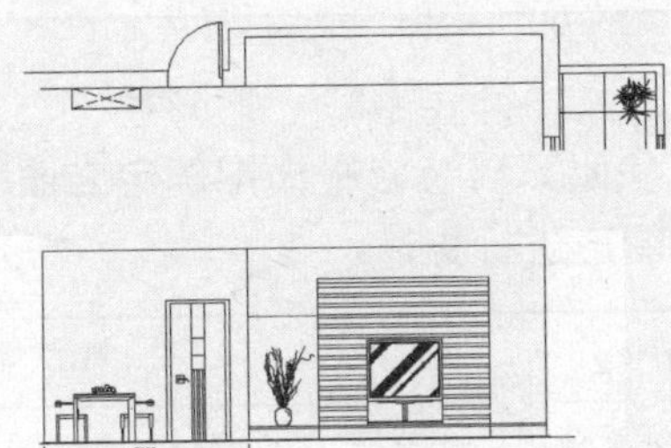
图10-54 线性标注图形

步骤18 执行DCO（连续标注）命令，在线性标注的基础上对图形下方尺寸进行快速标注，如图10-55所示。

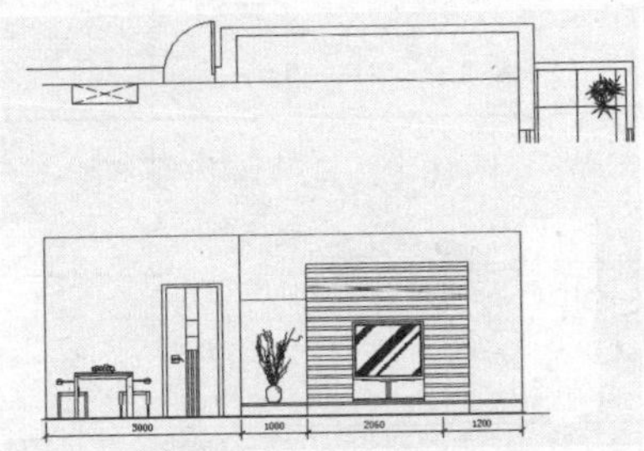
图10-55 连续标注图形

步骤19 使用同样的方法，结合使用DLI（线性标注）和DCO（连续标注）命令创建其他尺寸标注，如图10-56所示。

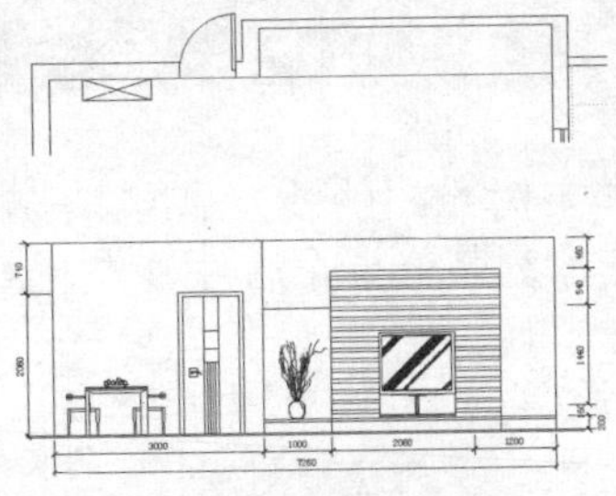
图10-56 创建尺寸标注

步骤20 使用MLEADER（多重引线）命令创建引线标注，对图形的材质进行说明，如图10-57所示。

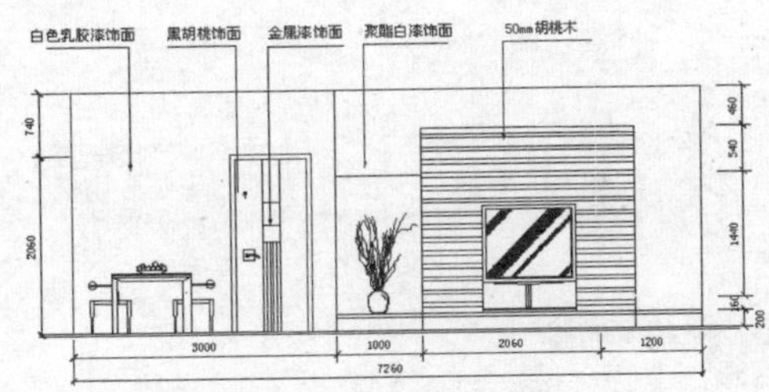

图10-57 创建引线标注

步骤21 将“客厅电视墙立面素材.dwg”图形文件中的详图标志复制到该图形中，完成实例的制作，如图10-58所示。

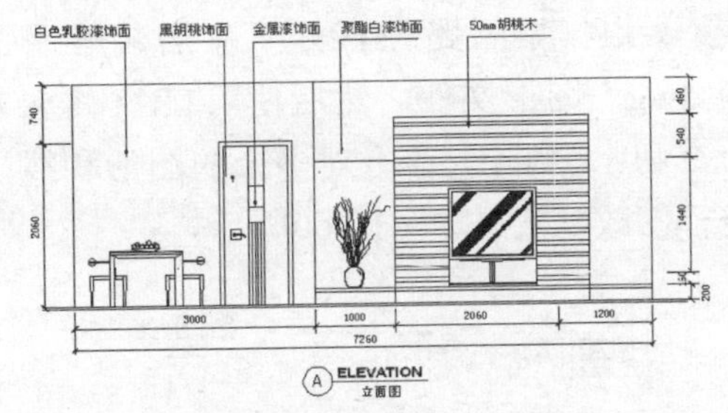

图10-58 客厅电视墙立面图

技巧提示

立面图是室内装修设计中重要的图样内容，不仅能全面、直观地展现装修内容的安排，而且也是进行装修施工的操作依据。

实例108 绘制沙发背景墙立面图

本实例介绍的沙发背景墙立面图展示的是客厅沙发的背景墙效果，如图10-59所示。在家庭装修中，客厅沙发背景墙是客厅装修中的重点。

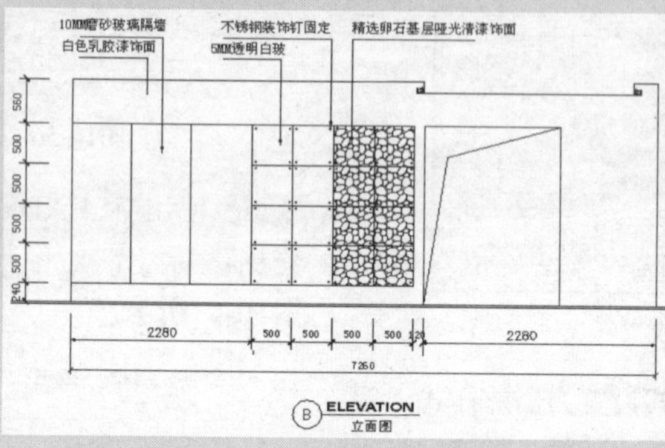

图10-59 沙发背景墙立面图

技法解析

本实例在绘制沙发背景墙立面图的过程中，首先参照家居装修平面图确定立面图的内容，然后绘制沙发背景墙立面图的轮廓和造型，并对图形进行标注。

	实例路径	实例\第10章\沙发背景墙立面图.dwg
	素材路径	素材\第10章\家居装修平面图.dwg、沙发背景墙立面素材.dwg

步骤01 根据素材路径打开“家居装修平面图.dwg”图形文件，然后使用TR（修剪）命令和E（删除）命令对多余的图形和线段进行修改，效果如图10-60所示。

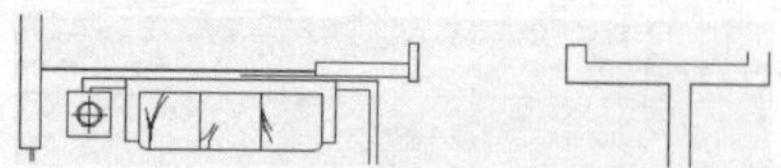

图10-60 修改图形

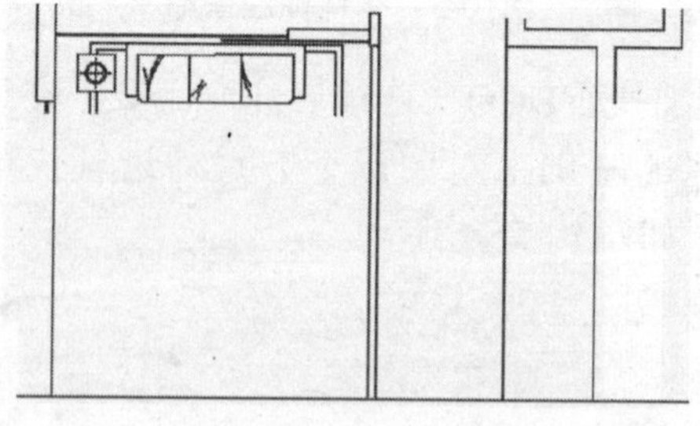

图10-61 延伸墙体线

步骤02 使用L（直线）命令绘制一条直线作为地面水平线，然后使用EX（延伸）命令从平面图局部上延伸墙体线，确定造型背景墙的宽度，如图10-61所示。

步骤03 使用O（偏移）命令向上偏移地面水平线，偏移距离为2800，然后使用TR（修剪）命令修剪多余线段，如图10-62所示。

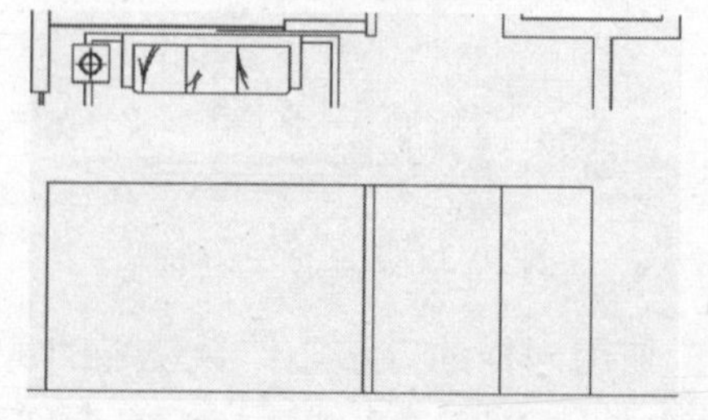

图10-62 修剪线段

步骤04 使用O（偏移）命令向右偏移左边第一条垂直线段，绘制背景墙玻璃，偏移距离依次为750、750、750、500、500、500、500，如图10-63所示。

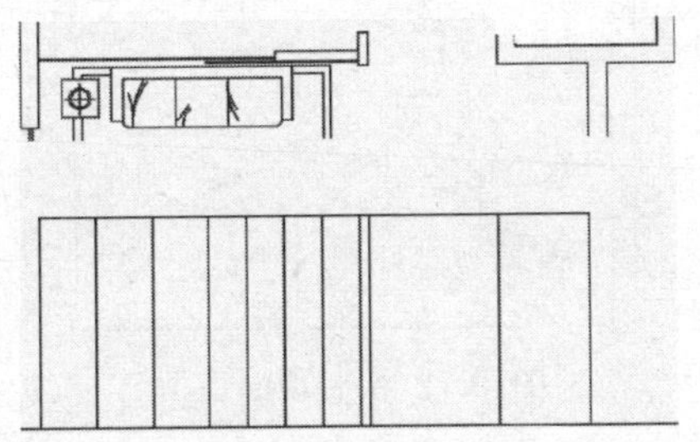

图10-63 偏移线段

步骤05 使用O（偏移）命令向上偏移下方的水平线段，偏移距离为240，然后将上方水平线段向下偏移560，如图10-64所示。

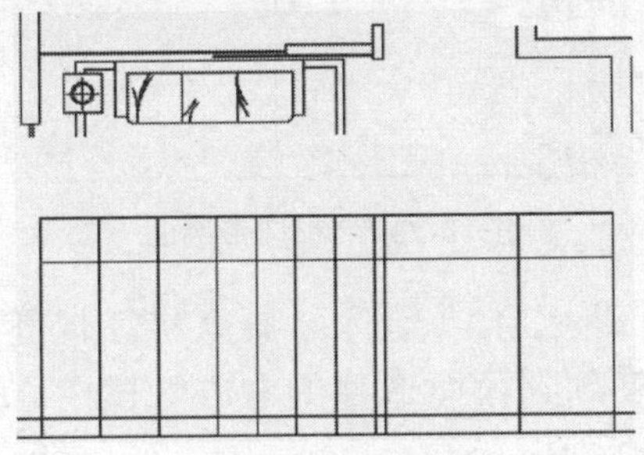

图10-64 偏移线段

步骤06 使用TR（修剪）命令对多余的线段进行修剪，效果如图10-65所示。

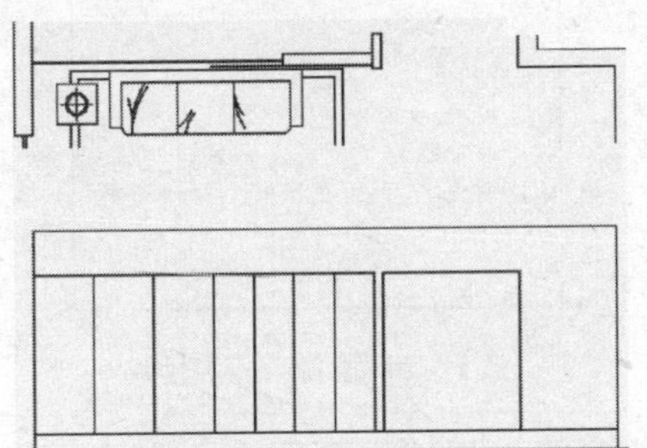

图10-65 修剪线段

步骤07 使用O（偏移）命令将上方第二条水平线向下偏移3次，偏移距离为500，效果如图10-66所示。

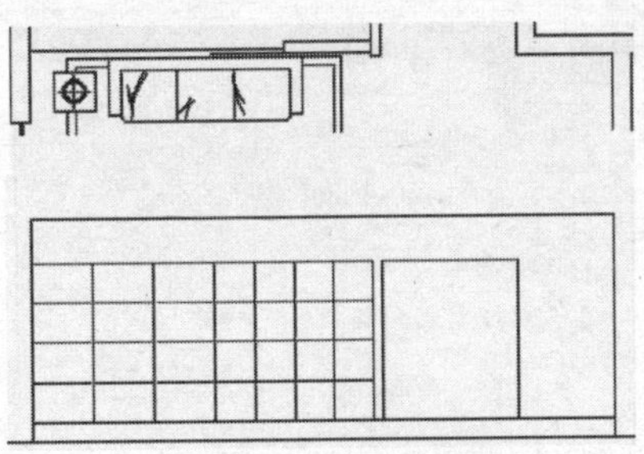

图10-66 偏移线段

步骤08 使用TR（修剪）命令对图形进行修剪，如图10-67所示。

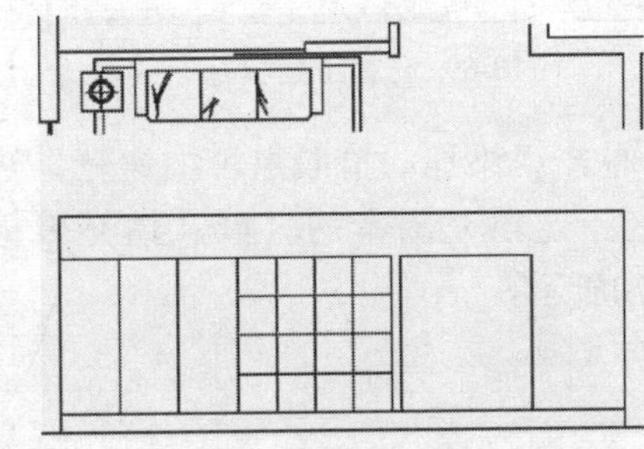

图10-67 修剪图形

步骤09 使用C（圆）命令在方格内绘制一个半径为7的圆，然后使用CO（复制）命令对圆进行复制，效果如图10-68所示。

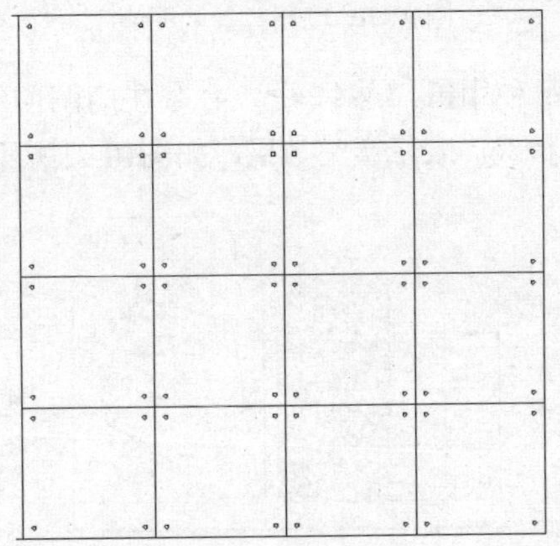

图10-68 复制圆形

步骤10 执行H（图案填充）命令，打开“图案填充和渐变色”对话框，选择GRAVEL作为填充图案，设置比例为200，如图10-69所示。

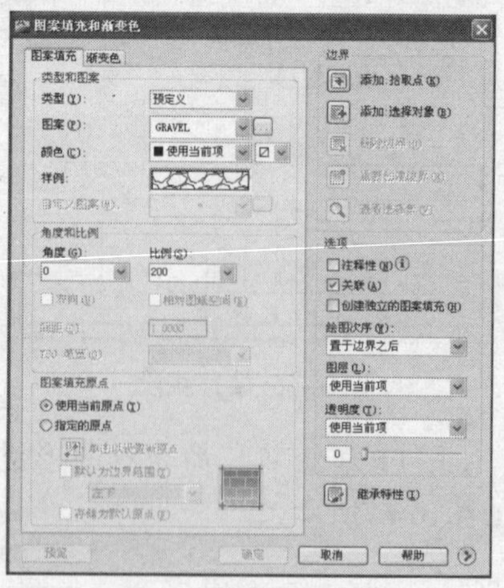

图10-69 设置图案填充参数

步骤11 单击“添加：拾取点”按钮，进入绘图区指定填充图案的区域，填充效果如图10-70所示。

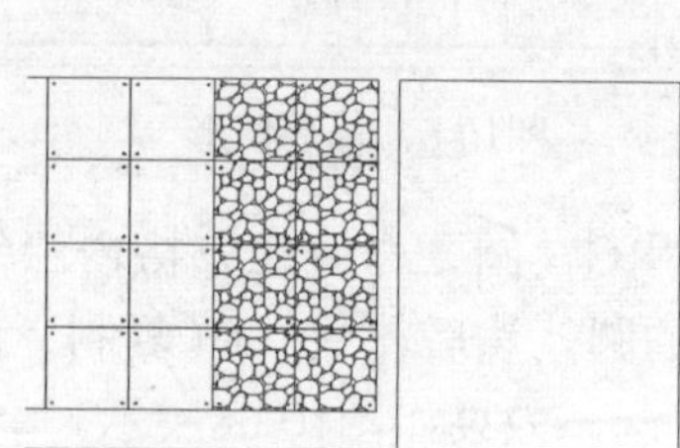

图10-70 填充背景墙图案

步骤12 使用PL（多段线）命令在门洞内绘制一条折线，表示镂空效果，如图10-71所示。

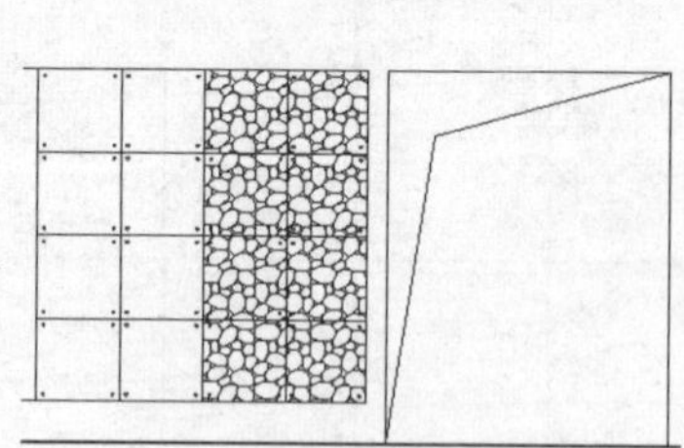

图10-71 绘制折线

步骤13 结合O（偏移）和TR（修剪）命令绘制顶面的灯带造型，如图10-72所示。

步骤14 使用C（圆）、L（直线）和REC（矩形）命令绘制灯带的剖面图形，效果如图10-73所示。

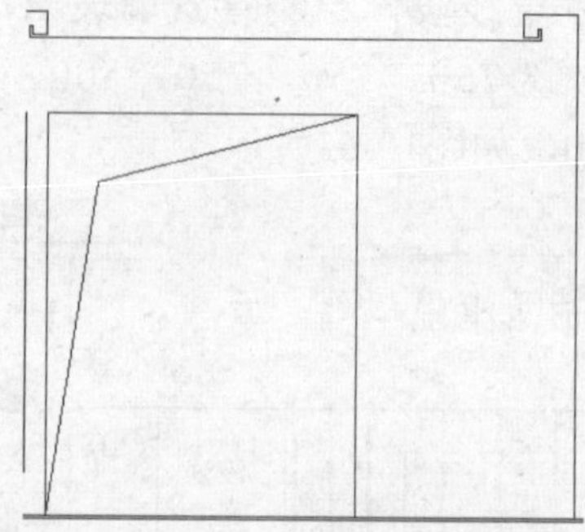

图10-72 绘制顶面造型

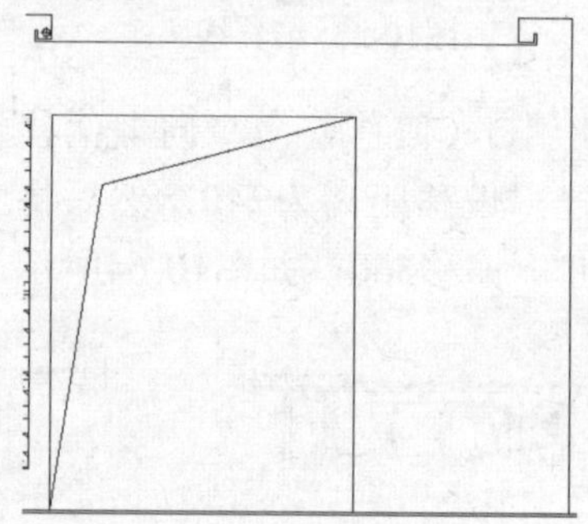

图10-73 绘制灯带剖面

步骤15 使用MI（镜像）命令将灯带剖面图镜像复制到顶面造型的右方灯槽中，效果如图10-74所示。

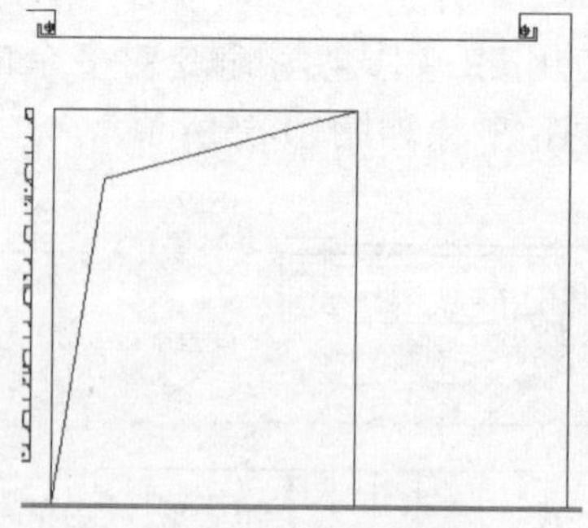

图10-74 镜像复制图形

步骤16 参照电视墙立面图中的方法，创建一个新的标注样式，然后使用DLI（线性标注）命令对图形进行标注，如图10-75所示。

步骤17 使用DCO（连续标注）命令，对图形进行快速标注，如图10-76所示。

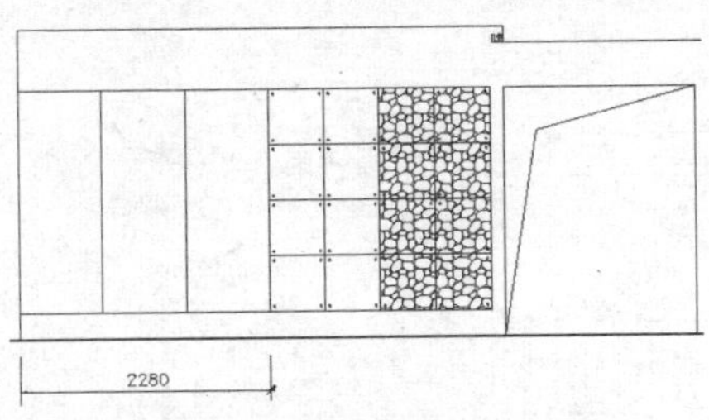

图10-75 线性标注图形

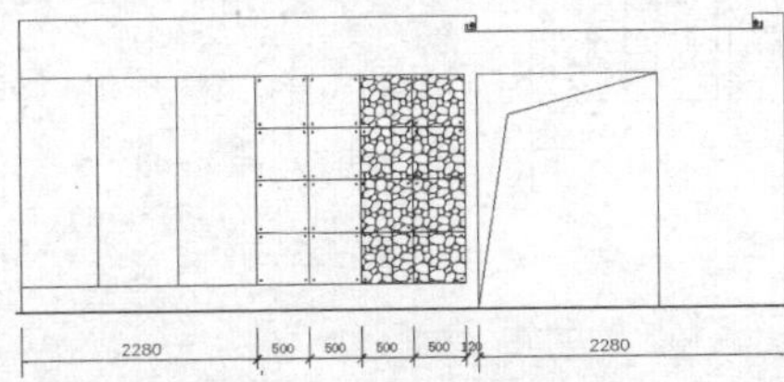

图10-76 连续标注图形

步骤18 使用同样的方法，结合使用DLI（线性标注）和DCO（连续标注）命令创建其他的尺寸标注，如图10-77所示。

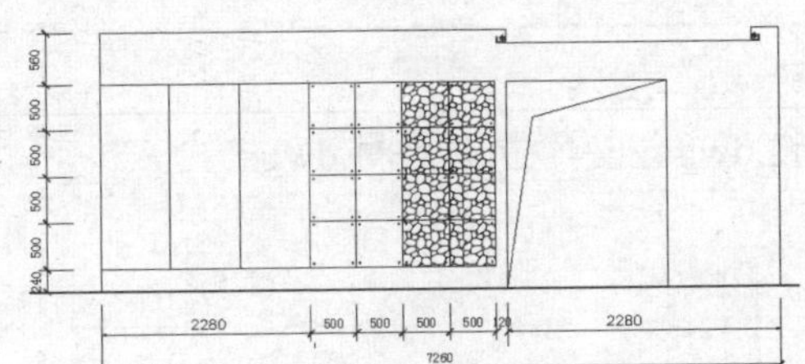

图10-77 标注图形尺寸

步骤19 执行MLEADERSTYLE（多重引线样式）命令，打开“多重引线样式管理器”对话框，选择Standard样式，单击“修改”按钮，打开“修改多重引线样式：Standard”对话框，设置箭头符号为“实心闭合”、大小为50，如图10-78所示。

步骤20 使用MLEADER（多重引线）命令创建引线标注，对图形的材质进行说明，如图10-79所示。

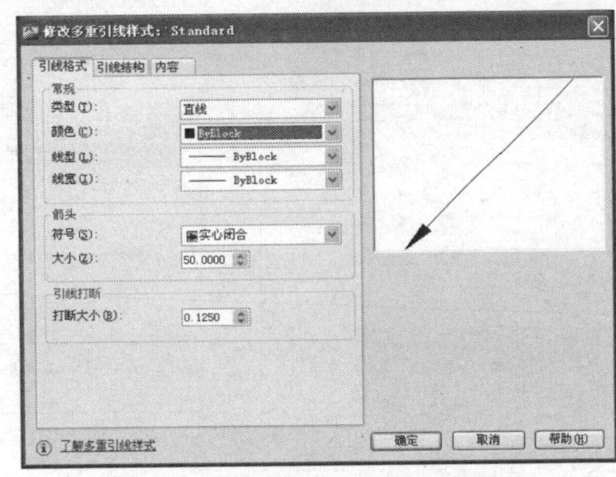

图10-78 设置引线箭头参数

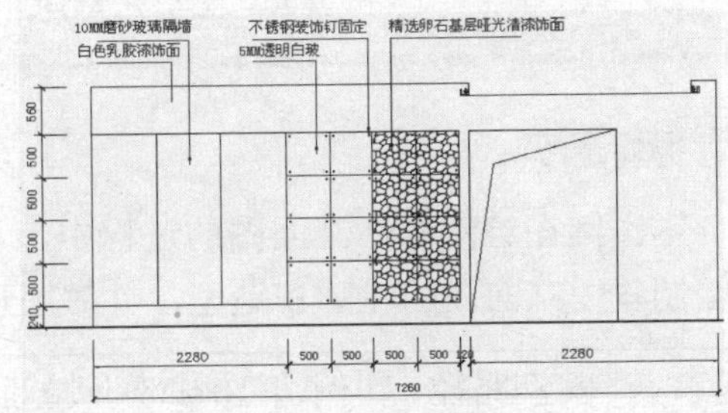

图10-79 创建引线标注

步骤21 将“沙发背景墙立面素材.dwg”图形文件中的详图标志复制到该图形中，完成实例的制作，如图10-80所示。

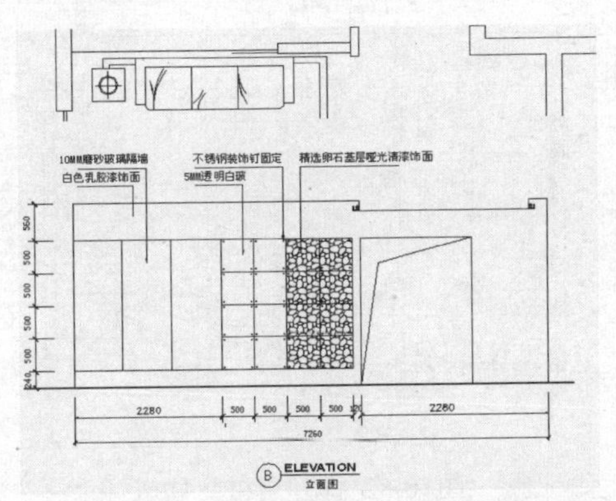

图10-80 沙发背景墙立面图

实例109 绘制餐厅立面图

在餐厅中挂一两幅装饰画，可以使餐厅环境显得更加舒适。本实例所绘制的餐厅立面图展示的是餐厅内其中一方的立面效果，如图10-81所示。

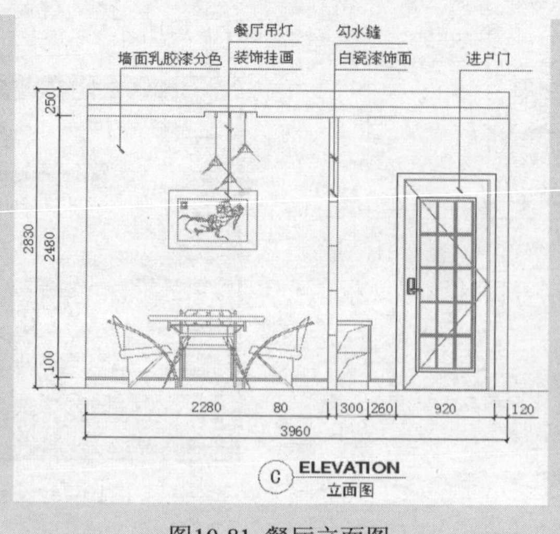

图10-81 餐厅立面图

技法解析

本实例在绘制餐厅立面图的过程中，首先参照家居装修平面图确定立面图的尺寸，然后绘制餐厅立面图的轮廓和造型，并对图形进行标注。

	实例路径	实例\第10章\餐厅立面图.dwg
	素材路径	素材\第10章\家居装修平面图2.dwg、餐厅立面素材.dwg

步骤01 根据素材路径打开“家居装修平面图2.dwg”图形文件，如图10-82所示。

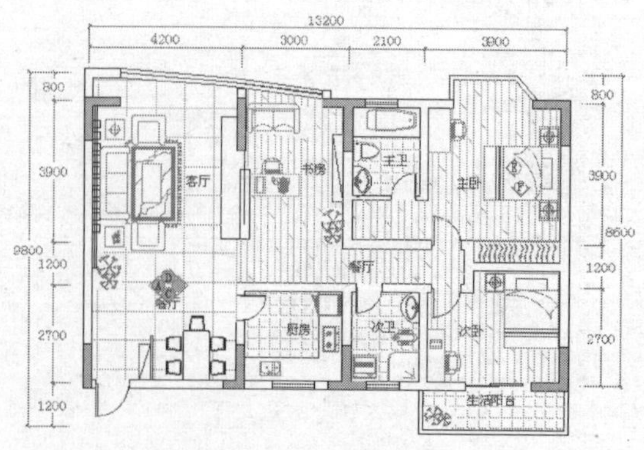

图10-82 打开素材文件

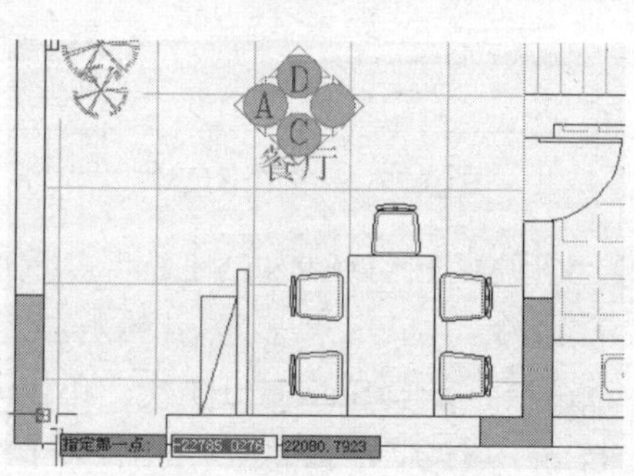

图10-83 捕捉第一点

步骤02 执行DI（距离）命令，捕捉平面图中餐厅左方相对应的最近点（如图10-83所示），然后捕捉餐厅另一方的垂足指定测量的第二个点，系统将显示测量到的距离，得到的结果为3960，如图10-84所示。

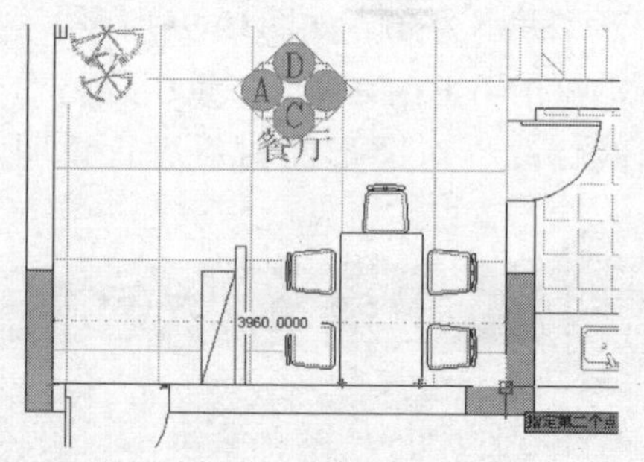

图10-84 捕捉第二点

步骤03 设置当前绘图颜色为洋红色，然后使用L（直线）命令绘制一条长4760的水平线段作为地面水平线，然后在距离线段左端点400处向上绘制一条长2830的垂直线段，如图10-85所示。

图10-85 绘制线段

步骤04 使用O（偏移）命令向右偏移垂直线段，偏移距离为3960，然后向上偏移水平线段，偏移距离为2830，如图10-86所示。

图10-86 偏移线段

步骤05 使用TR（修剪）命令对偏移后的线段进行修剪，效果如图10-87所示。

图10-87 修剪线段

步骤06 使用O（偏移）命令向右偏移左边的垂直线段，偏移距离依次为2280和80。然后向上偏移水平线段，偏移距离依次为80、20、2480、100，如图10-88所示。

图10-88 偏移线段

步骤07 使用TR（修剪）命令对图形进行修剪，如图10-89所示。

图10-89 修剪图形

步骤08 使用O（偏移）命令将上方线段向下偏移200，然后将左边线段向右依次偏移1100、500，如图10-90所示。

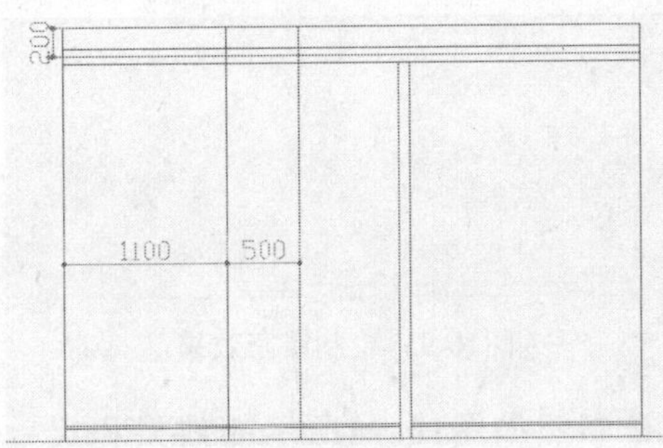

图10-90 偏移线段

步骤09 使用TR（修剪）命令对图形进行修剪处理，绘制出餐厅的顶面造型效果，如图10-91所示。

步骤10 参照如图10-92所示的效果和尺寸，使用O（偏移）和TR（修剪）命令绘制餐厅中的装饰鞋柜。

图10-91 绘制顶面造型

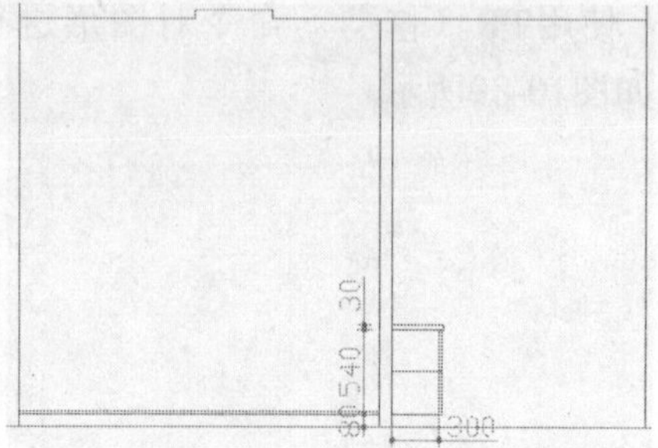

图10-92 绘制鞋柜

步骤11 更改当前绘图颜色为绿色，使用PL（多段线）命令在鞋柜图形中绘制两条折线，表示鞋柜的镂空效果，如图10-93所示。

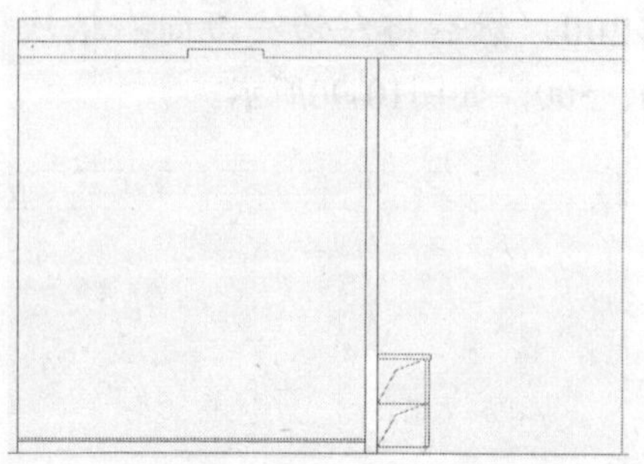

图10-93 绘制镂空效果

步骤12 参照如图10-94所示的效果和尺寸，使用O（偏移）和TR（修剪）命令绘制餐厅中隔断的造型。

步骤13 根据素材路径打开“餐厅立面素材.dwg”图形文件，然后将装饰画、门、餐桌、吊灯等图形复制到餐厅立面图中，效果如图10-95所示。

步骤14 执行D（标注样式）命令，打开“标注样式管理器”对话框，然后单击“新建”按钮，打开“创建新标注样式”对话框，在“新样式名”文本框中输入样式名“餐厅立面”，如图10-96所示。

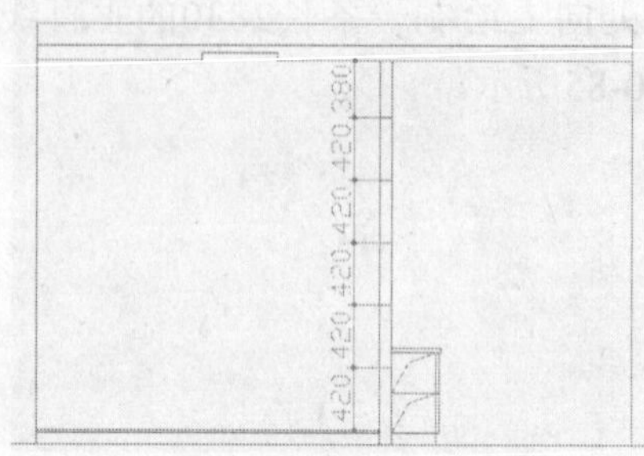

图10-94 绘制隔断造型

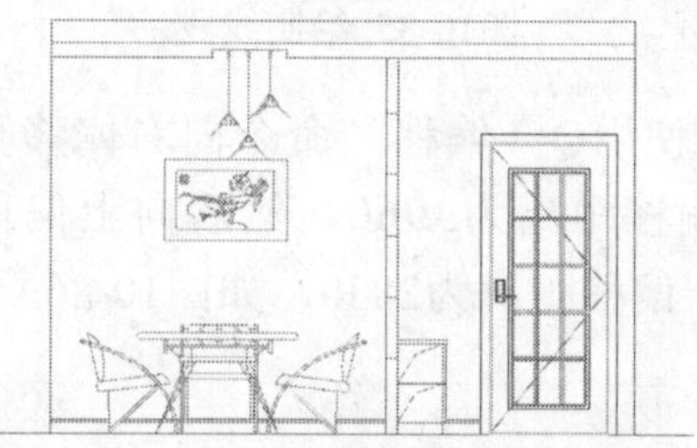

图10-95 复制素材图形

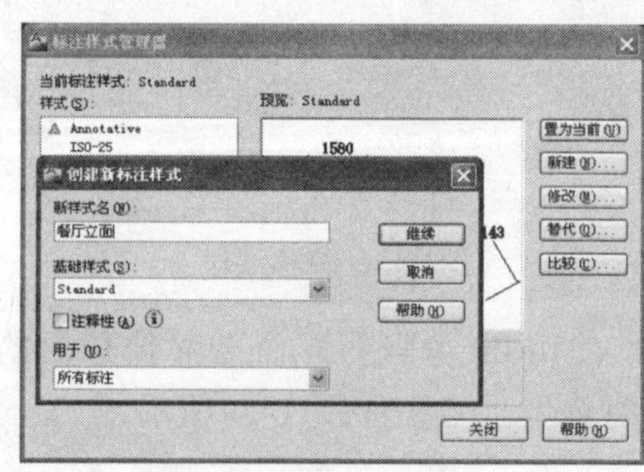

图10-96 新建标注样式

步骤15 单击“继续”按钮，打开“新建标注样式”对话框，在“线”选项卡中设置超出尺寸线的值为30、起点偏移量的值为30，如图10-97所示。

步骤16 切换至“符号和箭头”选项卡，设置箭头为“建筑标记”，设置箭头大小为30，如图10-98所示。

步骤17 切换至“文字”选项卡，设置文字高度为100，设置从尺寸线偏移的值为30，如图10-99所示。

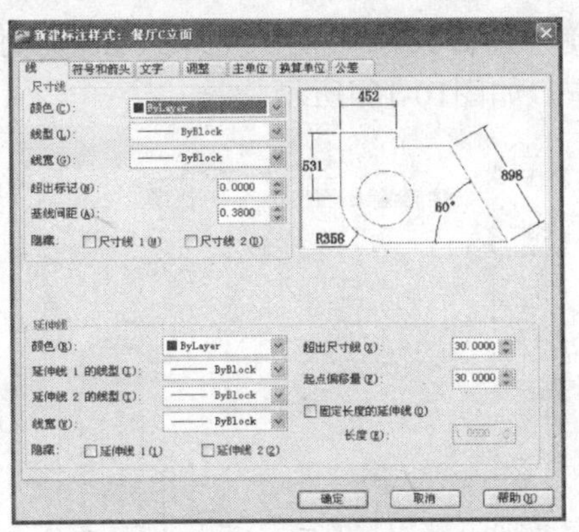

图10-97 设置线参数

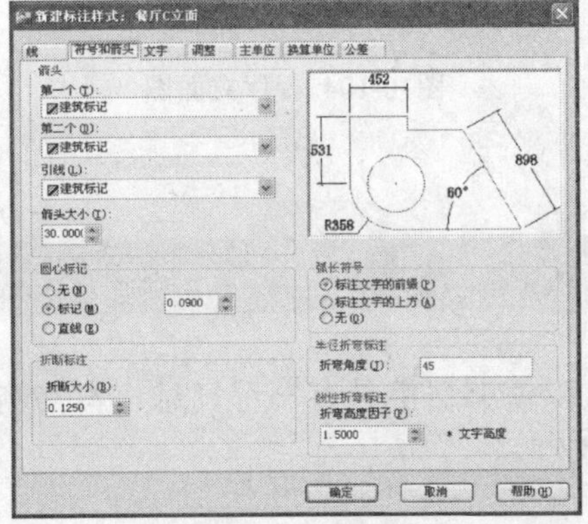

图10-98 设置箭头参数

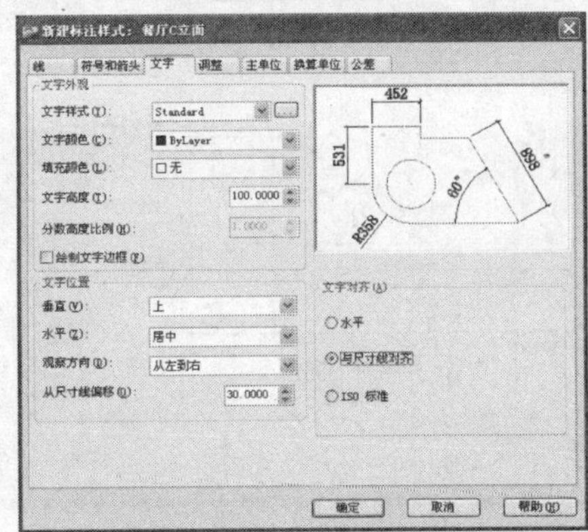

图10-99 设置文字参数

步骤18 切换至“主单位”选项卡，设置精度值为0，如图10-100所示。

步骤19 将创建的标注样式设置为当前样式，然后使用DLI（线性标注）和DCO（连续标注）命令对图形进行标注，如图10-101所示。

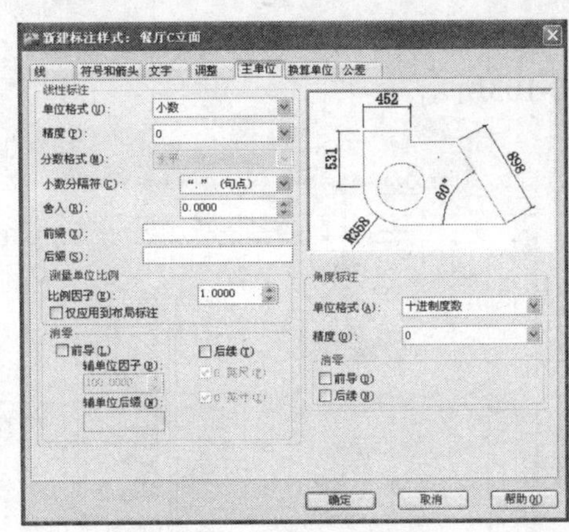

图10-100 设置精度

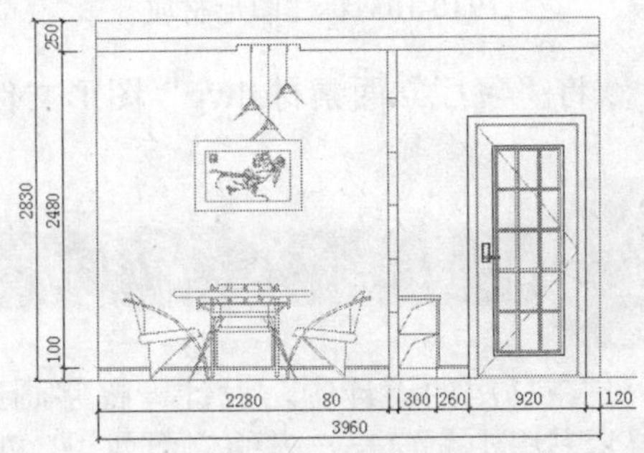

图10-101 标注图形尺寸

步骤20 执行MLEADERSTYLE（多重引线样式）命令，打开“多重引线样式管理器”对话框，选择Standard样式，单击“修改”按钮，打开“修改多重引线样式：Standard”对话框，设置箭头符号为“建筑标记”、大小为30，如图10-102所示。

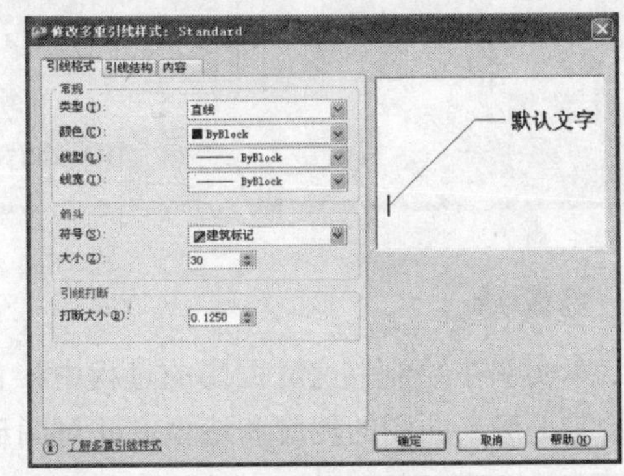

图10-102 修改引线样式

步骤21 使用MLEADER（多重引线）命令创

建引线标注，对图形的材质进行说明，如图10-103所示。

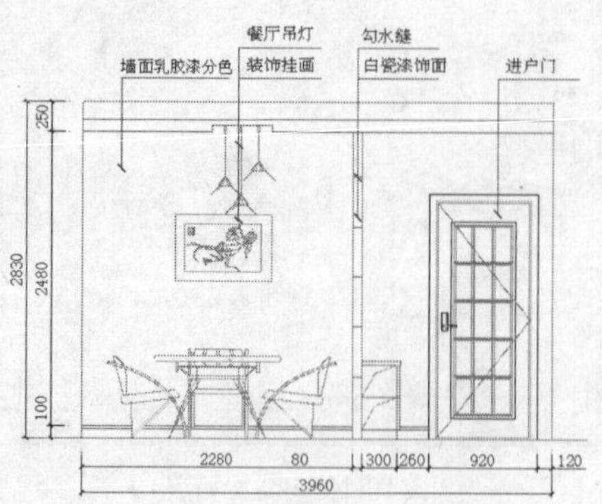

图10-103 标注图形材质

步骤22 将“餐厅立面素材.dwg”图形文件中的详图标志复制到该图形中，完成实例的制作，如图10-104所示。

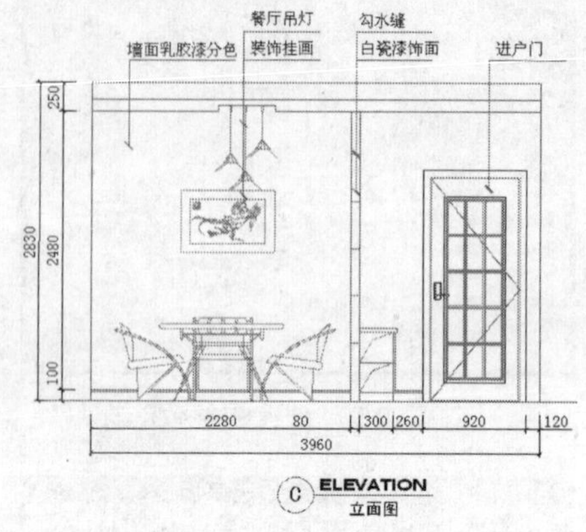

图10-104 餐厅立面图

实例110 绘制书房立面图

在书房的设计中，设计一幅字画或山水画可以使书房更具有书香气息。本实例将展示书房中靠窗户一方的立面效果，如图10-105所示。

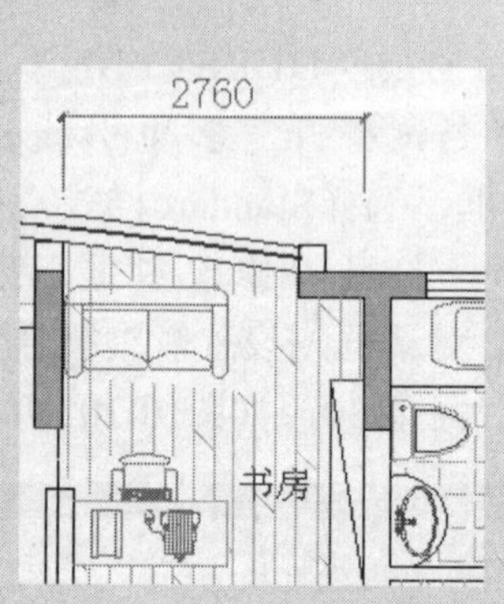

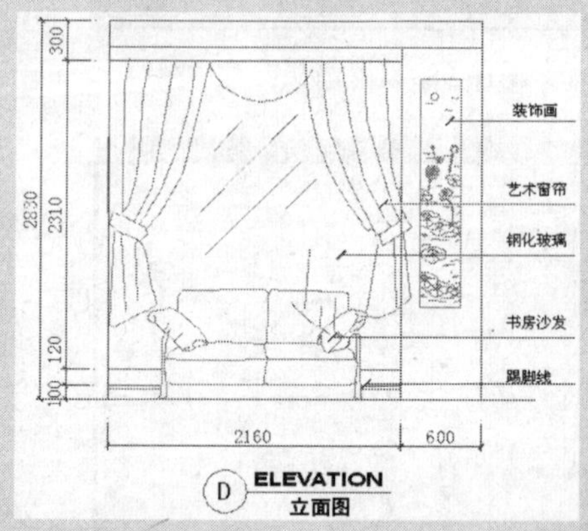

图10-105 绘制书房立面图

技法解析

本实例在绘制书房立面图的过程中，首先参照家居装修平面图确定立面图的尺寸，然后绘制书房立面图的轮廓和造型，并对图形进行标注。

	实例路径	实例\第10章\书房立面图.dwg
	素材路径	素材\第10章\家居装修平面图2.dwg、书房立面素材.dwg

步骤01 根据素材路径打开“家居装修平面图2.dwg”图形文件，然后使用DLI（线性标注）命令测量书房D方向的宽度，得到的结果为2760，如图10-106所示。

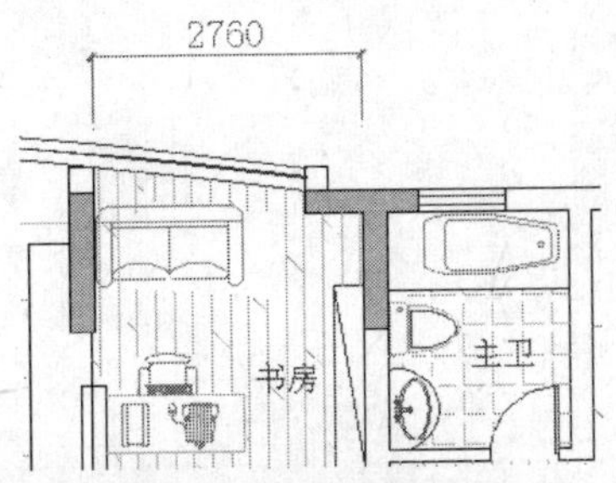

图10-106 测量书房宽度

步骤02 设置当前绘图颜色为洋红色，然后使用L（直线）命令绘制一条长3560的水平线段，在距离水平直线左端点400处向上绘制一条长2830的垂直线段，如图10-107所示。

图10-107 绘制线段

步骤03 使用O（偏移）命令将下方的线段向上偏移2830，将左方的线段向右偏移2760，然后使用TR（修剪）命令对线段进行修剪，效果如图10-108所示。

图10-108 创建立面图轮廓

步骤04 使用O（偏移）命令向上偏移下方的水平线段，偏移的距离依次为80、20、120、2310、100，然后将右方的线段向左偏移600，如图10-109所示。

图10-109 偏移线段

步骤05 使用TR（修剪）命令对线段进行修剪处理，效果如图10-110所示。

图10-110 修剪线段

步骤06 根据素材路径打开“书房立面素材.dwg”图形文件，然后将其中的图形复制到当前图形中，效果如图10-111所示。

图10-111 复制素材图形

步骤07 使用L（直线）命令绘制多条线段表示玻璃的纹理，效果如图10-112所示。

图10-112 绘制玻璃纹理

步骤08 参照“绘制餐厅立面图”实例中创建标注样式的方法，新建一个书房标注样式，然后将“标注”层设为当前图层，使用DLI（线性标注）和DCO（连续标注）命令对图形进行标注，如图10-113所示。

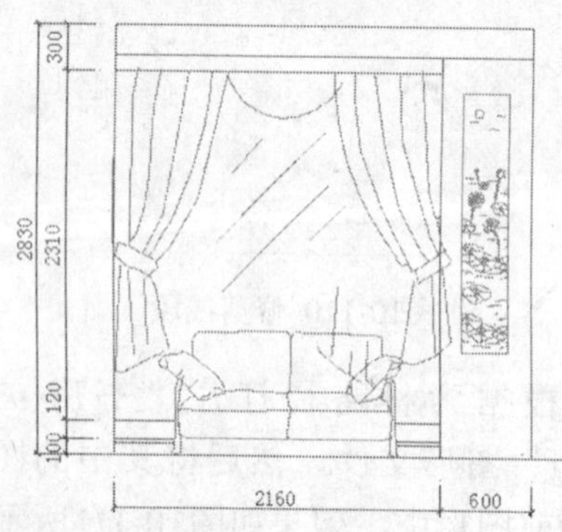

图10-113 标注图形

步骤09 使用MLEADER（多重引线）命令创建引线标注，对图形的材质进行说明，如图10-114所示。

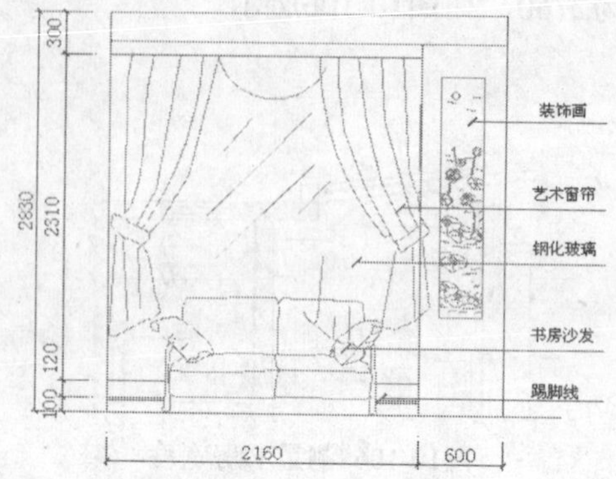

图10-114 标注图形材质

步骤10 将“书房立面素材.dwg”图形文件中的详图标志复制到该图形中，完成实例的制作，如图10-115所示。

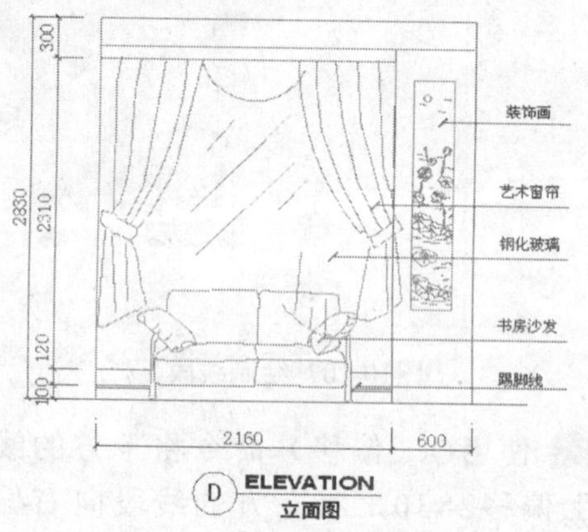

图10-115 书房立面图

技巧提示

材料的质感是指根据材料本身的特殊性和加工方式，在物体的表面三维结构上形成的一种品质。在同一环境中，对多种材质的组织应该重视整体性原则。

实例111 绘制梳妆台背景立面图

本实例所绘制@的立面图展示了卧室中带梳妆台一方的立面效果，实例效果如图10-116所示。

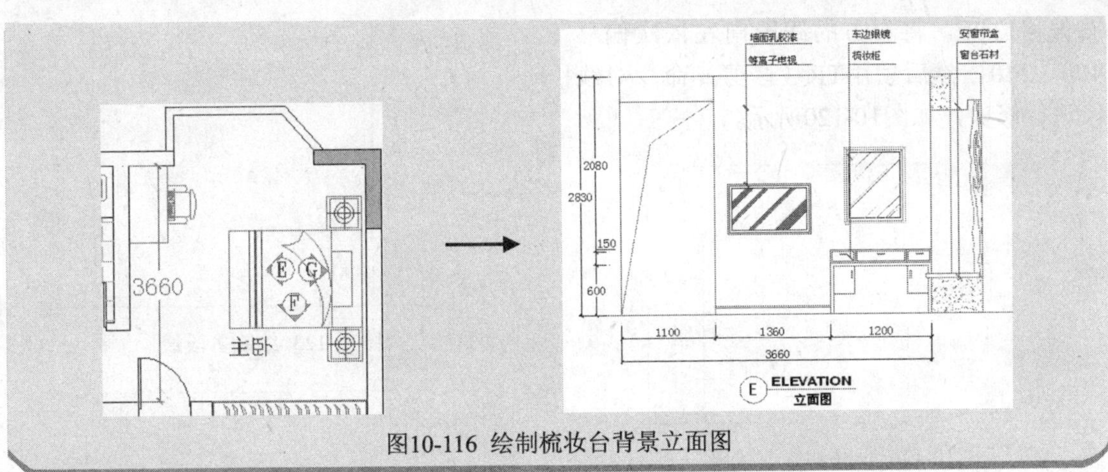

图10-116 绘制梳妆台背景立面图

技法解析

本实例在绘制梳妆台背景立面图的过程中，首先参照家居装修平面图确定立面图的尺寸，然后绘制梳妆台背景立面图的轮廓和窗户造型，再对图形进行标注。

	实例路径	实例\第10章\梳妆台背景立面图.dwg
	素材路径	素材\第10章\家居装修平面图2.dwg、梳妆台背景立面素材.dwg

步骤01 根据素材路径打开“家居装修平面图2.dwg”图形文件，然后使用DLI（线性标注）命令测量卧室E方向的宽度，得到的结果为3660，如图10-117所示。

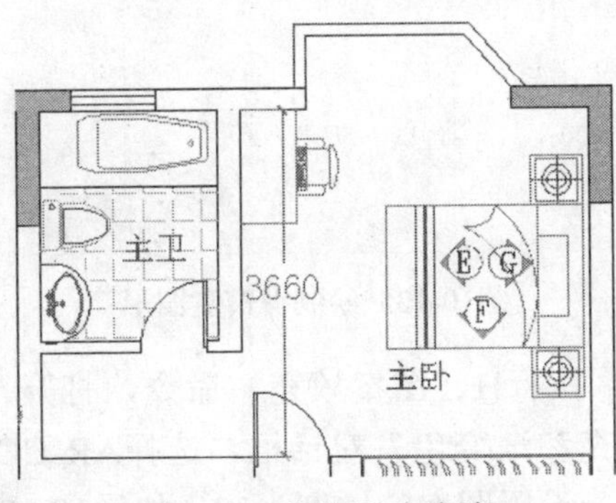

图10-117 测量卧室宽度

步骤02 设置当前绘图颜色为洋红色，然后使用L（直线）命令绘制一条长5600的水平线段，在距离水平直线左端点400处向上绘制一条长2830的垂直线段，如图10-118所示。

步骤03 使用O（偏移）命令将下方的线段向上偏移2830，将左方的线段向右偏移3660，效果如图10-119所示。

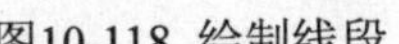

图10-118 绘制线段

图10-119 绘制立面图轮廓

步骤04 使用O（偏移）命令将左方的线段向

右偏移1100，将右方的线段向左依次偏移400、240，然后使用TR（修剪）命令对线段进行修剪，如图10-120所示。

图10-120 偏移和修剪线段

步骤05 使用O（偏移）命令向下偏移上方的线段，偏移距离为300，如图10-121所示。

图10-121 偏移线段

步骤06 使用TR（修剪）命令对线段进行修剪处理，效果如图10-122所示。

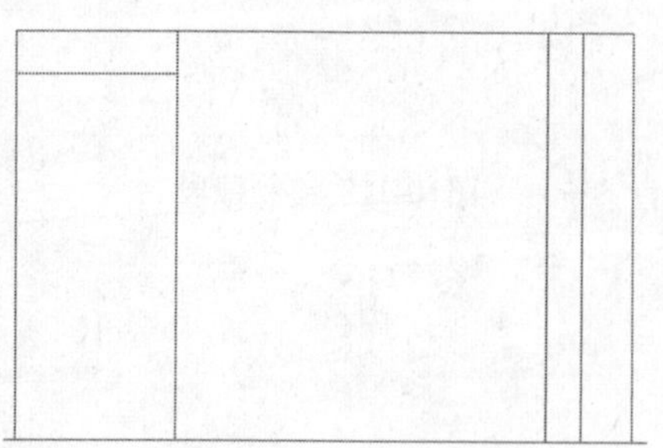

图10-122 修剪线段

步骤07 使用PL（多段线）命令绘制一条多段线表示镂空效果，如图10-123所示。

步骤08 参照如图10-124所示的效果和尺寸，使用O（偏移）和TR（修剪）命令绘制窗台图形。

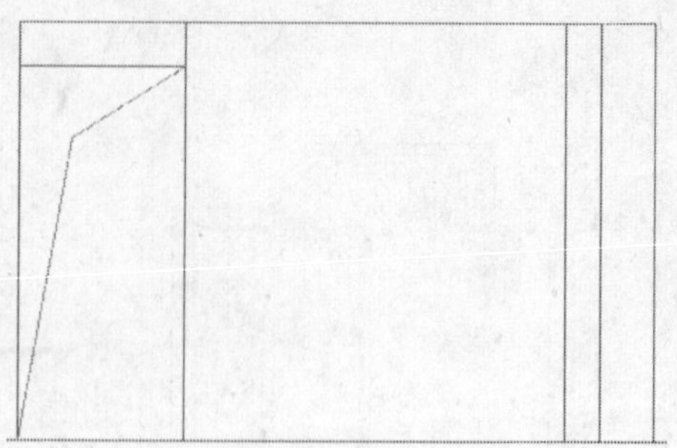

图10-123 绘制多段线

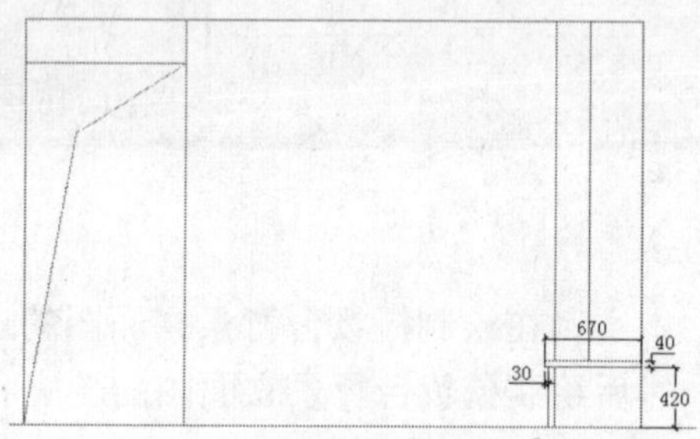

图10-124 绘制窗台图形

步骤09 参照如图10-125所示的效果和尺寸，使用O（偏移）和TR（修剪）命令绘制窗帘盒图形。

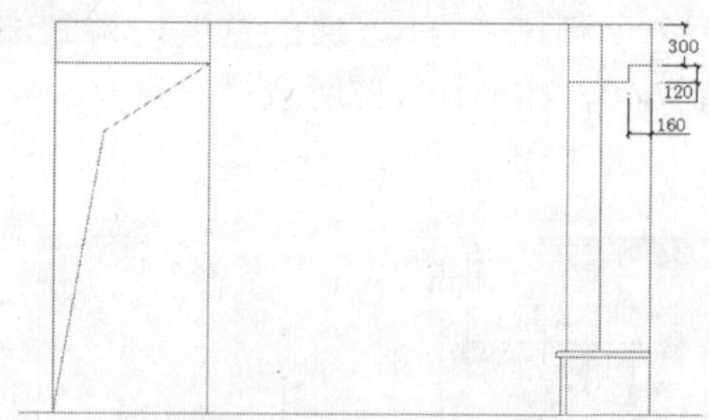

图10-125 绘制窗帘盒图形

步骤10 执行H（图案填充）命令，打开“图案填充和渐变色”对话框，选择AR-CONC图案，设置图案的比例为30（如图10-126所示），然后单击“添加：拾取点”按钮，进入绘图区指定填充图案的区域，填充效果如图10-127所示。

步骤11 根据素材路径打开“梳妆台背景立面素材.dwg”图形文件，将其中的图形复制到当前图形中，效果如图10-128所示。

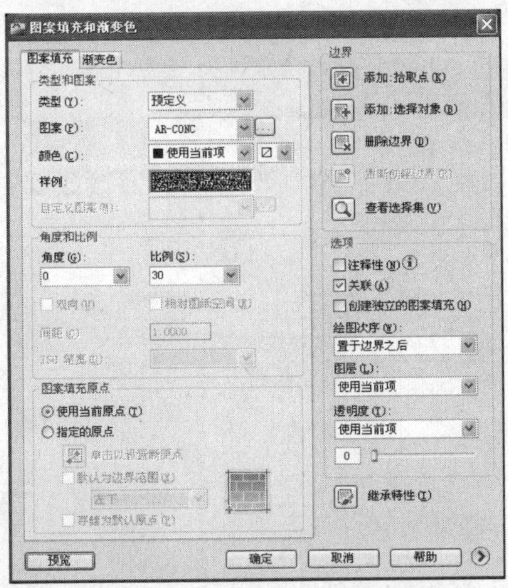

图10-126 设置图案填充参数

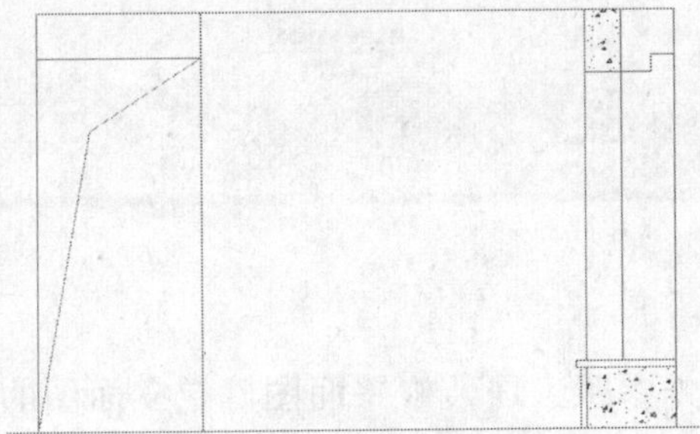

图10-127 图案填充效果

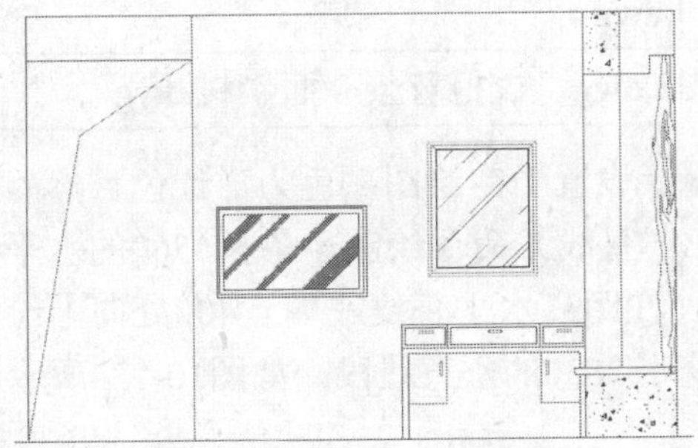

图10-128 复制素材图形

步骤12 参照“绘制餐厅立面图”实例中的方法，新建一个卧室标注样式，然后将“标注”层设为当前图层，使用DLI（线性标注）和DCO（连续标注）命令对图形进行标注，如图10-129所示。

步骤13 使用MLEADER（多重引线）命令创建引线标注，对图形的材质进行说明，如图10-130所示。

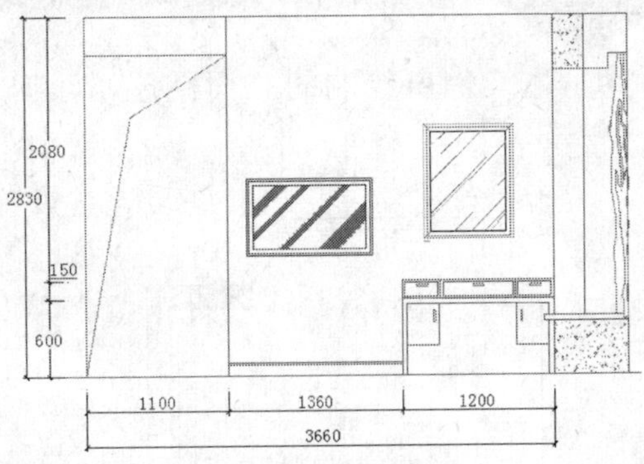

图10-129 标注尺寸

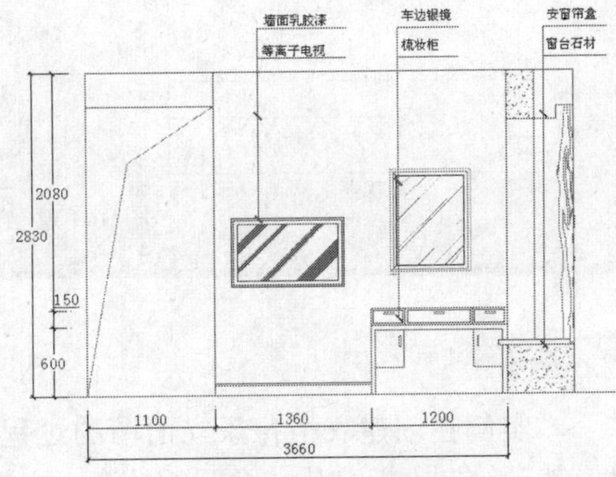

图10-130 创建文字说明

步骤14 将“梳妆台背景立面素材.dwg”图形文件中的详图标志复制到该图形中，完成实例的制作，如图10-131所示。

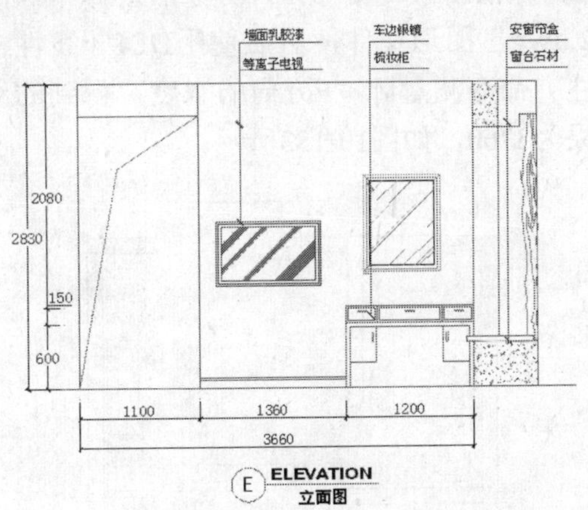

图10-131 梳妆台背景立面图

实例112 绘制衣柜背景立面图

本实例所绘制的立面图展示了卧室中带衣柜一方的立面效果，实例效果如图10-132所示。

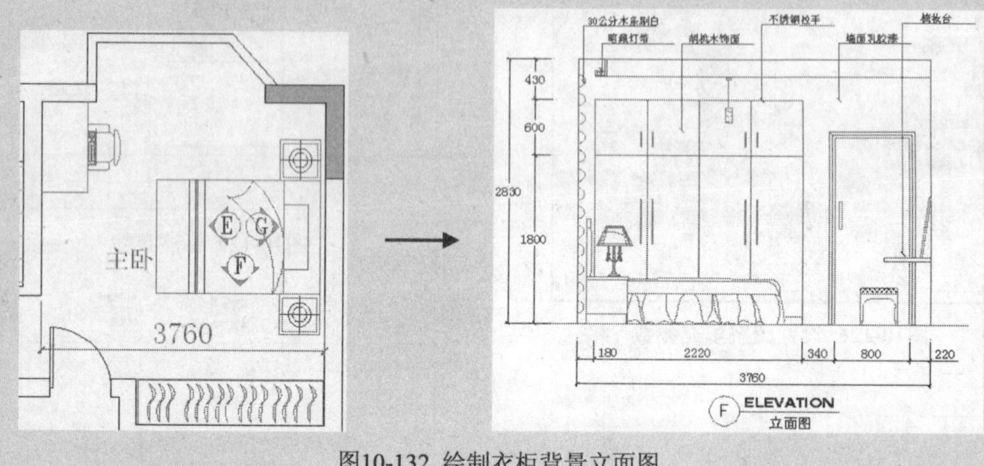

图10-132 绘制衣柜背景立面图

技法解析

本实例在创建衣柜背景立面图的过程中，首先参照家居装修平面图确定立面图的尺寸，然后绘制衣柜背景立面图的轮廓、衣柜和门的立面造型，并对图形进行标注。

	实例路径	实例\第10章\衣柜背景立面图.dwg
	素材路径	素材\第10章\家居装修平面图2.dwg、衣柜背景立面素材.dwg

步骤01 根据素材路径打开“家居装修平面图2.dwg”图形文件，然后使用DLI（线性标注）命令测量卧室F方向的宽度，得到的结果为3760，如图10-133所示。

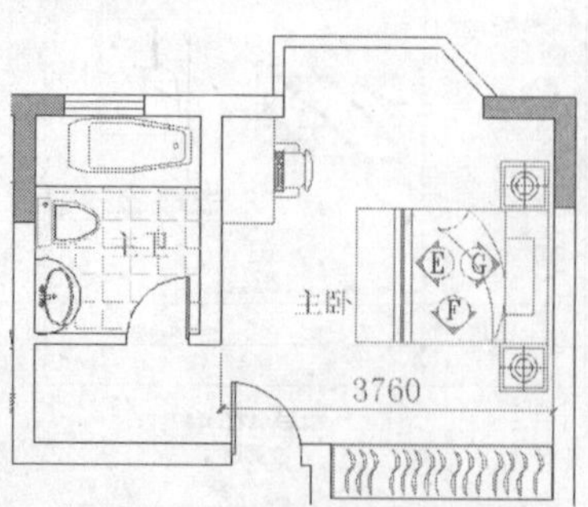

图10-133 测量卧室宽度

步骤02 设置当前绘图颜色为洋红色，然后使用L（直线）命令绘制一条长4560的水平线段，在距离水平直线左端点400处向上绘制一条长2830的垂直线段，如图10-134所示。

图10-134 绘制线段

步骤03 使用O（偏移）命令将下方的线段

向上偏移2830，将左方的线段向右偏移3760，然后使用TR（修剪）命令对线段进行修剪，效果如图10-135所示。

图10-135 创建立面图轮廓

步骤04 使用O（偏移）命令将左方的线段向右偏移295，然后将上方的线段向下偏移180，如图10-136所示。

图10-136 偏移线段

步骤05 使用TR（修剪）命令对线段进行修剪处理，效果如图10-137所示。

图10-137 修剪线段

步骤06 参照如图10-138所示的效果和尺寸，使用O（偏移）和TR（修剪）命令在图形左上角绘制灯槽图形。

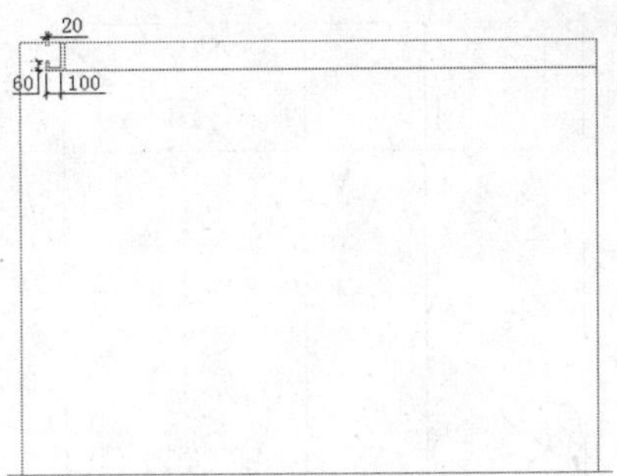

图10-138 绘制灯槽

步骤07 使用C（圆）和L（直线）命令在灯槽内绘制灯带立面图形，如图10-139所示。

图10-139 绘制灯带立面图形

步骤08 参照如图10-140所示的效果和尺寸，使用O（偏移）和TR（修剪）命令在图形中绘制衣柜的立面图形。

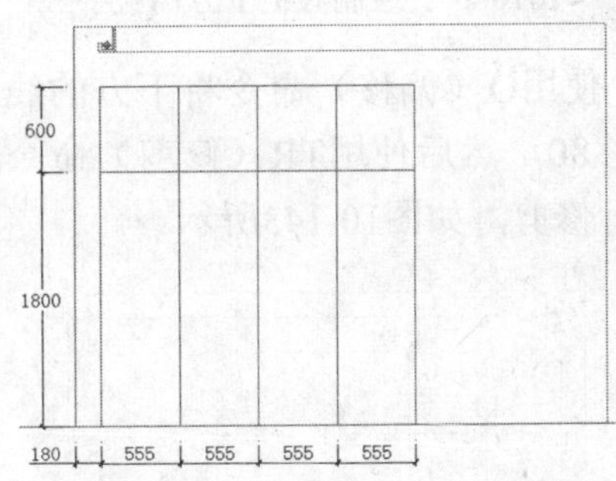

图10-140 绘制衣柜立面图形

步骤09 设置当前绘图颜色为绿色，使用REC（矩形）命令绘制一个长度为10、宽度为160的矩形作为衣柜上方门拉手，然后使用CO（复制）命令对拉手图形进行复制，如图10-141所示。

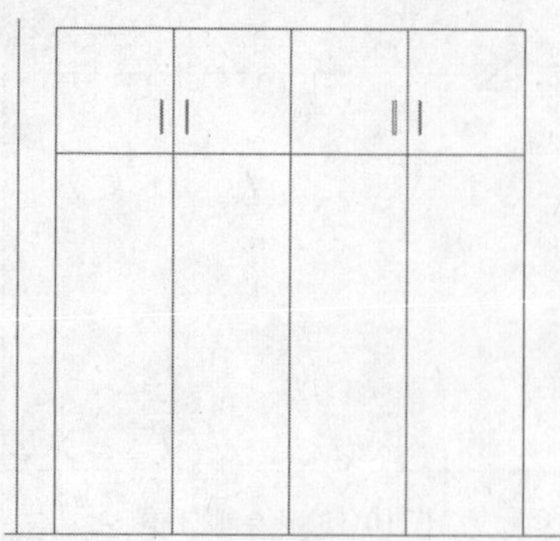

图10-141 绘制衣柜上方门拉手

步骤10 使用REC（矩形）命令创建一个长度为10、宽度为480的矩形作为衣柜下方门拉手，然后使用CO（复制）命令对拉手图形进行复制，如图10-142所示。

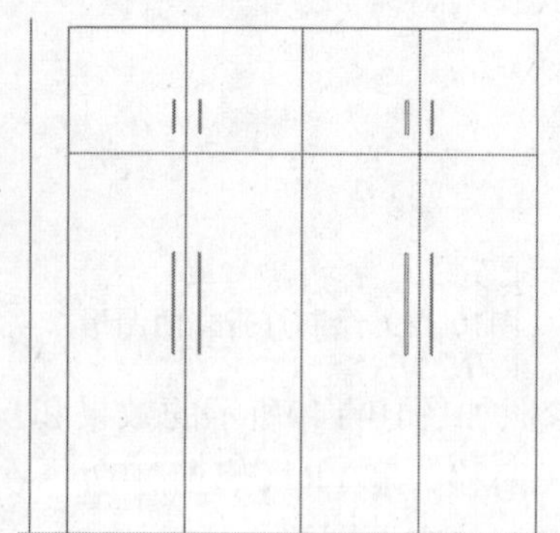

图10-142 绘制衣柜下方门拉手

步骤11 使用O（偏移）命令将下方的线段向上偏移80，然后使用TR（修剪）命令对图形进行修剪，如图10-143所示。

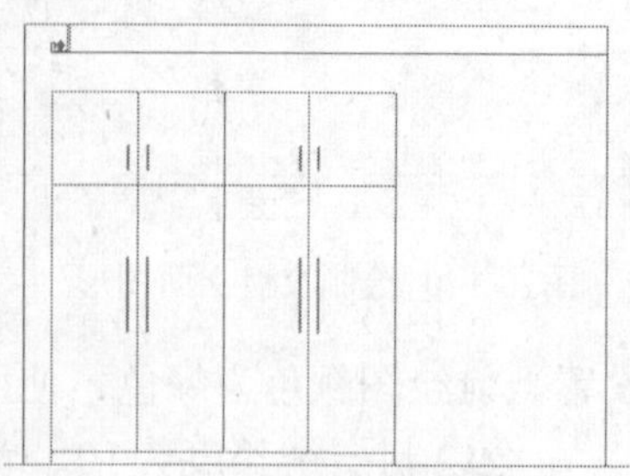

图10-143 绘制踢脚板

步骤12 使用A（圆弧）命令在左下方绘制一个半径为65的圆弧，然后执行AR（阵列）命令，打开“阵列”对话框，设置行数为13、列数为1，设置行偏移为200、列偏移为0，如图10-144所示。

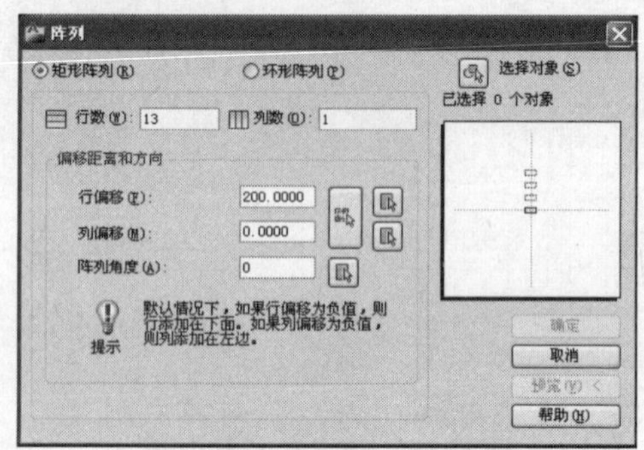

图10-144 设置阵列参数

步骤13 单击“选择对象”按钮，选择绘制的圆弧并确定，阵列效果如图10-145所示。

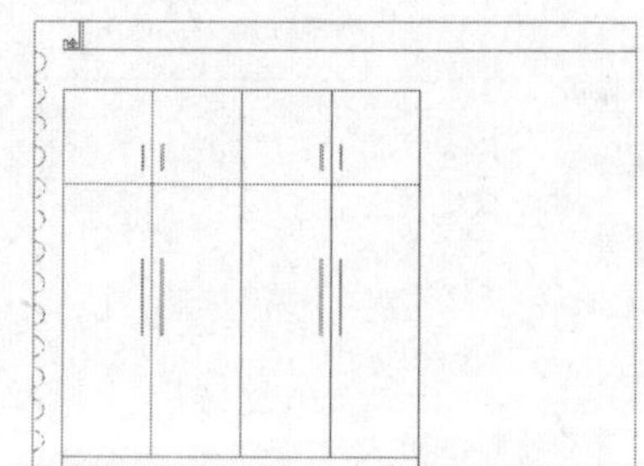

图10-145 阵列效果

步骤14 参照如图10-146所示的效果和尺寸，使用PL（多段线）命令绘制门框图形。

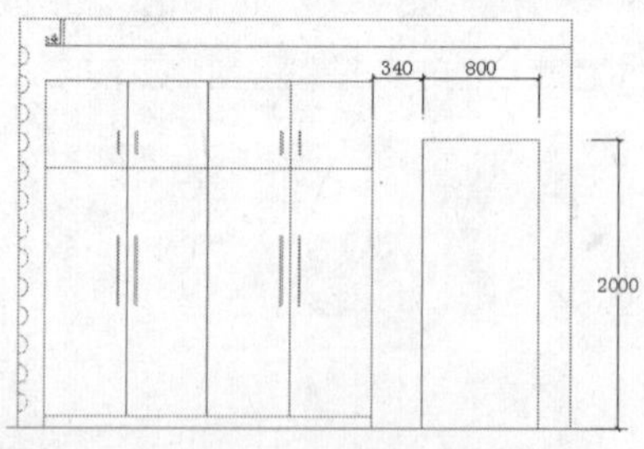

图10-146 绘制门框

步骤15 使用O（偏移）命令将多段线向外偏移两次，偏移距离为30，然后使用L（直线）命令绘制两条线段连接门套边角，如图10-147所示。

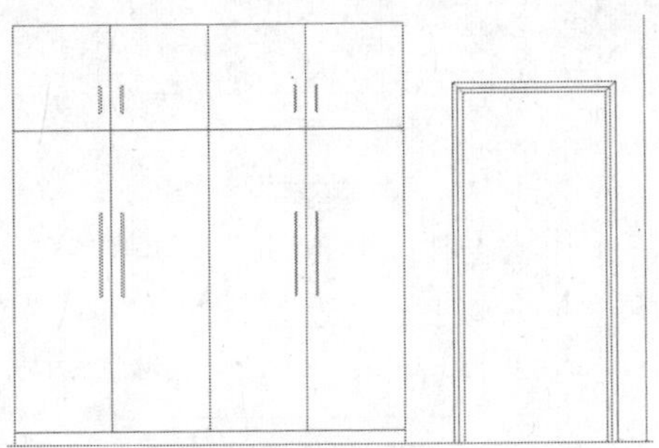

图10-147 绘制门套

步骤16 使用REC（矩形）命令绘制一个大小适当的矩形作为门的拉手，如图10-148所示。

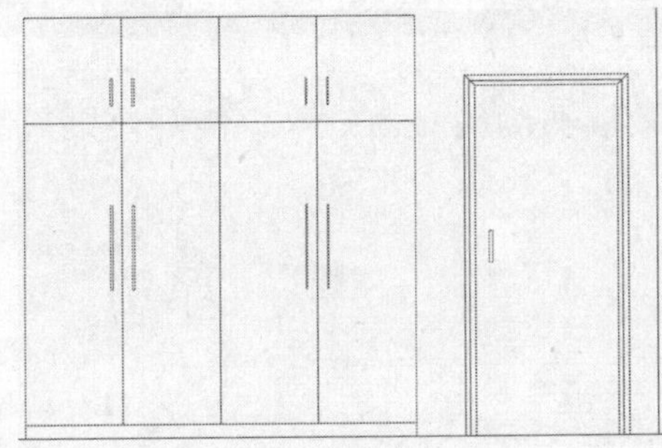

图10-148 绘制门拉手

步骤17 使用REC（矩形）命令绘制两个大小适当的矩形作为梳妆台和梳妆镜图形，效果如图10-149所示。

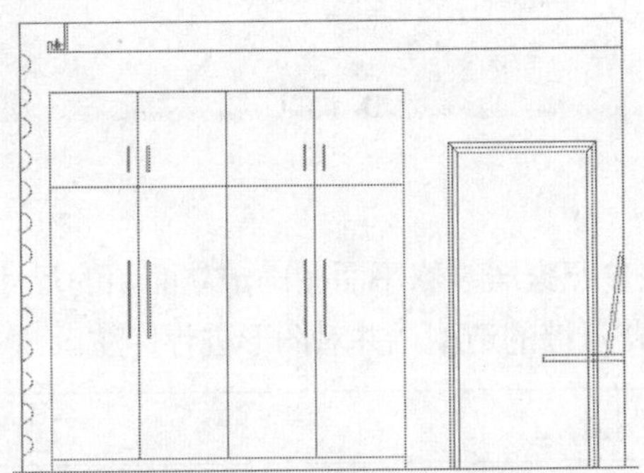

图10-149 绘制梳妆台和梳妆镜

步骤18 根据素材路径打开“衣柜背景立面素材.dwg”图形文件，然后将其中的图形复制到当前图形中，效果如图10-150所示。

步骤19 使用TR（修剪）命令对图形进行修剪，如图10-151所示。

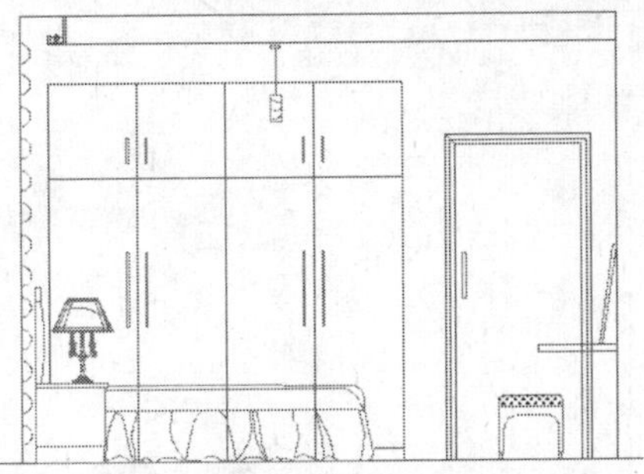

图10-150 复制素材图形

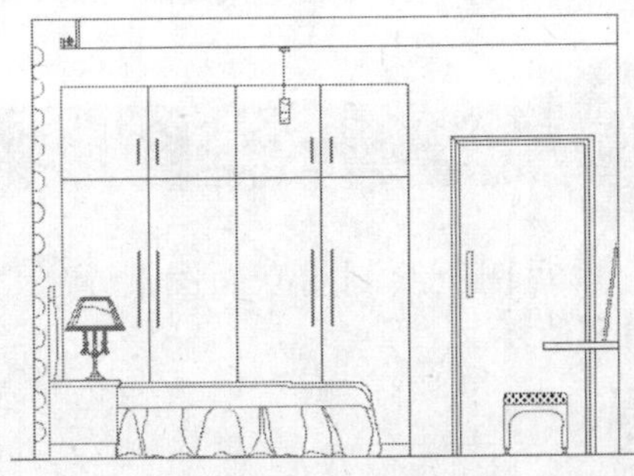

图10-151 修剪图形

步骤20 参照“绘制餐厅立面图”实例中的方法，新建一个卧室标注样式，然后将“标注”层设为当前图层，使用DLI（线性标注）和DCO（连续标注）命令对图形进行标注，如图10-152所示。

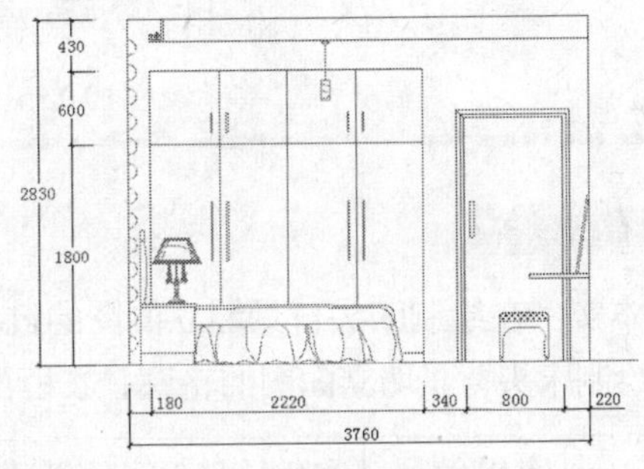

图10-152 标注图形

步骤21 使用MLEADER（多重引线）命令创建引线标注，对图形的材质进行说明，如图10-153所示。

步骤22 将“衣柜背景立面素材.dwg”图形文件中的详图标志复制到该图形中，完成实例的制作，如图10-154所示。

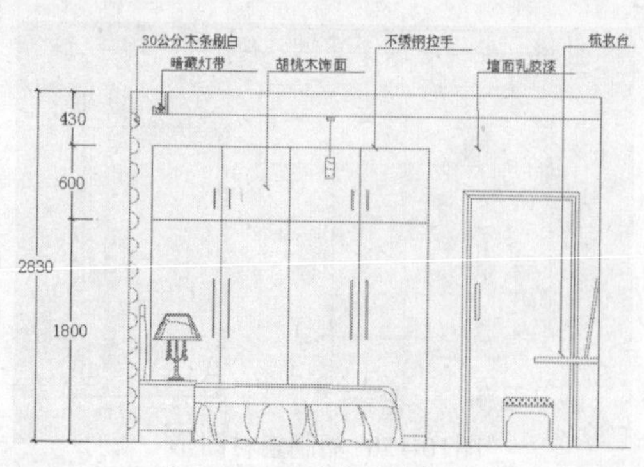

图10-153 创建引线标注

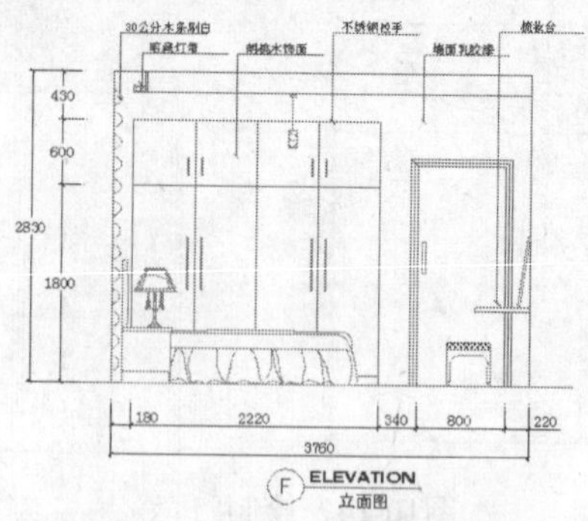

图10-154 衣柜背景立面图

实例113 绘制床头背景墙立面图

本实例所绘制的立面图展示了卧室床头背景墙一侧的立面效果，实例效果如图10-155所示。

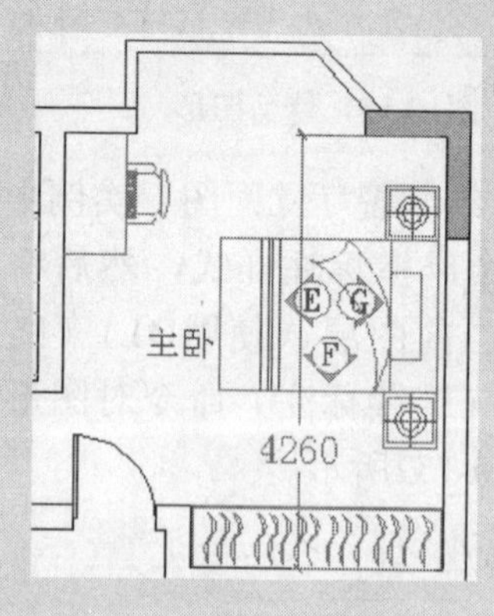

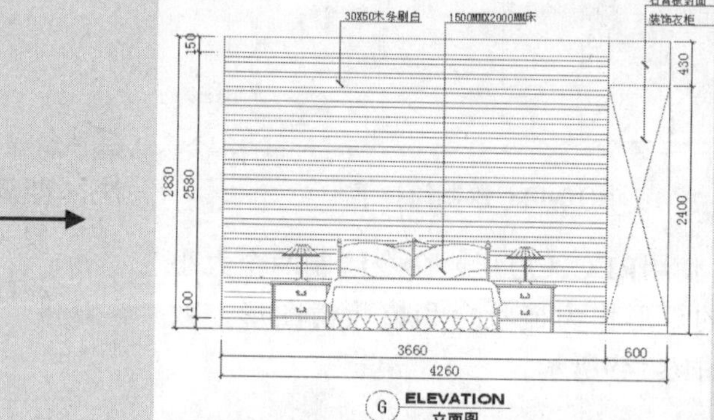

图10-155 绘制床头背景墙立面图

技法解析

本实例在绘制床头背景墙立面图的过程中，首先参照家居装修平面图确定立面图的尺寸，然后绘制床头背景墙立面图的轮廓、衣柜剖面和床头背景墙的造型，并对图形进行标注。

	实例路径	实例\第10章\床头背景墙立面图.dwg
	素材路径	素材\第10章\家居装修平面图2.dwg、床头背景墙立面素材.dwg

步骤01 根据素材路径打开“家居装修平面图2.dwg”图形文件，然后使用DLI（线性标注）命令测量卧室G方向的宽度，得到的结果为4260，如图10-156所示。

技巧提示

室内环境空间界面的特征是由其材料、质感、色彩、光照条件等因素构成的，其中，材料及质感起着决定性作用。

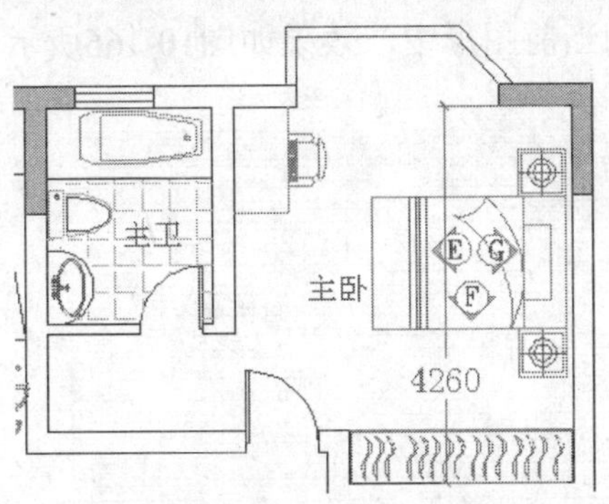

图10-156 测量卧室宽度

步骤02 设置当前绘图颜色为洋红色，然后使用L（直线）命令绘制一条长5060的水平线段，在距离水平直线左端点400处向上绘制一条长2830的垂直线段，如图10-157所示。

图10-157 绘制线段

步骤03 使用O（偏移）命令将下方的线段向上偏移2830，将左方的线段向右偏移4260，然后使用TR（修剪）命令对线段进行修剪，效果如图10-158所示。

图10-158 绘制立面图轮廓

步骤04 使用O（偏移）命令将左方的线段向右偏移3660，然后将上方的线段向下偏移150，将下方的线段向上偏移100，如图10-159所示。

图10-159 偏移线段

步骤05 使用TR（修剪）命令对线段进行修剪，效果如图10-160所示。

图10-160 修剪线段

步骤06 使用O（偏移）命令将上方的线段向下偏移两次，偏移距离依次为430、2320，然后使用TR（修剪）命令对线段进行修剪，效果如图10-161所示。

图10-161 绘制衣柜剖面轮廓

步骤07 使用L（直线）命令绘制两条对角线，表示衣柜的剖面图，如图10-162所示。

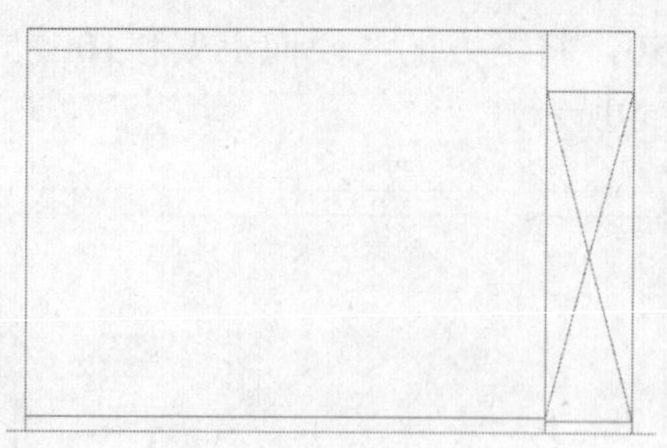

图10-162 绘制对角线

步骤08 使用O（偏移）命令将下方第二条的线段向上偏移两次，偏移距离依次为60、45，然后将偏移得到的线段的颜色改为灰色，效果如图10-163所示。

图10-163 偏移线段

步骤09 执行AR（阵列）命令，打开“阵列”对话框，设置行数为18、列数为1、行偏移为143、列偏移为0，如图10-164所示。

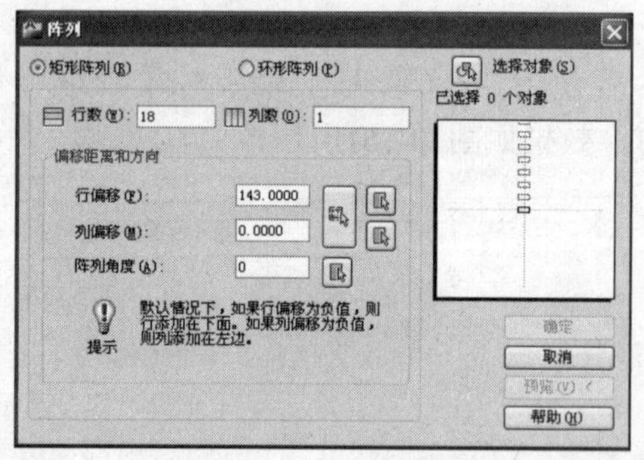

图10-164 设置阵列参数

步骤10 单击“选择对象”按钮，选择偏移得到的两条线段，效果如图10-165所示。

步骤11 根据素材路径打开“床头背景墙立面素材.dwg”图形文件，将其中的图形复制到当前图形中，效果如图10-166所示。

图10-165 阵列效果

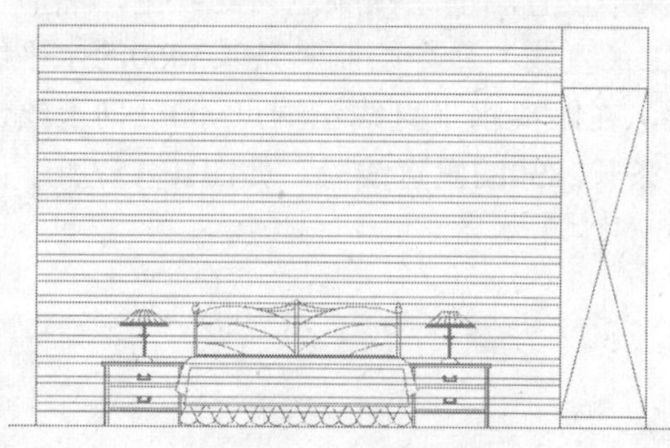

图10-166 复制素材图形

步骤12 使用TR（修剪）命令对素材图形区域的线段进行修剪，效果如图10-167所示。

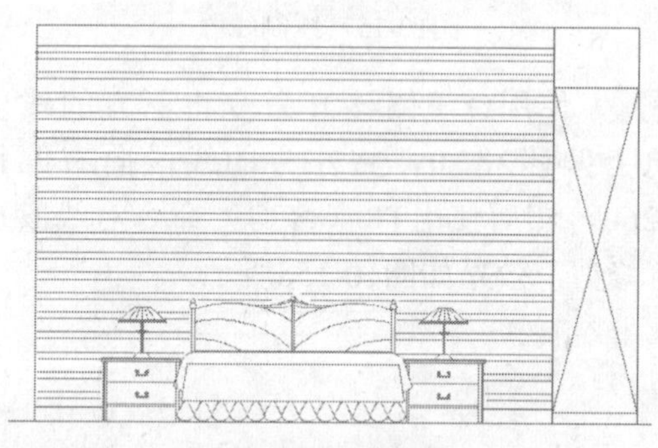

图10-167 修剪线段

步骤13 参照“绘制餐厅立面图”实例中的方法，新建一个卧室标注样式，然后将“标注”层设为当前图层，使用DLI（线性标注）和DCO（连续标注）命令对图形进行标注，如图10-168所示。

步骤14 使用MLEADER（多重引线）命令创建引线标注，效果如图10-169所示。

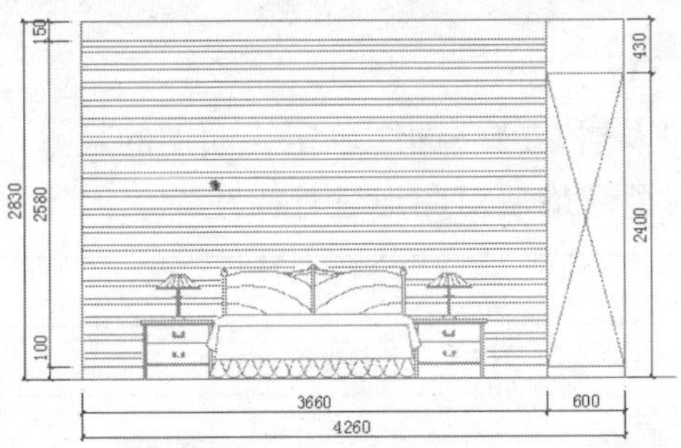

图10-168 标注图形

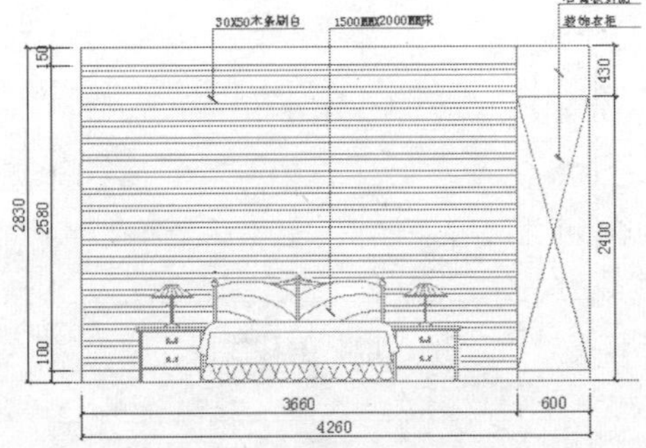

图10-169 创建引线标注

步骤15 将“床头背景墙立面素材.dwg”图形文件中的详图标志复制到该图形中，完成实例的制作，如图10-170所示。

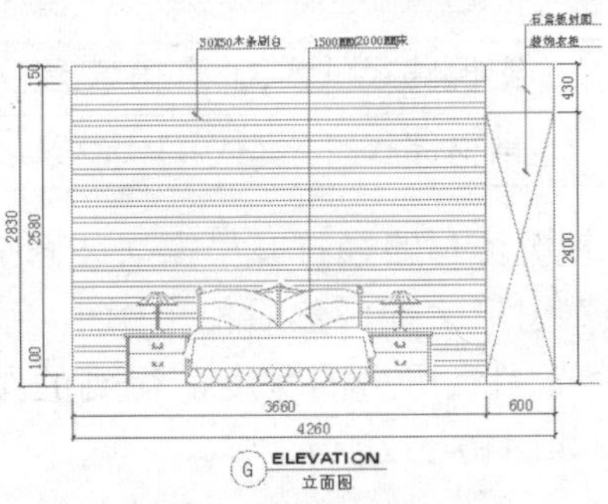

图10-170 床头背景墙立面图

技巧提示

根据不同的室内装修格调，可以将室内装修分为欧式古典风格、新古典主义风格、自然风格、现代风格和后现代风格5种风格。

实例114 绘制厨房立面图

本实例所绘制的厨房立面图展示了厨房中带厨柜和吊柜一方的立面效果，实例效果如图10-171所示。

图10-171 绘制厨房立面图

本实例在绘制厨房立面图的过程中，首先参照家居装修平面图确定立面图的尺寸，然后绘制厨房立面图的轮廓、窗户、吊柜和厨柜的造型，最后对图形进行标注。

	实例路径	实例\第10章\厨房立面图.dwg
	素材路径	素材\第10章\家居装修平面图3.dwg、厨房立面素材.dwg

步骤01 根据素材路径打开“家居装修平面图3.dwg”图形文件，然后使用DLI（线性标注）命令测量厨房的宽度，得到的结果为3640，如图10-172所示。

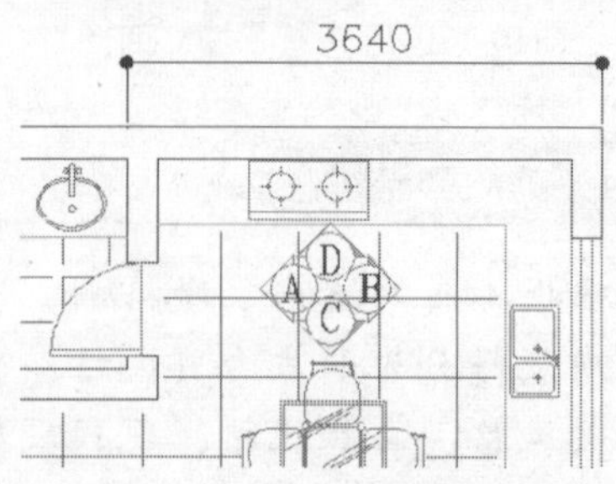

图10-172 测量厨房宽度

步骤02 设置当前绘图颜色为红色，然后使用REC（矩形）命令绘制一条长度为3640、宽度为2850的矩形，如图10-173所示。

图10-173 绘制矩形

步骤03 使用X（分解）命令分解矩形，然后使用O（偏移）命令将两边的线段向内偏移240，绘制出墙体图形，如图10-174所示。

步骤04 使用O（偏移）命令将上方的线段向下偏移500，再使用TR（修剪）命令对线段进行修剪，然后将线段的颜色修改为灰色，表示厨房的吊顶，如图10-175所示。

图10-174 偏移线段

图10-175 偏移并修剪线段

步骤05 使用O（偏移）命令将地面水平线向上依次偏移900、1200，再使用TR（修剪）命令对线段进行修剪，表示侧立面的窗洞，如图10-176所示。

图10-176 绘制窗洞图形

步骤06 使用L（直线）命令绘制一条线段连接窗洞图形，并将线段颜色改为蓝色，如图10-177所示。

图10-177 绘制线段

步骤07 使用O（偏移）命令将刚绘制的线段向左偏移3次，偏移距离为80，绘制出窗户图形，如图10-178所示。

图10-178 绘制窗户图形

步骤08 使用O（偏移）命令将地面水平线向上依次偏移120、730、750，表示厨柜及吊柜分隔线，再使用TR（修剪）命令对线段进行修剪，然后将厨柜和吊柜分隔线改为洋红色，如图10-179所示。

图10-179 厨柜和吊柜分隔线

步骤09 参照如图10-180所示的效果和尺寸，使用O（偏移）和TR（修剪）命令在图形中绘制厨柜和吊柜立面图形。

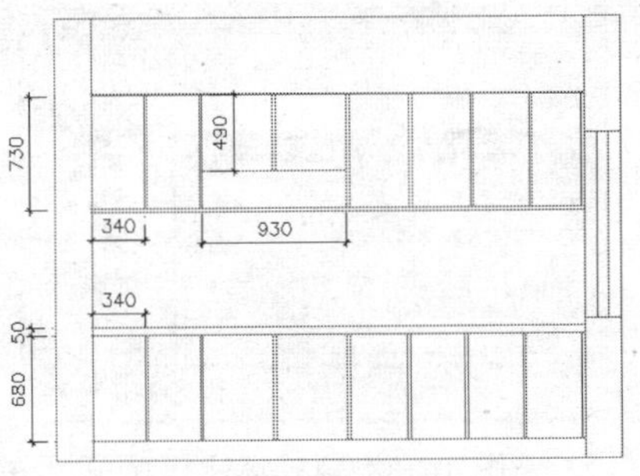

图10-180 绘制厨柜和吊柜

步骤10 使用C（圆）命令绘制一个圆形表示拉手图形，然后对拉手图形进行复制，效果如图10-181所示。

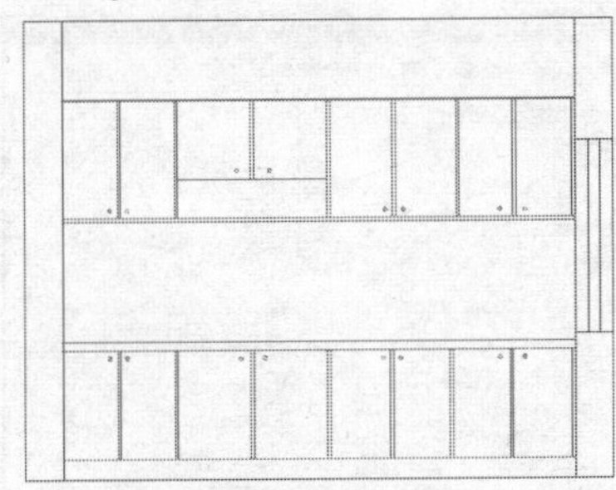

图10-181 绘制拉手

步骤11 根据素材路径打开“厨房立面素材.dwg”图形文件，将其中的图形复制到当前图形中，效果如图10-182所示。

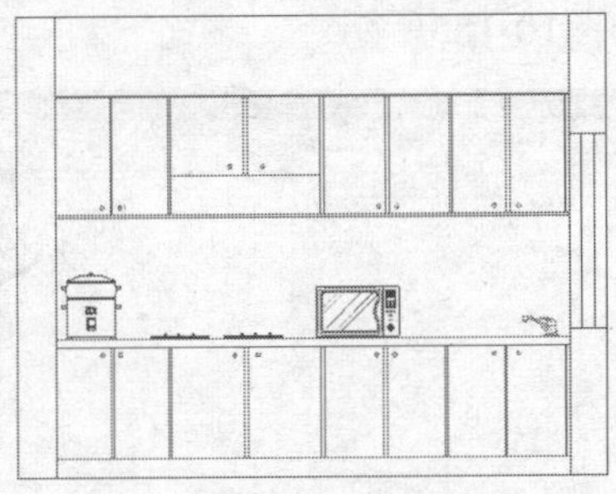

图10-182 复制素材图形

步骤12 执行D（标注样式）命令，打开“标注样式管理器”对话框，然后单击“新键”按钮，打开“创建新标注样式”对话框，新建一个名为“厨房立面”的样式，如图10-183所示。

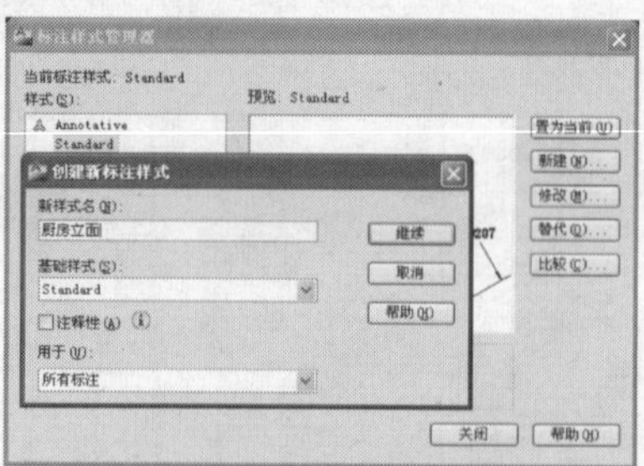

图10-183 新建标注样式

步骤 13 单击“继续”按钮，打开“新建标注样式：厨房立面”对话框，在“线”选项卡中设置超出尺寸线的值为30、起点偏移量的值为50，如图10-184所示。

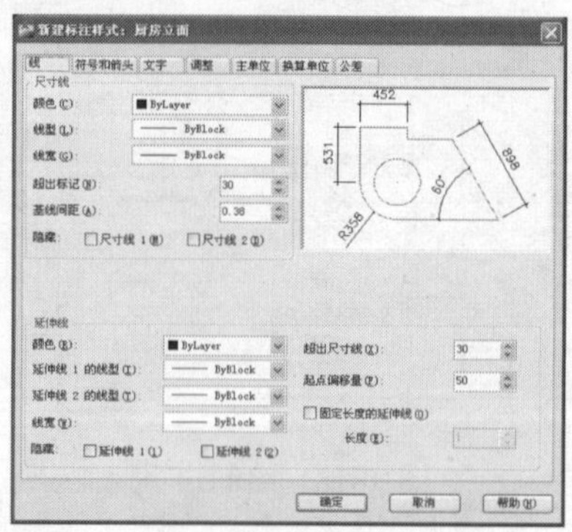

图10-184 设置线参数

步骤 14 切换至“符号和箭头”选项卡，设置箭头为“建筑标记”，设置箭头大小为30，如图10-185所示。

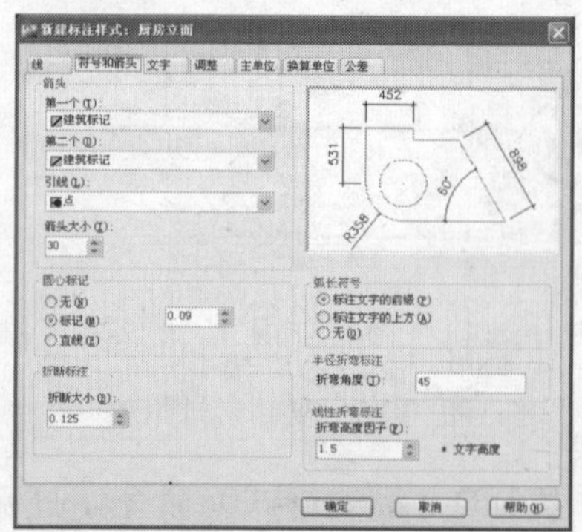

图10-185 设置箭头参数

步骤 15 切换至“文字”选项卡，设置文字高度为80，设置从尺寸线偏移的值为50，如图10-186所示。

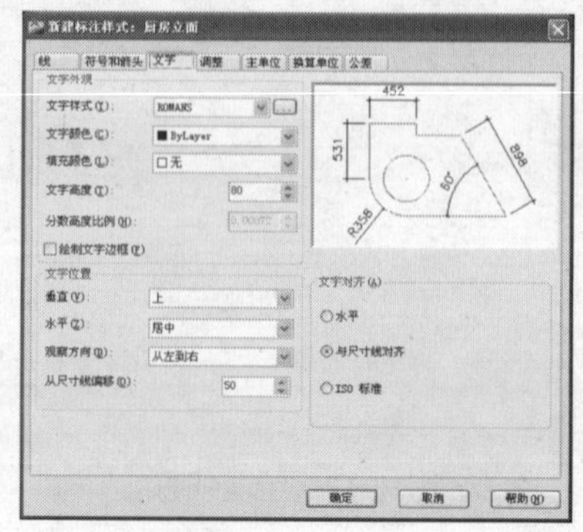

图10-186 设置文字参数

步骤 16 切换至“主单位”选项卡，设置精度值为0，如图10-187所示。

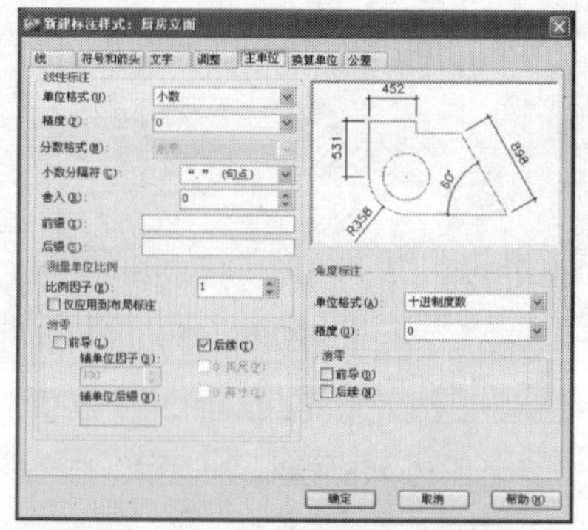

图10-187 设置精度

步骤 17 将创建的标注样式设置为当前样式，然后使用DLI（线性标注）和DCO（连续标注）命令对图形进行尺寸标注，效果如图10-188所示。

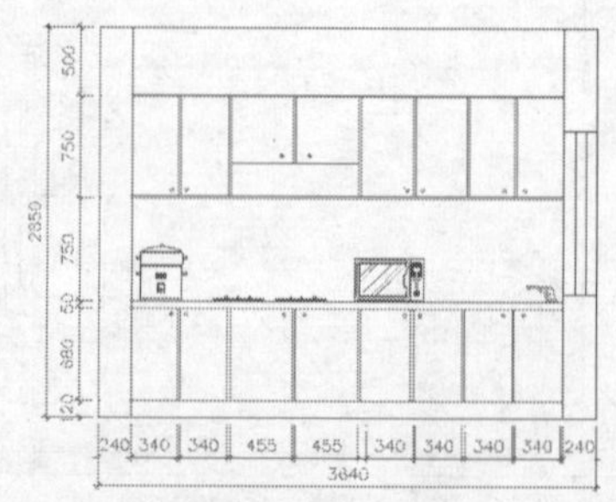

图10-188 标注图形尺寸

步骤18 执行MLEADERSTYLE（多重引线样式）命令，打开“多重引线样式管理器”对话框，然后选择Standard样式，单击“修改”按钮，打开“修改多重引线样式：Standard”对话框，设置箭头符号为“建筑标记”、大小为30，如图10-189所示。

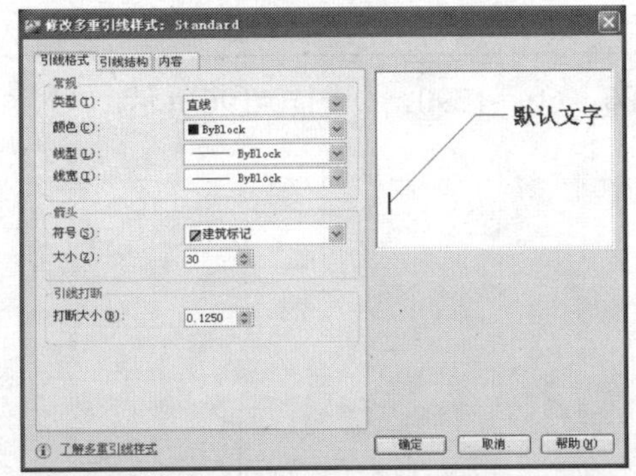

图10-189 修改引线样式

步骤19 使用MLEADER（多重引线）命令创建引线标注，对图形的材质进行说明，如图10-190所示。

步骤20 将“厨房立面素材.dwg”图形文件中的详图标志复制到该图形中，完成实例的制作，如图10-191所示。

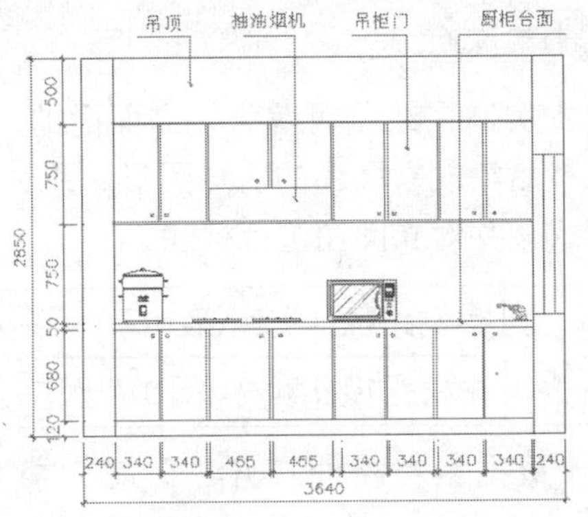

图10-190 标注文字

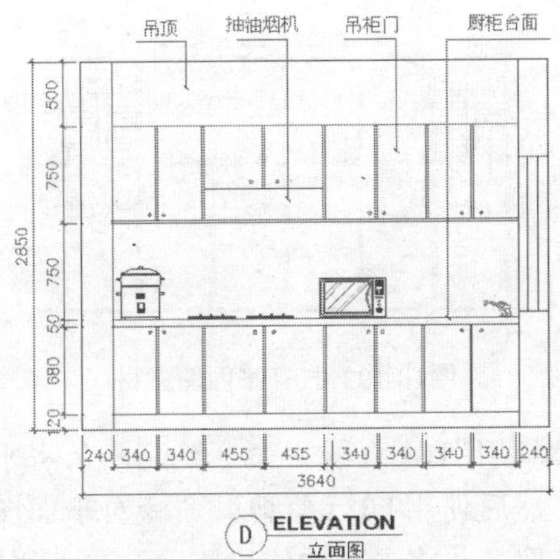

图10-191 厨房立面图

实例115 绘制医院大楼立面图

本实例所绘制的医院大楼立面图展示了多层建筑立面图的效果，实例效果如图10-192所示。

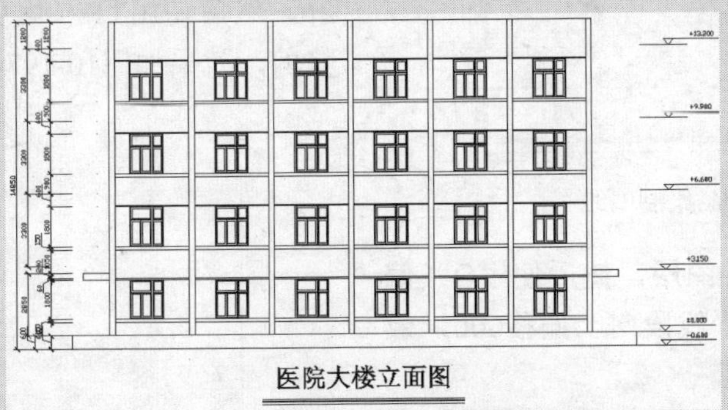

图10-192 医院大楼立面图

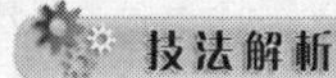

本实例在绘制医院大楼立面图的过程中，首先参照医院大楼平面图确定立面图的墙体，然后绘制立面图的窗户图形，并对窗户图形进行复制，再新建一个适合该立面图的标注样式，并对立面图进行标注。

	实例路径	实例\第10章\医院大楼立面图.dwg
	素材路径	素材\第10章\医院大楼平面图.dwg

步骤01 根据素材路径打开“医院大楼平面图.dwg”图形文件，将此平面图作为绘制立面图的基础，如图10-193所示。

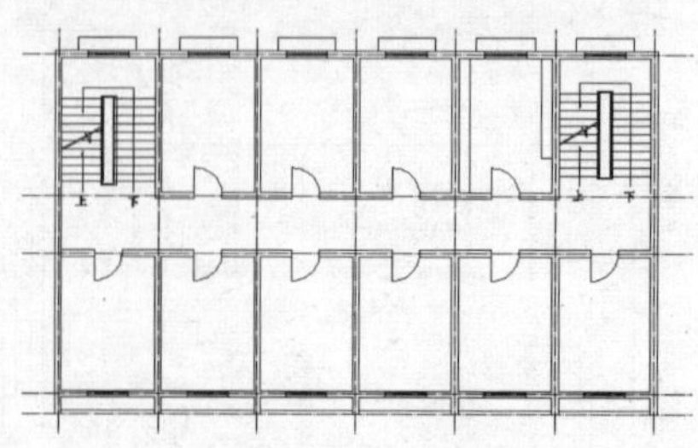

图10-193 打开平面图素材

步骤02 使用L（直线）命令绘制两条水平线段，然后使用TR（修剪）命令对平面图进行修剪，并将多余的线段删除，再使用ML（多线）命令参照轴线绘制比例为240的墙线，如图10-194所示。

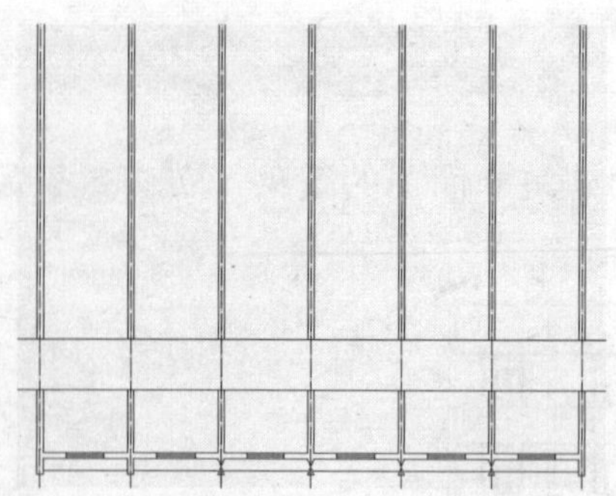

图10-194 绘制墙线

步骤03 关闭“轴线”图层，然后使用O（偏移）命令将下方水平线段向上偏移600，效果如图10-195所示。

步骤04 使用O（偏移）命令向上偏移上方的水平线段，偏移距离依次为600、150、1800、60、1290，如图10-196所示。

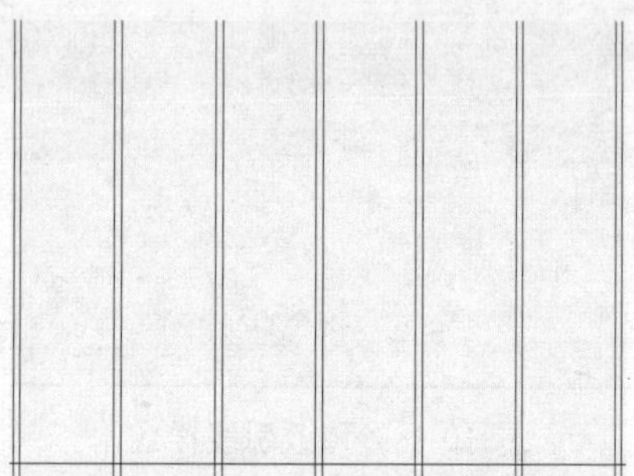

图10-195 偏移线段

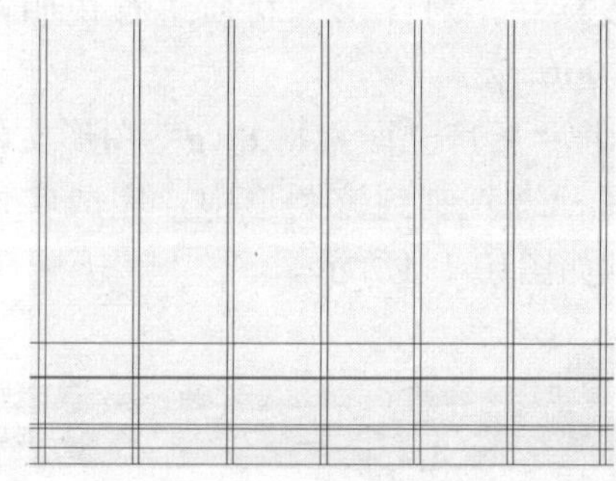

图10-196 偏移线段

步骤05 使用X（分解）命令对多线进行分解，然后使用TR（修剪）命令对线段进行修剪，效果如图10-197所示。

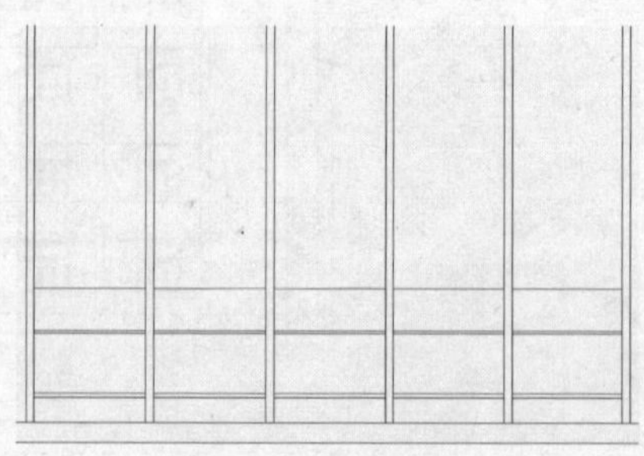

图10-197 修剪图形

步骤06 使用CO（复制）命令将绘制好的图形进行复制，效果如图10-198所示。

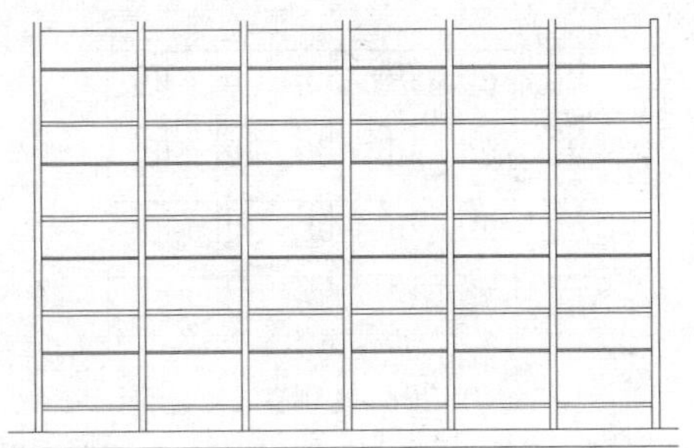
图10-198 复制图形

步骤07 将上方的水平线段删除，然后使用L（直线）命令绘制一条线段，效果如图10-199所示。

图10-199 绘制线段

步骤08 使用REC（矩形）命令在二楼两端各绘制一个长度为1200、宽度为300的矩形，作为雨蓬图形，如图10-200所示。

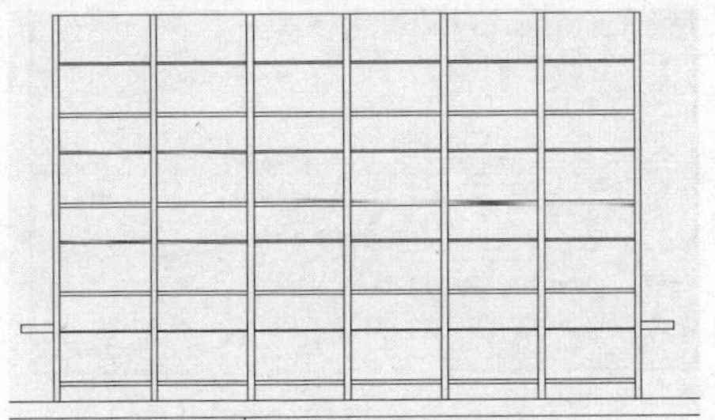
图10-200 绘制雨蓬图形

步骤09 使用REC（矩形）命令在一楼绘制一个长度为1500、宽度为1800的矩形，作为窗户边框图形，如图10-201所示。

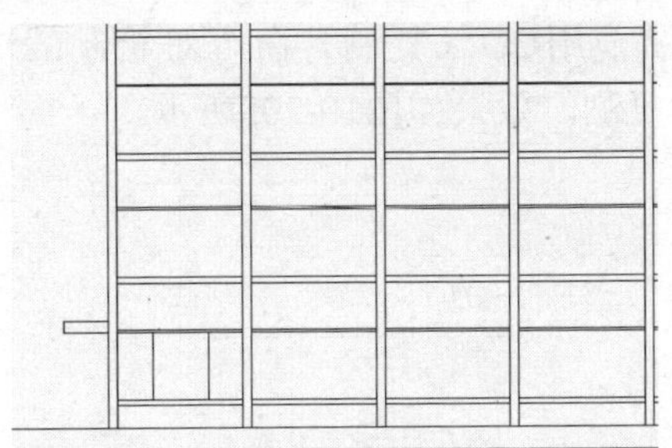
图10-201 绘制矩形

步骤10 使用O（偏移）命令将矩形向内偏移40，如图10-202所示。

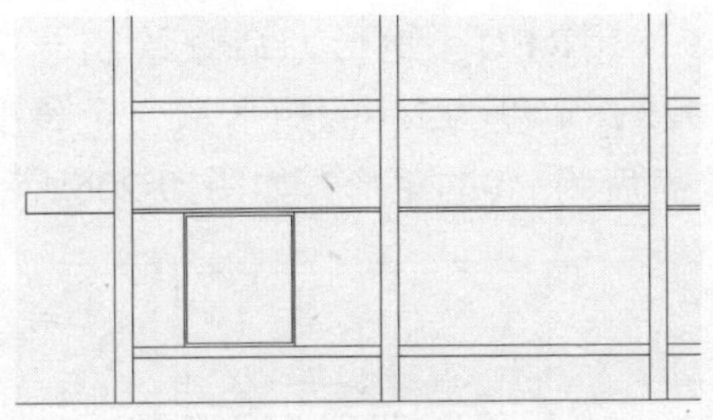
图10-202 偏移矩形

步骤11 使用REC（矩形）命令绘制一个长度为460、宽度为1140的矩形，如图10-203所示。

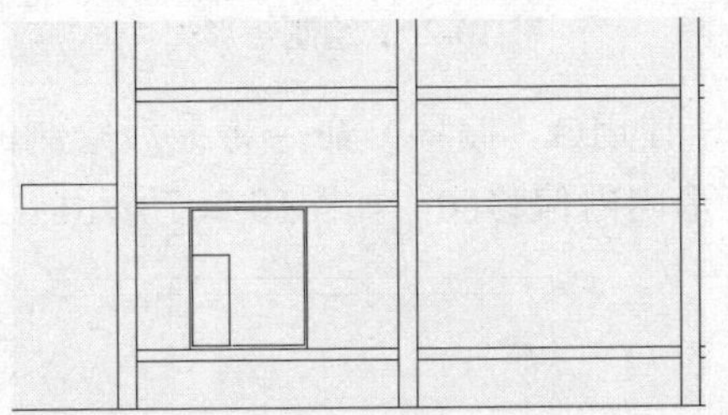
图10-203 绘制矩形

步骤12 使用命令O（偏移）将矩形向内偏移40，如图10-204所示。

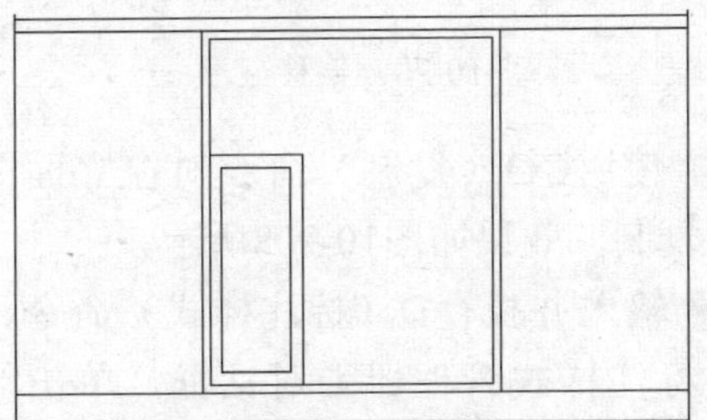
图10-204 偏移矩形

步骤13 使用CO（复制）命令对绘制的矩形进行复制，效果如图10-205所示。

图10-205 复制矩形

步骤14 使用REC（矩形）命令绘制一个长度为920、宽度为540的矩形和一个长度为460、宽度为540的矩形，如图10-206所示。

图10-206 绘制矩形

步骤15 使用O（偏移）命令将最后绘制的两个矩形向内偏移60，如图10-207所示。

图10-207 偏移矩形

步骤16 使用CO（复制）命令对窗立面图形进行复制，效果如图10-208所示。

步骤17 输入并执行D（标注样式）命令，打开“标注样式管理器”对话框，单击“新建”按钮，打开“创建新标注样式”对话框，在“新样式名”文本框中输入样式名“医院立面”，如图10-209所示。

图10-208 复制窗立面

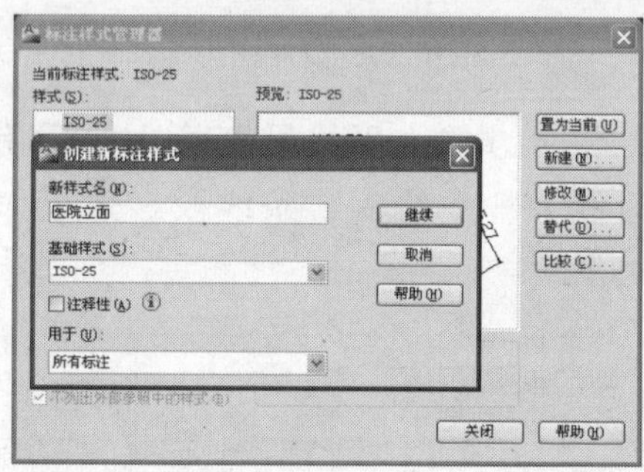

图10-209 创建新标注样式

步骤18 单击“继续”按钮，打开“新建标注样式：医院立面”对话框，在“线”选项卡中设置超出尺寸线的值为2、起点偏移量的值为2.5，如图10-210所示。

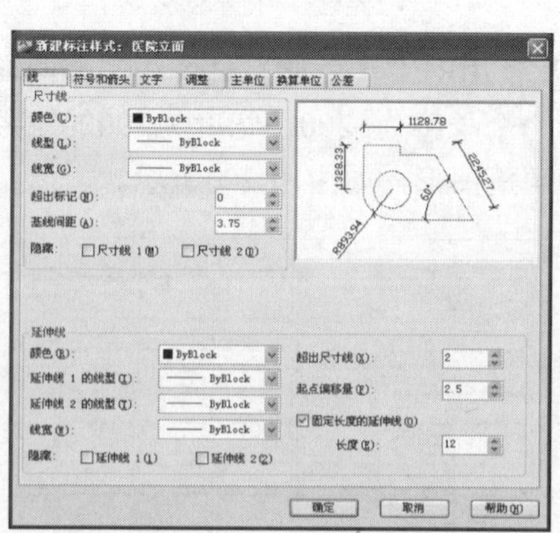

图10-210 设置线参数

步骤19 切换至“符号和箭头”选项卡，设置箭头为“建筑标记”，设置箭头大小为2.5，如图10-211所示。

步骤20 切换至“文字”选项卡，设置文字高度为2.5，设置从尺寸线偏移的值为1，如图10-212所示。

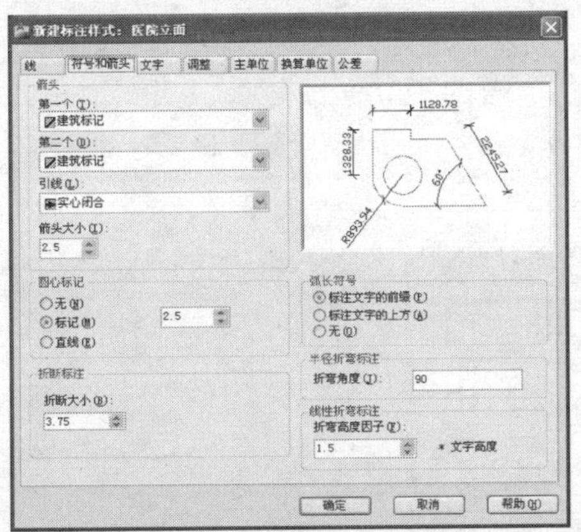

图10-211 设置箭头参数

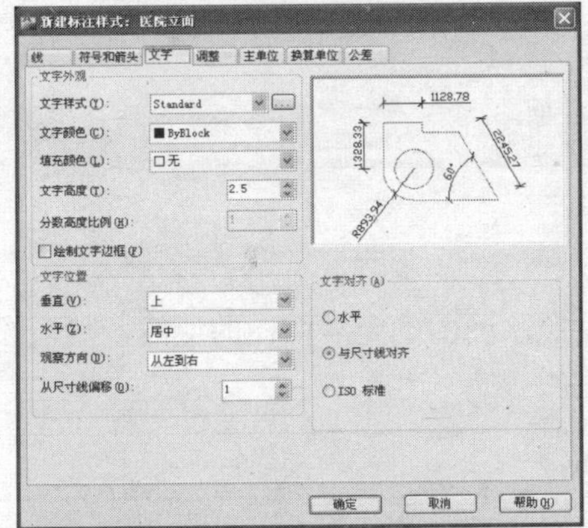

图10-212 设置文字参数

步骤21 切换至“调整”选项卡，设置使用全局比例的值为80，如图10-213所示。

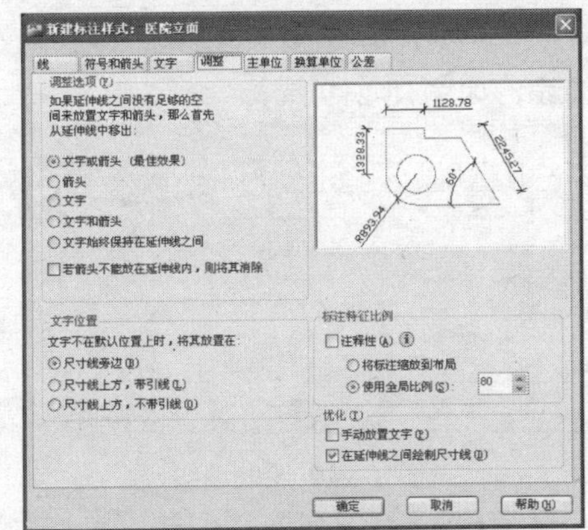

图10-213 设置调整参数

步骤22 将创建的标注样式设置为当前样式，然后使用DLI（线性标注）和DCO（连续标注）命令对图形进行标注，如图10-214所示。

图10-214 标注尺寸

步骤23 使用L（直线）和T（文字）命令创建立面图的标高，如图10-215所示。

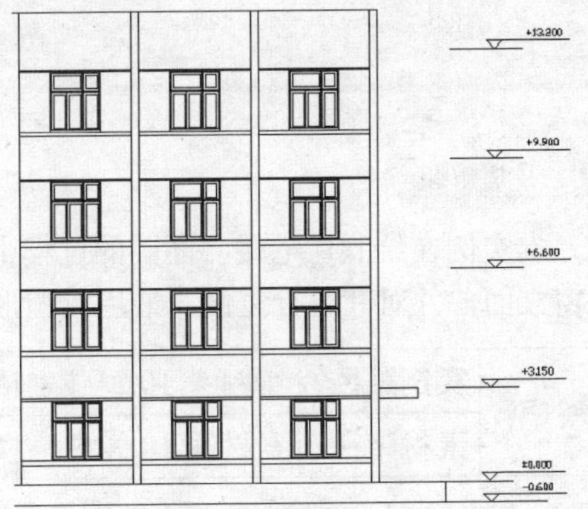

图10-215 创建标高

步骤24 使用L（直线）和T（文字）命令创建图形说明文字（如图10-216所示），完成立面图的绘制。

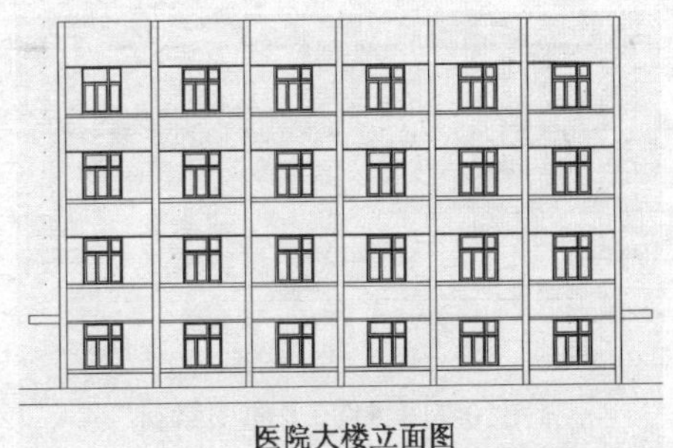

图10-216 医院大楼立面图

实例116 绘制住宅楼立面图

本实例所绘制的住宅楼立面图展示了多层住宅楼的正立面图效果，实例效果如图10-217所示。

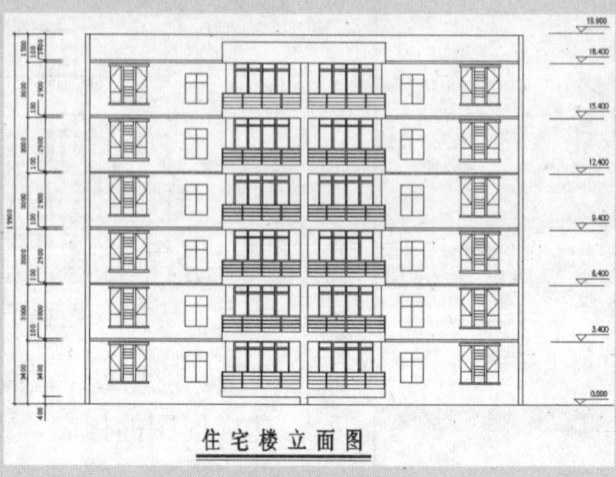

图10-217 住宅楼立面图

技法解析

本实例在绘制住宅楼立面图的过程中，首先参照平面图确定立面图的墙线，然后绘制门窗立面，并对其进行复制，最后对图形进行标注。

	实例路径	实例\第10章\住宅楼立面图.dwg
	素材路径	素材\第10章\住宅楼平面图.dwg、窗户立面.dwg、推拉门.dwg

步骤01 根据素材路径打开“住宅楼平面图.dwg”图形文件，将此平面图作为绘制立面图的基础，如图10-218所示。

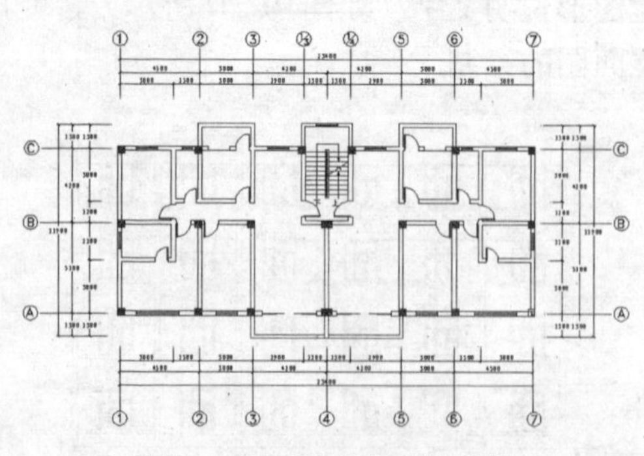

图10-218 打开平面图素材

步骤02 打开“轴线”图层，使用L（直线）命令在建筑平面图中绘制一条线段。锁定轴线图层，然后使用TR（修剪）命令对平面图进行修剪，并删除多余的图形，再使用ML（多线）命令参照轴线绘制宽为240的墙线，如图10-219所示。

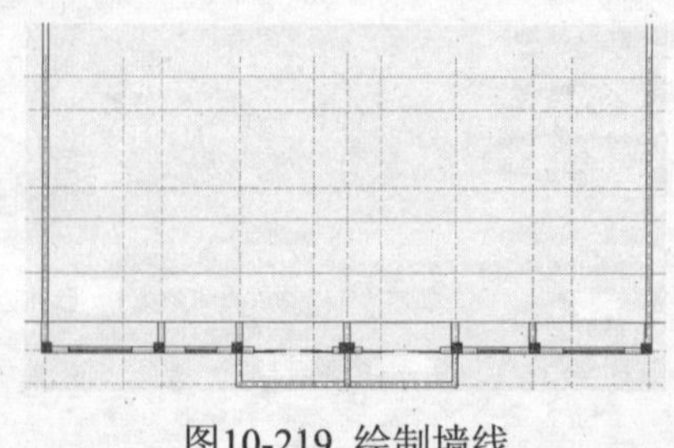

图10-219 绘制墙线

步骤03 关闭“轴线”图层，将多余的图形删除，然后使用O（偏移）命令将水平线段向上依次偏移3400、100，如图10-220所示。

图10-220 偏移线段

步骤04 执行AR（阵列）命令，打开“阵列”对话框，设置“行数”为6、“列数”为1，“行偏移”为3000，如图10-221所示。

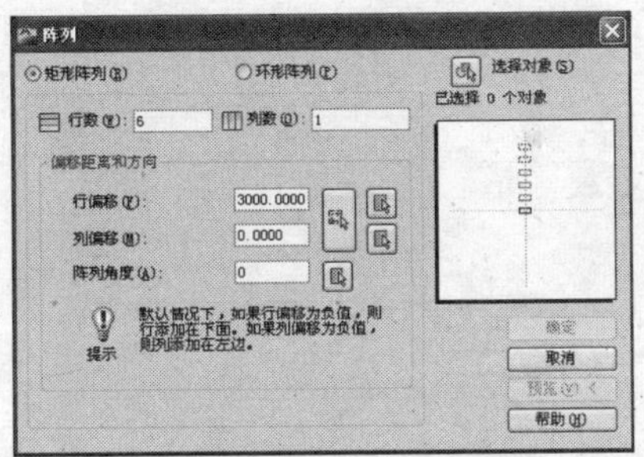

图10-221 设置阵列参数

步骤05 单击“阵列”对话框中的“选择对象”按钮，进入绘图区选择偏移得到的两条线段并确定，阵列效果如图10-222所示。

图10-222 阵列线段

步骤06 使用O（偏移）命令将上方的水平线向上偏移1400，如图10-223所示。

步骤07 使用X（分解）命令将多线分解，然后使用TR（修剪）命令对图形进行修剪，如图10-224所示。

图10-223 偏移线段

图10-224 修剪图形

步骤08 使用REC（矩形）命令绘制一个长度为2200、宽度为100的矩形，如图10-225所示。

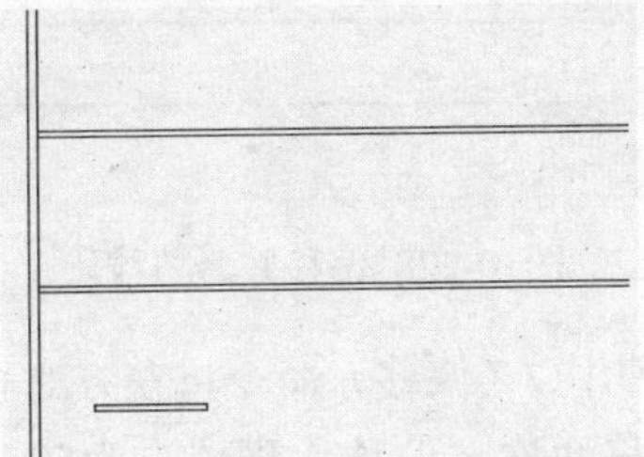

图10-225 绘制矩形

步骤09 将“窗户立面.dwg”素材文件中的窗户立面图复制到当前图形中，并使图形下方与矩形对齐，效果如图10-226所示。

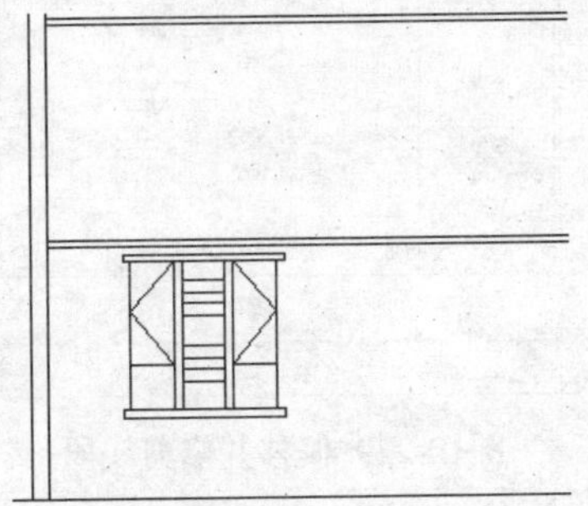

图10-226 复制窗户立面图形

步骤10 参照如图10-227所示的效果和尺寸，使用O（偏移）、L（直线）和（TR）修剪命令创建另一个窗户立面图。

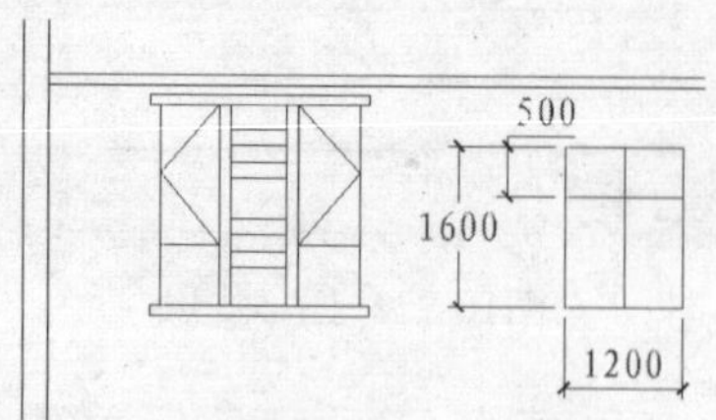

图10-227 绘制小窗户立面图形

步骤11 使用O（偏移）命令将下方的水平线段向上偏移两次，偏移距离依次为400、500，将左方线段向右偏移两次，偏移距离依次为7160、4200，然后使用TR（修剪）命令对偏移线段进行修剪，如图10-228所示。

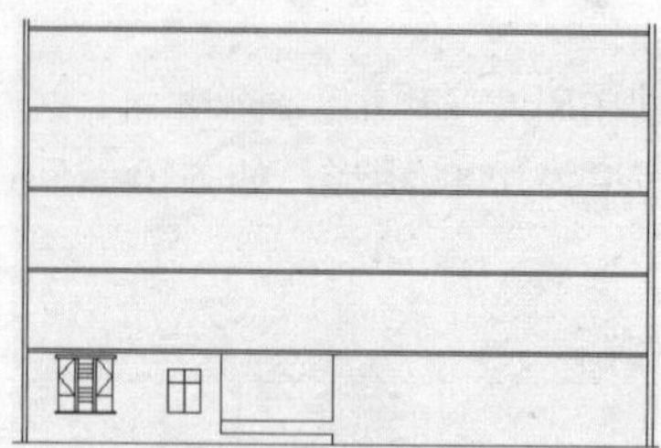

图10-228 偏移并修剪线段

步骤12 使用O（偏移）命令将左方的垂直线段向右偏移两次，偏移距离依次为50、1000，将下方的水平线段向上偏移两次，偏移距离依次为200、30，然后使用TR（修剪）命令对线段进行修剪，如图10-229所示。

图10-229 偏移并修剪线段

步骤13 使用CO（复制）命令对修剪图形进行复制，图形间距为200，如图10-230所示。

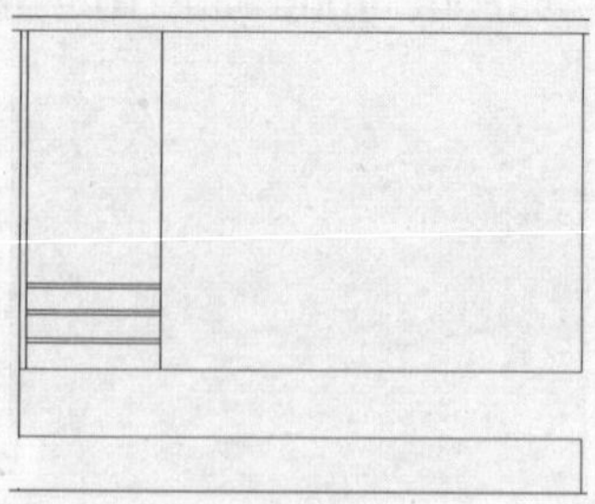

图10-230 复制线段

步骤14 使用O（偏移）命令将下方的水平线段向上偏移两次，偏移距离依次为1700、60，然后使用TR（修剪）命令对线段进行修剪，如图10-231所示。

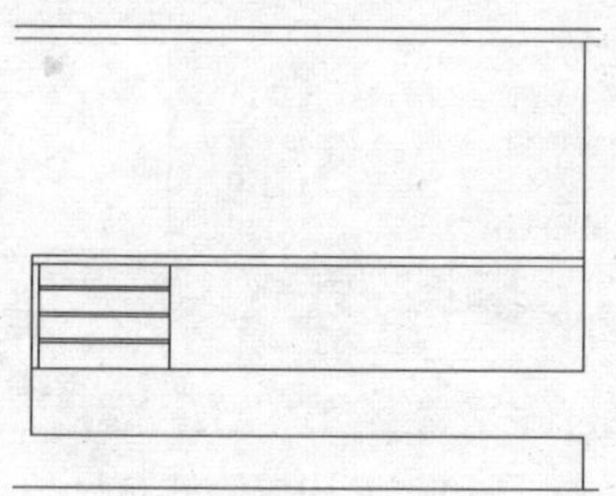

图10-231 偏移并修剪线段

步骤15 使用CO（复制）命令对图形进行复制，图形间距为105，如图10-232所示。

图10-232 复制图形

步骤16 将“推拉门.dwg”素材文件中的推拉门立面图复制到当前图形中，然后参照如图10-233所示的效果在门的左方绘制一条线段。

步骤17 使用MI（镜像）命令对绘制好的门窗立面图进行镜像处理，如图10-234所示。

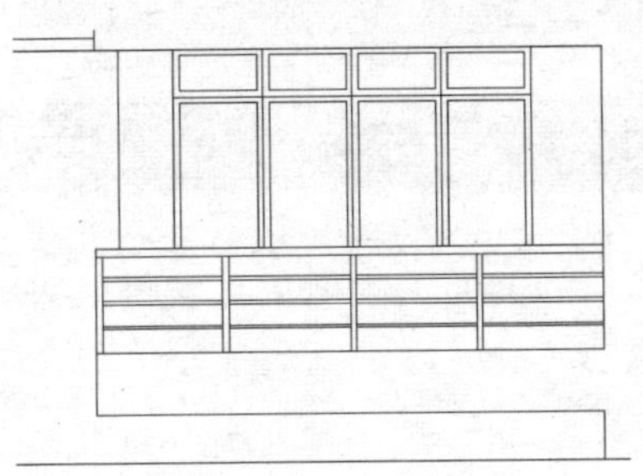

图10-233 绘制推拉门立面

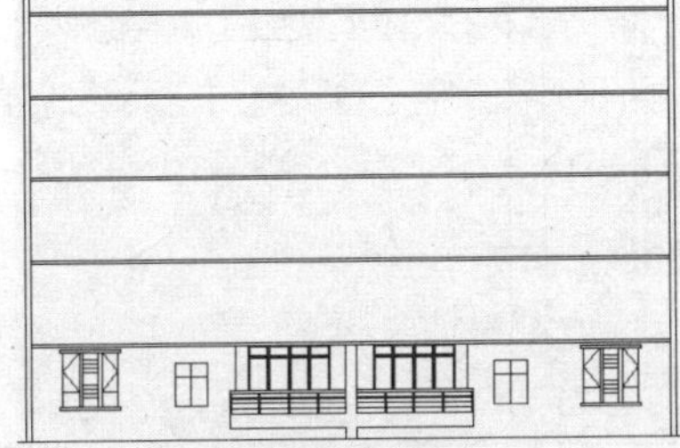

图10-234 镜像复制图形

步骤18 使用CO（复制）命令对一楼的门窗立面进行复制，效果如图10-235所示。

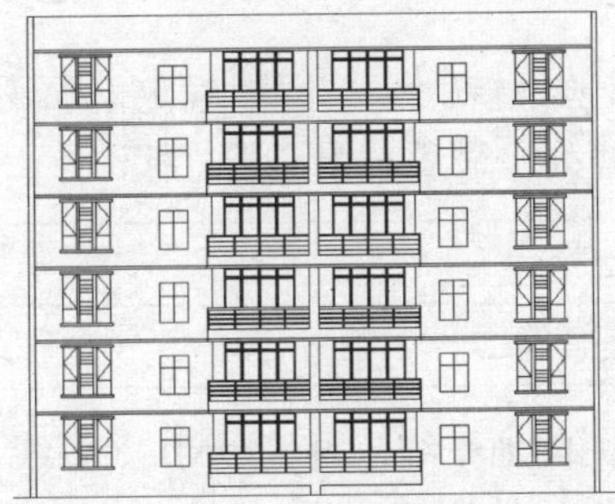

图10-235 复制图形

步骤19 使用O（偏移）命令将左方的垂直线段向右偏移两次，偏移距离依次为7400、8800，然后将上方的水平线段向下偏移400，如图10-236所示。

图10-236 偏移线段

步骤20 使用TR（修剪）命令对偏移的线段进行修剪，效果如图10-237所示。

图10-237 修剪线段

步骤21 创建一个新的标注样式，然后对图形进行尺寸标注，如图10-238所示。

图10-238 标注图形

步骤22 使用L（直线）和T（文字）命令创建图形的标高和说明文字，完成立面图的绘制，效果如图10-239所示。

图10-239 住宅楼立面图

实例117 绘制医院大楼剖面图

本实例所绘制的医院大楼剖面图展示了多层建筑的剖面图的效果，实例效果如图10-240所示。

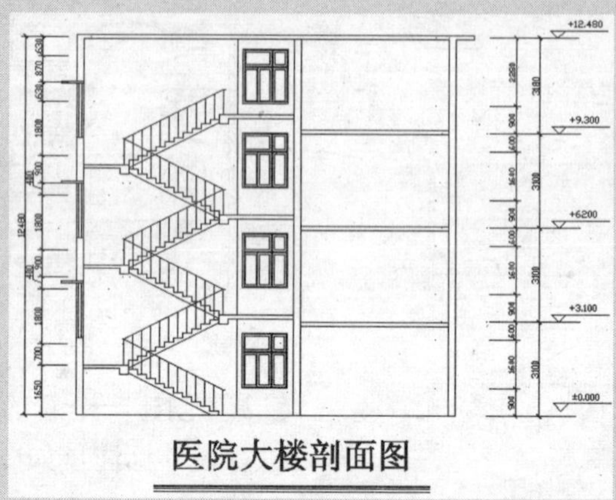

图10-240 医院大楼剖面图

技法解析

本实例在绘制医院大楼剖面图的过程中，首先参照医院大楼平面图确定剖面图的墙体，然后绘制剖面图的楼梯和窗户图形，并对其进行阵列，最后对图形进行标注。

实例路径	实例\第10章\医院大楼剖面图.dwg
素材路径	素材\第10章\医院大楼平面图.dwg

步骤01 根据素材路径打开“医院大楼平面图.dwg”图形文件，将此平面图作为绘制剖面图的基础，然后使用L（直线）和TR（修剪）命令对图形进行修剪，如图10-241所示。

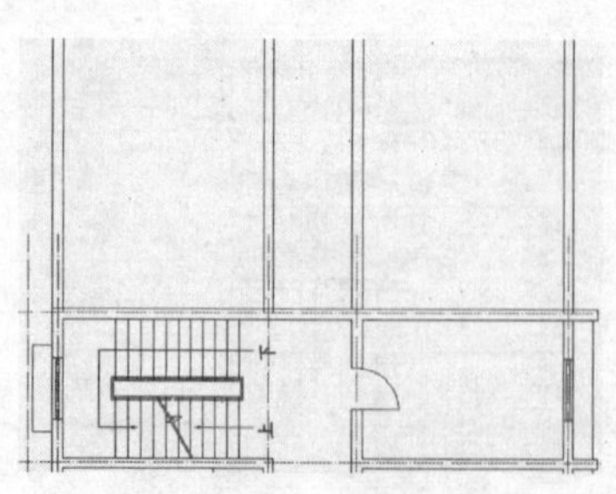

图10-241 修改平面图素材

步骤02 使用L（直线）命令绘制一条线段作为剖面图的地平线，再使用ML（多线）命令参照轴线绘制比例为240的墙线，然后删除平面图素材，效果如图10-242所示。

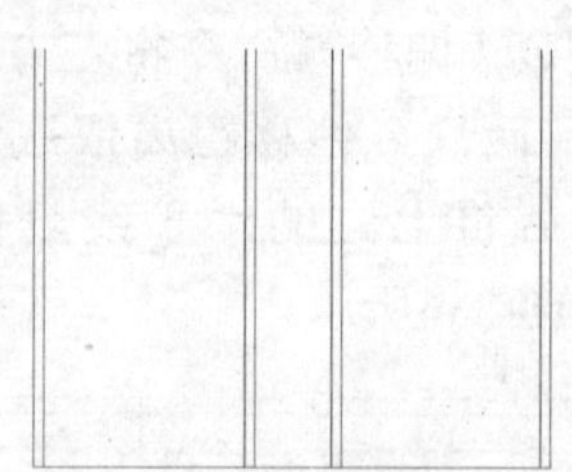

图10-242 创建墙线和地平线

步骤03 使用O（偏移）命令将水平线段向上偏移两次，偏移距离依次为3000、100，效果如图10-243所示。

图10-243 偏移线段

步骤04 使用CO（复制）命令对图形进行复制，效果如图10-244所示。

图10-244 复制图形

步骤05 使用X（分解）命令分解多线，然后使用TR（修剪）命令对线段进行修剪，效果如图10-245所示。

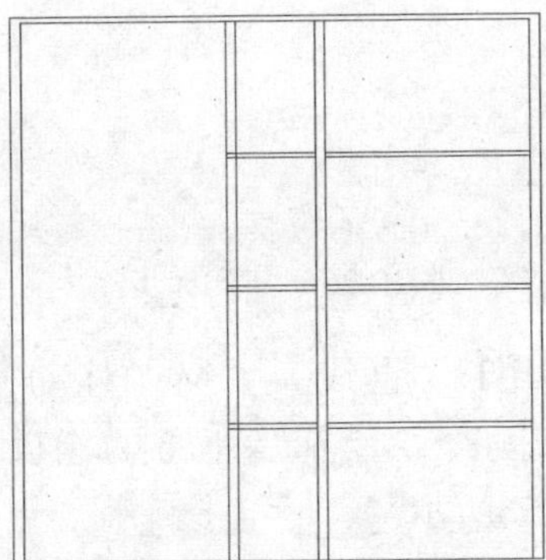
图10-245 修剪图形

步骤06 使用O（偏移）命令将右方墙线向右偏移600，然后使用EX（延伸）命令对上方的线段进行延伸，如图10-246所示。

步骤07 使用TR（修剪）命令对线段进行修剪，效果如图10-247所示。

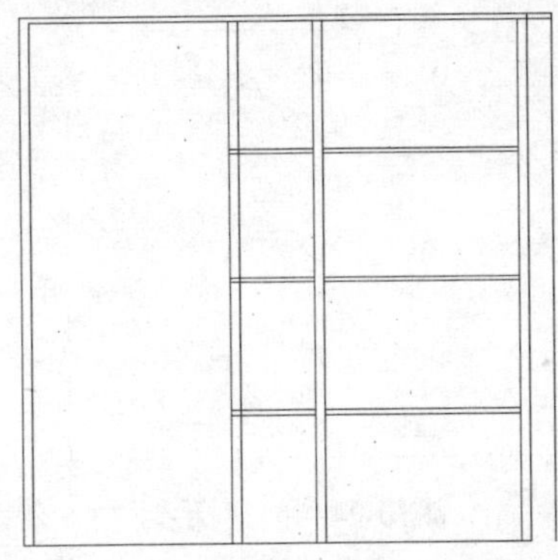
图10-246 偏移并延伸线段

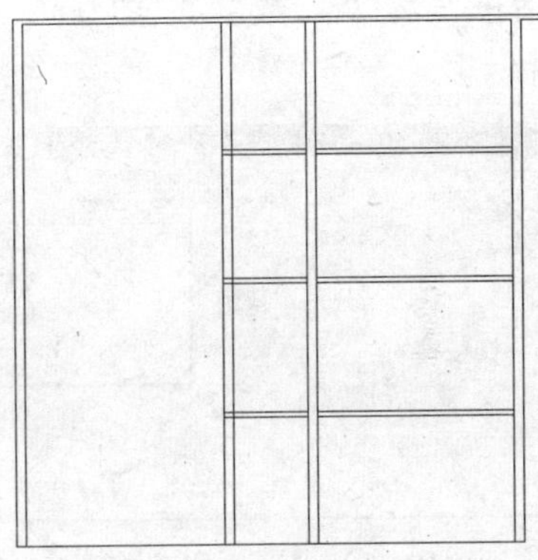
图10-247 修剪图形

步骤08 参照如图10-248所示的效果和尺寸，使用O（偏移）将垂直线段向左偏移，将水平线段向下偏移，然后使用EX（延伸）命令对线段进行延伸，并使用TR（修剪）命令对线段进行修改，绘制出楼板图形。

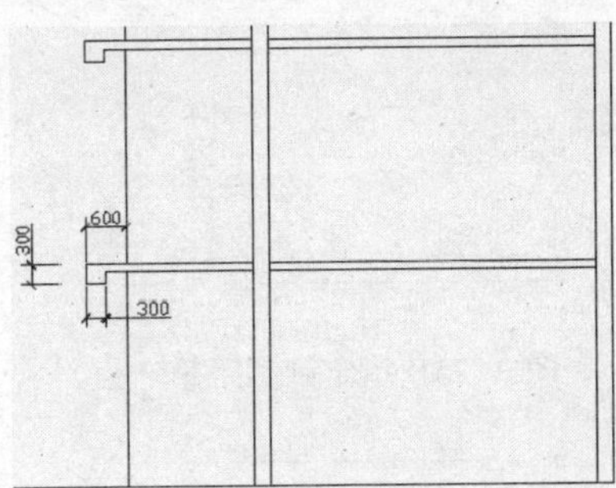

图10-248 创建楼板

步骤09 使用PL（多段线）命令绘制一条垂直方向150、水平方向300的多段线作为一个梯步，如图10-249所示。

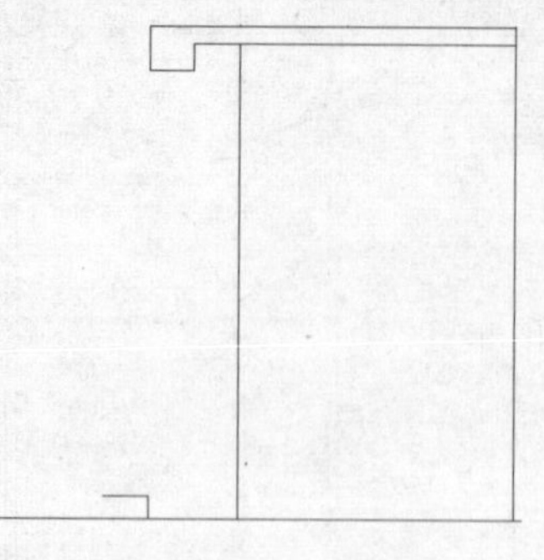

图10-249 创建梯步

步骤10 执行AR（阵列）命令，打开“阵列”对话框，将“列数”设置为10，如图10-250所示。

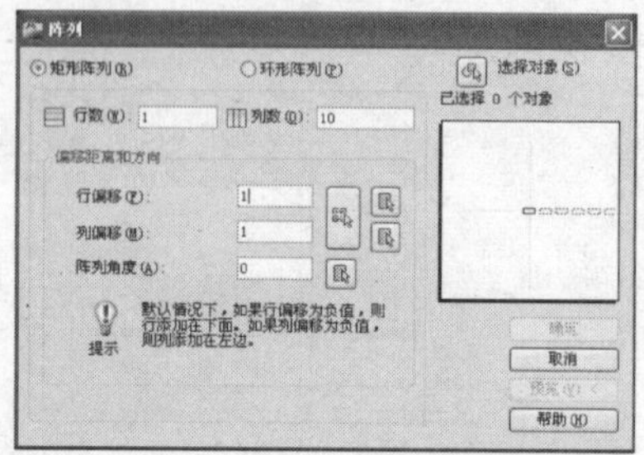

图10-250 设置阵列参数

步骤11 在“阵列”对话框中单击“列偏移”后的“拾取列偏移”按钮，进入绘图区指定列间距的第一点（如图10-251所示），然后向左上方指定列间距的第二点，以确定列偏移的距离，如图10-252所示。

图10-251 指定列间距第一点

图10-252 指定列间距第二点

步骤12 返回“阵列”对话框单击“阵列角度”后的“拾取阵列的角度”按钮，进入绘图区指定阵列的角度，先捕捉绘制多段线的端点（如图10-253所示），再捕捉多段线的起点（如图10-254所示），然后进行确定，阵列效果如图10-255所示。

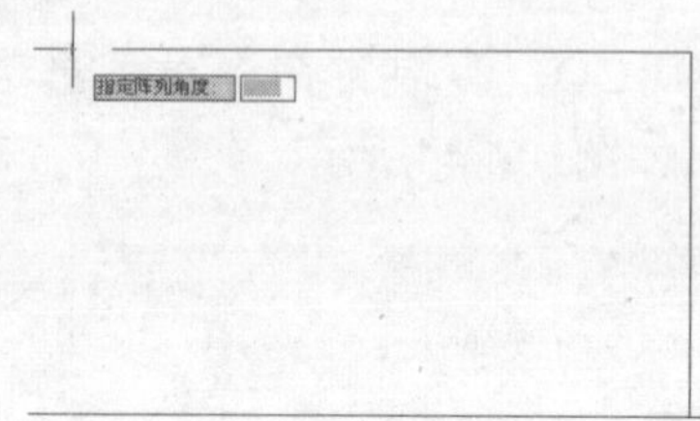

图10-253 指定角度第一点

图10-254 指定角度第二点

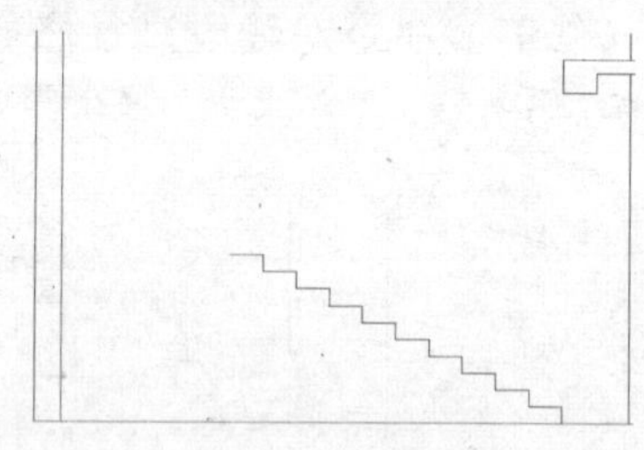

图10-255 阵列梯步

步骤13 使用L（直线）、M（移动）和TR（修剪）命令绘制梯步下方的楼板图形，如图10-256所示。

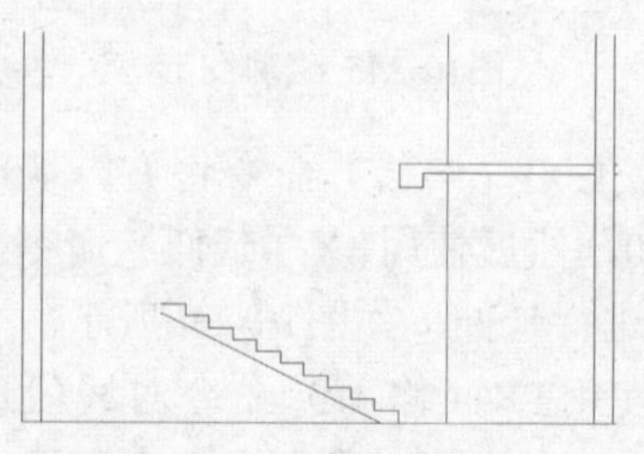

图10-256 绘制梯步楼板

步骤14 使用L（直线）、O（偏移）和TR（修剪）命令绘制梯步左方的楼板图形，如图10-257所示。

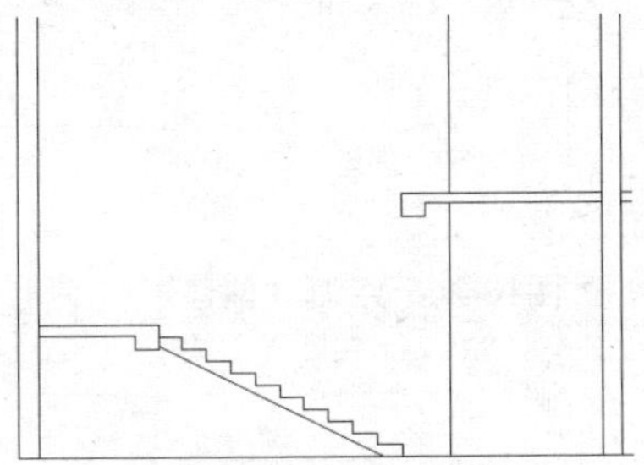
图10-257 绘制楼板

步骤15 使用L（直线）命令绘制一条长840的线段，如图10-258所示。

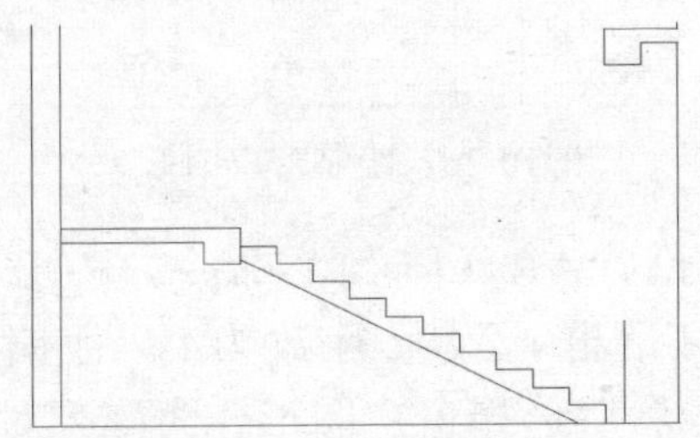
图10-258 绘制线段

步骤16 参照前面创建楼梯的方法，对线段进行阵列，作为栏杆图形，如图10-259所示。

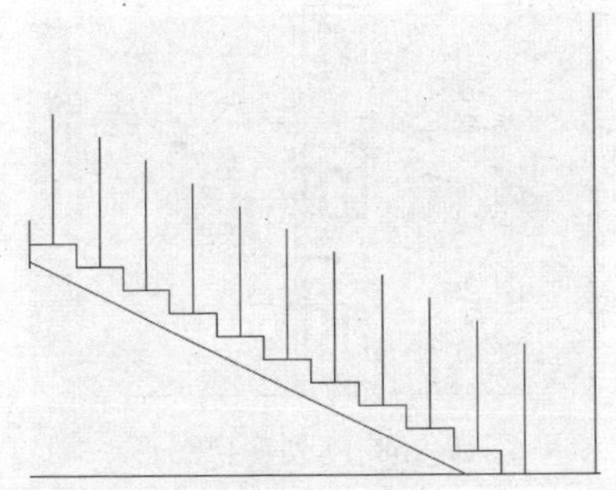
图10-259 绘制栏杆

步骤17 使用PL（多段线）命令绘制一条多段线作为楼梯的扶手，如图10-260所示。

步骤18 使用MI（镜像）命令对绘制的楼梯进行镜像操作，然后使用M（移动）命令对楼梯进行移动，效果如图10-261所示。

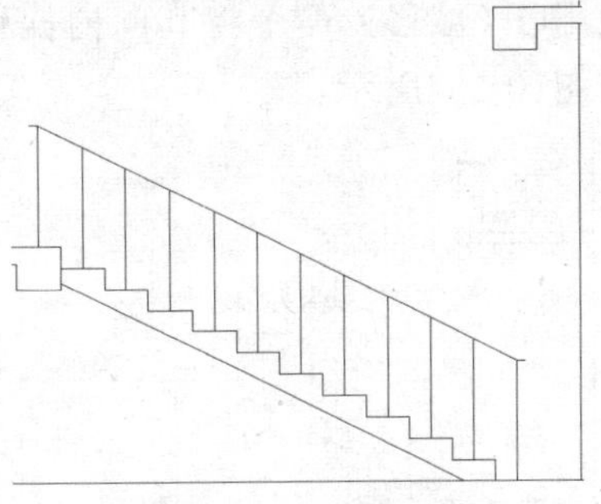
图10-260 绘制扶手

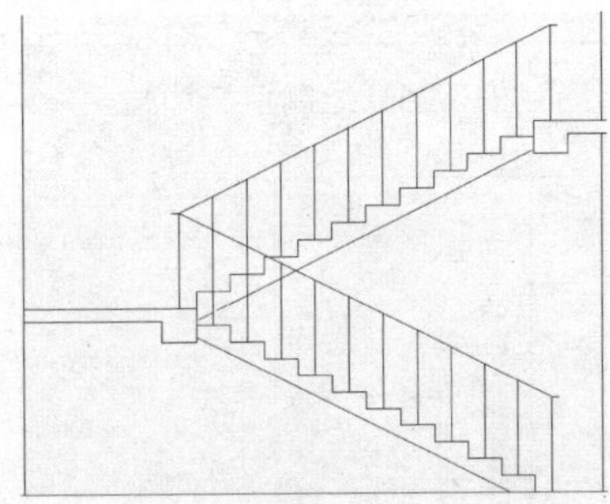
图10-261 镜像并移动图形

步骤19 执行AR（阵列）命令，打开“阵列”对话框，设置行数为3、行偏移为3100，然后选择楼梯和楼板图形作为阵列对象，阵列效果如图10-262所示。

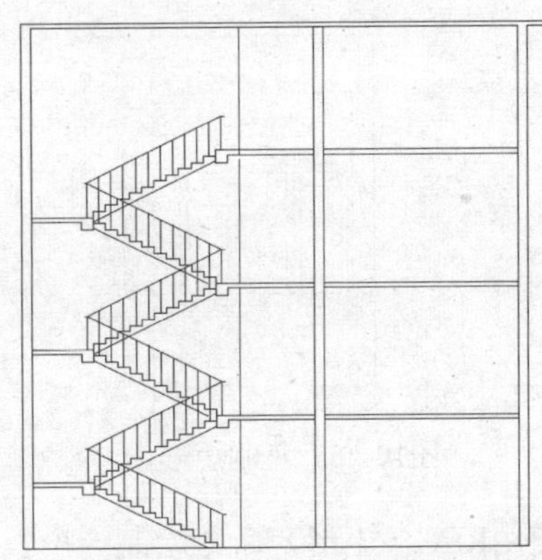
图10-262 阵列楼梯和楼板

步骤20 使用REC（矩形）命令绘制一个长度为1800、宽度为1500的矩形作为窗户边框，如图10-263所示。

步骤21 使用REC（矩形）命令在窗户边框内绘制一个长度为460、宽度为1140的矩形，然后使用O（偏移）命令将其向内偏移60，效果如图10-264所示。

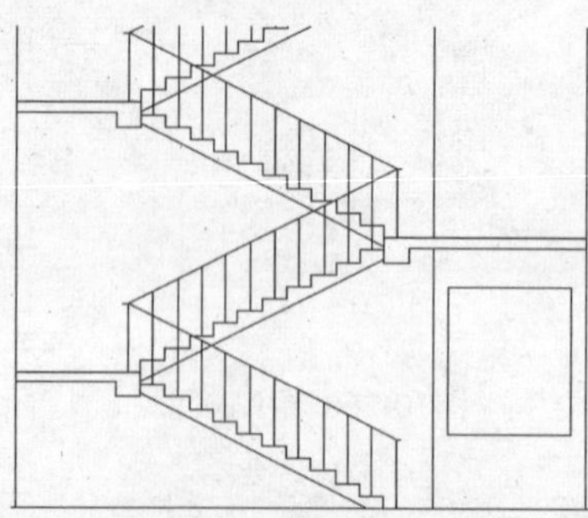

图10-263 绘制窗户边框

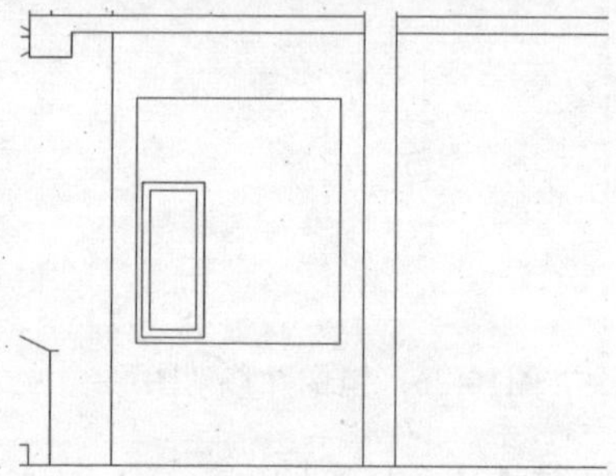

图10-264 绘制并偏移矩形

步骤22 使用CO（复制）命令对矩形进行复制，如图10-265所示。

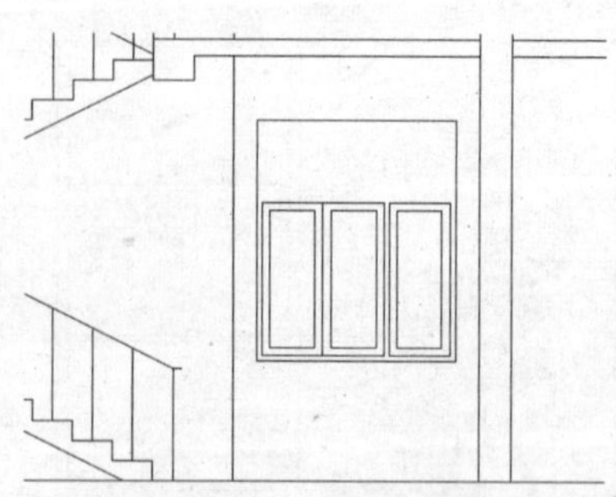

图10-265 复制矩形

步骤23 使用REC（矩形）命令绘制一个长度为920、宽度为540的矩形，然后使用O（偏移）命令将其向内偏移60，如图10-266所示。

步骤24 使用REC（矩形）命令绘制一个长度为460、宽度为540的矩形，然后使用O（偏移）命令将其向内偏移60，完成窗户图形的绘制，如图10-267所示。

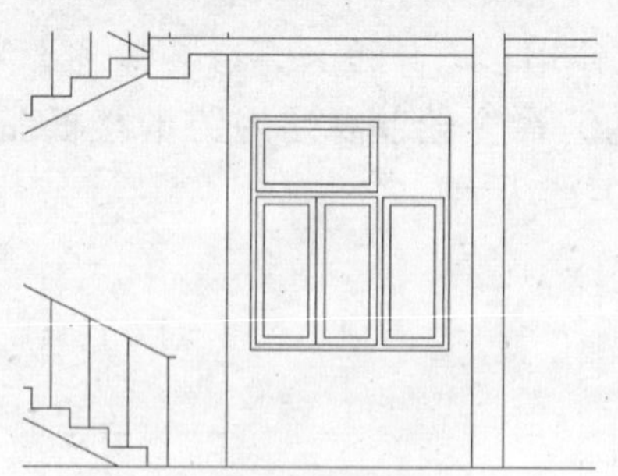

图10-266 绘制并偏移矩形

图10-267 绘制窗户图形

步骤25 执行AR（阵列）命令，打开“阵列”对话框，设置行数为4、行偏移为3100，然后选择窗户图形作为阵列对象，阵列效果如图10-268所示。

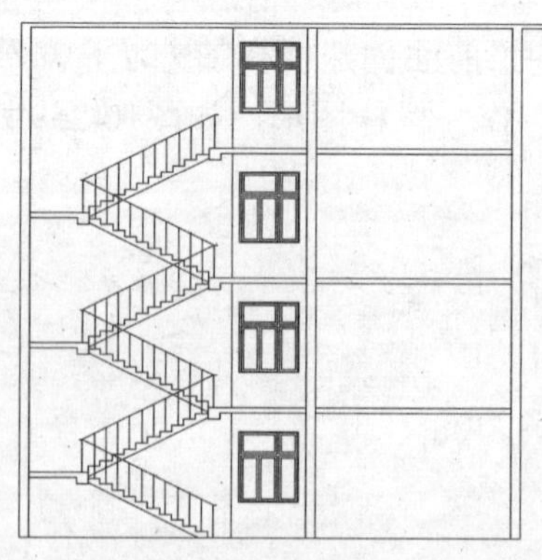

图10-268 阵列窗户图形

步骤26 使用矩形命令绘制一个长度为240、宽度为1800的矩形，然后使用X（分解）命令将其分解，再使用O（偏移）命令将矩形两方的线段向内偏移80，绘制窗户的剖面图形，并将窗户剖面图形移动到左方的墙体中，效果如图10-269所示。

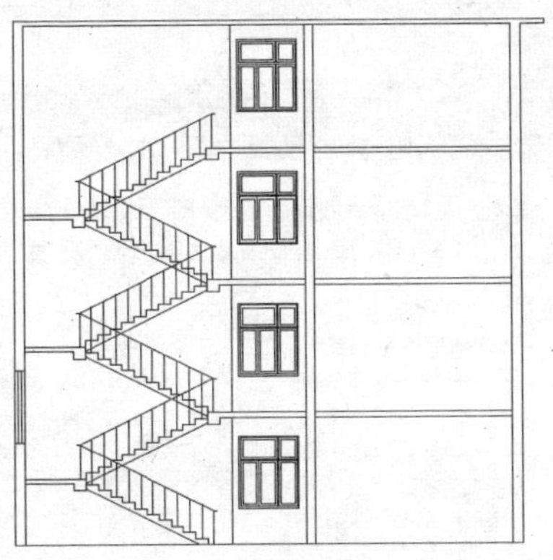

图10-269 绘制窗户剖面图形

步骤27 使用REC（矩形）命令绘制一个长度为720、宽度为60的矩形，然后将其移到如图10-270所示的位置作为雨蓬图形，再使用CO（复制）命令对窗户剖面和雨蓬图形进行复制，效果如图10-271所示。

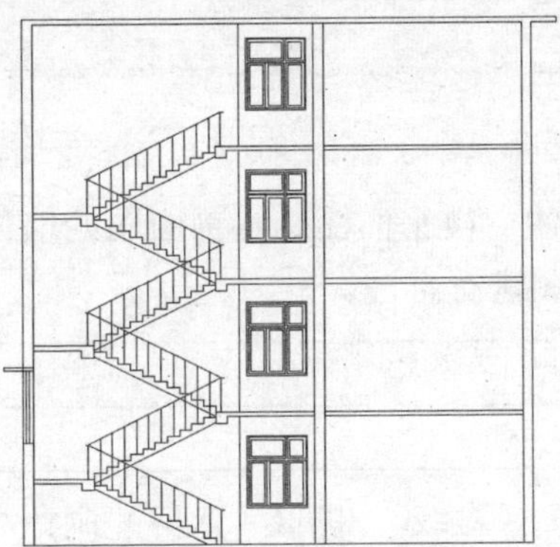

图10-270 绘制雨蓬图形

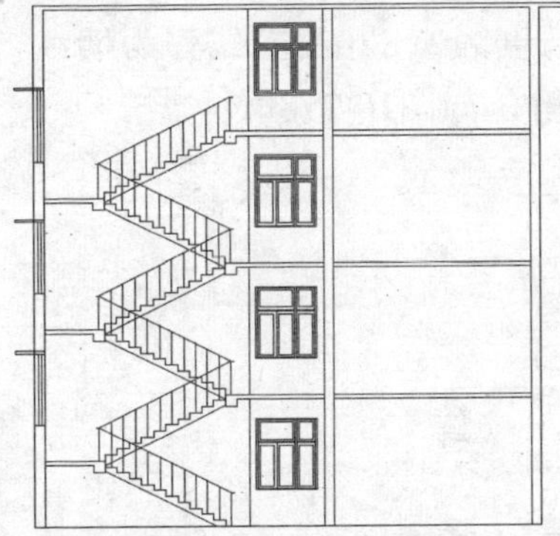

图10-271 复制图形

步骤28 使用“绘制医院大楼立面图”实例中创建标注样式的方法，创建一个新的标注样式，然后使用DLI（线性标注）命令对图形进行标注，如图10-272所示。

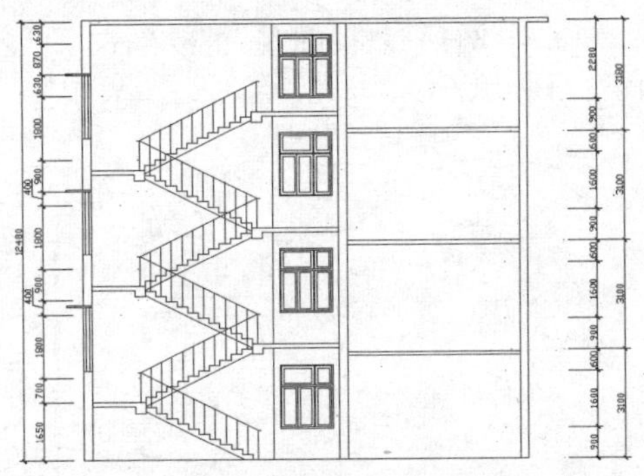

图10-272 标注图形

步骤29 使用L（直线）和T（文字）命令创建图形的标高，如图10-273所示。

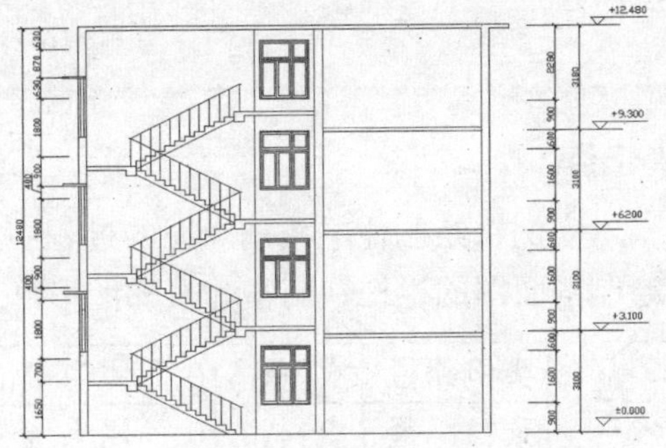

图10-273 创建标高

步骤30 使用L（直线）和T（文字）命令创建图形的说明文字，完成剖面图的绘制，效果如图10-274所示。

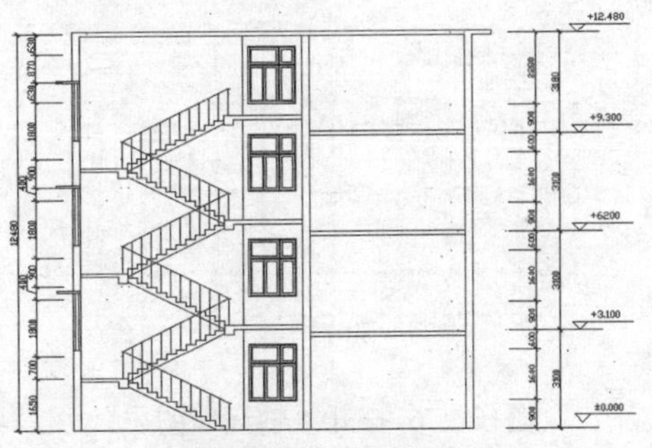

医院大楼剖面图

图10-274 医院大楼剖面图

PART 10

实例118 绘制住宅楼剖面图

本实例所绘制的住宅楼剖面图展示了多层建筑的剖面图效果，实例效果如图10-275所示。

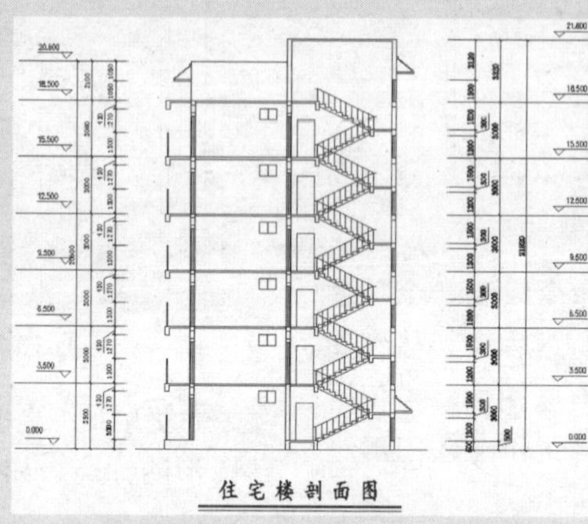

图10-275 住宅楼剖面图

技法解析

本实例在绘制住宅楼剖面图的过程中，首先参照住宅楼平面图确定剖面图的墙体，然后绘制剖面图的栏杆、门窗和楼梯图形，最后对剖面图进行标注。

	实例路径	实例\第10章\住宅楼剖面图.dwg
	素材路径	素材\第10章\住宅楼平面图.dwg

步骤01 根据素材路径打开“住宅楼平面图.dwg”图形文件，然后打开“轴线”图层，并将“0”图层置为当前层，如图10-276所示。

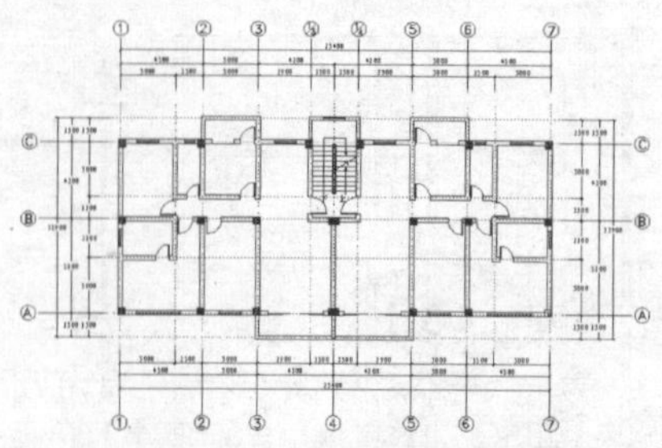

图10-276 打开“轴线”图层

步骤02 使用RO（旋转）命令将平面图顺时针旋转90度，作为绘制剖面图的基础，然后使用L（直线）和TR（修剪）命令对图形进行修改，如图10-277所示。

步骤03 使用ML（多线）命令绘制4条比例为240、长度为21820的多线作为墙线，然后将其分解，如图10-278所示。

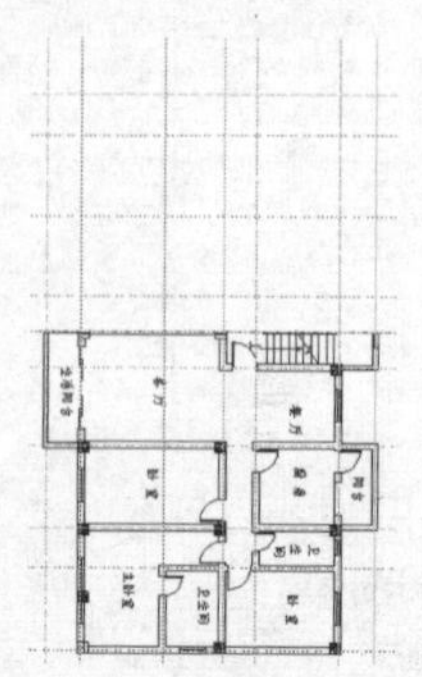

图10-277 修改平面图

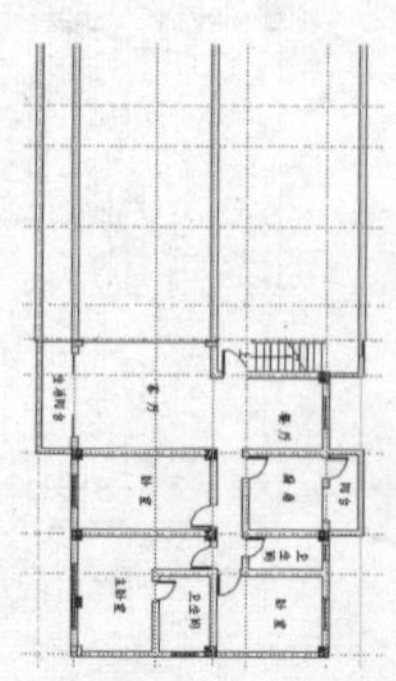

图10-278 绘制墙线

步骤04 隐藏“轴线”图层，将素材图形中的线段全部删除，然后使用O（偏移）命令将下方水平线段向上偏移两次，偏移距离依次为20600、12200，再使用TR（修剪）命令对线段进行修剪，效果如图10-279所示。

步骤05 使用O（偏移）命令将下方水平线段向上偏移4次，偏移距离依次为500、2570、330、100，然后使用O（偏移）命令将左方垂直线段向右偏移两次，偏移距离依次为7880、200，如图10-280所示。

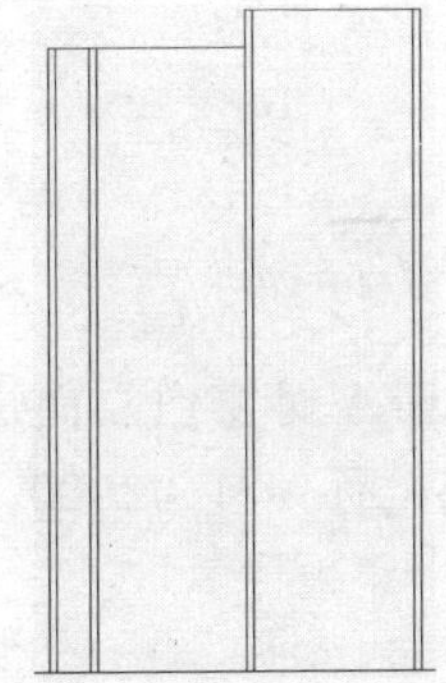
图10-279 修剪图形

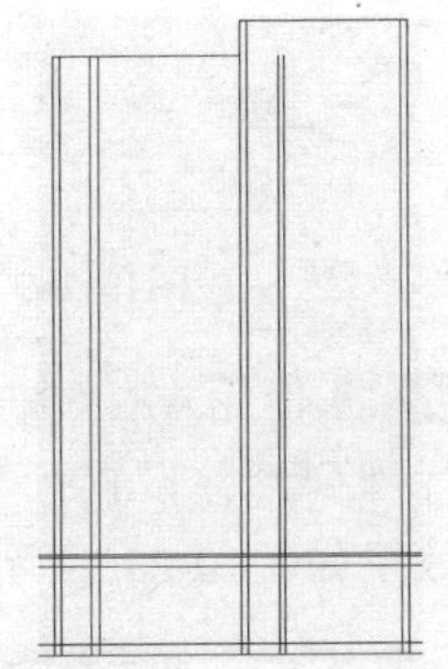
图10-280 偏移线段

步骤06 使用TR（修剪）命令对偏移的线段进行修剪，绘制出楼板图形，效果如图10-281所示。

步骤07 执行AR（阵列）命令，打开“阵列”对话框，设置行数为6、行偏移为3000，然后选择楼板图形作为阵列对象，阵列效果如图10-282所示。

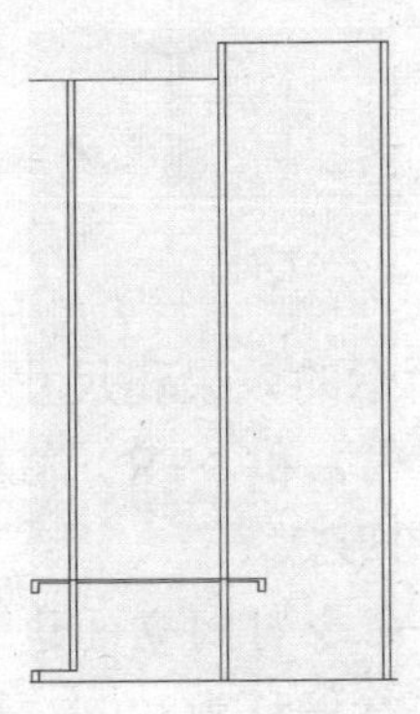
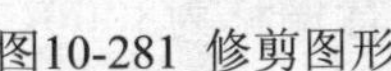
图10-281 修剪图形

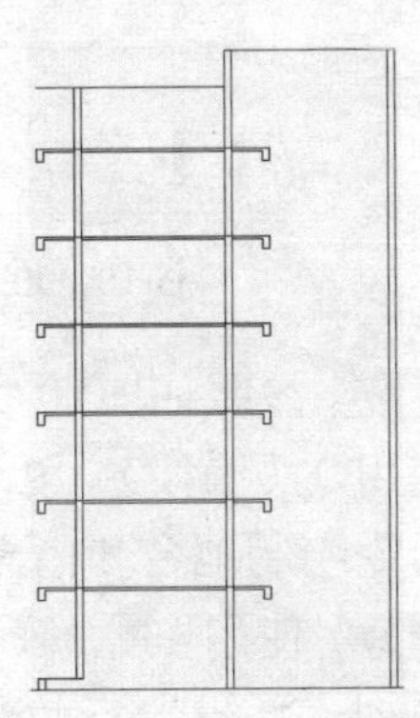
图10-282 阵列图形

步骤08 参照如图10-283所示的效果和尺寸，使用O（偏移）、L（直线）和（TR）修剪命令绘制另一方的楼板图形。

步骤09 执行AR（阵列）命令，打开“阵列”对话框，设置行数为6、行偏移为3000，然后选择楼板图形作为阵列对象，阵列效果如图10-284所示。

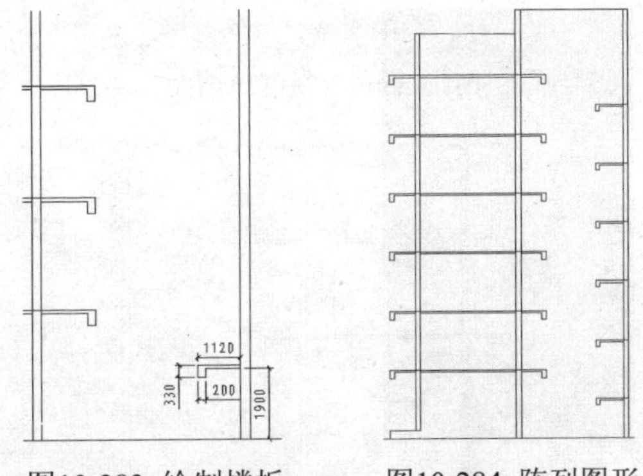

图10-283 绘制楼板　　图10-284 阵列图形

步骤10 使用REC（矩形）命令绘制一个长度为80、宽度为1300的矩形，如图10-285所示。

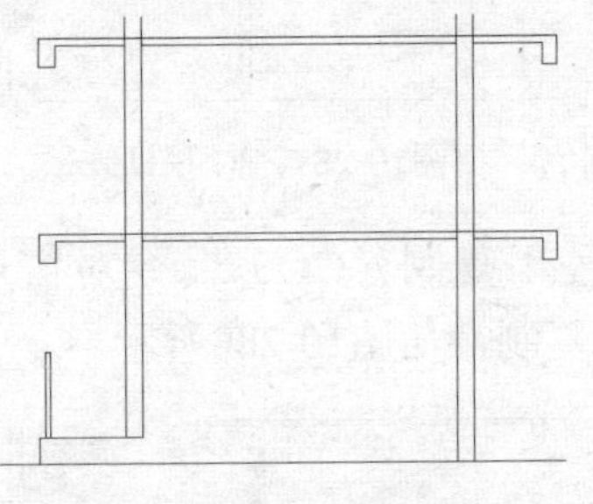
图10-285 绘制矩形

步骤11 使用REC（矩形）命令绘制一个长240、宽2200的矩形，然后使用X（分解）命令将矩形分解。使用O（偏移）命令将矩形两边的垂直线段向内偏移一次，偏移距离为80，再使用O（偏移）命令将矩形上方的水平线段向上偏移两次，偏移距离依次为180、420，如图10-286所示。

步骤12 执行AR（阵列）命令，打开“阵列”对话框，设置行数为6、行偏移为3000，然后选择窗户剖面和栏杆图形作为阵列对象，阵列效果如图10-287所示。

图10-286 绘制窗户剖面

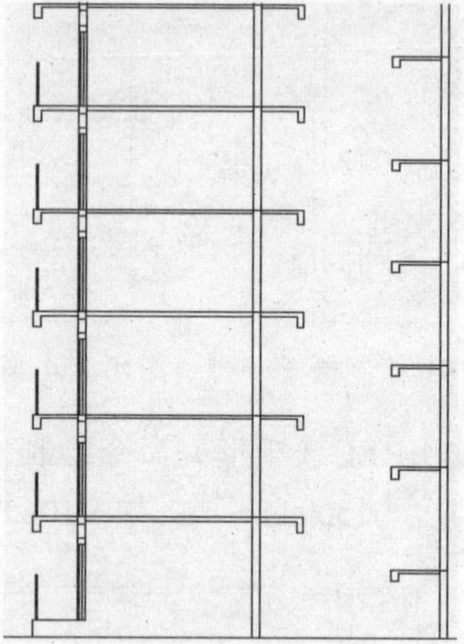

图10-287 阵列图形

步骤13 使用复制（CO）命令对窗户剖面图形进行复制，如图10-288所示。

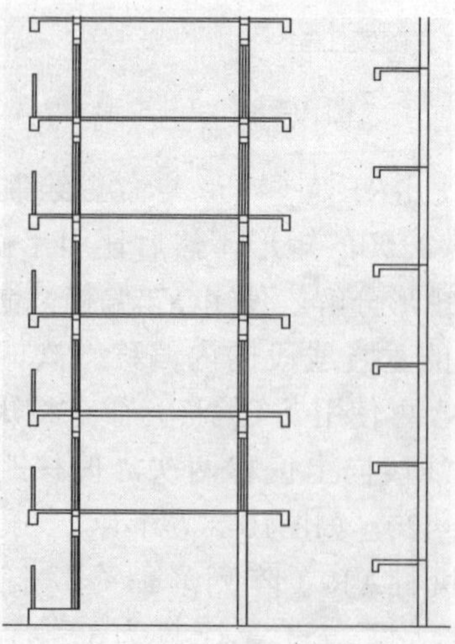

图10-288 复制窗户剖面

步骤14 使用REC（矩形）命令绘制一个长度为900、宽度为600的矩形，然后使用L（直线）命令在矩形的水平线段中点处绘制一条线段，绘制出窗户立面图形，如图10-289所示。

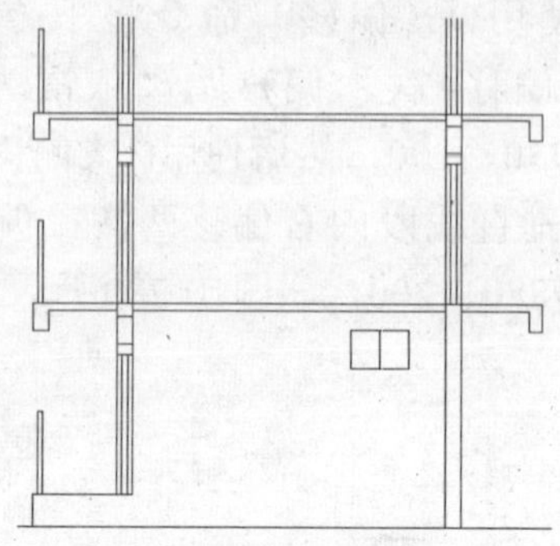

图10-289 绘制窗户立面

步骤15 使用AR（阵列）命令对窗户立面进行阵列，并设置行数为6、行偏移为3000，效果如图10-290所示。

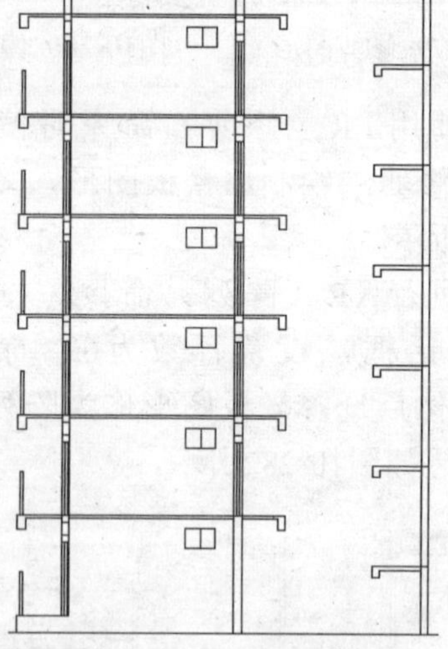

图10-290 阵列窗户立面

步骤16 参照如图10-291所示的效果和尺寸，使用O（偏移）、L（直线）和（TR）修剪命令绘制地台和门立面图形。

步骤17 使用AR（阵列）命令对门立面进行阵列，并设置行数为6、行偏移为3000，效果如图10-292所示。

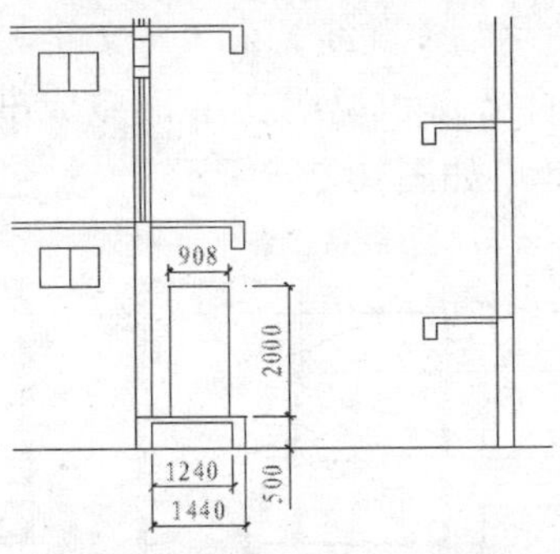

图10-291 绘制地台和门立面

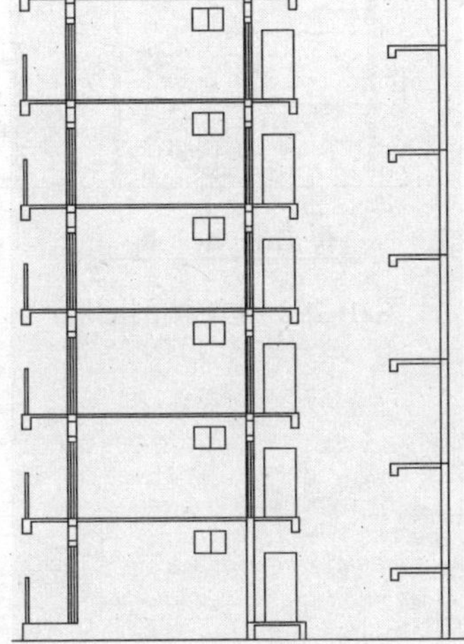
图10-292 阵列图形

步骤18 参照前面绘制窗户剖面的方法，在图形右方绘制窗户剖面，如图10-293所示。

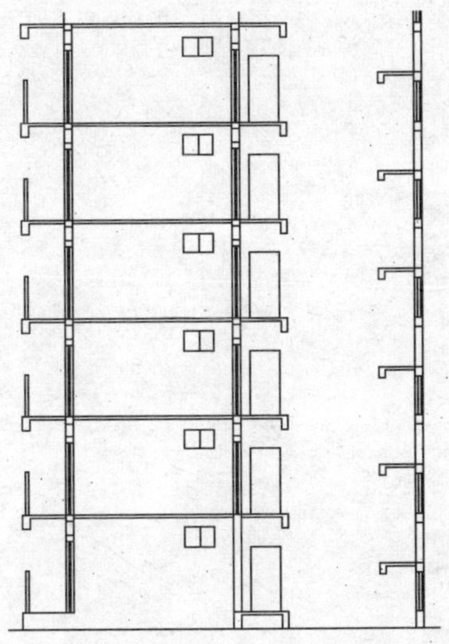
图10-293 绘制窗户剖面

步骤19 参照“绘制住宅楼立面图”实例中的方法，绘制楼梯图形，如图10-294所示。

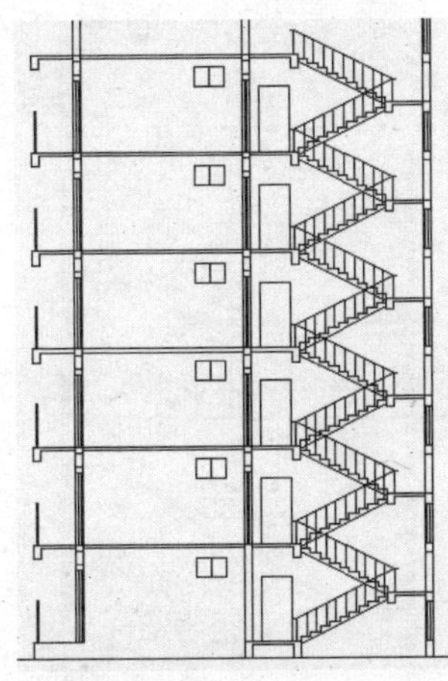
图10-294 绘制楼梯图形

步骤20 参照如图10-295所示的效果和尺寸，使用O（偏移）、L（直线）和TR（修剪）命令绘制雨蓬图形。

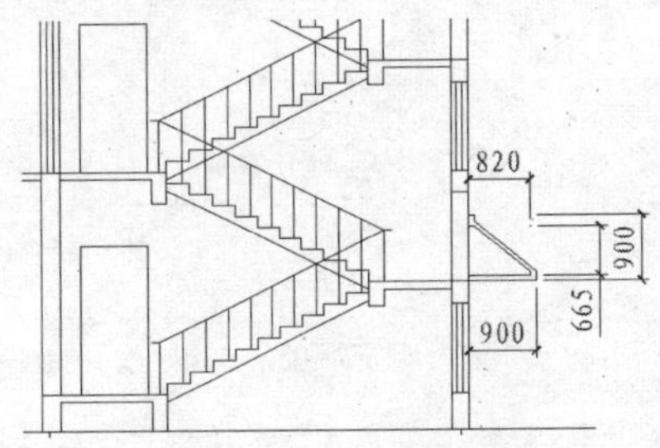

图10-295 绘制雨蓬

步骤21 使用CO（复制）命令将雨蓬图形复制到屋顶处，然后使用MI（镜像）命令对上方的雨蓬图形进行镜像操作，效果如图10-296所示。

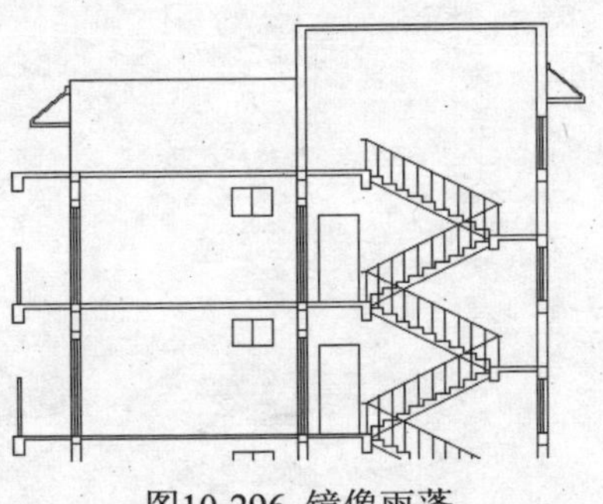
图10-296 镜像雨蓬

步骤22 创建一个新的标注样式，然后对图形进行尺寸标注，如图10-297所示。

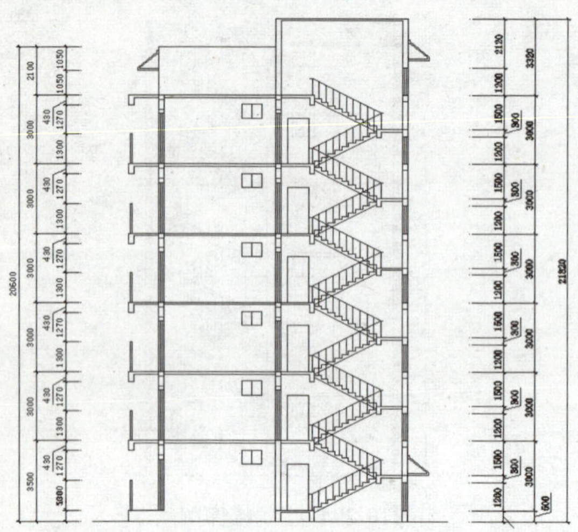

图10-297 标注图形

步骤23 使用L（直线）和T（文字）命令创建图形的标高和说明文字，完成剖面图的绘制，效果如图10-298所示。

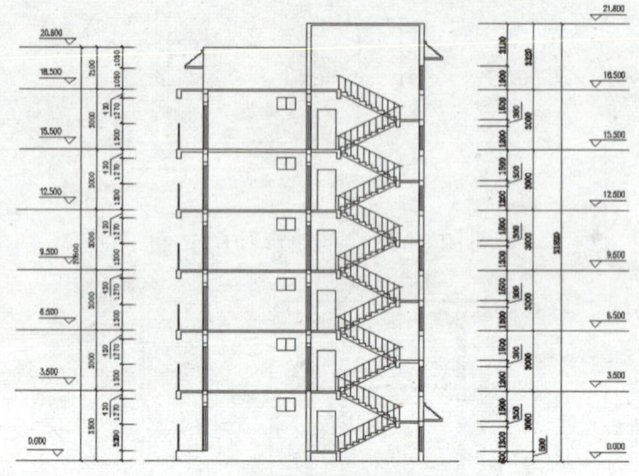

图10-298 住宅楼剖面图